工作研究

第十三版

Niebel's Methods, Standards, and Work Design, 13e

**Andris Freivalds,
Benjamin W. Niebel**

著

王明揚

國立清華大學工業工程與工業管理學系

林迪意

義守大學工業管理學系

編譯

國家圖書館出版品預行編目資料

工作研究 / Andris Freivalds, Benjamin W. Niebel 著；王明揚，林迪意編譯. – 三版. -- 臺北市：麥格羅希爾, 2015.01
面； 公分. -- (工業工程叢書；IE008)
譯自：Neibel's methods, standards, and work design, 13th ed.
ISBN 978-986-341-154-3 (平裝)

1. 工作研究

494.54   103024575

工業工程叢書 IE008

工作研究 第十三版

作　　　者	Andris Freivalds, Benjamin W. Niebel
譯　　　者	王明揚　林迪意
特 約 編 輯	蔡秋玉
企 劃 編 輯	陳佩狄
業 務 行 銷	李本鈞　陳佩狄　林倫全
業 務 副 理	黃永傑
出　版　者	美商麥格羅希爾國際股份有限公司台灣分公司
地　　　址	台北市 10044 中正區博愛路 53 號 7 樓
網　　　址	http://www.mcgraw-hill.com.tw
讀 者 服 務	E-mail: tw_edu_service@mheducation.com TEL: (02) 2383-6000　　FAX: (02) 2388-8822
法 律 顧 問	惇安法律事務所盧偉銘律師、蔡嘉政律師
總經銷(台灣)	臺灣東華書局股份有限公司
地　　　址	10045 台北市重慶南路一段 147 號 3 樓 TEL: (02) 2311-4027　　FAX: (02) 2311-6615 郵撥帳號：00064813
網　　　址	http://www.tunghua.com.tw
門 市 一	10045 台北市重慶南路一段 77 號 1 樓　TEL: (02) 2371-9311
門 市 二	10045 台北市重慶南路一段 147 號 1 樓 TEL: (02) 2382-1762
出 版 日 期	2015 年 1 月（三版一刷）

Traditional Chinese Abridge Copyright © 2015 by McGraw-Hill International Enterprises, LLC., Taiwan Branch
Original title: Neibel's Methods, Standards, and Work Design, 13e　ISBN: 978-0-07-337636-3
Original title copyright © 2014 by McGraw-Hill Education
All rights reserved.

ISBN：978-986-341-154-3

※著作權所有，侵害必究。如有缺頁破損、裝訂錯誤，請寄回退換

中文版序

　　工業工程有系統的研究與發展，若以泰勒的時間研究起算，已有一百餘年的歷史，它對工業界績效提升的貢獻，毋庸置疑，對許多學習工業工程的學生而言，動作時間研究，往往是接觸工業工程的第一門課程。近年，有少數人質疑在已電腦自動化的時代，工業工程科系是否還有必要學習工作研究？真正了解工業工程的人，都會毫不猶豫地給予最簡單、明確、又肯定的答案：「絕對有必要」。

　　工作研究對工業工程專業而言，是一門最基礎的課程，它與工業工程的歷史發展有最緊密的關係，工業工程由此開始，學習工業工程的學生，也都由此入門。它介紹了工業工程的基本目標與基本理念：「科學管理、追求效率，好要更好，不斷改善。」工作研究所用的技術也是工業工程在邁向其基本目標過程中，使用的最經典的技術，無論是人工作業，或是半自動、自動化作業，其基礎都離不開工作的方法和人的動作，進一步，方法和動作又決定了工作的基本時間。更進一步，在考慮了體力負荷、合理的生理狀況等工作特性後，即可訂定標準工時。有了標準工時，產能估算、人力規劃、工作站分工、生產線布置、排程、交期、工資標準訂定、工作績效評價、獎工標準、人工成本等，都有了科學的依據！沒有工作研究的工業工程，好像無根的花木，失去根本，勢必無法繼續茁壯成長。

　　經過三十年的教學，平均每年都教一班學生，累計約有兩千名學生之譜，也有許多業界的朋友，累積的經驗並不少，但觀念的誤解或盲點，則仍在不經意中誤導了學習與實踐。與莘莘學子和公司管理人員談話時，每當談到工作研究，許多人都認為其目的是為了「工作改善」或「訂定標準工時」，初看並沒有錯，但正本清源，工作研究更根本與重要的目的應是「工作設計」！試想，任何工作若能在工作設計階段即「做對的事（設計合理又有效率的工作）」，使之完全合乎高效率的方法與動作，又何須先「做錯的事（設計不合理又缺乏效率的工作）」，再做「工作改善」？在研讀此一學科之始，期盼所有學子，均能有好的開始，「學到正確的觀念（做對的事）」，能體會到「工作研究」最重要的是做「工作設計」，其次才是「工作改善」。若能在實務中將此概念落實，若干年後，「工作改善」的需求將大幅下降，實際的狀況將能反映出「工作研究」真正的目的：「工作設計」！

　　本書的英文原版 *Niebel's Methods, Standards, and Work Design* 近年來持續在內容上更新修訂，在 2013 年又做了部分增刪，但仍強調工業工程師除了傳統效率導向的工作設計之外，更必須時時刻刻以安全與人性化為工作設計的重要前提。隨著英文版的修訂，中文版也儘速跟進，希望以最新的內容與讀者分享，編譯者在繁忙的教學研究之

餘,盡力而為,十分不易。

在此要特別向出版公司的工作同仁表示感謝。若非他們的犧牲、奉獻、包容與無私的協助,本書當許更長的時間才能完成。由於編譯時程緊湊,個人才疏學淺,經驗有限,失誤難免,誤謬之處,自當完全承擔誤譯之責,尚祈各界先進與讀者,一本以往愛護與鞭策之心,繼續指正為感。

謹序。

王明揚
林迪意

歲次甲午謹誌
2014 年 11 月 03 日
於新竹

關於作者

安得力 ‧ 福雷瓦 (Andris Freivalds)

任職於賓州州立大學 (Pennsylvania State University) 工業工程學系。他在密西根大學 (University of Michigan) 取得科學工程學士學位以及生物工程碩士與博士學位。他曾在美國俄亥俄州萊特‧派特生空軍基地的航太醫學研究實驗室 (Aerospace Medical Research Laboratory, Wright Patterson AFB) 及在英國諾丁罕大學 (University of Nottingham) 擔任傅爾布萊特訪問學者 (Fulbright Scholar) 期間，從事生物力學研究；之後，他將研究重心轉移到致力於降低美國工業界中因工作引起的肌肉骨骼傷害。在賓州州政府的協助下，他創立累積性傷害中心 (Center for Cumulative Trauma Disorders)，並已在賓州對至少 75 家公司提供人因工程與工程設計方面的服務，使它們能一方面控制工作場所中的危害，同時提升整體的生產力。為了表彰這些貢獻，他在 1995 年榮獲美國工業工程學會 (Institute of Industrial Engineers) 頒發的技術創新獎。他擁有專業人因工程技師執照 (Certified Professional Ergonomist)，並獲選為英國人因工程學會 (Ergonomics Society) 會士 (Fellow)。

班傑明 ‧ 倪貝 (Benjamin Niebel)

為賓州州立大學的工業工程學士、碩士及博士學位。在擔任羅德製造公司 (Lord Manufacturing Company) 工業工程部負責人之後，他開始對工程教育產生興趣，於是他在 1947 年時回到賓州州立大學任教，並於 1955 年到 1979 年的期間擔任工業工程系主任。這段時間內他撰寫了多本教科書，包括 1955 年首次出版的《動作與時間研究》(Motion and Time Study)，他也經常對許多產業提供諮詢服務。由於在工業工程專業上，以及對賓州州立大學的傑出貢獻，他先後於 1976 年獲得美國工業工程學會頒發的法蘭克與莉蓮‧吉爾柏斯獎 (Frank and Lillian Gilbreth Award)、1989 年獲得賓州州立大學工學院頒發的傑出工程校友獎，以及 1992 年榮獲賓州州立大學工程學會頒發傑出服務獎。他於 80 歲高齡時，在進行產業諮詢的旅途中辭世。

謹以此書向班傑明・W・倪貝（1918~1999）致敬，他總是提醒我，為人類設計工作時，要記得生產力。

安得力・福雷瓦

原文序

背景

　　面對世界各地與日俱增的競爭，幾乎所有工商企業與服務機構都在進行自我重建，以使其運作更有成效。為了達成此一目的，整體趨勢正朝縮小規模與工作外包發展。因此，這些機構的各個部門必須更加強降低成本並努力提升品質，但工作之人力卻有相當的刪減。在沒有超出產能的狀況下，達成良好的成本效益與高度產品可靠度，是工商企業與政府單位各項成功活動的關鍵。透過實施現代管理報酬系統，在工廠產能有限的狀況下，達成良好的成本效益與品質提升，正是執行方法工程、公平時間標準與有效工作設計的最終結果。

　　隨著機器設備的複雜度與自動化程度的提升，工作中的人工與認知研究就如同工作安全般日益重要。作業員必須能察覺並正確解讀大量的資訊，以進行重大的決策並快速精確地操控機器。近年來，工作的型態已經逐漸從製造轉移至服務方面。就這兩方面而言，涉及粗重體力的工作愈來愈少，於是訊息處理與決策制定也就更形重要，尤其是與電腦及現代技術有關的工作。對任何工商企業與服務型組織而言，如銀行、醫院、百貨公司、鐵路或郵政系統等，生產力改善的關鍵都是透過相同的效率提升與工作設計工具。此外，現有產品與服務的成功將會帶來嶄新的產品與創新，而這類成功經驗的累積也促進就業與經濟成長。

　　近來有許多口號宣稱是解決企業競爭力問題的萬靈丹，讀者應注意不要受其影響。這類華而不實的口號，使得原本妥為運用便可持續不斷地邁向成功的工程及管理程序，往往會遭到毀滅性的傷害。今日，企業領袖們大多是透過再造工程 (Re-engineering) 與用跨功能團隊 (Cross-functional teams) 等方式，來達到降低成本、存貨、週期時間與無價值活動的目標。然而，根據過往的經驗，因應工作自動化所實施的減薪、裁員等措施並不一定是明智的決定。作者在此以其多年來輔導百餘家產業的經驗，強烈建議應使用穩妥的方法工程、實際可行的標準與優良的工作設計，才是製造業與服務業成功的關鍵。

為何要寫這本書

　　第十三版的目的與第十二版相同：提供實用且包含衡量、分析與設計人工作業工程方法的最新版大專用書。書中特別強調人因工程與工作設計在方法工程中的重要性，因為方法工程的目的不僅止於提升生產力，還要提升勞工的健康與安全，這也是維持公司運作的基本成本。過去，工業工程師往往只注重以方法改變與工作簡化來提升生產力，其結果是作業員的重複性操作過多，以致於肌肉骨骼傷害的發生率大為增

加。如此一來，降低生產成本所帶來的效益勢必會被高漲的醫療成本與勞工傷害補償所抵銷；尤其是現在的醫療照護成本正在不斷地攀升。

第十三版新增了哪些內容

本版新增第 16.4 節服務工作的標準[1]，這節介紹了工作衡量應用在客服電話中心與健康照護方面的應用。本版增加了約 10% 至 15% 的範例、習題與案例研究。對剛剛跨入工業工程專業領域的學生而言，第十三版仍然提供可靠的工作設計、工作量測、設施規劃與各種流程圖等資訊；對具備實務經驗的工程師與管理者而言，則可將本書視為最新的實用參考資料來源。

此書與其他書籍有何不同

市面上多數的工作研究教科書，不是只介紹動作與時間研究的傳統單元，就是只介紹人因工程。極少教科書將這兩項主題整合成一本書，或將之合併為一門課。在今日的時代，工業工程師既需考量生產力的問題，同時，也需考量其對工人健康與安全的影響。本書增加問題、習題及實驗範例實作，以協助教師教學。最後，本書提供的教師與學生線上資源、電子表單、軟體工具、最新資訊與內容更新之多，實非其他教科書可比。

內容組織與課程材料

第十三版的規劃，大致可供每週一章、共一學期的入門課程教學之用。雖然本書總共有 18 個章節[2]；但第 1 章為簡單的概論，第 7 章的認知工作設計[3]與第 8 章的工作場所與系統安全[4]有相當部分的內容可於其他的課程中講授；第 15 章間接與管銷人工標準[5]亦可於將來的進階課程中再作介紹。換言之，一個學期大約可以講授 15 個章節的內容。

一般的學期教學計畫或可安排如下：

---

[1] 此為本版中文版第 14.4 章節
[2] 此指原書
[3] 此為本版中文版第 5 章
[4] 此為本版中文版第 6 章
[5] 此為本版中文版第 13 章

章序	鐘點數	內容
1	1	簡介生產力與工作設計的重要性及其歷史發展。
2	3~6	各領域的一些工具 (柏拉圖分析、工作分析／工作現場指引、流程程序圖、人機程序圖)，以及人－機互動量化分析的工具。其中生產線平衡與計劃評核術 (PERT) 或可考慮在其他課程中再介紹
3	4	以例子逐步介紹操作分析的作法。
4	4	概略介紹基礎肌肉生理學與能量消耗的概念。
5	4	全部。
6	3~4	照明、噪音、溫度的基礎介紹，也可再酌予增加兩個其他環境主題。安全與 OSHA 或可於其他課程再介紹。
7	0~4	教授內容可由教師斟酌決定；其內容或可於其他時段介紹。
8	0~5	教授內容可由教師斟酌決定；其內容或可於其他時段介紹。
9	3~5	三項工具：價值工程、成本效益分析與交叉圖；工作分析、評估及與作業員互動，其他工具或可於其他時段介紹。
10	3	時間研究的基本內容。
11	3~5	一種評比的方式：介紹寬放的前半部內容。
12	1~3	介紹標準資料與公式，內容由教師斟酌決定。
13	4~7	只深入地介紹一種預定時間系統，其他系統或可於其他時段介紹。
14	2~3	工作抽樣。
15	0~3	介紹間接與管銷人工標準，內容由教師斟酌決定。
16	2~3	綜述與成本計算。
17	3~4	每日正常工作量與標準工時計畫。
18	3~4	學習曲線、動機與人員技能。

以上建議的教學計畫共需 43 堂課，其中還包含 2 次成績評量。本書內容相當具有彈性，教師可自行斟酌是否對工作設計 (第 4 至 7 章[6]) 等章節發給補充教材，並作更為深入的講授；又或是斟酌減少傳統工作衡量 (第 8 至 16 章[7]) 的講授時數。

同樣地，如需完整地講授本書的內容（以第 2 個數字為各章節的授課時數），其內容亦足以同時涵蓋課堂上的講授與實驗室的實習；就如同賓州州立大學的教學計畫一般。前述兩種課程的教材都經過適當規劃，能夠完全以線上教學的方式呈現。以下的網址可以取得本書的線上教材範本 www.engr.psu.edu/cde/ courses/ie327/index.html。

補充教材與線上支援

本書第十三版仍繼續透過普及使用的個人電腦與網路，作為建立標準、可行性概念化、評估成本與傳播資訊的工具。為了更進一步達成以上的目標，本書出版商透

---

[6] 此為本版中文版的第 4、5 章。

[7] 此為本版中文版的第 6 ~ 14 章。

過這個網址 http://highered.mcgraw-hill.com/sites/0073376310 提供各種線上資源讓教師下載與使用，其中也包括最新版本的教師手冊。網頁中也提供相關程式的下載，其中 DesignTools 的 4.1.1 版為一建構完整的軟體，具有執行人因分析與工作量測等功能；該軟體還新增供 iPad 和 iPhone 使用的 QuikTS 這個時間研究數據蒐集 App。

本書的網頁亦可連結到作者的網站 www2.ie.psu.edu/Freivalds/courses/ie327 new/index.html，該網頁也提供教師在講授過程中所需的相關背景資料，包含本書所引用的各類表格之電子檔；學生也可以在此取得習題與解答等課程資源。本版內容的最新勘誤表亦揭示於本網站。許多服務於大專院校、產業界及勞工組織的讀者提出寶貴的建議，對於本書第十三版的撰寫貢獻良多。歡迎提供意見，尤其是您發現任何錯誤的話，只要按下網頁上的「OOPS!」按鍵，或以電子郵件寄送訊息到 axf@psu.edu 即可。

致謝

首先，感謝已故的班傑明・倪貝教授給我機會，參與他所寫的這本極受敬重的教科書之修撰工作。希望本版所新增與修訂的內容能夠符合他的標準，並繼續對未來步入此一領域的工業工程師提供服務。感謝 Jaehyun Cho 貢獻許多寶貴的時間在賓州州立大學，為本書撰寫 QuikTS 程式。

還要感謝以下幾位提供寶貴意見的審稿人：

Dennis Field, *Eastern Kentucky University*

Andrew E. Jackson, *East Carolina University*

Terri Lynch-Caris, *Kettering University*

Susan Scachitti, *Purdue University Calumet*

最後，我要對 Dace 的耐心與支持表示感謝。

安得力・福雷瓦

目錄 CONTENTS

chapter 1 | 方法、標準及工作設計：緒論　1

　　1.1　生產力的重要性　1
　　1.2　方法與標準的範圍　2
　　1.3　歷史的發展　7

chapter 2 | 解決問題的工具　19

　　2.1　探索性工具　20
　　2.2　記錄與分析工具　28
　　2.3　量化工具和人機關係　37

chapter 3 | 操作分析　65

　　3.1　操作目的　68
　　3.2　零件設計　69
　　3.3　公差與規格　72
　　3.4　物料　74
　　3.5　製造順序與製程　78
　　3.6　設置與工具　84
　　3.7　物料搬運　88
　　3.8　工廠布置　97
　　3.9　工作設計　105

chapter 4 | 人力工作設計　113

　　4.1　肌肉骨骼系統　114
　　4.2　工作設計原則：人的能力與動作經濟　116
　　4.3　動作研究　129
　　4.4　人力工作與設計方針　132

chapter 5 | 工作的人因工程考量　157

5.1 人體計測與設計　157
5.2 工作站設計的基本原則　159
5.3 器械設備的設計　161
5.4 累積性傷害　164
5.5 人類訊息處理模式　165
5.6 訊息編碼的一般原則　170
5.7 視覺資訊顯示器的設計原則　173
5.8 聽覺資訊顯示器設計原則　176
5.9 人與電腦互動設計的硬體考量　176
5.10 人與電腦互動設計的軟體考量　177
5.11 照明與可視性　178
5.12 噪音　179
5.13 溫度　180
5.14 通風、振動與輻射　181
5.15 工作時間　182

chapter 6 | 工作場所與系統安全　191

6.1 意外致因的基本原則　192
6.2 意外預防程序　197
6.3 機率方法　205
6.4 可靠度　208
6.5 失誤樹分析　213
6.6 安全立法和工人薪資　219
6.7 美國職業安全與衛生署　222
6.8 危害控制　227
6.9 一般安全概念　229

chapter 7 | 實施新方法　239

7.1 決策工具　240
7.2 推行新方法　252
7.3 工作評價　255
7.4 美國殘障人士就業保障法案　262
7.5 追蹤　262
7.6 成功的方法實行　263

chapter 8 | 時間研究 269

8.1 合理的工作量 270
8.2 時間研究的需求 270
8.3 時間研究的設備 272
8.4 時間研究的實施步驟 276
8.5 進行測時工作 278
8.6 時間研究的執行 285
8.7 計算時間研究的數據 287
8.8 標準時間 288

chapter 9 | 評比與寬放 301

9.1 標準績效 302
9.2 健全的評比特性 303
9.3 評比的方法 303
9.4 評比的應用與分析 309
9.5 評比訓練 311
9.6 寬放 314
9.7 固定寬放 315
9.8 變動疲勞寬放 316
9.9 特殊寬放 326
9.10 寬放的運用 328

chapter 10 | 標準資料法 335

10.1 建立標準時間數據 336
10.2 從實證數據建構時間公式 340
10.3 分析公式 344
10.4 標準數據的應用 349

chapter 11 | 預定時間系統 355

11.1 方法時間衡量 356
11.2 梅氏序定時間技術 378
11.3 預定時間系統之應用 388

chapter 12 | 工作抽查 399

12.1 工作抽查的理論 400

12.2 工作抽查的說明與推行　404
12.3 計畫實施工作抽查　405
12.4 記錄觀測數據　413
12.5 機器與作業員之使用率　413
12.6 決定寬放　416
12.7 訂定時間標準　146
12.8 自我觀測　418
12.9 工作抽查軟體　420

chapter 13 | 間接與管銷人工標準　425

13.1 間接和管銷人工標準　425
13.2 間接人工和管銷人工的標準數據　437
13.3 專業人員績效標準　440

chapter 14 | 標準的追蹤與應用　447

14.1 標準時間的維持　447
14.2 標準之使用　450
14.3 成本估算　456
14.4 服務工作的標準　462

chapter 15 | 訓練、薪資與其他管理實務　469

15.1 作業員訓練　470
15.2 學習曲線　471
15.3 員工與動機　476
15.4 人員互動　480
15.5 溝通　484
15.6 現代管理實務　488
15.7 薪資獎勵計畫之實施　491
15.8 薪資獎勵計畫之設計　492
15.9 薪資獎勵計畫之管理　492
15.10 與財務無關之獎勵計畫　495

附錄1　有用公式　501
附錄2　特殊數據表　503
附錄3　書中公式彙整　517
索引　521

方法、標準及工作設計：緒論
Methods, Standards, and Work Design: Introduction

本章重點

- 生產力提升推動了美國的工業。
- 勞工的健康和安全與生產力同樣重要。
- 方法工程簡化了工作。
- 工作設計使工作能與作業員配合。
- 時間研究能衡量工作並設定標準。

1.1 生產力的重要性 Productivity Importance

在工商業環境中不斷發生的變化，如市場及生產廠商的全球化、服務業的擴大增長、企業內全面電腦化的成長，以及網路應用的持續擴張，都必須從經濟面和實務面加以考量。對一個企業而言，追求成長或增加獲利能力的唯一保證便是「提升生產力」。「生產力的改善」指的是每一工作小時或單位工作時間內產出量的增加。長久以來，美國的生產力多居世界之冠。以過去百年而言，美國的生產力大約每年成長百分之二，然而，過去三十餘年間，美國生產力的提升率已被中國大陸大幅超越達13.4%。

提升生產力的基本工具包括方法、時間研究標準〔也常稱為工作衡量(Work measurement)〕以及工作設計。典型金屬產品製造業的總成本中，直接人工成本占12%，直接材料成本占45%，製造費用則占了43%。無論企業或工業，在營運過程中所涉及的各項活動，如銷售、財務、生產、工程、成本控制、維修和管理，都是可以應用方法、標準和工作設計的範圍。談到應用提升生產力的工具，一般人通常只想到生產，但企業的其他活動也能利用生產力工具而受益。例如，在銷貨方面，現代的資訊檢索方法通常可找到更可靠的資訊，並用較少的成本獲得較多的銷貨。

今天，大多數美國工商企業必須以縮小企業規模的方式自我再造，才能在經歷長期不景氣的打擊，與競爭日益激烈的世界中，更有效地營運。它們藉由生產力的改善，以前所未有的幅度致力於降低成本與改善品質，同時也嚴格地檢討所有未能獲利的部門。

第 1 章　方法、標準及工作設計：緒論

對於工程、工業管理、企業管理、工業心理學和勞資關係等專業的學生而言，傳統的工作機會包括：(1) 工作衡量；(2) 工作方法與設計；(3) 生產工程；(4) 製造分析與控制；(5) 設施規劃；(6) 薪資管理；(7) 人因工程與安全；(8) 生產與存貨管制；以及 (9) 品質管制。然而，這些工作機會並非僅存在於製造業中；在百貨公司、旅社、教育機構、醫院、銀行、航空公司、保險公司、軍事機構、政府機構、老人安養機構以及其他服務產業等處也有，而且如同在製造業中一般重要。今天，美國的製造業所僱用的勞工大約只占勞工總數的 10%，其餘 90% 的勞工則從事於服務業或幕僚類的工作。隨著服務業的日趨發達，方法、標準和工作設計的原理與技術也必須應用於服務的部門中。因此無論在何地，只要是藉著人、物料和設施的互動以達成某種目標的系統活動，都能透過明智地應用方法、標準與工作設計，而使生產力獲得改進。

一個工業的生產廠區為其成功的關鍵，在這裡原物料須受管制，因此領用與流動都須有相關單據；各項操作、檢驗和方法的順序須先行決定；工具須安置整齊；各項作業的時間值均須分配確定；各項工作的時程表則須於事先排定，依此派工及跟催。如此運作才能生產高品質的產品，並按時交貨，使客戶滿意。

同樣地，方法、標準和工作設計就是生產部門的關鍵部分。公司的相關人員大多在此對產品能否透過有效率的工作站、加工工具與人機關係，以具有競爭力的方式生產作出決策。相關人員也在這裡發揮創意，改進現行生產方法與產品，並以公平的工作標準維持良好的勞資關係。

在公司中，製造經理的工作目標是以最少的資本投資和最大的員工滿意度，按既定的時程生產成本最低的高品質產品。可靠度暨品管經理的工作重點則是要維持工程規格，並以產品預期壽命中的產品品質水準與其可靠度使顧客滿意。生管經理的主要任務在於訂定和維護生產時程，不僅要符合顧客的需求，而且須藉仔細的排程，達成最經濟有利的生產。維修保養經理主要的工作目標在於確保各項設施不至於因突發的故障與檢修而停機。圖 1.1 說明整體生產中所包含的這些範疇，以及方法、標準和工作設計的影響。

1.2　方法與標準的範圍　Methods and Standards Scope

方法工程乃依據產品工程部所制定的規格，進一步設計、創造，並選擇最好的製造方法、程序、工具、設備和技能來製造產品。最好的方法配合上現有最好的技能時，就能產生有效率的工人－機器關係。完整的方法訂定之後，接著必須決定產品生產的標準時間。此外，其他職責尚包含：(1) 確保工作確實符合預定的標準；(2) 使工人均能按照其產出、技能、職責和經驗而獲得適當的報酬；(3) 使工人對他們所做的工作感到滿意。

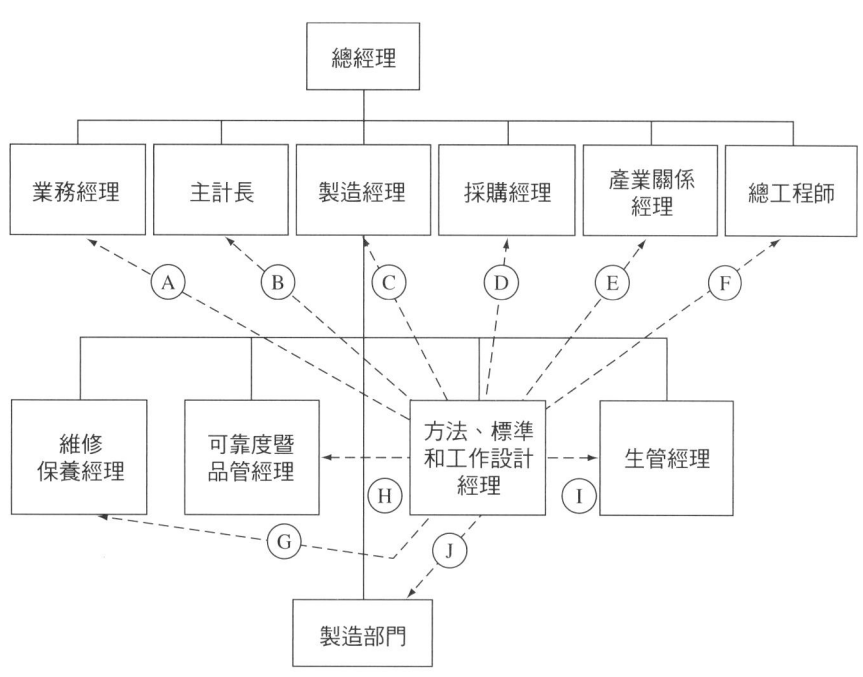

A － 成本大部分依製造方法而定。
B － 時間標準是標準成本的基礎。
C － 標準（直接與間接的）可以作為衡量生產部門績效的基礎。
D － 選用設備與物料供應時，可用時間作為比較的依據。
E － 良好的勞資關係可藉公平的標準與安全的工作環境來維持。
F － 方法、工作設計及程序對產品設計的影響極大。
G － 標準可作為預防保養的基準。
H － 標準可以確保品質。
I － 排程是依據時間標準來安排。
J － 方法、標準和工作設計規範工作方法、程序及工時。

圖 1.1 典型的組織圖，可從中看到方法、標準及工作設計對企業運作的影響。

　　實施時，全部的程序約略包括定義問題；把工作細分為各項操作；分析每一個操作，在兼顧作業員安全和工作利益的前提下，決定預定產量的最經濟製造程序；訂定適當的時間值；然後，徹底追蹤，以確保所規定的方法已付諸實施。圖 1.2 說明藉由方法工程和時間研究的應用，以減少標準製造工時的契機所在。

方法工程

　　操作分析 (Operation analysis)、工作設計 (Work design)、工作簡化 (Work simplification)，以及方法工程 (Methods engineering)、組織再造 (Corporate reengineering) 等名詞，常常視為同義詞來使用。在大部分的時候，這是指能提升每單位時間的產量或降低每單位產出成本的技術；換言之，就是生產力的改善。然而，如同本書中所定義的，「方法工程」與一項產品的生命週期中，兩個不同時期的分析有關。首先，方法工程師要負責設計和開發生產此項產品的各作業中心；其次，還必須繼續不斷地重新檢視這些作業中心，以發掘生產此項產品的更佳方法及／或改進其品質。

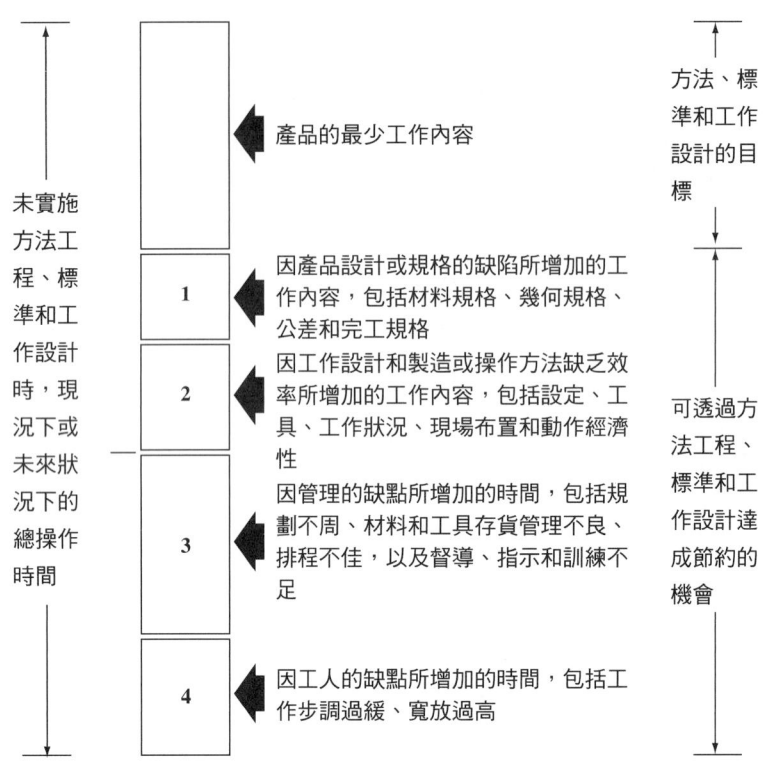

圖 1.2 藉由方法工程和時間研究的應用，以減少製造工時的契機所在。

　　近年來，這個第二階段的分析特別稱為組織再造。從這一點上，我們認知到：如果一個企業想要不斷有利可圖，繼續營運，就必須導入變革；也或許需要在製造以外的部門導入一些變革。通常，利潤幅度可以藉著在會計、存貨管理、物料需求計畫、後勤及人力資源管理等方面的積極改變，而予以擴大。透過在這些領域的資訊自動化應用，所獲得的成效十分驚人。在此應強調的是：在產品規劃階段的方法研究愈徹底，愈不需要在產品的生命週期內再作其他的方法研究。

　　應用方法工程代表著技術能力的利用，因此生產力的改善可以永無止境。由於已開發國家藉技術創新而產生的生產力甚大，相對於開發中國家以低廉工資生產產品的挑戰，通常仍能保持其競爭優勢。所以要做好方法工程的基本要件，就是不斷研究發展新的技術。依據 2012 年全球創新指標 (Global Innovation Index) 的報告，世界各國中，以每名工人的研究發展經費支出排名，前十名的國家是以色列、芬蘭、瑞典、日本、南韓、丹麥、瑞士、德國、美國和奧地利；這些國家的生產力也都名列前茅。只要這些國家繼續不斷強調研究發展，透過技術創新來推行方法工程，必然更能提升產業界提供高水準產品與服務的能力。

　　方法工程師是利用有系統的程序來建立作業中心，用以生產產品或提供服務（見圖 1.3）。這項程序概述如下，並可大略呈現出本書編寫的順序。程序中的每一個步驟在後續各章節都有詳細的說明；應注意的是，步驟 6 和 7 並非方法研究不可分割的一

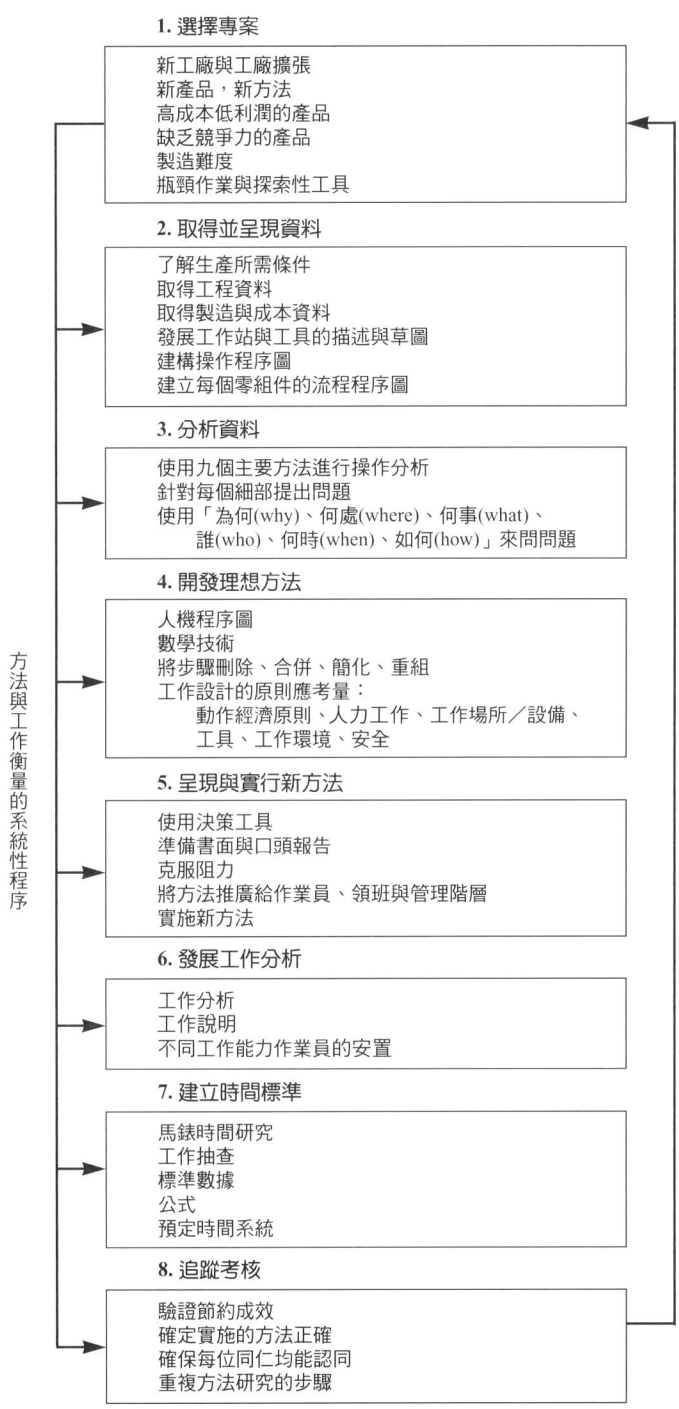

圖 1.3 方法工程的主要步驟。

部分，但是如果作業中心要能夠完整運作，則該兩步驟仍屬必要。

1. **選擇專案：** 通常而言，選定進行方法研究的專案，不是新產品，就是製造成本高而獲利低的現有產品。此外，目前製造品質有瓶頸和處於競爭力弱勢的產品，也是方

法工程必然的選定項目(詳見第 2 章)。

2. **取得並呈現資料**：蒐集所有與產品或服務相關的重要事實，包括工程圖樣和規格、數量要求、交貨條件，以及產品或服務預期的壽命規劃。取得這些重要資料以後，將之依相關表格順序予以記錄，以便研究分析。在此步驟中，程序圖表的設計與使用會非常有幫助(詳見第 2 章)。

3. **分析資料**：利用各主要項目進行操作分析，以決定可導致最佳產品或服務的可行方案。這些主要項目包括：操作目的、零件設計、公差和規格、原材料、製造程序、設定和工具、工作條件、物料搬運、工廠布置及工作設計等(詳見第 3 章)。

4. **開發理想方法**：透過考慮與每個可行方案有關的各項限制條件，包括涉及生產力、人因工程及安全衛生的條件，對各項操作、檢驗和搬運的程序作最佳的選擇(詳見第 3 至 5 章)。

5. **呈現與實行新方法**：對相關的操作和保養維修負責人員說明建議的工作方法；進一步考量這個作業中心的所有相關細節，以確保建議的工作方法可達到預期的成果(詳見第 7 章)。

6. **發展工作分析**：對實施的方法進行工作分析(Job analysis)，以確保作業員能有適當的選拔、訓練和報償(詳見第 7 章)。

7. **建立時間標準**：為實施的方法制訂一個公平合理的標準(詳見第 7 至 13 章)。

8. **追蹤考核**：對實施的方法定期予以稽核，以了解預期的生產力和品質是否達成、成本是否正確反映，以及是否能做進一步的改善(詳見第 14 章)。

總之，方法工程是對所有直接和間接操作做有系統的詳細檢視，以找出既可顧全工人的健康和安全，又可使工作更容易完成的改善方式；同時也可使每單位工作以較少的時間和較少的投資予以完成(也就是有較大的獲利能力)。

工作設計

開發或維護新的工作方法時，必須用工作設計的原則，使作業和工作站能以符合人因工程的方式來配合作業員的條件。遺憾的是，在追求生產力提升的潮流下，工作設計通常會被遺忘。人們經常可見到過度簡化的作業程序造成作業員像機器般反覆工作，導致與工作相關的肌肉骨骼傷害(Musculoskeletal disorders)發生率的增加。尤其是在現今水漲船高的醫療保健趨勢下，因生產力增加和成本降低產生的收益，遠不足以支付勞工醫療與事故補償金成本的增加。因此，方法工程師必須將工作設計的原則與新的工作方法結合，以使工作更有生產力，同時對作業員也更安全無虞。(詳見第 4 至 5 章。)

標準

標準是時間研究或工作衡量的最終結果。這項技術根據對某項作業所訂方法中工作內容的衡量，並適當地考量疲勞、個人和不可避免的延遲，以建立一個執行該項作

業的允許時間標準 (Time standard allowed)。時間研究分析師使用以下幾種技術來建立標準：馬錶時間研究、電腦化的數據蒐集、標準數據、預定時間系統、工作抽查及歷史數據推估，而各種技術各有其適用的狀況。時間研究分析師必須知道使用某特定技術的時機，使用該項技術時也必須審慎且正確地執行。

依此建立的標準，可用於訂定工資給付方案。在許多公司，尤其是在較小型的企業中，工資給付的核定同樣是由負責方法與標準的人員來執行。同時，工資給付也會和工作分析與工作評價配合辦理，使這些緊密相關的活動運作順利。

其他與方法和標準的使用密切相關的領域還有生產控制、工廠布置、採購、成本會計與控制，以及程序與產品設計。這些工作若要有效地運作，還是得依靠方法和標準部門所訂定的時間和成本數據、資料以及操作的程序。這些關係會在第 14 章做簡要的討論。

方法、標準及工作設計的目標

方法、標準及工作設計的主要目標在於：(1) 安全地增加生產力和產品可靠度；以及 (2) 降低單位成本，以生產更多高品質的產品和服務，供更多人享用。只要透過明智地應用方法、標準及工作設計的原則，用較少的時間生產更多的產品，降低成本，增加利潤，產品和服務的生產廠商就會增加；同時，所有消費者的購買力也會成長。如此一來，每年將可以為更多人創造更多的工作，失業和救濟名單才可能減至最少，也才能降低社會對無生產力者經濟負擔成本的不斷攀升。

方法、標準及工作設計的主要目標可歸納為以下七項：

1. 使完成工作的時間減到最少。
2. 持續不斷地改進產品和服務的品質與可靠度。
3. 藉由訂定產品和服務的最適當直接與間接材料，以節省資源並使成本最小化。
4. 考量成本及可使用的動力能源。
5. 使所有員工的安全、健康與福祉最大化。
6. 生產時，也要落實並提升對生態與環境保護的關心。
7. 力行人性化的管理，使每一個員工都能保持對工作的興趣和滿意度。

1.3 歷史的發展 Historical Developments

泰勒的貢獻

在美國，一般都認定弗列德瑞克・泰勒 (Frederick W. Taylor) 是現代時間研究的開創者。但是，遠在泰勒開始時間研究之前，歐洲已經對工作所需的時間進行了相當長久的研究。在 1760 年，法國工程師裴柔內 (Jean Rodolphe Perronet) 曾對 6 號大頭針的製造進行大量的時間研究；六十年後，英國經濟學家巴貝幾 (Charles W. Babbage) 又對 11 號大頭針的製造進行時間研究。

1881 年，當泰勒在費城密得維爾鋼鐵公司 (Midvale Steel Company) 工作時，開始了他的時間研究。雖然他出生在一個富裕的家庭，但他對自己優越的成長歷程頗不以為然，於是出外工作，擔任學徒。工作了十二年以後，他逐漸發展出一套根據「工作」規劃工時的系統。泰勒建議，工人的工作，應由管理人員至少提前一天先行計畫。工人所收到的完全是書面工作指令，其中詳細描述他們的工作並註明執行的方法。各個工作都由專家做過時間研究，並訂定了執行的標準時間。在時間處理程序上，泰勒主張將一個工作拆解為較不費力的片段，以「單元」(Element) 名之。隨後，專家對個別的單元測時，再將個別單元的時間累加起來，即可決定該工作整體的允許工作時間。

他的研究結果剛發表時，反應並不熱烈，因為許多工程師將他的研究結果視為一個新的計件工資 (Piece-rate) 計算方式，而不是分析工作和改進方法的技術。當時的管理階層和工人都對計件工資的計算頗為懷疑，因為許多工作標準通常不是根據主管的猜測，就是被上司吹噓，以維護他們的部門績效。

1903 年 6 月美國機械工程學會 (American Society of Mechanical Engineers, ASME) 在沙拉托加 (Saratoga) 召開研討會，泰勒在會中發表了著名的〈工場管理〉(Shop Management) 論文。這篇論文提出科學管理的元素，包括時間研究、工具和工作的標準化、善用規劃部門、善用計算尺和可節省時間的類似用品、工作指示卡、績效獎金、差別工資率、易記的產品分類系統、途程系統，以及現代成本制度。許多工廠的經營管理者頗能接受泰勒提出的這些技術，到了 1917 年，採用「科學管理」的 113 家工廠中，有 59 家認為他們的推行完全成功，有 20 家認為部分成功，另外 34 家則屬於失敗的案例 (Thompson, 1917)。

1898 年 (此時泰勒已辭去密得維爾鋼鐵公司的工作)，泰勒在伯利恆鋼鐵公司 (Bethlehem Steel Company) 進行一項生鐵實驗，這項實驗後來成為展示他的科學管理原則最著名的範例之一。案例中工人的工作是將 92 磅生鐵運上斜坡，倒入貨車中。他建立正確的工作方法，同時給予獎金的激勵，結果使其生產力從原來的平均 12.5 噸／日提升到 47 至 48 噸／日之間，給付的每日工資則由 1.15 美元增加到 1.85 美元。於是，泰勒聲稱藉著科學管理的措施，使工人的生產增加了，但是「沒有引起罷工，沒有發生爭執，工人更愉快、更滿意。」

泰勒在伯利恆鋼鐵公司的另一項著名研究是鏟煤與鐵礦砂的實驗。當時，伯利恆鋼鐵公司鏟煤與鐵礦砂的工人無論鏟什麼原物料 (如沉重的鐵礦砂或較輕的煤炭粒)，都須使用他們自備的同一把鏟子工作。經過深入的研究以後，泰勒設計出適合不同裝載量的鏟子：短柄較小的鏟子用來鏟鐵礦砂，長柄較大的煤鏟則用來鏟較輕的煤炭粒。結果，不但生產力增加，而且物料的搬運成本從 8 美分／噸降到 3 美分／噸。

泰勒另一項廣為人知的貢獻是泰勒－懷特工具鋼熱處理的程序 (Taylor-White process of heat treatment for tool steel)。他對鋼硬化作了研究，開發出將鉻鎢鋼合金加熱至接近其熔點，使之硬化又不致脆化的方法。用此法製造的「高速鋼」可以使機器切削生產力至少倍增，時至今日，世界各地仍普遍使用此鋼製作刀具。其後，他又為金

屬切削研究出泰勒公式 (Taylor equation)。

鮮為人知的是，在工程貢獻之外，泰勒在 1881 年使用自己設計的球拍，其握柄與湯匙一般，略為彎曲，外型怪異，卻贏得全美網球雙料冠軍。1915 年，泰勒因肺炎感染逝世，享年 59 歲。如果想要獲知更多有關泰勒多才多藝的資訊，可以參閱坎尼格為他所寫的傳記 (Kanigel, 1997)。

1900 年代早期，美國經歷了空前的通貨膨脹時期。「效率」一詞流於老生常談，多數企業和產業紛紛另尋能提升績效的新作法，其中，鐵路產業也感受到需要大幅調漲運輸費率，才能支應整體成本的增加。當時代表東部各商業協會的路易斯·伯郎戴 (Louis Brandeis) 認為鐵路公司沒有資格，也沒有實際需要提出調漲費率之議，因為他們沒有積極地在其產業中推行新的「管理科學」(Science of management)。伯郎戴聲稱如果鐵路公司積極推行泰勒的管理技術，每天將能節省 100 萬美元。因而，首次將泰勒的概念稱為「科學管理」(Scientific management) 的是伯郎戴和「東部費率案」(Eastern Rate Case；該案聽證會後，以此名著稱)。

此時，許多沒有與泰勒、巴斯 (Barth)、墨瑞 (Merrick) 和其他先驅同等專業資格的人，都熱切地想要在這個新領域建立自己的名聲。他們自命為「效率專家」，全力在產業界推展科學管理。他們很快就遭遇員工對變革的自然抗拒，由於並未預期須處理人際關係的問題，他們有了很大的困難。問題在於他們通常急切地想有好的表現，但只具備了半調子的科學管理知識，以致於所建立的績效標準常常難以達成。此種情況嚴重到一些經營管理者不得不中斷整個科學管理的推行，以使公司繼續運作。

在其他的案例中，工廠管理階層會允許主管設立時間標準，但其結果鮮少令人滿意。當時的許多工廠管理人員最感興趣的是降低人工成本，因此在標準建立之後，如果他們覺得某些員工所做的事成本太高了，就會肆無忌憚地降低其工資。結果工人要賺相同的工資卻須更辛苦地工作，有時候甚至所得更少，如此當然就會引起工人的激烈反應。

雖然泰勒推動許多成效不錯的案例，但上述負面的影響仍然在擴散。在美國麻州清水鎮兵工廠 (Watertown Arsenal)，由於勞方頗為反對新的時間研究作法，於是州際商業委員會 (Interstate Commerce Commission, ICC) 在 1910 年開始對時間研究進行調查。到了 1913 年，美國國會受到幾份此項議題負面報告的影響，決議在聯邦政府撥款法案中增加一項附加條款，規定任何政府經費不得作為支付參與時間研究工作人員薪資之用。這項限制一體適用於以政府經費支付員工薪資的公營工廠。

直到 1947 年，美國眾議院才通過一項法案，廢除了對馬錶測時及時間研究的禁令。有趣的是，時至今日，在某些鐵路修理廠的工會仍不允許馬錶測時。讀者或許也可以注意一下，在現今的裝配線上，在律師以分鐘計算談話費的帳單上，以及醫院文件中記載花費在求診者的成本上，「泰勒主義」(Taylorism) 仍然常被提到。

動作研究與吉爾柏瑞斯夫婦的事蹟

法蘭克和莉蓮·吉爾柏瑞斯 (Frank and Lilian Gilbreth) 夫婦是現代動作研究技術 (Motion-study technique) 的創始人。「動作研究」可以定義為「一種對執行某項操作的身體動作所進行的研究，藉由消除不必要的動作，簡化必要的動作，並建立能達成最大效率的最適當動作順序，以改進該項操作的動作。」最初，法蘭克·吉爾柏瑞斯將他的想法和道理導入所服務的砌磚業中。透過動作研究，並配合使用他發明的可調整工作吊架進行方法改善，再加上對作業員的訓練之後，竟能使每位工人每小時平均砌磚數增加到 350 塊。在這之前，如果砌磚工人每人每小時能砌 120 塊磚，就算是令人滿意的表現了。

吉爾柏瑞斯夫婦肩負無比重任，要使產業界能肯定動作研究對增加產量、減少疲勞及指導作業員用最佳方法工作的重要性。他們開發出將動作拍攝成影片後，再用影片研究動作的技術，這項技術就是著名的「細微動作研究」(Micromotion study)。藉由慢動作影片的分析做動作研究的輔助，其用途並非僅限於工業上的應用。

此外，吉爾柏瑞斯夫婦開發了動作軌跡圖 (Cyclegraphic) 與時序動作軌跡圖分析技術 (Chronocyclegraphic analysis techniques)，以便研究作業員的動作軌跡。動作軌跡圖法 (Cyclegraphic method) 是將一個小燈泡固定在手指、或手部、或要研究的身體部位，然後在作業員進行操作時，將動作拍攝成相片。此種相片就是將這些操作的動作樣式永久地記錄下來，而且可以進行分析，提出可能的改善方式。時序動作軌跡圖與動作軌跡圖類似，但它的電路設計成會有規則地中斷，造成燈泡的閃光。因而動作的燈泡軌跡不再是連續的實線，拍攝的相片中顯示的是間斷的虛線燈泡軌跡，其燈泡軌跡間隔的長短，則與被拍攝的身體動作的速度成正比。因此，時序動作軌跡圖可用以計算速度、加速度、減速度，也可以研究身體的動作。體育界發現這個分析工具非常有用，乃將靜態相片攝影提升為動態影片分析，成為顯示運動方式和技巧發展的有效訓練工具。

從一項有趣的側記中，讀者可以得知法蘭克·吉爾柏瑞斯甚至在個人生活也曾致力於追求最大效率。他的長子和女兒以生動的小品文詳細描述父親如何同時用雙手各執一支刮鬍刀剃鬚，或使用多種不同的聯絡信號集合所有孩子──他們全家一共有 12 個孩子！因此，他們合著的書，標題就訂為《論打計更便宜》(Cheaper by the Dozen) (Gilbreth and Gilbreth, 1948)！法蘭克在 55 歲早逝之後，由於莉蓮一方面是心理學博士，另一方面曾與丈夫共同研究，於是獨自繼續研究，進一步提出「工作簡化」的概念，特別是應用在身體肢障者的工作上。而她在 1972 年以 93 歲高齡過世 (Gilbreth, 1988)。

早期的先進

卡爾·巴斯 (Carl G. Barth) 是泰勒的同事，研發了生產作業計算尺，以決定對不同

硬度的金屬考量切削深度、刀具尺寸、刀具壽命等時，作最有效率的切削速度與進刀量組合。他同時也以研發出決定寬放 (Allowance) 的方式著稱。他為了決定寬放比例，先對工人一天內能夠完成的工作調查了其呎－磅數 (Number of foot-pound)。其次，他研發出一項算法，使該工人在其施力能及的範圍內，以臂力推或拉某特定重量若干次所作的功，等同於一日工時的某百分比。

哈林登・愛默生 (Harrington Emerson) 在聖塔菲鐵路公司 (Santa Fe Railroad) 運用科學的方法工作，並且寫了一本書——《效率的十二項原則》(Twelve Principles of Efficiency)，書中他盡力傳達給管理階層高效率作業程序的概念。他重整了公司，整合工場的程序，實施標準成本和獎金制度，並且將其會計工作改為用合樂利製表機 (Hollerith tabulating machines) 作業。這項努力使得每年可節省超過 150 萬美元，他的方法受到肯定，人稱效率工程學 (Efficiency engineering)。

1917 年，亨利・勞倫斯・甘特 (Henry Laurence Gantt) 開發出以視覺顯示預計日程表，是可以衡量績效的簡單圖表。第一次世界大戰期間，造船業熱心地採用了這項生產控制工具。於是，這項工具首次使實際績效可與原計畫績效相比較，可按照產能、落後工作量和客戶的要求及時調整每日進度表。甘特也以他發明的薪資制度著稱，這項制度給予工作績效在標準以上者獎勵；未達標準者，不予處罰；同時，按各單位達成績效標準以上的人數，發給主管特別獎金。甘特強調人際關係，並宣揚「光要求工人加快工作速度，並非科學管理」，學管理的層次更為提升。

在第二次世界大戰期間，美國總統富蘭克林・羅斯福 (Franklin D. Roosevelt) 透過美國勞工部 (U.S. Department of Labor)，主張建立各項標準以增加生產，動作與時間研究因而受到額外的激勵。該項政策主張：生產愈多，薪資愈高，但單位人工成本不得增加，激勵方案須由勞資雙方以集體協商方式訂定，生產標準則須透過時間研究或過去的生產紀錄訂定。

工作設計的出現

工作設計 (Work design) 是一項相對較新的科學，其目的在於對作業、工作站和工作環境作適當的設計，以使之更能適合操作人員的特性與需求。在美國，通常也稱為 Human factors (直譯為人的因素)，而國際上通稱為 Ergonomics，這個名稱是由希臘字的工作 (erg) 與法則 (nomos) 所衍生而來。(譯註：Human factors 與 Ergonomics 常視為同義字，中文通稱為「人因工程」，中國大陸稱為「人類工效學」。)

在美國，泰勒和吉爾柏瑞斯夫婦開創了最初的研究工作之後，對於工作設計領域的重要貢獻包括：第一次世界大戰期間對軍事人員的選擇和訓練，以及哈佛研究生院 (Harvard Graduate School) 在西方電氣公司 (Western Electric) 的工業心理學實驗 (參見第 7 章的霍桑研究)。在歐洲，從第一次世界大戰期間開始，英國工業疲勞委員會 (British Industrial Fatigue Board) 便對多種不同狀況下人員的績效進行許多研究，之後擴大到英

國海軍部 (British Admiralty) 和醫學研究委員會 (Medical Research Council) 所進行的人員在熱應力和其他情況下績效表現之研究。

第二次世界大戰時，由於軍用設備和航空器的日趨複雜，因而設立美國軍事工程學心理學實驗室，使這項專業真正開始成長。1957 年，前蘇聯發射的旅伴 (Sputnik，或音譯為「史潑尼克」) 太空船揭開太空競賽的序幕，也加速了人因工程的成長，特別是在與航空太空和軍事相關的研究發展方面。從 1970 年代迄今，此一專業的成長轉移到民生工業的領域；近年來，更擴展到電腦設備、對使用者友善的軟體及辦公室環境的人性化設計。其他促使人因工程成長的驅動力，包括產品安全責任與人員傷害訴訟案件的增加，以及悲劇性的大規模技術性災害，例如，三哩島 (Three-Mile Island) 核電廠事件，以及印度波帕 (Bhopal) 的聯合碳化物工廠 (Union Carbide Plant) 毒性氣體洩漏意外等。很明顯地，電腦和技術的成長將使人因工程專家在未來許多年間，繼續忙碌於設計更好的工作場所和產品，以提升生活與工作品質。

組織

自 1911 年以來，各界就努力組織起來，以使產業能夠跟上泰勒和吉爾柏瑞斯開創的最新工作研究技術發展。其中一些技術性組織一直致力於將時間研究、工作設計和方法工程等科學，提升為符合現今需求的標準，貢獻良多。例如，1915 年，以促進管理科學為宗旨的泰勒學會 (Taylor Society) 成立；1917 年對生產方法有興趣的一些人，籌組了工業工程師學會 (Society of Industrial Engineers)。美國管理學會 (American Management Association, AMA) 的起源可回溯到 1913 年，當時有一些訓練經理組成全國公司訓練所協會 (National Association of Corporate Schools)。該協會的各部門經常主辦生產力提升、工作衡量、工資激勵、工作簡化和職員工作標準的課程，並出版相關書籍。美國管理學會與美國機械工程學會 (American Society of Mechanical Engineers, ASME) 每年還共同頒授甘特紀念獎牌 (Gantt Memorial Medal) 給對產業管理有卓越貢獻的人，以服務社會。

1936 年，工業工程師學會和泰勒學會合併，成立管理促進學會 (Society for the Advancement of Management, SAM)，這個組織特別強調時間研究、方法和薪資給付的重要。產業界長期以來，一直使用管理促進學會的時間研究評比 (Rating) 影片。管理促進學會每年也頒授對管理科學促進有傑出貢獻的泰勒之鑰，和對動作、技巧與疲勞研究領域有顯著成就的吉爾柏瑞斯獎牌。1972 年，管理促進學會併入美國管理學會。美國工業工程師學會 (Institute of Industrial Engineers, IIE) 創立於 1948 年，其目的在於：維護工業工程實踐的專業水準；促進工業工程專業成員間的高凝聚力；鼓勵和協助工業工程師有興趣領域的教育和研究；促進工業工程專業成員間想法和資訊的交流 (例如，出版期刊 IIE Transaction)；授予實務合格人員工業工程師之名，以服務公共利益；並且促進工業工程師的專業註冊。工業工程師學會下的工作科學學會 (Society of Work Science，1994 年由 IIE 工作衡量和人因工程兩支部合併而成) 在這些工作領域的所有

面向上,仍保持其會員資格。此學會每年分別對在工作衡量和人因工程方面有重要成就者,頒發菲爾‧卡羅獎 (Phil Carroll Award) 和 M. M. 艾育布獎 (M. M. Ayoub Award)。

在工作設計領域中,第一個專業組織是 1949 年在英國成立的人因工程研究學會 (Ergonomics Research Society)。1957 年,該學會出版第一本專業期刊《人因工程學》(Ergonomics)。美國的專業組織「美國人因工程學會」(Human Factors and Ergonomics Society) 則成立於 1957 年。在 1960 年代,該學會迅速成長,會員人數從 500 人增加到 3,000 人。目前,美國人因工程學會有 5,000 餘名會員,學會中還有 20 個不同的技術小組。他們的主要目標是:(1) 定義並支持人因工程作為一個科學的學科,在實務上,以會員間技術資訊交流為目標;(2) 向工商業界和政府機構進行人因工程教育並作概念的介紹;(3) 推廣人因工程作為改善生活品質的手法。該學會也出版學術期刊《人因工程》(Human Factors),每年並舉辦學術研討會,使會員得以聚首並進行交流。

由於各國專業學會的增長,國際人因工程學會聯合會 (International Ergonomics Ass-ociation, IEA) 於 1959 年創立,以統合各學會並協調國際間的人因工程活動。截至 2013 年 8 月為止,國際人因工程學會聯合會共有全球 48 個人因工程學會參加為聯盟會員 (Federated societies),所屬各國學會登記個人會員總數達 15,000 名。(譯註:本書譯者王明揚教授於 2012 年 2 月當選 IEA 理事長,為 IEA 五十三年歷史中首位華人理事長,任期至 2015 年 8 月止。)

現今的趨勢

從事方法、標準及工作設計的人員已經意識到,諸如性別、年齡、健康和福利、體型大小和力量、性向、訓練態度、工作滿意度及動機反應等因素,會直接影響生產力的高低。此外,現今的分析師都體認到,工人當然會反對將他們當作機器一般對待。工人並不喜歡,甚至還懼怕純粹的科學方法,其本性也不喜歡對現行操作方式作任何改變,甚至連管理階層也往往會因為不願意改變,而拒絕值得採行的方法創新。

工人似乎懼怕方法和時間研究,因為他們了解其結果就是生產力的提升。對他們而言,這意味著工作會減少,薪資也會隨之減少。他們必須相信,事實上,從消費者的角度來看,他們會因低成本而得到好處;因為成本較低,市場將會更加擴大,也意味著有更多工作,需要更多人,生產更長的間。

今天,有些人對時間研究的疑懼,乃是以往效率專家令人不快的經驗所致。對許多工人而言,「動作和時間研究」是「加快速度」或「增加工作量,但未按比例增加報酬」的同義詞。這樣的說法表示以激勵措施刺激員工達成更高的產量水準,並隨之建立新的正常產量水準,藉此迫使工人更盡力工作,卻只支付與以往相同的報酬。在從前,短視而無所不用其極的管理人員確實曾採取這樣的作法。

時至今日,仍有一些工會反對用工作衡量來建立各項生產標準,或以工作評價訂定基本時薪,或採用獎工薪資制度。這些工會認為,執行某項作業的標準時間 (即允

許使用的時間)及員工應得的酬勞多寡,屬於應以集體協商安排解決的問題。

現在從事此類工作的人,必須使用「人道」的方法來執行。他們必須對人類行為的研究頗有造詣,並擅長溝通的藝術。他們也必須是好的聽眾,尊重不同的想法並為他人著想,尤以對基層的工人為然。該給他人的讚揚,千萬不要吝嗇。實際上,即使某人是否值得讚揚還有一些問題,他們仍應該經常地予以稱許。此外,從事動作和時間研究的人,該銘記在心的是,必須以吉爾柏瑞斯夫婦、泰勒和此領域中其他先驅所強調的存疑態度,去發掘問題,並解決問題。在發展能夠改進並提升生產力、品質、交貨、勞工安全、勞工福利等的新方法時,「永遠有更好的方式」的理念,是必須持續追求的目標。

現今,政府對方法、標準以及工作設計的規範,介入較以往更深。例如,美國政府對軍事設備承包商和轉承包商的壓力日增,要求必須依照 MIL-STD 1567A (1975 年首次發布;1983 年和 1987 年修訂) 提供直接人工的各項工作標準。企業獲得任何超過 100 萬美元的合同,即須依 MIL-STD 1567A 的規範要求,提出工作衡量的計畫和程序,建立和維護已知準確度 (Accuracy) 與可回溯性 (Traceability) 工程標準的計畫,方法改善與其標準的計畫,將各項標準用於預算、估計、規劃和績效評估的計畫,並且提供所有這些計畫的詳細文件。

類似的情況也出現在工作設計的領域中,美國國會通過了職業安全與衛生法案 (Occupational Safety and Health Act, OSHAct),並成立美國國家職業安全衛生研究院 (National Institute for Occupational Safety and Health, NIOSH) 與美國職業安全與衛生總署 (Occupational Safety and Health Administration, OSHA)。NIOSH 是負責訂定勞工安全衛生指引與標準的研究機構;OSHA 則是執法單位,負責推動並維護這些標準的實施。由於食品處理產業突然發現許多重複性動作傷害 (Repetitive-motion injuries),OSHA 乃於 1990 年訂定肉品加工廠的人因工程計畫管理指引 (Ergonomics Program Management Guidelines for Meatpacking Plants)。適用於一般產業的類似指引逐漸地轉變成 OSHA 人因工程標準,終於在 2001 年由柯林頓 (Clinton) 總統簽署成為法律。可惜的是,不久之後,這項法案又由美國國會廢止了。

隨著愈來愈多的人具備不同的工作能力,美國國會在 1990 年通過了美國殘障人士就業保障法案 (Americans with Disabilities Act, ADA)。這項法規對僱用 15 人以上的所有雇主有相當大的衝擊,影響遍及就業實務中的徵人、僱用、升遷、訓練、資遣、解僱、差假及工作指派。

工作衡量以往都以應用於直接勞工的作業為主,但方法和標準的訂定應用在間接勞工以及服務業人員作業的案例也愈來愈多。因為在美國,傳統製造業的工作機會日漸減少,而服務業的工作日益增多,這項趨勢將會繼續下去。電腦化工作研究技術的使用將持續增長,例如,預定時間系統 (Predetermined time systems, PTS) 中的梅氏序定時間技術 (Maynard operation sequence technique, MOST)。許多公司也已開發了時間研

究和工作抽查軟體，使用電子數據蒐集機處理所需的資訊。

表 1.1 所示為方法、標準及工作設計的發展過程。

表 1.1 方法、標準及工作設計的發展過程

西元年份	重要大事
1760	裴柔內(Jean Rodolphe Perronet)對 6 號大頭針的製造進行時間研究。
1820	巴貝幾(Charles W. Babbage)對11號大頭針的製造進行時間研究。
1832	巴貝幾出版《機器和製造的經濟面》(*On the Economy of Machinery and Manufactures*)。
1881	弗列德瑞克・泰勒(Frederick W. Taylor)開始時間研究。
1901	亨利・勞倫斯・甘特(Henry L. Gantt)開發出作業與獎工薪資制度。
1903	泰勒在美國機械工程學會(ASME)發表《工場管理》論文。
1906	泰勒發表《切削金屬的藝術》(*On the Art of Cutting Metals*)。
1910	州際商業委員會(ICC)開始對時間研究進行調查。 吉爾柏瑞斯發表《動作研究》(*Motion Study*)。 甘特發表《工作、工資與利潤》(*Work, Wages, and Profits*)。
1911	泰勒發表《科學管理原則》(*The Principles of Scientific Management*)。
1912	推廣管理科學學會(Society to Promote the Science of Management)成立。 愛默生(Harrington Emerson)估計如果東部鐵路公司可以推動科學管理，每天將可節省100萬美元。
1913	愛默生出版《效率的十二項原則》(*The Twelve Principles of Efficiency*)。 美國國會決議在聯邦政府撥款法案中增加一項附加條款，規定任何政府經費不得作為支付參與時間研究工作人員薪資之用。 亨利・福特(Henry Ford)在底特律為第一條移動式裝配線揭幕。
1915	泰勒學會(Taylor Society)成立，以取代推廣管理科學學會。
1917	法蘭克和莉蓮・吉爾柏瑞斯(Frank and Lillian Gilbreth)夫婦出版《應用動作研究》(*Applied Motion Study*)。
1923	美國管理學會(AMA)成立。
1927	愛爾頓・馬約(Elton Mayo)在伊利諾州霍桑的西方電氣公司開始進行霍桑研究。
1933	拉福・巴恩斯(Ralph M. Barnes)在康乃爾大學獲頒美國首位工業工程博士學位，他的博士論文在日後整理成《動作與時間研究》(*Motion and Time Study*)出版。
1936	管理促進學會(SAM)成立。
1945	美國勞工部主張建立各項標準，以提升大戰軍需生產力。
1947	通過法案，允許戰爭部使用時間研究。
1948	美國工業工程師學會(IIE)在俄亥俄州哥倫布市創立。 豐田英二(Eiji Toyoda)與大野耐一(Taichi Ohno)在豐田汽車公司(Toyota Motor Company)首次提出精實生產(Lean production)的概念。
1949	禁止使用馬錶測時的條文，從撥款法案中廢除。 人因工程研究學會（Ergonomics Research Society，現為人因工程學會(The Ergonomics Society)）在英國成立。
1957	美國人因工程學會(Human Factors and Ergonomics Society)在美國成立。 馬康密(E. J. McCormick)出版《人因工程學》(*Human Factors Engineering*)。
1959	國際人因工程學會(IEA)創立，以協調國際人因工程活動。
1970	美國國會通過職業安全衛生法案(OSHAct)，成立美國職業安全與衛生署(OSHA)。
1972	管理促進學會(SAM)併入美國管理學會(AMA)。
1975	美國空軍MIL-STD 1567「工作衡量」發布。
1981	美國國家職業安全衛生研究所(NIOSH)「抬舉指引」(Lifting Guidelines)首次發布。
1986	MIL-STD 1567A，「工作衡量導引附錄」定稿。
1988	ANSI/HFS 100 號標準──1988 視覺顯示終端機工作站的人因工程(ANSI/HFS Standard 100-1988 for Human Factors Engineering of Visual Display Terminal Workstations)發布。

表 1.1 方法、標準及工作設計的發展過程（續）

西元年份	重要大事
1990	美國國會通過美國殘障人士就業保障法案（ADA）。 OSHA訂定肉品包裝工廠的人因工程計畫管理指引（Ergonomics Program Management Guidelines for Meatpacking Plants），成為訂定 OSHA 人因工程標準的模式。
1991	NIOSH「抬舉指引」修訂。
1995	工作相關的累積性創傷病變控制標準草案ANSI Z-365（Draft ANSI Z-365 Standard for Control of Work-Related Cumulative Trauma Disorders）發布。
2001	OSHA人因工程標準由美國柯林頓總統簽署成為法律，但不久之後，又由美國國會廢止。
2006	美國人因工程學會成立五十週年。

總結

　　工業、商業和政府都同意，解決通貨膨脹和競爭的最佳希望在於開發未利用的潛力以提升生產力。要增加生產力，主要的關鍵則在於持續應用方法、標準和工作設計的原則。唯有如此，人和機器才能實現生產更多產品的期望。美國政府已經承諾，有無可推卸的責任來增加對弱勢者的照應——提供貧困者住房、老年人的醫療照顧、少數族群的就業照顧等。為了因應不斷盤旋上升的人工成本和政府稅賦，以及繼續發展事業，我們必須有效利用生產力元素——人和機器，才能發揮更多的生產力。

問題

1. 時間研究的另一個名稱是什麼？
2. 方法工程的主要目標是什麼？
3. 請列出應用方法工程的八個步驟。
4. 時間研究最早是在哪裡進行？由誰執行？
5. 請解釋泰勒的科學管理原則。
6. 動作研究的意義為何？動作研究技術的創始人是誰？
7. 勞資雙方對由「效率專家」建立的工資費率產生懷疑是可理解的嗎？為什麼？
8. 哪些組織與推廣泰勒和吉爾柏瑞斯夫婦的思想有關？
9. 當建議改變工作方法時，工人特殊的心理反應為何？
10. 請解釋在方法和時間研究中，人文方法的重要性？
11. 時間研究和方法工程如何發生關聯？
12. 為什麼工作設計是方法研究的一個重要元素？
13. 哪些重要事件凸顯出人因工程的需求？

參考文獻

Barnes, Ralph M. *Motion and Time Study: Design and Measurement of Work*. 7th ed. New York: John Wiley & Sons, 1980.

Eastman Kodak Co., Human Factors Section. *Ergonomic Design for People at Work*. New York: Van Nostrand Reinhold, 1983.

Gilbreth, F., and L. Gilbreth. *Cheaper by the Dozen*. New York: T. W. Crowell, 1948.

Gilbreth, L. M. *As I Remember: An Autobiography*. Norcross, GA: Engineering & Management Press, 1988.

Kanigel, R. *One Best Way*. New York: Viking, 1997.

Konz, S., and S. Johnson. *Work Design*. 7th ed. Scottsdale, AZ: Holcomb Hathaway, 2007.

Mundell, Marvin E. *Motion and Time Study: Improving Productivity*. 5th ed. Englewood Cliffs, NJ: Prentice-Hall, 1978.

Nadler, Gerald. "The Role and Scope of Industrial Engineering." In *Handbook of Industrial Engineering*, 2d ed. Ed. Gavriel Salvendy. New York: John Wiley & Sons, 1992.

Niebel, Benjamin W. *A History of Industrial Engineering at Penn State*. University Park, PA: University Press, 1992.

Salvendy, G., ed. *Handbook of Human Factors*. 3rd ed. New York: John Wiley & Sons, 2006.

Saunders, Byron W. "The Industrial Engineering Profession." In *Handbook of Industrial Engineering*. Ed. Gavriel Salvendy. New York: John Wiley & Sons, 1982.

Taylor, F. W. *The Principles of Scientific Management*. New York: Harper, 1911.

Thompson, C. Bertrand. *The Taylor System of Scientific Management*. Chicago: A. W. Shaw, 1917.

United Nations Industrial Development Organization. *Industry in the 1980s: Structural Change and Interdependence*. New York: United Nations, 1985.

相關網址

Institute of Ergonomics and Human Factors（原名 Ergonomics Society）：http://www.ergonomics.org.uk/

Human Factors and Ergonomics Society：http://hfes.org/

Institute of Industrial Engineers：http://www.iienet.org/

International Ergonomics Association：http://www.iea.cc/

OSHA：http://www.osha.gov/

中華民國人因工程學會：http://www.est.org.tw/

中國工業工程學會：http://www.ciie.org.tw/

行政院勞動部勞動及職業安全衛生研究所：http://www.iosh.gov.tw/

解決問題的工具
Problem-Solving Tools

2

本章重點

- 以下列探索性工具來選定計畫：帕列多分析、魚骨圖、甘特圖、計畫評核圖，與工作及工作現場分析指引。
- 以下列記錄工具來獲得並呈現相關資料：生產操作、工作流程、人／機、組工作程序圖及動線圖。
- 以下列量化工具來發展理想的方法：用同步與隨機的服務作業方式，以及生產線平衡的計算發展出人／機關係。

一個好的工程方法，由一件專案的選定開始，到計畫執行為止，都會遵循著具有條理的程序 (如圖 1.3)。第一個步驟，可能也是最重要的步驟，就是用清楚、合乎邏輯的方式對問題作定位，例如，是否新設一個作業中心，或是改善目前的操作。正如機械師用游標卡尺與分釐卡等工具讓工作績效提升一樣，方法工程師也要使用適當的工具，以在更短的時間內將工作做得更好。在此範疇內，可供使用的解決問題工具有許多，每項工具均有其特定的用途。

前五項介紹的工具屬於探索性工具，主要是應用於方法分析的第一個步驟——選擇專案 (Select the project)。帕列多分析與魚骨圖是 1960 年代初期，由日本品管圈活動所發展而來 (見第 15 章)，在製造業裡，此兩項工具在降低成本及改善品質方面，具有相當的效果。甘特圖與計畫評核圖則是 1940 年代為因應複雜的軍事專案規劃與控制之需所發展，在工業環境中，這些工具對發掘問題也非常有用。

一般而言，專案的選擇有三個考量：經濟 (可能是最重要的)、技術及人員。經濟的考量一般包含尚未訂定標準的新產品，或製造成本過高的現有產品，主要的問題在於大量廢料、重作，或過多的原物料搬運作業 (以成本或距離來計算，也可能是該作業為「瓶頸」作業)。技術性的考量包括需要改善的加工技術、由於方法造成的品質管制問題，或是與競爭對手比較後找出的產品績效問題。人員的考量包含高重複性工作所導致的工作相關肌肉骨骼傷害、高意外事故率的工作、過度易於疲勞的工作，或是持續被作業員抱怨的工作。

分析師經常在辦公室中使用前述四項探索性工具。而第五項工具——工作及工作現場分析指引則是用來找出在特定區域、部門、工作現場的問題之工具，若能配合現場的巡查與觀察來進行，效果最好。這項指引對於可能導致潛在性問題的關鍵作業員、工作、環境及管理作主觀的分析與識別，更進一步地指出在量化評估時可以使用的適當工具，因此在對現行方法蒐集更多量化資料前，都必須先使用工作及工作現場分析指引。

接著要介紹的五項工具屬於記錄與分析工具，是用來記錄現行方法，包含在方法分析的第二個步驟——**取得並呈現資料** (Get and present the data)。相關的實際資料，例如，生產數量、交貨排程、作業時間、生產設施、機器產能、特殊材料、特殊工具，皆與解決問題有重要的關聯，因此這些資料應予記錄。〔這些資料在方法分析的第三個步驟——**分析資料** (Analyze the data)，也很有用。〕

最後三項工具屬於量化處理人機關係的工具，在方法分析的第四個步驟——**開發理想方法** (Develop the ideal method) 中，非常有用。當事實資料可以清晰精確地呈現時，就能嚴謹地加以檢視，也就能訂定最實際、經濟且有效的方法，並付諸實施。因此，這些方法應與第 3 章相關的操作分析方法結合。讀者應可注意到，本章所介紹的大部分工具，在開發新方法的操作分析階段都能很容易地加以利用。

2.1 探索性工具 Exploratory Tools

帕列多分析

問題範圍的定義可用早期義大利經濟學家帕列多 (Vilfredo Pareto) 所發展、用以解釋財富集中問題的技術——稱為帕列多分析——來進行。在**帕列多分析** (Pareto analysis) 中，每個欲衡量分析的項目均以共同的量表作認定與衡量，並依降冪的方式排序，作成累積分配圖。通常，排序後可以發現，評量較高的前 20% 的項目已經涵蓋 80% 以上的所有活動，因此這個分析技術也被稱為 **80-20 法則** (80-20 rule)。舉例來說，80% 的存貨量會集中在 20% 的存貨項目上、80% 的總事故次數由 20% 的工作項目所造成 (如圖 2.1)，或是 80% 的工作傷害賠償成本都花在 20% 的工作項目上。概念上，方法分析師應將力量集中，先解決那些導致絕大多數問題的關鍵性工作或程序。在很多的案例中，帕列多分配可使用對數－常態轉換的方式，將分配曲線轉為常態直線，以供更進一步的量化分析 (Herron, 1976)。

魚骨圖

魚骨圖 (Fish diagrams) 也可稱為**因果圖** (Cause-and-effect diagrams)，乃是在 1950 年代初期，由日本的石川馨 (Ishikawa) 博士為執行川崎鋼鐵公司 (Kawasaki Steel Company) 的品質管制專案所發展。這個方法包含將不想要、不預期的事件或問題定義為**結果** (Effect)，亦即「魚頭」；然後再鑑識出導致該結果發生的所有因子，也就是

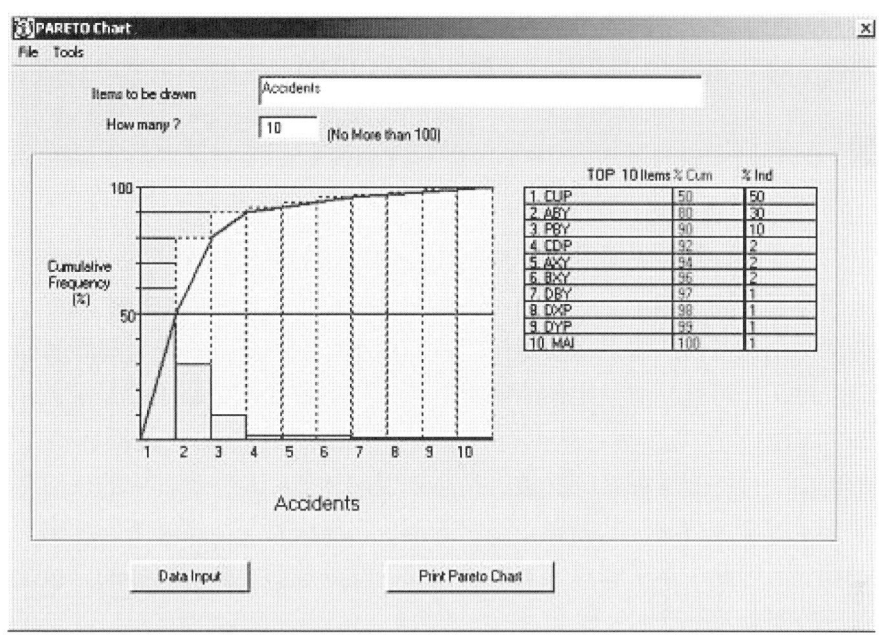

圖 2.1 工業事故的帕列多分析。
20% 的作業（代碼 CUP 和 ABY）導致了 80% 的事故次數。

原因 (Causes)，並以「魚骨」表示，這些魚骨都與魚脊骨和魚頭相連接。主要的因子可區分為五個或六個主分類，如人、機、方法、物料、環境及管理監督，每個主分類都將繼續往下作出次分類，持續進行此程序，直到所有可能的原因都被列出。一個好的魚骨圖具有許多層的魚骨，能將發生的問題及其各層相關因子架構完整且具體地呈現。這些導致問題的可能原因將按其對整體問題的相關性，作嚴格地審視與分析。透過這樣的原因分析，很可能也能找到問題的解答。圖 2.2 為一個用來檢視在切割的作業中，作業員對現場工業衛生諸多抱怨的魚骨圖分析例子。

魚骨圖經由各階層作業員與管理者的參與，十分成功地應用於日本品管圈的活動

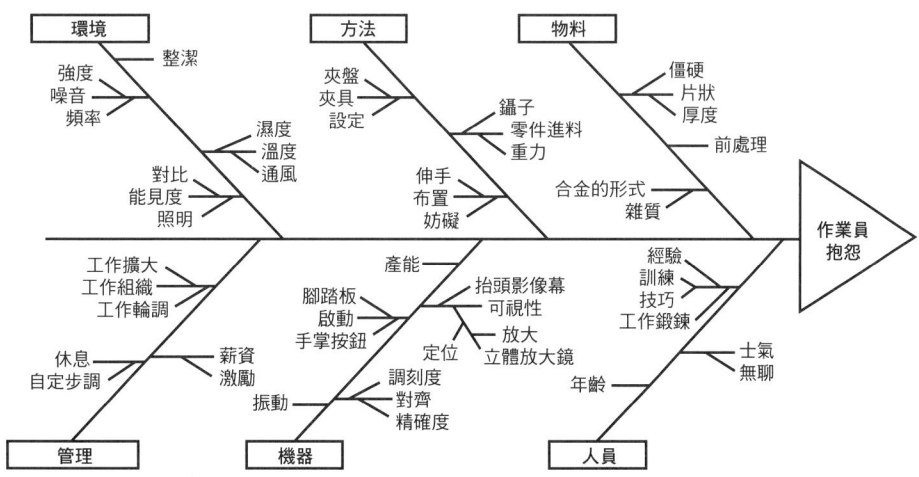

圖 2.2 在切割作業中，作業員對現場工業衛生抱怨的魚骨圖分析。

當中。但類似的圖表在美國的工業界就沒有那麼成功，可能是因為美國勞工與管理階層在合作找出解答和達成成果上的成效較差 (Cole, 1979)。

甘特圖

在 1940 年代，**甘特圖 (Gantt chart)** 可能是第一個為因應管理複雜國防專案與系統的需求提升，而用以整合專案計畫與控制技術的管理工具。甘特圖以條狀圖簡單地在水平軸上對應著時間，顯示出所有執行專案活動的預計完成時間 (如圖 2.3a)，而實際的執行時間，則在各條狀圖上以陰影作適當的標示。以一條垂直線貫穿所有橫條，代表一個時間點，即可輕易地找出某個專案的各工作項目進度是超前還是落後。例如，從圖 2.3a 可看出，在第三個月結束時，實體模型 (Mock-up) 的建造與評估工作有進度落後的現象。甘特圖讓專案的計畫人員必須提前計畫，並在過程中的任何時間點，提供快速顯示專案進行狀況的縮影；不幸的是，它無法完全地描述不同專案工作項目間的互動關係。因此，為了解專案工作項目間的互動關係，需要更多的分析技術，例如，計畫評核圖即因此產生。

甘特圖也可以用來表示在工廠中依序加工的機器活動。在此類機器加工甘特圖中，可將修理或維護的活動排入，方法是將機器預期的停工時間在圖中的時間上劃掉。從圖 2.3b 的工作排程來看，在月中時，排程中的車床工作進度落後，而衝床工作則進度超前。

計畫評核術

PERT 是**計畫評核術 (Program Evaluation and Review Technique)** 的縮寫，主要為計畫評量與考核的技術。**計畫評核圖 (PERT chart)** 是以圖表方式呈現達到預定專案目標的最佳路徑之計畫與控制工具，所謂的「最佳」，一般是指時間的配合最佳而言。此方法有時也稱為**網路圖 (Network diagram)** 或**要徑法 (Critical path method)**。美國軍方曾應用這個技術於北極星飛彈的研發計畫，以及核子潛艇的控制系統運作過程。方法分析師通常會使用計畫評核術來改善排程，一般是透過降低成本或提升顧客滿意度的方式來進行。

在使用計畫評核術作排程時，分析師會對每一種活動作二或三種的時程預估。例如，當採用三種時程預估的方式時，即可用以下問題進行考量：
1. 假如每一個環節的工作都可以順利完成，那麼完成該特定活動需要多少時間 (樂觀的估計)？
2. 根據一般的狀況，完成此活動最可能需要的時間是多少？
3. 假如幾乎所有的環節都發生問題，則完成這項活動需要多少時間 (悲觀的估計)？

分析師依據上述三種估算方式，可以對所估算的活動完成時間作出其機率分配。

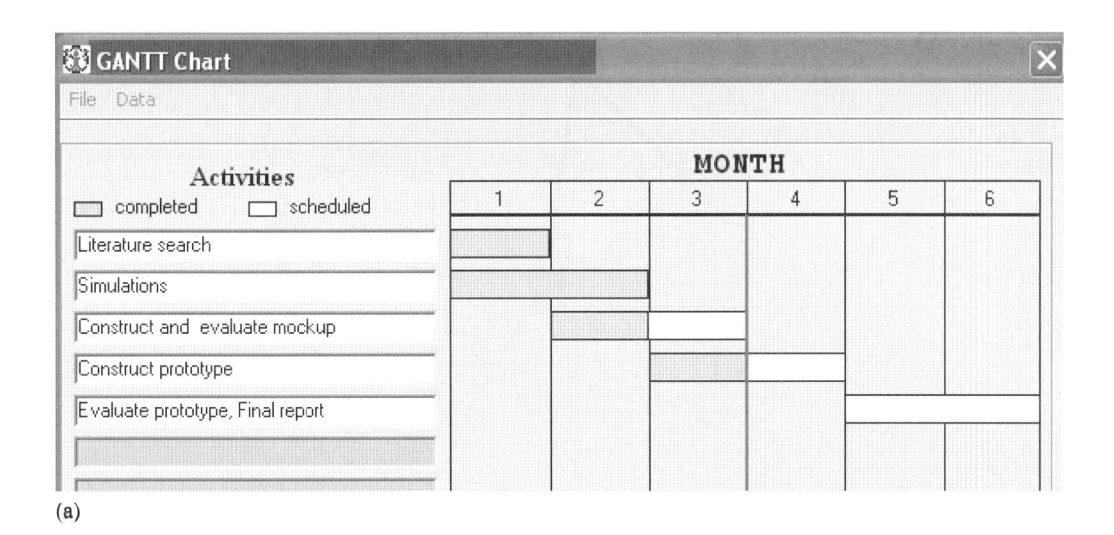

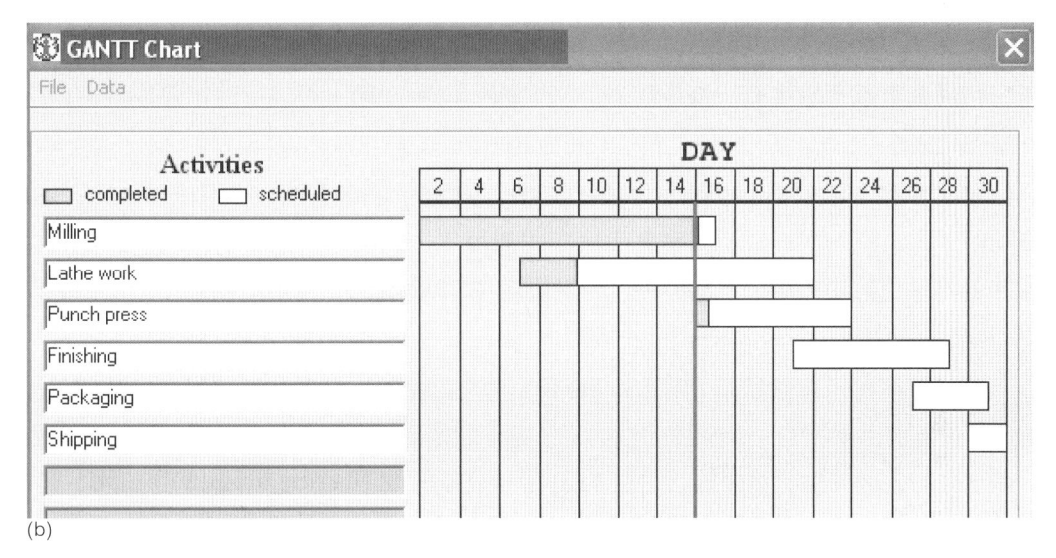

圖 2.3　甘特圖舉例：(a) 專案甘特圖，以及 (b) 機器加工或加工流程甘特圖。

在計畫評核圖中，每個事件皆以網路節點顯示，其位置是畫在某特定作業或組作業的起始與完成時間點處。

在部門中的一個作業或一組作業被定義為一項活動，稱為一個**弧** (Arc)。每個弧均標有數字以表示完成該活動所需的時間 (日數、週數、月數)。有些活動並不耗費任何時間或成本，但仍須將其標出，以顯示正確的作業順序 (如圖 2.4 中的活動 H)，這類的活動稱為**虛擬活動** (Dummy activity)，在計畫評核圖中以虛線表示。

一般說來，虛擬活動是用來表現先行關係或是附屬關係，因為依照規則，兩個活動不能用同一組網路節點來定義，也就是每個活動的前後網路節點組合都是獨一無二的。

完成整個專案所需的最少時間，就是由最初節點到最後節點的最長路徑，稱為**要徑** (Critical path)。在圖 2.4 中，完成專案的最短時間就是由節點 1 至節點 12 的最長路

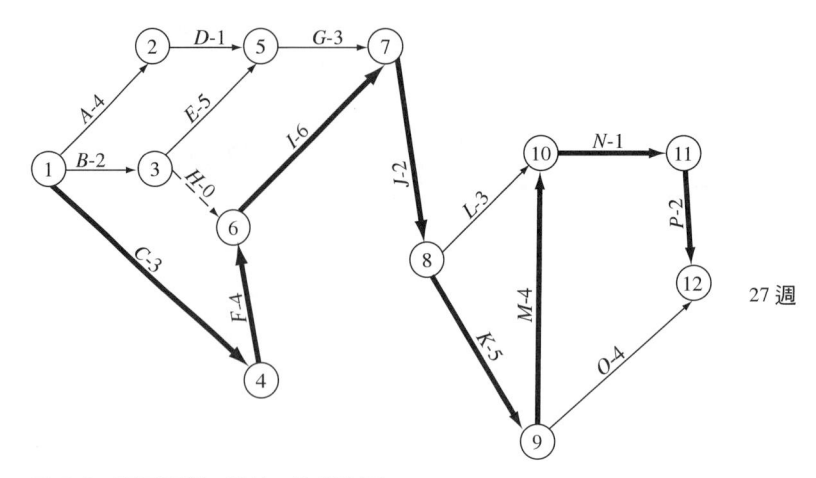

圖 2.4 顯示要徑 (粗線) 的網路圖。
圈起的數字代表活動的開始與結束，而活動則以線段表示。線段上方的數字
則是該活動在一般情況下所持續的時間，以週為單位。

徑。每個專案都至少會有一條要徑 (有些專案會超過一條)，可以反映出完成專案所需的最短時間。

不在要徑上的活動可以有一些時間彈性。這樣的時間彈性或自由度，稱為**浮時** (Float)，其定義為在不延誤專案完成日期的前提下，非要徑上活動可延展的時間。這意味著如果要縮短專案完成的時間 [稱為**壓縮** (Crashing)]，就應縮減要徑上活動的時程，而非其他路徑的活動時間。

雖然要徑可用嘗試錯誤 (Trial and error) 的方式找出，但有一種使用不同時間概念的程序亦能找到要徑。各時間分別為：(1) 最早開始時間 (Earliest start, ES)，適用於每一個活動的先後關係已然確認的情況；(2) 最早完成時間 (Earliest finish, EF)，即最早開始時間加上該活動的預計所需時間，即

$$EF_{ij} = ES_{ij} + t_{ij}$$

其中 i 和 j 是節點。

這些時間一般在網路上以順向的方式找出，如表 2.1 所示。請注意：若一個活動 (如：G) 有兩個前置活動 (如：D 與 E)，則其最早開始時間為比較其兩前置活動的最早完成時間中 (D = 5，E = 7)，取較大值者 (7，即較晚完成者)。

$$ES_{ij} = \max(EF_{ij})$$

與最早開始時間與最早完成時間類似的是最遲開始 (Latest start, LS) 和最遲完成 (Latest finish, LF) 時間，此兩者在網路中用往回推算的方式找出來。最遲開始時間是一個活動在不造成網路延遲的情況下可以開始的最遲時間，即最遲完成時間減掉活動所需時間。

$$LS_{ij} = LF_{ij} - t_{ij}$$

表 2.1　網路表

活動	節點	最早開始	最早結束	最晚開始	最晚結束	浮時
A	(1, 2)	0	4	5	9	5
B	(1, 3)	0	2	3	5	3
C	(1, 4)	0	3	0	3	0
D	(2, 5)	4	5	9	10	5
E	(3, 5)	2	7	5	10	3
F	(4, 6)	3	7	3	7	0
G	(5, 7)	7	10	10	13	3
H（虛擬）	(3, 6)	2	2	7	7	0
I	(6, 7)	7	13	7	13	0
J	(7, 8)	13	15	13	15	0
K	(8, 9)	15	20	15	20	0
L	(8, 10)	15	18	21	24	6
M	(9, 10)	20	24	20	24	0
N	(10, 11)	24	25	24	25	0
O	(9, 12)	20	24	23	27	3
P	(11, 12)	25	27	25	27	0

若某活動 (如：K) 之後，若有兩個後續活動 (如：M 與 O) 同時展開，則該活動 (K) 之最遲完成時間為比較其兩後續活動的最遲開始時間中 (M = 20，O = 23)，取較小值者 (20，即較早開始者)，即

$$LF_{ij} = \min (LS_{ij})$$

表 2.1 為網路圖 (圖 2.5) 的網路表。浮時的正式定義為：

$$浮時 = LS - ES$$

或

$$浮時 = LF - EF$$

注意所有浮時為 0 的活動即構成要徑，而在本例中，時間為 27 週。

有些方法可用來縮短專案的時間長度，各方案的成本也可以被估計。舉例來說，若圖 2.4 中提到的專案欲縮短時程，而表 2.2 為其正常的活動時間與成本，以及壓縮時間與成本。那麼在假設時間與每週的成本兩者為線性關係的情況下，表 2.3 列出的各種可能選擇方案即可加以計算。

注意在 19 週的時候，出現第二條要徑，即經過節點 1、3、5 及 7。若要再依此繼續縮短專案時程，就必須同時考慮此二要徑。

工作及工作現場分析指引

工作及工作現場分析指引 (Job/worksite analysis guide)(見圖 2.5) 可用來找出潛藏於特定區域、部門或工作現場的問題。在蒐集數量資料之前，分析師首先巡查相關區域，並對作業員、作業、工作場所及周圍的工作環境作觀察。此外，分析師也指認出任何可能影響作業員行為或績效的管理因素。這些因素使分析師對狀況能有整體的認知性工作評價檢核表顯示設計與 GUI 檢核表掌握，並幫助分析師使用其他量化工

具，以蒐集及分析資料。圖 2.5 顯示在電視製造廠中應用工作及工作現場分析指引，對映像管尾端封裝熔接作業所作分析的案例，其中主要的分析重點在於重物的抬舉、熱壓力及噪音暴露等項目。

表 2.2　在正常與時間壓縮情況下，執行各項活動的成本與時間

活動	節點	正常 週數	正常 成本($)	壓縮 週數	壓縮 成本($)	每週成本($)
A	(1, 2)	4	4,000	2	6,000	1,000
B	(1, 3)	2	1,200	1	2,500	1,300
C	(1, 4)	3	3,600	2	4,800	1,200
D	(2, 5)	1	1,000	0.5	1,800	1,600
E	(3, 5)	5	6,000	3	8,000	1,000
F	(4, 6)	4	3,200	3	5,000	1,800
G	(5, 7)	3	3,000	2	5,000	2,000
H	(3, 6)	0	0	0	0	—
I	(6, 7)	6	7,200	4	8,400	600
J	(7, 8)	2	1,600	1	2,000	400
K	(8, 9)	5	3,000	3	4,000	500
L	(8, 10)	3	3,000	2	4,000	1,000
M	(9, 10)	4	1,600	3	2,000	400
N	(10, 11)	1	700	1	700	—
O	(9, 12)	4	4,400	2	6,000	800
P	(11, 12)	2	1,600	1	2,400	800

表 2.3　圖 2.4 和表 2.2 中所示網路的各種可能方案之時間與成本

計畫表（週）	最便宜的方案	節省的週數	增加的成本($)
27	專案正常的時間	0	0
26	將活動 M（或 J）以 $400 的成本壓縮一週	1	400
25	將活動 J（或 M）以 $400 的成本再壓縮一週	2	800
24	將活動 K 以 $500 的成本壓縮一週	3	1,300
23	將活動 K 以 $500 的成本再壓縮一週	4	1,800
22	將活動 I 以 $600 的成本壓縮一週	5	2,400
21	將活動 I 以 $600 的成本再壓縮一週	6	3,000
20	將活動 P 以 $800 的成本壓縮一週	7	3,800
19	將活動 C 以 $1,200 的成本壓縮一週	8	5,000

工作及工作現場分析指引

工作／工作現場：尾端熔接	分析師：AF	日期：1/27
作業描述：將尾端電子槍插入映像管並熔接		

作業員因素

姓名： 　　　年齡：42　　性別：(男) 女　　身高：6呎　　體重：180磅
工作動力：高　中　(低)　　　　　　工作滿意度：高　中　(低)
教育程度：高中肄業　(高中畢業)　大專畢業　　　體能：高　(中)　低
個人防護具：(安全眼鏡)　安全帽　安全鞋　(耳塞)　　其他：手套、袖套

作業因素	參考資料
作業狀況？零組件如何進出？ 映像管由輸送帶運至插接機，再到熔接機，再回輸送帶。	流程程序圖
需要哪些動作？ 重複的抬舉、走動、抓取。	錄影分析，動作經濟原則
是否需用治具／夾具？自動化？ 是，映像管定位。是，基本流程可自動化，搬運則不行。	
是否使用工具？ 否。	工具評估檢核表
現場的布置是否良好？是否需長距離伸手？ 不好，行走及伸手距離皆長。	工作站評估檢核表
有無不自然的手指／手腕動作？多久發生一次？ 無。	累積性傷害風險指數
有無抬舉？ 有，抬舉笨重的玻璃映像管。	NIOSH抬舉分析、UM2D模式
操作員是否容易疲勞？體力負荷如何？ 是。重。	心率分析、作息寬放
是否需做決策？心智負荷如何？ 極少。	認知性工作評價檢核表 顯示設計與圖形使用者介面檢核表
每個週期多長？標準時間為何？ 約1.5分鐘。	時間研究、MTM-2檢核表

工作環境因素	**工作環境檢核表**
照明是否適當？有無炫光？ 是。否。	IESNA建議值
噪音水準是否合格？ 否，需戴耳塞。	OSHA噪音水準
是否有熱壓力？ 是！	乾溼球溫度
是否有振動？ 否。	ISO標準

行政管理因素	備註：
是否有獎工制度？ 否。	
是否工作輪調？工作豐富化？ 是。否。	
是否有訓練或工作技術精進措施？ 是。	
整體的管理政策為何？ ？	

圖 2.5 電視製造廠中，對映像管尾端封裝熔接作業所作的工作及工作現場分析指引。

2.2 記錄與分析工具 Recording and Analysis Tools

操作程序圖

操作程序圖 (Operation process chart) 依時間前後，顯示製造或商業流程中所有的生產、檢驗、時間寬放及物料的順序，即由原物料的進料到最後成品包裝的整個過程。此圖描述所有零件、組件從進入生產線，直到完成主要裝配作業為止。正如工程藍圖顯示設計的的生產、檢驗、時間寬放及物料的順序，即由原物料的進料到最後成品包裝的整個過 程。此圖描述所有零件、組件從進入生產線，直到完成主要裝配作業為止。正如工程 藍圖顯示設計的細節，如組裝、公差及規格；操作程序圖則簡明地呈現出製造與產業 的細部資訊。

在操作程序圖中，只使用兩個符號：一個是小圓圈，代表一個操作作業；另一個是小方形，代表一個檢驗作業。一項操作是指該零件特性受到刻意改變，或與其相關的生產性工作執行前的研究或規劃。一項檢驗則是對某零件作檢查，以決定其是否符合標準。值得注意的是，有些分析師較喜歡僅列出各項操作的綱要，稱為**綱要流程圖** (Outline process chart)。

在建構實際的操作程序圖之前，分析師先為此操作程序圖標上「操作程序圖」的名稱，並填入其他資訊，例如，零件編號、工程圖號、流程描述、現行或建議方法、日期及製圖人員。此外，還可加入流程圖編號、廠別、廠房及部門等資訊。

作圖時，垂直線代表工作邁向完成的一般生產流程，而水平線則表示在流程中投入的物料，包括外購的與自製的。原物料或零件以水平線由左方進入垂直流程線中，代表組裝；原物料或零件以水平線方式自垂直流程線向右離開，代表拆卸。

一般來說，繪製操作程序圖時，其垂直流程線與水平物料線並不會交叉。假若繪圖時，垂直線與水平線無法避免交叉，則應使用慣用的繪圖方式，使圖形實際並無交叉；也就是在水平線跨越垂直線之處，畫一個小半圓表示 (見圖 2.6)。

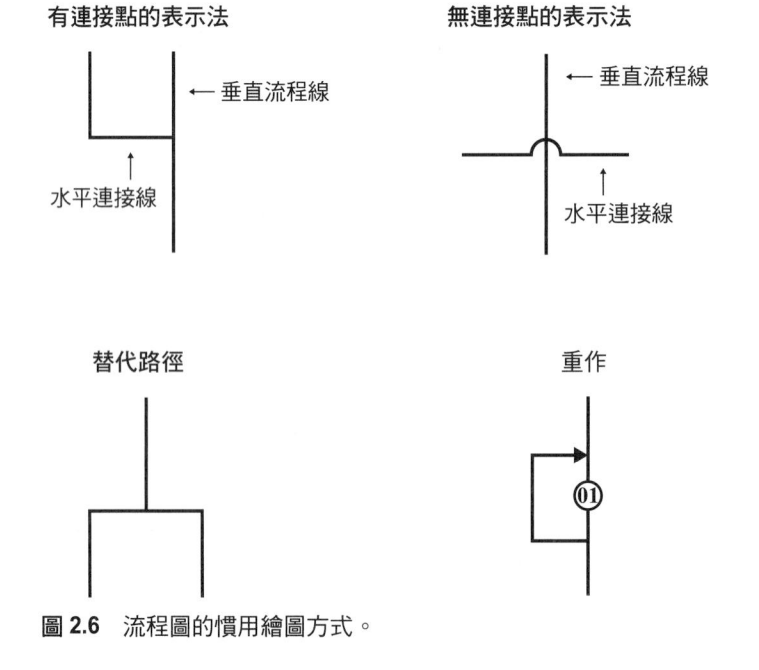

圖 2.6　流程圖的慣用繪圖方式。

操作程序圖中的每一個操作與檢驗，應以估計或實測的方式賦予時間值。圖 2.7 為一個繪製完成的電話機座製造流程之操作程序圖。

完整的操作程序圖可以幫助分析師清楚了解現行生產方法的所有細部流程，以利作出更新與更好的生產程序。它讓分析師得以了解某個操作的改變，對其前、後操作所產生的影響。因此，利用操作分析原則(見第 3 章)並結合操作程序圖，很容易可以達成降低 30% 操作時間的績效。此外，由於流程圖本身即顯示適當的時間順序，並反映出理想的工廠布置，因此可以自然地引導出各種改善的可能。從方法分析師的角度來看，操作程序圖無論對新工廠布置的規劃或現行工廠布置的改善來說，都是十分有用的。

操作程序圖
製造型號為2834421　電話機座——現行方法
零件：2834421　圖號：SK2834421
繪圖者：B.W.N. 4-12-

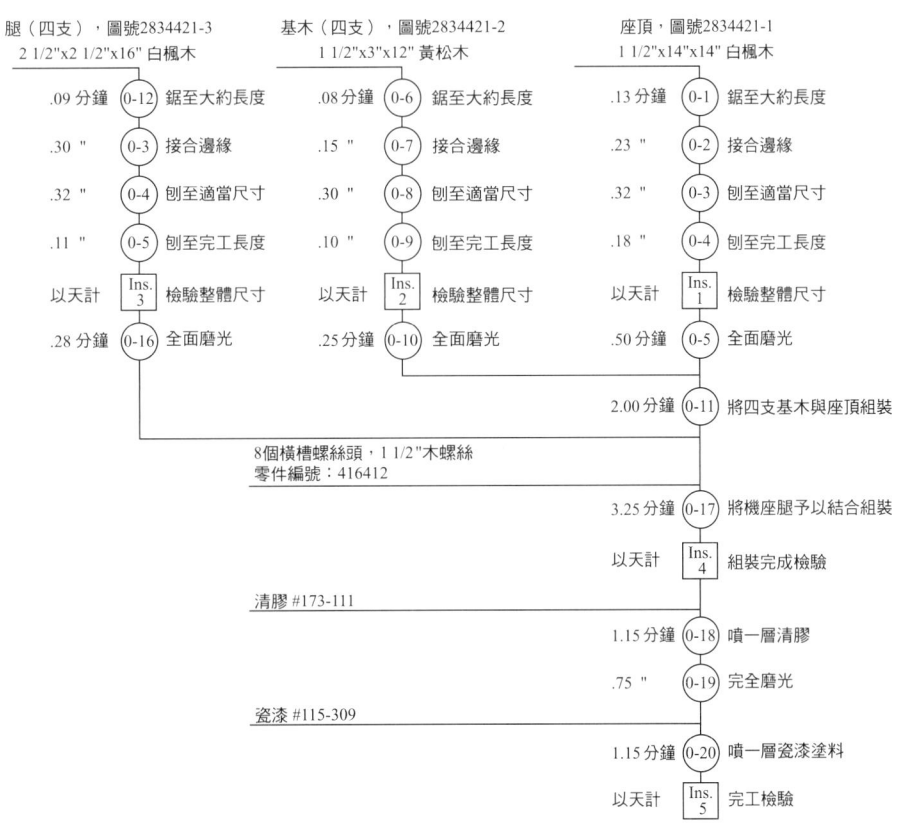

腿（四支），圖號2834421-3
2 1/2"x2 1/2"x16" 白楓木

時間	編號	作業
.09 分鐘	O-12	鋸至大約長度
.30 "	O-3	接合邊緣
.32 "	O-4	刨至適當尺寸
.11 "	O-5	刨至完工長度
以天計	Ins. 3	檢驗整體尺寸
.28 分鐘	O-16	全面磨光

基木（四支），圖號2834421-2
1 1/2"x3"x12" 黃松木

時間	編號	作業
.08 分鐘	O-6	鋸至大約長度
.15 "	O-7	接合邊緣
.30 "	O-8	刨至適當尺寸
.10 "	O-9	刨至完工長度
以天計	Ins. 2	檢驗整體尺寸
.25 分鐘	O-10	全面磨光

座頂，圖號2834421-1
1 1/2"x14"x14" 白楓木

時間	編號	作業
.13 分鐘	O-1	鋸至大約長度
.23 "	O-2	接合邊緣
.32 "	O-3	刨至適當尺寸
.18 "	O-4	刨至完工長度
以天計	Ins. 1	檢驗整體尺寸
.50 分鐘	O-5	全面磨光

2.00 分鐘　O-11　將四支基木與座頂組裝

8個橫槽螺絲頭，1 1/2"木螺絲
零件編號：416412

3.25 分鐘　O-17　將機座腿予以結合組裝
以天計　Ins. 4　組裝完成檢驗

清膠 #173-111

1.15 分鐘　O-18　噴一層清膠
.75 "　O-19　完全磨光

瓷漆 #115-309

1.15 分鐘　O-20　噴一層瓷漆塗料
以天計　Ins. 5　完工檢驗

摘要：

事件	數量	時間
操作	20	17.58分鐘
檢驗	5	以天計

圖 2.7　電話機座製造流程的操作程序圖。

流程程序圖

一般來說，**流程程序圖 (Flow process chart)** 的內容較操作程序圖詳細許多，因此通常不會將它應用於全部的組合件上，而是應用於組合件或系統的各零組件上。流程程序圖對於記錄非生產性的隱藏成本，如移動的距離、延遲及暫時儲存而言非常有用。一旦這些非生產性作業時段被鎖定，分析師就可採取改善步驟，使其必要性與相關成本減至最低。

除了記錄操作與檢驗之外，流程程序圖還可顯示該零組件或工作項目在工廠中的所有移動、儲存與延遲的次數。因此，除了操作程序圖所使用的生產與檢驗兩符號外，流程程序圖還需要一些其他的符號；例如，用小箭頭代表「搬運」，可定義為「除了正常操作或檢驗過程中所產生的移動外，將物件由一地移至另一地」；大寫字母 D 代表「延遲」，是指「當零組件在下一個工作站無法立即加工處理」時所發生的狀況；倒立的等邊三角形代表「儲存」，指的是「零組件處於被留置與保護的狀態，未經授權無法移動」。這五個符號 (見圖 2.8) 是流程程序圖的標準符號 (ASME, 1974)。有時候，為了文書作業或合併作業，也會使用其他非標準的符號，如圖 2.9 所示。

操作 ○ 圓形代表操作，例如：	釘釘子	攪拌	鑽孔
搬運 ➡ 箭頭代表搬運，例如：	以推車搬運物料	以輸送帶搬運物料	以人員攜帶搬運物料
儲存 ▽ 倒三角形代表儲存，例如：	在大儲槽中儲存原料	成品堆放在棧板上	文件存入檔案櫃中
延遲 D 大寫的字母D代表延遲，例如：	等電梯	物料在推車或工作檯旁的地板上，等待加工	文件待歸檔
檢驗 □ 方形代表檢驗，例如：	檢驗物料的品質與數量	讀取鍋爐的蒸汽表	檢視印刷表格的資訊

圖 2.8 ASME 流程圖的標準符號。

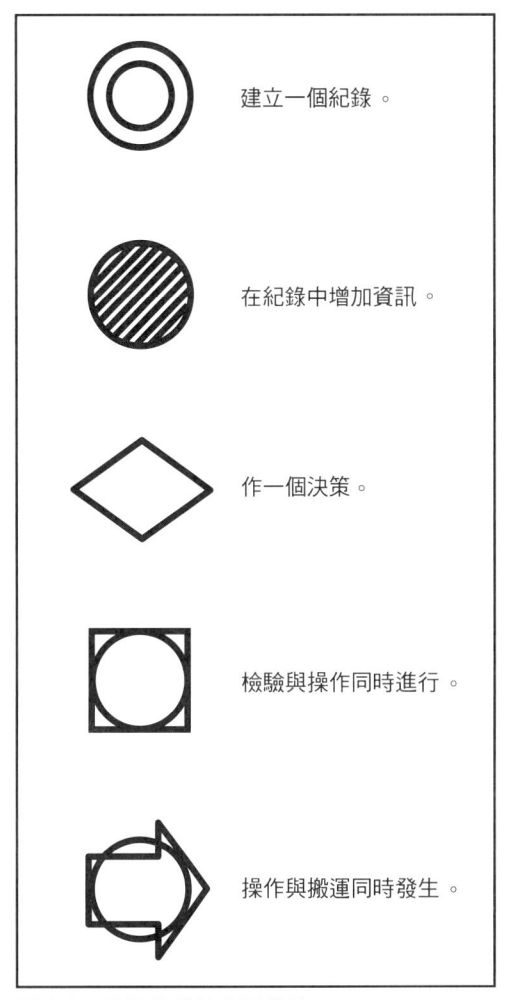

符號	說明
◎	建立一個紀錄。
◯(斜線)	在紀錄中增加資訊。
◇	作一個決策。
□中有○	檢驗與操作同時進行。
○加箭頭	操作與搬運同時發生。

圖 2.9 非標準的流程圖符號。

　　目前一般使用的，有針對兩種不同分析對象所作的流程程序圖，分別是：以產品或原物料為主的 (見圖 2.10，直接郵寄廣告的準備流程)，以及以操作性或人員活動為主的 (見圖 2.11，服務人員檢驗病人居家呼吸器的服務流程)。針對產品的流程程序圖包含與產品或物料有關的加工或處理細節；而操作性的流程程序圖則詳細描述人員執行一項操作性程序的順序。

　　正如操作程序圖一般，流程程序圖也必須先標示其「流程程序圖」的名稱，接著記錄相關的資訊，通常包括零件編號、工程圖號、流程描述、現行或建議方法、日期及製圖者姓名，以及其他對識別該工作有價值的資訊，包括廠別、廠房或部門、程序圖號、數量及成本。

　　針對流程中的每一個事件，分析師寫下其描述，圈選出適當的流程圖符號，並註明程序或延遲的時間以及搬運的距離，然後再用直線連接後續事件的符號。右邊的欄位則可供分析師加註意見或填寫可能的改變建議。

　　關於移動的距離，分析師並不需要使用皮尺或直尺作精確測量。通常，能估算出

流程程序圖

第1頁，共1頁

位置：多賓廣告公司	摘要			
活動：準備直接郵寄廣告	工作單元	現況	新法	節約
日期：11-1-12	操作	4		
作業員：JS　分析師：AF	搬運	4		
圈選適當的方法與類別：	延遲	4		
方法：㊀現況　新法	檢驗	0		
分析對象：人員　㊀物料　機器	儲存	2		
備註：	時間（分）			
	距離（呎）	340		
	成本			

工作單元描述	符號	時間（分）	距離（呎）	方法建議
庫房	○ ⇨ D □ ▽			
取至分檢室	○ ⇨ D □ ▽		100	
依分類置於架上	○ ⇨ D □ ▽			
分檢4張	○ ⇨ D □ ▽			
堆疊	○ ⇨ D □ ▽			
移至摺疊室	○ ⇨ D □ ▽		20	
推疊	○ ⇨ D □ ▽		20	
將之理齊、對摺、壓摺痕	○ ⇨ D □ ▽			
堆疊	○ ⇨ D □ ▽			
移至斜角訂書機	○ ⇨ D □ ▽		20	
推疊	○ ⇨ D □ ▽		20	
將之裝訂	○ ⇨ D □ ▽			
堆疊	○ ⇨ D □ ▽			
移至郵務室	○ ⇨ D □ ▽		200	
堆疊	○ ⇨ D □ ▽			
貼地址標籤	○ ⇨ D □ ▽			
堆疊	○ ⇨ D □ ▽			
置於郵袋中	○ ⇨ D □ ▽			
	○ ⇨ D □ ▽			

圖 2.10 以物料為主的流程程序圖：直接郵寄廣告的準備流程。

大致正確的距離即可，例如，用柱間距離乘上物料搬運經過的柱數，再減 1。移動距離小於 5 呎時，通常不予記錄；但是，如果分析師認為這些搬運會對該程序的整體成本造成顯著的影響時，這些距離仍應加以記錄。

　　流程程序圖中必須包含所有的延遲與儲存的次數。試想，如果一個零件儲存或延遲的時間愈長，它所耗費的成本愈高，且顧客必須等待的交貨時間也愈長。因此，每個零件每次延遲或儲存需耗費多少時間就很重要了。估算延遲與儲存時間最經濟的方法，就是用粉筆在幾批零件上標示其延遲與儲存的開始時間；然後，定期地檢視這些零件，直到有標示的零件重新進入生產流程時為止，其時間差就是實際延遲與儲存的

流程程序圖

第1頁，共1頁

位置：多賓公司	摘要			
活動：居家醫療氣瓶檢驗	工作單元	現況	新法	節約
日期：4-17-97	操作	7		
作業員：T. Smith　分析師：R. Ruhf	搬運	6		
圈選適當的方法與類別：	延遲	2		
方法：(現況)　新法	檢驗	6		
分析對象：(人員)　物料　機器	儲存	0		
備註：	時間（分）	32.60		
	距離（呎）	375		
	成本			

工作單元描述	符號	時間（分）	距離（呎）	方法建議
下車，走至前門，按門鈴。	○ ⬆ D □ ▽	1.00	75	先電話聯絡，以減少等待的延遲。
等待，進門。	○ ⇨ D □ ▽			
走至居家儲槽。	○ ⇨ D □ ▽	0.25	25	
從供氧系統拆下居家儲槽。	⊙ ⇨ D □ ▽	0.35		
檢查儲槽外殼凹痕、破裂、玻璃破損、失落零件。	○ ⇨ D ■ ▽	1.25		此作業可在走回服務車途中，同時檢查。
以專用清潔劑及消毒劑清理儲槽。	⊙ ⇨ D □ ▽	2.25		此作業在車上做更有效。
將空儲槽帶回服務車。	○ ⬆ D □ ▽	1.00	75	
開車門，將空儲槽置於夾具上，接上填充管。	⊙ ⇨ D □ ▽	1.75		
開閥門，開始灌填儲槽。	⊙ ⇨ D □ ▽	0.25		
等待儲槽灌滿。	○ ⇨ D □ ▽	12.00		灌填時，清潔儲槽。
檢查增溼器的功能。	○ ⇨ D ■ ▽	0.5		刪除。此項作業無須做兩次。
檢查氣壓（儀表）。	○ ⇨ D ■ ▽	0.2		
檢查儲槽灌填量（儀表）。	○ ⇨ D ■ ▽	0.2		
將灌填後的儲槽送回病人。	○ ⬆ D □ ▽	1.10	100	
將灌填後的儲槽接回供氧系統。	⊙ ⇨ D □ ▽	1.00		
檢查增溼器的功能。	○ ⇨ D ■ ▽	0.75		
等待病人取下鼻管或面罩。	○ ⇨ D □ ▽	2.00		
裝上新鼻管或面罩。	⊙ ⇨ D □ ▽	2.50		
會同病人調節流量。	○ ⇨ D ■ ▽	2.25		
貼上打好日期的原廠檢驗標籤。	⊙ ⇨ D □ ▽	1.00		可利用灌填時，執行此作業。
返回服務車。	○ ⬆ D □ ▽	1.00	100	

圖 2.11 以人員為主的流程程序圖：服務人員檢驗病人居家呼吸器的服務流程。

時間。透過記錄幾個案例所耗費的時間，再將此結果平均，分析師即可得到相當精確的時間值。

流程程序圖就像操作程序圖一樣，本身不是一個結果與結束，而是一個達成目標的方法。這個工具幫助我們消除或減少零組件的隱藏成本。由於流程圖很清楚地顯示了所有搬運、延遲及儲存，這些資訊便能使這些非生產性作業的次數與時間得以減少。同樣地，由於流程程序圖中也記錄了距離，因此該圖在呈現如何改善工廠布置時，顯得特別有價值。這些技術在第 3 章中有更詳細的介紹。

動線圖

雖然流程程序圖包含許多與製造流程相關的資訊，但仍未能以圖像的方式顯示其工作流程。有時候，對於開發新方法而言，這些圖像資訊很有幫助。例如，縮短搬運距離之前，分析師需要了解、檢視或調整可用的空間，以增加設施，使搬運距離縮短。同樣地，若能看出可設置暫存區與常設儲存區、檢驗站與工作站的潛在空間，則會很有幫助。

獲得這些資訊最好的方法，就是在現有的工廠區域圖中，依照物料移動的程序，由一活動到次一活動，依序描繪出其對應的動線。將流程程序圖上的所有活動，以動線標示其在圖像式的工廠布置平面圖的對應位置，就稱為**動線圖** (Flow diagram)。建構動線圖時，分析師應以對應於流程程序圖上的符號和數字，在動線圖上標示出每一個活動，並沿其動線，以小箭頭標示動線的方向。零組件超過一個以上時，其動線可用不同顏色標示，以作為區分。

圖 2.12 是美國春田兵工廠 (Springfield Armory) 所作的一個與流程程序圖結合的動線圖，用來改善 M1 步槍的生產。此一圖像呈現方式，加上流程程序圖一起使用的結果，使該廠在僱用相同人力的狀況下有大幅度的節約，產量由每班 500 支槍管增加到 3,600 支。圖 2.13 所示為修正現場布置後的動線圖。

動線圖對流程程序圖來說，是一項很有用的補充，因為它可以找出重複的回頭路徑與可能發生動線交會及壅塞的區域，因此也可以促進發展更理想的工廠布置。

人機程序圖

人機程序圖 (Worker and machine process chart) 是用來研究、分析及改善一特定工作站的工具。此圖顯示人員工作週期與機器運轉週期兩者間準確的時間關係。利用這些實際數據，可以更完全地利用作業員與機器的時間，達成更為平衡的工作週期。

許多機器工具不是全自動的 (如自動製螺絲機)，就是半自動的 (如六角車床)。使用這種形式的設施時，作業員常常會在整個週期的某個部分閒置而無事可做。將這些閒置時間加以利用，將可增加作業員的收入，並提升生產效率。

在實務上，讓一個員工操作一部以上的機器，稱為**機器耦合** (Machine coupling)。

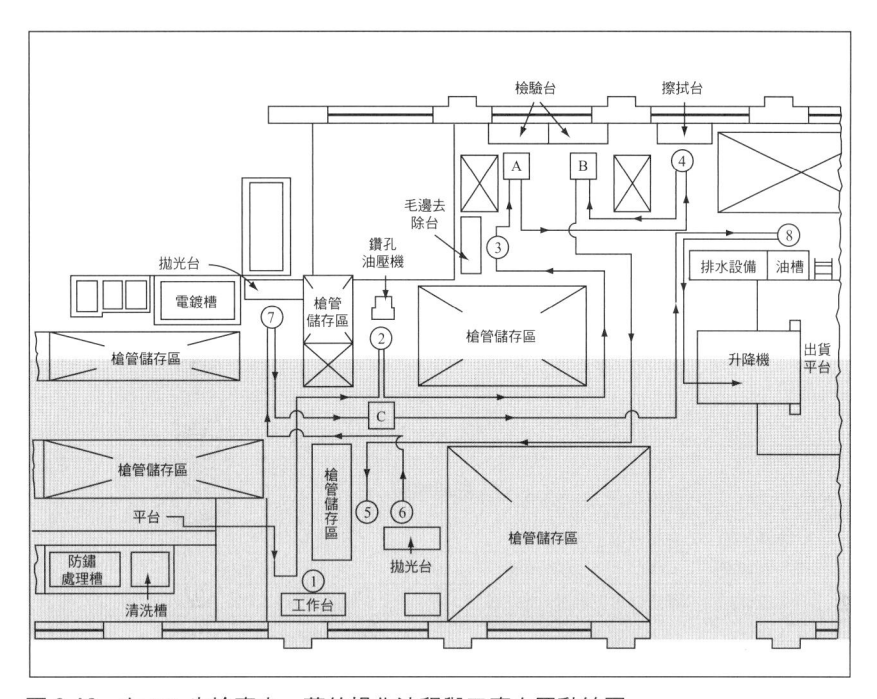

圖 2.12 在 M1 步槍廠中，舊的操作流程與工廠布置動線圖。
〔陰影的部分表示重新規劃後所需的平面空間(圖 2.13)，相當於在空間上大約節省

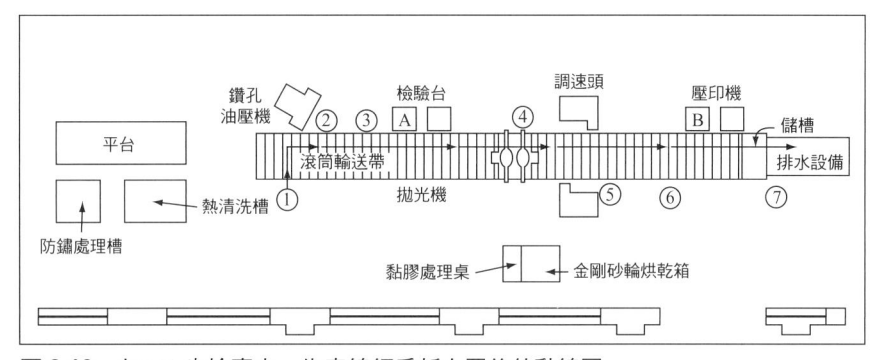

圖 2.13 在 M1 步槍廠中，生產線經重新布置後的動線圖。

由於有組織的勞工可能會抗拒這樣的概念，因此推廣機器耦合概念的最佳方式，就是顯示出這是可以提高個人收益的機會。假如公司實施獎工薪資計畫，從整個操作週期來看，因為機器耦合增加「努力時間」所占的比率，就有可能獲得較高的獎工收入。同時，當實施機器耦合時，因作業員肩負較大的責任，並需付出較多心力與體力，其基本工資率自然也會較高。

當建構人機程序圖時，分析師首先必須訂定圖的名稱，如「人機程序圖」。其他須確認的資訊包括零件編號、工程圖號、作業描述、現行與建議方法、日期及製圖者。

因為人機程序圖必須按照比例尺繪製，分析師應先在圖上選擇某一單位長度，以之代表相對應的適當單位時間。該圖涵蓋的操作週期時間愈長，圖上每單位時間(如十分之一分鐘)的單位長度就愈短。一旦作圖所需的單位時間與單位長度的數值關係

第 2 章 解決問題的工具

確定,就可以開始繪製人機程序圖。圖的左邊顯示作業員的各項作業與時間,右邊則顯示機器的工作與閒置時間。垂直的實線代表作業員的工作時間,該線的中斷部分則代表其閒置時間。同樣地,在每個機器欄位下的垂直實線部分代表機器運轉時間,中斷的部分代表機器閒置時間;而該欄位的虛線部分,則代表機器加料與卸料的時間,在這段期間,機器既非閒置,也非生產 (見圖 2.14)。

分析師將整個週期內,作業員與機器兩者自開始到結束的所有工作與閒置的單元時間,都繪製記錄於圖上。圖的底部分別列出作業員和各部機器的總工作時間與總閒置時間。作業員的生產性工時加上閒置時間,必須等於其所操作各機器的生產性工時加上閒置時間。

人機程序圖

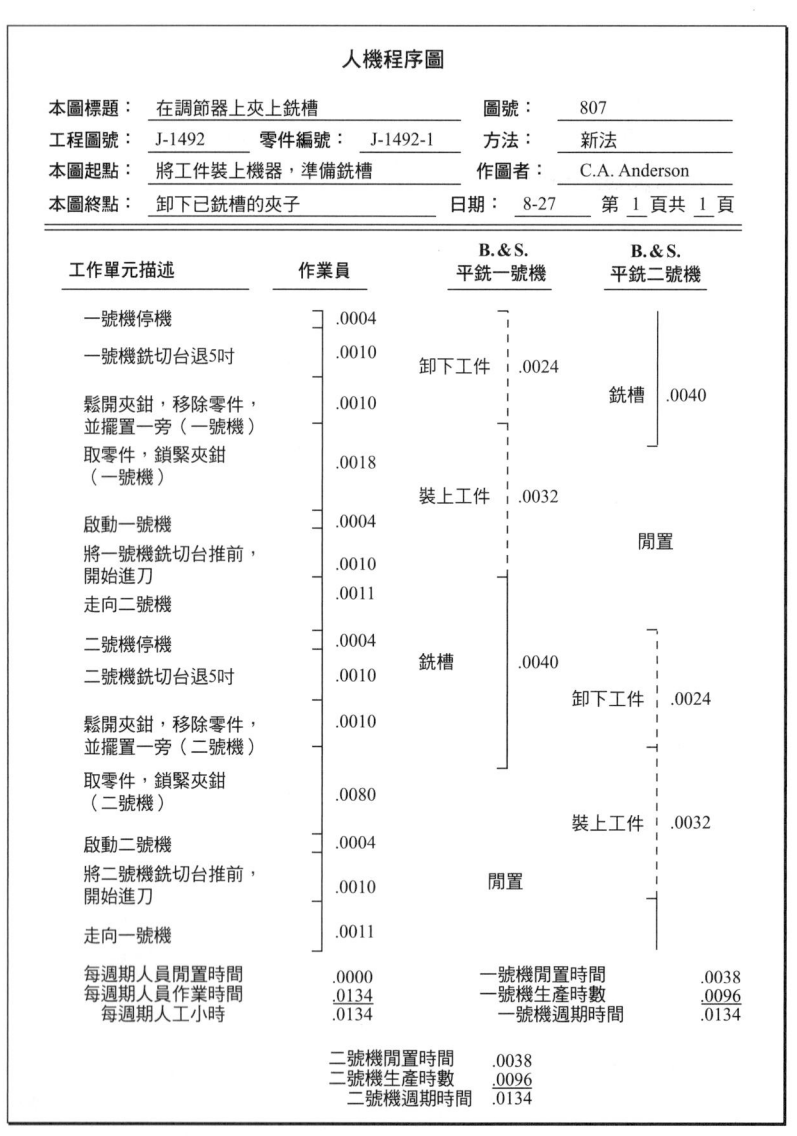

本圖標題:	在調節器上夾上銑槽	圖號:	807
工程圖號:	J-1492　零件編號:　J-1492-1	方法:	新法
本圖起點:	將工件裝上機器,準備銑槽	作圖者:	C.A. Anderson
本圖終點:	卸下已銑槽的夾子	日期:　8-27	第 1 頁共 1 頁

工作單元描述	作業員	B.&S. 平銑一號機	B.&S. 平銑二號機
一號機停機	.0004		
一號機銑切台退5吋	.0010	卸下工件　.0024	銑槽　.0040
鬆開夾鉗,移除零件, 並擺置一旁(一號機)	.0010		
取零件,鎖緊夾鉗 (一號機)	.0018	裝上工件　.0032	閒置
啟動一號機	.0004		
將一號機銑切台推前, 開始進刀	.0010		
走向二號機	.0011		
二號機停機	.0004	銑槽　.0040	
二號機銑切台退5吋	.0010		卸下工件　.0024
鬆開夾鉗,移除零件, 並擺置一旁(二號機)	.0010		
取零件,鎖緊夾鉗 (二號機)	.0080		裝上工件　.0032
啟動二號機	.0004	閒置	
將二號機銑切台推前, 開始進刀	.0010		
走向一號機	.0011		

每週期人員閒置時間	.0000	一號機閒置時間	.0038
每週期人員作業時間	.0134	一號機生產時數	.0096
每週期人工小時	.0134	一號機週期時間	.0134
		二號機閒置時間	.0038
		二號機生產時數	.0096
		二號機週期時間	.0134

圖 2.14 操作銑床之人機程序圖。

在建構人機程序圖前，必須先知道正確的各單元時間值。這些時間值應該是其標準工時，包含可接受的疲勞寬放、不可避免的延遲及個人延遲(詳見第 9 章)。在建構該圖時，分析師絕對不可只使用按停馬錶時所顯示的整體時間。

完成的人機程序圖中，可以清楚地顯示出機器閒置時間與作業員閒置時間發生的地方。這些地方通常就是進行有效改善的好起點。然而，分析師也必須將閒置機器成本與閒置人力成本加以比較。只有在考慮全部成本後，分析師才可以對較理想的方法作肯定的建議。下一節將介紹經濟性的考量。

組作業程序圖

組作業程序圖 (Gang process chart) 就意義上來說，是人機程序圖的衍生版。人機程序圖可用以決定一位作業員最經濟的可操作機器數。然而，有些流程與設備較大，不但無法一人操作多部機器，反而需要多位作業員共同分工，才能有效地操作一部機器。組作業程序圖可以顯示，機器之運轉和閒置週期與共同操作該機器的多位作業員之每週期閒置和操作時間之間的確切關係。從此圖更可看出，藉由減少作業員與機器的閒置時間，其改善的可能性有多大。

圖 2.15 顯示一個依據有大量閒置工時的程序所作的組作業程序圖，在每班 8 小時的工作期間，閒置人力可累計多達 18.4 小時。圖中也顯示，公司在該作業上配置的人力比實際需求超出兩人。分析師透過將流程中的某些控制程序作重新調整，再將所有作業的工作單元重新分配，結果只要四個作業員，而不是六個，就能夠有效地操作該擠壓機。圖 2.16 所顯示的是該作業改善後的組作業程序圖，利用此圖，很容易就達成每班節省 16 小時的改善績效。

2.3　量化工具和人機關係 Quantitative Tools, Worker and Machine Relationships

雖然透過人機程序圖，分析師可以知道一位作業員應配置操作的設備數，但透過數學模式的建立，同一結果可以用更少的時間計算而得。作業員與機器的關係不外乎下列三種型態之一：(1) 同步服務作業；(2) 完全隨機服務作業；(3) 同步與隨機混合的服務作業。

同步服務作業

雖然一人多機的服務作業方式十分理想，但希望能使人與機器在生產週期中完全沒有閒置的浪費，卻不易達成。這樣理想化的案例就是**同步服務作業** (Synchronous servicing)，每位作業員應負責的機器數，可以下式計算而得：

$$n = \frac{l + m}{l}$$

其中 n = 作業員應負責的機器數
　　　l = 每部機器加料與卸料(服務作業)的總人工作業時間
　　　m = 總機器運轉時間(自動動力進給)

圖 2.15 液壓擠壓機現行作業方式之組作業程序圖。

組作業程序圖——建議的方法
液壓擠壓成型　　第二衝壓部門　　賓州蓓蕾芳工廠
繪圖者：B.W.N.　　4-15-　　圖號：G-85

機器		壓床作業員		壓床助理作業員		樣模拆卸員		拖拉作業員	
操作	時間	操作	時間	操作	時間	操作	時間	操作	時間
抬起鐵棒	.07	抬起鐵棒	.07	鋼模塗油，並將模具歸位	.12	將擠壓件固定於小壓床上	.10	將連桿拉向冷卻架	.20
將鐵棒置於定位	.08	將鐵棒置於定位	.08	走向加熱爐	.05	將樣模由擠壓件上打除	.12	走回壓床	.15
將樣模置於定位	.04	將樣模置於定位	.04	調整爐中鐵棒位置	.20	將擠壓件投入其容器中	.18		
加壓	.05	加壓	.05	返回壓床	.05	將樣模投入其容器中，放下鉗子	.12		
擠壓	.45	擠壓	.45	閒置	.09			用鉗子夾住連桿並拉出	.45
				開爐門，並將鐵棒移出	.19	閒置	.23		
				用擠壓桿將鐵棒推離，並關上爐門	.10	取鉗子，移動至定位	.05		
打開模具	.06	打開模具	.06	打開模具頭，取出擠壓件	.11	將切除連桿後的擠壓件引導至小壓床	.20	用木槌整修連桿	.11
將擠壓件鬆脫推出	.10	將擠壓件鬆脫推出	.10	由擠壓件上切除連桿	.04			模具由壓床移除時，持住連桿	.09
將擠壓桿收回，並鎖固模具頭	.15	將擠壓桿收回，並鎖固模具頭	.15	將模具由連桿上移除	.05				
工作時間	1.00 分		1.00 分		.91 分		.77 分		1.00 分
閒置時間	0		0		.09 分		.23 分		0

圖 2.16　建議的液壓擠壓機作業方式之組作業程序圖。

例如，假設生產一件產品所需的週期時間為 4 分鐘，這是自前一個完成品開始卸料起算，到整個機器運轉週期結束為止的時間。作業員的服務作業包含成品卸料與原物料加料合計 1 分鐘，而自動機器的運轉週期時間則為 3 分鐘。同步服務作業的結果是：

$$n = \frac{1+3}{1} = 4 \text{ 部機器}$$

這樣的作業安排，可用圖 2.17 作清楚的圖解，當第一部機器啟動運轉後，作業員就移到第二部機器，進行卸料與加料的服務作業。以此類推，直到第四部機器啟動運轉後，作業員就必須回到第一部機器進行服務作業，因為該機器的自動運轉週期將會剛好結束。

在本案例中，假如機器數量增加，將會產生機器干擾，此時，其中一個或多個設備會在工作週期的某段時間閒置。假如機器數量減少到少於 4 部，則作業員的工作週期中將有部分會產生閒置。在此狀況下，每單位產品的最小總成本通常就可作為其最佳作業標準。

在非最佳條件或是機器有清潔調校的情況下，情況將更為複雜。而作業員在機台間移動的總時間，就必須基於每一部閒置機器的成本以及作業員的人工成本進行考量。

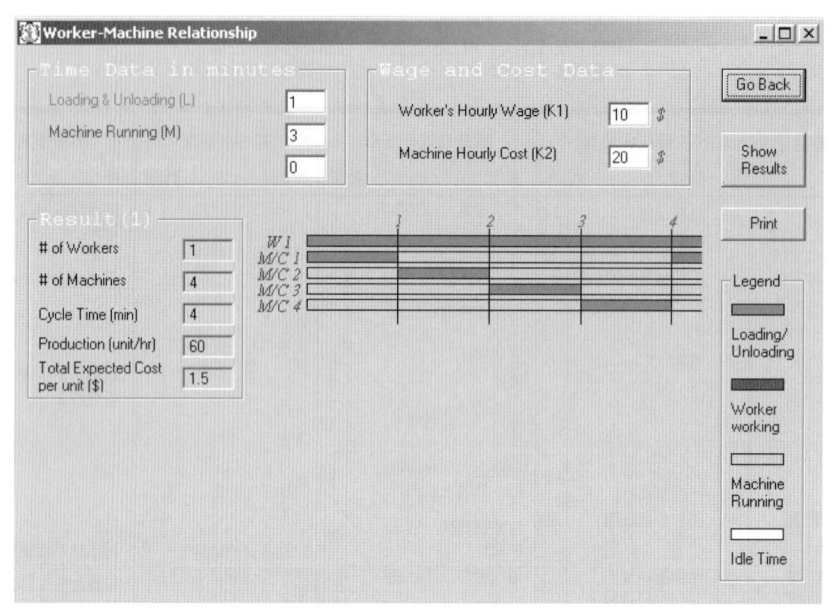

圖 2.17 一位作業員與四部機器的同步服務作業。

作業員在實際情況下能負責操作的機器數，可以下列校正後公式估計，並取其最小整數而得：

$$n_1 \leq \frac{l + m}{l + w}$$

其中 n_1 = 作業員應負責的機器數，計算至最小整數

w = 作業員在機器間移動的總時間 (並非直接與機器互動，而是從該機台走到下一機台的時間)

在此狀況下，作業員並非在整個工作週期中一直非常繁忙，但所有的設施則完全利用，因此作業員負責 n_1 部機器的作業週期時間為 $l + m$。

使用 n_1 部機器，我們可以計算總預期成本 (Total expected cost, TEC)：

$$\begin{aligned}\text{TEC}_{n_1} &= \frac{K_1(l + m) + n_1 K_2(l + m)}{n_1} \\ &= \frac{(l + m)(K_1 + n_1 K_2)}{n_1}\end{aligned} \quad (1)$$

其中 TEC = 一部機器生產一個產品的預期成本

K_1 = 作業員工資率，每單位時間的金額

K_2 = 機器成本，每單位時間的金額

在計算此項成本之後，也要計算一個作業員負責 $n_1 + 1$ 部機器的成本。在此狀況下，因為會有機器的閒置時間，所以週期時間即由作業員的工作週期來決定。週期時間現在為 $(n_1 + 1)(l + w)$。令 $n_2 = n_1 + 1$，則一個作業員負責 n_2 機器的總預期成本為：

$$\text{TEC}_{n_2} = \frac{(K_1)(n_2)(l+w) + (K_2)(n_2)(n_2)(l+w)}{n_2} \quad (2)$$
$$= (l+w)(K_1 + n_2 K_2)$$

最後，一個作業員應負責的機器數，仍以 n_1 與 n_2 中單位產品預期成本最低者來決定。

範例 2.1　同步服務作業

一位作業員操作一部機器耗時 1 分鐘，走到下一部機器耗時 0.1 分鐘。每部機器自動運轉 3 分鐘，作業員工資為每小時 10 美元，而機器運轉成本為每小時 20 美元。這位作業員能夠操作多少部機器呢？

作業員的最佳可操作機器數為：

$$n = (l+m)/(l+w) = (1+3)/(1+0.1) = 3.6$$

由於計算結果不是整數，因此有兩項選擇：選擇 1，作業員操作三部機器，但作業員會有部分閒置時間；選擇 2，作業員操作四部機器，但機器會有部分閒置時間。最好的選擇可能還是考量此狀況下的經濟性，也就是以最低單位成本作選擇。

在選擇 1 中，由 [公式 (1)] 計算所得之預期生產成本為 (以小時為單位時間，故「工作時間 $(l+m)$」除以 60 分鐘)：

$$\text{TEC}_3 = (l+m)(K_1 + n_1 K_2)/n_1 = (1+3)(10 + 3 \times 20)/(3 \times 60) = 1.556 \text{ 美元／個}$$

另一個方法，是計算每小時的生產率 R：

$$R = \frac{60}{l+m} \times n_1$$

生產率的考量基礎是以機器為限制因子 (即作業員有時會閒置)，同時每部機器在 4 分鐘的週期中 (1.0 分鐘的人工服務作業時間加 3.0 分鐘的機器時間)，可以生產一個產品。用三部機器，以每小時運轉 60 分鐘計，其生產率為：

$$R = \frac{60}{1+3} \times 3 = 45 \text{ 個／小時}$$

此時，預期單位成本可用人工與機器成本除以生產率來求出：

$$\text{TEC}_3 = (K_1 + n_1 K_2)/R = (10 + 3 \times 20)/45 = 1.556 \text{ 美元／個}$$

在選擇 2 中，由公式 (2) 所計算之預期生產成本為：

$$\text{TEC}_4 = (1+w)(K_1 + n_2 K_2) = (1+0.1)(10 + 4 \times 20)/60 = 1.65 \text{ 美元／個}$$

以另一方法考量時，生產率的考量基礎是以作業員為限制因子 (即機器有時會閒置)。因為作業員生產一個產品的週期時間為 1.1 分鐘 (1.0 分鐘的服務作業時間與 0.1 分鐘的移動時間)，因此以此法計算每小時的生產率 R 為：

$$R = \frac{60}{1+w} = \frac{60}{1.1} = 54.54 \text{ 個／小時}$$

同樣地，預期單位成本為人工與機器成本除以生產率：

$$TEC_4 = (K_1 + n_2 K_2)/R = (10 + 4 \times 20)/54.54 = 1.65 \text{ 美元／個}$$

以最低成本來看，在此選擇一人負責三部機器最佳。然而，假如市場需求較大，可有較佳的售價，設置四部機器將會使所獲利潤最大。另一項須注意的是，以本例來說，雖僅增加移動時間 0.1 分鐘，但產量卻由理想狀態的每小時 60 件產品明顯降低。

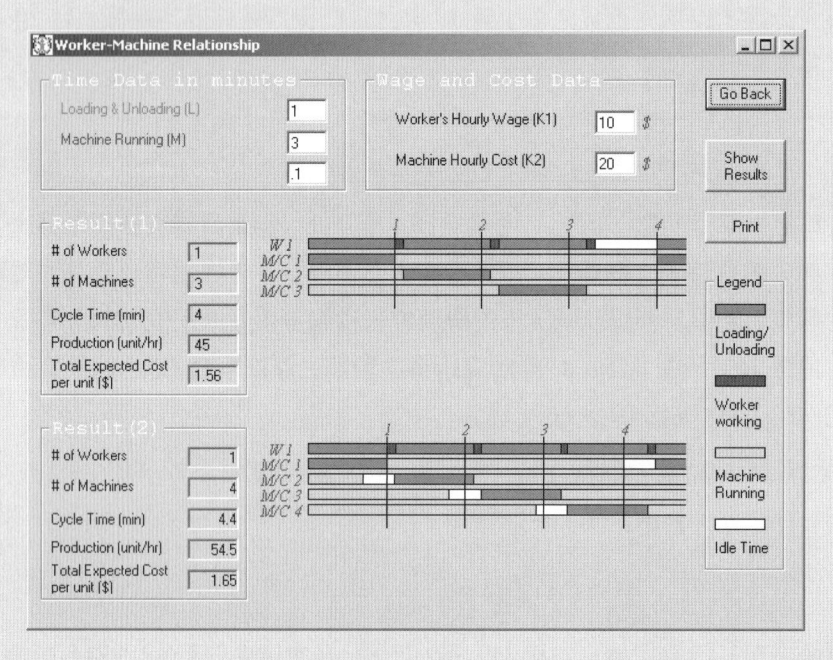

若將加料與卸料時間由 1.0 分鐘減少為 0.9 分鐘，雖然減少甚微，但也有其影響。因此，現在一位作業員的最佳可操作機器數為：

$$n = (l+m)/(l+w) = (0.9+3)/(0.9+0.1) = 3.9$$

雖然機器數仍非整數，但相當接近四部 (較合乎現實)。假如一位作業員只負責三部機器 (選擇 1)，作業員的閒置時間將會由約 0.7 分鐘增加到 0.9 分鐘，或接近 25% 的週期時間！由公式 (1) 所計算之預期生產成本 (以小時為單位時間，故「工作時間 $(l+m)$」除以 60 分鐘)：

$$TEC_3 = (l+m)(K_1 + n_1 K_2)/n_1 = (0.9+3)(10+3 \times 20)/(3 \times 60)$$
$$= 1.517 \text{ 美元／個}$$

另一計算生產率的方法為：

$$R = \frac{60}{l+m} \times n_1 = \frac{60}{3.9} \times 3 = 46.15 \text{ 個／小時}$$

預期單位成本為人工與機器成本除以生產率：

$$\text{TEC}_3 = (K_1 + n_1 K_2) / R = (10 + 3 \times 20) / 46.15 = 1.517 \text{美元／個}$$

假如一位作業員負責四部機器 (選擇 2)，閒置成本較貴的機器閒置時間會由 0.4 分鐘減為 0.1 分鐘。由公式 (2) 計算所得之預期生產成本為：

$$\text{TEC}_4 = (l + w)(K_1 + n_2 K_2)/R = (0.9 + 0.1)(10 + 4 \times 20)/60 = 1.50 \text{美元／個}$$

另外計算每小時生產率 R 的方法為：

$$R = \frac{60}{l + w} = \frac{60}{1.0} = 60 \text{個／小時}$$

預期單位成本為人工與機器成本除以生產率，得到：

$$\text{TEC}_4 = (K_1 + n_2 K_2)/R = (10 + 4 \times 20)/60 = 1.50 \text{美元／個}$$

以最低成本與最小閒置時間來看，此時一位作業員負責四部機器的方式最佳。因此加料與卸料時間減少 10% (由 1 分鐘減少至 0.9 分鐘)，產生了幾項正面的改善：

- 增加了 10% 的產量 (原為 54.54 個／小時，增加為 60 個／小時)。
- 閒置時間的降低，由第一種狀況，作業員原本有 0.7 分鐘的閒置時間 (週期的 17.5%)，改善到第二種情況下只有機器的 0.1 分鐘閒置。
- 降低 3.6% 的單位成本，由每個 1.556 美元降至 1.50 美元。

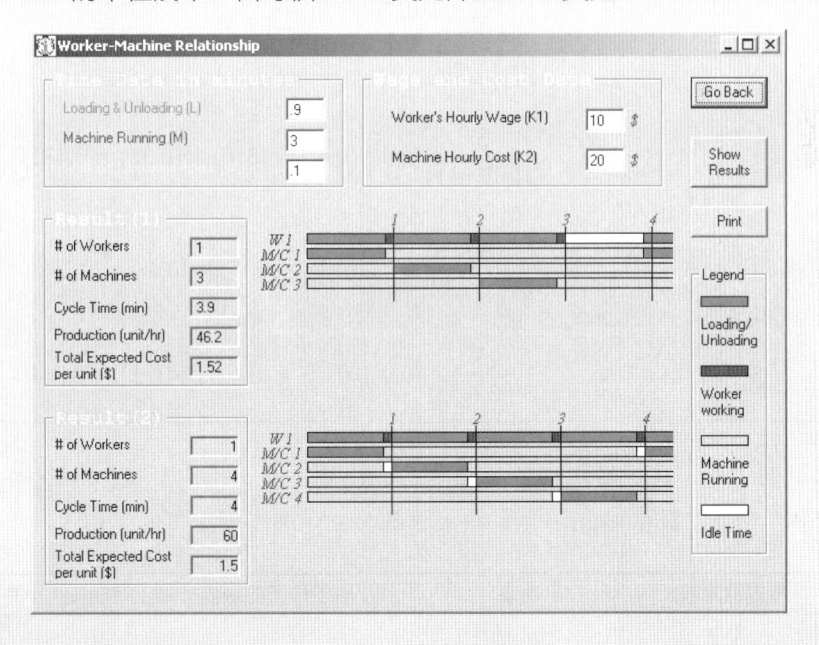

這樣的結果顯示出減少加料時間或設置時間的重要性，在第 3 章中有更詳細的討論。然而，將移動時間做相當程度的減少 (例如，0.1 分鐘，以本例而言，等於完全刪除，不需移動)，產生如上圖或如圖 2.17 的理想狀況，其單位成本均為 1.50 美元。

隨機服務作業

當不確定某項設施何時需要人員操作或維護服務，或需耗用多長的時間，就屬完全**隨機服務作業** (Random servicing) 的情況。這些時間的平均值通常為已知，或可以計算出來；有了這些平均值，就可以按機率法則計算出一位作業員可負責的機器數。

假設一天中，由於服務作業與機器干擾，每部機器發生故障與否是隨機的，故障機率為 p，運轉機率則為 $q = 1 - p$。當 n 為相對地小，二項式展開的連續項可以對 0, 1, 2, 3, ..., n 部機器故障的機率作一估計。二項式展開的各項可以用 n 部機器中有 m 部故障的機率表示為：

$$P(n \text{ 部機器中有 } m \text{ 部故障}) = \frac{n!}{m!(n-m)!} p^m q^{n-m}$$

例如，一位作業員負責操作及維護多部六角車床時，平均機器運轉時間的 60% 是自動的，要決定機器故障時間損失比例最小的機器數。作業員費神工作的時間 (即機器故障或需要人員操作及維護服務時) 並不規律，但平均為 40%。在這種工作類型下，分析師估計每位作業員可以負責三部六角車床。對於此種安排，n 部機器中有 m 部故障的機率將如下所示：

機器故障數(m)	機率
0	$\frac{3!}{0!(3-0)!}(0.4^0)(0.6^3) = (1)(1)(0.216) = 0.216$
1	$\frac{3!}{1!(3-1)!}(0.4^1)(0.6^2) = (3)(0.4)(0.36) = 0.432$
2	$\frac{3!}{2!(3-2)!}(0.4^2)(0.6^1) = (3)(0.16)(0.6) = 0.288$
3	$\frac{3!}{3!(3-3)!}(0.4^3)(0.6^0) = (1)(0.064)(1) = 0.064$

藉著使用這個方法，可以算出機器故障的時間比例，而且也可計算出一個作業員負責三部機器時，發生故障的時間損失。在本案例中，我們得到以下的結果：

機器故障數	機率	一 8 小時工作天的機器故障工時損失（小時）
0	0.216	0
1	0.432	0*
2	0.288	(0.288)(8) = 2.304
3	0.064	(2)(0.064)(8) = 1.024
	1.000	3.328

* 因為僅有一部機器故障，作業員可處理該部故障機器。

$$\text{機器故障工時損失比例} = \frac{3.328}{24.0} = 13.9\%$$

以相同的計算方式，也可以在配置機器數略有增減時，求得機器故障時間最小的配置機器數。最令人滿意的配置，通常是單位總預期成本最小的配置方式，單位總預期成本可由以下公式計算得出：

$$\text{TEC} = \frac{K_1 + nK_2}{R}$$

其中 K_1 = 作業員每小時的工資率
K_2 = 機器每小時的運轉成本
n = 配置的機器數
R = 生產率，n 部機器每小時的產量

生產率，即每小時由 n 部機器所生產的件數，可由每件之平均機器時間、每件產品的平均機器服務作業時間，以及每小時預期機器故障工時或時間損失計算得出。

例如，在前述一位作業員負責三部機器的情況下，分析師求出每件產品的機器加工時間為 0.83 分鐘，每件產品的機器服務作業時間為 0.17 分鐘，而每部機器每分鐘平均故障 0.139 分鐘。因此，每部機器在每分鐘中僅有 0.861 分鐘可供生產之用；平均每部機器生產一件產品的時間為：

$$\frac{0.83 + 0.17}{0.861} = 1.161$$

因此，三部機器每分鐘可生產 2.584 件產品或每小時 155.04 件產品。如果作業員每小時的工資率為 10 美元 以及機器每小時的運轉成本為 60 美元，我們計算出的每件產品總預期成本則是：

$$\frac{\$10.00 + 3(\$60.00)}{155.04} = \$1.225/\text{unit}$$

範例 2.2　隨機服務作業

一位作業員被指派負責三部機器，機器之預期故障時間為 40%。運轉時，每一部機器每小時可以生產 60 個產品。作業員每小時的工資率為 10 美元，每小時機器的運轉成本為 60 美元。是否需要再僱用其他作業員來維持機器的運轉？

案例 A ──僅一位作業員

機器故障數(m)	機率	一8小時工作天的機器故障工時損失（小時）
0	$\frac{3!}{0!\,3!}(0.4)^0(0.6)^3 = 0.216$	0
1	$\frac{3!}{1!\,2!}(0.4)^1(0.6)^2 = 0.432$	0
2	$\frac{3!}{2!\,1!}(0.4)^2(0.6)^1 = 0.288$	$0.288 \times 8 = 2.304$
3	$\frac{3!}{3!\,0!}(0.4)^3(0.6)^0 = 0.064$	$0.064 \times 16 = 1.024$

考慮到一天 8 小時的工時中，共有 3.328 生產工時的損失 (2.304 + 1.024)，因此每工作天僅能生產 1,240.3 個 [(24-3.328)×60] 產品，其每小時平均生產量為 155.04 個。產品的單位成本為：

$$\text{TEC} = (10 + 3 \times 60)/155.04 = 1.23 \text{ 美元／個}$$

案例 B ──二位作業員

機器故障數(m)	機率	一8小時工作天的機器故障工時損失（小時）
0	$\frac{3!}{0!\,3!}(0.4)^0(0.6)^3 = 0.216$	0
1	$\frac{3!}{1!\,2!}(0.4)^1(0.6)^2 = 0.432$	0
2	$\frac{3!}{2!\,1!}(0.4)^2(0.6)^1 = 0.288$	0
3	$\frac{3!}{3!\,0!}(0.4)^3(0.6)^0 = 0.064$	$0.064 \times 8 = 0.512$

與案例 A 相較，案例 B 有相當大的改善。由於在每天 8 小時的工時中僅損失 0.512 小時的生產時間，日產量增加到 1,409.28 個 (23.488 × 60)，或每小時平均生產 176.16 個。此時的產品單位成本為：

$$\text{TEC} = (2 \times 10 + 3 \times 60)/176.16 = 1.14 \text{ 美元／個}$$

因此，僱用其他作業員以維持機器持續的運轉，其成本效益是比較好的。

另外值得一提的是，僱用第三位作業員使所有三部機器能夠全時間運轉，其成本效益並不是最好的。雖然總產量有些增加，但是總成本增加更多，使得單位成本變成：

$$\text{TEC} = (3 \times 10 + 3 \times 60)/180 = 1.17 \text{ 美元／個}$$

複雜人機服務作業關係

最常見的作業員與機器關係型態，也許是同步與隨機服務作業混合的方式。在此，人員操作的服務作業時間相對而言比較固定，但是機器的故障與維修服務作業則是隨機的。此外，故障發生的間隔時間則假設是某種特定的統計分配。隨著機器數量的增加，作業員與機器間的關係變得更為複雜，機器干擾與造成的延遲時間也會增加。實務上，機器干擾經常發生，可占總工作時間的 10% 到 30%，有些特殊的狀況甚至高達 50%。為了處理這類的狀況，已發展出許多不同的方法。

其中一個方法，根據配置的機器數量、平均機器運轉時間及平均機器服務作業時間，以估算作業員的預期工作負荷。要注意的是，在上述使用三部機器的例子中，若是機器干擾佔作業時間的 13.9%，機器服務佔服務時間的 26.1%，則 $X = 0.6/0.261 = 2.3$，干擾時間約佔 54% (0.139/0.261)。如果機器數不超過六部，建議可用圖 2.18 所示的經驗曲線值。

若是一人負責七部或更多的機器，則可以使用**萊特方程式** (Wright's formula) (Wright, Duvall, and Freeman, 1936)：

$$I = 50\{\sqrt{[(1 + X - N)^2 + 2N]} - (1 + X - N)\}$$

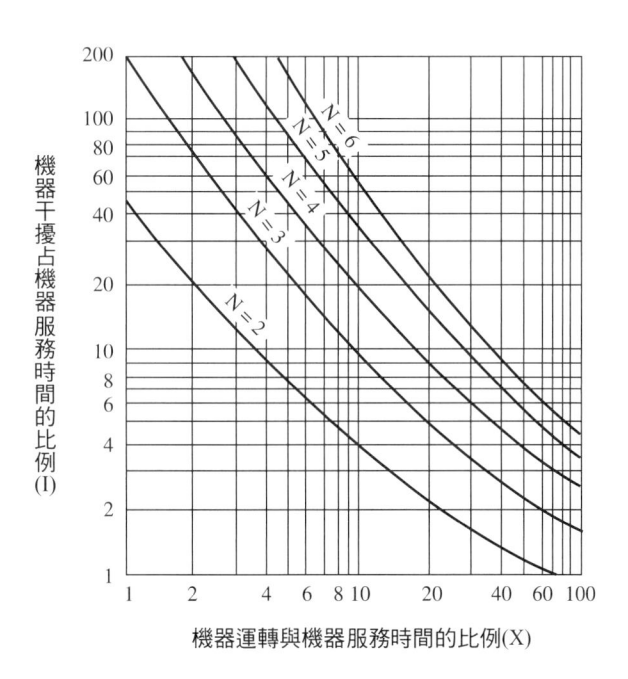

圖 2.18 當一位作業員負責的機器數不超過六部時，機器干擾占機器服務時間的比例。

其中 I = 干擾，以機器平均作業服務時間的比例表示
　　X = 機器平均運轉時間與機器平均作業服務時間的比率
　　N = 一位作業員負責的機器數

這個公式的應用請參閱範例 2.3。

範例 2.3 機器干擾時間的計算

在一個羽狀裝飾物的工廠，一位作業員分配負責 60 個紗錠。由馬錶時間研究得到，每批加工的機器平均運轉時間為 150 分鐘。每批加工的標準平均機器作業服務時間為 3 分鐘，也是以時間研究測得。以作業員平均對機器作業服務時間比例代表機器干擾，其計算為：

$$I = 50\{\sqrt{(1 + X - N)^2 + 2N} - (1 + X - N)\}$$
$$= 50\left[\sqrt{\left(1 + \frac{150}{3.00} - 60\right)^2 + 120} - \left(1 + \frac{150}{3.00} - 60\right)\right]$$
$$I = 50[\sqrt{(1 + 50 - 60)^2 + 120} - (1 + 50 - 60)]$$
$$I = 1.159\%$$

因此，我們可以得到：

機器運轉時間	150.0 分鐘
機器作業服務時間	3.0 分鐘
機器干擾時間	11.6 × 3.0 = 34.8 分鐘

利用等候線理論，假設機器故障間隔時間屬於指數分配，艾許克羅夫 (Ashcroft, 1950) 將上述的方法作更進一步的發展，作成可求出機器干擾時間的數據表。這些數據列於表 A2.8 (附錄 2)，並且分別列出機器運轉時間值、機器干擾時間值，以及兩者的比例所決定的服務率 k：

$$k = l/m$$

其中 l = 表示作業服務時間

m = 機器運轉時間

生產單位產品的總週期時間為：

$$c = m + l + i$$

其中 c = 總週期時間

i = 機器干擾時間

機器運轉時間值與機器干擾時間值在附錄 2 的表 A2.8 中，即是以總週期時間的比例表示。同時，任何必要的走動或作業員時間 w 都應包含在作業服務時間之中。範例 2.4 示範艾許克羅夫計算機器干擾時間的方法——**艾許克羅夫法** (Ashcroft's method)。

範例 2.4　使用艾許克羅夫法計算機器干擾時間

參考範例 2.3 的相關數據進行計算：

$$k = l/m = 3/150 = 0.02$$
$$N = 60$$

由附錄 2 的表 A2.8 可知，由指數分配的作業服務時間，以及 $k = 0.02$ 且 $N = 60$，我們可以由表中查出機器干擾時間占了總週期時間的 16.8%。因此我們可將機器干擾時間表示為 $T_i = 0.168c$，這裡的 c 為每一個紗錠生產一個單位產品的總週期時間。所以：

$$c = m + l + i$$
$$c = 150 + 3.00 + 0.168c$$
$$0.832c = 153$$
$$c = 184 \text{ 分鐘}$$

以及

$$T_i = 0.168c = 30.9 \text{ 分鐘}$$

由方程式所計算得到的機器干擾時間 (34.8 分鐘，見範例 2.3)，與本範例中等候線模式所求得的結果相近。然而，當 n (配置的機器數) 變小時，此二法所求結果的差異比例會增加。

生產線平衡

關於計算一條生產線上理想作業員人數的問題，與決定一個工作站應有的作業員人數十分類似，這兩個問題都可以用組作業程序圖來解決。或許最基本也是最常見的**生產線平衡 (Line balancing)** 之狀況，就是以數個作業員為一組，各人所做工作雖不同，但卻環環相扣，有前後作業順序的關係。在這樣的狀況下，全組的生產率即由其中操作最慢之作業員 (瓶頸) 的生產率來決定。例如，在樹脂硬化製程之前，須經一條生產線上的五位作業員，先組裝連結的橡膠底座。此特定工作的實際作業時間大致如下：作業員 1 為 0.52 分鐘；作業員 2 為 0.48 分鐘；作業員 3 為 0.65 分鐘；作業員 4 為 0.41 分鐘；作業員 5 為 0.55 分鐘。由以下的資料可以看出，作業員 3 決定了全生產線的速率：

作業員編號	實際標準時間（分鐘）	等待最慢作業員時間（分鐘）	允許的標準時間（分鐘）
1	0.52	0.13	0.65
2	0.48	0.17	0.65
3	0.65	—	0.65
4	0.41	0.24	0.65
5	0.55	0.10	0.65
總計	2.61		3.25

這條生產線的效率可由總實際標準時間對總允許標準時間的比例計算而得，或

$$E = \frac{\sum_{1}^{5} SM}{\sum_{1}^{5} AM} \times 100 = \frac{2.61}{3.25} \times 100 = 80\%$$

其中　E = 效率
　　　SM = 各項作業實際操作的標準時間
　　　AM = 各項作業允許的標準時間

有關標準時間的詳細內容，將於第 8 章再作說明。有些分析師較喜歡以閒置時間的百分比 (%Idle) 作為考量依據：

$$\%Idle = 100 - E = 20\%$$

在真實生活中，也有類似此案例可節省相當成本的機會。假如分析師可以將作業員 3 的作業時間減少 0.10 分鐘，則每週期淨節省的時間並不是 0.10 分鐘，而是 0.10 × 5，即 0.50 分鐘！

只有在最特殊的狀況下，例如，生產線上各個成員執行一項作業的標準分鐘數都完全一致，生產線才可能完全平衡。這個「執行一項作業的標準分鐘數」並不是真正要求作業員遵行的的作業標準。對具有基本責任心的作業員而言，要做到符合這樣的標準時間，甚至更好，應該不會太困難。然而，理論上，做得較快的作業員必須「等待」最慢的作業員跟上，但是實際上他們很少真正去等待，而是減緩其動作的步調，以配合最慢作業員的作業分鐘數。

對於目標生產率而言，可以下列算式估計需要的作業員人數：

$$N = R \times \sum AM = R \times \frac{\sum SM}{E}$$

其中　N = 生產線上所需的作業員人數
　　　R = 預期的生產率

舉例來說，假設我們打算建立一條新設計產品的組裝線，包含八項不同的作業。生產線每天必須生產 700 個產品 (或 700/480 = 1.458 個／分鐘)。同時，因為希望存貨能減至最少，因此日產量最多不擬超過 700 個。從現有的標準數據中，可以整理出這八項作業的標準時間：作業 1 為 1.25 分鐘；作業 2 為 1.38 分鐘；作業 3 為 2.58 分鐘；作業 4 為 3.84 分鐘；作業 5 為 1.27 分鐘；作業 6 為 1.29 分鐘；作業 7 為 2.48 分鐘；以及作業 8 為 1.28 分鐘。以最經濟的設計來規劃此生產線，我們估計在既定的效率水準下 (最好是 100%)，需要的作業員人數為：

$$N = 1.458 \times (1.25 + 1.38 + 2.58 + 3.84 + 1.27 + 1.29 + 2.48 + 1.28)/1.00$$
$$= 22.4$$

以較實際的 95% 效率來計算，作業員的人數變成 22.4/0.95 = 23.6 人。由於不可能有十分之六個作業員，因此將以 24 位作業員作為該生產線的人員編制。另一個替代的方法則是利用兼職的時薪作業員。

下一步，我們須估計對這八項作業而言，各需多少作業員。由於每天要生產 700 個產品，因此生產一個產品就需要 0.685 分鐘 (480/700)。我們估計各項作業所需作業員的人數時，可就每項作業的「實際標準時間」除以單位產品所需的生產時間，計算如下表 (例如：1.83 = 1.25/0.685)：

作業	實際標準時間（分鐘）	允許標準時間（分鐘／個）	作業員人數
作業 1	1.25	1.83	2
作業 2	1.38	2.02	2
作業 3	2.58	3.77	4
作業 4	3.84	5.62	6
作業 5	1.27	1.86	2
作業 6	1.29	1.88	2
作業 7	2.48	3.62	4
作業 8	1.28	1.87	2
總計	15.37		24

為了找出最慢的作業，我們將各項作業的「實際標準時間」除以預估該作業的作業員人數。結果如下表：

作業 1	1.25/2 = 0.625
作業 2	1.38/2 = 0.690
作業 3	2.58/4 = 0.645
作業 4	3.84/6 = 0.640
作業 5	1.27/2 = 0.635
作業 6	1.29/2 = 0.645
作業 7	2.48/4 = 0.620
作業 8	1.28/2 = 0.640

因此，在此生產線上，作業 2 決定了全線的產量。以本例來說：

$$\frac{2 \text{ 位作業員} \times 60 \text{ 分鐘}}{1.38 \text{ 標準工時（分鐘）}} = 87 \text{ 個／每小時，或每天 696 個}$$

假如生產率不適當，我們就需要增加作業 2 的生產率。這可由以下幾點達成：

1. 讓作業 2 的一個作業員加班，或兩個作業員都加班，以在此工作站中累積小量的存貨。
2. 在作業 2 的工作站額外僱用一位兼職的作業員。
3. 將作業 2 的某些工作重新分配至作業 1 或作業 3 (將較多的工作分配至作業 1 較佳)。

4. 改善作業 2 的工作方法，以減少此作業的週期時間。

在先前的例子中，只要知道週期時間與作業時間，分析師就可以算出各作業所需的作業員人數，以達成所需要的生產排程。我們在解決生產線工作分配問題時，也可以先決定預期的週期時間，再設法使工作站的站數減到最少；或先決定工作站的站數，再將所需完成的工作單元，在限制的條件下，分配至各工作站，以使其週期時間減至最少。

在生產線平衡中有一項重要的策略，就是工作單元分擔。這是指兩位或多位在工作週期中包含一些閒置時間的作業員，可以分擔其他工作站的工作，使得整條生產線更有效率。舉例來說，圖 2.19 所示為一條有六個工作站的生產線。工作站 1 有三個工作單元：A、B 與 C，工作時間為 45 秒。另外，除非工作單元 A 先完成，否則 B、D 和 E 無法開始，而 B、D 和 E 可以按任何順序進行工作。因此，在工作站 2 與工作站 4 間或許可以共同分擔工作單元 H 的作業，對這幾個工作站的週期時間只會增加 1 秒 (由 45 秒增加至 46 秒)，而對每件完成品而言 (原先的閒置時間經有效利用)，則可節省 30 秒。我們需要注意，工作單元分擔可能會導致物料搬運的增加，因為零件可能必須運送到不同位置。此外，工作單元分擔也可能會增加重複設置的工具成本。

對於改善生產線平衡的第二個可能性，包含將一個工作單元予以分割。我們再參考圖 2.19，或許工作單元 H 可予以分割，而不是將一半的零件分給工作站 2 進行裝配，而另一半的零件則分給工作站 4 進行裝配。

有些時候，分割工作單元並不是十分經濟。舉例來說，使用動力螺絲起子將八支機器螺絲鎖緊。如果作業員在夾具上確認了零件的位置，並且對動力工具的控制性有所掌握，使該工具順利工作，則通常一次一起將八支螺絲鎖緊，比只鎖緊幾支，而將其他幾支留給另一位作業員來做更有效率。然而，只要對能夠分割的工作單元進行分

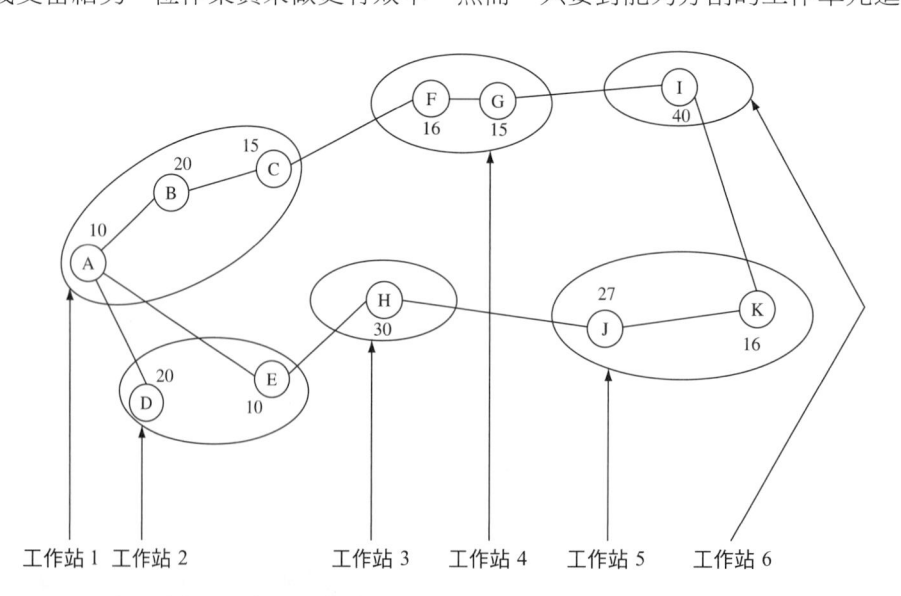

圖 2.19 包含六個工作站的生產線。

割，工作站就可更容易加以平衡。

以下解決生產線平衡問題的程序，是以 Helgeson and Birnie (1961) 的組裝線平衡法為基礎。這個方法作了如下的假設：

1. 作業員不能為了幫助維持一致的工作負荷，而由一個工作站移到另一個工作站工作。
2. 所建立的工作單元已是最適當的大小，進一步分割反而會降低這些工作單元的執行效率。(一旦建立之後，工作單元將以代碼表示。)

解決生產線平衡問題的第一步，是先決定個別工作單元的順序。能完成工作單元的執行順序之限制愈少，達成較佳的生產線平衡之機率就愈大。為能決定工作單元的順序，分析師需確定以下問題的答案：「在本工作單元開始前，假如有其他工作單元需要完成，是哪些工作單元？」對每個工作單元詢問這個問題，以建立該生產線的優先順序圖 (Precedence chart) (見圖 2.20)。功能性設計、現有的生產方法、平面空間等，都可能成為安排工作單元順序的限制條件。

在生產線平衡工作分配中，第二個要考量的問題是區域的限制。區域是指在系統中的一個次分區，可能有也可能沒有與其他分區有實體的區隔。將某些工作單元限制在某一區域，可以使相似的工作、工作狀況或工資率能集中在一起。區域的限制也能幫助確定組件實體目前所處的特定階段，如同某個工作單元在執行時，都保持在同

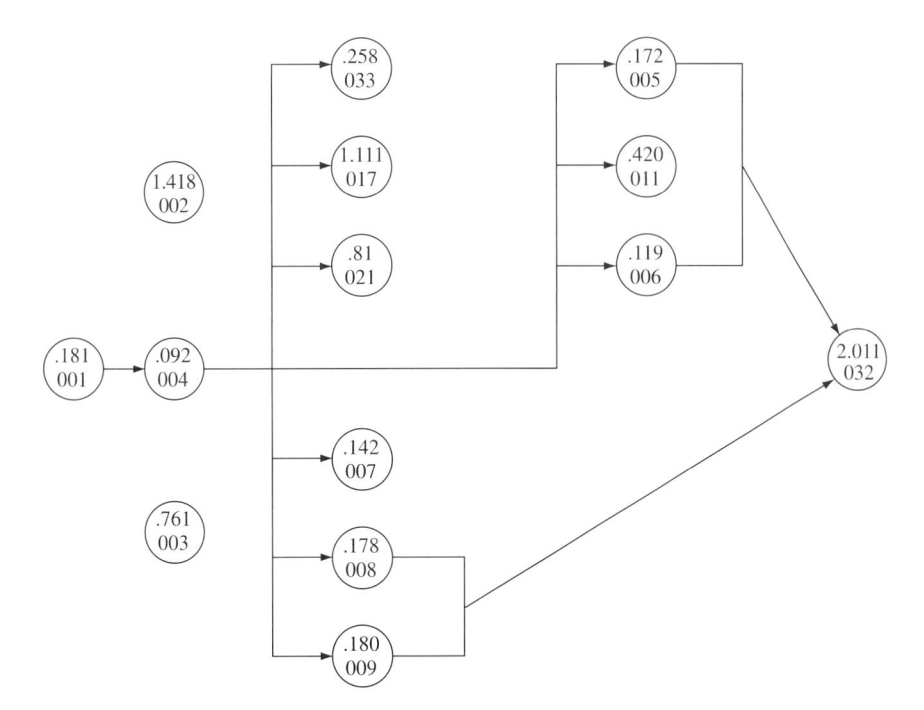

圖 2.20 部分完成的生產線的優先順序圖。
與其他工作單元比較，工作單元 002 與 003 可以按任意的程序來執行。要執行工作單元 032 之前，須先執行 005、006、008 及 009。此外，當 004 執行完畢之後，我們從 033、017、021、005、011、006、007、008 或 009 的任何一個單元接續執行均可。

一個位置上。舉例來說，與組件的某一邊相關的所有工作單元，應先在特定區域執行後，才能將該組件翻轉，再做另一面的工作單元。

明顯地，系統中有愈多的區域限制，能得到的組合可能性將愈少。分析師通常由系統的描繪與對區域的編碼開始。在每個區域中，將能在該區域中完成的工作單元都顯示出來。分析師接著使用以下的公式來估計生產率：

$$每天的生產率 = \frac{工作分鐘數／每天}{系統的週期時間（分鐘／個）}$$

其中的系統週期時間為限制之區域或工作站的標準時間。

接下來，就可以建立優先順序圖：

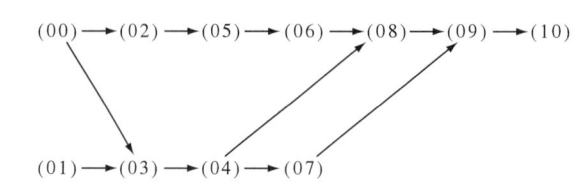

(00) → (02) → (05) → (06) → (08) → (09) → (10)

(01) → (03) → (04) → (07)

這個優先順序圖顯示工作單元 (00) 必須在 (02)、(03)、(05)、(06)、(04)、(07)、(08)、(09) 與 (10) 前完成；工作單元 (01) 必須在 (03)、(04)、(07)、(08)、(09) 與 (10) 前完成。工作單元 (00) 或 (01) 必須先完成，或同時完成。然而，工作單元 (03) 在工作單元 (00) 與 (01) 未完成前，是無法執行的。以此類推。

為描述這些關係，可作優先順序矩陣，如圖 2.21 所示。數字 1 表示「必須優先」的關係。例如，工作單元 (00) 必須優先於 (02)、(03)、(04)、(05)、(06)、(07)、(08)、(09)

估計的工作單元時間（分鐘）	工作單元	00	01	02	03	04	05	06	07	08	09	10
0.46	00			1	1	1	1	1	1	1	1	1
0.35	01				1	1			1	1	1	1
0.25	02						1	1		1	1	1
0.22	03					1			1	1	1	1
1.10	04								1	1	1	1
0.87	05							1		1	1	1
0.28	06									1	1	1
0.72	07									1	1	
1.32	08										1	1
0.49	09											1
0.55	10											
6.61												

圖 2.21 用於生產線平衡問題的優先順序矩陣。

與 (10)。因此，工作單元 (09) 必須在工作單元 (10) 之前優先執行。 現在，對於每一個工作單元，必須計算其**位置權重 (Positional weight)**。位置權重是將各個工作單元以及其後的所有工作單元加總。因此，對工作單元 (00) 的「位置權重」來說，將會是：

$$\Sigma\ 00, 02, 03, 04, 05, 06, 07, 08, 09, 10$$
$$= 0.46 + 0.25 + 0.22 + 1.10 + 0.87 + 0.28 + 0.72 + 1.32 + 0.49 + 0.55$$
$$= 6.26$$

將位置權重值以遞減的順序列表如下：

排序前的 工作單元	排序後的 工作單元	位置權重	緊鄰之前項 工作單元
00	00	6.26	—
01	01	4.75	—
02	03	4.40	(00), (01)
03	04	4.18	(03)
04	02	3.76	(00)
05	05	3.51	(02)
06	06	2.64	(05)
07	08	2.36	(04), (06)
08	07	1.76	(04)
09	09	1.04	(07), (08)
10	10	0.55	(09)

然後，工作單元必須指派給不同的工作站。這個過程是根據位置權重 (亦即由位置權重最高的工作單元優先指派) 以及系統的週期時間作指派的。位置權重最高的工作單元指派到第一個工作站。對於這個工作站未予指派的時間，可以由估計的週期時間減去已指派的工作單元時間之總和而得。假如有適當的未指派時間，位置權重次高的工作單元即予指派，但「緊鄰之前項工作單元」欄位中已予指派者除外。工作站所配置的時間一旦填滿，分析師即移至下一個工作站，此一程序持續下去，直到所有的工作單元都指派完畢為止。

舉例來說，假設每班 450 分鐘內，須生產 300 個產品。系統的週期時間為 450/300 = 1.50 分鐘，最後的平衡生產線如表 2.4 所示。

在揭示的案例中有六個工作站，其整體週期時間為 1.32 分鐘 (工作站 4)。此種配置可生產 450/1.32 = 341 個產品，比每日所需要的產品數量 300 個還多。

然而，亦因有這六個工作站，我們也產生相當的閒置時間。每週期的閒置時間為：

$$\sum_{1}^{6} 0.04 + 0.22 + 0.17 + 0 + 0.11 + 0.77 = 1.31\ \text{分鐘}$$

要有更佳的生產線平衡，則週期時間應該小於 1.50 分鐘。這可能會導致僱用更多作業員，每天有更多的產量，這些產品可能必須儲存起來。另一個可能性，是以更高效率追求平衡，但每天的工時則予以限制。

有許多商業用途的套裝軟體和設計工具，可以幫我們消除許多計算上的艱苦與枯燥，並自動執行這些步驟。

表 2.4　組裝線平衡

工作站	工作單元	位置權重	緊鄰之前項工作單元	工作單元時間	工作站時間 累積的	工作站時間 未指派的	備註*
1	00	6.26	—	0.46	.46	1.04	—
1	01	4.75	—	0.35	.81	0.69	—
1	03	4.40	(00), (01)	0.22	1.03	0.47	—
1	04	4.18	(03)	1.10	2.13	—	N.A.
1	02	3.76	(00)	0.25	1.28	0.22	—
1	05	3.56	(02)	0.87	2.05	—	N.A.
2	04	4.18	(03)	1.10	1.10	0.40	—
2	05	3.51	(02)	0.87	1.97	—	N.A.
3	05	3.51	(02)	0.87	0.87	0.63	—
3	06	2.64	(05)	0.28	1.15	0.35	—
3	08	2.36	(04), (06)	1.32	2.47	—	N.A.
4	08	2.36	(04), (06)	1.32	1.32	0.18	—
4	07	1.76	(04)	0.72	2.04	—	N.A.
5	07	1.76	(04)	0.72	0.72	0.78	—
5	09	1.04	(07), (08)	0.49	1.21	0.29	—
5	10	0.55	(09)	0.55	1.76	—	N.A.
6	10	0.55	(09)	0.55	0.55	0.95	—

*N.A 表示無法接受。

總結

　　本章中所呈現的許多圖表，對於呈現問題與解決問題都是相當有價值的工具。正如同一些工具可用以解決特定的工作，有一些圖表的設計也可以幫助解決工程上的問題。分析師應了解每一個流程圖的特定功能，才能選擇適當的工具來解決特定的問題與改善作業。

　　帕列多分析與魚骨圖通常被使用來選擇關鍵性作業，以及找出那些導致問題的根本原因與因子。甘特圖與計畫評核圖均為專案排程工具，甘特圖僅能作一個很好的概觀，而計畫評核圖可將在不同活動的互動關係量化。工作及工作現場分析指引主要應用於實體流程中，找出關鍵作業人員、作業、環境及導致潛在問題的管理因子。操作程序圖主要用於包含許多工作零組件的組裝線中，呈現不同操作與檢驗作業的關係，並提供一個很好的概觀。流程程序圖對於製造作業的分析，提供更詳盡的細節，以找出隱藏或間接成本，如延遲時間、存貨成本及物料搬運成本。動線圖則是流程程序圖發展工廠布置時一個很有用的補充工具。人機程序圖及組作業程序圖顯示出機器或設備與作業員的聯合關係，並使用此工具來分析作業員與機器的閒置時間。透過量化的方法，同步與隨機服務作業的計算與生產線平衡的技術通常用來發展更有效率的作業。

　　對於方法分析師來說，本章介紹的這十三項工具非常重要。這些圖可幫助我們了解一個流程與其相關活動的描述與互動。正確地使用這些工具，將有助於呈現與解決

問題,並且可用以宣傳與實施解決方案。計量的技術可以用來找出作業員與機器的最佳配置。分析師對於代數與機率理論應該有足夠的認識,以利發展解決機器或設備問題的最佳方案數學模式。因此,在向管理階層呈現改善的方法、訓練員工使用規定的方法,以及注意相關的詳細內容及與工廠布置的關聯上,它們都非常有效。

問題

1. 操作程序圖可以顯示出哪些資訊?
2. 建構操作程序圖需要使用哪些符號?
3. 操作程序圖如何顯示將物料導入到一般的生產流程中?
4. 流程程序圖與操作程序圖有何不同?
5. 當提出流程程序圖時,有何目的?
6. 建構流程程序圖需要使用哪些符號?
7. 相對於領班的資訊需要保留而言,為何建構流程圖需要直接觀察?
8. 在建構流程程序圖時,估計移動距離通常使用何種方法?
9. 在建構流程程序圖時,如何計算延遲時間以及儲存時間?
10. 何時你認為需要使用流程圖?
11. 如何在同一個流程圖中顯示幾個不同產品的流程?
12. 有哪兩個流程符號專門地被使用在書面資料上的研究?
13. 作業、流程程序圖與流程圖有何限制?
14. 請解釋計畫評核圖可以如何幫助公司節省成本?
15. 壓縮的目的為何?
16. 何時是建立作業員與機器程序圖的適當時機?
17. 何謂機器耦合?
18. 在機器耦合中,作業員用何種方式較為有益?
19. 組作業程序圖及作業員及機器流程圖有何差異?
20. 在加工廠中,哪個程序圖有最大的應用機會:人機程序圖、組作業程序圖、操作程序圖、動線圖?為什麼?
21. 同步與隨機服務的差異為何?
22. 工人、機器與工作量三種時間中,對於增加生產,何者能有最大的效果?為什麼?

習題

1. 基於下頁所附的壓縮成本表,它的正常成本列在表 2.2,想要完成圖 2.4 所描述之專案的最小時間為何?在所給定的時間期間要完成此專案仍需增加多少時間?

	緊急排程	
	週數	成本
A	2	7,000
B	1	2,500
C	2	5,000
D	0.5	2,000
E	4	6,000
F	3	5,000
G	2	6,000
H	0	0
I	4	7,600
J	1	2,200
K	4	4,500
L	2	3,200
M	3	3,000
N	1	700
O	2	6,000
P	1	3,000

2. 每單位的機器時間為 0.164 小時，機器整備時間為 0.038 小時。作業員成本每小時為 12.80 美元，機器成本每小時為 14 美元，請計算在每單位最低成本下產出的最佳數字。

3. 在多賓公司中，一位作業員被分配操作許多部機器。每部機器每天都會不定時閒置，工作抽查研究指出，平均而言，機器運轉時間約是所有時間的 60%；而作業員會不定期來照管機器，平均來說，約占所有時間的 40%。假如機器成本為每小時 20 美元，作業員成本為每小時 12 美元，對於一位作業員可以操作的最適合機器數量為多少？(以經濟面的考量。)

4. 多賓公司的分析師希望可以根據每單位產出的最低成本，分配相同設備的數量給一位作業員操作。以下有清楚詳細的設備研究資料：

    機器進料標準時間 = 0.34 分鐘

    機器卸料標準時間 = 0.26 分鐘

    在兩個機器間移動時間 = 0.06 分鐘

    作業員成本 = 每小時 12 美元

    機器成本 (閒置與工作) = 每小時 18 美元

    動力供給時間 = 1.48 分鐘

    每位作業員可分配操作多少部機器？

5. 一個研究顯示三部半自動機器的群組分配給一位作業員操作，有 80% 的時間未被使用。在非正常時間期間，作業員的服務時間平均有 20% 在這三部機器上。如果因為短缺員工，在一天 8 小時中，預估會有多少機器工時損失？

6. 根據以下的資料，對於工作的安排與工作站的數量，提出你的建議。

    每天最低的產量要求為 90 個組裝產品。下圖為分析師所建立的優先順序矩陣：

工作單元	預估工作單元的時間（分鐘）
0	0.76
1	1.24
2	0.84
3	2.07
4	1.47
5	2.40
6	0.62
7	2.16
8	4.75
9	0.65
10	1.45

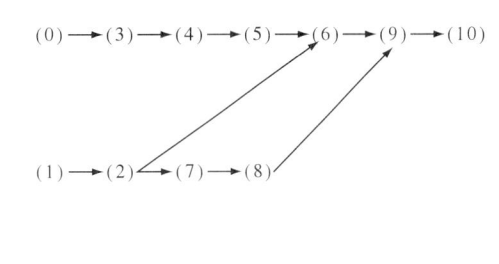

(0) → (3) → (4) → (5) → (6) → (9) → (10)

(1) → (2) → (7) → (8)

7. 當下列幾種狀況時，對於最低操作成本，每一位作業員可以分配到幾部機器？

   a. 機器的進料與卸料時間為 1.41 分鐘。

   b. 到下一個設備的移動時間為 0.08 分鐘。

   c. 機器時間(動力供給)為 4.34 分鐘。

   d. 作業員成本為每小時 13.20 美元。

   e. 機器成本為每小時 18.00 美元。

8. 當機器閒置的時間為所有時間的 70%，而作業員不定期來操作機器的平均時間占所有時間 30% 的情況下，操作四部機器將會損失多少比例的機器時間？對於機器時間損失比例的極小化，這樣的安排是否為最佳？

9. 在一個組裝過程中，有六個明顯不同的作業，在每天 8 小時中需要產生 250 單位的產品。其所量測的作業時間如下：

   a. 7.56 分鐘。

   b. 4.25 分鐘。

   c. 12.11 分鐘。

   d. 1.58 分鐘。

   e. 3.72 分鐘。

   f. 8.44 分鐘。

   在 80% 的效率要求下，需要多少位作業員？在六個不同生產作業中，每一個作業需要多少位作業員？

10. 研究顯示，在一個木架的組裝工作中，其步驟如下(小三角架由三片短木片組成，再與由三片長木片組成的大三角架結合)：

    堆高機由儲存區外運送 2 × 4 件松木 (20 分鐘)。

    作業員使用帶鋸將六片松木鋸成適當的長度 (10 分鐘)。

    組裝員 1 取得三片短木片，並鎖成一小三角架 (5 分鐘)。

    組裝員 2 取得三片長木片，並鎖成一大三角架 (10 分鐘)。

    組裝員 3 取得大、小三角架各一，並將之組合 (20 分鐘)。

監督人員檢驗組合完成的木架,並準備送貨 (5 分鐘)。

a. 完成此作業的流程程序圖。

b. 對於那些未經平衡的組裝線,閒置時間與生產時間各有多少比例?

c. 調整成適當的工作站,讓組裝線平衡。閒置時間與生產時間現在又有多少比例?

11. 目前的生產活動包含以下幾個工作單元:

作業員移除被衝壓單元 (0.2 分鐘)。

作業員走到檢驗區域,並檢查瑕疵品 (0.1 分鐘)。

作業員切除多餘的邊料 (0.2 分鐘)。

作業員將單元放置在輸送帶上,以等待下一步的加工處理,並回到壓床機 (0.1 分鐘)。

作業員使用壓縮空氣清除壓模單元 (0.3 分鐘)。

作業員將潤滑油噴入模具 (0.1 分鐘)。

作業員放置金屬薄片於壓床機上,並按下啟動鈕 (0.2 分鐘)。

自動壓製週期時間約 1.2 分鐘。

一位作業員的成本為每小時 10 美元,以及壓床機運轉成本為每小時 15 美元,在最低作業成本下,請找出並畫出人機程序圖。並計算產量以及單位成本為何?

12. 給予下頁美國職業安全與衛生署 (OSHA) 的紀錄表 (這些都是在 OSHA 300 日誌中,必須記錄且可公開檢驗的資料),根據這些傷害,你將作出什麼結論?哪一個工作編碼你必須先研究?假如你可用的資源有限,你要將它們用在何處? (使用帕列多分析。)

工作編碼	扭傷／拉扯	累積性傷害	其他
AM9	1	0	0
BTR	1	2	0
CUE	2	0	1
CUP	4	4	19
DAW	0	0	2
EST	0	0	2
FAO	3	1	1
FAR	3	1	3
FFB	1	0	1
FGL	1	0	1
FPY	1	2	0
FQT	0	0	3
FQ9	2	0	3
GFC	0	0	1
IPM	4	1	16
IPY	1	0	0
IP9	1	0	0
MPL	1	0	0
MST	0	0	0
MXM	1	0	2
MYB	1	1	3
WCU	1	0	1

13. 探索性分析可以指出接下來的工作為問題區域。請就下面所描述的研磨引擎、清除與去除油汙的作業，完成一個流程程序圖 (物料型態)。

    引擎被放置於一個舊引擎的倉庫中。當需要一個引擎時，我們由鐵道車輛上的吊車將其取出。這時作業員將卸下引擎，並放置引擎至去除油汙的框架中。此框架運送至去除油汙作業員的區域，開始去除油汙，並且由去除油汙人員處離開。裝載去除油汙後引擎零件的框架將被運送至乾淨的區域，零件進行簡易的風乾處理。在經過幾分鐘的乾燥處理後，零件被移至清除的工作檯上，開始進行清理的工作。這些零件將被蒐集起來，放置在特殊的框架中，等待運送。這個零件被放置於吊車上，並且運送至檢驗站。在檢驗站，它們從箱子滑落至檢驗的框架中。

14. 請以下列給定的操作與單位時間 (#1 = 1.5、#2 = 3、#3 = 1、#4 = 2、#5 = 4)，在每小時生產 30 個單位的目標下，平衡生產線。

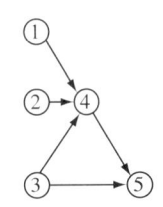

15. 一鑄模工人的活動與所花時間 (單位為分鐘) 如下：

    - 從模具中取出已完成的鑄件　　　　0.6
    - 走到 10 呎外的作業檯　　　　　　0.2
    - 將鑄件裝箱並放置於輸送帶上　　　1.0
    - 走回鑄模處　　　　　　　　　　　0.2
    - 移除模具中的無用之物　　　　　　0.4
    - 在模具上噴油，並按「啟動」鍵　　0.2
    - 鑄模過程開始　　　　　　　　　　3.0

    該過程會不斷自行重複，此工人的時薪為每小時 10.00 美元，鑄模機台的運轉費用為每小時 15.00 美元。試問若要以最低成本生產鑄件，分配給該工人的最佳機台數目為何？請畫出人機圖。

16. TOYCO 公司以 20 噸壓床生產玩具鏟子。作業員生產一個鏟子的步驟如下：

    - 將已完成的玩具鏟子移開並置放於輸送帶　　0.1 分鐘
    - 將碎片從模具中移出　　　　　　　　　　　0.2 分鐘
    - 在模具上噴油　　　　　　　　　　　　　　0.1 分鐘
    - 檢查原始物料 (平塑膠片) 是否有缺損　　　 0.3 分鐘
    - 將平塑膠片放入模具　　　　　　　　　　　0.1 分鐘
    - 壓製過程開始　　　　　　　　　　　　　　1.0 分鐘

    該作業員時薪為 10 美元，壓床運轉成本每小時為 100 美元。玩具鏟子的原物料成本每個為 1 美元，成品售價為每個 4 美元。請問分派幾個壓床給該作業員能讓成

本最低？請畫出此情況之人機圖。

17. 下圖為一專案示意圖，箭頭代表活動，其上的數字為該活動代號，同時也意味正常情況下進行該活動所需的時間 (單位為天)。

    a. 該專案的要徑與執行時間為何？

    b. 假設除了活動 1 和活動 2 之外，每一個活動時程皆可縮短至 2 天，而其成本等於該活動的數字代號。舉例來說，活動 6 一般需花費 6 天，但可以 6 美元的成本將其縮短到 5 天，或是 12 美元的成本將其縮短到 4 天。請找出以最低成本在 26 天內完成專案的方式，並列出時間被壓縮的活動及總壓縮成本。

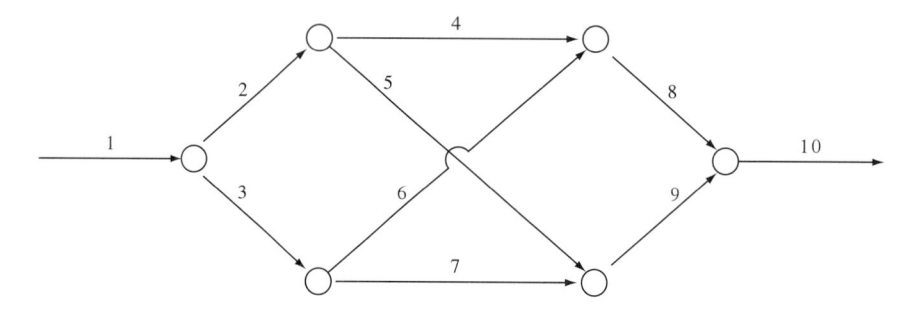

18. ToolCO 公司製造不同尺寸 (1、2、3、4、5) 的菲利普 (P)、脫殼 (T) 和平頭 (F) 三款螺絲起子。工業工程經理對產品的高不良率很在意，但又沒法投入太多資源解決所有的問題。若已知以下數據 (每批量為一百件的不良品數)，請指出須優先解決的產品問題為何。為什麼？本案中應採用什麼程序、工具、圖表等予以改善？

款式	菲利普 (P)	脫殼 (T)	平頭 (F)
1	2	3	4
2	1	0	1
3	0	1	0
4	0	0	0
5	0	0	0

19. 以下活動是對一位模具作業員觀察所見：

    a. 作業員將鑄件由模具中取出，

    b. 走到長凳旁，將鑄件放入盒中，將盒子放在棧板上，

    c. 走回射出成型機，

    d. 用壓縮空氣將模具中的雜物吹出，

    e. 在模具中噴油，

    f. 按下射出成型機的啓動鍵後，坐下，

    g. 機器關閉模具，將塑膠射入模中，經 2 分鐘固化後，開模，

    h. 此項程序自行重複。

    請作此模具作業員的流程程序圖。此項工作中的一個主要問題是什麼？如何加以改善？

20. Delpack 公司為汽車製造業的三大龍頭 (以 B1、B2、B3 稱之) 製造 15 種不同的纜線卷軸。這些纜線卷軸也以其消耗電流安培數為 A1、A2、A3、A4、A5 五種。已知以下不良品數據 (每批量為 100 件的不良品數)，請指出其中是否有問題？若有，問題在何處？(A1B1=5，A2B2=0，A3B3=0，A1B2=3，A2B3=1，A1B3=4，A2B1=1，A3B2=1，A4B3=0，A3B1=0，A4B2=0，A5B3=0，A4B1=0，A5B1=0，A5B2=0)。

21. 作以下衝床作業員的流程程序圖：
    a. 將完成的工件由沖床中取出
    b. 用手指感受該工件毛邊的粗細
    c. 走到工作台邊，取銼刀
    d. 將工件毛邊銼除
    e. 以壓縮空氣將銼屑吹去
    f. 走回衝床，將工件放上輸送帶
    g. 取材料，放入衝床中
    h. 按下啟動鍵，坐下等待一分鐘衝壓程序
    i. 以上程序自行重複

    此項工作中有哪些明顯的問題？該如何改善？

22. 以下活動和時間 (單位：分鐘) 是一位衝床作業員的作業流程：將完成的工件由沖床中取出 (0.1)，將工件毛邊銼除 (0.4)，將銼屑吹去 (0.3)，將工件放上輸送帶傳送至次一工作站 (0.1)，將材料放入衝床中並按下啟動鍵 (0.1)，衝床自動加工 3 分鐘。此程序自行重複。作業員時薪 10 元，衝壓機啟動成本每小時 15 元。若要此作業員能以最低成本生產此工件，則最適當衝床數為何？請作一人機程序圖。閒置時間百分比為何？產品的單位成本為何？其生產力 (件數／小時) 為何？

23. 一射出成型機的故障時間大約佔 20% (射出嘴堵塞，可快速清理)。一作業員負責三部相同的射出成型機。若生產順利 (無故障)，每部機器每小時可生產 100 件成品。作業員時薪 10 元，每部衝壓機啟動成本每小時 20 元。請問此作業的單位成本為何？若同時有一部以上的機器發生故障，以同樣時薪再僱一名作業員，以協助原先作業員工作，是否划算？此時的單位成本為何？

24. 以下活動和時間 (單位：分鐘) 是一位衝床作業員的工作記錄：

將完成的工件由沖床中取出	0.1
檢驗工件	0.4
將工件放上輸送帶傳送至次一工作站	0.2
將材料放入衝床中並按下啟動鍵	0.1
衝床自動循環加工	2.0

此製程自行循環運作。作業員時薪 10 元，衝壓機啓動成本每小時 30 元。請問此作業的單位成本為何？若要以最低單位成本生產此工件，則最適當衝床數為何？請作一人機程序圖。閒置時間百分比為何？產品的單位成本為何？其生產力 (件數／小時) 為何？

25. 一部保養不甚好的機器，故障時間約佔 40%。一作業員奉派負責四部此型機器。若機器運轉時 (非完全閒置狀態)，每部機器每小時可生產 60 件成品。作業員時薪 10 元，每部機器的動力與耗材成本為每小時 20 元。

   a. 在上述條件下，一位作業員負責四部機器時，輪班 8 小時當中，實際的產量為何？
   b. 每件成品的單位成本為何？
   c. 由於有許多因閒置而致的生產損失，管理階層考慮另僱一名作業員，以協助原先作業員管理此四部機器。目前有兩個方案：
      - 第一位作業員負責一號機與二號機，第二位作業員則負責三號機與四號機。
      - 兩位作業員共同負責四部機器，視需要相互支援與合作。請問那一個方案較佳，即單位成本最低？

參考文獻

Ashcroft, H. "The Productivity of Several Machines under the Care of One Operator." *Journal of the Royal Statistical Society B*, 12, no. 1 (1950), pp. 145-51.

ASME. *ASME Standard-Operation and Flow Process Charts, ANSI Y15.3-1974.* New York: American Society of Mechanical Engineers, 1974.

Cole, R. *Work, Mobility, and Participation: A Comparative Study of American and Japanese Industry*. Berkeley, CA: University of California Press, 1979.

Helgeson, W. B., and D. P. Birnie, "Assembly Line Balancing Using Ranked Positional Weight Technique," *Journal of Industrial Engineering*, 12, no. 6, (1961) pp. 394-398.

Herron, D. "Industrial Engineering Applications of ABC Curves." *AIIE Transactions* 8, no. 2 (June 1976), pp. 210-18.

Wright, W. R., W. G. Duvall, and H. A. Freeman. "Machine Interference." *Mechanical Engineering*, 58, no. 8 (August 1936), pp. 510-14.

相關軟體

Design Tools (available from the McGraw-Hill text website at www.mhhe.com/niebel-freivalds). New York: McGraw-Hill, 2002.

操作分析
OPERATION ANALYSIS

本章重點

- 透過問「為何」(Why)，以釐清生產的目的。
- 透過問「誰」(Who)，以考量作業員的需求與工作設計。
- 透過問「什麼」(What)，以利用操作分析來改善方法。
- 透過問「何處」(Where)，以檢討工作相關的布置。
- 透過問「何時」(When)，以考量製造的順序。
- 透過問「如何」(How)，以檢視設計、物料、公差、程序及工具。
- 透過刪除、合併及重排各項操作，以簡化作業。

方法分析師使用操作分析，研究所有操作中生產性與非生產性的單元，以提升每單位時間的生產力，並在兼顧維持或改善品質的前提下，降低成本。如果將之作適當的利用，方法分析可以透過簡化操作程序與物料搬運，以及更有效地利用設備，來發展出一個較佳的工作方法。因此，公司將可以藉著改善工作條件、減少作業員的疲勞及提升作業員的報酬，以增加產出並降低單位成本、確保品質並減少工藝技術的缺點，同時也提高作業員的工作熱誠。

接在方法分析之後該做的，就是利用第 2 章所介紹的各種圖表工具，獲取並呈現資料。而操作分析則是第三個步驟，是分析的開始，也是被提議方案的各構成要素具體化的階段。分析師此時應檢討圖中所呈現的每一項操作與檢驗，並詢問一些問題。其中最重要的莫過於「為何」，例如：

1. 「為何這個操作是必須的？」
2. 「為何這個操作會用這種方式來做？」
3. 「為何這些公差如此接近？」
4. 「為何要使用這個特定的物料？」
5. 「為何要這個等級的作業員來做這項工作？」

詢問了「為何」的問題，立即會引出其他的問題，包括「如何」、「誰」、「何處」及「何時」。因此，分析師可能會問：

1.「作業員如何才能做得更好？」
2.「誰能將這項操作做得最好？」
3.「在何處執行此項操作，才能降低成本或改善品質？」
4.「何時執行此項操作，才能使物料搬運最少？」

例如，圖 2.7 所顯示的操作程序圖，分析師或許會問表 3.1 所列的問題，以決定其顯示之改善方法的可行性。回答這些問題，可以幫助分析師開始思考這些操作的刪除、合併與簡化。此外，在找尋這些答案的過程中，分析師開始注意到其他可能加以改善的問題。有些想法會激發更多的想法，而有經驗的分析師通常可以發現一些改善的機會。分析師必須保持開放的心胸，以免先前的失敗打擊其對新創意的嘗試。在每個工廠中，通常都會出現這類方法改善的機會，並能創造有利的結果。

對第 3 章方法改善而言，要考慮的問題，可圍繞著九個基本議題來討論：(1) 操作的目的，(2) 零件的設計，(3) 公差與規格，(4) 使用的材料，(5) 製造程序的工序，(6) 設定與加工，(7) 物料搬運，(8) 操作的布置，(9) 工作設計 (將於第 4 章至第 8 章中介紹)。請注意，許多此類資訊目前都以**精實製造 (Lean manufacturing)** 一詞重新包裝。精實製造原本為豐田汽車公司 (Toyota Motor Corporation) 在 1973 年石油禁運結束後用來消除浪費的方法，該法跟隨泰勒系統性的科學管理，並應用到更寬廣的領域上，目標不僅是製造成本，也包含銷售、行政及資金成本。豐田製造系統 (Toyota Production System, TPS) 的重點包含七個種類的**浪費 (Muda)**(Shingo, 1987)：(1) 過度生產；(2) 等待下一步驟；(3) 不必要的運輸；(4) 不適當的處理；(5) 過多庫存；(6) 不必要的動作；(7) 有瑕疵的產品。與過去的方法重疊的部分舉例如下：(1) 等待與運輸的浪費是流程程序圖分析中的檢查與消除要素；(2) 動作的浪費統整吉爾伯瑞斯畢生在動作研究領域的成果，即工作設計的原則與動作經濟；(3) 過度生產與庫存的浪費是基於將物品搬進與搬出倉庫的額外庫存量需求及物料搬運需求；(4) 瑕疵品的浪費是製造上明顯的浪費，並且需要重工。

面對七種浪費的必然結果是採用 5S 系統以減少浪費，並維持有秩序的工作空間與一致的方法，以達到生產最佳化。5S 的重點為：(1) **整理 (Seiri)**；(2) **整頓 (Seiton)**；(3) **清掃 (Seiso)**；(4) **清潔 (Seiketsu)**；(5) **維護 (Shitsuke)**。整理的重點在於從工作空間移除所有非必要的項目，只留下必要的品項。整頓是將必需的物品擺放至容易尋找與使用的位置。一旦雜亂的東西移除，清掃就能保證進一步的整齊清潔。實行前三項重點之後，清潔則用來維持管理與方法的一致性與秩序。最後，維護讓 5S 的過程能夠定期執行。

3.1 操作目的

表 3.1 對對裝電話機座所問的問題

問題	改善方法
1. 長度固定為 1½吋×14 吋的白楓木料,是否可以在不增加額外尺寸成本的狀況下購得?	消除尺寸不是 14 吋整數倍木料末端長度的浪費。
2. 購入的楓木板是否可確定具對邊光滑目平行?	消除木料各邊連接鉋光的操作(操作 2)。
3. 購入的板子其厚度尺寸是否合格,且至少有一邊經鉋光?假如可以做到,額外的成本為何?	刪除鉋平和鉋光至規格尺寸的操作(操作 4)。
4. 為何不能將兩片板子堆疊起來,並同時例是多少?	減少 0.18 分的時間。
5. 在第一個檢驗站,不合格比例是多少?	如果不合格比例低,此檢驗站或許可以取消。
6. 為何需要以砂紙將兩面全部磨光?	刪除一面的磨光作業,以減少操作時間(操作 5)。
7. 長度固定為 1½吋×3 吋的黃松木料,是否可以在不增加額外尺寸成本的狀況下購得?	消除尺寸不是 12 吋整數倍木料末端長度的浪費。
8. 黃松木板是否可確定具對邊光滑目平行?	消除木料各邊連接的操作。
9. 購入的底框條其厚度尺寸是否合格,且有一邊經鉋光?假如均可以做到,額外的成本為何?	刪除鉋平和鉋光至規格尺寸的操作(操作 9)。
10. 為何不將兩片或更多的板子堆疊起來,並同時鋸成 14 吋大小?	減少 0.10 分的時間(操作 9)。
11. 在底框條的第一個檢驗站,有多少不合格的比例?	假如不合格比例低,也許此檢驗站可以取消。
12. 為何需要以砂紙將底框條完全磨光?	消除一些磨光作業,以減少操作時間(操作 10)。
13. 長度固定為 2½吋×2½吋的白楓木料,是否可以在不增加額外尺寸成本的狀況下購得?	消除尺寸不是 16 吋整數倍木料末端長度的浪費。
14. 是否可以使用比 2½吋×2½吋更小尺寸的木料?	降低物料成本。
15. 購入的白楓木板是否可確定具對邊光滑目平行?	消除木料各邊連接鉋光的操作。
16. 購入的座腳的板子其厚度尺寸是否合格,且各邊均經鉋光?假如可以做到,額外的成本為何?	刪除鉋平和鉋光至規格尺寸的操作(操作 16)。
17. 為何不能將兩片或更多的板子堆疊起來,並同時鋸成 14 吋大小?	減少時間(操作 15)。
18. 在座腳的第一個檢驗站,有多少不合格的比例?	假如不合格比例低,也許此檢驗站可以取消。
19. 為何需要以砂紙將座腳木板完全磨光?	消除一些磨光作業並減少操作時間(操作 16)。
20. 是否可以用夾具協助底框與面板的組裝作業?	減少組裝時間(操作 11)。
21. 在組裝後的第一次檢查,是否可以使用抽樣的方式?	減少檢驗時間(操作 4)。
22. 經過塗刷一層清漆之後,是否還需以砂紙將之磨光?	消除操作 19。

3.1 操作目的 Operation Purpose

這可能是九項操作分析方法中最重要的一個。簡化操作的最佳方法，就是在不增加任何成本的前提下設計一些方法，以得到相同或較佳的結果。分析師的基本法則就是：在改善一個操作之前，先試著將之刪除或與其他操作合併。在我們的經驗中，假如對於設計與流程有足夠研究，可以刪除的操作將多達 25%，這也與消除不適當的處理相符。

今天，人們在工廠中所做的工作往往有許多是不必要的。在許多案例中，有些工作或流程不應作簡化或改善，而是應該完全予以刪除。以「刪除一個活動」作為改善的方式是最有效的，可節省許多成本，因為生產不會中斷或延遲，而且無須耗時考慮改善的細部措施，更無須耗費金錢測試、推行。此外，在如此改善的新方法中，作業員不需要訓練，尤其當刪除的是一件不必要的工作時，抗拒改變的阻力將會最小。同樣的，在設計一個資訊傳遞的表格前，分析師應該要問：「真的需要這個表格嗎？」電腦化的系統應該可以簡化文書作業，而不是產生更多表格。

不必要的作業往往是因某項工作建構之初的不當規劃所致。一旦標準的例行程序建立之後，往往就很難改變，即使所做的改變可以消除部分工作，並使工作更容易。當規劃一項新工作時，若有可能會因為缺少某項額外的工作而導致產品被退貨，規劃人員就可能會將該額外工作納入。例如，車削鋼軸時，如果對於要切削出 40 微吋的完成面應採用二次或三次切削有疑問，那麼即使切削工具都有適當的維修，輔以理想的進刀與轉速而可使工作在二次切削後即予完成，規劃人員仍會採用三次切削。

不必要的作業也往往是之前的某項作業表現不佳所造成的。第一項作業做得不理想，第二項作業則需設法彌補，或使不理想之處能令人接受。例如，在一個工廠中，電樞原先是置於架子上噴漆，但因其底部被架子擋住，漆料無法噴到，因此需要調整電樞位置，再對其底部補噴一次漆。工廠將問題進行研究，並重新設計新的噴漆架，電樞底部不會再有阻擋，可將電樞一次噴妥。此外，新的噴漆架可以同時塗裝七個電樞，而舊法每次僅能塗裝一個。因此，考量到不必要的操作可能是先前作業表現不佳所造成的，分析師終能刪除補噴漆的作業(見圖 3.1)。

另一個例子是在一個大型齒輪的工廠中，切削齒輪之後，需要人工刮除與研磨齒邊的波浪紋。經過調查，發現由於一天中的溫度變化使齒輪產生收縮與擴張，才造成齒表的波紋。於是，工廠將該生產單位改為密閉隔間，加裝空調系統，使得該單位全天均可維持適當的溫度。結果，齒輪上的波紋立刻消失，也就不再需要人工刮除與清理的操作。

分析師應該思考以下的問題：「由其他供應商執行這樣的操作會更經濟嗎？」在一個實例中，向某一供應商所購買的滾珠軸承，必須在組裝前用黃油塗抹包覆。分析師對軸承供應商所作調查顯示，可以用更低的成本向其他供應商買到「完全密封式」而無須再塗抹黃油的軸承，因而刪除了一項操作。

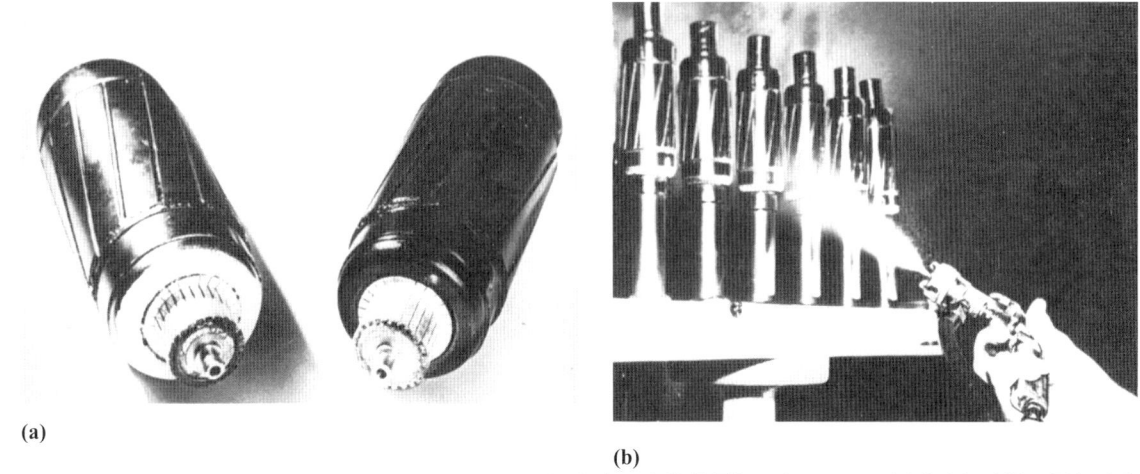

圖 3.1 (a) 由舊噴漆架卸下的已噴漆電樞 (左) 與用新噴漆架塗裝的電樞 (右)；(b) 用新噴漆架塗裝，電樞底部不會再有阻擋，可將電樞一次噴妥。

在本節所舉出的例子中，強調在執行一項操作改善前，需要先設定每一項操作的目的。一旦確定此操作的必要性，利用操作分析的九項步驟，就可以幫助我們決定該如何進行改善。

3.2 零件設計 Part Design

方法工程師常認為，一旦一項設計被公司接受以後，他們所能做的改變就只剩下規劃經濟製造的方式。或許些微的設計改變已很困難，但一個好的方法分析師仍應對每種設計加以檢視，以發掘出任何可能的改善機會。所有的設計都能改變；假如所追求的是改善的結果，則只要能將所做工作中的活動變成有意義的，就應該予以改變。

為了改善設計，分析師應將以下幾項重點常記在心，才能使每一個零組件或半成品的設計成本降低：

1. 藉由簡化設計，減少零件的個數。
2. 藉由更好的零件組合與使機器加工和組裝更簡易，以減少操作的次數及製造過程中移動的距離。
3. 使用較佳的物料。
4. 放寬公差裕度，靠著關鍵性的操作，而非嚴密管制的界限，以達成精確度的目標。
5. 設計時，需一併考慮可製造性 (Manufacturability) 與成品組裝。

請注意，五項重點中的前兩項，能幫助減少不適當的處理、不必要的運輸與過多庫存的浪費。奇異電氣公司將開發最低成本設計的各種不同想法，摘要整理如表 3.2。

以下的方法是從改用較佳物料或程序的角度著手所做的設計改善的例子。

1. 電線配線盒起初是以鑄鐵製造；改善的設計則以薄鋼片製造，使之能夠更堅固、精巧、輕便及便宜。

表 3.2　最低成本設計的方法

鑄造
1. 消除乾砂（烘砂）的砂心。
2. 使深度最少，以獲取較平的鑄造。
3. 使用不縮冷模，又有足夠厚度鑄造的最小重量。
4. 選擇一個簡單的造型。
5. 對稱形狀產生均勻的收縮。
6. 足夠的半徑──沒有尖銳的角。
7. 假如各平面彼此都要很精確，它們應該在樣式的同一部分。
8. 分模線要注意位置，應不影響外觀和功能，也不需要磨光。
9. 使用多種樣式，不要只用一樣式。
10. 金屬樣式比木製樣式好。
11. 用永久的塑模，不要只用金屬模型。

製模
1. 消除在零件中再插入物件。
2. 使用最少的零件來設計塑模。
3. 使用簡單的形狀。
4. 將分模線設置於適當位置，使溢出的材料不需鏨與拋光。
5. 最少的重量。

衝製
1. 用衝造的零件取代塑模、鑄造、機器加工或製造零件。
2. 「交錯套疊」可以節省物料。
3. 若工件上每一孔的要求都要精確，應以同一個鋼模衝造。
4. 設計要使用捲料。
5. 衝造應設計為在最小的鑄模移動下，有最小的剪裁長度及最大的鑄模強度。

零件成型
1. 以抽拉零件成形，取代旋轉、焊接或鍛造零件。
2. 盡可能用淺式抽拉。
3. 盡可能用較大的半徑。
4. 折彎零件取代抽拉。
5. 以條帶或鐵板成型，取代整張鋼板的衝造。

製造零件
1. 以自我分支螺絲取代標準螺絲。
2. 用插梢取代標準螺絲。
3. 用鉚釘取代螺絲。
4. 用中空鉚釘取代實心鉚釘。
5. 點焊或凸焊取代鉚釘。
6. 焊接取代黃銅焊接或錫焊。
7. 使用鋼模鑄造或塑模成型，以取代數個零件的製造建構。

機器加工零件
1. 使用旋轉加工程序取代成型方法。
2. 使用自動或半自動機器取代手工。
3. 減少軸肩數。
4. 盡可能減少工具光。
5. 當符合要求時，可使用粗略測拋光。
6. 由工廠進行檢驗取代兩頂尖之間的研磨並標示尺寸。
7. 使用無心研磨與外部研磨。
8. 避免圓錐與半徑或內切處理。
9. 在軸肩部以半徑或內切處理。

螺絲機零件
1. 消除二次操作。
2. 使用冷軋的物料。
3. 設計釘頭機取代螺絲機。
4. 使用輥軋螺紋取代切削螺紋。

焊接零件
1. 製造建構取代鑄造或鍛造。
2. 減少焊接尺寸。
3. 在水平面位置焊接，而不是在垂直或頭頂上面焊接。
4. 在焊接前，無須去除凹槽的邊緣。
5. 使用「火焰切割」輪鋸取代機製輪鋸。
6. 由標準矩形平面布置零件，作最有利的切割，並避免產生廢料。
7. 使用間歇性焊接，以取代連續焊接。
8. 設計圓形或直線焊接，以使用自動化焊接機。

處理與完工
1. 減低烘烤時間到最少。
2. 使用空氣烘乾取代烘烤。
3. 使用較少或較薄的塗料。
4. 將所有的處理與完工程序完全消除。

組裝
1. 使組裝簡單化。
2. 使組裝更先進。
3. 僅留一條組裝線，並刪除試用組裝線。
4. 使每個零件從開始就在正確的位置，此即組裝線上，不會再需要試用的調整，亦即圖面必須用正確，有適當的公差，零件必須根據圖面來製造或組裝。

一般
1. 減少零件數。
2. 減少操作數量。
3. 在製造中，減少移動的次數。

（資料來源：*American Machinist*, reference sheets, 12th ed., New York: McGraw-Hill Publishing Co.）

2. 以原加工法彎曲金屬成型，需要四個步驟 (見圖 3.2)。這種方法沒有效率，而且在金屬彎曲處產生應力。新法將設計做了些許的改變，使得加工時可以利用成本較低的擠壓法。擠壓成型的產品，再切割成需要的長度。新設計的程序中，共刪除原先的三個步驟。

3. 以較佳的零件連接方式，應用在將端子夾與其連接導體相組合，能使設計簡化。原先的作法要將夾子的尾端轉至上方，形成一個插座。再將這個插座填滿焊料，然後將金屬導線裝入其中，並持定數秒，至焊料降溫凝固為止。改善後的設計則將夾子與金屬導線以電阻焊接方式接合，刪除彎曲成型，與將導線插入熔融焊料插座以待凝固接合的操作。

4. 原始的零件設計是由三個組件組裝而成 (如圖 3.3)。改善的設計則利用成本明顯便宜的一件加工方式，將設計改成一件式設計 (One-piece design)，見圖 3.3。這樣一來，就刪除了兩個組件與數個操作。

透過較佳的產品設計可以有機會提升生產力，相同的機會也存在於改善廣泛用於工商業界的表格設計 (不論是紙本或電子式)。一旦認定某種表格是必要的，就應加以研究，以改善資訊的蒐集與動線。以下這些準則可應用在表格的設計上：

1. 在表格設計上應盡量簡潔，使需輸入的資訊量保持最低。
2. 對於每一筆需填入的資訊應提供足夠的空間，且允許使用不同的輸入方法 (書寫、打字、文書處理機)。
3. 輸入資訊的順序應符合邏輯樣式。
4. 利用不同顏色符碼代表不同的表格，以利分發與處理。
5. 將電腦表格限制在一頁以內。

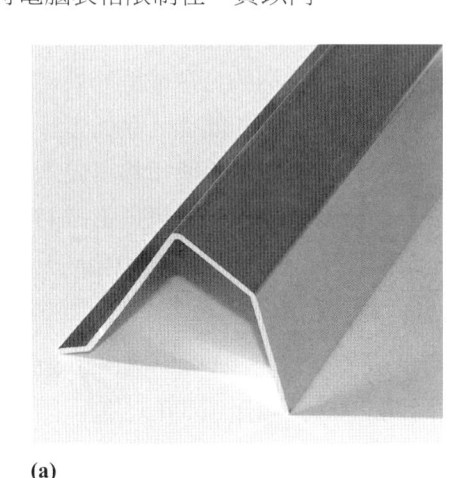

(a)   **(b)**

圖 3.2 零件重新設計以刪除三個步驟。
(a) 使用四個步驟，將金屬彎曲成需要的形狀。這種方法沒有效率，而且在金屬彎曲處產生應力。(Courtesy of Alexandria Extrusion Company.)；(b) 此產品是以一個步驟擠壓成型的，稍後將切割成適當的長度。(Courtesy of Alexandria Extrusion Company.)

(a)   **(b)**

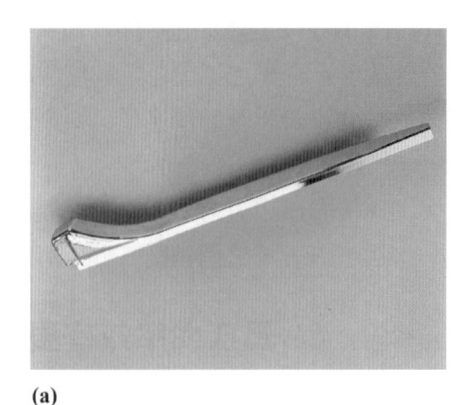

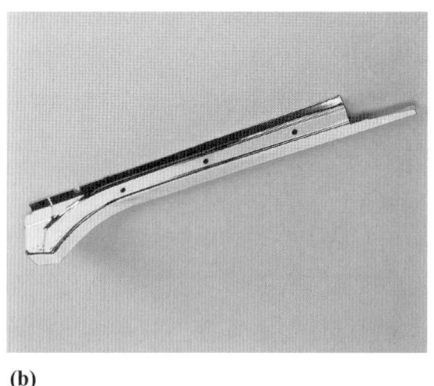

圖 3.3 零件重新設計以刪除多個零組件。
(a) 原始零組件的設計是由三件組件組裝而成。(Courtesy of Alexandria Extrusion Company.)；(b) 改善後的一件式設計可以一體加工完成。(Courtesy of Minister Machine Company.)

3.3 公差與規格 Tolerances and Specifications

九項操作分析的第三點，主要介紹與產品品質相關的公差與規格，亦即可以滿足需求的能力。在檢視設計時，公差與規格都須加以考量，但這通常是不夠的，對於操作分析來說，公差與規格應獨立地作考慮。

在開發產品時，設計人員往往有一種傾向，就是將規格訂得比需要的更為嚴格。這或許是由於缺乏與成本有關的知識，也可能認為將公差與規格訂得比實際需要的更嚴格，可以使製造部門生產時，能做到實際要求的公差範圍。

方法分析師應熟知成本的細節，也應完全了解過度嚴格的公差或檢驗對產品售價的影響。圖 3.4 顯示成本增加與較少量的加工公差之間明顯的關係。假如設計人員訂定過於嚴格的公差與規格，管理階層應舉辦訓練課程，清楚地說明規格與成本的經濟關係。以這樣的方式研製高品質的產品，實際上還能降低成本，這正是田口 (Taguchi, 1986) 所提出的品質方法的真諦。這個方法結合工程與統計的方法，藉由產品設計與製造方法的最佳化，以達成成本與品質的改善。此步驟符合減少不適當處理的浪費。

在一個直流馬達軸的製造圖中，其軸肩環的公差要求達 0.0005 吋 (8.013 公釐)。原先規格所訂的內徑公差為 1.8105 到 1.8110 吋 (45.987 公釐至 46.00 公釐)。因為肩環在馬達軸上會收縮，因此認為這樣緊密的公差是必要的。然而經過研究，發現 0.003 吋 (0.076 公釐) 的公差對於此種收縮即已適當。設計部立即將製造圖中肩環的內徑公差改為 1.809 到 1.812 吋 (45.949 公釐至 46.025 公釐)。此一案例的重要意義在於對此緊密公差必要性的質疑與檢討，結果刪除了鉸孔的程序，在兼顧品質的狀況下，簡化了操作。

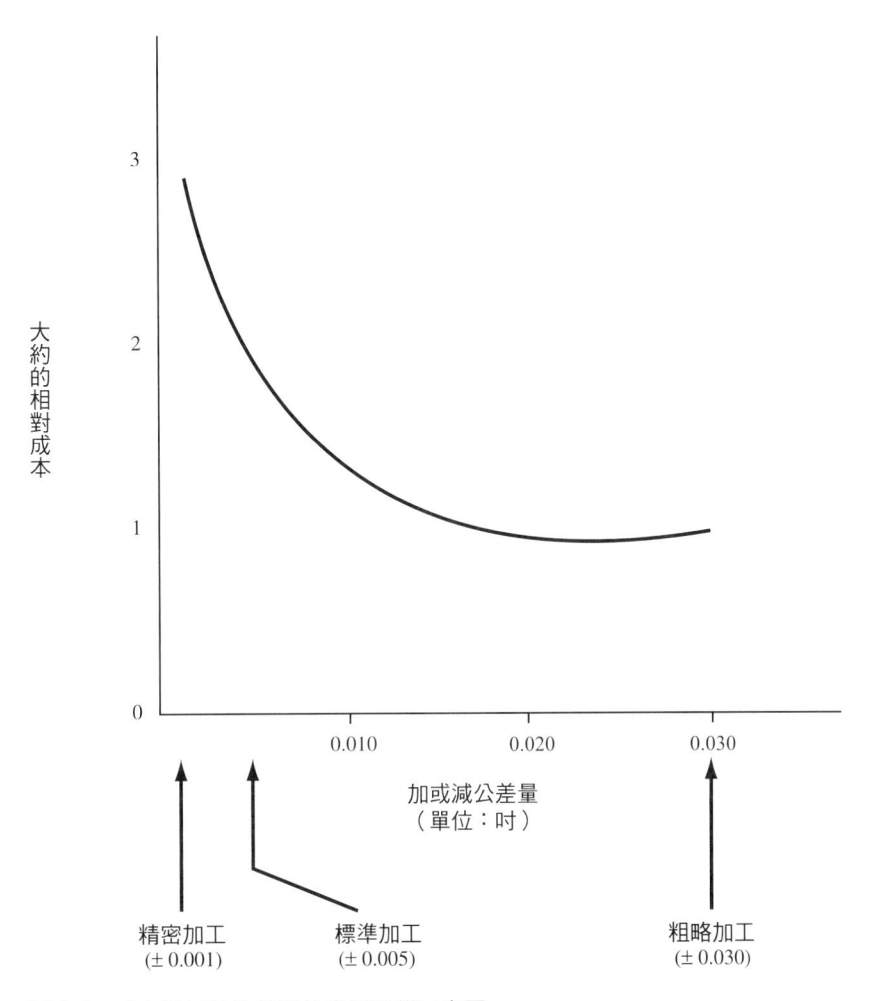

圖 3.4 成本與加工公差間的密切關係示意圖。

　　分析師也需要對理想的檢驗程序加以思考。檢驗是對品質、數量、尺寸及績效的驗證。這些檢驗通常可以藉不同的技術來執行：現場檢驗、逐批檢驗或全數檢驗。現場檢驗是一種週期性檢查，以確定所建立的標準已落實執行。例如，用衝床做非精密衝割與衝孔的操作設定，應執行現場檢驗，以確定尺寸一致與成品沒有毛邊的情況。當鋼模開始磨損或加工物料的缺陷開始顯現時，現場檢驗將可及時掌握問題，以做立即的改變，避免製造大量不良品。

　　逐批檢驗是一種抽樣程序，在整批產品中，檢視少數樣本以決定該批產品的品質。樣本數的多寡，須根據受檢批量的大小以及容許不良品比例來決定。全數檢驗包含檢驗所生產的每一個產品，以剔除檢出的不良品。然而，經驗顯示這種型態的檢驗並不能保證得到完美的產品。這種單調的檢驗容易產生疲勞，因而降低檢驗員的注意力，以致於造成漏檢不良品，或是誤別良品的失誤。因為全數檢驗無法保證所有通過檢驗的產品均為良品，因此以較經濟的現場檢驗或逐批檢驗方式，可確保產品品質達成可接受的水準。

例如，在某個工廠中，自動拋光作業的常態不良率為 1%。如果將所有拋光後的產品做全數檢驗，其成本會十分昂貴。因此，管理階層決定作適度的節約，以 1% 作為容許不良品比例；但是所有不良品仍經電鍍及完工處理，在出貨前的完工檢驗才予剔除。

透過公差與規格的調查，在適當時機採取行動，公司可以減少檢驗成本、減少報廢品、降低修理成本，並保持高品質的產品。公司也能處理瑕疵品的浪費。

3.4 物料 Material

當設計一個新產品時，工程師所考慮的第一個問題常是：「應使用何種物料？」選擇一個正確的物料是很困難的，因為有太多不同的物料可以選擇，實務上，常將較好、較經濟的物料運用在現有的設計中。

方法分析師應考慮對生產流程中所用的間接與直接物料而言，下列的可能性如何：
1. 尋找較便宜與重量較輕的物料。
2. 尋找較容易處理的物料。
3. 更經濟地使用物料。
4. 使用回收廢料(廢物利用)。
5. 更經濟地使用耗材與工具。
6. 將使用的物料標準化。
7. 由價格與供應廠商庫存狀況的角度，尋找最佳的供應商。

尋找較便宜與重量較輕的物料

工業界不斷在開發新的製程，以生產與精煉物料。每月出版的報告都會彙總各種原物料的參考價格，例如，每磅的鋼片、鋼條與鋼板成本，以及鑄鐵、鑄鋼、鑄鋁、鑄銅、熱塑性與熱凝性樹脂和其他基本材料的成本。這些成本可以當作固定的參考點，由此判斷新材料的應用。一項原本不具價格競爭力的物料，可能會在一夕之間極具競爭力。

某公司使用密卡他隔條 (Micarta spacer bars) 將變壓器的線圈隔開。隔開線圈是為了使線圈之間能夠通風。調查顯示，若用玻璃管替代密卡他隔條，可節約許多成本；因為玻璃管比較便宜，可以耐受較高的溫度，更符合此項功能的需求。此外，中空的玻璃管比實心的密卡他隔條通風效果更佳。

另一家公司在生產配電變壓器時，也使用較便宜又合用的物料。原先是使用一個瓷板將從變壓器中引出來的線頭予以分隔及固定。該公司發現用絕緣紙板效果一樣好，但便宜許多。今日，許多可塑性材料可提供更便宜的方案。

製造商的另一個顧慮──尤其在今日因原油漲價而導致的高運輸成本下──是產品本身的重量。尋找重量較輕的物料或減少欲使用物料的厚度，已經成為主要考量。

圖 3.5　飲料罐的重量減輕。
(a) 1970 年起，鐵罐的重量為每個 1.94 盎司 (55 克)；(b) 1975 年以後，頂部與底部置換為鋁片的鐵罐重量為 1.69 盎司 (48 克)；(c) 1980 年起，鋁罐的重量為 0.6 盎司 (17 克)；(d)1992 年以後，加置骨狀結構的全鋁罐重量為 0.56 盎司 (16 克)。(Courtesy R. Voigt, Penn State.)

一個好例子是飲料罐的改變 (見圖 3.5)。在 1970 年代早期，鐵罐重量都是每個 1.94 盎司 (55 克)(見圖 3.5a)，將頂部與底部置換為鋁片，則可節省約 0.25 盎司 (7 克) 的重量 (見圖 3.5b)。用鋁製造整個罐子，總重量可以減少至 0.6 盎司 (17 克)(見圖 3.5c)。然而，罐子會因為瓶身過薄而容易被壓扁，這可藉由在瓶身加置骨狀結構解決 (見圖 3.5d)。

方法分析師應該記住，像是閥門、繼電器、汽缸、變壓器、管配件、軸承、耦接頭、電路、鉸鍊、機械設備與引擎等，通常購買的成本都比製造的成本低。

尋找較容易處理的物料

有些物料會比其他物料在處理上更容易。參考手冊中各項物料物理特性的資料，通常可以幫助分析師辨識哪些物料最適合製程技術，最符合從原物料轉化為成品的生產流程中的需求。例如，機械加工性隨硬度呈相反的變化，而硬度通常會直接隨材料強度而變化。

今日，最多元的材料就是強化合成材料。樹脂轉換塑模可以生產較複雜的零組件，其品質與產量均優於大部分金屬與塑膠塑模成型所生產的產品。因此，分析師可以用強化碳纖維與環氧化物組成的特定塑膠取代金屬零件，並取得品質與成本上的優勢。此步驟也是在解決不適當處理的浪費。

更經濟地使用物料

更經濟地使用物料的潛力，對於分析師來說是一塊有待耕耘的沃土。檢視報廢物

料與實際成為產品的物料,若其比例偏高,則應予以檢討,以提高物料的利用率。例如,若原料注入塑膠壓縮模中之前先予稱重,則可能可以用較精確的量注模,還可以消除注入量過多時所溢出餘料的浪費。

在另一個例子中,由金屬片衝製產品應小心地使用多重模具,以確保物料的最大利用率。在相同原物料與標準尺寸模具的情況下,一般會以電腦輔助設計,達成 95% 以上的效能 (即少於 5% 的廢料)。類似的方式也應用在成衣業中布料的安排,與玻璃業在切割不同尺寸的窗戶。然而,當物料並不相同,就會出現問題,而必須藉由作業員來進行安排。在汽車皮革座椅的製作過程中,需要在已鞣製的皮革上,先進行切割壓製的安排,再放入凹版印刷機,此機器會施加壓力在壓模上,使皮革被裁製成合適的樣式。作業員需具備處理各種不同尺寸、且因為烙印或被鐵絲刺傷而滿是瑕疵的獸皮之高度技巧,尤其是將其充分利用的能力,因為皮革價格不斐 (見圖 3.6)。

許多世界級的製造商想要將產品減重,並且認定必須從設計上著手。例如,福特 (Ford) 的工程師試圖讓 Taurus 車款減輕 40% 的重量,以達成每加侖汽油可行駛 80 哩的目標。這需要以不鏽鋼及高強度鋁材等取代鍍鉻的鋼製保險桿,以及更多以塑膠與結構性複合物來取代鐵製零組件。許多其他常用的產品,如洗衣機、攝影機、錄放影機、手提箱與電視等,也都在進行類似的減重運動。

今日,粉末塗層已證實可取代很多其他金屬表層完工加工法的技術。塗層粉末是一種很細小的有機聚合物顆粒 (聚丙烯、環氧化物、聚酯或其混合物),通常包含顏料、填料與添加劑。粉末塗層是先將適當的配方塗布在基材上,然後以熱力將之熔融成為連續的薄膜,形成有保護及裝飾作用的金屬表層。以目前環境法規對傳統金屬表

圖 3.6 在已鞣製的皮革上進行切割壓製打版,再放入凹版印刷機 (注意:小心地打版,可讓昂貴的皮革做最有效的使用)。

層完工作業 (如電鍍與溼塗裝) 影響的觀點來看,粉末塗層可以使環境更安全、更清潔。此方法也可以用在許多商業產品,如金屬棚架、控制箱、拖車連結器、水表、扶手、船架、辦公室隔板與剷雪機等,使之有更耐用、更引人注目、更具成本效益的金屬表層。

使用回收廢料

廢料常常可以回收再利用,而不是動輒當無用廢料變賣。從未加工的部分或報廢品中得到的一些副產品,有時候可以變成相當好的節約之道。舉例來說,一個不鏽鋼冷藏櫃製造商有 4 至 8 吋寬的不鏽鋼裁切餘料。經過分析,發現電燈開關蓋板或許是一個可能的副產品。另一個製造商把鋼材從不良品中回收後,利用中空、圓筒形的橡皮捲筒,作為汽艇與帆船碼頭的防撞緩衝護墊。

假如不可能開發副產品,就應將廢料作適當的分類,以賣得最好的價格。工具鋼、鋼材、黃銅、銅及鋁製品都應以不同的容器分開存放。應特別囑咐屑片搬運人員與清掃人員,務必將廢料按規定分開。例如,電燈泡的黃銅燈頭應儲存在一處,在打破燈泡,回收玻璃之後,可將鎢絲取下,另行儲存,以創造最大的剩餘價值。許多公司會將進貨木箱保留起來,再將這些木板鋸成標準的尺寸,釘成較小的木箱,以供出貨之用。這樣的作法通常較為經濟,目前有許多大工廠以及服務維修中心也都如法炮製。

在食品工業中也有一些有趣的例子。一家豆腐工廠在處理黃豆時,使用離心機取出豆漿後,留下大量黃豆渣。豆腐工廠沒有雇工拖運清理,於是將之免費送給當地的農人當作豬的飼料,唯一條件是他們必須自行來廠運回。類似的狀況還有肉品工業充分利用牛身上的每一樣東西:皮革、骨頭,甚至牛血。

充分使用耗材與工具

管理階層應鼓勵充分使用工廠內的耗材。一家乳品設備的製造商訂定一項政策,規定領用新焊條時,必須繳回不滿 2 吋的舊焊條。新焊條的成本立即降低大約 15%。銅焊或熔焊通常是修復昂貴切割刀具 (如拉刀、特殊形狀工具、銑刀等) 最經濟的方式。假如公司一向都將這類損壞的工具丟棄,分析師即應估算實施工具回收整修再利用的潛在節約金額。

分析師也可以為砂輪未磨損的部分與金剛砂盤等找到其他的用途。同時,已髒汙的手套與抹布也不應隨意丟棄,這類物品可以先暫時儲存,之後再加以清洗,仍較完全更換新品的成本為低。方法分析師只要使 TPS 系統的其中一種浪費降到最低,即可對公司作相當實際的貢獻。

物料標準化

方法分析師應時時注意物料標準化的可能性。他們必須將生產或組裝流程中每一

個物料的尺寸、形狀、等級等盡量減少。由減少物料的尺寸與等級，可帶來如下的節約結果：
- 訂購單的採購量必須較大，可使單位成本降低。
- 因為不需太多的儲備物料，存貨得以降低。
- 在倉儲紀錄中，登記資料的次數得以減少。
- 支付零星發票的次數得以減少。
- 在倉庫中，儲存物料的空間需求得以降低。
- 利用抽樣檢驗，得以減少受檢零件的總數。
- 報價單與訂購單的類型減少，處理效率得以提升。

物料標準化，如同其他方法改善技術一樣，是連續不斷的程序，需要設計、生產計畫及採購部門持續的合作，並與 5S 系統一致。

尋找最佳的供應商

對大多數的物料、耗材及零件來說，許多供應商會有不同的報價、品質水準、交貨時間及保留存貨的意願。找到對公司最有利的供應商，通常是採購部門的責任。然而，去年的最佳供應商未必是今年的冠軍。方法分析師應鼓勵採購部門將成本最高的物料、耗材與零件重新招標，以取得較好的價格與較佳的品質；如果供應商願意為客戶保留本身存貨，也應要求其增加庫存。透過公司採購部門定期以此方式精進，方法分析師常可達成物料成本降低 10% 及存貨成本降低 15% 的績效。

日本之所以可在製造領域連續創造許多成功的案例，最重要的原因也許是**「系列」**(Keiretsu)。這是一種將不同的公司連結起來，所形成之商業與製造業組織的形式。它可以想成是在製造廠家間 (常為一家大製造公司與其主要供應廠商間) 的一種相互連動的網路。因此，在日本如日立 (Hitachi) 與豐田，以及其他國際廠商，就可以向固定的供應廠商購買符合品質標準的零組件，而且繼續設法改善，以在其網路中，為公司爭取較好的進料價格。機警的採購部門常可創造出與供應商之間可媲美所謂「生產系列」(Production keiretsu) 的關係。

3.5 製造順序與製程 Manufacture Sequence and Process

二十一世紀的製造技術捨棄勞工密集的方式而轉為資本密集，此時，方法工程師也將其工作焦點集中於多軸向與多功能的機器與組件上。現代化的設備可以利用裝配有更先進之控制機制與刀具材料的機器，作更精確、嚴格與彈性的高速切割加工。程式化的功能使得在製程中與製程後都能對刀具作偵測與調整，也使品質控制可以信賴。

方法工程師必須了解，在製造過程中所花的時間可以區分為三個步驟：存貨控制與規劃、設定各項作業，以及製造過程。而且由流程改善的角度來看，常可發現這些程序，就整體而言大約僅有 30% 的效率。

為了改善製造程序，分析師應考量：(1) 重新安排這些作業；(2) 將人工作業機械化；(3) 利用更有效率的設備進行機械作業；(4) 更有效率地操作機器設備；(5) 製造精確的形狀；(6) 使用機械手臂。上述所有項目都是針對不適當處理的浪費。

重新安排作業

重新安排作業常常可以造成相當的節約。舉例來說，馬達配線箱凸緣的四角各需鑽一個孔，而且其基座必須光滑平坦。原先的作法是作業員由研磨基座開始，然後使用鑽孔治具鑽四個孔洞。這個鑽孔的作業產生許多的金屬屑，又須以下一個步驟進行清除。藉著重新安排作業，先進行鑽孔，再研磨基座，研磨過程也同時將金屬屑磨除，就無須再做除屑的作業。

合併不同的作業通常可以降低成本。舉例來說，某製造商製造風扇馬達支架與風扇的電源線盒。這兩部分分別塗裝之後，作業員再將之鉚接在一起。如果將此作業改為先將風扇的電源線盒與馬達支架鉚接，再行塗裝，則塗裝作業可以節省相當可觀的時間。類似地，使用更複雜的機器來將若干作業合併，也可以縮減完工時間與提高生產力 (見圖 3.7)。雖然機器設備可能較貴，但人工成本的降低還是能產生相當的節約。

另一個例子是，鋁製汽缸頭鑄件的市場漸漸成長，鑄造廠發現由鋼模鑄造改為脫模鑄造程序，其成本效益更佳。脫模鑄造是一種蠟型精密鑄造程序，使用以薄陶瓷外殼包裹的消耗性聚苯乙烯發泡模型。鋼模鑄造則要做較多後續機器加工的程序。相較

(a)

(b)

(c)

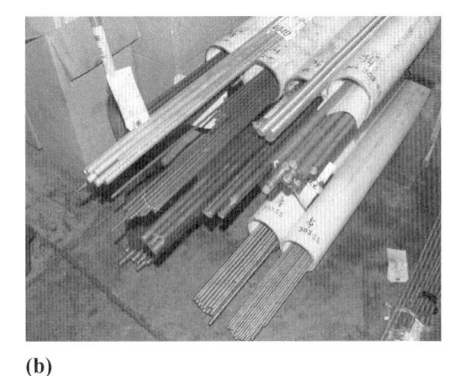

圖 **3.7** 將作業合併可以刪除某些步驟。將 (b) 中的物料，送入 (a) 中的 Citizen CNC 車床，以一個步驟，完成切割毛胚與車削螺紋的作業。最後完成的加工件如 (c)。

(a) Citizen CNC 車床 (Courtesy of Jergens, Inc.)；(b) 儲存的物料 (Courtesy of Jergens, Inc.)；(c) 完成品。(Courtesy of Jergens, Inc.)

之下，脫模鑄造可減少機器加工量，也免除與鋼模鑄造有關的廢砂處理成本。

然而，在改變任何作業之前，分析師必須考量後續生產線作業可能的負面影響。因為減少一個作業的成本，可能會使其他幾個作業的成本增加。例如，在一個交流電變壓器線圈的製造工廠中，線圈是以由厚重的銅帶製造，並以雲母帶絕緣。雲母帶原先是用人工將之纏繞在已捲繞完成的線圈外部。後來，公司決定在捲繞線圈之前，就先以機器將雲母帶纏繞在銅帶外部。這樣的作法在實際上並不可行，因為捲繞線圈時，已纏繞在銅帶外部的雲母帶會碎裂，反而需要極為耗時的整修後才能交貨。選擇這項建議的改變會導致較高的成本，因此是不切實際的。

人工作業機械化

今日，任何一位分析師都應考慮使用專用機具、自動設備與機具，尤其是在生產量非常大的狀況下。在工業界，最新的設備都是程式控制的 (Program-controlled)、數值控制的 (Numerically-controlled, NC) 與電腦數值控制的 (Computer-controlled, CNC) 加工

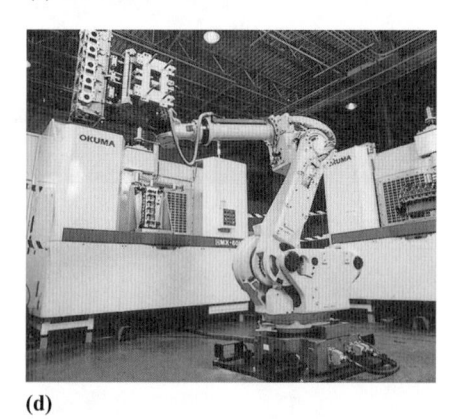

圖 3.8 人工作業機械化可以降低人工成本。
(a) 以人力操作的機具需要兩位作業員。(b) 電腦化操作機具只要一位作業員。(c) 最新的電腦控制機具仍然需要一位作業員，但可執行更多作業。(d) 機械手臂操作全自動機具，不需要作業員。

[(a) © Yogi, Inc./CORBIS；(b) © Molly O'Bryon Welpott；(c) 和 (d) Courtesy of Okuma.]

機器與其他設備。這些設備實質上使人工成本得以降低，並有以下的優點：降低在製品的存貨、減少搬運過程中零件的損傷、減少報廢品、減少平面空間需求及減少產出時間。例如(見圖 3.8)，對同樣的作業而言，以人力操作的機具需要兩位作業員，電腦控制的機具則只需一位作業員。使用機械手臂操作全自動機具，甚至連一位作業員都不需要，大幅降低人工成本(但是期初固定成本較高)。

其他自動化設備包含：自動螺絲機；多軸鑽孔搪孔捲帶機；索引表設定加工機具；結合自動製造砂模、澆注、振動篩檢和研磨的自動鑄造設備；以及自動塗裝與電鍍加工設備。動力組裝工具的使用，如動力螺帽套筒及螺絲起子、電動或氣動鎚與機械加料器，通常都比使用手動工具更經濟。

以一家生產特殊窗戶的公司為例，平板窗玻璃以合成橡膠完全覆蓋之後，須在其兩端以人工方法將軌條壓覆固定。平板玻璃是由兩個氣動墊片夾定在定位的。作業員會取一條軌條置於窗玻璃的一端底部，然後以木槌輕槌，將之與玻璃結合。此項作業比較緩慢，導致相當多作業員發生工作引起的肌肉骨骼傷害。

此外，由於軌條須以槌打的方式與玻璃結合，常導致玻璃破碎，產生許多報廢品。於是公司設計一個新設備，使用氣動擠壓方式將軌條壓入已覆蓋合成橡膠的玻璃一端。現場作業員熱情地接受新設備，因為工作執行起來更容易，影響健康的問題不見了，生產力增加了，而玻璃也不會再被敲破。

機械化的應用不僅可使用於生產流程，也可應用在文書作業上。舉例來說，條碼的應用對於作業分析師來說是極有價值的。利用條碼，可以很快速、精確地輸入各種資料。隨後，電腦可以處理這些資料，以達成預定的目標，如計數與控制存貨、安排特定物料作特定加工程序，或檢視在製品的各項物件加工狀態及作業員現況。

利用更有效率的機械設備

假如某項作業已經是機械化的，就一定能夠使之更有效率。例如，在某家公司，渦輪葉片根段是使用三個不同的銑切作業加工，整個週期時間與成本都相當高。當改用外部拉刀加工時，這三個加工面可以同時完成，時間與成本都有相當的節省。另一家公司的製程，則忽略利用衝床作業的可能性。衝切加工是成型與裁切最快的方式之一。原先由衝壓而成的架板需再鑽四個孔，但改用特別設計的衝模，一次衝切出所有的孔，如此加工所耗費的時間只是鑽孔時間的若干分之一而已。

工作機械化的應用不限於人工作業的範圍。例如，一家食品工業公司以天平對不同生產線的產品稱重。稱重時，作業員必須目視判讀產品的重量，將重量記錄在表格中，再作一些計算。經過方法工程研究，採用一套統計稱重系統。在改善方法中，作業員將產品以數字電腦秤稱重，該秤經程式設定，可接受在某一重量範圍內的產品。產品稱重後，重量的數據資料就傳至個人電腦中加以處理，列印出所需的報告。

更有效率地操作機器設備

　　方法分析師的一個好口號是：「為產量加倍作設計。」通常來說，在衝床作業中，用多重模具生產比單模作業更為經濟。再者，在鑄模、塑模及類似的加工程序中，如果有足夠的需求量，利用複模 (Multiple cavities) 的方式也是很好的作法。在機器的操作中，分析師應確定所用的進刀量與速度是適當的。他們應調查刀具研磨的方式與間隔時間，以使刀具發揮最好的績效；同時，檢查且了解刀具的固定是否恰當、使用的潤滑油是否正確，以及機器刀具狀態是否良好並有適當的維修保養。許多機器刀具因未能有效操作，往往只發揮一部分的產能。因此致力使機器設備的操作更有效率，幾乎都能夠獲得很好的報償。

製造精確的形狀

　　使用能將零組件加工到更接近其成品最後形狀的製造流程，可以將物料作最充分的使用、減少報廢品、減少二次加工的流程如最終車削、完工修整等，以及利用對環境更友善的物料進行製造。例如，以粉末冶金 (Powder metals, PM) 作零件成型以取代傳統鑄造或鍛造，常使許多零組件能有精確外型，不但可以有相當多成本的節省，在功能上也有許多優點。在鍛造粉末冶金連桿的案例中，新製程的產品質量較輕，降低製程中的噪音與振動，並使主要成本獲得節約。

考慮使用機械手臂

　　從成本與生產力的角度來看，考慮在許多製造區域使用機械手臂是非常有利的 (見圖 3.9)。舉例來說，有些組裝區的工作往往包含高直接人工成本，在某些案例中，經常占整個產品製造成本的一半以上。在組裝流程中，整合現代化機械手臂的主要優勢就是工作彈性的特性。在單一系統中，它可以組裝多樣產品，又可以重新設定程式，以處理零件略有不同的各種作業。另外，機械手臂組裝線生產的產品，品質非常一致，容易作穩定產出的預估。

　　一般機械手臂的壽命約有十年，若維修得當且用於移動重量較輕的負載，壽命可以長達十五年。因此，機械手臂的折舊成本相對較低。此外，如果選用的機械手臂大小與配置都適當，則可以使用在許多種操作上。例如，機械手臂可以用來裝載鑄造設施、執行淬火槽作業以及板材鍛造作業進料與卸料、平板玻璃清洗作業的進料等。理論上來說，如果機械手臂大小與配置正確，可以透過程式設定來執行任何工作。

　　除了生產力的優勢之外，機械手臂應用在安全相關的作業方面也有其優勢。它們可以用在作業中心中，由於製程特性而對人員安全有威脅的作業。舉例來說，在鑄模的製程中，由於熔融的金屬注入鋼模時，熱金屬可能會飛濺四射，產生相當高的危險性。機械手臂最早的應用之一就是鑄造。某公司用全能公司 (Unimation, Inc.) 所開發的五軸機械手臂，與 600 公噸由微處理機控制的模鑄機配合作業。在這項作業中，

當鋼模開啟時，機械手臂移動到定位，夾住鑄件，並將之取出。取出鑄件的同時，會啟動自動噴灑的鑄模潤滑油。機械手臂再將鑄件以紅外線掃描，以確認其工作已完成，並發送訊號給模鑄機，準備接受下一次的澆鑄。鑄件粗胚由機械手臂移置於產出工作站，以供整修。在此，作業員遠離模鑄機，安全地整修，並預備後續的作業。

汽車製造廠特別注重將機械手臂應用在焊接作業上。舉例來說，在日產汽車公司

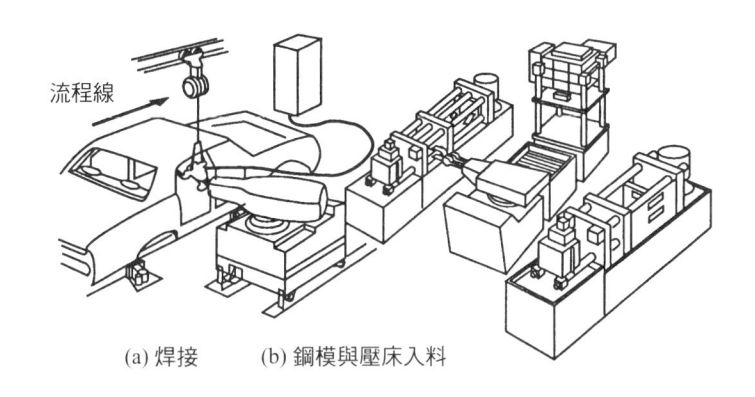

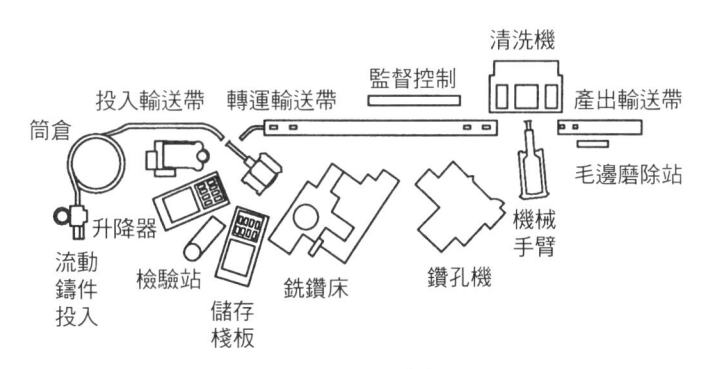

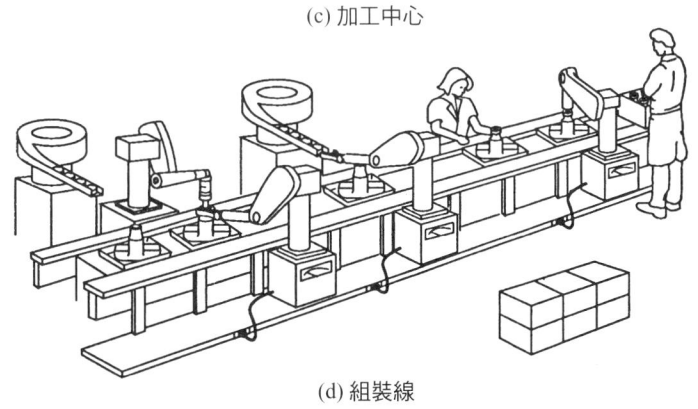

(a) 焊接　　(b) 鋼模與壓床入料

(c) 加工中心

(d) 組裝線

圖 3.9 常見的工業機械手臂應用例子。
一具焊接機械手臂如 (a)，通常在自動組裝線上，會用數具機械手臂同時工作。(b) 顯示鋼模鑄造的應用，一具機械手臂幫模鑄機卸料、執行淬火作業，並將物料置入壓床中。生產加工線用於生產凸輪外罩 (c)。組裝線 (d) 則混合運用機械手臂、零件進料器及作業員操作。

(Nissan Motors)，95% 的焊接作業是由機械手臂完成；而在三菱汽車公司 (Mitsubishi Motors)，則約有 70% 的焊接作業是由機械手臂所執行。在這些公司中，機械手臂的故障時間平均低於 1%。

3.6 設置與工具 Setup and Tools

對所有形式的工作架、工具與設置而言，最重要的考量因素之一就是經濟性成效。在工廠中最有利的工具設置量，需要考量：(1) 生產數量；(2) 重複的商機；(3) 勞工；(4) 交貨條件；(5) 所需資本。

規劃人員與工具製造人員最普遍的錯誤，就是將資金套牢在使用時才有大幅節約成效的夾具上，但實際上卻很少使用。例如，對一項經常性的工作，花費較多經費在工具上，以獲得直接人工成本 10% 的節約；可能比在某個小工作上有 80% 或 90% 的節約，但一年之中只發生幾次，更划得來。(這就是一個帕列多分析的案例，見第 2 章。) 在決定選用的工具時，降低人工成本的經濟利益是一項主控制因子 (Controlling factor)，因此即使生產數量不多，也可能會想用治具或夾具作成本節約的改善。其他所需考量的因素，如零組件互換性的提升、精確度的增加，或是勞工困擾和抱怨的降低，雖然未必經常如此，但都可當作精進工具的主要理由。在第 7 章介紹損益平衡圖時，將會討論一個夾具與工具取捨的案例。

一旦所需工具的總量估算出來 (若已有工具，則應估算理想的工具數量)，為生產最有利產品的特定考量應予評估。這些考量條列於圖 3.10 所示的設置與工具選用評估表中。

設置與工具的選用之間關係非常密切，因為工具的選用就決定了設置及拆卸的時間。當我們談到設置時間時，通常包含到達工作現場；取得指令、工程圖、工具及材料；準備工作站以便按照預定的方式 (設置工具、調整終止點、設定進刀速率、速度與切割深度等)；拆卸設置；以及歸還工具等項目。

設置作業在工作現場來說，因其中的生產運轉屬於小規模，因此是非常重要的。這樣的現場即使有現代化的設備以及高度的工作動力，但若由於規劃不當與工具選用沒有效率，使得設置時間太長，則面對競爭可能仍是困難重重。當設置時間對生產運轉時間的比率很高時，方法分析師通常可以提出幾個設置與工具改善的方式。其中值得注意的一種方式就是群組技術 (Group technology)。

群組技術的精髓是將公司中不同產品的多樣零組件作分類，使外觀相似的與加工程序類似的零組件，得以用數字編號來表示，以利管理運用。屬於相同群組的零組件，如圈、環、套筒、圓盤及軸環，在生產排程中，可以在同一時段，安排在共通性生產線上，以最佳的操作順序進行生產。由於在相同群組中，零件的尺寸與外觀有相當大的變化，因此生產線上通常會配置通用型、快速治具與夾具。本方法也在消除過多庫存，與 5S 系統中的維護一項相符合。

夾具	是	否
1. 能否將夾具有利地用於生產其他類似的產品？	☐	☐
2. 此夾具與其他一樣有利嗎？如果是，你如何再加以改善？	☐	☐
3. 是否可以用庫存的硬體來製造夾具？	☐	☐
4. 使用可以放置多件工件的夾具，可以增加產出嗎？	☐	☐
5. 屑片是否可以很輕易地由夾具中清除？	☐	☐
6. 當夾具上的夾鉗將工件夾緊時，其力量是否足以穩固地夾住工件，不致彎曲？	☐	☐
7. 是否必須對所用的夾具設計特殊的扳手？	☐	☐
8. 是否必須對所用的夾具設計特殊的銑刀、軸或軸環？	☐	☐
9. 假如夾具是旋轉的型態，是否已經設計了一項精確的定位設施？	☐	☐
10. 夾具是否能用在標準的旋轉指標定位設施上？	☐	☐
11. 能否將夾具用於一個以上的作業？	☐	☐
12. 設計夾具時，是否盡可能地將工件貼近銑床的工作檯面？	☐	☐
13. 工作可以在夾具中量測嗎？可以使用快速量規嗎？	☐	☐
14. 當使用銑床時，能否使用插座梢桿來支撐工件，進行銑切？	☐	☐
15. 是否在所有夾鉗下方，都安置了彈簧？	☐	☐
16. 所有鋼製接觸點或夾鉗等，都經過硬化處理了嗎？	☐	☐
17. 你想要設計哪一類或等級的夾具呢？	☐	☐
18. 你是否能在螺絲上用雙線螺紋或三頭螺紋，使夾具能更快速固定或拆卸工件？	☐	☐
19. 工具工匠是否可以製作治具？	☐	☐
20. 治具的腿支架是否夠長，以供鑽頭、鉸刀或鉸刀前導工具通過，而不致於觸及鑽孔壓床的工件檯面？	☐	☐
21. 治具是否太重，以致無法搬動？	☐	☐
22. 治具是否以其儲存位置編號與加工零件編號作為辨識代碼？	☐	☐
23. 工件是否有適當地支撐，使夾鉗的力量不會彎曲或扭曲？	☐	☐

零件	是	否
1. 零件是否曾經有先前的操作？若有，你可以使用這些加工的點或面去找出這些操作或控制嗎？	☐	☐
2. 這些零件可以很快地固定於夾具中嗎？	☐	☐
3. 這些零件可以很快地從夾具中移除嗎？	☐	☐
4. 當機器在進行切削作業時，零件是否堅固地被固定，使其無法鬆動、跳動或抖動？（切削必須不會傷到夾具的堅硬部分，否則夾鉗可能損壞。）	☐	☐
5. 能否使用特殊夾片，以標準虎鉗固定零件銑切？若可，則可免除使用較昂貴的夾具。	☐	☐
6. 假如零件須以某個角度銑切，夾具是否可以簡化到使用標準的可調整銑切角度進行？	☐	☐
7. 零件上可否鑄上把手，以利握持？	☐	☐
8. 你是否有在圖面作標記，或是將所有鬆脫的治具零件印下來，因此再找到遺失的或放錯的零組件時，就可以查知所屬，並予歸還？	☐	☐
9. 所有必要的角是否都有磨圓？	☐	☐

鑽孔	是	否
1. 鑽孔的推力為何？	☐	☐
2. 當鑽孔時，能否使用插座梢桿來支撐工件？	☐	☐
3. 當鑽孔的絕緣套過長時，是否需要進行延伸鑽孔？	☐	☐
4. 夾鉗是否放置正確的位置，以避免鑽孔的壓力？	☐	☐
5. 當鑽或鉸所有的孔時，是否達到鑽壓的速度？	☐	☐
6. 鑽壓機是否有分接的附件？	☐	☐
7. 鑽與鉸若干小孔，以及一個大孔，是不實際的，因為可以用小鑽孔機鑽多個小孔，能快速得到結果，但僅鑽一個大孔，則需要在大機器上使用治具。		
a. 使用其他治具鑽該大孔，是否比較便宜？	☐	☐
b. 這樣做的結果是否夠精確？	☐	☐

其他	是	否
1. 是否能設計一個量規，或加入硬化處理的梢桿，以幫助作業員設定銑切刀具，或檢查工作？	☐	☐
2. 是否有足夠的間隙給予軸、軸環，使刀具通過，但不致觸及其他？	☐	☐

圖 3.10 設置與工具選用評估表。

舉例來說，圖 3.11 顯示區分為九個零組件類型的系統群組。在每一直欄中，零組件均有部分的相似度。如果我們要進行軸加工，切削出外螺紋並在一端進行部分搪孔，這個零件的分類編號就是 Class 206。

減少設置時間

最近幾年，**及時生產技術** (Just-in-time, JIT) 在工業界非常受歡迎，它強調透過簡化與刪除某些工作的設置時間，以使其減至最少。豐田汽車生產系統的快速換模系統 (Single minute exchange of die, SMED) 就是運用這種方法的最佳案例 (Shingo, 1981)。設置時間中有相當的一部分，常常可以透過確保原物料符合規格、刀具保持銳利，以及使夾具隨時可用且在最佳狀態下的措施，予以消除。小批量生產，常可顯示較符合成本效益。批量既小，存貨水準自然就低，搬運成本以及儲架相關的問題 (如汙染、腐蝕、老化、廢棄與失竊) 也隨之下降。但分析師必須了解，在既定的時間內，產量相同時，批量變小則會使總設置成本增加。因此若要減少設置時間，應考慮：

1. 當設備在運轉時能做的工作，當時就應同時完成。例如，對於數值控制設備來說，機器運轉時，可以同時設定工具的預設值。
2. 使用最有效率的夾鉗。通常，應用凸輪、槓桿、楔形物等的快速動作夾鉗，比一般的快得多，能產生適當的力量，通常也是螺紋夾固器的良好替代品。當必須使用螺紋夾固器 (以利用夾鉗的力量) 時，可以使用 C 型墊圈或開槽螺孔，以使螺帽與螺栓無須由機器上移除，而可再使用，這就減少下一個工作的設置時間。
3. 減少機器機座的調整時間。重新設計零件夾具與使用預先已設定的工具配置，可以消除固定機座位置時，利用隔塊或導引塊作調整的需求。
4. 使用樣板或塊規，快速地調整機器的停止點。

從申請工具與物料、準備工作站以便實際生產、清理工作站，到將工具歸還工具室，其間所花費的時間通常均包含在設置時間中。這些時間通常不易控制，且這些工作通常也是最沒有效率的。有效的生產管制往往可以減少設置時間。若要求派工單

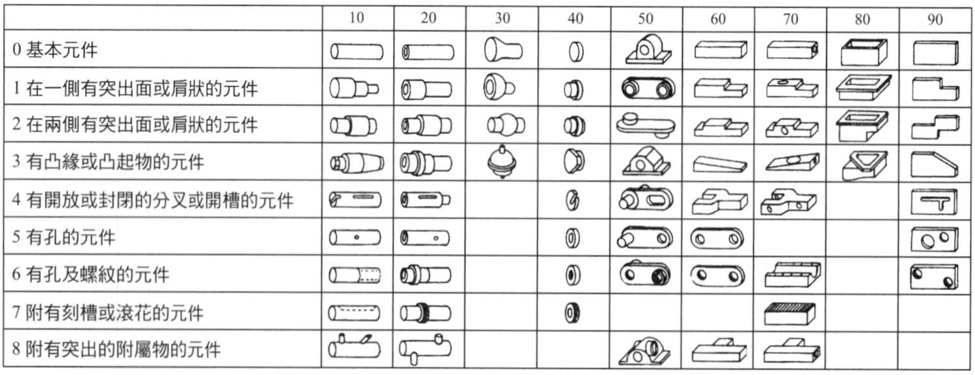

	10	20	30	40	50	60	70	80	90
0 基本元件									
1 在一側有突出面或肩狀的元件									
2 在兩側有突出面或肩狀的元件									
3 有凸緣或凸起物的元件									
4 有開放或封閉的分叉或開槽的元件									
5 有孔的元件									
6 有孔及螺紋的元件									
7 附有刻槽或滾花的元件									
8 附有突出的附屬物的元件									

圖 3.11 根據群組技術細分的系統群組。

位負責檢視工具、量規、工作說明，以及物料須在正確的時間供應；工作完成後，並應將工具歸還工具室；就可減少作業員須常常離開工作場所的狀況。如此一來，作業員僅需執行實際機器的設置工作與拆除、卸除工作機器即可。其他如提供工程圖、工作說明與工具等辦事員的日常例行功能，則可以由較熟悉那些類型工作的人員來做。因此，對於這些設備業務的大量申請就可以同時處理，將設置時間降至最低。再次強調，群組技術可以帶來很大的效益。

作業員應有兩套刀具備用，以免作業員還必須磨利其工具。當作業員要領新工具時，刀口已鈍的刀具應歸還工具室人員，並且換領銳利的刀具。磨利刀具現在變成一個獨立的功能，如此刀具則可更容易予以標準化。

為使停工時間減至最低，每一位作業員應固定有一個待做的備份工作，且應能了解其下一個工作安排為何。使作業員、領班及其負責人能清楚知道現場工作負荷的常用技術，是各生產設施旁的一塊板子，板子上有三個金屬線夾或封套，用以接收工作單。第一個夾子夾的是所有已排程待做的工作單，第二個夾子夾有目前正在加工的工作單，而最後一個夾子則夾著所有已完工的工作單。當派工人員分派工作單時，先將它們放置於進度超前的工作站。同時，派工人員從完工工作站取回所有完成的工作單，並將之遞送至排程部門，以供記錄。這個系統確保作業員有連續的工作，使他們無須到領班處查問下一個工作的安排。

將困難、循環的設定作一記錄，當有重複商機時，此紀錄可以節省相當多的設置時間。也許編製設置紀錄最簡單與最有效的方法，是在它完成之後，拍攝一張設置的相片。該相片應與生產操作卡訂在一起歸檔，也可以將之放入塑膠封套中，在將選用的工具歸還工具室之前，將此塑膠封套與選用的工具相結合，以利查詢與管理。

利用機器的完全產能

如果仔細地回顧許多工作，常常可能發現機器產能可以更有效地利用。舉例來說，銑床對開關撥桿銑切的設置已予以改變，舊的設計要求以三個步驟來完成該項工作，這意味著零件必須分別經過不同的三次裝卸，以固定在不同的夾具上加工。新的設計改為將工件的六面由五具切割銑刀同步加工，只需要一個夾具，一次裝卸，減少總機器加工時間，提升六個銑切面間相互的精確度。

分析師也應考量在對某一零件加工時，將另一零件放置在適當的預備位置。許多銑床的工作都適合這種作法，也就是銑刀去程以傳統的銑切加工，回程則換另一種銑切的加工法。當作業員在銑床加工台的一端裝置夾具時，另一端可以自動進刀方式對另一夾具中的工件銑切。當銑床加工台返回來時，作業員可將第一個完成的工件卸下，再將另一個待加工的工件裝入夾具。當處理這些作業時，銑床同時在銑切第二個夾具中的工件，充分利用機器的全部產能。

以能源成本不斷增加的角度來看，利用最有效率的設備進行工作是很重要的。幾

年前,能源成本占總成本的比例並不明顯,因此鮮少有人會注意充分利用機器產能的重要性。事實上,確實有成千上萬的作業不但只使用機器產能的一部分,還導致電力的浪費。今日,金屬貿易工業的電力成本占了總成本的 2.5% 以上,有明確的指標反映出未來十年中,現有的電力成本至少會增加 50%。如果能夠審慎地規劃以利用機器更大的產能來工作,在許多工廠的電力使用上,極有可能達成 50% 的節約。通常對大多數的馬達而言,假設額定全負載的比例由 25% 到 50%,效率即可以增加 11%。

引進更有效率的刀具

正如新的加工技術不斷地發展出來,選用刀具時,也應考量新的、效率更高的刀具。塗層的切削刀具已大幅度地改善關鍵性的抗磨損／抗破損組合。舉例來說,在相同的抗斷裂能力下,碳化鈦 (TiC) 塗層刀具比無塗層的碳化物可增加 50% 到 100% 的速度,其優點還包括硬度較高的表層可以減少研磨損耗;與基材極佳的結合力;對大部分工件材料的摩擦係數低;具化學鈍性 (Chemical inertness) 與抗升溫性 (Resistance to elevated temperatures)。

在許多的工作上,碳化物刀具通常比高速鋼刀具的成本效益為高。例如,某公司在鎂鑄件的銑切作業改善中,獲得 60% 的節約。起初,工件以高速鋼銑刀分兩個作業完成加工。分析結果,將加工方式改成用裝在特殊刀架上的三支碳化銑刀完成銑切。改善後,進刀與速度都能加快,完成的表面也很理想。

改變刀具的幾何外觀,往往也能達成節約的效果。每一個設置均有其不同的需求,只有透過設計的工程系統,使其便於除屑的進刀範圍、切割力量及邊緣強度能夠達到最佳化。例如,設計成單邊低切削力的幾何形狀,可以使碎屑控制良好且使切削力降低。以本例來看,大的正傾斜角可群集化以降低屑片厚度的比例,並使切削力與切削溫度降低。

當使用更有效率的刀具時,分析師應開發固定工件更好的方法。工件的固定方式必須可以快速地置入定位與移除 (見圖 3.12),如此一來,雖然零件的置入仍然使用人工操作,但生產力與品質都會提升。

3.7 物料搬運 Material Handling

物料搬運包含動作、時間、地點、數量及空間限制。第一,物料搬運必須確保零件、原物料、在製品、成品及耗材,不定期地從某地移至另一地。第二,由於各作業的原物料與耗材需求須配合特定的時間,物料搬運必須確保無論物料早到或遲到,都不會妨礙生產流程或牽累顧客。第三,物料搬運必須確保物料能運送到正確的地點。第四,物料搬運必須確保運送至各地點的物料完好無缺。最後,物料搬運必須考量儲存的空間,包含暫時與長期的儲存。

由美國物料搬運學會 (Material Handling Institute) 所執行的一個研究顯示,產品上市的成本中,有 30% 至 85% 是與物料搬運相關。照理說,最容易處理的部分就是最不

圖 3.12 更有效率的夾具與刀具組。
(Courtesy of Jergens, Inc.)

需要人工搬運的部分。不論移動距離的遠近，這些移動都應詳加檢視。以下有五點應加以考慮，以降低搬運物料的時間：(1) 降低揀取物料的時間；(2) 使用機械或自動的設備；(3) 更妥善地利用現有的物料搬運設備；(4) 更小心地進行物料搬運；(5) 將條碼應用在存貨及相關事務處理上。

應用以上五點的良好實例就是倉儲的演進過程；以往的倉儲中心已經變成自動配送中心。今日，自動倉儲使用電腦控制進行物料移動管控，也用資料處理作資訊流的管理。在此種型態的自動倉儲中，接收、運送、儲存、提取及控制存貨均已整合成一個密不可分的整體功能。

降低揀取物料的時間

物料搬運常被誤認為只是運送物料而已，卻沒有考量諸如在工作站中物料放置的問題，事實上，這些也是同等重要的項目。由於經常被忽略，對工作站物料放置的問題作改善，或許可以較對運送作改善而有更多節省成本的機會。降低揀取物料的時間，可以使疲累及在機器上或工作站中昂貴的人工搬運減至最少，也使作業員可以更快、更輕鬆、更安全地進行作業。

例如，考量消除現場零散的物料堆積。在工作站加工後的物料，或許可以直接放置於棧板或墊木上，這會實質地降低場站搬運時間 (裝貨和卸貨過程中，物料搬運設備閒置的時間)。通常，利用某些型式的輸送帶或機械手指可以將物料送到工作站，因此降低或消除需要揀取物料的時間。工廠也可以安裝重力輸送帶，以連接自動卸下成品的裝置，如此可以將工作站中的物料搬運減到最小。圖 3.13 顯示常見的物料搬運設備。

應加以研究不同型態的物料搬運與倉儲設備之介面，以開發更有效率的配套設施。舉例來說，圖 3.14 的草圖顯示依訂單揀貨的配套安排，描述物料如何由保存或高

圖 3.13 現今工業所使用的一般搬運設備。
（資料來源：美國物料搬運學會。）

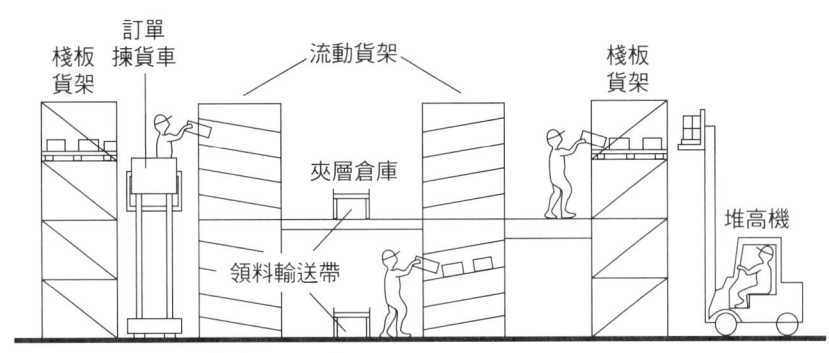

圖 3.14 有效率的倉儲作業示意圖。

架倉儲處，以載人揀貨車(左)或人工方式(右)將貨揀出。堆高機可以用來對棧板儲存架補貨。當訂單項目由貨架取出之後，即經由輸送帶運送至訂單集貨以及包裝作業處。

使用機械設備

物料搬運機械化通常可以降低人工成本、減少物料的損壞、提升安全、減輕疲勞與提高產量。然而，必須謹慎地選擇適當的設備與方法。設備標準化很重要，因為它簡化作業員的訓練、使設備可以互換使用，同時維修零件的需求也較少。

透過物料搬運設備機械化可能節省的成本，可由以下幾個例子看出。在原始電路板組裝作業的設計中，作業員要到倉儲櫃，依照特定電路板的插卡清單，選擇適當的電子元件。然後，再回到工作檯，按照插卡清單所定，將元件插於電路板上。改善的方法是使用兩部自動垂直倉儲機，每一部倉儲機有 10 個貨架，每一個貨架則包含 4 個大抽屜 (見圖 3.15)。這些貨架向上圍繞著系統循環移動，像一個縮小版的摩天輪一般。在此系統中，形成 20 個隨時奉召的貨架，接獲召喚指令時，系統會選擇奉召貨架 (包含適當的大抽屜) 到系統開口最近的路線 (可能向前，也可能向後)，使其儘速到達。作業員以坐姿位置工作，先撥正確的貨架號碼，貨架抵達後，拉開抽屜，找到並取出所需的元件，最後插在電路板上。此一改善方法使倉儲空間的需求減少約 50%，改善工作站的布置，並以減少物料搬運作業、決策與疲勞，實質上降低產生的失誤。

一部自動導引車 (automated guided vehicle, AGV) 往往可以取代一個駕駛。自動導引車在許多不同的應用上都能成功，如信件遞送系統。通常這些車子並未程式化，而是隨著規劃路徑上磁性或光學的導引前進。在預定的時間、特定的位置設定一些停留點，使員工有適當的時間裝卸物料。如果在裝卸物料作業的最後，按「維持」(Hold) 鈕，再按「開始」(Start) 鈕，作業員就可以延長自動導引車在各停留點的停留時間。自動導引車可用程式設定到任何位置的多條路徑。它們配備有感應與控制的儀器，以避免與其他車輛相撞。因此，當使用此種路徑導引設備時，物料搬運成本較不受運送距離的影響。

機械化對於人工物料搬運也相當有用，如棧板搬運。在「升降桌面」的通稱下，有許多不同的裝置，可以消除作業員需做的大部分抬舉作業。有些抬舉桌面是用彈簧作

為動力,如果用適當的彈簧強度,則當將箱子放上升降台上的棧板時,彈簧會自動將頂端調整到對作業員工作的最佳高度。(決定最佳抬舉高度的討論,請參閱第 4 章。) 其他升降台尚有氣動式 (參考圖 3.16),可以很輕易地藉由控制器進行調整,因此抬舉可以消除,而物料也可以由一個平面滑到另一個平面上。有些升降台是斜的,其上斜置容器,以方便作業員伸手進入容器內取放物品;也有些是旋轉的,以利棧板裝運。一般來說,升降桌面可能是與美國國家職業安全衛生研究院 (National Institute of Occupational Safety and Health, NIOSH) 抬舉指引 (Lifting guidelines,見第 4 章) 相關之最便宜的工程控制手法。

更妥善地利用現有的物料搬運設備

要能確保物料搬運設備的最大報償,這些設備必須有效地使用。因此,方法與設備應有足夠的彈性,可以在不同的狀況下,完成多樣的物料搬運工作。在暫時或長期倉儲中,以棧板裝運的物料可比不用棧板的物料用更大量、更快速的方式進行運輸,其中可節省高達 65% 的人工成本。有時候,藉著設計特殊的貨架,物料可以用更大或更方便的單位進行搬運。當這樣的設計完成時,供裝載物件的區劃、吊鉤、繩拴或是其他支撐物都應以 10 的倍數計,以利搬運過程中的計數與最終的檢驗。

圖 3.15 用於電腦控制板組裝的垂直倉儲機的工作區域。

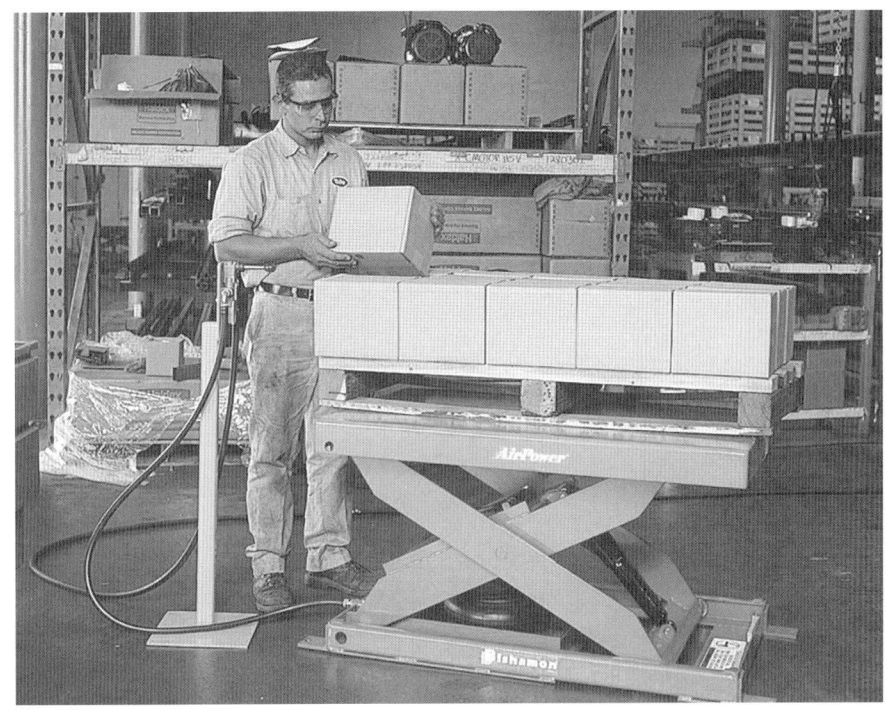

圖 3.16 用以減少人工抬舉的液壓升降台。
(Courtesy of Bishamon.)

　　如果任何一種物料搬運設備僅使用部分時間,應考慮將其使用的時間再增加。藉由重新安置生產設備,或使物料搬運設備能適應不同的工作範圍,公司可以使物料搬運設備有更高的利用率。

更小心地搬運物料

　　工業調查顯示,大約 40% 的工廠意外是發生在搬運物料作業中;其中的 25% 肇因於抬舉與移動物料的過程。藉由更小心地搬運物料以及盡可能地於物料搬運中使用機械裝置,員工可減少疲勞與意外的發生。在動力轉換傳輸之處應有安全護欄、安全操作的實踐、良好的照明及內務清理,都是使得物料搬運設備更安全的基本要件。作業員應以符合現行安全法規的方式,安裝與操作所有物料搬運的設備。

　　較佳的搬運也可以減少產品的損壞。如果有相當數量的退貨零件在工作站間搬運,則這個區域應該要作調查。通常在每個零組件加工完畢後,立即使用特殊設計與製造的貨架或容器儲存,則搬運物料時零件受損的情形將會降至最小。例如,某飛機引擎零件的製造商,在每一個作業完成之後,就將該組件置於金屬零件盤中,而發現其中一個組件的外部螺紋發生相當大的損害。當兩輪的手推車將這些被填滿的金屬零件盤搬運到下一個工作站時,這些機器加工過的鍛造件,除了彼此相互碰撞外,也與金屬零件盤側邊碰撞,以致造成相當嚴重的損壞。有人調查這些產品不合格的原因,建議以木製零件架替換並作個別區劃,以支撐這些機器加工的鍛造件,就可避免這些

範例 3.1　堆高機能安全搬運的最大淨負荷

由於額定轉矩是負荷乘以前輪軸心到負荷中心的距離 (見圖 3.17)：

$$負荷 = 額定轉矩 / B$$

其中，B 表示距離 $C+D$，而 $D = A/2$。

假如 C 表示前輪軸中心到堆高機前端的距離，為 18 吋；棧板 A 的長度為 60 吋；則一部 200,000 吋－磅堆高機應搬運的最大毛重將為：

$$L = \frac{200{,}000}{18 + 60/2} = 4{,}167 \text{ 磅}$$

透過規劃棧板尺寸以利用設備的全部產能，該公司可以從物料搬運設備上獲得更大的報償。

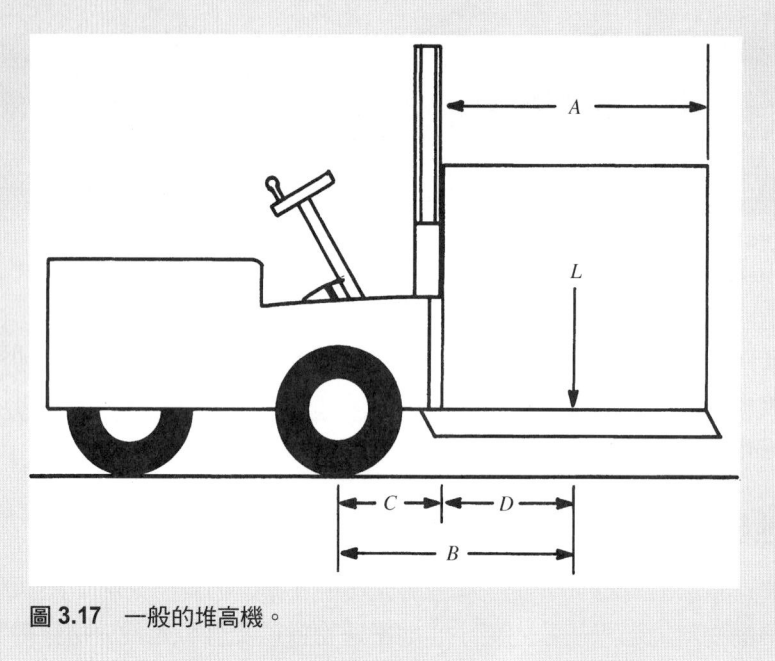

圖 3.17　一般的堆高機。

零件彼此相碰撞，或與金屬零件盤碰撞；結果明顯地降低損壞零件的數量，因而使零件的計數與不良品的判定更為快速，生產運作也更容易控制。

服務產業與健康管理部門也有類似的考量，除了以產品的角度 (在大部分的情況中是人)，也有物料搬運者的考量。例如，醫院中病人的移動與個人照護設備使用是造成護士下背與肩膀受傷的主要因素。傳統上，將有移動困難的病人從病床移到輪椅上是使用走動皮帶 (Walking belt)(圖 3.18a)。然而，使用該設備需要很大的力量，並且會對下背部造成非常高程度的壓力 (見第 4.4 節)，而輔助設備如威廉森轉身台座 (Williamson Turn Stand)，護士在使用時的出力可以小得多，對下背部所造成的壓力也減少許多 (見圖 3.18b)。然而，病患的腿部必須在有輔助的情況下，能有力量地維持其身體的重量。另外還有一個較昂貴，且因為體積較大而不適合在狹小空間使用的輔助工具——霍伊爾起吊機 (Hoyer-type lift)，使用它所需要的力氣就更小 (見圖 3.18c)。

考慮將條碼應用在存貨及相關應用上

大部分科技人對於條碼及條碼掃描都有一些熟悉度。在食品雜貨超商與百貨公司裡，條碼已有效地縮短結帳的等候時間。黑色條紋與白色間隔所代表的數字是製造商與產品項目獨特的號碼。當通用產品碼 (Universal Product Code, UPC) 在結帳櫃檯經過讀碼機掃描後，經解碼的數據資料即時傳至記錄人工生產力、存貨狀況及銷貨的電腦

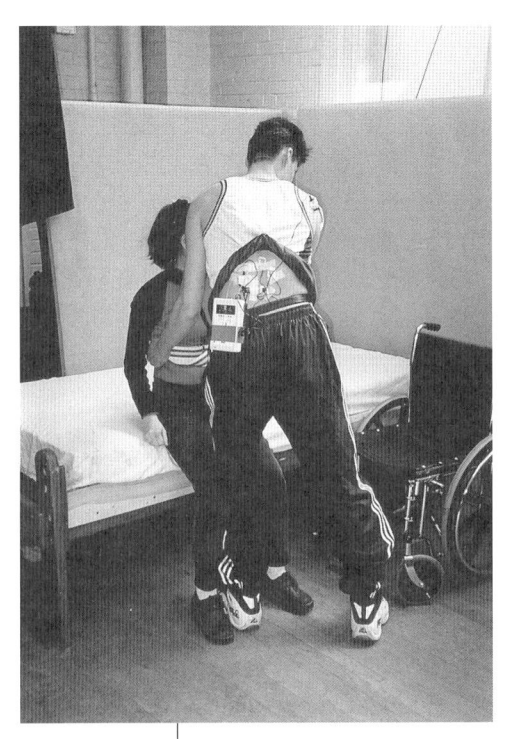

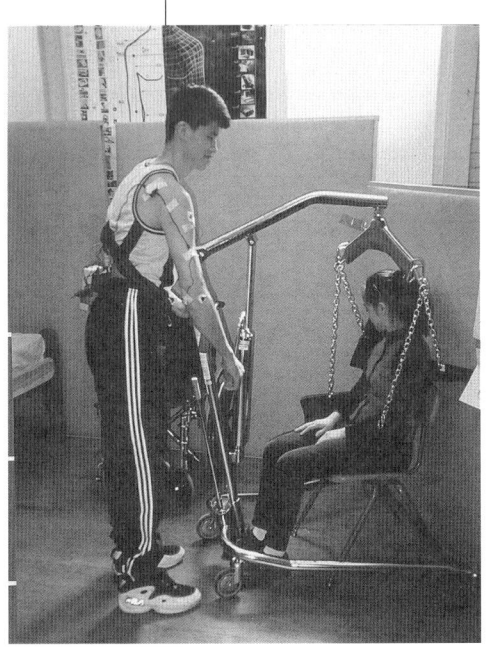

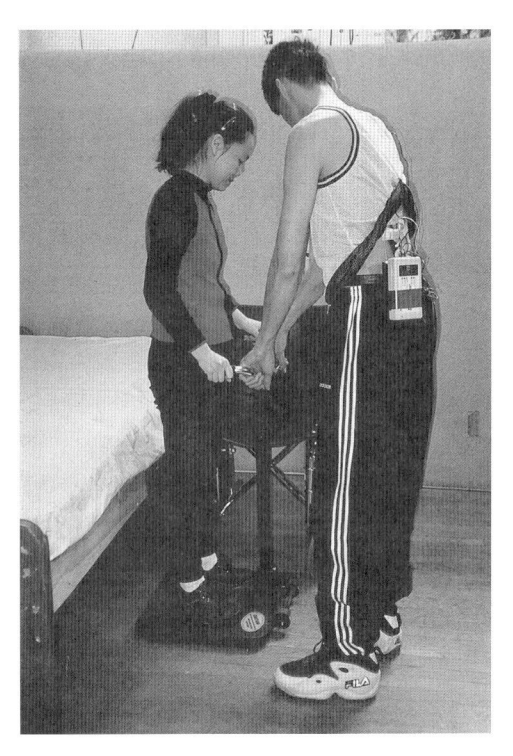

圖 3.18　以三種不同輔助工具搬運病人。
(a) 傳統的走動皮帶需耗費相當大的力量，並造成高強度之下背壓力。(b) 威廉森轉身台座所需力量較少，且對下背部壓力亦較輕微。(c) 霍伊爾起吊機所需的力量更小，然而其價格不斐，且在狹小空間中也不易使用。

中。以下五項理由可說明將條碼用在存貨與相關應用上是值得的：

1. **精確度** (Accuracy)。一般具有代表性的績效表現是每 340 萬字元中，少於一個失誤。這樣的績效比鍵盤數據輸入的 2% 至 5% 失誤要好得多。
2. **績效** (Performance)。條碼掃描機輸入資料，比傳統的鍵盤輸入速度快三到四倍。
3. **接受度** (Acceptance)。許多員工喜歡使用掃描器的感覺。自然地，他們比較願意使用掃描器，卻不願使用鍵盤。
4. **低成本** (Low cost)。條碼可以印製於外包裝與產品容器之上，將此商品識別碼加印在包裝上的成本極低。
5. **可攜度** (Protability)。作業員可以攜帶條碼掃描器到工廠的任何區域，以查出如存貨及訂單狀況等資料。

條碼對於收貨、倉儲、作業追蹤、勞工報告、工具箱控制、出貨、故障報告、品質保證、追蹤、生產管制及排程，都是很有用的。例如，典型的倉儲容器標籤都會註明以下資訊：零件描述、尺寸、包裝數量、部門編號、倉儲編號、基本庫存水準及再訂貨點。藉著使用掃描讀碼機蒐集這些數據資料，以供存貨管理及再訂貨等，可以節省相當多的時間。

精選系統公司 (Accu-Sort Systems, Inc.) 提出一些實務應用的例子，包含自動控制輸送帶系統；轉移物料到需要的地方；以及提供物料搬運人員簡明扼要的指示，包含到何處領取物料，以及自動驗證搬運的物料無誤。如果條碼與可程式化的控制器及自動包裝設備結合，就可用連線即時驗證包裝與內容物標籤，以避免因失誤而導致昂貴的產品召回。

總結：物料搬運

分析師應在不犧牲安全的前提下，不斷尋找消除無效率物料搬運的方法。為了協助方法分析師在這方面的投入，美國物料搬運學會於 1998 年提出有關物料搬運的十項原則：

1. **規劃原則** (Planning principle)。所有物料搬運應該是深思熟慮的規劃結果，在開始時就應對需求、績效目標及所建議方法的功能性規格加以仔細定義。
2. **標準化原則** (Standardization principle)。物料搬運方法、設備、控制器與軟體，應在達成整體績效目標的範圍內，且不犧牲所需的彈性、模組與產出下，予以標準化。
3. **工作原則** (Work principle)。物料搬運工作應在不犧牲生產力或作業所需的服務水準下，予以極小化。
4. **人因原則** (Ergonomic principle)。必須認識人類的能力與限制，並落實在物料搬運工作與設備的設計上，以確保安全與有效的操作。
5. **單位負荷原則** (Unit load principle)。單位負荷應訂定適當的尺寸與組成，使得在供應鏈的每個階段都能達成物料流程與存貨目標。

6. **空間利用原則** (Space utilization principle)。所有可用空間，都應作有效與有效率的利用。
7. **系統原則** (System principle)。物料移動與倉儲活動應完全地整合，形成一種協調且具操作性的系統，能涵蓋接收、檢驗、倉儲、生產、組裝、包裝、單元化、訂單揀選、出貨、運送及退貨處理。
8. **自動原則** (Automation principle)。在可行的狀況下，物料搬運作業應盡可能機械化或自動化，以改善操作效率，增加回應性，提升一致性與可預測性，降低作業成本，以及消除重複或潛在性不安全的人力工作。
9. **環境原則** (Environmental principle)。當設計或選擇替代性的設備與物料搬運系統時，環境衝擊與能源消耗是需要審慎考慮的課題。
10. **生命週期成本原則** (Life-cycle-cost principle)。在所有的物料搬運設備及其所形成的系統的生命週期過程中，都應作徹底的經濟分析。

要再次重複的是，最主要的原則即「物料搬運愈少，處理得愈好」。這項原則符合消除不必要搬運與不必要動作的浪費。

3.8 工廠布置 Plant Layout

有效工廠布置的主要目標為發展一個生產系統，該系統可以使用最低的成本生產出符合品質要求以及預期數量的產品。其中實體布置是一個相當重要的考量，內容包含作業卡、存貨控制、物料搬運、排程、生產途程及派遣作業，這些作業必須小心地整合以滿足預期的目標。不良的工廠布置會導致大量的成本支出，如長期移動的間接人工費用、重複檢驗、延遲，以及在搬運的浪費中導致的瓶頸機台而造成工作終止等。

布置型態

是否有最佳布置型態的存在？這個問題的答案是否定的，因為在不同的情況下所需要的是不同的布置型態。一般來說，所有工廠的布置都是以下兩種基本布置型態的組合：**產品或直線型布置** (Product or straight-line layouts) 以及**流程或功能性布置** (Process or functional layouts)。在直線型布置中，機器的置放方式是依據產品如何在相鄰的生產作業流程間達到移動極小化而決定。這種型態的布置常見於大量生產的製造業中，因為其物料搬運的成本比功能性布置之物料搬運成本還要低。

現場依**產品布置** (Product layout) 會有一些明顯的缺點，因為多種的工作必須在狹小的範圍中同時進行，作業員很容易產生不滿的情緒，尤其是薪資會因工作表現而有所差異時，情況更是明顯。這是因為人員並不像設備一樣只須分組安置即可，人員訓練有時頗為棘手，尤其當現場沒有老手可以立即指導新進員工時更是如此。此外，因為現場有許多不同種類的工作與機台需要監控，所以並不容易找到具備足夠能力的監督人員。而這類的布置方式因為需要重複的管線，如氣體、水、瓦斯、汽油及動力等，

因此初期總是需要較多的投資。另一項缺點是產品布置總會傾向失序與混亂，而使現場管理更為困難。然而，整體而言，當生產條件很有利時，產品布置的缺點仍可輕易被優點所彌補。

流程布置 (Process layout) 乃是將類似的設備群集。依此原則布置，所有的六角車床將置放在同一個區域、部門或建築物中，而其他的機器設備也都有各自的群集擺放區域。一般來說，這種排列方式可使工作區域整齊清潔有秩序，而利於現場管理。功能性布置的另一項優點乃是幫助新進員工的訓練，因為身邊都是有經驗的員工，操作的也都是相似的機器，新進員工因此有更多的機會可以學習。尋找具備足夠能力的監督人員這個問題也得以舒緩，因為在此種布置方式下，監督人員僅需要熟悉某一類的設備，而不需要像產品布置的監督人員那樣必須對所有的設備都有足夠了解，因此監督工作的需求相對來說較為簡單。此外，流程布置在生產有限的類似產品，以及需要進行某些經常性的加工時，也都是較佳的選擇。

流程布置的缺點在於當工作需要一連串的操作並使用不同機器的狀況下，需要較多的移動以及重複的往返。舉例來說，某工作的作業卡中指定作業順序應為鑽孔、車削、銑切、鉸孔及研磨，這些物料在不同的作業區域中移動將需要大量的成本。流程布置的另一個主要缺點在於需要大量的文書作業，以填發工作單與控制作業區域間的生產。

移動圖

在設計新的布置或修正舊有的布置前，分析師須蒐集所有可能會影響布置的事實，而**移動圖** (Travel charts) 或**從至圖** (From-to charts) 的使用，可幫助分析師診斷部門間的排列以及特定區域內設備擺放位置的可能問題。移動圖看似一個矩陣，呈現的是一段時間內兩個設備間所發生物料搬運過程的多寡，而表中代表搬運數量的數值則由分析師決定，可以是磅、噸或搬運頻率，只要合適皆可。圖 3.19 即為一基本的移動圖，分析師可根據此圖推論出所有機器的布置位置，此處 4 號 W&S 六角車床與 2 號 Cincinnati 臥式銑床應該放置在一起，因為有大量的物件 (200 件) 在此二機器間通行。

莫瑟的系統性布置規劃

莫瑟 (Muther) 在 1973 年時提出一個系統性布置工廠的方法，稱為系統性布置規劃 (Systematic Layout Planning, SLP)。系統性布置規劃的目標，在於試圖縮短兩個具有高頻率與邏輯關係的區域間的距離，其作法包含下列六個步驟：

1. **繪製關係圖**。在第一個步驟中，應先建立不同區域間的關係，並**繪製關係圖** (Relationship chart)(或簡稱 Rel chart，見圖 3.20)。此處所謂的關係，乃是不同的活動、區域、部門、房間之間預期或需要靠近的程度。而關係可由從至圖中能取得的量化流程資料 (大小、時間、成本、路程)，或由部門間互動以及主觀資訊所得的

		至							
		4號 W. & S. 六角車床	Delta 17 吋鑽孔衝床	雙軸 L. & G. 鑽孔機	2號 Cinn. 臥式銑床	3號 B. & S. 立式銑床	Niagara 100 噸油壓機	2號 Cinn. 無心磨床	3號 Excello 螺紋磨床
從	4號 W. & S. 六角車床		20	45	80	32	4	6	2
	Delta 17 吋鑽孔衝床			6	8	4	22	2	3
	雙軸 L. & G. 鑽孔機				22	14	18	4	4
	2號 Cinn. 臥式銑床	120				10	5	4	2
	3號 B. & S. 立式銑床						6	3	1
	Niagara 100 噸油壓機		60	12	2			0	1
	2號 Cinn. 無心磨床		15						15
	3號 Excello 螺紋磨床				15	8			

圖 3.19 移動圖，用以解決與流程型態的布置相關之物料搬運及工廠布置問題的有用工具。此圖列舉在不同機器間運送的項目數（每段時間）或生產量（每班多少噸）。

質化資料決定。舉例來說，雖然上漆的步驟應在拋光與最終檢驗以及包裝之間，但上漆過程因為可能產生毒性物料、危害及燃燒，所以該作業區域會與其他區域隔離。這種關係可賦予由 4 到 −1 的不同數值，並由不同的母音字母代表相對應的關係程度，如表 3.3 所示。

2. **了解空間要求**。第二步驟為決定所需要的空間，單位為平方呎。空間大小的決定可以依據生產量的需求計算、由既有空間以及未來規劃的擴充計算，或是依據法定標準修定，如美國殘障人士就業保障法案或建築標準等。除了面積之外，區域的形狀與類型，以及該作業所需要的資源所在位置之關係也很重要，必須一一列出。

3. **活動關係圖**。在第三步驟中，應將不同的活動分別視覺化。分析師由最重要關係 (A) 開始，以四條短的平行線連接兩個活動。其次，將關係為 E 的活動之間以三條平行線連結，其長度接近 A 的連線長度的兩倍。I、O、U 也依此方式依序畫出，每下降一個關係等級，其線段長度就更長些，並須小心不要讓線段之間重疊或糾結。兩個活動之間的關係若是不想要的 (X)，那麼兩者之間的距離應盡量拉遠，並以波紋線連接。(有些分析師會再定義出一個為 −2 的值，表示極端不欲存在的關係，並以雙層波紋線連接該等活動。)

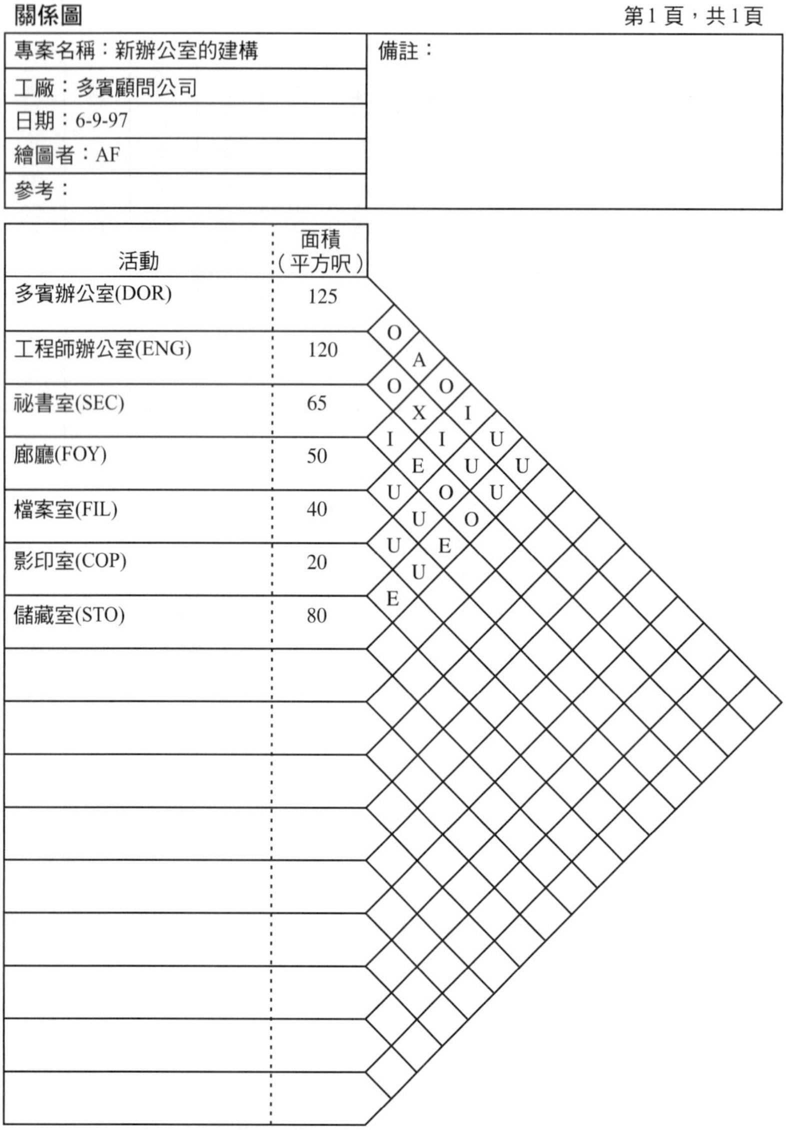

關係圖

		第1頁，共1頁

專案名稱：新辦公室的建構	備註：
工廠：多賓顧問公司	
日期：6-9-97	
繪圖者：AF	
參考：	

活動	面積（平方呎）
多賓辦公室(DOR)	125
工程師辦公室(ENG)	120
祕書室(SEC)	65
廊廳(FOY)	50
檔案室(FIL)	40
影印室(COP)	20
儲藏室(STO)	80

關係矩陣（由上而下，相鄰對）：
- DOR–ENG: O
- DOR–SEC: A, ENG–SEC: O
- DOR–FOY: X, ENG–FOY: I, SEC–FOY: O
- DOR–FIL: I, ENG–FIL: I, SEC–FIL: U, FOY–FIL: U
- DOR–COP: E, ENG–COP: U, SEC–COP: O, FOY–COP: U, FIL–COP: O
- DOR–STO: U, ENG–STO: U, SEC–STO: O, FOY–STO: E, FIL–STO: U, COP–STO: E

圖 3.20 對於多賓顧問公司的布置關係圖。

表 3.3 系統性布置規劃的關係等級

關係等級	密切程度代碼	值	作圖之關係線條	顏色
絕對必要(Absolutely necessary)	A	4	≣	紅色
特別重要(Especially important)	E	3	≡	黃色
重要(Important)	I	2	＝	綠色
普通(Ordinary)	O	1	—	藍色
不重要(Unimportant)	U	0		
不可(Not desirable)	X	−1	∧∧∧	棕色

4. **空間關係布置**。此步驟是以各個空間的相對大小來建立一個空間分配示意圖。一旦分析師找到滿意的布置方式，則這些活動的空間就可以壓縮到一個樓層的計畫中。這個步驟做起來並不容易，考慮不同的需求而進行調整也很常見，例如，物料搬運(如搬運與收貨部門應設置在外圍)、儲存設備(應使外部送貨進來更為簡易)、個人需求(餐廳與休息室盡量接近工作場所)、建築物特性(起重活動須有挑高，以及堆高機操作應在地面層)等。

5. **不同方案間的評估**。在評估不同的可行布置方案時，常常會碰到有幾個方案的可行性相同。當遇上這種情形時，分析師應對不同的方案進行評估，以找出最佳解。首先，分析師應確認重要的影響因素，諸如未來擴廠能力、彈性、流程效率、物料搬運效率、安全、監督難易度、外觀或美學等。其次，以 0 到 10 分為基礎，評估這些因素在此布置中的相對重要性。接著將各個方案依照每個因素進行滿意度評比，莫瑟建議評比也使用 4 到 –1 的分數，4 表示幾乎完美、3 表示相當好、2 表示重要、1 表示普通、0 表示不重要、–1 表示不想要的。然後，再將評比得分乘以因素本身的權重，乘積加總之後即是各個方案的總得分，而得分最高的方案則為最佳方案。

6. **布置方案的實行**。最後一個步驟就是執行這個新的方案。

範例 3.2　多賓顧問公司使用系統性布置規劃的工廠布置案例

多賓顧問公司打算布置一個新的辦公區域，其中包含七個活動區域，分別為多賓的辦公室、工程師辦公室(兩位工程師)、祕書室、休息與貴賓接待區域、檔案室、影印室以及儲物間。多賓在評估後繪製出如圖 3.20 的布置關係圖，該圖中指出各個活動間的關係，舉例來說，多賓與祕書間的關係非常重要，因此以 A 表示；而為了不讓工程師在工作時被來賓干擾，因此工程師辦公室與休息區的關係為 X。該布置關係圖中亦指出每個空間所應分配的大小，如影印室為 20 平方呎，而多賓的辦公室為 125 平方呎。

　　一個初步的較佳設計可見圖 3.21，該圖中考量活動之間應有的關係；進一步地考慮空間大小之後，該圖可改進成為圖 3.22；再將空間作最有效的壓縮後，即成圖 3.23 的最終設計。

　　因為多賓的辦公室與工程區大小相同，很容易可以互換，形成兩個布置方案。這些方案從人員私密性(對多賓而言非常重要，因此權重高達 8)、耗材移動、訪客接待及彈性的基礎上作評估(如圖 3.24)。此二布置圖最大的差異在於工程區到休息室的緊密關係。因此，方案 B (如圖 3.23 所示) 得到 68 點，與方案 A 的 60 點相比，方案 B 較受青睞。

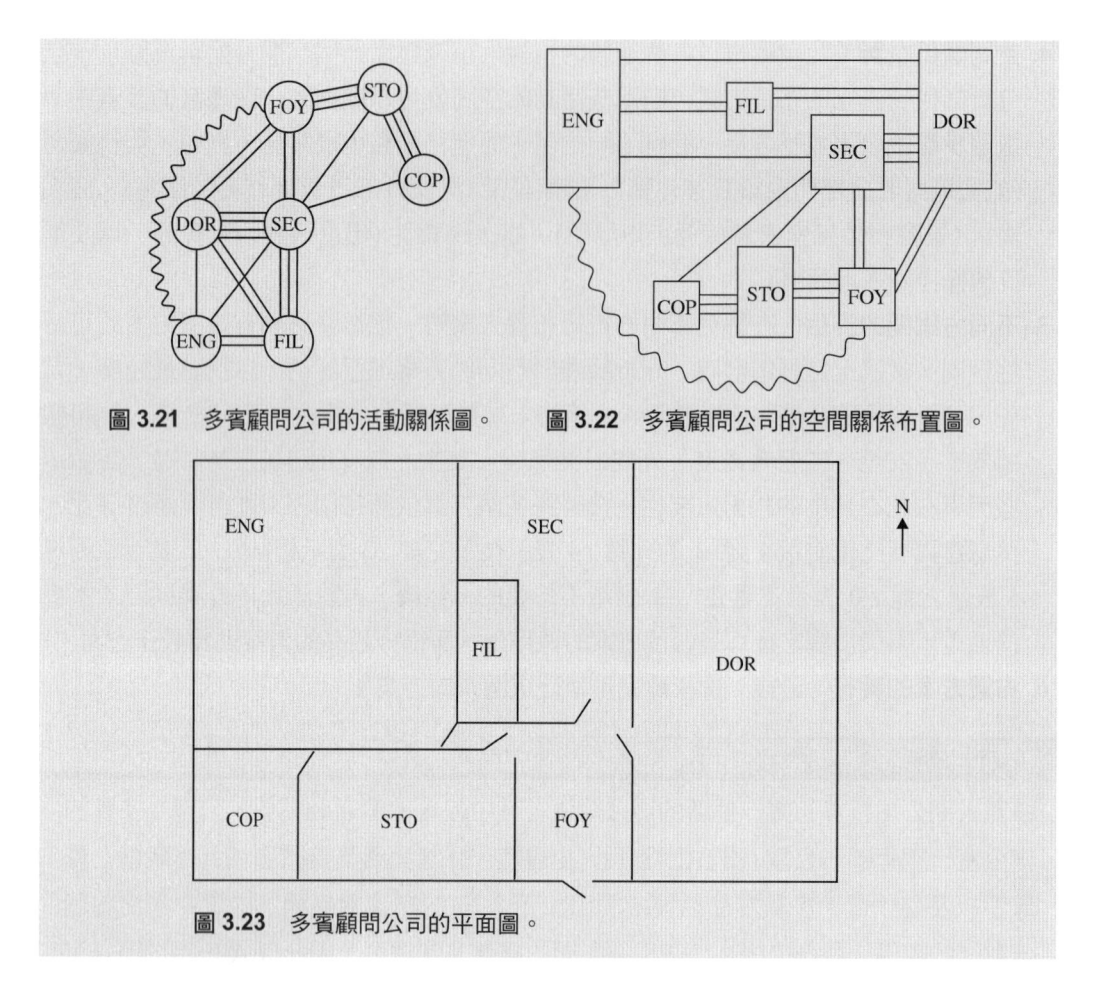

圖 3.21　多賓顧問公司的活動關係圖。　　圖 3.22　多賓顧問公司的空間關係布置圖。

圖 3.23　多賓顧問公司的平面圖。

電腦輔助布置

售價合理的商業軟體可以幫助分析師快速且低成本地發展可行的布置計畫。電腦化相對位置設備程式 (Computerized Relative Allocation Facilities, CRAFT) 即為受到廣泛使用的軟體之一。其中，主要的活動中心可以是某一部門或部門中的某一作業中心，將主要活動中心的位置固定後，即可試排其他的活動位置。舉例來說，升降梯、休息室及樓梯等常常被當作主要的活動中心先予固定。因此需要輸入的資料，即包含固定作業中心的數量與位置、物料搬運成本、互動中心動線及布置區塊的呈現。該電腦軟體對作業中心位置變動後，物料搬運成本將導致何種變化進行反覆運算，直到找出一個較佳解為止。CRAFT 對距離的運算方式為計算各個活動中心中點間的垂直與水平連線距離。

另一個可用的軟體為 CORELAP。該軟體要求輸入的項目有部門數量、部門區域、部門間關係及這些關係的權重。CORELAP 以矩形來安排部門位置並建構整個布置計畫，其目標在於使重要部門間的距離能夠更靠近。

讀者亦可使用 ALDEP 這套軟體，其會先隨機地選擇一個部門放入布置區域中，然後當建構關係圖時，與該部門具有較高接近程度等級的部門會優先被導入布置圖。這

方案評估							第1頁，共1頁
工廠：多賓顧問公司	方案	A 多賓辦公室面西	B 多賓辦公室面東	C	D	E	
專案：新辦公室建構							
日期：6-9-97							
分析師：AF							
考慮因素	權重	評比與加權評比					評語
		A	B	C	D	E	
人員的私密性	8	1 : 8	3 : 24				
耗材的移動	4	3 : 12	3 : 12				
訪客接待	4	4 : 16	4 : 16				
彈性	8	3 : 24	2 : 16				
總分		60	68				

附註：
方案B，也就是多賓辦公室面東與工程師辦公室面西，可以減少工程師受訪客出入影響而打斷工作的次數。

圖 3.24 多賓顧問公司的評選方案。

樣的程序會持續直到軟體完成放置所有的部門。然後 ALDEP 會對整體的布置計算分數，並且重複此流程到某個特定的次數。此軟體也具有提供多層平面布置的能力。

　　上述的布置軟體最初均是設計讓大型電腦使用，但在個人電腦出現後，這些演算法即被導入個人電腦使用。SPIRAL 即是其中一例，此軟體可以藉由針對鄰近區域的正向關係與負向關係進行加總與減除的動作，以達到鄰近關係的最佳化。這在本質上即是莫瑟方法的應用，更為詳細的說明可在喬艾許阿勒克斯 (Goetschalckx, 1992) 著作中找到。舉例來說，對於多賓顧問公司的例子，圖 3.25 即為以該軟體運算得到的結果，與先前的結果可看出有些微的不同。

　　有一種值得注意的現象是，軟體常常會產生既長又窄的房間，使得各活動中心之

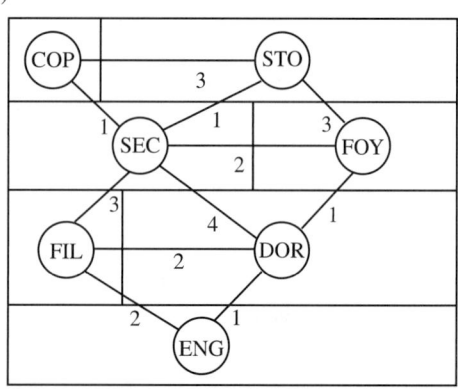

圖 3.25 SPIRAL 輸入檔案：(a) 檔名 DORBEN.DAT；(b) DORBEN.DEP；(c) 最後產生多賓顧問公司案例的布置圖。

(a)

[project_name]	DORBEN
[number_of_departments]	7
[department_file_name]	DORBEN.DEP
[building_width]	25
[building_depth]	20
[seed]	12345
[tolerance]	0.00010
[time_limit]	120
[number_of_iterations]	20
[report_level]	2
[max_shape_ratio]	2.50
[shape_penalty]	500.00

(b)

DOR	0	0	125	0	0	GREEN	Dorben
ENG	0	0	120	0	0	BLUE	Engineers
SEC	0	0	65	0	0	RED	Secretary
FOY	0	0	50	0	0	YELLOW	Foyer
FIL	0	0	40	0	0	BROWN	Files
COP	0	0	20	0	0	GRAY	Copy
STO	0	0	80	0	0	BLACK	Storeroom
DOR	ENG	1					
DOR	SEC	4					
DOR	FOY	1					
DOR	FIL	2					
ENG	SEC	1					
ENG	FOY	-1					
ENG	FIL	2					
SEC	FOY	2					
SEC	FIL	3					
SEC	COP	1					
SEC	STO	1					
FOY	STO	3					
COP	STO	3					
OUT	OUT	0					

(c)

間的距離可以極小化。在 CRAFT、ALDEP 軟體中，這是一個大問題，而 SPIRAL 則在其程式中增加形狀修正的功能。此外，大部分以最初布置作為改善基礎的軟體，如 CRAFT，都只能達到局部最佳化而無法真正地整體最佳化，這個問題可以在輸入最初布置時採用不同的布置方式解決。不過，對於直接由草稿產生布置規劃的建構性軟體，如 SPIRAL，這個問題較不嚴重。FactoryFLOW 則是功能較為強大的軟體，可將樓層平面圖的 AutoCAD 檔案作為輸入資料，產生相當詳細且適合建築規劃的布置計畫。

3.9 工作設計 Work Design

因為最近對法規 [如美國職業安全與衛生署 (OSHA)] 與健康 (如提升醫藥與工人補償成本) 的重視，工作設計技術將在其餘各章詳述。第 4 章將介紹人力工作與動作經濟原則；第 5 章則將由人因工程的角度說明工作場所、工作環境狀況，以及認知工作的設計考量；第 6 章說明現場與系統的安全。

總結

操作分析中的九種主要方法，是系統性地對操作與流程程序圖中出現的事實進行分析。這些原則對於新工作的規劃或是既有作業的改善都是同樣有效，除了能符合精實製造的原則，達成減少浪費、增加產出及改善品質外，也能讓所有的員工共享其利，並幫助營造更好的工作環境與工作方法。

圖 3.26 為一檢核表，可利用其中的問題以記憶並應用操作分析中的九個方法。該圖說明一家製造電毯控制鈕軸心的公司，如何藉由使用檢核表以達到降低成本的目標。該公司重新設計軸心而使生產更為經濟，工廠成本由每千件產品 68.75 美元降到每千件產品只需 17.19 美元。該檢核表作為一個大綱，亦對工廠中領班以及監督人員的方法訓練極為有用，當明智地使用時，能激發想法的問題可以幫助工廠監督人員發展具建設性的建議，並對操作分析有所助益。

問題

1. 請解釋設計簡化如何應用至製造生產流程。
2. 操作分析與方法工程之相關性為何？
3. 不需要的作業在工業中是如何發展出來的？
4. 比較操作分析與精實製造兩種方法的異同。
5. 何謂七種浪費？
6. 5S 的五大重點為何？
7. 「緊密」的公差指的是什麼？
8. 請解釋為何減少公差與規格是較好的？

第 3 章 操作分析

日期	9/15	部門	11	圖號	18-4612	分圖	2
塑模		鋼模		類型		項次	2
樣式		檢驗規格	C	L. Spec.		分圖	
零件描述	電毯控制鈕軸心						
操作	車削、切槽、鑽孔、分接、滾花、攻螺紋、截切			作業員	Blazer		

決定與說明	分析細節
1. 操作目的 　　在自動螺絲機上進行 3/8 吋 S. A. E. 1112 鋼條成型，以達成圖面規格。	用其他方法，是否更能達成操作的目的？ 是，用鋼模鑄造。
2. 完整加工操作清單 編號　　　　描述　　　　　　　　　　　工作站　　部門 　1.　　車削、切槽、鑽孔、分接、滾花、攻螺紋、截切　B. & S.　　11 　2.　　去毛邊　　　　　　　　　　　　　　工作檯　　12 　3.　　檢驗 1%　　　　　　　　　　　　　工作檯　　18 　4. 　5. 　6. 　7. 　8. 　9. 　10.	所分析的操作，能否刪除？不能。 與其他操作合併？不能。 在其他機器閒置時進行操作？可以，用機械連結方式。 操作順序是否最佳？是。 操作是否應在其他部門進行，以節省成本或搬運？或許外購可以較便宜。
3. 檢驗要求 　　a—檢驗前一操作。 　　b—檢驗本操作。是，或許用統計品管可以減少檢驗的量。 　　c—檢驗下一操作。	公差、裕度、完工及其他要求，是否 　必要？ 　太貴？ 　適合操作目的？
4. 物料 　　　　　以鋅基金屬鑄造，可能較為便宜。 切削化合物及其他耗材。	考量大小、適切性平直度及條件。 是否能以較便宜的物料取代？
5. 物料搬運 　　a—進料方式　　四輪搬運車到自動搬運設備 　　b—清除方式　　二輪手推車 　　c—在工作站中的搬運方式	是否應使用吊車、重力輸送槽、零件盤或特殊搬運車？ 考量現場布置與搬運距離。 或許可以用重力滑槽將工件送到去毛邊的工作站。
6. 設定（必要時，請附圖說明） 　　　　　這部分令人滿意。 　　a—工具設備 　　　　現行 　　　　建議 　　　　　　　將零件重新設計，以便用鋅基金屬鑄造，不再用螺絲機切削 S.A.E.1112 鋼條。	對圖與工具多有把握？ 設定作業能否改善？ 試作品。 機器調整。 　　　　　　　　　　　工具 適當嗎？ 有提供嗎？ 　棘輪工具 　動力工具 　特殊目的工具 　治具、鉗具 　特殊夾子 　夾具 　　多重的 　　雙重的

Methods Engineering Council
Form No. 101　　　　　　　　　　　　　分析表

圖 3.26　製造電毯控制鈕軸心的操作分析檢核表。

7. 考量以下各項可能 　1. 裝設重力滑槽。 　2. 使用墜落傳送方式。 　3. 若一個以上的作業員做同樣的工作，比較他們的工作方法。 　4. 提供作業員正確的座椅。 　5. 以彈退機構、快速夾頭等，來改善治具和夾具。 　6. 安排使用腳操作的機構。 　7. 安排使用雙手來操作。 　8. 將工具與零件置於正常工作範圍內。 　9. 改變現場的布置，以避免回頭的動線，並作機械連結。 　10. 利用為其他工作所做的所有改善方式。	建議的行動 ＿＿＿ 是的，工作積存多些，再倒下去。 ＿＿＿ ＿＿＿ ＿＿＿ ＿＿＿ ＿＿＿ ＿＿＿ ＿＿＿ ＿＿＿
8. 工作狀況 　　　　　一般而言，令人滿意。 　a—其他狀況	照明　O.K. 溫度　O.K. 通風、煙氣　O.K. 飲水機　O.K. 洗手間　O.K. 安全措施　O.K. 零件設計　O.K. 所需的文書工作（填寫工時卡等）　O.K. 延遲的可能性　O.K. 可能的製造數量　O.K.
9. 方法（必要時，請附圖或程序圖說明） 　a—分析及動作研究之前。 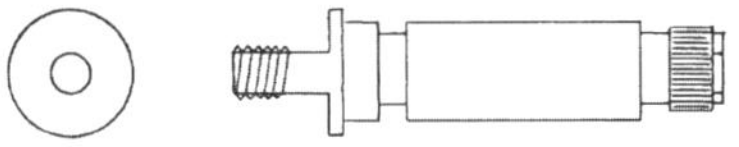 　　　　設計供螺絲機加工的控制鈕軸心。 　b—分析及動作研究之後。 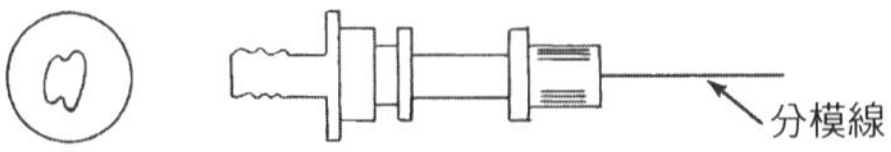 　　　　　　　　　　　　　　　　　→分模線 重新設計供銅模鑄造的控制鈕軸心。左邊的螺紋只占圓周的50%；右邊的滾花也類似，只占圓周的一半，這樣工件就能很容易地與模具分離。	工作區域的安排 放置方式 　工具 　物料 　耗材 工作姿勢 方法是否符合動作經濟法則？ 是否使用最低階的動作？ 參閱補充報告題目 銅模鑄造，控制軸心。 日期
觀察員　R. Guild　　　　　　　　核准者　R. Hussey	

圖 3.26　製造電毯控制鈕軸心的操作分析檢核表（續）。

9. 何謂逐批檢驗？
10. 何時不需要驗證詳盡的品質控制程序？
11. 當試圖減少物料成本時應考慮哪六點？
12. 如何改變勞工與設備狀況對於購買零組件成本的影響？
13. 請解釋如何重新安排作業以節省成本。

14. 哪一種成型與裁切操作中的程序，通常被認為是最快的？
15. 為了發展較佳的方法，分析師應如何對設置與工具進行調查？
16. 請舉出一些應用條碼改善生產效率的案例。
17. 工廠布置有哪兩種一般的型態？請詳細解釋之。
18. 測試布置方案的方式上，以哪一種方法最有效？
19. 當在工作站中執行一項研究工作時，分析師應該詢問哪些問題？
20. 請解釋使用檢核表有哪些優點。
21. 當使用自動導引車系統時，為何成本與行駛距離的關係不大？
22. 工具選用的範圍是靠什麼決定的？
23. 計畫與生產控制如何影響設置時間？
24. 物料該如何最有效地搬運？
25. 移動圖與莫瑟的系統性布置規劃的關係為何？
26. 為何流程布置比產品布置更需要使用移動圖？
27. 請說明群組技術的基本目的。
28. 請解釋為何焊條的保存會導致 20% 的物料成本？
29. 請指出數種近年來由金屬材質改為塑膠材質的汽車零件。
30. 請列舉數種液壓升降桌面可能的應用。
31. 滑動墊木與棧板的差異為何？

習題

1. 圖 3.4 中，把手的公差由 0.004 吋減少到 0.008 吋，請問這樣的改變可以節省多少成本？
2. 多賓公司為生產鋼鐵鑄模零件的公司，其零件強度 T 為已知之碳含量 (C) 的函數，可以方程式 $T = 2C^2 + 3/4C - C^3 + k$ 表示。請問若要使強度最大化，碳含量應該要訂為多少？
3. 為了讓某零件可成為通用件，需要將其外徑公差由 ±0.010 減少為 ±0.005，並增加 50% 的車工作業成本。車工作業成本占所有成本的 20%，請問方法工程師應繼續改變公差嗎？請解釋。(為使零件成為通用件，意謂該零件可增產 30%，而讓其生產成本降為原先的 90%。)
4. 在多賓公司的辦公樓層中共有五個房間，其空間大小與彼此的關係如圖 3.27 所示。請使用莫瑟的系統性布置規劃完成最佳的布置方案。

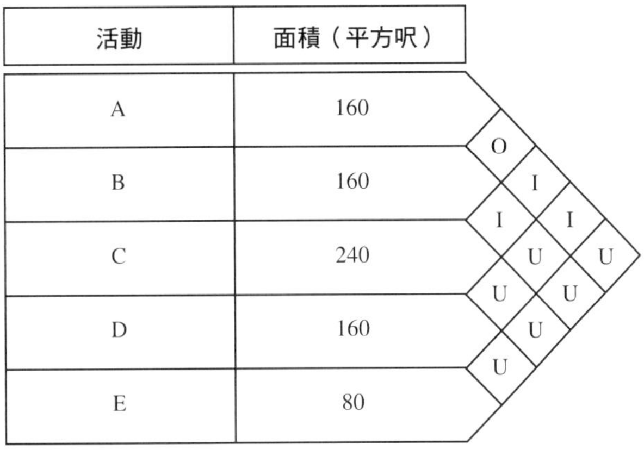

活動	面積（平方呎）
A	160
B	160
C	240
D	160
E	80

關係圖（由上而下對角）：
- A-B: O
- A-C: I, B-C: I
- A-D: U, B-D: I, C-D: U
- A-E: U, B-E: U, C-E: U, D-E: U

圖 3.27 多賓公司的空間關係圖。

5. 從下面圖中列出每小時內由一個區域搬運到另一區域的物件數量，以及每個區域預期的面積（單位為平方呎），請使用莫瑟的系統性布置規劃發展出一最佳布置方案。附註：應該要用下圖作出各區域的關係圖。同時：* 表示不想要的關係。

Size	Area	A	B	C	D	E
150	A	—	1	20	8	1
50	B	0	—	30	0	8
90	C	20	5	—	40	20
90	D	0	1	2	—	*
40	E	0	0	11	0	—

6. 使用莫瑟的系統性布置規劃及下列一間小機械工場的數據，利用後附的廠房外牆方格紙，按比例尺作出最佳布置方案。各空間面積（單位：平方呎）如下：原料庫 = 1000，鋸床區 = 500，車床區 = 500，鑽床區 = 500，銑床區 = 500，檢驗區 = 1000。請顯示莫瑟系統性布置規劃的所有步驟，並在空白方格紙上畫出最終佈置方案。此方案的鄰近值（Adjacency value）為何？可能的最大鄰近值為何？

從＼至	原料庫	鋸床區	車床區	鑽床區	銑床區	檢驗區
原料庫		X		3		
鋸床區	X		5		8	
車床區				5	11	
鑽床區			3		5	8
銑床區				8		X
檢驗區			8		X	

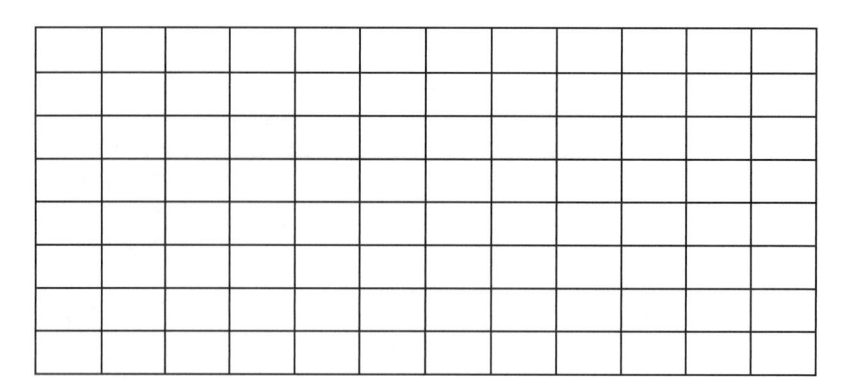

7. a. 依據以下操作及單元時間 (單位：分鐘)，請規劃可以最有效率地平衡生產線、減少閒置時間的工作站。管理階層希望每小時可以生產 120 個產品。作業 #1 = 0.3，作業 #2 = 0.4，作業 #3 = 0.3，作業 #4 = 0.6，作業 #5 = 0.4。生產線未平衡時的閒置時間百分比為何？生產線平衡後的閒置時間百分比為何？生產線未平衡時的稼動率為何？若平衡後的生產線少了一個工人，對生產線、生產與閒置時間會有何影響？請以量化方式回答。

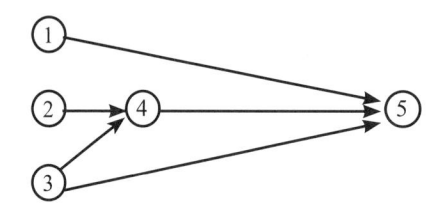

   b. 若生產線改為以下方式，a) 的答案會有何改變？

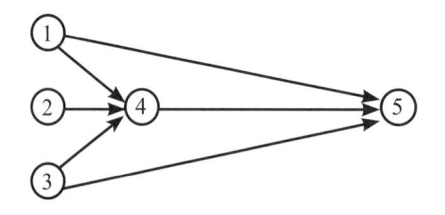

8. 使用莫瑟的系統性布置規劃及下列一間小機械工廠各區域間的從至關係數據，利用後附的廠房外牆方格紙，按比例尺作出最佳布置方案。請用空白方格紙畫出最終佈置方案，各部門面積與形狀須保持不變。此方案的鄰近值為何？可能的最大鄰近值為何？

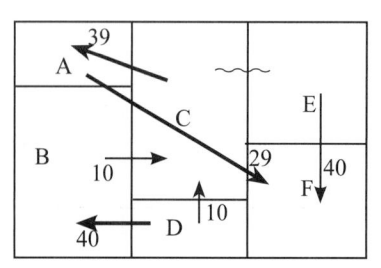

參考文獻

Bralla, James G. *Handbook of Product Design for Manufacturing.* New York: McGraw-Hill, 1986.

Buffa, Elwood S. *Modern Production Operations Management.* 6th ed. New York: John Wiley & Sons, 1980.

Chang, Tien-Chien, Richard A. Wysk, and Wang Hsu-Pin. *Computer Aided Manufacturing.* Englewood Cliffs, NJ: Prentice Hall, 1991.

Drury, Colin G. "Inspection Performance." In *Handbook of Industrial Engineering,* 2d ed. Ed. Gavriel Salvendy. New York: John Wiley & Sons, 1992.

Francis, Richard L., and John A. White. *Facility Layout and Location: An Analytical Approach.* Englewood Cliffs, NJ: Prentice-Hall, 1974.

Goetschalckx, M. "An Interactive Layout Heuristic Based on Hexagonal Adjacency Graphs." *European Journal of Operations Research,* 63, no. 2 (December 1992), pp. 304-321.

Konz, Stephan. *Facility Design.* New York: John Wiley & Sons, 1985.

Material Handling Institute. *The Ten Principles of Material Handling.* Charlotte, NC, 1998.

Muther, R. *Systematic Layout Planning,* 2d ed. New York: Van Nostrand Reinhold, 1973.

Niebel, Benjamin W., and C. Richard Liu. "Designing for Manufacturing." In *Handbook of Industrial Engineering,* 2d ed. Ed. Gavriel Salvendy. New York: John Wiley & Sons, 1992.

Nof, Shimon Y. "Industrial Robotics." In *Handbook of Industrial Engineering,* 2d ed. Ed. Gavriel Salvendy. New York: John Wiley & Sons, 1992.

Shingo, S. *Study of Toyota Production System.* Tokyo, Japan: Japan Management Assoc. (1981), pp. 167-182.

Sims, Ralph E. "Material Handling Systems." In *Handbook of Industrial Engineering,* 2d ed. Ed. Gavriel Salvendy. New York: John Wiley & Sons, 1992.

Spur, Gunter. "Numerical Control Machines." In *Handbook of Industrial Engineering,* 2d ed. Ed. Gavriel Salvendy. New York: John Wiley & Sons, 1992.

Taguchi, Genichi. *Introduction to Quality Engineering.* Tokyo, Japan: Asian Productivity Organization, 1986.

Wemmerlov, Urban, and Nancy Lea Hyer. "Group Technology." In *Handbook of Industrial Engineering,* 2d ed. Ed. Gavriel Salvendy. New York: John Wiley & Sons, 1992.

Wick, Charles, and Raymond F. Veilleux. *Quality Control and Assembly, 4.* etroit, MI: Society of Manufacturing Engineers, 1987.

相關軟體

ALDER IBM Corporation, program order no. 360D-15.0.004.

CORRELAP, Engineering Management Associates, Boston, MA.

CRAFT, IBM share library No. SDA 3391.

Design Tools (available from the McGraw-Hill text website at www.mhhe.com/niebelfreivalds. New York: McGraw-Hill, 2002.

FactoryFLOW, Siemens PLM Software, 5800 Granite Parkway, Suite 600, Plano, TX 75024, USA, http://www.plm.automation.siemens.com/

SPIRAL, *User's Manual,* 4O31 Bradbury Dr., Marietta, GA, 30062, 1994

相關錄影帶與 DVD

Design for Manufacture and Assembly. DV05PUB2. Dearborn, MI: Society of Manufacturing Engineers, 2005.

Flexible Material Handling. DV03PUB104. Dearborn, MI: Society of Manufacturing Engineers, 2003.

Flexible Small Lot Production for Just-In-Time. DV03PUB107. Dearborn, MI: Society of Manufacturing Engineers, 2003.

Introduction to Lean Manufacturing. DV03PUB46. Dearborn, MI: Society of Manufacturing Engineers, 2003.

Quick Changeover for Lean Manufacturing. DV03PUB33. Dearborn, MI: Society of Manufacturing Engineers, 2003.

人力工作設計
Manual Work Design

4

本章重點

- 工作的設計應配合人的能力與限制。
- 對操作型作業的設計原則：
  - 使用動態動作而非靜態握持。
  - 控制作業中的施力需求，應在最大施力能力的 15% 之內。
  - 避免極端的動作範圍。
  - 要快速與精確時，應使用最小的肌肉。
  - 要施力時，應使用最大的肌肉。
- 對抬舉和重體力作業的設計原則：
  - 工作負荷應在最大工作能力的三分之一以內。
  - 使水平移動物品的距離減至最少。
  - 避免工作中同時做身體的扭轉。
  - 工作／休息的週期宜多，每次的時間宜短。

　　人力工作 (Manual work) 的設計是由吉爾柏瑞斯夫婦基於動作研究與動作經濟原則所提出，之後由人因工程專家以科學的方式開發應用於軍事方面。此原則通常分成三個基本項目：(1) 人員身體的使用；(2) 工作場所的安排與條件；(3) 設備與工具的設計。這些原則雖然是以實證的方式發展出來，卻有其解剖學、生物力學與生理學上的穩固依據，因而成為人因工程與工作設計的基礎。本章將呈現部分的理論背景，以使讀者更深入了解動作經濟原則，而不僅僅只是強記要點。此外，傳統的動作經濟原則之範圍已擴大，現在被稱為工作設計的原則或指引。本章內容包含與人體相關的原則，以及與體力活動相關的工作設計。第 5 章會進一步對工作站、工作環境及認知工作的設計原則作重點的介紹；這些內容雖然在傳統的方法工程未必涵蓋，但其工作設計方面的重要性已日漸增加。第 6 章的內容則包含工作場所及系統安全的相關主題。

4.1　肌肉骨骼系統 The Musculoskeletal System

人體的活動是靠骨骼與肌肉所構成的複雜系統來完成，該系統稱為**肌肉骨骼系統** (Musculoskeletal system)。在骨頭關節的前後兩端都有肌肉附著 (如圖 4.1)，其中**主動肌** (Agonists) 扮演動作的發起角色；而在其反側的**拮抗肌** (Antagonists) 則進行相反的動作以對抗主動肌的動作。就手肘**向內屈曲** (Flexion) 的動作為例，主動肌為二頭肌、肱橈肌和肱肌，而拮抗肌為三頭肌；但將手臂由內彎狀態**伸展** (Extension) 時，三頭肌即成為主動肌，另外的三條肌肉則是拮抗肌。

人體有三種肌肉：附著於骨骼上的骨骼肌，或稱橫紋肌；構成心臟的心肌；建構內臟器官與血管壁的平滑肌。本章僅討論與動作相關的骨骼肌 (身體中約有 500 條)。肌肉是由大量的肌纖維所組成，肌纖維直徑約 0.004 吋 (0.1 公釐)，長度則視肌肉大小，由 0.2 至 5.5 吋 (5 至 140 公釐) 不等。這些肌纖維通常藉由結締組織連結成一束，這些結締組織會延伸到肌肉的兩端，並幫助肌肉與肌纖維緊密地附著於骨骼上 (如圖 4.2)。這些肌纖維束中穿插著許多傳送氧氣與養分到肌纖維的微血管，以及由腦部與脊椎傳送來電流脈衝的末稍神經。

肌纖維的組成是**肌原纖維** (Myofibrils)，肌原纖維的組成則是負責收縮機制的肌原纖維蛋白肌絲。其中肌絲分成兩種類型：**粗肌絲** (Thick filaments) 稱為肌凝蛋白，是一種前端為分子狀的長型蛋白；**細肌絲** (Thin filaments) 稱為肌動蛋白，乃由球蛋白所構成。橫紋肌名稱的由來，即是因為這兩種肌絲呈交錯排列 (圖 4.2) 而看似條紋狀之故。藉由肌凝蛋白前端分子與肌動蛋白球體之間的連結形成、分離與再連結，肌絲群會彼此重疊而造成肌肉的收縮。這個現象稱為**肌絲滑動理論** (Sliding filament theory)，可用以解釋為何肌肉之長度在收縮時只有**鬆弛長度** (Resting length)——亦即肌肉處於一般動作範圍的中點，並未刻意施力狀態——的 50%。但當肌肉完全伸展時，則可長達放鬆狀態長度的 180% (如圖 4.3 所示)。

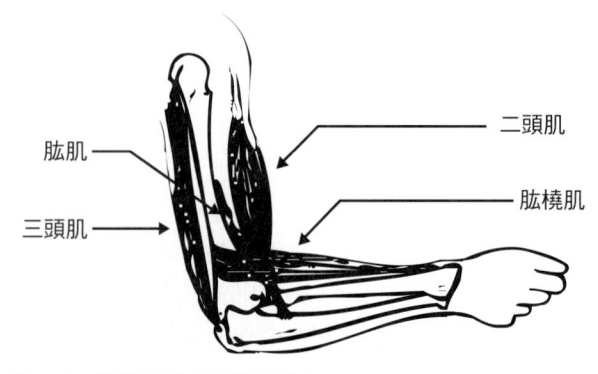

圖 4.1　手臂的肌肉骨骼系統。

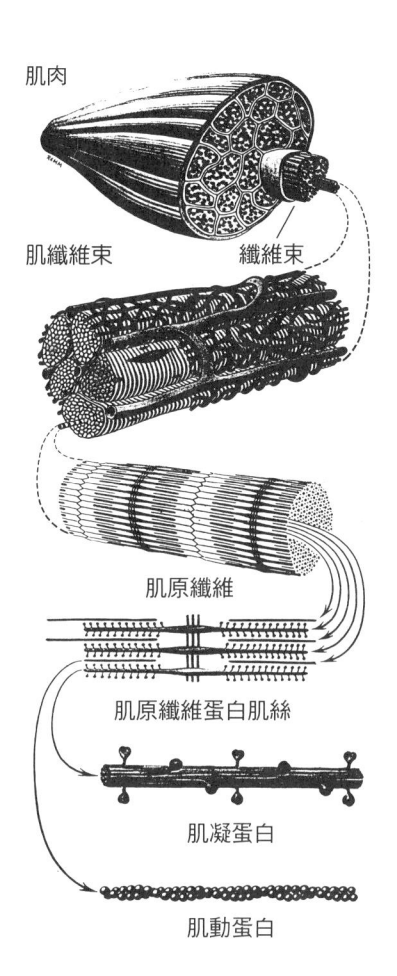

圖 **4.2** 肌肉之構造。
（資料來源：Gray's Anatomy, 1973. 經 W. B. Saunders Co., London 允許複製。）

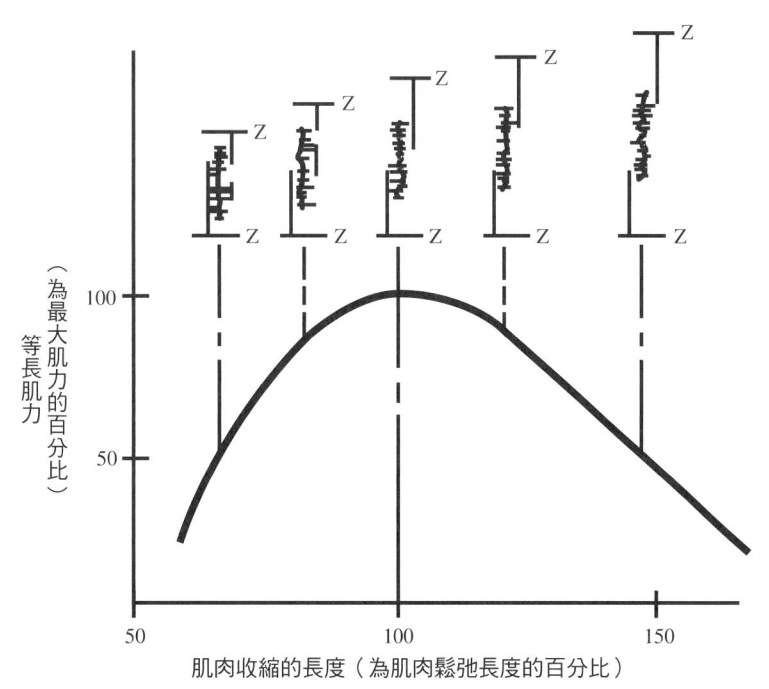

肌肉
肌纖維束　纖維束
肌原纖維
肌原纖維蛋白肌絲
肌凝蛋白
肌動蛋白

圖 **4.3** 骨骼肌之力量－長度關係。
（資料來源：Winter, 1979, p. 114. 經 John Wiley & Sons, Inc. 允許複製。）

4.2 工作設計原則:人的能力與動作經濟
Principles of Work Design: Human Capabilities and Motion Economy

在動作的中段發揮最大肌力

關於人的能力之第一項原則,是從圖 4.3 中肌肉收縮的倒 U 型特性所推導出來。肌肉在放鬆狀態下,粗肌絲與細肌絲間會有其最佳的連結方式。但當肌肉伸展時,粗細肌絲之間的連結程度會減少,而使肌力降低 (可至近乎無力的狀態)。當肌肉處於完全收縮狀態時,由於細肌絲之間彼此的干擾,同樣會讓肌絲間無法有最佳的連結而造成肌力降低。這種肌肉的特性通常稱為**力量-長度關係** (Force-length relationship)。因此,需要大量肌力的工作應安排在最適當的位置進行。例如,手腕維持自然或平直施力時,能產生最大的握力;對手肘屈曲的動作而言,手肘彎曲角度略微超過 90° 的位置可發揮最大的力量;足底屈曲 (如踩腳踏板) 的最適當姿勢,同樣是在腳部彎曲略微超過 90° 時。經驗法則告訴我們,欲找出動作的中段,可觀察太空人在無重力狀態時的身體姿勢,此時關節周圍的主動肌與拮抗肌皆處於最放鬆狀態,且四肢也都呈現其自然姿勢 (如圖 4.4 所示)。

圖 4.4 人處於無重力狀態下放鬆的姿勢。
(資料來源:Thornton, 1978, Fig. 16.)

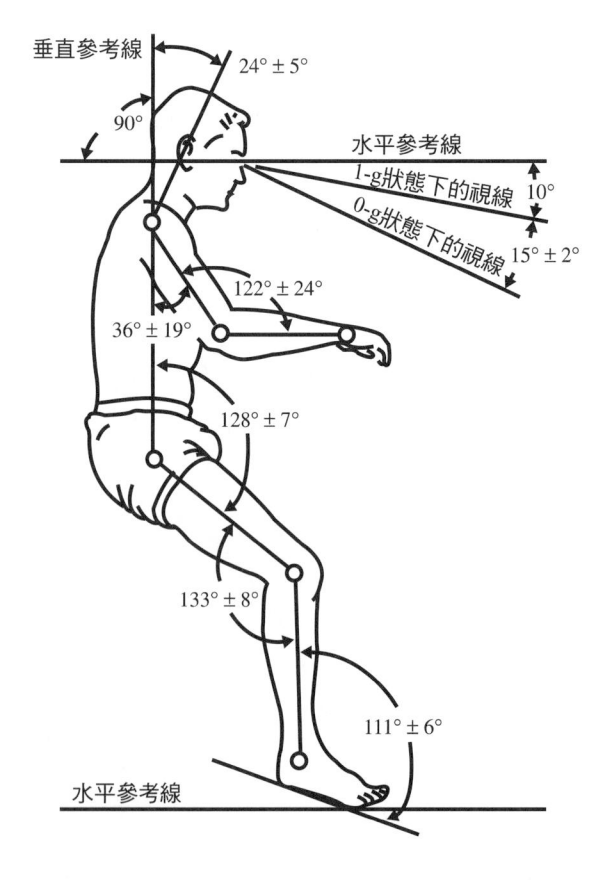

藉緩慢的動作以發揮最大肌力

關於人的能力之第二項原則,是根據肌絲滑動理論與肌肉收縮的另一項特性而來。肌絲間連結、分離與再連結的速度若是愈快,則該連結的有效性會愈低,所能提供的肌肉力量也愈小。這是一個明顯的非線性效果 (如圖 4.5 所示),最大肌力會在肌肉外表無法量測到縮短的情況下 (如零速度或靜態收縮) 產生,而最小肌力則在肌肉以最快速度縮短的情形下產生,此力小到僅足以移動該身體肢段。此種肌肉特性稱為**力量－速度關係** (Force-velocity relationship),對費力的人力工作尤其重要。

有效利用動量以協助工作

第三項原則與第二項原則有衝突,因此必須進行取捨。較快速的動作因提供較多的動量,能產生較大的力量。因受到重力的協助,向下的施力動作比向上的施力動作效果為佳。為了充分利用已產生的動量,工作站的設計應使作業員在將完成品置入成品區時,可順勢取得下一個工作循環所需的零件或工具。

作業設計應使人可發揮最大力量

人的力量大小決定於三個主要因素:(1) 力量的類型;(2) 動作所使用的肌肉或關節;(3) 姿勢。肌肉的施力可依據其量測方式而分為三種類型。第一種為**等張** (Isotonic) 收縮,因為作業的負荷與移動的身體部位對相關肌肉會保持一固定的外力水準 (但因有效矩臂的不同,肌肉內部所產生的力量則會不斷改變)。因為此種肌肉收縮包含許多變數,有些變數必須加以限制,才能量測其力量。因此,動態力量的量測通常使用**等速** (Isokinetic) 測力計。當身體動作受到限制的情況下,可測得**等長** (Isometric) 或靜態肌力強度。如圖 4.5 所示,等長肌力必然大於動態肌力,因為肌絲纖維的低速滑動能更有效地使之結合而施力。表 4.1 列舉不同姿勢下的一些等長肌力,圖 4.6 顯示 551 位工人在不同姿勢下的抬舉力量。

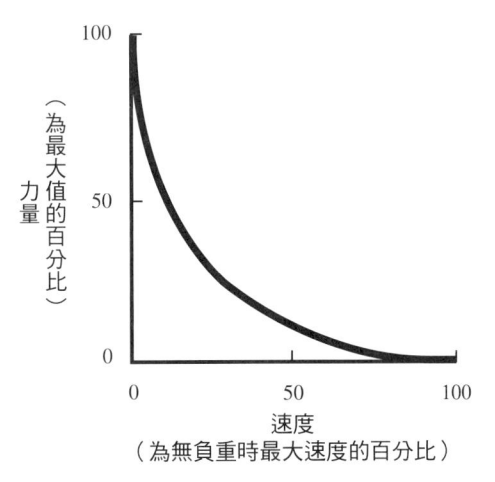

圖 4.5　骨骼肌肉之力量－速度關係。

表 4.1

A. 工業界人力工作的25位男性與22位女性之靜態肌力力矩資料（呎－磅）

肌肉作用	關節角度	男性（百分位數） 5	50	95	女性（百分位數） 5	50	95
手肘屈曲	與上臂夾角90°（側邊）	31	57	82	12	30	41
手肘伸展	與上臂夾角70°（側邊）	23	34	49	7	20	28
內肱骨（肩膀）旋轉	與肩膀垂直面夾角90°（外展）	21	38	61	7	15	24
外肱骨（肩膀）旋轉	與肩膀垂直面夾角5°（側邊）	17	24	38	10	14	21
肩膀水平屈曲	與肩膀垂直面夾角90°（外展）	32	68	89	9	30	44
肩膀水平伸展	與肩膀垂直面夾角90°（外展）	32	49	76	14	24	42
肩膀垂直內收	與肩膀垂直面夾角90°（外展）	26	49	85	10	22	40
肩膀垂直外展	與肩膀垂直面夾角90°（外展）	32	52	75	11	27	42
足踝伸展（腳底屈曲）	與小腿夾角90°	51	93	175	29	60	97
膝部伸展	與大腿夾角120°（坐姿）	62	124	235	38	78	162
膝部屈曲	與大腿夾角135°（坐姿）	43	74	116	16	46	77
髖部伸展	與大腿夾角100°（坐姿）	69	140	309	28	72	133
髖部屈曲	與大腿夾角110°（坐姿）	87	137	252	42	93	131
軀幹伸展	與大腿夾角100°（坐姿）	121	173	371	52	136	257
軀幹屈曲	與大腿夾角100°（坐姿）	66	106	159	36	55	119
軀幹側向屈曲	挺直的坐姿	70	117	193	37	69	120

B. 工業界人力工作的25位男性與22位女性之靜態肌力力矩資料（牛頓－米）

肌肉作用	關節角度	男性（百分位數） 5	50	95	女性（百分位數） 5	50	95
手肘屈曲	與上臂夾角90°（側邊）	42	77	111	16	41	55
手肘伸展	與上臂夾角70°（側邊）	31	46	67	9	27	39
內肱骨（肩膀）旋轉	與肩膀垂直面夾角90°（外展）	28	52	83	9	21	33
外肱骨（肩膀）旋轉	與肩膀垂直面夾角5°（側邊）	23	33	51	13	19	28
肩膀水平屈曲	與肩膀垂直面夾角90°（外展）	44	92	119	12	40	60
肩膀水平伸展	與肩膀垂直面夾角90°（外展）	43	67	103	19	33	57
肩膀垂直內收	與肩膀垂直面夾角90°（外展）	35	67	115	13	30	54
肩膀垂直外展	與肩膀垂直面夾角90°（外展）	43	71	101	15	37	57
足踝伸展（腳底屈曲）	與小腿夾角90°	69	126	237	31	81	131
膝部伸展	與大腿夾角120°（坐姿）	84	168	318	52	106	219
膝部屈曲	與大腿夾角135°（坐姿）	58	100	157	22	62	104
髖部伸展	與大腿夾角100°（坐姿）	94	190	419	38	97	180
髖部屈曲	與大腿夾角110°（坐姿）	118	185	342	57	126	177
軀幹伸展	與大腿夾角100°（坐姿）	164	234	503	71	184	348
軀幹屈曲	與大腿夾角100°（坐姿）	89	143	216	49	75	161
軀幹側向屈曲	挺直的坐姿	95	159	261	50	94	162

（資料來源：Chaffin and Anderson, 1991. 經 John Wiley & Sons, Inc. 允許複製。）

絕大部分的工業界工作皆包含某些動作，因此完全的等長肌肉收縮並不常見。一般而言，工作的動作有一定的範圍限制，而且動態收縮不會完全以等速進行，而是一系列的準靜態收縮。所以，動態肌力會依作業與條件的不同而改變，其出版的數據資料也不多。

最後，第三種肌力能力是**心理物理性** (Psychophysical) 肌力，是為了因應在某些狀況下作業員須持續施力而來。靜態肌力能力的數值並不代表作業員可以在 8 小時的工作週期中持續做到；通常最大可接受的負荷比一次靜態施力的最大值少 40% 至 50%（決定方式為調整負重或施力，直到受測者認為在該時間長度內，可接受重複執行該負

手臂力量分配

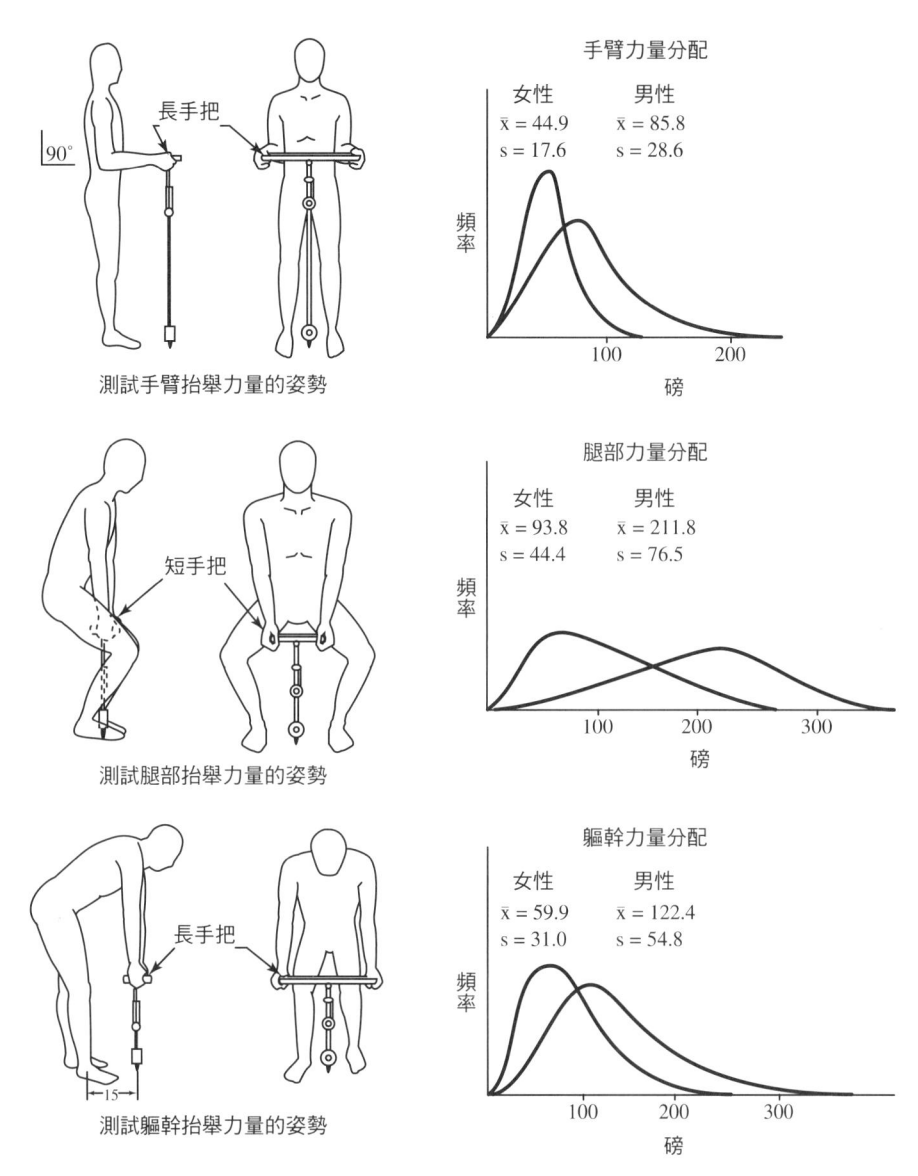

女性 x̄ = 44.9, s = 17.6
男性 x̄ = 85.8, s = 28.6

測試手臂抬舉力量的姿勢

腿部力量分配

女性 x̄ = 93.8, s = 44.4
男性 x̄ = 211.8, s = 76.5

測試腿部抬舉力量的姿勢

軀幹力量分配

女性 x̄ = 59.9, s = 31.0
男性 x̄ = 122.4, s = 54.8

測試軀幹抬舉力量的姿勢

圖 4.6 443 位男性與 108 位女性的靜態施力姿勢及結果。
(Chaffin et al., 1977.)

重或施力)。目前已有許多關於在各種不同作業姿勢與作業頻率的心理物理性肌力資料 (Snook and Ciriello, 1991)。表 4.2、表 4.3 及表 4.4 摘錄了其部分資料。

表 4.2 一般男性與女性抬舉有把手的小箱子（14 吋或 34 公分寬）時，最大可接受之重量（磅及公斤）

作業	每0.5分鐘抬舉一次 男性 磅	公斤	女性 磅	公斤	每1分鐘抬舉一次 男性 磅	公斤	女性 磅	公斤	每30分鐘抬舉一次 男性 磅	公斤	女性 磅	公斤
地板至指根關節高	42	19	26	12	66	30	31	14	84	38	37	17
指根關節至肩膀高	42	19	20	9	55	25	29	13	64	29	33	15
肩膀至手臂可及之高度	37	17	18	8	51	23	24	11	59	27	29	13

註：當放下箱子向下抬舉時，表中數值應增加 6%；若箱子無把手，數值減少 15%；當箱子大小增加（遠離身體）至 30 吋／或 75 公分時，減少表中數值16%。
（資料來源：Adapted from Snook and Ciriello, 1991.）

表 4.3 一般男性與女性在腰部高度推力的最大可接受值（磅與公斤）（I = 初始；S = 持續）

推移的距離	每 1 分鐘推一次								每 30 分鐘推一次							
	男性				女性				男性				女性			
	I		S		I		S		I		S		I		S	
呎（公尺）	磅	公斤	磅	公斤	磅	公斤	磅	公斤	磅	公斤	磅	公斤	磅	公斤	磅	公斤
150 (45)	51	23	26	12	40	18	22	10	66	30	42	19	51	23	26	12
50 (15)	77	35	42	19	44	20	29	13	84	38	51	23	53	24	33	15
7 (2)	95	43	62	28	55	25	40	18	99	45	75	34	66	30	46	21

註：推力在肩膀高度或指根關節／膝蓋的高度時，將表中數據減少 11%。
（資料來源：Adapted from Snook and Ciriello, 1991.）

表 4.4 一般男性與女性在腰部高度拉力的最大可接受值（磅與公斤）（I = 初始；S = 持續）

推移的距離	每 1 分鐘拉一次								每 30 分鐘拉一次							
	男性				女性				男性				女性			
	I		S		I		S		I		S		I		S	
呎（公尺）	磅	公斤	磅	公斤	磅	公斤	磅	公斤	磅	公斤	磅	公斤	磅	公斤	磅	公斤
150 (45)	37	17	26	12	40	18	24	11	48	22	42	19	48	22	26	12
50 (15)	57	26	42	19	42	19	26	12	62	28	51	23	51	23	33	15
7 (2)	68	31	57	26	55	25	35	16	73	33	70	32	66	30	44	20

註：在指根關節／膝蓋高度的拉力，應將表中數據增加 75%；在肩膀高度時的拉力，則應將表中數據減少 15%。
（資料來源：Adapted from Snook and Ciriello, 1991.）

範例 4.1　屈肘力矩

圖 4.7 為手肘彎曲 90° 的上肢自由體圖。手肘彎曲的動作牽涉到三條肌肉：二頭肌、肱橈肌和肱肌 (見圖 4.1)。二頭肌為主要的屈肌，考慮本範例的目的，所以只畫出二頭肌，也可以將之視作三條肌肉特性綜合起來的等值肌肉。(請注意：由於靜不定性 (Static indeterminancy) 的原因，想要分別思考三條肌肉而找到答案是不可能的。) 這條肌肉連接在手肘轉動點的前面 2 吋左右，下臂的重量約為 3 磅，以一名普通男性而言，該重量的作用點可以當作在下臂的重心，大概是在手肘前方 4 吋

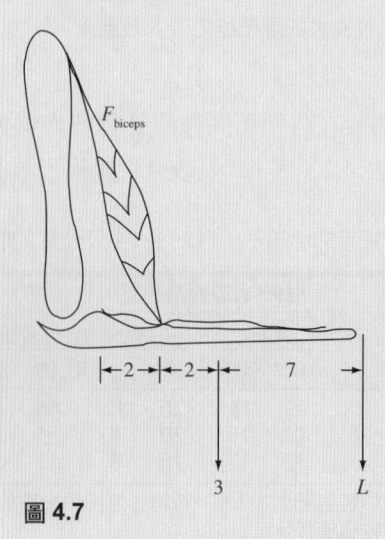

圖 4.7

(0.33 呎) 左右，距離手肘 11 吋 (0.92 呎) 的手部握持著一個重量為 L 的物品。手部握持的最大重量可以最大自主屈肘力矩決定，對一名 50 百分位的男性而言，是 57 呎 . 磅 (見表 4.1)。在靜態平衡姿勢時 (如圖 4.7)，這 57 呎 . 磅的力矩由另外兩股順時鐘方向的力矩所平衡：一是下臂的重量；一是負重 L：

$$57 = 0.33 \times 3 + 0.92 \times L$$

令算式中的 L 為 60.9 即可找出解答，也就是對普通男性而言，靠屈肘能夠提舉的重量大約為 61 磅。

若想了解此等值肌肉在提舉此重量時需付出多少力量，作用在 2 吋 (0.167 呎) 手臂力臂的未知肌肉力量 (F_{biceps}) 之最大自主力矩為：

$$57 = 0.167 \times F_{biceps}$$

F_{biceps} 等於 57/0.167，即 341.3 磅，也就是這塊肌肉的施力幾近於提舉物品重量的 5.6 (341.3/60.9) 倍。這顯示了人體的構造並非是用來出力的，活動範圍才是重點。

需要施力的作業應使用大塊肌肉

肌力與肌肉大小成正比，肌肉大小則是以肌肉截面的面積來決定 (具體而言，男性與女性皆為 87 psi (60 N/cm^2))(Ikai and Fukunaga, 1968)，例如，在作重負荷抬舉時，應使用腿與軀幹的肌肉，而非力量較弱的手臂肌肉。肌肉與手臂力矩雖對姿勢因素有影響，但姿勢因素與肌纖維的鬆弛長度更有關聯。

保持最大自主力量 15% 以內的施力

在為作業員設計合適的工作時，肌肉疲勞是很重要卻很少利用的指標。人體與肌肉組織的能量來源可分成**有氧** (Aerobic) 與**無氧** (Anaerobic) 兩種 (請參閱後面的「人力工作」一節)。無氧的新陳代謝只能供給非常短暫時間的能量，周圍血液能供給肌纖維多少氧氣，決定了肌肉可以維持收縮多久。不幸地，肌纖維收縮愈強烈，其周圍的小動脈與微血管就愈被壓縮 (如圖 4.2)，而血液流動與氧氣供給即愈受到限制，肌肉就愈容易疲勞。圖 4.8 為耐久力曲線，為非線性關係，在最大收縮力量下僅能維持 6 秒非常短暫的時間 (此時肌力快速下降)，當施力為最大收縮力量的 15% 時，持續時間幾至無限。

此種關係可寫成下列模型：

$$T = 1.2/(f - 0.15)^{0.618} - 1.21$$

其中 T = 持續的時間 (分鐘)

f = 施加的力量，以最大等長肌力百分比表示

舉例而言，某工人只能以最大肌力 50% 的力量持續約 1 分鐘：

$$T = 1.2/(0.5 - 0.15)^{0.618} - 1.21 = 1.09 \text{ 分鐘}$$

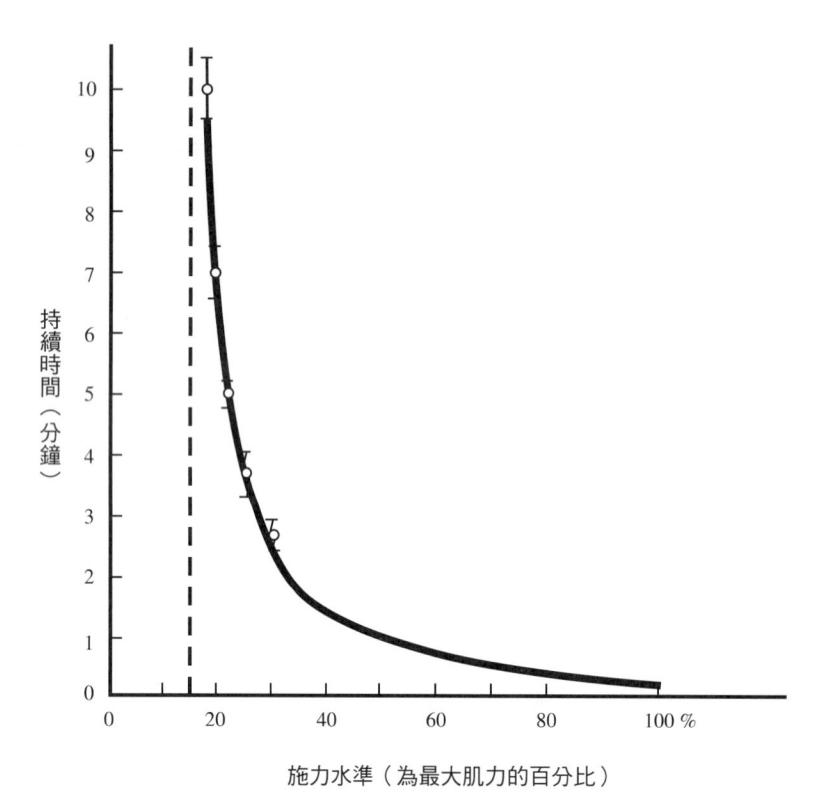

圖 4.8 靜態肌肉耐力－施力水準之關係，圖中五點亦顯示 1 個標準差範圍。
（資料來源：Chaffin and Anderson, 1991. 經 John Wiley & Sons, Inc. 允許複製。）

無限遠漸近線的成因，是因為早期研究人員在未達完全肌肉疲勞前即停止實驗的進行。之後的研究人員建議將可接受靜態肌力水準從 15% 降低至 10% 以下，甚至 5% (Jonsson, 1978)。由靜態握持導致的疲勞中恢復，所需的休息時間可由施力大小及握持時間所決定的各休息寬放值來表示 (參閱第 9 章)。

採用短暫、頻繁與間歇的工作／休息週期

不管是執行重複靜態收縮 (如以手肘彎曲持重物) 或一系列動態工作單元 (如以 手或腿轉動曲柄)，工作與休息的時間分配應採時間短、次數多的方式。這是因為休息初期的體力恢復效果很快，但若休息時間拉長，則其效果將漸趨緩慢。因此，大部分的效果在相對短暫的期間即可達成。以重複收縮的方式施力，比以一次持續靜態收縮施力，能維持更大的力量 (如圖 4.9)。然而，若人的肌肉 (或全身) 已經精疲力竭，要完全恢復則需相當長 (可能長達幾個小時) 的時間。

將作業設計成大多數作業員皆可執行的形式

如圖 4.6 所示，在正常、健康的成年人中，用同一肌肉群所施力量的差異相當大，最強者可達最弱者的五至八倍。此種差異乃因影響施力大小的個人因素，如性別、年齡、慣用手與體能、訓練所致。性別是肌力變化最大的影響因素，一般女性的肌力

是男性的 35% 至 85%，平均約為 66% (如圖 4.10)。最大差異出現在上肢肌力，最小差異則是下肢肌力。雖然一般女性較一般男性的體型為小，而且體重較輕，然而，男女力量有別的效應，主要仍是由於平均體型 (如總肌肉質量) 的不同所致，而不全然是性別之故。從個別肌肉力量的散布範圍來看，仍有許多女性的肌力較男性為大。

　　針對年齡來說，25 歲左右是肌力的高峰，之後持續呈線性遞減，到 65 歲左右時，肌力減弱了約 20% 至 25% (如圖 4.10 所示)。肌力的遞減主要是受肌肉質量減少及肌纖維流失所致；但此種流失是由於老化而導致的生理改變，或只是活動水準的逐漸減少所致，並不是很清楚。一項研究顯示，參加力量訓練課程後，一般學員在最初幾週內可增加 30% 的力量，有些人肌力的增長甚至可高達 100% (Åstrand and Rodahl, 1986)。在慣用手方面，非慣用手的抓取力量通常只有慣用手的 90%，但此種效果在慣用左手者身上較不明顯，這可能是因為慣用左手者不得不做些調適，以因應右手為主的環境之故 (Miller and Freivalds, 1987)。總之，工具與機械的設計最好能設計成左右手都能適用，以免造成部分人力有未逮，使用不便。

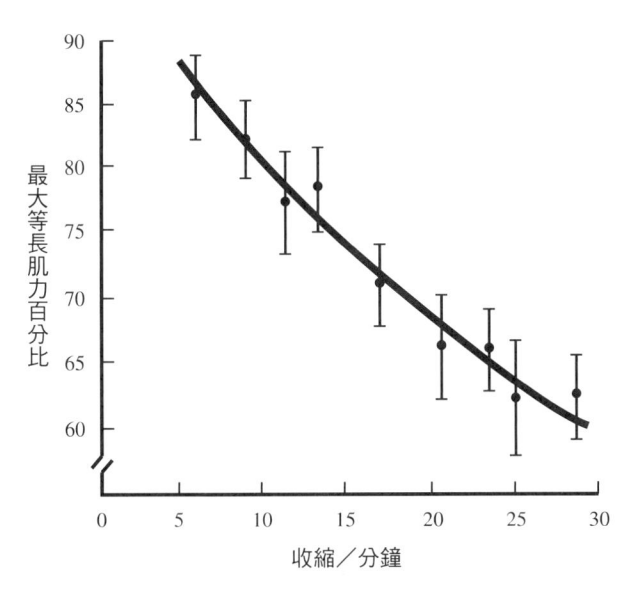

圖 4.9　肌肉在穩定狀態下，以不同節奏收縮，可維持的肌力水準（以最大等長肌力的百分比表示）。

圖中各點是手指肌肉、手部肌肉、手臂肌肉與腿部肌肉合併計算的平均，其上下垂直線代表正負標準誤差。
（資料來源：Åstrand and Rodahl, 1986.）

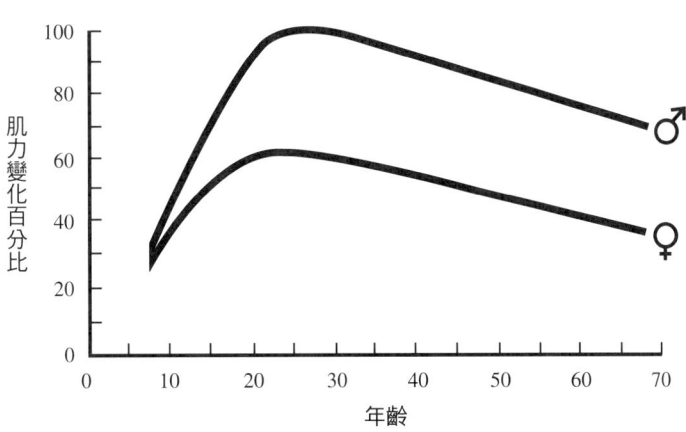

圖 4.10　女性與男性之最大等長肌力與年齡之變化關係。
（資料來源：Åstrand and Rodahl, 1986.）

以較小的力量來執行精確或細緻的動作控制

肌肉收縮是由腦與脊髓的神經激發啟動，透過中樞神經系統傳達到特定肌肉所產生的。一般的運動神經元或神經細胞乃是從中樞神經系統通到肌肉，受該神經元所支配或連結的肌纖維可達數百個，每個神經元支配的肌纖維數目 (神經支配率) 差異甚大，有小於 10 個 (如眼睛的小肌肉群)，也有超過 1,000 個 (如小腿的大肌肉)，甚至在同樣的肌肉中，不同神經元的神經支配率差異也相當大。這樣的功能性配置稱為**運動單元 (Motor unit)**，對運動控制十分重要。當一個神經元被激發時，所產生的電壓會藉由神經元同時傳導至該神經元連繫的所有肌纖維，此一運動單元就成為一個有收縮性的單元或運動控制單元。當需要較大的力量時，中樞神經系統會選擇性地串集運動單元以增加能運作的肌纖維數量 (如圖 4.11)。剛開始時，串集的都是小的運動單元，因此肌纖維不多，產生的力氣也不大。因為這個過程產生的力量不大，力量也是逐步增加的，因此可以做出非常細緻精確的動作控制。在運動單元串集的末期，整體的肌肉力量已經相當大了，每次多增加一個運動單元，都會增加大量的肌力，但其動作精確性或動作控制的敏感度卻消退殆盡。此種肌肉特性稱為**大小原則 (Size principle)**。

肌肉的電流活動稱為**肌電圖 (Electromyograms, EMGs)**，是一種量測局部肌肉活動的有效方法。量測方式是在欲量測肌肉部位的皮膚表面安置記錄用的電極，然後調整及處理反應訊號的振幅與頻率。在振幅分析方面，訊號通常會以電阻－電容線路調整成平滑關係，由結果可看出肌電訊號的振幅與所施用的肌力之間具有某種線性關係 (Bouisset, 1973)。頻率分析則包含訊號的數位化與快速傅利葉轉換分析 (Fast Fourier transform analysis)，結果可得到頻譜圖。從頻譜圖中可以看出，當肌肉開始疲勞時，肌肉活動會從高頻率 (> 60 Hz) 轉成低頻率 (< 60 Hz)(Chaffin, 1969)。對一項施力水準而言，EMG 的振幅也有隨疲勞而增大的趨勢。

費力工作後不應立即進行精細的動作與控制

此點為上述人員能力原則之推演。一般的動作常藉由較小的運動單元執行，雖然

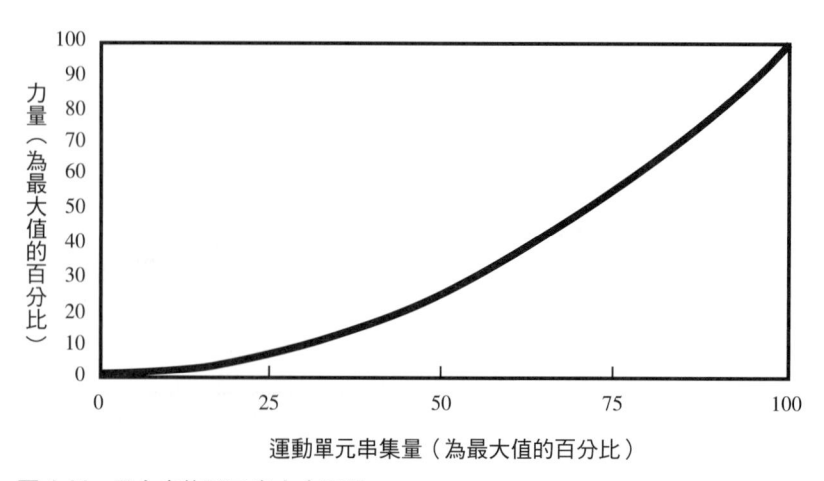

圖 4.11 肌力串集顯示出大小原則。

小的運動單元比大的運動單元不易疲勞，然而它們仍是會疲勞的。作業員在輪班前裝料於工作站，或在工作中重新補足零件，均為不符合此原則的範例。抬舉沉重的零件箱，需要逐步從小的運動單元開始串集到大的運動單元，以產生足夠的力量。在抬舉及補貨期間，部分運動單元會疲勞，另外一些則為了替代疲勞的單元而受到串集。當作業員完成補充零件的工作，並開始精細的裝配工作時，某些運動單元 (包含負責精細動作的小運動單元) 將無法使用。此時串集較大的運動單元作為彌補，雖能提升大量的肌力，但卻降低運動控制的精確性。雖然在數分鐘後，運動單元將恢復且可再度備用，但此期間內，裝配作業的速度與品質將受影響。若能定期利用較不需技術的人員來進行零件的補充，則是一種可行的解決方式。

運用彈道的運動提升速度

脊髓的反射作用可同時支配主動肌與拮抗肌的運動，使兩種肌肉間的衝突減至最低，也使不必要的能量消耗降至最低。通常在短暫 (低於 200 毫秒)、非精確的自發性動作中，啟動的為主動肌，拮抗肌則是遭到抑制；其稱為**交互牽制** (Reciprocal inhibition)，藉此降低浪費與牽制的肌肉收縮。另一方面，精準動作因為同時需要主動肌與拮抗肌的回饋控制，因此造成動作時間的增加。此種現象通常稱為**速度－精準度取捨** (Speed-accuracy trade-off)。

雙手同時開始同時結束

當作業員右手在身體右邊正常區域工作，且左手在身體左邊正常區域工作時，平衡的感覺會使作業員的動作產生節奏感，且產生最大生產力。此時，非慣用手也可以與慣用手一樣有效果，也應加以利用。例如，慣用右手的拳擊手一旦學會出拳，則其左手可以如同右手一般勇猛有力；熟練的打字員無論使用左手或右手，打字時都不相上下。在許多情況下，工作站的設計可以達成「同時進行兩件作業」的效果，如利用雙座夾具，一次夾住兩個零件加工，使雙手可以同時進行反向且對稱的工作。因此，除了休息時間以外，兩手不應同時閒置 (法蘭克‧吉爾柏瑞斯曾遵行此項原則，用雙手同時刮鬍子)。

雙手以身體中心為基準，同時作對稱的移動

雙手以對稱的方式移動是很自然的。在雙手操作的工作站中，若是雙手不用對稱的方式工作，會使作業員動作緩慢與不便。大家都知道用左手拍肚子，同時以右手抓頭是很困難的；同樣地，用左手畫圓，同時用右手畫方也可說明執行非對稱作業的困難度。圖 4.12 是一個理想工作站，作業員在此可以經由一系列對稱且同時的動作，執行一項產品的裝配。

運用身體的自然節奏

脊椎反射除了能激化或抑制肌肉之外，也可使身體肢段以自然節奏運動。這可

圖 4.12 理想的工作站能讓作業員同時以一連串接近或遠離身體中心的對稱動作來組裝產品。

想像為二階質量－彈簧－減振系統，身體肢段提供質量，而肌肉有其內部的抗拒與抑制。這三個參數決定了系統的頻率，尤其肢段質量的影響最大。欲使作業能夠平順自動地完成，這種自然的節奏是必須的。Drillis (1963) 對常見之手工作業的最佳工作速度，建議如下：

銼削金屬	每分鐘 60 至 78 下
鑿雕	每分鐘 60 下
手臂轉動曲柄	每分鐘 35 圈
腿轉動曲柄	每分鐘 60 至 72 圈
挖剷	每分鐘 14 至 17 次

使用連續曲線的動作

由於人體肢段連結的方式 (關節類似用釘針連結兩肢段)，因此容易做出弧形的動作，也就是以關節為軸心的轉動。牽涉到方向突然改變的直線動作，會耗費較多的時間，其正確性也較低。這規則非常容易驗證，讀者可試著用移動手的方式畫長方形，然後與畫一大小相仿的圓形作比較，要畫出 90º 直角所需的時間明顯地較長。為了作方向的改變，手必須減低速度，改變方向，然後加速；而下次方向改變前，又須再次減速。然而連續曲線動作不需要減速，因此平均而言，每單位距離的完成時間較為快速。由圖 4.13 可以看出，受測者以右手在水平面上中心起始點做八個方向的定位動作。從左下右上的移動動作 (以手肘為軸的移動)，比與其垂直的右下到左上 (此時，肩與手臂的直線運動並不自然) 的移動時間快了 20%。

使用最低實用階次的動作

在方法研究上，了解動作的階次，對於有效應用動作經濟原則而言相當重要。所有的動作可劃分為以下五種階次：

1. 手指動作乃是在手臂保持不動的情況下僅有手指移動，是第一階動作，在五階動作中執行時間是最快的。典型的手指動作包含手指將螺帽旋入螺栓、手指按下打字機鍵盤或手指抓取小零件等。各手指的動作速度通常都存在顯著差異，而食指的速度最快。反覆的手指動作會導致累積性傷害 (第 5 章)，因此應以較大的條狀開關取代扳機開關，以免手指過度出力。
2. 當前臂和上臂保持不動時，移動手指及手腕的動作稱為第二階動作。在多數的案例中，這類動作較手指動作費時。典型的手指及手腕動作包括將零件固定於夾具上，或將兩個零件組合在一起。
3. 手指、手腕和前臂動作通常稱為前臂動作或第三階動作，也就是當上臂不動，僅活動肘部以下的動作。因前臂有較為強壯的肌肉，也較不致引起疲勞，因此將工作站設計成搬運物件時是使用第三階動作而非第四階動作，將可使工作週期縮至最短。然而，前臂重複的施力仍會導致受傷，所以工作站的設計應讓工作中的手肘可自然保持 90° 的姿勢。
4. 手指、手腕、前臂與上臂的動作通稱為第四階動作或肩部動作，在同樣的距離下，採取第四階動作所需花費的時間，明顯要比前三階的動作時間為長。第四階動作通常是零件超出手臂可及範圍，若不伸長手臂即無法執行其移動時才採用。為了減少肩部動作的靜態負荷，工具的設計應能達成使用時手肘不會提高的效果。
5. 第五階動作包含身體的動作，像是軀幹，是最費時的動作。

　　第一階動作需要的力量與時間最少，而第五階動作最沒有效率，所以應盡可能以最低階次動作完成工作。欲達此目的，在工作設計上應仔細考慮工具和材料的擺放位置，使操作動作更加有效。

　　Langolf 等人於 1976 年透過 Fitts 於 1954 年在目標之間來回敲觸定位的作業方式，將上述的動作階次劃分以實驗的方式呈現。結果顯示，動作時間隨作業困難度的提高增加 (如圖 4.14 所示)，也隨動作階次的提高而增加；也就是由圖中可知，使用手臂得

圖 4.13 以手肘關節為樞軸的前臂移動速度最快。
(資料來源：Adapted from Schmidtke and Stier, 1993.)

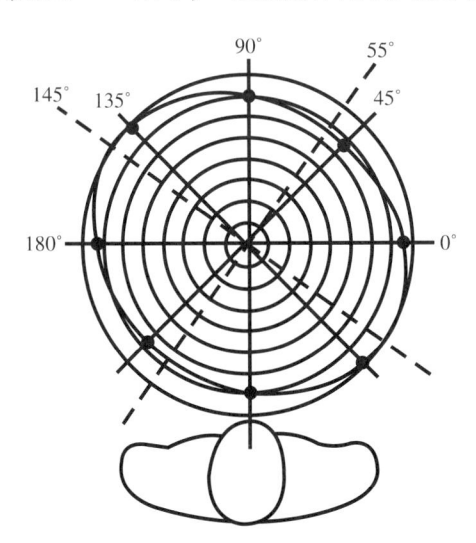

同心圓表示相同的時間間隔。

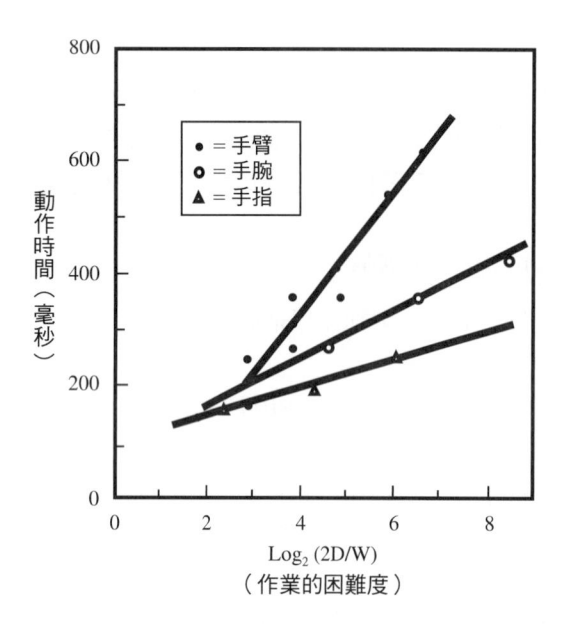

圖 4.14　動作階次劃分。
（資料來源：Data from Langolf, et al., 1976. 經 McGraw-Hill Companies 允許複製。）

出的動作時間，其斜率 (105 毫秒／bit) 比手腕的斜率 (45 毫秒／bit) 為陡，而手腕的斜率又比手指的斜率 (26 毫秒／bit) 為陡。此結果乃因中樞神經系統為處理增多的關節、運動單元與感受體，而需耗費額外的時間之故。

雙手雙腳同時並用

雖然大多數主要的工作是靠手部執行，然而若能以腳部幫助手部完成部分的工作，將是一種減輕手部工作的經濟作法。因為在技術熟練度方面，手比腳要好得多，因此手部閒置，卻使用腳部工作，實屬不智。用腳踏板執行零件夾固、零件彈退，與進料、進刀等動作，可讓手部空出以進行其他更有效的作業，最終可以減少工作週期時間 (如圖 4.15)。但須注意：當手部移動時，腳部不該移動，因為手腳同時移動是相當困難的。腳部較合適對一些物件施壓，如腳踏板。此種作業員宜採取坐姿，因為站著使用腳踏板較不方便，會使全身重量集中於另一隻腳上。

將眼睛凝視的需求降到最低

在許多工作中，雖然眼睛凝視或眼睛移動是無法消除的，但作業中主要視覺目標的位置應由作業員的角度予以最佳化。一般正常的視線約低於水平面 15º，而主視野則約是以該視線為中心 ±15º 的圓錐體範圍。在此範圍內，看東西時頸部不需轉動，而且眼睛的疲勞可降至最低。

小結

人的能力與動作經濟原則是學者依據對人類生理學的基本了解所提出，應用時若能由作業人員的角度考量，在方法分析上會非常有用。然而，分析師並不需要是人體

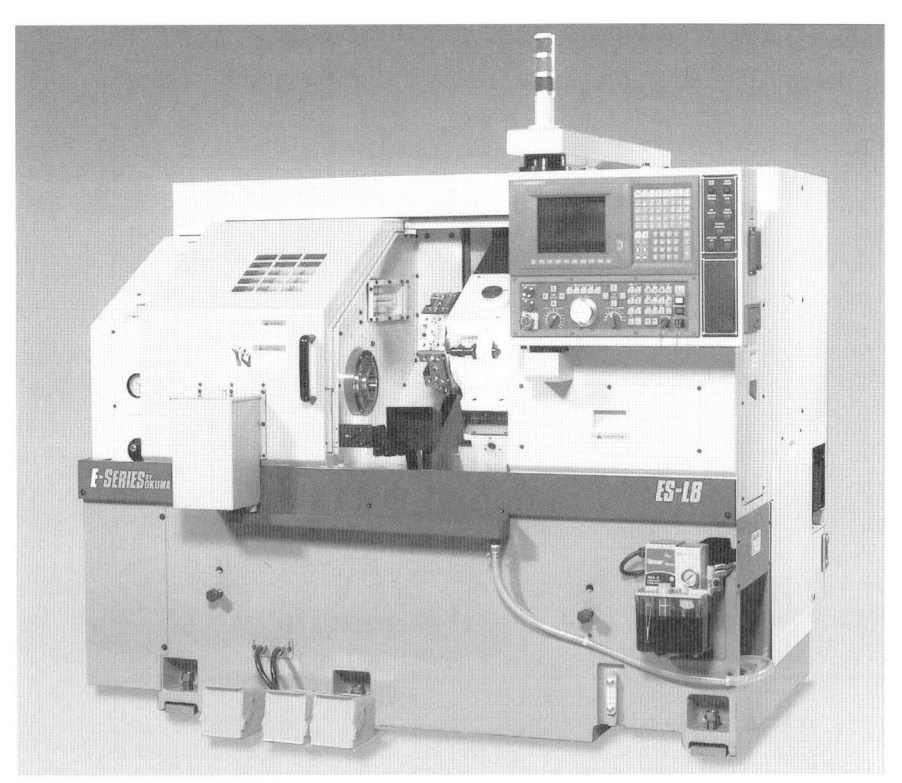

圖 4.15 以腳操作之機器。
(Courtesy of Okuma.)

解剖學或生理學的專家,也能應用這些原則。事實上,對大部分工作分析而言,使用問卷形式的動作經濟檢核表 (Motion Economy Checklist) 就已足夠 (如圖 4.16 所示)。

4.3 動作研究 Motion Study

動作研究 (Motion study) 是對人員執行工作時的身體動作進行仔細的分析,其目的是消除或降低無效的動作,促進並加速有效動作。藉由動作研究與動作經濟原則的配合,工作得以重新設計,使其更有效且產出率更高。吉爾柏瑞斯夫婦是人工作業動作研究之先驅,並發展出至今仍很重要的動作經濟基本原則。他們也研發出詳細的動作影片分析法,稱為**細微動作研究** (Micromotion studies),在高度重複性的手工作業研究上非常有價值。廣泛來說,動作研究包含執行簡單目視分析研究與使用貴重設備來分析。傳統上,動作研究都使用膠片攝影機拍攝影片再予分析,但如今已完全使用錄影攝影機,因為後者不僅可以立即倒帶與放映,四磁頭的卡帶錄影機 (VCR) 還具有定格的功能,而且完全不需要耗時費事地沖洗影片。鑑於高成本的考量,實務上通常僅對極重要且有高度重複作業的工作,才會進行細微動作分析。

這兩種類型的動作研究,類似在放大鏡下觀看零件以及在顯微鏡下觀看零件之別。只有最屬生產性的工作,才需藉由顯微鏡以了解必要的細部狀況。傳統的細微動作分析將觀察結果記錄於**同步動作圖** [Simultaneous motion chart, Simultaneous (simo)

子作業	是	否
1. 能否刪除某個子作業？	☐	☐
a. 是否沒有必要實行？	☐	☐
b. 透過工作順序改變？	☐	☐
c. 透過工具或設備改變？	☐	☐
d. 透過工作場所布置改變？	☐	☐
e. 透過工具合併？	☐	☐
f. 透過對材料略作改變？	☐	☐
g. 透過對產品略作改變？	☐	☐
h. 透過夾具或治具採用快速夾頭？	☐	☐
2. 子作業可以更簡單嗎？	☐	☐
a. 用更好的工具？	☐	☐
b. 透過改變槓桿作用？	☐	☐
c. 透過改變控制器或工具的位置？	☐	☐
d. 透過使用更好的物料容器？	☐	☐
e. 透過運用慣性？	☐	☐
f. 透過降低視覺上的要求？	☐	☐
g. 透過較佳的工作位置高度？	☐	☐

動作	是	否
1. 能否刪除某個動作？	☐	☐
a. 是否沒有必要實行？	☐	☐
b. 透過工作順序改變？	☐	☐
c. 透過工具合併？	☐	☐
d. 透過改變使用的工具或設備？	☐	☐
e. 完成品以自然掉落的方式處理？	☐	☐
2. 動作可以更容易嗎？	☐	☐
a. 透過改變布置與縮短距離？	☐	☐
b. 透過改變動作方向？	☐	☐
c. 透過運用不同的肌肉？	☐	☐
使用足以勝任工作的最有效肌肉群：		
(1) 手指？	☐	☐
(2) 手腕？	☐	☐
(3) 前臂？	☐	☐
(4) 上臂？	☐	☐
(5) 軀幹？	☐	☐
d. 透過保持動作的連續而非突發急遽的動作？	☐	☐

持握	是	否
1. 能否刪除持握？（持握非常容易疲勞。）	☐	☐
a. 是否沒有必要實行？	☐	☐
b. 透過簡單的持握設備或夾治具？	☐	☐
2. 持握可以更容易嗎？	☐	☐
a. 透過縮短持握其時間嗎？	☐	☐
b. 透過使用強壯的肌肉群，如以腿來操作腳踏式老虎鉗？	☐	☐

延遲	是	否
1. 能否消除或縮短延遲？	☐	☐
a. 是否沒有必要實行？	☐	☐
b. 透過改變身體各部位之工作？	☐	☐
c. 透過平衡身體各部位之工作？	☐	☐
d. 透過同時進行兩件作業？	☐	☐
e. 透過雙手輪流進行相同的作業？	☐	☐

週期	是	否
1. 能否重新安排工作週期，使運轉期間可完成更多人力作業？	☐	☐
a. 透過自動進料？	☐	☐
b. 透過自動物料供給？	☐	☐
c. 透過改變人與機器的工作配合關係？	☐	☐
d. 在切削完成、工具或物料故障時自動停機？	☐	☐

機器時間	是	否
1. 能否縮短機器加工時間？	☐	☐
a. 用更好的工具？	☐	☐
b. 透過工具合併？	☐	☐
c. 透過較快的進料或增加速度？	☐	☐

圖 4.16 動作經濟檢核表。

chart]，而一般動作研究則會記錄在**雙手程序圖** (Two-hand process chart) 上。不過，今日已很少人使用真正的同步動作圖，該名詞則有時被借用來指涉雙手程序圖。

基本動作

作為動作分析的一部分，吉爾柏瑞斯夫婦認為所有的工作，不論是生產性或非生產性，皆是由十七項基本動作所組成，他們將這些基本動作稱為**動素** (Therbligs，是將 Gilbreth 倒拼得出的)。動素可分成有效動素與無效動素，有效動素對工作進度有直接的幫助，通常其執行時間可以縮短，但無法完全消除。無效動素對工作進度沒有幫助，應利用動作經濟原則將之消除。十七項動素之符號與定義如表 4.5 所示。

表 4.5　吉爾柏瑞斯夫婦所創之動素

有效動素 （對工作進度有直接幫助的動作， 雖無法完全排除其動作時間，但可將之縮短。）		
動素	符號	描述
伸手(Reach)	RE	空手向／從物件移動；時間視移動距離而定；通常發生於釋放之後，抓取之前。
移物(Move)	M	以手載物移動；時間視移動距離、重量與移動種類而定；通常在抓取之後，釋放或對準之前。
抓取(Grasp)	G	以手指握住物件；始以手指接觸物件而止於完全掌握；視抓取的種類而定；通常在伸手後接著移物。
釋放(Release)	RL	放棄控制的物件，是吉爾柏瑞斯提出之最短動素。
預對(Preposition)	PP	將物件事先放置於預定的位置，以便稍後使用；通常與移物結合，如取來鉛筆以便寫字。
運用(Use)	U	操作工具進行目標作業，因其可推動進度而容易被觀察到。
組裝(Assemble)	A	將兩零件組合使用；通常在對準或移物之後，其下一步驟常是釋放。
拆解(Disassemble)	DA	將兩零件分開，與組裝相反；通常在抓取之後，下一步驟常是移物或釋放。

無效動素 （對工作進度無幫助的動作，可能的話應予消除。）		
動素	符號	描述
搜尋(Search)	S	以眼或手探尋物件；始於眼睛移動到物件的位置。
選擇(Select)	SE	從幾個物件中選一個；通常在搜尋之後。
對準(Position)	P	在工作中將物件對應到指定位置，通常在移物之後，並接著釋放（與預對之差別在對準乃是於工作中執行）。
檢驗(Inspect)	I	比較物件與標準，通常以眼睛進行，但也可能使用其他感官。
計畫(Plan)	PL	暫停以決定下一個行動；通常被認為是猶豫之前的動作。
不可避免的延遲 (Unavoidable Delay)	UD	因操作特性造成作業員無法控制，如當右手要完成較長距離的伸手時，左手即必須等待。
可避免的延遲 (Avoidable Delay)	AD	作業員是閒置時間的唯一原因，如咳嗽。
休息以降低疲勞 (Rest to Overcome Fatigue)	R	週期性地出現，但並非每件作業完成皆須休息，其頻率視工作負荷而定。
持握(Hold)	H	當另一手進行有效工作時，一手扶持物件。

雙手程序圖

雙手程序圖 (Two-hand process chart) 有時稱為作業員程序圖，是一種動作研究的工具。此圖顯示雙手做的所有動作與延遲，以及執行工作時的關係。雙手程序圖之目的是判斷出無效動素，並觀察到違反動作經濟原則的動作。此圖可以協助改進工作方法，使雙手作業接近平衡，而達成更平順、更具節奏性的操作，並使延遲與作業員的疲勞最小化。

通常分析師會為雙手程序圖訂定標題，並且寫上所有必要的資訊，包括零件編號、圖號、操作或程序說明、現有與改善的方法、日期及製圖者之姓名等，分析師並依比例繪製工作站圖。此工作站圖可以作為對照資料，協助說明要研究的工作方法。圖 4.17 是一個典型的纜夾組裝雙手程序圖，圖中標示出以馬錶量測的各動素時間。

接下來，分析師藉由觀察各個單元並決定要畫在表上的時間長度，開始建構雙手程序圖。例如，圖 4.17 中，第一個單元為拿取 U 型螺栓，動作時間為 1.00 分鐘，因此在圖上標記一個大格與五個小格的垂直空間，並在「符號」這個欄位寫下 RE (代表伸手，Reach)，表示一個有效的動作已被執行。請注意，在該格子中也同時寫下 G (抓取，Grasp)，不過在動作時間上並沒有分別測量，這是因為在大部分的情況下，個別動素難以計時。分析師接著開始繪製「置放 U 型螺栓」，並繼續進行左手動作的填寫。一般來說，一次填完一手的動作後再開始進行另一手活動的檢視，這樣的作法較不容易造成混淆。

雙手的動作都繪製於圖上後，分析師可在表格下方做一個摘要，列出週期工時、週期件數與每件產品的工時。完成現行方法的雙手程序圖後，分析師就可以判斷需要改善之處。此時，以下幾項從動作經濟原則推導出的重要事項應予落實：

1. 建立動素的最佳順序。
2. 了解特定動素耗時的實際變化，並判斷其原因。
3. 檢驗並分析操作程序中的遲疑，判斷並消除其發生原因。
4. 以工時最短的週期或作業為目標，研究未能達成目標的原因。

在前述案例中，可先由「延遲」與「持握」的部分開始進行改善。在圖 4.17 中，左手幾乎整個週期都在持握工件，因此即可建議開發適當的夾具來固定 U 型螺栓，讓左、右手可以同時使用，分別進行纜夾組裝。若更進一步研究，甚至可以引入自動彈退器與重力滑槽，以消除最後一個動作單元「將完成品置入成品盒」。使用動素分析檢核表 (Therblig Analysis Checklist) (如圖 4.18 所示) 也有助於改善分析。

4.4 人力工作與設計方針 Manual Work and Design Guidelines

雖然現代工業由於自動化之故，人力需求已明顯降低，但許多職業仍需要使用肌肉的力量，尤其是人工物料搬運 (Manual materials handling, MMH) 或人力工作。在執行移動重物的作業時，過度施力會造成肌肉骨骼系統受極大的壓力，嚴重到職業傷害中有近 1/3 皆屬此類。在這些肌肉骨骼傷害中，下背痛約占 1/4，也占每年工人賠償金

雙手程序圖

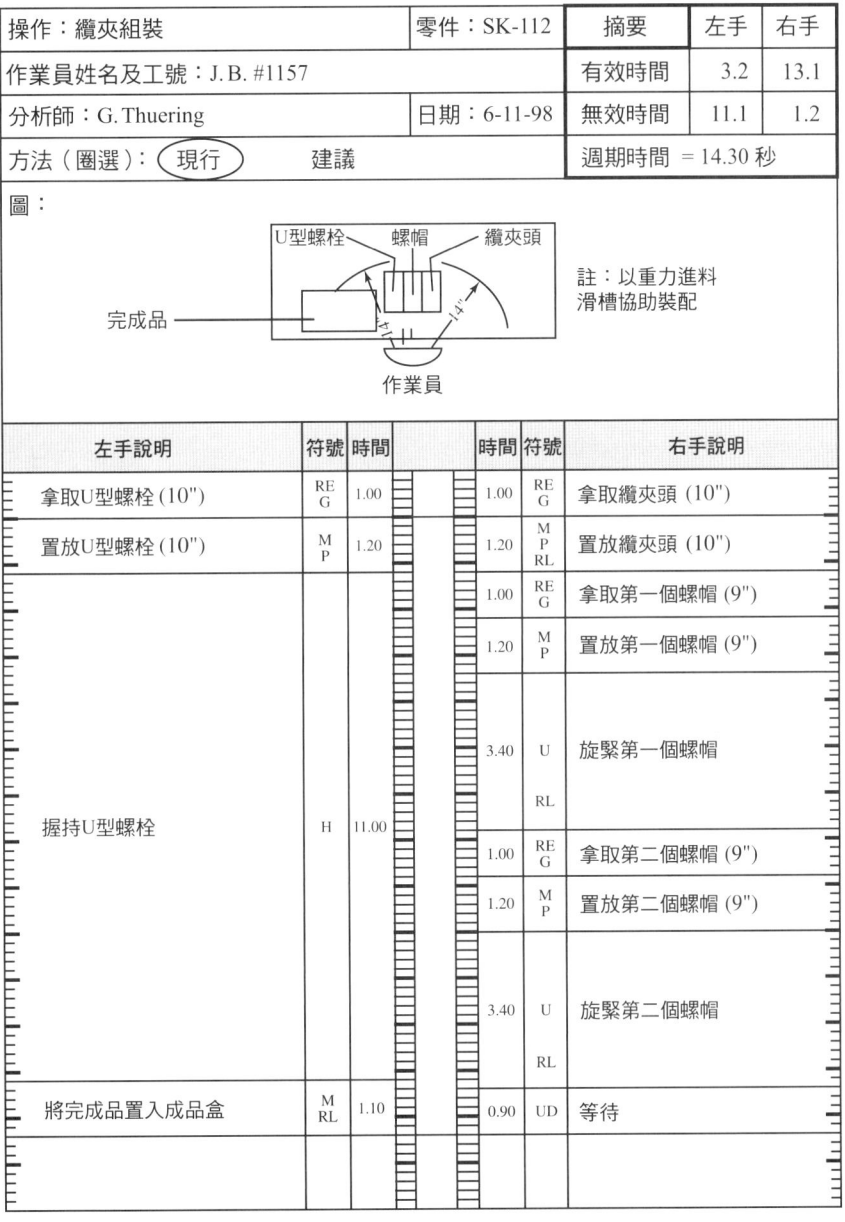

操作：纜夾組裝		零件：SK-112	摘要	左手	右手
作業員姓名及工號：J.B. #1157			有效時間	3.2	13.1
分析師：G. Thuering		日期：6-11-98	無效時間	11.1	1.2
方法（圈選）：（現行）　建議			週期時間 = 14.30 秒		

註：以重力進料滑槽協助裝配

左手說明	符號	時間		時間	符號	右手說明
拿取U型螺栓 (10")	RE G	1.00		1.00	RE G	拿取纜夾頭 (10")
置放U型螺栓 (10")	M P	1.20		1.20	M P RL	置放纜夾頭 (10")
				1.00	RE G	拿取第一個螺帽 (9")
				1.20	M P	置放第一個螺帽 (9")
握持U型螺栓	H	11.00		3.40	U RL	旋緊第一個螺帽
				1.00	RE G	拿取第二個螺帽 (9")
				1.20	M P	置放第二個螺帽 (9")
				3.40	U RL	旋緊第二個螺帽
將完成品置入成品盒	M RL	1.10		0.90	UD	等待

圖 4.17　纜夾組裝之雙手程序圖。

的 1/4 (美國國家安全協會，2003)。背部的傷害尤其明顯，因為它會導致永久性失能、極度不舒服與工作能力受限制，進而使雇主的相關費用增加不少 (一般需動手術的案例，其直接成本可能超過 60,000 美元)。

能量消耗與工作負荷指引

　　肌肉收縮過程需要能量。三磷酸腺苷 (Adenosine triphosphate, ATP) 分子是立即的能量來源，當其中一個 ATP 的高能量磷酸鹽鍵斷裂時，會與蛋白質產生交互作用。此種資源非常有限，僅能維持幾秒鐘，且 ATP 必須立即以磷酸肌酸 (Creatine phosphate,

伸手與移物	是	否
1. 能否消除此二動素之一？	☐	☐
2. 距離能否進一步地縮短，以利伸手與搬運？	☐	☐
3. 是否已使用最佳方法（輸送帶、鉗子、鑷子）？	☐	☐
4. 是否使用正確的身體部位（手指、手腕、前臂與肩膀）？	☐	☐
5. 能否使用重力滑槽？	☐	☐
6. 可否利用機械化與腳踏式操作設備使搬運更有效？	☐	☐
7. 若採較大的搬運單元，可否減少工時？	☐	☐
8. 是否因搬運的物料特性或後續精確的對準而造成時間增加？	☐	☐
9. 能否消除突然改變方向的動作？	☐	☐

抓取	是	否
1. 作業員是否應一次抓取一件以上的零件或物件？	☐	☐
2. 能否用接觸抓取而不用撿拾抓取？	☐	☐
3. 換言之，物件能否用滑動的方式，而不用搬運的方式？	☐	☐
4. 零件盒之開口凸緣是否可使抓取小零件更為容易？	☐	☐
5. 工具或零件能否預作對準，以利抓取？	☐	☐
6. 能否利用真空、磁力、橡膠指套或其他裝備以利抓取？	☐	☐
7. 能否使用輸送帶？	☐	☐
8. 夾具的設計是否能使作業員在將之移除時，仍易於抓取工件？	☐	☐
9. 前一個作業員能否將工具或工件預作對準，以利下一個作業員抓取？	☐	☐
10. 能否將工具吊掛於工具架上？	☐	☐
11. 能否在工作桌面上覆蓋一層軟墊，使手指易於抓取小零件？	☐	☐

釋放	是	否
1. 能否在搬運途中放開物件？	☐	☐
2. 能否使用機械彈退器？	☐	☐
3. 零件盒的大小與設計是否適合放置的物件？	☐	☐
4. 物件放下後，手是否在執行下一個動素的最佳位置？	☐	☐
5. 能否一次放下多個物件？	☐	☐

預對	是	否
1. 工作站的固定裝置能否將工具固定在適當的位置，並使其把手直立易取？	☐	☐
2. 能否將工具懸吊於定位？	☐	☐
3. 能否使用導引裝置？	☐	☐
4. 能否使用卡匣式進料裝置？	☐	☐
5. 能否使用堆疊設備？	☐	☐
6. 能否使用旋轉式夾具？	☐	☐

運用	是	否
1. 能否使用夾治具？	☐	☐
2. 該作業是否值得改為機械化或自動化？	☐	☐
3. 將數個物件同時進行裝配，是否可行？	☐	☐
4. 是否有更有效的工具可使用？	☐	☐
5. 能否使用止擋裝置？	☐	☐
6. 工具是否以最有效率的進給與速度運作？	☐	☐
7. 是否應利用動力工具？	☐	☐

圖 4.18 動素分析檢核表。

搜尋	是	否
1. 物品是否可適切地辨識？	☐	☐
2. 或許利用標籤或顏色有助於搜尋？	☐	☐
3. 能否使用透明的容器？	☐	☐
4. 改善工作站布置方式能否消除搜尋？	☐	☐
5. 是否有適當的照明？	☐	☐
6. 能否將工具與零件預對？	☐	☐

選擇	是	否
1. 不同產品與組合件的共用零件是否可替換？	☐	☐
2. 可否將工具標準化？	☐	☐
3. 零件與物料是否放置於同一容器？	☐	☐
4. 能否將零件於零件架或零件盤上預對？	☐	☐

對準	是	否
1. 能否使用導引、漏斗、襯套、止擋、吊掛支架、定位梢、槽、鍵、引道或斜角等裝置，以利對準？	☐	☐
2. 能否改變公差？	☐	☐
3. 能否預鑽暗孔或螺釘埋頭孔？	☐	☐
4. 能否使用模版？	☐	☐
5. 毛邊是否會妨礙對準？	☐	☐
6. 能否利用已定位物件作為引導？	☐	☐

檢驗	是	否
1. 能否將此動作取消，或與其他操作結合？	☐	☐
2. 能否使用多種檢驗工具或方法？	☐	☐
3. 增加照明能否縮短檢驗時間？	☐	☐
4. 受檢物件與檢驗人員的視距是否適當？	☐	☐
5. 陰影是否對檢查有幫助？	☐	☐
6. 是否可以應用電眼？	☐	☐
7. 以待檢物品的數量來看，是否值得改用自動化電子檢查？	☐	☐
8. 使用放大鏡是否對檢查小零件有幫助？	☐	☐
9. 是否已使用最好的檢驗方法？	☐	☐
10. 是否已考慮使用偏極光、樣板規、聲音檢查、績效測試等檢驗方法？	☐	☐

休息以消除疲勞	是	否
1. 是否使用最佳的動作階次？	☐	☐
2. 溫度、溼度、通風、噪音、照明及其他工作條件是否令人滿意？	☐	☐
3. 工作檯高度是否適當？	☐	☐
4. 作業員工作時，能否自行變換坐姿與站姿？	☐	☐
5. 作業員是否有舒適且高度適當的椅子？	☐	☐
6. 是否已使用機械設施處理重物？	☐	☐
7. 作業員是否了解每天必須攝取的平均熱量為多少卡？	☐	☐

持握	是	否
1. 能否使用如鉗、梢、鉤、架、夾或真空的機械夾具？	☐	☐
2. 能否利用摩擦力？	☐	☐
3. 能否使用磁力裝置？	☐	☐
4. 是否使用雙件夾治具？	☐	☐

圖 4.18 動素分析檢核表（續）。

CP) 的分子補充。CP 這種資源也是有限的，僅能維持不到 1 分鐘的時間 (如圖 4.19 所示)，最終仍舊必須從我們所吃的基本食物 (碳水化合物、脂肪與蛋白質) 代謝再生。

新陳代謝有兩種不同的模式：**有氧的** (Aerobic) 與**無氧的** (Anaerobic)。前者需要氧氣，後者不需要。有氧新陳代謝的代謝率較好，每個**葡萄糖** (Glucose) 分子 (碳水化合物之基本單位) 可產生 38 ATPs，但相對地其速度較慢。無氧新陳代謝的代謝率較差，每個葡萄糖分子只可產生 2 ATPs，不過速度快，葡萄糖分子僅部分斷裂成兩個乳酸鹽分子，並在體內形成**乳酸** (Lactic acid)，乳酸與疲勞有直接關係。在進行重體力工作的前幾分鐘，ATP 與 CP 這兩種能量資源會很快耗盡，身體必須利用無氧新陳代謝再生 ATP 存量。最後，當工人的耗能達到穩定狀態時，有氧的新陳代謝會趕上身體的需求速度，而無氧新陳代謝則逐漸減緩。進行重體力工作前應先暖身，並緩緩地開始工作，即可幫助作業員使無氧新陳代謝量降至最低，與此同時，體內會逐漸形成乳酸堆積，產生疲勞感。在達到完全有氧新陳代謝前，氧氣供給不足，稱為**缺氧** (Oxygen deficit)，不足的氧氣最終仍須靠工作後休息時，以**氧債** (Oxygen debt) 償還。氧債量永遠比缺氧量為大。

如果假設大部分能量皆以有氧新陳代謝方式產生，透過衡量作業員工作時所消耗的氧氣量，就可以估算出該工作所消耗的能量。吸入空氣總量可藉由流量計測得，其中氧氣含量為 21%，但並非所有的氧氣都被身體所消耗，因此呼出的氧氣量也必須測量。通常吸入與呼出的空氣量是相等的，因此只要利用氧氣量測器測得呼出空氣含氧百分比，即可換算出氧氣的消耗量。在普通的飲食條件下，每公升氧氣在新陳代謝時，可產生 4.9 仟卡 (19.6 Btu) 的能量，因此可用下列公式換算：

$$E(仟卡／分) = 4.9 * \dot{V}(0.21 - E_{O_2})$$

其中　E = 能量的消耗 (仟卡／分)

　　　$\dot{V}$ = 吸入的空氣量 (公升／分)

　　　E_{O_2} = 呼出空氣的含氧量比 (約 0.17)

工作的能量消耗依工作的類型、工作期間的姿勢與負荷的種類而有所差異。過去研究已將數百種不同類型工作的能量消耗資料彙整，其中最常見的摘錄於圖 4.20，或者也可以使用 Grag (1978) 的新陳代謝預測模式來估計能量消耗。對人工物料搬運而言，搬運的方式是最重要的考量。搬運時，將重量負荷盡量平衡地靠近身體重心的兩側，可使用到最大的肌肉群，能量的消耗即可降至最低。例如，以軀幹肌肉支撐背包，會比雙手均提等重的手提箱來得輕鬆。這是因為後者雖然平衡，但負荷離身體重心較遠，且使用的是較小的手臂肌肉。姿勢也很重要，若能採有支撐的姿勢，能量的消耗將會最少。因此，軀幹前彎懸空又沒有手臂支撐的姿勢，其消耗的能量較立姿多出 20%。

Bink (1962) 認為在一天工作 8 小時的情況下，允許的能量消耗極限為 5.33 仟卡／分 (21.3 Btu／分)。此數據相當於美國一般男性最大能量消耗水準的 1/3〔女性是 1/3 × 12 = 4 仟卡／分 (15.9 Btu／分)〕。如果整體工作負荷過高 (如超過建議上限)，有氧新

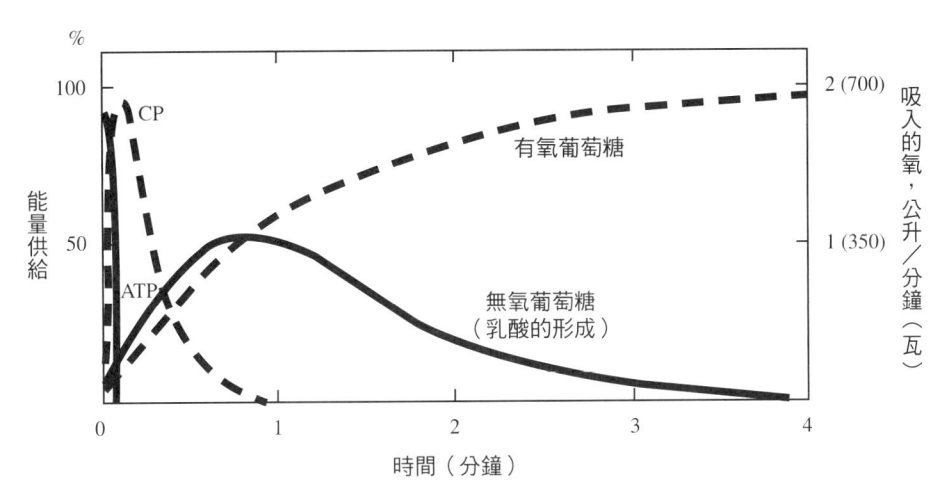

圖 4.19 中重度工作下，前幾分鐘的能量來源。
註：高能量磷酸鹽儲存（ATP 與 CP）提供工作前幾秒大部分的能量。當工作時間增加時，無氧葡萄糖供給愈來愈少的能量，進而由有氧新陳代謝所取代。（資料來源：Jones, Morgan-Campbell, Edwards and Robertson, 1975.）

圖 4.20 不同類型人類活動的能量成本舉例。能量成本以每分鐘仟卡計。
（資料來源：Passmore and Durnin, 1955, as adapted and presented by Gordon, 1957.）

陳代謝很可能無法充分提供所有的能量需求，作業員對無氧新陳代謝的依賴增加，結果將導致疲勞與乳酸堆積。此時，必須有充分的休息，讓身體可以從疲勞中復原，並消除乳酸。Murrell (1965) 曾對休息時間配置指引作了以下的建議：

$$R = (W - 5.33)/(W - 1.33)$$

其中　R = 休息所需時間占總時間的百分比
　　　W = 工作期間平均消耗的能量 (仟卡／分)

1.33 仟卡／分 (5.3 Btu／分) 是休息時所消耗的能量。舉例來說，一項鏟煤入料斗的費力工作，能量的消耗為 9.33 仟卡／分 (37.0 Btu／分)。以 W = 9.33 代入式子中，得到 R = 0.5。因此，若要讓該作業員有適當的休息以消除疲勞，就必須在 8 小時的工作中，提供 4 小時的休息時間。

休息時間的分配方式也很重要。如果讓作業員以 9.33 仟卡／分 (37.0 Btu／分) 的能量消耗，持續工作 4 小時，幾近精疲力竭，然後再讓他連續休息 4 小時；這樣的安排顯然沒有道理。一般而言，工作週期的長短是決定疲勞程度的主要因素。在進行費力工作時，血液流動會有阻塞的傾向，更促使無氧新陳代謝的作用。此外，體力恢復的過程近似於指數形式，愈後期的休息對體力的復原效益愈小。因此，在短暫 (約 0.5 至 1 分鐘) 的費力工作後，給予短暫的休息，是最具效果的。在 0.5 至 1 分鐘的時間內，雖然 ATP 與 CP 會立即耗盡，但也能快速地補充。在較長的工作期間內，一旦體內有乳酸的累積，這些乳酸將更不易消除。1 至 3 秒的短時暫停有助於使有阻塞傾向的血管通暢；輪流換用另一隻手擔負主要工作，或使用其他肌肉出力的主動式休息 (Active breaks)，也能舒緩肌肉的疲勞。此外，最好是由作業員自行決定何時需要休息，也就是讓他們自行決定工作的步調，而不是由公司規定固定的休息時間。總而言之，對體力負荷較重的工作，大力建議採用時間短、次數多的工作／休息週期。

心搏率指引

在產業界的工作狀況下，量測耗氧量與計算能量消耗不但成本高昂，也很不方便。量測設備的成本動輒數千至數十萬美元，量測時還會干擾現場的工作。因此，量測心搏率可作為間接量測能量消耗的替代方案，因為心臟的跳動會使血液循環，並將氧氣帶往工作中的肌肉，要消耗的能量愈高，心搏率也愈高 (如圖 4.21)。量測心搏率的儀器並不貴 (直接讀取心搏率的裝置成本不到 100 美元；電腦介面則約數百美元)，且相對而言，較不干擾正常工作的進行 (運動員常配戴以監看其體能變化)。然而，分析師應注意的是，心搏率的量測適合需要高度使用身體大肌肉 (達最大施力的 40%) 的動態工作，且其數值會因個人的體能狀況與年齡而有相當大的差異。此外，心搏率的量測也會受其他壓力源 (如高溫、溼度、情緒狀況與心理壓力等) 的影響而混淆。排除這些外在的影響，可以得到較正確的體力負荷估算值。然而，如果量測的目的是要了解作業員在工作時的整體壓力，就不需排除這些外在壓力源。

多位德國學者曾提出解釋心搏率的方法論 (引用自 Grandjean, 1988)。他們認為平均工作心搏率與工作前休息時的心搏率比較，若增加不超過 40 次／分是可接受的範圍。此一增加數與建議的工作能量消耗上限相當吻合。對動態工作而言，能量消耗每增加 1 仟卡／分，平均心搏率就會增加 10 次／分 (如圖 4.21 之斜率)。以 5.33 仟卡／分的工作負荷 (較休息時 1.33 仟卡／分的水準高出 4 仟卡／分) 為例，心搏率將會增加 40 次／分，這是可接受的體力工作負荷的上限。此值也近似布魯哈 (Brouha, 1967) 提

出的心搏率復原指標。

平均心搏率是在工作終止後復原期間的兩時段中量測的 (如圖 4.22)：(1) 工作終止後 0.5 至 1 分鐘之間；(2) 工作終止後 2.5 至 3 分鐘之間。可接受的心搏率復原 (可視為工作負荷) 的條件為：第一次讀數不超過 110 次／分，且兩次讀數差異在 20 次／分以上。如果通常的心搏率是 72 次／分，加上 40 次／分的可接受心搏率增加量，得到工作心搏率為 112 次／分，相當接近布魯哈的第一項標準。

最後必須注意的是，觀察工作期間心搏率的走勢是很重要的。當工作穩定但心搏率增加時 (如圖 4.22)，稱為**心搏率漸增 (Heart rate creep)**，意味著於休息時疲勞程度仍持續增加，而體力的復原則有所不足 (Brouha, 1967)。此種疲勞最可能是體力負荷所造成，但也有可能因高溫和心理壓力以及大部分屬靜態的工作所導致。總之，心搏率漸增應透過增加休息時間來避免其發生。

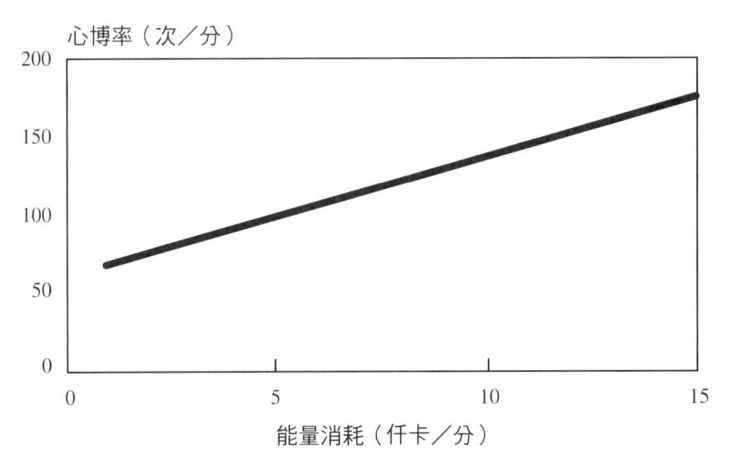

圖 4.21 以能量消耗衡量時，心搏率隨體力工作負荷呈線性增加。

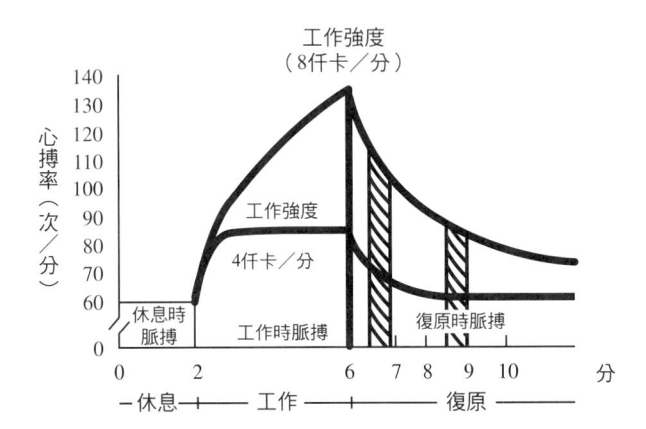

圖 4.22 兩種不同工作負荷的心搏率。
工作強度 8 仟卡／分顯示出心搏率漸增，而標示斜線處，即為布魯哈量測心搏率的時段。

自覺施力的主觀評量

評估作業員工作負荷與壓力的最簡單方法是使用**自覺施力主觀評量** (Subjective ratings of perceived exertion)，這種使用簡單口頭評量的方法，可以取代需要昂貴複雜設備的生理量測。其中最受歡迎的方法為柏格 (Borg, 1967) 所發展，用以量測動態性全身活動主觀施力的**柏格自覺施力量表** [Borg Rating of Perceived Exertion (RPE) scale]，該量表之評分範圍從 6 到 20 分，可直接對應到預期施力水準的心搏率 (除以 10)，如表 4.6 所示。該量表中，對不同的自覺施力水準，標示了描述該水準感受的文字，即語意標示 (Verbal anchors)，以協助作業員進行自覺評量。依照前節介紹的心搏率指引，若要確保心搏率的復原是在可接受的範圍內，則柏格的量表評量值應不超過 11。

使用此評量時需注意的是，由於它是主觀的，先前經驗或個人動機的強弱都會對評量造成影響。因此，這些評量結果在使用時必須審慎，或許應先將每個作業員評量的最大值予以常態化為宜。

下背部壓力

成人的脊椎 (脊柱) 為 S 型，是由 25 個**脊椎骨** (Vertebrae) 所組成，共可分成四個主要的區間：頸部有 7 個**頸椎骨** (Cervical vertebrae)，上背部有 12 個**胸椎骨** (Thoracic vertebrae)，下背部有 5 個**腰椎骨** (Lumbar vertebrae)，骨盆區則有**薦骨** (Sacrum) (如圖 4.23)。脊椎骨約呈圓柱狀，後面脊突兩邊有附著的肌肉，稱為**豎脊肌** (Erector spinae)。脊椎的中心是中空的，功用為包覆與保護從大腦一直延伸到脊椎末端的脊柱神經 (如圖 4.24)。脊髓神經根會從脊柱神經的某些點分離出來，通過骨節間而延伸到四肢、心臟與身體其他部位。

表 4.6 柏格 (Borg, 1967) 的 RPE 量表及其語意標示

評分	語意標示
6	完全無出力
7	極輕微
8	
9	非常輕微
10	
11	輕微
12	
13	有些費力
14	
15	費力
16	
17	非常費力
18	
19	極費力
20	最大出力

4.4　人力工作與設計方針　　141

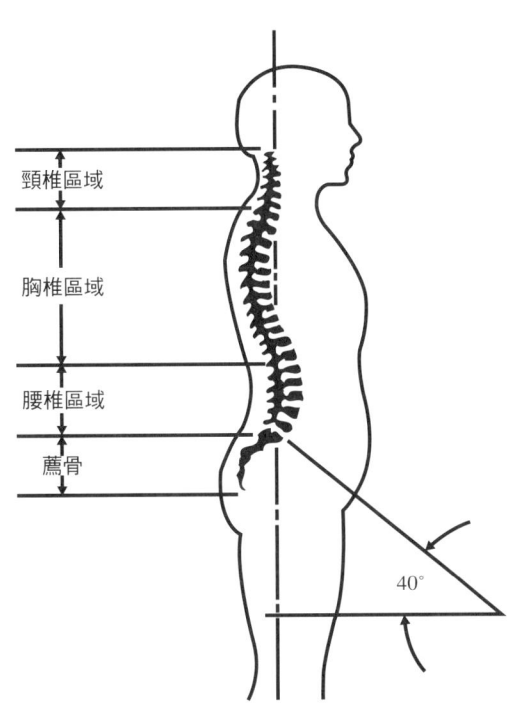

圖 4.23　人體脊椎解析。
（資料來源：Rowe, 1983.）

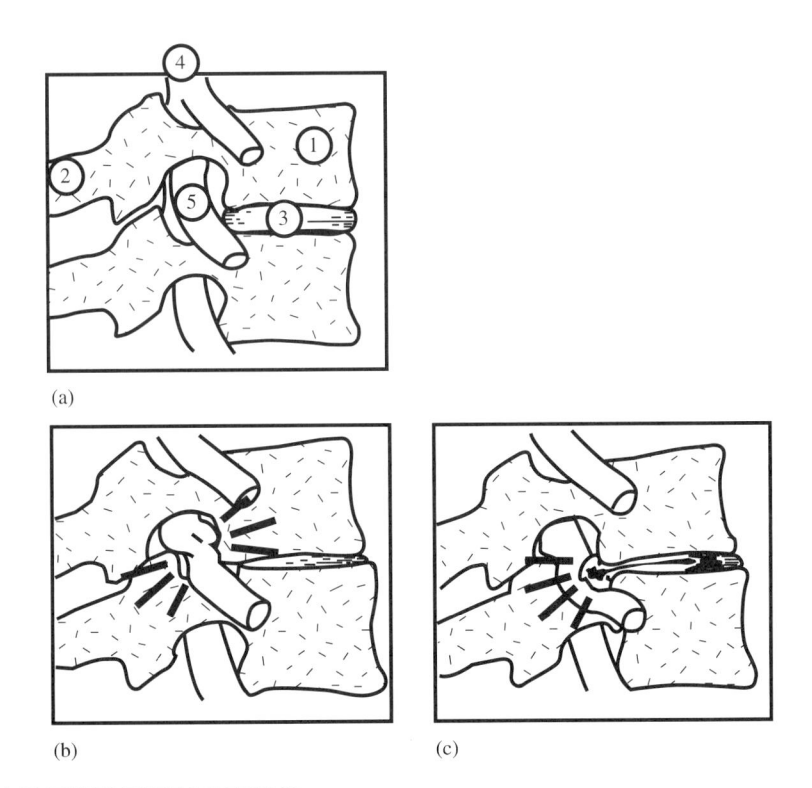

圖 4.24　脊椎骨與椎間盤退化過程解析。
(a) 正常狀態：(1) 脊椎骨組織；(2) 棘突，是肌肉之附著處；(3) 椎間盤；(4) 脊髓；(5) 神經根。(b) 椎間盤間隔縮小，神經根受到壓迫。(c) 椎間盤突出，膠質擠出，而壓迫到神經根。（資料來源：Adapted from Rowe, 1983.）

脊椎骨之間有軟組織加以區隔,該組織稱為**椎間盤** (Intervertebral disks)。椎間盤與關節類似,有使脊椎的動作範圍增大的作用,不過軀幹彎曲大部分都發生於最低的兩個椎間盤,其中一個在第五腰椎與薦骨之間,稱為 L_5/S_1 椎間盤 (脊椎是從上而下分區編號),另一個則是位於其上的 L_4/L_5 椎間盤。

椎間盤也是脊椎骨之間的軟墊,配合 S 型脊椎的作用,以保護頭部與腦部,避免因走路、跑步與跳躍造成不協調的振動衝擊。椎間盤的組成包含中央的膠狀物質、圍繞其外的洋蔥狀纖維層,並由**軟骨終板** (Cartilage end plate) 將兩者與骨頭隔開。依椎間盤所受壓力不同,其中的膠狀物質與其周圍組織會有不同程度的體液流動。這會造成脊椎長度的改變 (以身高的變化衡量),有時經過一天的工作後,甚至可達 0.5 至 1 吋 (1.3 至 2.5 公分) 之多,有時亦以此衡量人體的工作負荷 (有趣的是,太空人在太空中,由於不受重力的影響,身高可增加達 2 吋之多)。

不幸的是,由於老化與從事沉重的勞力工作 (此兩者的影響難以分隔),椎間盤會隨時間而變弱,如包覆的纖維層被磨損,軟骨終板出現小裂痕而流失膠狀物質,以致內部壓力降低,使其中心開始乾涸。其後果是椎間盤的間隔縮小,使脊椎骨相互接近,最後甚至彼此接觸而導致困擾與疼痛。更糟的情況是,神經根受到壓迫而導致疼痛,以及感知與活動能力的減損。當纖維受損時,脊椎骨可能移位,造成椎間盤受壓不平均而更疼痛。若持續惡化,會造成**椎間盤突出** (Disk herniation,或稱 Slipped disk),此時纖維層破裂,造成大量膠狀物質擠出,甚至壓迫到神經根 (如圖 4.24c 所示)。

下背部疼痛的原因常不易斷定。正如大多數的職業傷害一樣,其原因都會涉及工作與個人雙重的因素,後者包括遺傳而來的脆弱連結組織、椎間盤與韌帶,以及個人生活方式,如抽菸、肥胖等,這些因素均非工業工程師所能掌控。因此,工業工程師只能就工作因素方面加以改變。雖然流行病學的數據很容易被存活族群的效應或個人補償機制混淆,但從統計資料中仍顯示,重體力工作使得下背痛的問題有所增加。重體力工作不僅包括頻繁地抬舉重物,也包含長時間維持軀幹向前彎曲的靜態姿勢。長時間不動 (即使是坐姿) 或全身振動的狀況,也都是下背痛的起因。因此,科學家認為椎間盤壓力的累積與最後椎間盤的受損失效有關,乃採取從腹內或直接由椎間盤量測其所受壓力,以作椎間盤受壓估算或生物力學的計算,但這些方法對業界而言並不實用。

對於壓力的計算,有一種粗略但有用的類比方式 (如圖 4.25),即是僅考慮 L_5/S_1 椎間盤 (大部分軀幹彎曲與椎間盤突出均發生於此) 的自由體圖 (Free-body diagram),並以之建立第一類槓桿模式,以椎間盤中心為支點。負荷透過由手的中心到椎間盤中心之距離所決定的力臂,產生一順時針方向的力矩,而背部豎脊肌則向下施力,靠相當短的力臂〔約 2 吋 (5 公分)〕產生逆時針的力矩,以維持平衡。這兩個力矩必會相等,因此可計算豎脊肌的內在力量如下:

$$2 \times F_M = 30 \times 50$$

其中 F_M = 肌力。因此，F_M = 1,500/2 = 750 磅 (340 公斤)，而椎間盤總壓力 (F_{comp}) 可計算如下：

$$F_{comp} = F_M + 50 = 800$$

此椎間盤的壓力有 800 磅 (362.9 公斤)，是相當大的負荷，可能會對某些個人造成傷害。

這個簡單類比未能將椎間盤的排列方式、身體肢段的重量、豎脊肌的多個作用點與其他因素納入考量，因此可能會將原本極高的下背部壓力低估。圖 4.26 較精確地顯示了各種負重與水平力臂距離所產生的 L_5/S_1 壓力值。由於造成椎間盤失效的受力水準因人而異，差異極大，因此華特斯 (Waters, 1994) 建議將壓力 770 磅 (350 公斤) 訂為椎間盤受力的危險門檻。

以人工依生物力學模式計算壓力值是非常耗時的，因此多種電腦化的生物力學模式即應運而生。其中，最為大家所熟知的是 3D 靜態力量預測程式 (3D Static Strength Prediction Program)。

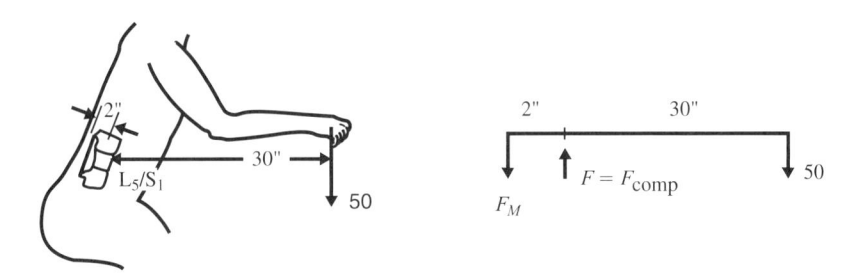

圖 4.25 背部壓力之第一類槓桿模式。

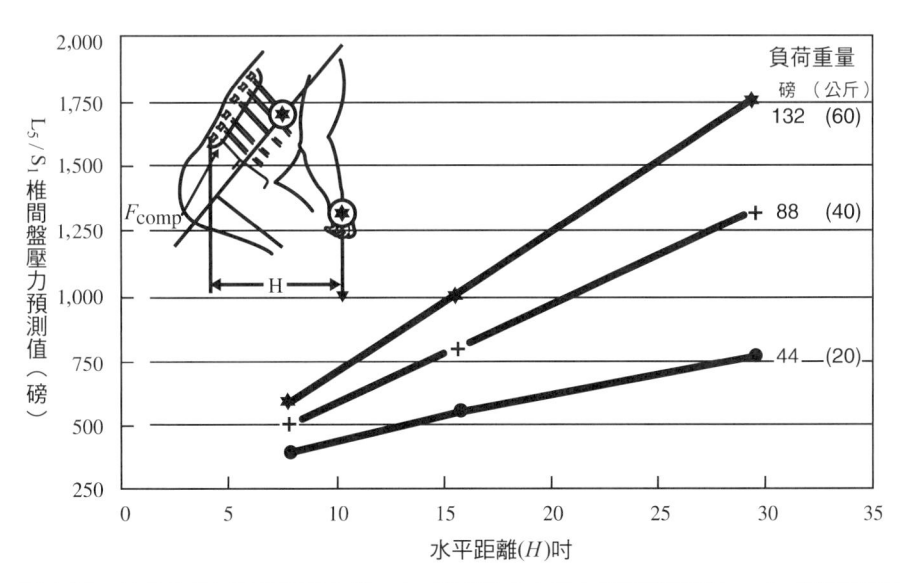

圖 4.26 以負荷重量及負荷重心與 L_5/S_1 椎間盤之水平力臂距離預測之 L_5/S_1 椎間盤壓力值。
（資料來源：Adapted from NIOSH, 1981，圖 3.4 和圖 3.5。）

值得一提的是，雖然椎間盤突出可能是最嚴重的下背部傷害，但還有其他韌帶、肌肉與肌腱等柔軟組織也會受到傷害。這些問題可能更常造成大部分從事人工作業人員的背痛。這些疼痛雖然不舒服，但經過幾天適度的休息即可舒緩。現在的醫生都建議休養期間應每天做適度的活動，較諸傳統的完全臥床休息能更快地復原。此外，研究人員也致力將柔軟組織納入考量，以建構更複雜的背部模式。

美國國家職業安全衛生研究所抬舉指引

美國國家職業安全衛生研究所 (NIOSH) 在確認了下背部傷害問題日益嚴重後，為控制其增長，出版了《NIOSH 抬舉指引》(*NIOSH lifting guidelines*) (Waters et al., 1994)。美國職業安全與衛生署 (OSHA) 也大量地將之用於工作場所的檢查，並透過一般責任條款 (General Duty Clause)，依此指引對違反者簽發傳票。該指引主要的產出為**重量限制建議** (Recommended Weight Limit, RWL)。RWL 是根據最佳重量必須隨影響各種工作相關變數之因子調整的概念發展而來，因此 RWL 應該是幾乎每個人皆能安全搬運的重量，也就是：

1. 大多數年輕健康的作業員都能承受 RWL 造成的 770 磅 (350 公斤) L_5/S_1 椎間盤壓力。
2. 至少有 75% 的女性與 99% 的男性有能力執行 RWL 重量的抬舉作業。
3. 最大能量消耗 4.7 仟卡／分 (18.6 Btu／分) 不致超過建議上限。

一旦超過 RWL，肌肉骨骼傷害的次數與嚴重性將明顯增加。此外，RWL 之公式是根據最佳姿勢能搬運的最大負荷所訂，當姿勢偏離最佳姿勢時，應以乘數對各工作變數因子作調整，來降低可接受的負荷重量。

$$RWL = LC * HM * VM * DM * AM * FM * CM$$

其中　LC = 負荷常數 = 51 磅

　　　HM = 水平乘數 = $10/H$

　　　VM = 垂直乘數 = $1 - 0.0075|V - 30|$

　　　DM = 距離乘數 = $0.82 + 1.8/D$

　　　AM = 對稱乘數 = $1 - 0.0032*A$

　　　FM = 頻率乘數，可查閱表 4.7

　　　CM = 連結乘數，可查閱表 4.8

　　　　H = 兩踝內側間距的中心點至負荷重心投影的水平距離，$10 \leq H \leq 25$ 吋

　　　　V = 負荷重心距地面的垂直高度，$0 \leq V \leq 70$ 吋

　　　　D = 抬舉起點與終點之垂直距離，$10 \leq D \leq 70$ 吋

　　　　A = 手腳的不對稱角度，$0° \leq A \leq 135°$

更簡單的表示為：

$$RWL(磅) = 51(10/H)(1 - 0.0075|V - 30|)(0.82 + 1.8/D) \\ (1 - 0.0032A) \times FM \times CM$$

4.4 人力工作與設計方針

　　這些乘數的範圍介於極差姿勢時的最小值 0 與最佳姿勢時的最大值 1 之間，表 4.7 所列為三種不同工作時間長度下，在不同工作頻率 (0.2 次／分至 15 次／分) 時的頻率乘數：

1. **短工作期間** (Short duration)：意謂在不超過一小時的工作後，接著有其 1.2 倍的復原時間 (因此，即使一人分別做了三次 1 小時的工作，只要在兩次工作中間穿插 1.2 小時的復原時間，則此整體工作仍視為短工作期間)。
2. **中工作期間** (Moderate duration)：在介於 1 至 2 小時的工作後，至少有工作時間 0.3 倍的復原時間。
3. **長工作期間** (Long duration)：工作時間大於 2 小時，但小於 8 小時的工作皆屬此類。

　　連結乘數與手和物體間介面的自然特性有關。一般說來，好的介面或握把可減少所需的最大抓取力量，並提高能接受的抬舉重量；相反地，不良的介面會需要更大的抓取力量，並降低能接受的抬舉重量。在修訂版的《NOISH 抬舉指引》中，將連結類型分成三種：良好、普通和不良 (表 4.8)。

表 4.7　頻率乘數表

頻率(F)‡ （抬舉次數／分鐘）	≤1小時 $V<30$†	≤1小時 $V≥30$	>1 但 ≤2小時 $V<30$	>1 但 ≤2小時 $V≥30$	>2 但 ≤8小時 $V<30$	>2 但 ≤8小時 $V≥30$
≤ 0.2	1.00	1.00	0.95	0.95	0.85	0.85
0.5	0.97	0.97	0.92	0.92	0.81	0.81
1	0.94	0.94	0.88	0.88	0.75	0.75
2	0.91	0.91	0.84	0.84	0.65	0.65
3	0.88	0.88	0.79	0.79	0.55	0.55
4	0.84	0.84	0.72	0.72	0.45	0.45
5	0.80	0.80	0.60	0.60	0.35	0.35
6	0.75	0.75	0.50	0.50	0.27	0.27
7	0.70	0.70	0.42	0.42	0.22	0.22
8	0.60	0.60	0.35	0.35	0.18	0.18
9	0.52	0.52	0.30	0.30	0.00	0.15
10	0.45	0.45	0.26	0.26	0.00	0.13
11	0.41	0.41	0.00	0.23	0.00	0.00
12	0.37	0.37	0.00	0.21	0.00	0.00
13	0.00	0.34	0.00	0.00	0.00	0.00
14	0.00	0.31	0.00	0.00	0.00	0.00
15	0.00	0.28	0.00	0.00	0.00	0.00
>15	0.00	0.00	0.00	0.00	0.00	0.00

† V 值以吋表示。
‡ 當抬舉頻率低於1次／5分鐘，F 值為0.2次／分。

表 4.8　連結乘數

連結類型	$V<30$吋（75公分）	$V≥30$吋（75公分）
良好	1.00	1.00
普通	0.95	1.00
不良	0.90	0.90

良好的連結可藉由容器的適當設計達成,例如,有設計良好的握把或握持凹槽的盒子或條板箱。理想的容器應是質地平順、有防滑紋路,其水平的邊長應不大於 16 吋 (40 公分),高度則應不超過 12 吋 (30 公分)。理想的握把應呈圓柱狀,表面平順又防滑,直徑介於 0.75 至 1.5 吋 (1.9 至 3.8 公分) 之間,長度需大於 4.5 吋 (11.3 公分),且需有 2 吋 (5 公分) 的握持間隙。對無法使用容器的鬆散零件或形狀不規則的物件,良好的連結就是能舒適地握持,使手能舒適地圍繞物件,又不致造成手腕的大幅偏移 (就像將小零件握在手掌中一般)。

普通連結之握把或握持凹槽介面比良好連結者為差。例如,有適當設計,但無握把或握持凹槽的容器;對鬆散零件而言,手部無法完全圍繞物件,但有約 90° 的屈曲握持。大部分工業包裝箱盒常是屬於這種連結類型。

不良的連結則是由於較差的容器設計,其中沒有握把或握持凹槽,或因鬆散零件體積龐大而難以握持。粗糙或易滑的表面、尖銳的邊緣、重心不對稱、內容物不穩固或需戴手套握持,都屬不良的連結。為了便於判斷連結的類型,圖 4.27 的決策樹應能有所助益。

對單純的工作重新設計來說,RWL 公式中各變數的乘數可視為簡單的設計工具。例如,若 HM = 0.4,則因水平距離甚大,等於有 60% 的抬舉能力因而喪失。因此,水平距離應盡可能縮短。

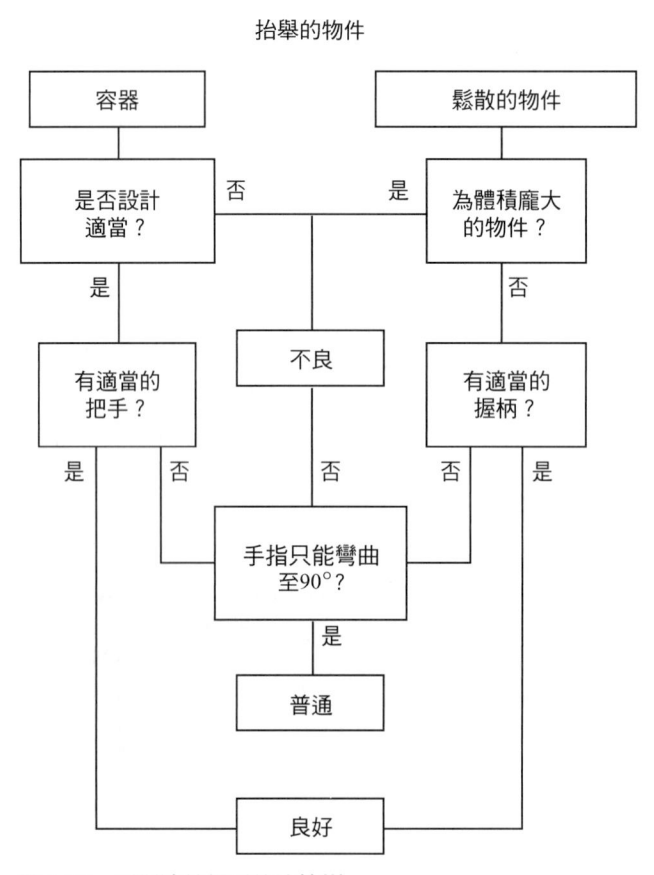

圖 4.27 判斷連結類型的決策樹。

NIOSH 另外又提出一個**抬舉指數** (Lifting Index, LI) 的概念，用以對一已知負重作業作抬舉危害程度的簡便評估；當其數值超過 1.0 時，即認為該抬舉作業具有危害性。當多項工作都須利用人因工程作工作重新設計時，LI 也可作為判定優先順序的依據。

$$LI = 負荷重量／RWL$$

在控制危害方面，NIOSH 建議應優先採用工程控制、實體變更，或重新設計工作和工作場所的方式，其次才用諸如特殊員工的選取與訓練之類的行政管理控制措施。常見的控制方式包含：避免太高與太低的位置、使用桌面可升降與傾斜的工作桌、搬運重物應有握把或特製的容器，及適度縮小工作面以減少水平距離，使重物能靠近身體。

多重作業抬舉指引

對於包含數個抬舉作業的工作而言，整體的體力與代謝負荷會比單一抬舉作業更高，而這會從 RWL 的降低與 LI 的增加上反映出來。當面臨這種情況時，應依下列程序處理。這項程序的核心就是**複合抬舉指數** (Composite Lifting Index, CLI) 的概念，它代表此工作的整體需求。CLI 等於最大的**單一作業抬舉指數** (Single Task Lifting Index, STLI)，並隨後續作業的增加而遞增。多重作業抬舉的處理程序如下：

1. 計算每一作業的**單一作業** RWL (Single Task RWL, STRWL)。
2. 設定 FM = 1，並計算不考慮其作業頻率時，各作業之 RWL (稱為 Frequency Independent RWL, FIRWL)。
3. 以負荷重量除以 STRWL，計算其單一作業 LI (Single Task LI, STLI)。
4. 以負荷重量除以 FIRWL，計算不考慮其作業頻率時的 LI (Frequency Independent LI, FILI)。
5. 將各作業的 STLI 由高至低排序，並依此計算整體工作的 CLI。CLI 的計算為：

$$CLI = STLI_1 + \Sigma\Delta LI$$

其中 $\Sigma\Delta LI = FILI_2 (1/FM_{1,2} - 1/FM_1) + FILI_3 (1/FM_{1,2,3} - 1/FM_{1,2}) + \cdots$

表 4.9 所示為三個抬舉作業的工作案例，此多重作業抬舉分析如下：

1. 作業中 LI 最大者為新作業 1 (即舊作業 2)，其 STLI = 1.6。
2. 新作業 1 與 2 的頻率總和為 1 + 2 = 3。
3. 新作業 1、2 與 3 的頻率總和為 1 + 2 + 4 = 7。
4. 從表 4.7 可知，新的頻率乘數為：$FM_1 = 0.94$、$FM_{1,2} = 0.88$、$FM_{1,2,3} = 0.70$。
5. 因此合併的複合抬舉指數為：

$$\begin{aligned} CLI &= 1.6 + 1(1/0.88 - 1/0.94) + 0.67(1/0.7 - 1/0.88) \\ &= 1.60 + 0.07 + 0.20 = 1.90 \end{aligned}$$

此程序可以 NIOSH 多重作業工作分析表 (NIOSH Multitask Job Analysis Worksheet) (見圖 4.29) 協助進行。然而，一旦作業的數目超過三或四個時，用手算 CLI 就變得

表 4.9　三個抬舉作業的工作特性

作業編號	1	2	3
負荷重量(L)	20	30	10
作業頻率(F)	2	1	4
FIRWL	20	20	15
FM	0.91	0.94	0.84
STRWL	18.2	18.8	12.6
FILI	1.0	1.5	0.67
STLI	1.1	1.6	0.8
新作業編號	2	1	3

多重作業工作分析表

部門 _____　　工作描述 _____
工作名稱 _____
分析師姓名 _____
日期 _____

步驟 1. 量測並記錄作業變數資料

作業編號	物件重量（磅）		手的位置（吋）				垂直距離（吋）	不對稱角（°）		抬舉頻率	持續	連結
			起點		終點			起點	終點	1分鐘抬舉次數	小時	
	L(平均)	L(最大)	H	V	H	V	D	A	A	F		C

步驟 2. 計算乘數與每個作業的 FIRWL、STRWL、FILI 與 STLI

作業編號	LC x HM x VM x DM x AM x CM	FIRWL x FM	STRWL	FILI = L/FIRWL	STLI = L/STRWL	新作業編號	F
	51						
	51						
	51						
	51						
	51						

步驟 3. 計算此工作的複合抬舉指數（作業重新編號後）

CLI = STLI$_1$ + ΔFILI$_2$ + ΔFILI$_3$ + ΔFILI$_4$ + ΔFILI$_5$

	FILI$_2$(1/FM$_{1,2}$ − 1/FM$_1$)	FILI$_3$(1/FM$_{1,2,3}$ − 1/FM$_{1,2}$)	FILI$_4$(1/FM$_{1,2,3,4}$ − 1/FM$_{1,2,3}$)	FILI$_5$(1/FM$_{1,2,3,4,5}$ − 1/FM$_{1,2,3,4}$)
CLI =				

圖 4.29　多重作業工作分析表。

範例 4.2　抬舉盒子放進汽車行李箱的美國國家職業安全衛生研究所分析

近年來在汽車的設計改變之前，將物品放入汽車行李箱時，人總要身體前傾，並伸長手臂(如圖 4.28 所示)。假設要將一個 30 磅的盒子從地面搬上來，放到汽車行李箱 中，此人因為懶得蹲下，只轉身 90°，同時彎下腰，從身旁的地上抬起盒子($V=0$)，其水平移動距離很短 (H 大約 10 吋)。本案中，垂直移動距離 $D = 25$，即盒子在終點時 的垂直位置 (假設車廂底部距離地面 25 吋) 與盒子在起點的垂直位置 ($V = 0$) 之差。若該搬運僅需進行一次 (FM = 1)，而盒子雖然小

圖 4.28　抬舉盒子放進汽車行李箱的姿勢。

卻頗密實,且無把手;因此,其連結類型僅屬普通,故 CM = 0.95。由上述資料可計算在起點時的 RWL:

$$RWL_{ORG} = 51(10/10)(1 - 0.0075|0 - 30|)(0.82 + 1.8/25) \times (1 - 0.0032 * 90)(1)(0.95)$$
$$= 51(1)(0.775)(0.892)(0.712)(1)(0.95) = 23.8$$

假設因保險桿與行李箱後凸緣較高之故,手臂必須伸長 (H = 25 吋) 才能將盒子放入行李箱,此人沒有轉身,移動距離相同,連結類型屬普通,則抬舉終點處的 RWL 為:

$$RWL_{DEST} = 51(10/25)(1 - 0.0075|25 - 30|)(0.82 + 1.8/25) \times (1 - 0.0032 * 0)(1)(0.95)$$
$$= 51(0.4)(0.963)(0.892)(1)(1)(0.95) = 16.6$$

且

$$LI = 30/16.6 = 1.8$$

若以最差的狀況作考量,對多數人而言,安全的搬運重量只有 16.6 磅,此 30 磅的盒子可能造成的危害幾乎是可接受抬舉重量的 2 倍。由於這樣的行李箱設計,因此抬舉終點的水平距離太長,是造成抬舉能力降低的最大原因。若可將水平距離減至 10 吋,H 因子將變為 10/10 = 1,而 RWL 可增加至 41.5 磅。大多數較新型的汽車已做了改善,將行李箱的開口顯著降低;如此一來,當將物品抬舉到行李箱的下緣時,幾乎不需要水平抬舉,只需將物品向前推動即可。然而,此時問題的瓶頸則在抬舉的起點處,此項問題可經由移動雙腳但不轉身加以改善,可使 RWL 增加至 33.4 磅。需注意的是,當此人從地面將物品向上抬舉時,必須先將之抬高至超過行李箱的後緣,再將之放入較低的行李箱中,因此其分析必須分為兩步驟。新款汽車的抬舉作業也有改進,由於行李箱後緣垂直高度的降低,抬舉的距離也因而減少。

非常耗時,幸好目前有許多的軟體程式與網站,可協助使用者作這方面的分析,包含 Design Tools。當然就整體而言,最佳解應是避免人工物料搬運,並使用機器輔助設備,或將物料搬運系統改為全自動化的方式 (參閱第 3 章)。

通用指引:人力抬舉

雖然沒有最佳抬舉技巧可適用在所有人或作業條件下,但仍有一些指引可整體適用 (見圖 4.30)。首先,要規劃抬舉作業,從評估負荷重量的大小與形狀、決定是否需要協助、並確認哪些工作場所條件會干擾該抬舉作業開始。其次,決定最佳的抬舉技巧。一般而言,就下背部承受壓力而言,使用蹲姿抬舉因可保持背部相對挺直及彎膝上舉的姿勢,對下背造成的壓力最小,是最安全的作法。然而體積過大的物品會抵觸膝蓋,妨礙其彎曲,因此常須彎腰握取,再伸直背部,才能舉起該物品。第三,張開雙腳,以維持前後左右各方向良好的平衡與穩定的姿勢。第四,對重物要穩固地握持。第三點與第四點指引,對避免身體扭轉與猛力抬舉的動作特別重要,因為若輕忽

a. 規劃此項抬舉。

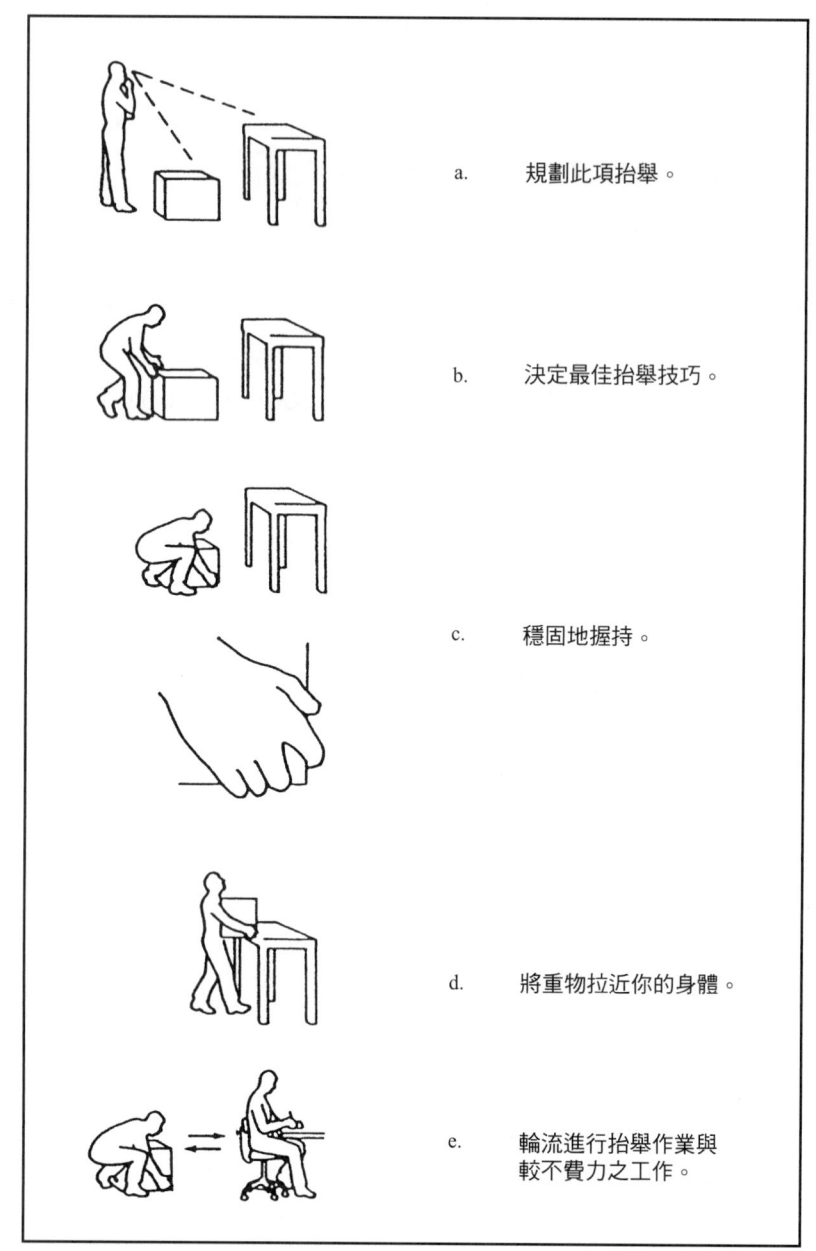

b. 決定最佳抬舉技巧。

c. 穩固地握持。

d. 將重物拉近你的身體。

e. 輪流進行抬舉作業與較不費力之工作。

圖 4.30 安全的抬舉程序。
(Available through S. H. Rodgers, Ph.D. P.O. Box 23446, Rochester, NY 14692.)

這兩點，會對下背部造成很大的傷害。最後，應將抬舉的重物盡量靠近身體，以使由負荷重量及其產生之下背部力矩所造成下背部的水平力臂減至最短。

避免扭轉身體與猛力抬舉的動作非常重要。扭轉身體會造成椎間盤位向不對稱而增加其壓力，猛力抬舉則會對背部增加額外的加速力道。改善方法為增加抬舉搬運起點與終點間的距離，雖然不符合直覺，但這麼做可以使得工人跨出步伐，轉動整個身體而非只扭轉軀幹，有其一定的效果。此外，雙手提取不等重的物品，或只用單手提取物品承受所有的重量，也會造成類似椎間盤位向不對稱的問題，因此也應予避免。

通用姿勢與作業評估檢核表 (General Posture and Task Evaluation Checklist)(見圖 4.31) 對於提醒分析師良好的工作設計基本原則是非常有用的。

背帶

雖然已有部分工廠規定使用背帶，許多工人也開始使用，但畢竟背帶並非萬靈丹，在提供背帶時，仍應附上使用警語的說明。背帶源自早期的舉重研究，以背部肌電圖來作抬舉負荷的估計，其結果顯示對於極大的重量，背帶可減低 15% 至 30% 的下背部壓力 (Morris et al., 1961)。然而，這些研究的受測者皆為受過訓練的舉重選手，所抬舉的重量遠大於一般抬舉工作負荷，且舉重完全是在矢狀面進行。工廠作業員所抬舉的重量遠低於舉重的重量，使用背帶所產生的效果小了許多，加上肌肉使用不當產生的扭轉，更讓背帶的效果大打折扣。過去也有研究發現，使用背帶的工人會比沒有使用背帶工人抬舉更重的負荷，這種現象稱作「超人效應」，而其中部分的工人因為腹部受到壓迫，使血壓升高了 10 至 15 毫米汞柱之多，因而導致冠狀動脈方面的問題。

最後，一項以飛機行李搬運人員為對象的長期研究 (Ridell et al., 1992) 指出：比較使用背帶與不使用背帶的工人，其背部傷害並無顯著差異。甚至有一小群搬運人員，在

一般姿勢評估	是	否
1. 所有的關節都維持在自然位置嗎？（多數為直線，手肘為 90°）	☐	☐
2. 工作或荷重是否接近身體？	☐	☐
3. 是否避免了身體向前彎曲的姿勢？	☐	☐
4. 是否避免了軀幹扭轉的姿勢？	☐	☐
5. 是否避免了突發的動作或猛力抬舉的動作？	☐	☐
6. 是否避免了靜態的姿勢？	☐	☐
7. 是否避免了長距離的伸手？	☐	☐
8. 雙手是否在身體前方使用？	☐	☐

作業評估	是	否
1. 是否避免了靜態肌肉施力？	☐	☐
a. 重複靜態施力是否未超過最大力量的 15%？	☐	☐
b. 靜態施力是否僅持續數秒？	☐	☐
2. 捏握(Pinch grip)是否只用於不需大力的精密作業？	☐	☐
3. 大肌肉群與力握(Power grip)是否用於需大力的作業？	☐	☐
4. 有無使用動量來幫助作業員？	☐	☐
5. 曲線動作是否以用到的動作最低階次關節為轉軸？	☐	☐
6. 物料與工具是否都放在正常的工作區域？	☐	☐
7. 是否使用重力進料與重力下落輸送設備？	☐	☐
8. 作業是否在肩膀以下、指節以上執行？	☐	☐
9. 抬舉有無在緩慢屈膝之狀態下完成？	☐	☐
10. 當荷重超過 50 磅時，有無使用機器輔助或額外協助？	☐	☐
11. 工作負荷是否低到心搏率穩定且未超過 110 次／分？	☐	☐
12. 是否提供頻繁的短暫休息時間？	☐	☐

圖 4.31 通用姿勢與作業評估檢核表。

研究中因為某些原因 (如不舒適或太熱) 停止使用背帶,卻仍繼續參與該研究,結果他們的傷害率竟明顯地高於其他人。可能的原因是原本作用相當於「內部背帶」的腹部肌肉,因為背帶的使用,讓腹部壓力減少而萎縮了。因此,較為正面積極的作法,應是建議作業員透過改良式仰臥起坐,定期運動及減重以強化其腹部肌肉,而背帶則僅限於已採取工程管控後,並經過適當訓練的員工才能使用。

總結

第 4 章介紹了人類肌肉骨骼與生理系統的理論概念,提供了解動作經濟原則與工作設計的架構。這些原則以規則的方式呈現,可用於動作研究中關於人工組裝工作的重新設計。希望分析師在對人體功能有較深入的了解後,能看出這些規則並非任意訂定。同樣的概念在第 5 章討論工作環境、工具與設備之設計時,亦會再次闡述。

問題

1. 肌肉的結構包含哪些組成部分?這些結構與肌肉運作有何關聯?
2. 請以肌絲滑動理論解釋靜態與動態肌肉動作的元素。
3. 請描述不同型態的肌纖維以及它們與肌肉動作相關的特性。
4. 為何肌肉激化單位數目的變化與所產生之肌肉拉力的關係是非比例性的?
5. EMG 用以量測什麼?應如何描述其量測?
6. 請解釋為何在工作站設計時,應讓作業員在工作時盡量不要抬舉手肘。
7. 對一在電腦工作站坐著工作的作業員而言,你會建議他採取什麼樣的視距?
8. 請定義 17 個基本的動作或動素,並舉例說明。
9. 在工作循環中,基本動作「搜尋」會被如何忽視?
10. 哪個基本動作通常會優先於「伸手」?
11. 哪三個變數會影響基本動作「移物」的時間?
12. 分析師如何決定作業員在何時執行「檢驗」元素?
13. 請解釋可避免與不可避免的延遲。
14. 在 17 個動素中,哪幾個被歸類於有效且通常無法自工作循環中去除?
15. 為何在工作站應提供所有工具與物料的固定放置地點?
16. 工人偏好使用哪五類的動作?為什麼?
17. 為何只在手被占用時才需要以腳工作?
18. 動作研究為何不建議同時對雙手進行分析?
19. 在 Fitts 的輕拍作業中,哪些因素會增加困難度指數?
20. 在抬舉過程中,哪些因素會影響背部壓力?
21. 哪些元素會影響量測等長肌力?
22. 為何心理物理性、動態與靜態力量強度不同?

23. 哪些方法可用以估計工作所需的能量？
24. 哪些元素會改變已知工作所需花費的能量？
25. 工作能力在不同性別與年齡上有何差異？
26. 在全身性的人力工作上，有哪些因素會影響耐力？

習題

1. 一名 50 百分位的女性，手臂靜止且向外伸展時的最大負荷重量為何？
2. 在包裝部門，一個工人站在輸送帶的末端與托盤之間。輸送帶的表面距離地板 40 吋，而托盤的頂端離地 6 吋。當一個盒子移至輸送帶的尾端時，工人屈身 90° 拿取該盒子，之後反方向轉 180° 將盒子放置托盤之上。盒子每邊長 12 吋，重 25 磅。假設工人在 8 小時的輪班中每分鐘移動 5 個盒子，且其水平移動距離為 12 吋。試使用 NIOSH 抬舉方程式計算 RWL 與 LI。並重新設計此作業以改善之，重新設計後的 RWL 與 LI 又各為何？
3. 在習題 2 中計算下背部在執行此工作時遭受的壓力，使用密西根大學的 3D 靜態力量預測程式計算之。
4. 一名 95 百分位的男性手握著 20 磅的荷重，其手臂外展 90°。請問其肩部的反作用力矩為多少？
5. 工人鏟砂的能量消耗率為每分鐘 8 仟卡，請問在 8 小時的輪班中，該工人應休息多少時間？休息時間應如何分配？
6. 美國陸軍軍隊最近發現直升機駕駛員有肩頸疲憊的問題。造成原因是因為在夜間飛行時駕駛員必須戴上附有夜視鏡的頭盔，但頭盔非常重，會造成頭部極大的向下力矩，頸部肌肉因此必須施以反作用力與其對抗，而造成疲憊。為減緩此問題，許多駕駛員開始在頭盔的後面黏上重量不等的鉛塊。試找出可達到頭部最佳平衡，並將疲勞降至最低的鉛塊重量。假設：(a) 夜視鏡的重心在頸部樞紐前 8 吋處；(b) 夜視鏡重 2 磅；(c) 頸部最大可容許的力矩為 480 吋 . 磅；(d) 鉛塊的重心在頸部樞紐後 5 吋處；(e) 頭盔本身重 4 磅；(f) 頭盔的重心在頸部樞紐前 0.5 吋處。
7. 棧板作業工人持續地抱怨疲勞與缺乏休息。經由量測得知其心搏率每分鐘 130 下，且隨工作緩慢增加。當工人坐下時，心搏率在休息的第一分鐘末降至每分鐘 125 下，在第三分鐘末降至每分鐘 120 下。請由這些數據作出結論。
8. 多賓公司工會所做的報告指出，檢測員在最終檢查站需稍稍抬起 20 磅的裝配以檢測各邊，若是可接受，則將其放至輸送帶運至包裝站，而每個檢測員每分鐘平均檢測五件裝配，能量消耗每分鐘為 6 仟卡。輸送帶距地板 40 吋，而裝配距檢測員大約為 20 吋。試以《NIOSH 抬舉指引》與代謝能量花費的角度評估此檢測工作，並指出此工作是否合理。如果不合理，請計算檢測員每分鐘檢測幾件裝配才不會超過限制。

9. 若有一個相對不適任的搬箱工人，在休息時的心搏率為每分鐘 80 次。在晨間休息時，工程人員量測其心搏率，發現其極大心搏率為每分鐘 110 次，停止工作 1 分鐘後降至每分鐘 105 次，在停止工作 3 分鐘後降至每分鐘 95 次。請問你認為該工人的工作負荷量如何？

10. 一站立的檢驗員從輸送帶上拿起 25 磅的鑄件，輸送帶離地 50 吋，其水平距離 20 吋。他隨即將鑄件放在較輸送帶低 20 吋且較靠近身體 (最小水平距離) 的工作區進行檢驗。若鑄件是良品，檢驗員右轉 90 度，將鑄件放在另一個離地 30 吋且水平距離最小的輸送帶上。若鑄件是不良品，檢驗員則左轉 90 度，將鑄件放在第三個輸送帶上，此輸送帶離地 30 吋且水平距離最小。依據 NIOSH 的抬舉指引，在 8 小時的工作期間，每分鐘最多允許檢驗多少個鑄件？請以最小的成本 (即不用昂貴的機器手臂或自動化) 重新設計該工作，使產量加倍，但背部壓力仍在可接受的範圍內。

11. 一位工人，站在地上，從地面上抬舉每箱 10 吋高、10 吋深、重 30 磅的蔬菜到卡車的平板車斗上，車斗上另一位工人再將蔬菜箱移到車斗的適當位置。假設從地上抬起箱子還算不錯，但要將箱子放到水平距離為 20 吋的車斗上，卻相當困難。依據 NIOSH 的抬舉指引，在 8 小時的工作期間，每分鐘最多允許抬舉多少箱菜？請重新設計該工作，使該工人可以維持每分鐘 10 箱的份額，但背部壓力仍在可接受的範圍內。使用背帶是否是可接受的控制方式？為什麼？

12. P&S 公司為其肥皂箱堆放棧板作業制作了一個抬舉檯，選用了特定的彈簧，每排肥皂箱將彈簧壓縮後，可使之保持一致 30 吋的垂直高度。輸送帶的平面也調到 30 吋的高度。此外，每個肥皂箱 (12 吋 × 12 吋 × 24 吋，重 20 磅) 放置時，均以最大面朝下，以防止水平延伸手至第二列 (即每層有兩列，每列均可從 4×4 呎棧板的每一面觸及，並相互交疊)。輸送帶每班以每分鐘 10 箱的速度運轉 7 小時 12 分鐘 (還有 48 分鐘分配給午餐與休息)。假設腹部厚度是 5 吋，請評估對單一工人而言，這項新設計的工作區是否符合 NIOSH 抬舉指引。若仍然不符合，請 (以 5000 美元以下的最少的成本) 重新設計這項工作，以滿足所需的產出量。

參考文獻

Åstrand, P. O., and K. Rodahl. *Textbook of Work Physiology.* New York: McGraw-Hill, 1986.

Bink, B. "The Physical Working Capacity in Relation to Working Time and Age." *Ergonomics,* 5, no. 1 (January 1962), pp. 25-28.

Borg, G., and H. Linderholm. "Perceived Exertion and Pulse Rate During Graded Exercise in Various Age Group." *Acta Medica Scandinavica,* Suppl. 472 (1967), pp. 194-206.

Bouisset, S. "EMG and Muscle Force in Normal Motor Activities." In *New Developments in EMG and Clinical Neurophysiology.* Ed. J. E. Desmedt. Basel, Switzerland: S. Karger, 1973.

Brouha, L. *Physiology in Industry.* New York: Pergamon Press, 1967.

Chaffin, D. B. "Electromyography — A Method of Measuring Local Muscle Fatigue." *The Journal of Methods-Time Measurement,* 14 (1969), pp. 29-36.

Chaffin, D. B., and G. B. J. Andersson. *Occupation Biomechanics.* New York: John Wiley & Sons, 1991.

Chaffin, D. B., G. D. Herrin, W. M. Keyserling, and J. A. Foulke. *Preemployment Strength Testing.* NIOSH Publication 77-163. Cincinnati, OH: National Institute for Occupational Safety and Health, 1977.

Drillis, R. "Folk Norms and Biomechanics." *Human Factors,* 5 (October 1963), pp. 427-441.

Dul, J., and B. Weerdmeester. *Ergonomics for Beginners.* London: Taylor & Francis, 1993.

Eastman Kodak Co., Human Factors Section. *Ergonomic Design for People at Work.* New York: Van Nostrand Reinhold, 1983.

Fitts, P. "The Information Capacity of the Human Motor System in Controlling the Amplitude of Movement." *Journal of Experimental Psychology,* 47, no. 6 (June 1954), pp. 381-391.

Freivalds, A., and D. M. Fotouhi. "Comparison of Dynamic Strength as Measured by the Cybex and Mini-Gym Insokinetic Dynamometers." *International Journal of Industrial Ergonomics,* 1, no. 3 (May 1987), pp. 189-208.

Grag, A. "Prediction of Metabolic Rates for Manual Materials Handling Jobs," *American Industrial Hygiene Association Journal,* 39 (1978), pp. 661-674.

Gordon, E. (1957). The Use of Energy Costs in Regulating Physical Activity in Chronic Disease. *A.M.A. Archives of Industrial Health,* 16 (1957), 437-441.

Grandjean, E. *Fitting the Task to the Man.* New York: Taylor & Francis, 1988.

Gray, H. *Gray's Anatomy.* 35th ed. Eds. R. Warrick and P. Williams. Philadelphia: W.B. Saunders, 1973.

Ikai, M., and T. Fukunaga. "Calculation of Muscle Strength per Unit Cross-Sectional Area of Human Muscle by Means of Ultrasonic Measurement." *Internaitonal Zeitschrift für angewandte Physiologie einschließlich Arbeitsphysiologie,* 26 (1968), pp. 26-32.

Jones, N. Morgan-cawpbell, E., Edwards. R., and Robertson, D. Clinical Exercise Testing, Philadelphia: W. B. Saunders, 1975.

Jonsson, B. "Kinesiology." In *Contemporary Clinical Neurophysiology (EEG Sup. 34).* New York: Elsevier-North-Holland, 1978.

Langolf, G., D. G. Chaffin, and J. A. Foulke. "An Investigation of Fitt's Law Using a Wide Range of Movement Amplitudes." *Journal of Motor Behavior,* 8, no. 2 (June 1976), pp. 113-128.

Miller, G. D., and A. Freivalds. "Gender and Handedness in Grip Sterngth — a Double Whammy for Females." *Proceedings of the Human Factors Society,* 31 (1987), pp. 906-910.

Morris, J. M., D. B. Lucas, and B. Bressler. "Role of the Trunk in Stability of the Spine." *Journal of Bone and Joint Surgery,* 43-A, no. 3 (April 1961), pp. 327-351.

Mundel, M. E., and D. L. Danner. *Motion and Time Study.* 7th ed. Englewood Cliffs, NJ: Prentice Hall, 1994.

Murrell, K. F. H. *Human Performance in Industry.* New York: Reinhold Publishing, 1965.

National Safety Council. *Accident Facts.* Chicago: National Safety Council, 2003.

NIOSH (National Institute for Occupational Safety and Health), A Work Practices Guide for Manual Lifting, TR# 81-122, U.S. Dept. of Health and Human Services, Cincinnatti, 1981.

Passmore, R., and J. Durnin. "Human Energy Expenditure". *Physiological Reviews,* 35 (1955), pp.801-875.

Ridell, C. R., J. J. Congleton, R. D. Huchingson, and J. T. Montgomery. "An Evaluation of a Weightlifting Belt and Back Injury Prevention Training Class for Airline Baggage Handlers." *Applied Ergonimics,* 23, no. 5 (October 1992), pp. 319-329.

Rodgers, S. H. *Working with Backache.* Fairport, NY: Perinton Press, 1983.

Rowe, M. L. *Backache at Work.* Fairport, NY: Perinton Press, 1983.

Sanders, M. S., and E. J. McCormick. *Human Factors in Engineering and Design.* New York: McGraw-Hill, 1993.

Schmidtke, H. and Stier, F. "Der Aufbau komplexer Bewegungsablaufe aus Elementarbewegungen". Forsch. des Landes Nordrhein-Westfalen, 822 (1960), pp. 13-32.

Snook, S. H. and V. M. Ciriello. "The Design of Manual Handling Tasks: Revised Tables of Maximum Acceptable Weights and Forces." *Ergonomics,* 34, no. 9 (September 1991), pp. 1197-1213.

Thornton, W. "Anthropometric Changes in Weightlessness." In *Anthropometric Source Book*, 1, ed. Anthropology Research Project, Webb Association. NASA RP1024. Houston, TX: National Aeronautics and Space Administration, 1978.

Waters, T. R., V. Putz-Anderson, and A. Garg. *Revised NIOSH Lifting Equation,* Pub. No. 94-110, Cincinnati, OH: National Institute for Occupational Safety and Health, 1994.

Winter, D. A. *Biomechanics of Human Movement.* New York: John Wiley & Sons, 1979.

相關軟體

3D Static Strength Prediction Program. University of Michigan Software, 475 E. Jefferson, Room 2354, Ann Arbor, MI 48109. (http://www.umichergo.org)

Design Tools (available from the McGraw-Hill website at www.mhhe.com/neibelfreivalds), New York: McGraw-Hill, 2002.

Energy Expenditure Prediction Program. University of Michigan Software, 475 E. Jefferson, Room 2354, Ann Arbor, MI 48109. (http://www.umichergo.org)

Ergointelligence (Manual Material Handling). Nexgen Ergonomics, 3400 de Maisonneuve Blvd. West, Suite 1430, Montreal, Quebec, Canada H3Z 3B8. (http://www.nexgenergo.com/)

ErgoTRACK (NIOSH Lifting Equation). ErgoTrack.com, P.O. Box 787, Carrboro, NC 27510.

相關網址

NIOSH 首頁－ http://www.cdc.gov/niosh/homepage.html

NIOSH 抬舉指引－ http://www.cdc.gov/niosh/94-110.html

NIOSH 抬舉計算機－ http://www.industrialhygiene.com/calc/lift.html

NIOSH 抬舉計算機－ http://tis.eh.doe.gov/others/ergoeaser/download.html

5 工作的人因工程考量
Human Factors and Ergonomics Considerations in Work

本章重點

- 依照作業員特性設計作業空間。
- 提供可調整的器械工具。
- 維持作業員的正常姿勢。
- 盡量減少重複性動作。
- 將作業員的認知負荷降至最低。
- 有效呈現必要的訊息。
- 提供安全與舒適的工作環境。

今日的產業逐漸由製造業轉變為服務業，工作的內容與特性雖有很大的改變，但不變的是人在工作的執行過程中，依然是不可或缺的角色；因此，如何提供作業員適合其特性的作業與作業環境，使其有效率地完成作業，是相當重要的一項考量。一般而言，工作中一切與人相關的部分皆屬**人因工程** (Ergonomics) 應予考量的範圍，因此在工作的硬體、工具、操作程序、工作空間設計中，若未考量相關人員的各項能力與限制、工作的需求、環境的影響，往往無法達成整體工作人性化的最高目標。本章分為三個部分探討人因工程在產業界的應用，分別為工作站設計、認知作業設計與工作環境設計，讀者應了解它們如何對作業員造成影響，以及作業與作業環境該如何設計較為理想。透過本章可達成三項目標：(1) 更有效率地進行作業；(2) 更安全地執行工作；(3) 更舒適的作業空間。

工作站設計 Workplace Design

5.1 人體計測與設計 Anthropometry and Design

工作站設計的中心思想是為大多數人設計適合其身體尺寸的工作平檯，而有關身體尺寸量測的科學，即稱為**人體計測** (Anthropometry)，一般是指量測人體各個肢段的尺寸。實務上由於大部分的肢段尺寸資料皆已蒐集並建檔在 Anthropometric Source Book (Webb Associates, 1978) 中，有超過 100 個國家、1,000 個以上的肢段尺寸資料，

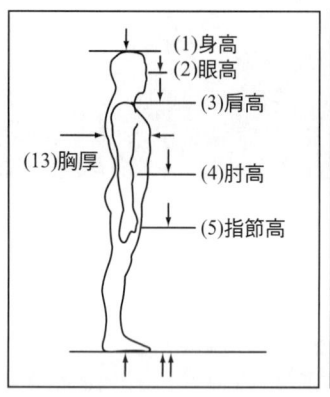

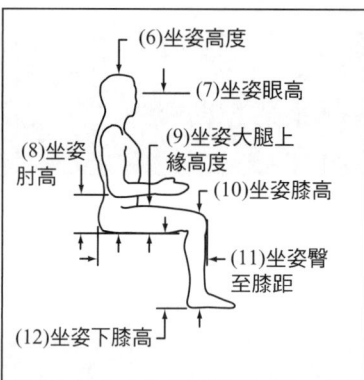

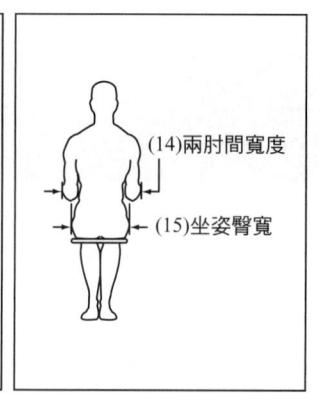

表 5.1　美國成年民眾的部分身體尺寸與體重資料整理

身體尺寸	性別	尺寸（吋） 第5百分位數	第50百分位數	第95百分位數	尺寸（公分） 第5百分位數	第50百分位數	第95百分位數
1. 身高	男	63.7	68.3	72.6	161.8	173.6	184.4
	女	58.9	63.2	67.4	149.5	160.5	171.3
2. 眼高	男	59.5	63.9	68.0	151.1	162.4	172.7
	女	54.4	58.6	62.7	138.3	148.9	159.3
3. 肩高	男	52.1	56.2	60.0	132.3	142.8	152.4
	女	47.7	51.6	55.9	121.1	131.1	141.9
4. 肘高	男	39.4	43.3	46.9	100.0	109.9	119.0
	女	36.9	39.8	42.8	93.6	101.2	108.8
5. 指節高	男	27.5	29.7	31.7	69.8	75.4	80.4
	女	25.3	27.6	29.9	64.3	70.2	75.9
6. 坐姿高度	男	33.1	35.7	38.1	84.2	90.6	96.7
	女	30.9	33.5	35.7	78.6	85.0	90.7
7. 坐姿眼高	男	28.6	30.9	33.2	72.6	78.6	84.4
	女	26.6	28.9	30.9	67.5	73.3	78.5
8. 坐姿肘高	男	7.5	9.6	11.6	19.0	24.3	29.4
	女	7.1	9.2	11.1	18.1	23.3	28.1
9. 坐姿大腿上緣高度	男	4.5	5.7	7.0	11.4	14.4	17.7
	女	4.2	5.4	6.9	10.6	13.7	17.5
10. 坐姿膝高	男	19.4	21.4	23.3	49.3	54.3	59.3
	女	17.8	19.6	21.5	45.2	49.8	54.5
11. 坐姿臀至膝距	男	21.3	23.4	25.3	54.0	59.4	64.2
	女	20.4	22.4	24.6	51.8	56.9	62.5
12. 坐姿下膝高	男	15.4	17.4	19.2	39.2	44.2	48.8
	女	14.0	15.7	17.4	35.5	39.8	44.3
13. 胸厚	男	8.4	9.5	10.9	21.4	24.2	27.6
	女	8.4	9.5	11.7	21.4	24.2	29.7
14. 兩肘間寬度	男	13.8	16.4	19.9	35.0	41.7	50.6
	女	12.4	15.1	19.3	31.5	38.4	49.1
15. 坐姿臀寬	男	12.1	13.9	16.0	30.8	35.4	40.6
	女	12.3	14.3	17.2	31.2	36.4	43.7
X. 體重（磅；公斤）	男	123.6	162.8	213.6	56.2	74.0	97.1
	女	101.6	134.4	197.8	46.2	61.1	89.9

（資料來源：Kroemer, 1989.）

資料來源大部分為軍方；較新近的資料為在 CAESAR (Civilian American and European Surface Anthropometry Resource) 計畫中，以三維人體掃描 5,000 個市民而得，有 100 個以上的肢段資料。因此大多數的工程師都是直接使用資料庫中的資料，表 5.1 為美國男性與女性一些常見的身體尺寸統計資料。這些人體計測資料大部分都包含在電腦化的人類模型中，像是 COMBIMAN、Jack、MannequinPro 和 Safeworks，可提供簡單的尺寸調整、動作範圍限制與可見性，以作為電腦輔助設計步驟之一部分。

考量人體尺寸的設計中，有三種不同的設計方式可以使用。第一種是**極端設計** (Design for extremes)，這種設計法乃是依據身體尺寸資料中的極大值 (第 95 百分位數) 或極小值 (第 5 百分位數) 來設計產品。舉例來說，一個緊急出口的設計，應該依據人體高度與寬度的極大值，讓 95% 的人都可以使用。第二種為**可調設計** (Design for adjustability)，乃是將產品設計成可供調整的形式，使得產品能適合多數人 (第 5 百分位數至第 95 百分位數) 的使用。不過這種設計方式雖然可讓最多數的人能夠使用該產品，但卻有導入不易與成本較高的缺點。最後一種設計原則為**平均設計** (Design for the average)，這是最便宜的設計方式，以相關人體尺寸的平均數據作為設計基礎。世界上並沒有各個尺寸都符合平均值的人，在成本考量下，雖然平均設計無法完全符合每個人的體型，或多或少都有些許不合用，但未嘗不是一個可行的方式。

5.2　工作站設計的基本原則 Work Station Design: Basic Principles

工作場所的設計

以作業平面而言，其高度應根據作業員的肘高，並考量欲進行的作業特性而設計。理想上，作業員的上臂應可自然垂下，並與平行地面的前臂呈 90º 夾角 (如圖 5.1)。若是裝配中需要搬運重物的作業，作業面最大可以降低 8 吋 (20 公分)，以利強壯的軀幹肌肉施力；而在進行精細檢查作業時，作業面高度最大可以升高 8 吋 (20 公分)，使目標的細部可以接近最佳的 15º 視線，看得更清楚。

座椅的設計也應以作業員的舒適為原則，適當的座椅設計可減少腿部的壓力，以及改善整體的施力效率。雖然舒適的定義人人不同，但不變的是應使脊柱保持直立且稍稍內彎，而不該是呈現外彎。人在坐姿時脊柱是自然外彎，因此應提供背墊以調整姿勢。此外，前傾式的座椅設計雖方便視覺作業的進行，但也會導致椎間盤的壓力增加，因此必須在設計上作一平衡。最好能用可調適的座椅設計，讓使用者自己依照需求調整座椅的各項參數。

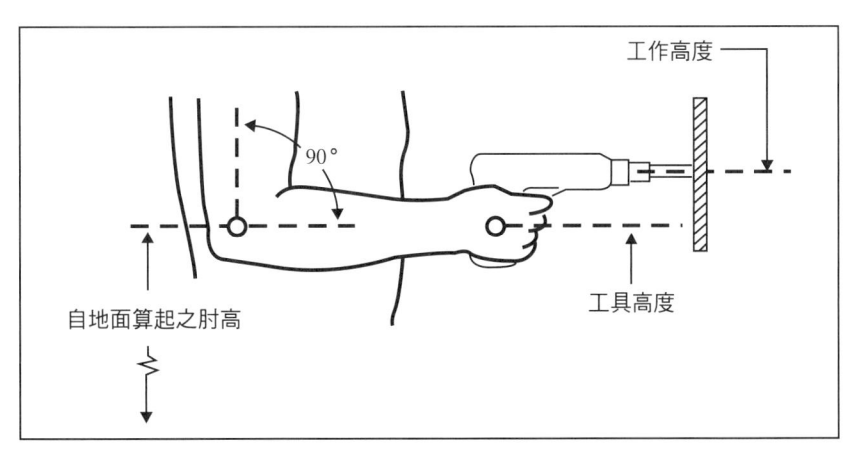

圖 5.1　決定正確工作平面高度的輔助圖示。
(資料來源：Putz-Anderson, 1988.)

第 5 章　工作的人因工程考量

　　工作站的高度應該讓作業員可自行選擇以站姿或坐姿工作。人體的結構並不適合長久處於同一姿勢，因為這樣會造成疲勞；若能變化姿勢，則因壓力的改變，而使血液可送達身體各處，並將廢物移除。此外，若能提供靠墊給站姿作業員，其疲勞程度也可有效降低。其他相關的工作站設計可見圖 5.2。

　　至於機台與工具的擺放，應放置於作業員伸手可及之處，因為放在愈遠的地方，要拿到或操作它所需的力氣、協調性與時間都需更多。因此，若擺放的位置距離作業員愈近，愈能節省作業員的體力。圖 5.3 與圖 5.4 為一個作業員的最適水平與垂直工作周域，大致上為左右兩手以肘為中心的半圓區域。需注意的是，圖中的尺寸雖與國人不同，但周域形狀類似，仍有甚大參考價值。

　　與作業相關的工具與材料，應擺放在固定的位置，以減少搜尋的時間，例如，車輛的煞車固定在同一位置，可讓駕駛者在煞車時不需要太多的思考。有時候時間對於安全或績效，其影響性是相當大的。

手臂：
當作業員的手在鍵盤上時，上臂與前臂應保持正確的角度，手腕角度應是前臂的延伸，否則應以靠墊等支撐手腕。

電話：
將電話夾在頭與肩膀中間會造成肌肉緊張，因此使用頭戴式耳機，如此可讓脖子保持直立，雙手也可以進行其他作業。

文件座：
置放於與螢幕同樣距離與高度處，讓眼睛可以輕易地在兩者之間轉換。

背靠：
其形狀應與下背部相仿，以提供必要的壓力與支撐力，並且可供作業員自行調整。

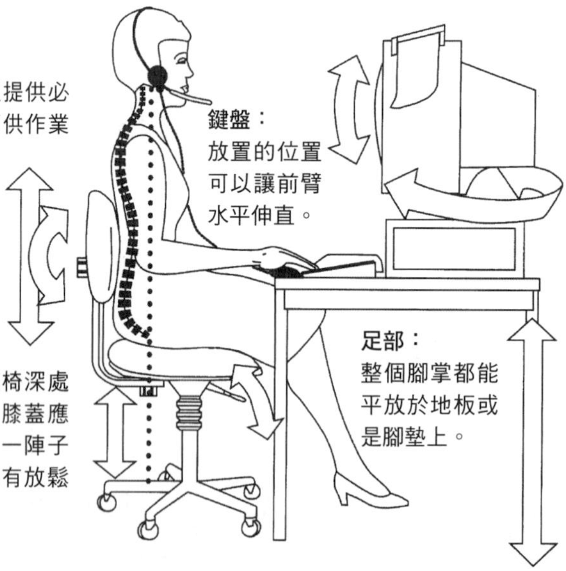

鍵盤：
放置的位置可以讓前臂水平伸直。

螢幕：
擺放位置要能讓前手與前臂維持直立與水平。

姿勢：
在有背靠的情況下盡量往座椅深處坐，頸部應能舒適地直立，膝蓋應向內微微彎曲。不要蹺腳，一陣子就要起來休息，讓關節肌肉有放鬆的機會。

足部：
整個腳掌都能平放於地板或是腳墊上。

座椅：
可調整其高度、角度，其材質堅固，座椅前緣柔軟以利大腿血液循環。

桌面：
工作檯面稍薄，使大腿能有改變姿勢的空間；能夠自行調整桌面高度；桌面要夠大，足以擺放書、檔案、電話與鍵盤、螢幕等。

避免眼睛疲勞：
1. 配戴適當眼鏡，定期至眼科醫生處檢查，檢查前量測眼至螢幕的距離。
2. 調整螢幕與燈光成為間接照明，不要讓光線直接照射在螢幕或眼睛上。
3. 使用防炫光螢幕。
4. 一段時間就讓眼睛休息，眺望遠方。

圖 5.2　良好的工作站範例。

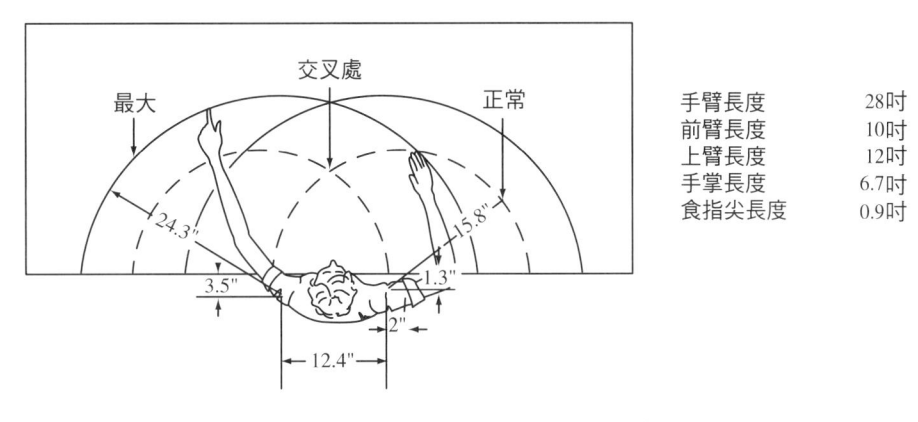

圖 5.3 女性在水平面的正常與最大工作周域（男性乘以 1.09）。

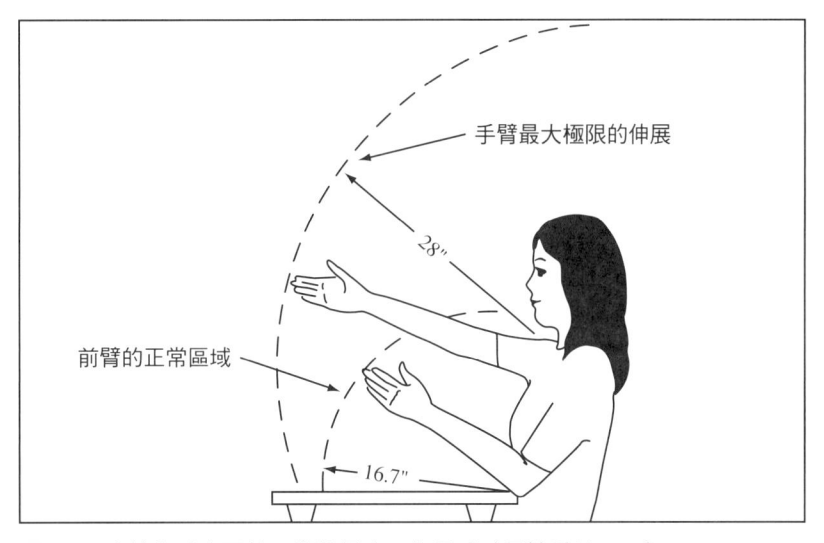

圖 5.4 女性在垂直面的正常與最大工作周域（男性乘以 1.09）。

最佳的設施規劃牽涉到人員特性(力氣、感覺、可及範圍等)與作業特性(重複性、負重等)，要全部最佳化幾乎難以達成，因此設定各項參數的重要性先後順序是必要的。然而，有幾項基本要求一定要達到。首先，各項工具與材料之間的關係要釐清，並依照重要性或使用順序的原則來決定位置。對目標作業的完成而言，最重要或最常用的材料工具應放置在最方便的位置上，依此原則將部分物品置放完成後，可再依照**功能性** (Functionality) 與**使用順序** (Sequence of use) 的原則來擺放其他物品，功能性原則意味著類似功能的物品應放在同一區域。

5.3 器械設備的設計 Machines and Equipment Design

使用同一個器械設備進行加工時，允許其一次處理多樣工件；或者同一工件進行加工時，同時使用多項器械設備，都可以提升生產製造的效率。此外，若是一件作業，人工與機器都能完成，就讓機器處理，以騰出雙手進行更有效率的工作。例如，在

條件允許的情況下，以固定裝置取代雙手來固定物品，如此不但可以提高品質，也可以提升效率。

設備擺放亦應考量人因工程，現今的機器功能相當強大，但若人員無法有效操作，仍舊無法發揮最佳效果。像是扳手、槓桿等，應考量作業員手掌大小及施力方式來設計其直徑與寬度，並做成類似的尺寸，再放置於作業員容易取得之處，以增加作業效率並減少人員的疲勞。常用的控制器則應放置在肘到肩的高度，因為坐姿作業員在肘高處能發揮最大的力量，立姿作業員則在肩高處能發揮最大的力量。

作業員經常需要使用控制器，因此控制器的設計也相當重要。控制器的形狀設計可同時使用兩到三個向度作區分，如形狀、紋路與大小。使視覺與觸覺可同時進行區辨的動作，這樣的設計在光線不佳的情況下尤其有用，能使錯誤率降到最低，圖 5.5 為人們可以輕易辨別而不會誤認的控制器形狀與紋路設計。要提醒的是，雖然使用多向

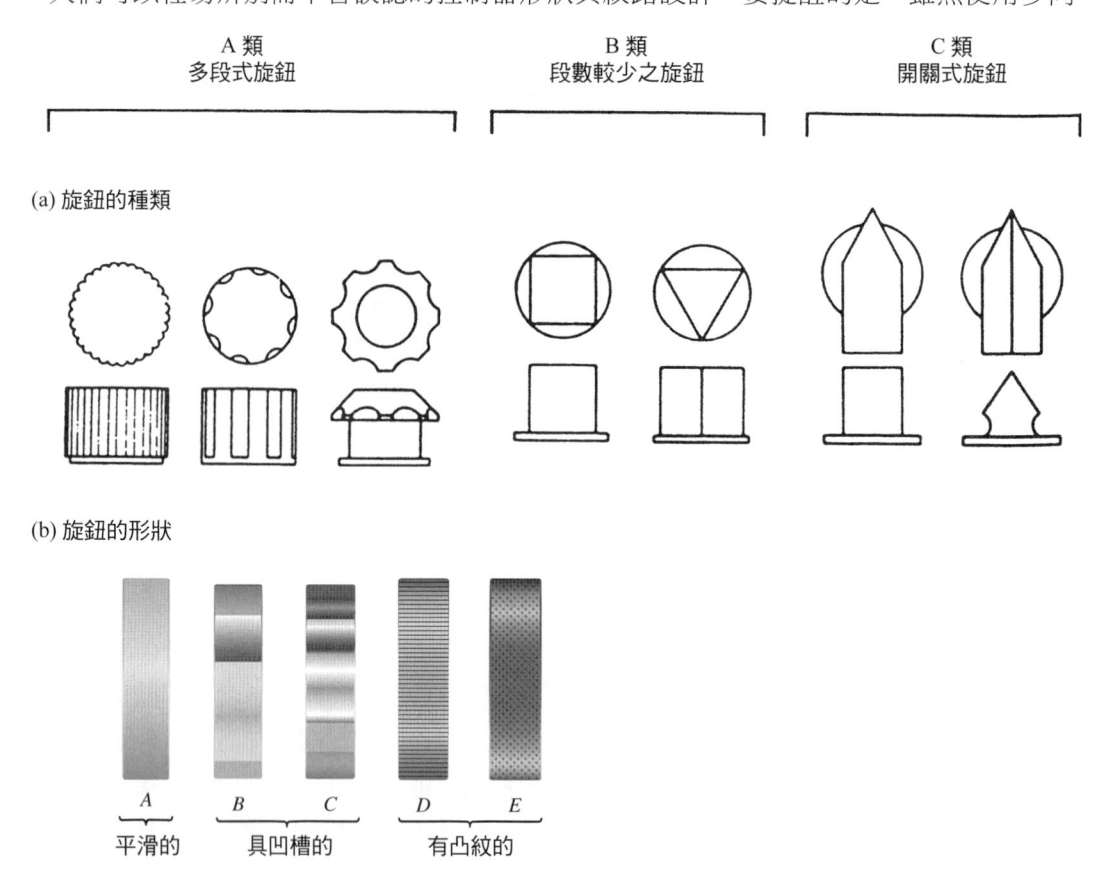

A 類　　　　　　B 類　　　　　　C 類
多段式旋鈕　　段數較少之旋鈕　　開關式旋鈕

(a) 旋鈕的種類

(b) 旋鈕的形狀

A　　B　　C　　D　　E
平滑的　具凹槽的　有凸紋的

(c) 旋鈕的紋路

圖 5.5 以觸覺辨別而不易出錯的三種不同旋鈕設計方式。
A 類與 B 類的旋鈕直徑與長度應保持在 0.5 至 4.0 吋（1.3 至 10.2 公分）之間，C 類則至少要有 0.75 吋（1.9 公分）。旋鈕的高度則應介於 0.5 至 1 吋（1.3 至 2.5 公分）。（資料來源：圖 (a) 和 (b)，Adapted from Hunt, 1953；圖 (c)，Source: Bradley, 1967.）

度的方式可以幫助作業員進行區辨，但是若欲區辨的項目太多時，績效仍會下滑；例如，以形狀作為區分方式時，以二至四類會有最佳表現。

控制器還有三項主要考量，分別為其尺寸、控制反應比及阻抗。過大或過小的控制器，都會造成操作上的不便。**控制反應比 (Control-response ratio)** 則是控制器移動的幅度與其所造成反應的幅度之比值；該值愈小，意味著控制器愈靈敏，該值愈大則愈不靈敏。一般說來，作業員在操縱控制器時會經歷兩個階段，首先是粗略地調整到期望值的附近，此時控制器靈敏些會比較容易調整；然後再精細地調整到正確的位置，這個階段的控制器無須過於靈敏，才可以較快速地調整到正確位置。因此，在設定控制器的控制反應比時，應取兩個階段所花費總時間的最小值。控制器的阻抗則提供作業員寶貴的控制回饋。理想的阻抗有兩種形式：第一種是操作後除了控制器產生位移外，完全沒有任何阻抗，這種設計方式可以減少疲勞；第二種是操作後有完全的阻抗，但並不產生任何位移，一旦手離開控制器，控制器就回到初始狀態。然而，現實中的控制器多半以彈簧填塞，因此有靜摩擦力、黏性阻尼及無效空間的問題。

最後一項該考慮的是控制器與顯示器之間的**相容性 (Compatibility)**，即控制器和顯示器的關係與人們所期望的一致程度。好的相容性有三項特性。首先，控制器的形式要符合其所產生的反應，例如，有握把的門應該是用拉的，但若將握把換成薄板就該用推的。其次，控制器與顯示器之間要有清楚的對應關係，例如，以爐火來說，左邊的控制器控制的應是左邊的爐火，而非右邊的。最後，要能提供回饋，使得操作者知道所欲進行的操作已經完成。

再談手持工具的設計，有幾個重點必須注意。第一，避免長時間無支撐負重，因為長時間以手臂舉起，或伸展姿勢下使用手工具，會導致作業員的肩與手腕疲倦與痠痛，並降低工作效率。在需要此類工作進行的場合中，將作業的位置設計在可以讓上臂與前臂成 90º 的角度最為理想，如此可讓問題降至最低；同時，這樣的動作也有利於旋轉手工具的作業，因為當肘關節延伸時，旋轉的施力能力將會降低。第二，手腕應盡可能保持與前臂呈直線的姿勢，任何方向的彎曲，都會導致有效施力的下降 (見圖 5.6)，甚至導致腕道症候群的發生。

在使用手工具的時候，當手要用力時，無可避免地會對手掌造成壓力，造成手部的局部缺血，長期下來恐有手部麻木以及扳機指之虞。因此在手工具的設計上，也應盡量將手部受力面積加大，或將力量施於較不敏感之處。

其他與手工具設計相關的考量，還包括設計雙手皆可使用的手工具，如此可以讓更多人使用 (約 90% 的人慣用右手，10% 的人慣用左手)；避免手指的反覆動作，尤其是需要施力較大的操作；善用力量最強的大拇指與中指等。

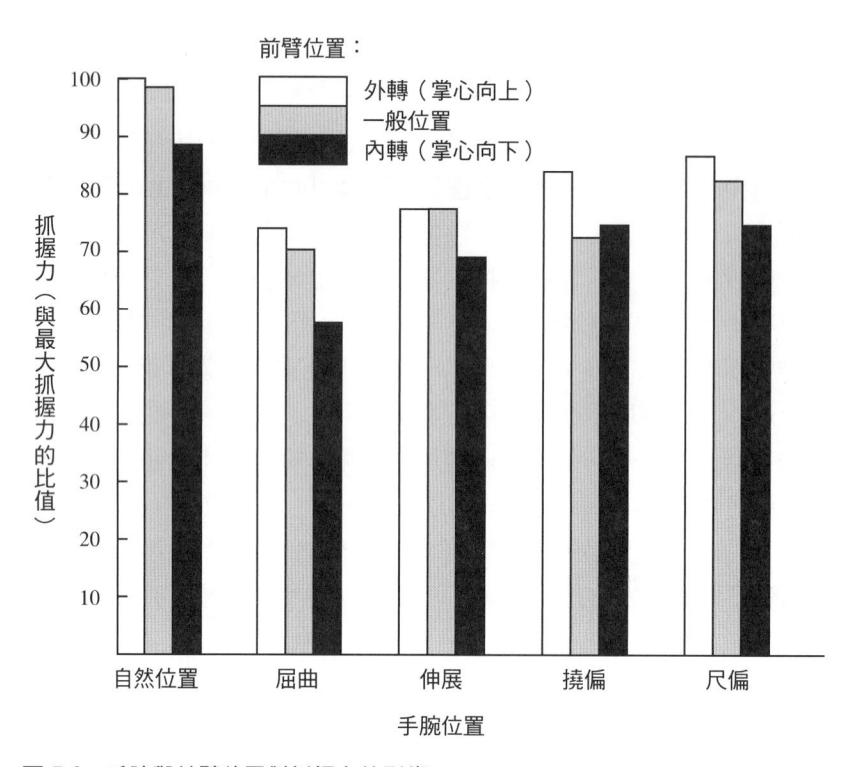

圖 5.6 手腕與前臂位置對抓握力的影響。
（資料來源：Based on data from Terrell and Purswell, 1976, Table 1.）

5.4 累積性傷害 Cumulative Trauma Disorders

累積性傷害 (Cumulative trauma disorders, CTDs) 又可稱為**重複性動作傷害** (Repetitive motion injuries) 或工作相關肌肉骨骼傷害，在工廠中屬於相當常見的一種傷害，每年所造成的損失也相當大。此類的傷害乃是肌肉骨骼組織在工具的不良設計或過度使用下緩慢造成的，也因此，在發生之初，其症狀很容易被忽略，發現時往往已造成更嚴重的傷害。累積性傷害乃是一種泛稱，包含累積性動作傷害、腕道症候群、肌腱炎、神經關節炎、滑膜炎、黏液囊炎等。

導致累積性傷害的主要因素有四，均與從事的活動相關，分別為：(1) 過度的施力；(2) 不自然或極端的關節動作；(3) 高重複性的動作；(4) 長時間的作業。一般常見的累積性傷害症狀包括疼痛、關節活動受限、組織腫脹等，早期症狀並不容易看見，然而一旦神經受到影響，感官反應與動作控制就會因而受損，若是置之不理，甚至會造成終身的殘疾。

在工廠中要評估累積性傷害的程度有兩種方式，一般採用身體不適表 (如圖 5.7)，以了解作業員的健康與不適程度。利用此法評估時，作業員對身體各個部位的疼痛或不舒適程度進行 0 至 10 分的評分，其中 0 分表示完全沒有疼痛或不適感，10 分則幾乎是最大的疼痛與不適感。

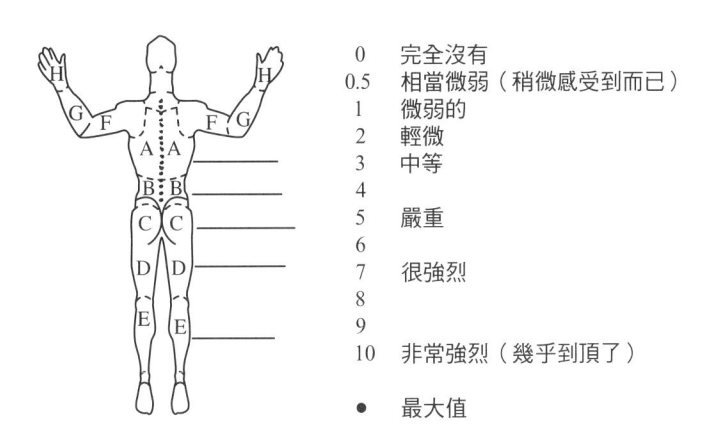

0	完全沒有
0.5	相當微弱（稍微感受到而已）
1	微弱的
2	輕微
3	中等
4	
5	嚴重
6	
7	很強烈
8	
9	
10	非常強烈（幾乎到頂了）
●	最大值

圖 5.7 身體不適表。
（資料來源：Adapted from Corlett and Bishop, 1976.）

第二種方式則採用客觀計量的方式進行，分別對導致累積性傷害的四項主要因素，即施力頻率因素、姿勢因素、力量因素與雜項因素評定風險值，再加權計算出最後的風險指數。這種方式在發掘易致受傷的工作上相當有用，也可用來當作工作重新設計的參考。

認知作業設計 Design of Cognitive Work

認知作業的設計雖然並未包含在傳統的方法工程中，但因為工作與環境不斷地改變，僅僅考慮作業中身體勞力需求的部分已明顯不足。今日的作業員面對日漸複雜、半自動，甚至是全自動的機器設備，必須能有效處理及解釋大量的訊息，作出關鍵性的決定，並快速且正確地控制機器，因此對認知層面的了解顯得愈來愈重要。此外，工作中粗略的動作將會愈來愈少，而透過電腦與相關的現代科技作訊息處理以及決策則日益重要。透過本節，讀者將可對本領域有更深入的認識，並了解設計上該如何考量各項要素。

5.5 人類訊息處理模式 Human Information Processing Model

圖 5.8 是解釋人類如何處理訊息的模式，包含四個主要階段，分別為知覺、決策與反應選擇、反應執行、記憶與認知資源。其中決策為主要的訊息處理單位，人們以工作記憶或長期記憶的共同使用來進行決策；感覺暫存則是在訊息輸入階段中所產生相當短暫的記憶。以下分別介紹各個階段的特性 (Wickens, Gordon, and Liu, 1997)。

訊息

讀者首先須了解此模式中刺激的訊息所代表的含意；訊息 (Information) 乃是從特定事實中接收到的知識；從另一個角度來說，也就是該特定事實不確定性的縮減。如啟動車輛時，油量指示燈亮起並不會提供駕駛者太多的訊息，因為我們知道它應該要

亮起來，所以它僅提供正常運作的訊息。然而，若在駕駛途中這個燈突然亮起，就傳達了有關引擎狀況的訊息，因為我們並不預期在這個狀況下油量指示燈會亮起來，此時發生此事的可能性也極小。因此，在事件發生的可能性與其所攜帶的訊息量之間存在著一種關係，並可將之量化。不過這個概念，並不考慮訊息的重要性，也就是說雖然訊息量相同，但引擎狀況的訊息，比是否還有雨刷精的訊息重要的多。

與訊息相關的另一個概念是**頻寬** (Bandwidth)，或稱為**頻道容量** (Channel capacity)，這是指某個溝通管道處理訊息時最大的可能速度。不同的處理管道其頻寬各不相同，例如，動作處理作業與純粹聽覺暫存 (即訊息尚未到達決策的階段) 兩者的頻寬，可以相差到數千倍。因此在整個訊息處理的過程中，其實人們並非將所有的刺激照單全收，而是一步步地篩選有意義的資訊進行處理。

知覺過程

知覺 (Perception) 乃是將接收到的刺激訊息與既有的知識比較後，所得到一種類別化的資訊，其基本的型態為**覺察** (Detection)，亦即決定一個刺激是否確實存在。較複雜的類型則牽涉到以過去的經驗辨識，或認知新的刺激，如分辨物體屬於何種類型以及具有何種屬性等。由此可知，長期記憶與知覺之間同時存在著上行 (Bottom-up) 或

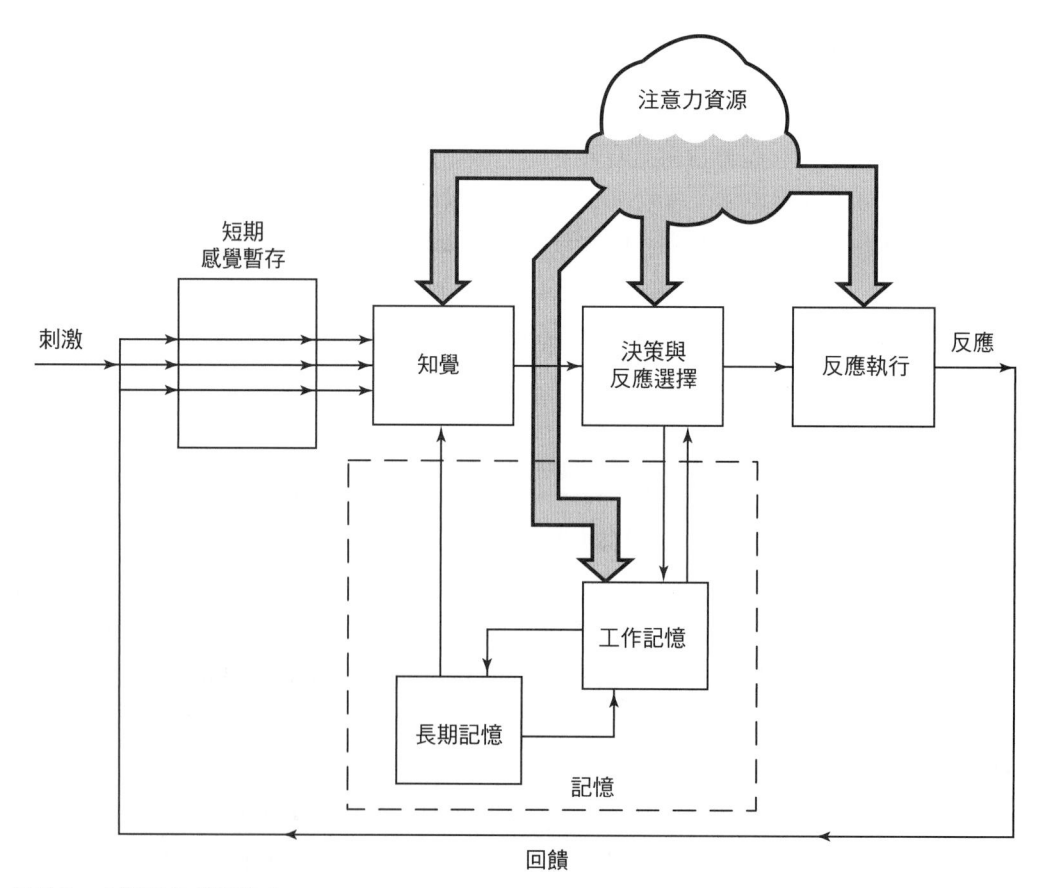

圖 5.8 人類訊息處理模式。
（資料來源：Wickens, 1984, Fig1.1. 經出版商允許複製。）

下行 (Top-down) 處理的關係。下行處理是由概念主導，以高階概念處理低階的感覺線索；而上行處理則是資訊導向，由感覺刺激決定概念的形成。如此雙向的方式可使人們處理訊息的效率大幅提高。

然而，因為一般人們會以下行處理的方式主動知覺環境刺激，因此對於某些較為模稜兩可的環境刺激，人們的主觀看法常常產生不同的解釋。舉例來說，對於辨別一個信號是否存在，會同時牽涉到信號是否存在以及觀察者的判斷，因此最後的結果可能出現下列四種情況：

1. **命中** (Hit)：實際有信號出現，並且觀察者也說有信號。
2. **正確拒絕** (Correction rejection)：實際沒有信號出現，觀察者也說沒有信號。
3. **誤警** (False alarm)：實際沒有信號的情況下，觀察者卻說有信號出現。
4. **失誤** (Miss)：實際有信號的情況下，觀察者卻說沒有信號。

舉例來說，作業員在檢查晶片於焊接過程中，是否因過多焊料而造成接頭短路的不良品 (也可能未形成短路，而成為良品)，就是一個典型的知覺認知作業。影響其績效的因素，除了過多焊料的機率之外，也與作業員的預期、心情、疲勞程度及判斷的標準有關。因此，即使作業如此簡單，也不能夠以非黑即白的方式驟下定論。

記憶

人類具有三種記憶類型，分別為：短期感覺暫存、工作記憶與長期記憶。當外界刺激與感官接觸，這些資訊就會進入感覺暫存中，這種記憶相當短暫，大約只會維持 1 至 2 秒的時間，若未能處理則會消失。此外，它也相當自動化，不需要太多的注意力即可維持其運作，但這也意味著我們很難控制或是增加其持續時間，因此雖然外界總是有數以百萬位元計的大量刺激同時會進入我們的感覺中，卻僅能有非常小的部分可被收錄，而進一步進入工作記憶之中。

工作記憶 (Working memory) 是暫時儲存資訊或使資訊活化以便處理的一種方法，因此有時也稱為**短期記憶** (Short-term memory)。查詢電話號碼，並記住它直到撥號，即是運用工作記憶的好例子。工作記憶在維持資訊上，同時具有資訊量以及時間長度的限制，其數量上限約為 7 ± 2 個項目，這個特性可稱之為**米勒定律** (Miller's rule)(Miller, 1956)。因此若要有效增進記憶效率，可以藉由**串集** (Chunk) 或**複誦** (Rehearsal) 的方式改善。串集是將需記憶的多單元資訊劃分為較易記憶的少數組塊，使其單元數減少，舉例來說，將 12125551212 這個數字以 1-212-555-1212 的方式重新串集，則因只剩四個單元數而能較輕易地記憶；而複誦因為可以將一部分額外的注意力資源轉移到工作記憶中 (見圖 5.8)，因此也有改善工作記憶的效果。

工作記憶中的資訊若無法進行複誦，其衰退相當快速，尤其當工作記憶中有愈多的項目就愈是如此。因此若在作業中需要使用到工作記憶，可以參考以下幾點建議 (Wickens, Gordon, and Liu, 1997)：

- 將記憶的負荷最小化，不論是需要記憶的數量或需要記憶的時間。
- 使用串集，尤其是使用有意義的順序或以字母替代數字。

- 盡量用小串集，不要使其超過 3 或 4 個項目。
- 將數字與字母分開 (如構成串集的項目應該具有相類似的性質)。
- 不使用發音類似的字母 (如 D、P 與 T 容易混淆，而 J、F 和 R 比較不會)。

在工作記憶中的資訊若將來仍會使用，則可被轉移到**長期記憶** (Long-term memory) 之中。長期記憶保存的內容為語意、知識及事件相關的內容。以順序性與關聯性進行記憶，對由工作記憶中將記憶內容移轉到長期記憶很有幫助。這種過程稱為學習。有時候記憶的內容本身並無清楚的關聯性，則可輔以人工助憶術 (Mnemonics)。人工助憶術為將一串字詞的首字予以縮寫或縮寫成一個片語，而這些字母代表一連串的項目。舉例來說，電阻的顏色編碼如黑 (Black)、褐 (Brown)、紅 (Red)、橘 (Orange)、黃 (Yellow)、綠 (Green)、藍 (Blue)、紫 (Violet)、灰 (Grey)、白 (White)，可以用其開頭字母組成下面句子以幫助記憶：「Big Brown Rabbits Often Yield Great Big Vocal Groans When Gingerly Slapped.」(謹慎地用手掌打褐色的大兔子，常會使其大聲地吼叫)。

決策與反應選擇

決策 (Decision making) 是訊息處理的核心，透過決策的過程，人們在數個不同的方案之間有所選擇。相對而言，這是一個漫長的過程，應與短期處理 (如選擇反應時間) 區分開來。在古典的決策理論中，理性的方法為根據個別結果，與其發生之期望機率的乘積總和計算期望值：

$$E = \Sigma p_i v_i$$

其中　E = 期望值

　　　p_i = 第 i 事件發生的機率

　　　v_i = 第 i 事件結果的價值

不幸的是，人們常常依據自己的經驗作決策，因而發生許多偏誤，並影響其搜尋資訊、賦予結果值及作整體的決策。在這樣的過程中會產生許多偏誤，諸如：
- 對早期的線索給予過度的權重，而後期出現的線索則置之不理。
- 給予較顯著的線索較高的權重，或將所有的線索都視作同樣重要，而忽略事實上其重要性各不相同。
- 只針對能夠驗證假設的資料進行蒐集。
- 對可能的損失看得比可能的收益來得重要。

透過了解這些偏誤，工業工程師可有效地呈現訊息，以改善決策的品質，並減少可能的錯誤結果。

決策與反應選擇的速度與困難度，受到許多因素共同影響。**選擇反應時間** (Choice reaction time) 是傳統上用來量化此種過程的實驗方法。在此種實驗中，受試者須針對數個刺激中所呈現的某一個，由這些刺激所對應的數個不同反應方式中，做出適當的選擇與反應 (見圖 5.9a)。依據人類訊息處理模式，反應時間應該與增加的刺激數成比

例增加,其反應是非線性關係的 (見圖 5.9b)。然而,若將決策的複雜性以訊息攜帶量 (單位為 Bits) 來計算,則反應將成為線性,這種關係稱作**西克－海曼法則** (Hick-Hyman law)(Hick, 1952; Hyman, 1953; 見圖 5.9c)。

反應執行

反應的執行,主要是靠人的動作,如動作控制與手工作業等外顯的動作。內在則是肌肉骨骼系統的協調運作,相關的討論可見第 4 章。

注意力資源

注意力資源 (Attentional resource) 或簡稱為**注意力** (Attention),乃是分配給某作業或處理程序的認知能力與力量。這個量的變動範圍相當大,從僅需極少注意力的常態熟練組裝作業,到需要耗費極大注意力的航管控制作業都有可能。此外,根據注意力投射在單一或多個目標上,也可將其區分為**專注注意** (Focused attention) 及**分割注意** (Divided attention),根據作業的難度與數量,注意力資源的耗用程度也不相同。

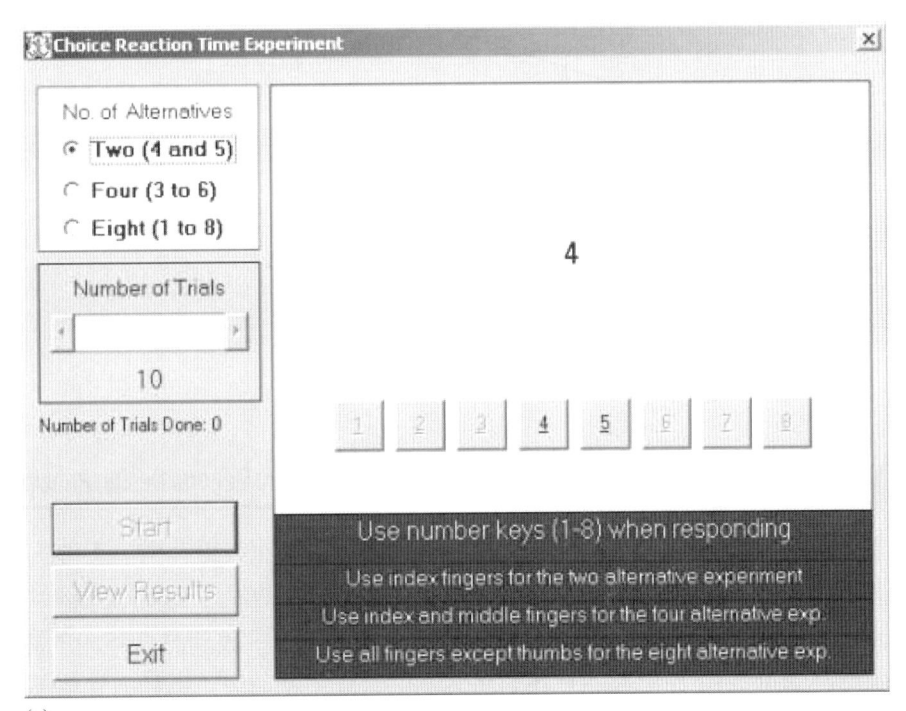

(a)

圖 5.9
西克－海曼法則與選擇反應時間實驗:(a) 選擇反應時間實驗;(b) 原始資料;(c) 轉換為訊息位元數後的資料。

(b)

(c)

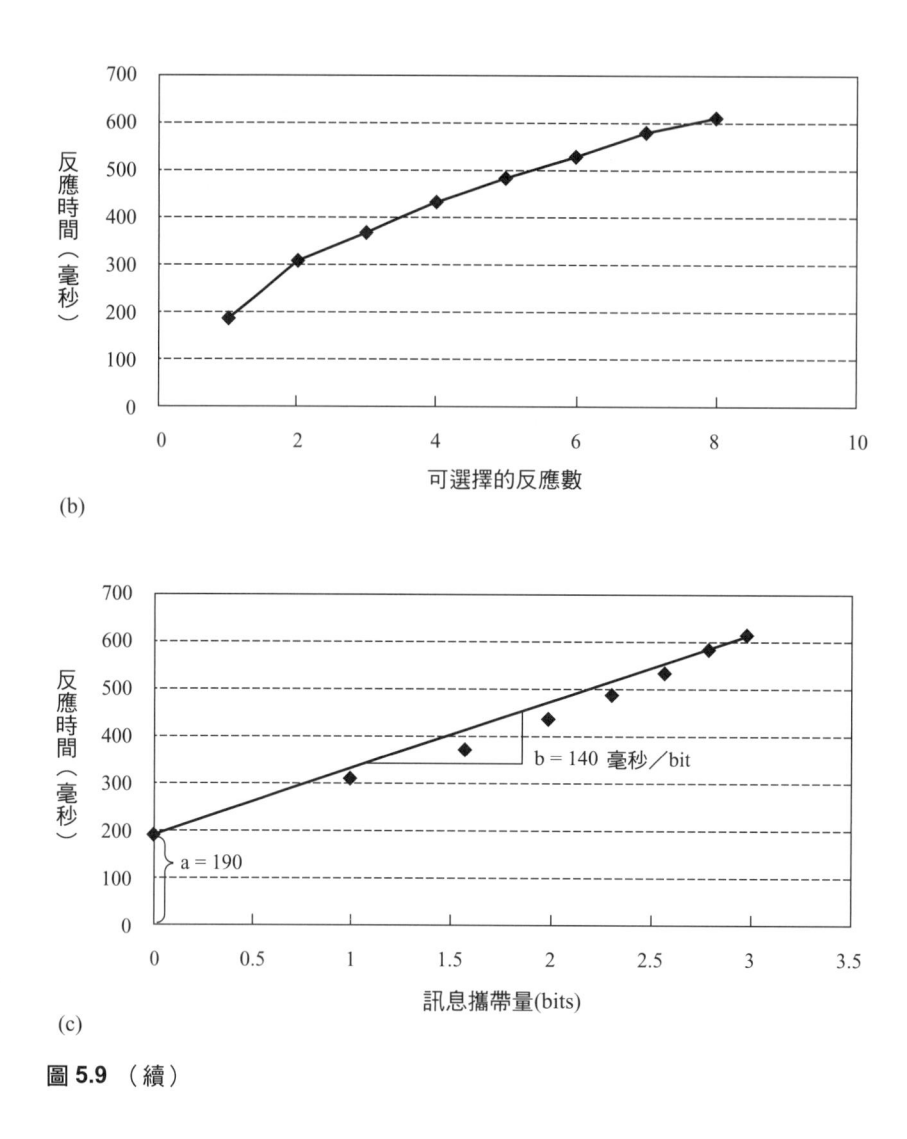

圖 5.9（續）

5.6 訊息編碼的一般原則 Coding of Information: General Design Principles

　　大部分的工廠作業目前都由機器進行操作，因為機器比人更有力、正確，並且可以重複地執行同樣的動作。然而，為了確保這些機器的績效能達到預定的標準，一定要有監測人員持續地觀測機器的運作情況。這些作業員會接收到許多不同的訊息(如壓力、速度與溫度等)，而這些訊息應該以容易解讀且不會造成錯誤的方式呈現。以下數點設計原則，可協助工業工程師將適當的訊息提供給作業員。

呈現的訊息種類

　　訊息的呈現，依其是否隨時間改變而分為靜態與動態。靜態的訊息包含所有的文件(電腦中可以捲動的文件亦屬此類)，以及圖、表、標籤等靜止的資訊。動態的訊息則包含所有會隨時間不斷更新的資訊，諸如壓力、速度、溫度或狀態指示燈等。然而，不論靜態或是動態訊息，都可分為下列幾類：

- **數量資訊**：呈現特定的數值 (如 50°F、60 rpm)。
- **定性資訊**：呈現大略的值或趨勢 (如往上、往下、變熱、變冷)。
- **狀態資訊**：顯示某一系統的現在情況或狀態 (如開／關、停止／注意／進行)。
- **警告資訊**：指出緊急狀況或不安全的狀態 (如火警警鈴)。
- **文數字資訊**：使用文字或數字 (如指示牌、標籤)。
- **表徵資訊**：使用圖畫、符號、顏色等將訊息編碼 (如電腦的資源回收筒)。
- **時相資訊**：以節奏性呈現的信號，在信號持續時間和間隔時間上有所變化 [如摩斯電碼 (Morse code) 或閃光燈號]。

一個訊息的顯示可以包含上述的多種訊息類型，舉例來說，「停車再開」交通標誌為一靜態警告，它同時使用文字與八角形和紅色等的表現方式。

顯示模態

人有五種感覺 (視覺、聽覺、觸覺、嗅覺、味覺)，因此在顯示器的設計上也有五種**顯示模態** (Display modalities)，使人員得以透過顯示器而知覺到這些資訊。然而，視覺與聽覺是人們最發達及主要獲取訊息的感官，因此通常在模態的選擇上也都集中於此兩者。影響顯示模態選擇的因素很多，視覺與聽覺這兩種模態各具優點，也都有一些缺點，表 5.2 所示為這兩種模態適合使用的時機。

觸覺刺激主要的用處在於控制器的設計，在「工作站設計」一節中已有討論。味覺可應用的情況相當有限，主要是將令人不快的味道加在藥物上，以防止孩童誤食。同樣地，特殊氣味常在礦坑的通風系統中施放，以警告礦工有危急狀況發生；在天然氣中加入氣味，也可以使家中瓦斯漏氣時得以及時察覺。

選擇適當向度

資訊可以用許多的向度 (方式) 編碼，但應依實際狀況選擇合適的向度，才可獲得較佳績效。舉例來說，若需要使用光線傳達訊息，則亮度、色彩與閃光頻率都是可以選擇的向度。同樣地，若使用的是聲音，那麼可以選擇的向度有響度、音調與各種聲音變化等。

表 5.2　使用視覺與聽覺信號的使用時機

使用視覺信號的時機	使用聽覺信號的時機
當訊息長且複雜	當訊息短且簡單
當訊息涉及空間概念	當訊息與即時的事件相關
當訊息將來還需要使用	當訊息僅供暫時使用，之後不再需要
不需要即刻處理	需要立即反應
聽覺困難（處於噪音下）或超過負荷	視覺困難或超過負荷
作業員不需到處移動	作業員需要到處移動

（資料來源：Adapted from Deatherage, 1972.）

有限的絕對判斷

在單一向度上，對兩個刺激作區辨，不是靠**相對判斷** (Relative judgment)，就是靠**絕對判斷** (Absolute judgment)。前者的兩個刺激可以直接作比較，後者則因刺激無法直接比較，作業員必須依賴工作記憶先記住一個刺激，再將之與記憶中的標準刺激進行比較。如前所述，工作記憶的大小有其限制，約為 7 ± 2 個項目的容量。因此，一個人最多可以用絕對判斷辨別出五至九個項目，但若是以相對判斷進行兩兩比較，人們可以分辨出 300,000 個不同的顏色。所以，若是同時使用多向度 (如明度與色彩)，則人們的區辨績效可以有所提升，但其能區辨的數目不會多於各向度可區分水準數的乘積 (Sanders and McCormick, 1993)。

增加編碼的可區辨性

選擇編碼系統 (基模) 時，在兩個編碼或刺激之間應該要有起碼的差異程度，才能夠為人所區辨。這種起碼的差異程度稱作**恰辨差** (Just noticeable difference, JND)，會依刺激的水準而異。舉例來說，若給一人 10 盎司 (0.283 公斤) 的重物，其恰辨差約為 0.2 盎司 (5.66 公克)，但若將重量加至 20 盎司 (56.6 公克)，則其恰辨差會增加為 0.4 盎司 (11.33 公克)，以此類推。此項關係稱為**韋伯法則** (Weber's law)，可寫成：

$$k = \text{JND}/S$$

其中 k = 韋伯比例或韋伯斜率
S = 標準刺激

此法則在工業中可見到許多的例證，例如，一個三段式照明裝置 (100-200-300 瓦)，由 100 瓦增加到 200 瓦時，亮度的改變相當明顯，但當由 200 瓦改變至 300 瓦時，其差異就較不明顯。因此，高強度的信號改變若要引起人員的注意，其改變量必須相當大。

編碼基模的相容性

相容性 (Compatibility) 指刺激和反應關係與人們對其預期的一致程度，具相容性的作業可以有較快的反應速度及較低的錯誤率。相容性有四種類型：概念相容性、動作相容性、空間相容性、模態相容性。**概念相容性** (Conceptual compatibility) 是指符碼 (刺激) 對於使用者而言，所具意義的程度，如全球幾乎都認為紅色代表危險或停止，因此其概念相容性極高。同樣地，圖形真實度也相當有用，如門上標示女性的符號，即指出這是女用化妝室。**動作相容性** (Movement compatibility) 是控制動作與顯示結果之間的關係。**空間相容性** (Spatial compatibility) 則是控制器與顯示器在排列上的一致性，典型的例子 (見圖 5.10) 是爐台的爐火與開關之間的關係 (Chapanis and Lindenbaum, 1959)。**模態相容性** (Modality compatibility) 意謂在刺激與反應上都選擇相同的模態，舉例來說，語文作業 (如對語文指令作反應) 最好的搭配為聽覺信號與口頭反應，空間作業 (如將游標移至目標物) 最好是以視覺呈現搭配人工操作。

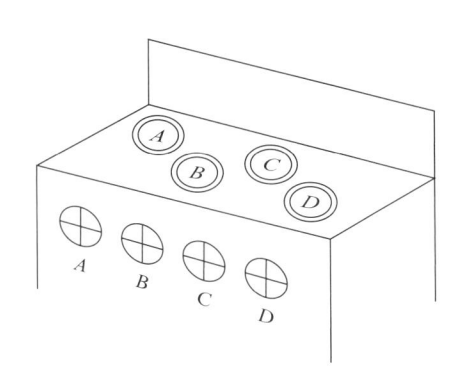

圖 5.10　爐台開關與爐火間的空間相容性。

重要情況的單意多表

　　當幾個向度以單意多表 (Redundancy) 的方式，共同代表設計中同一個概念，刺激或訊息編碼的理解與處理會因此更為正確與快速。「停車再開」的交通標誌即是一個很好的範例：在此標誌的設計中，包含三種單意多表編碼：停 (文字本身的意義)、紅色 (世界通用代表危險的顏色)、八角形的設計 (在交通標誌設計中獨一無二)。因此，只要看到八角形的交通標誌，即使其他向度特徵沒有看清，仍不致產生認知上的失誤，若再看清更多向度特徵，失誤的機會更為降低。

維持一致性

　　不同的編碼系統之間的一致性相當重要，因為在時間壓力下，作業員常依照過去的習慣反應而造成錯誤。因此，在新系統中添加新的警告標示時，對相同的標示切記要使用與原先一致的編碼方式，即使原先的設計並非最理想的設計。舉例來說，黃色通常代表使用時要留意，因此在所有的顯示器上，黃色都應有相同的意義。

5.7　視覺資訊顯示器的設計原則
Display of Visual Information: Specific Design Principles

　　視覺資訊顯示器的種類、優缺點與設計原則一般的視覺資訊顯示器，可分為較傳統的類比式與較精確的數值顯示器兩種。類比式的呈現方式主要有刻度固定、指針移動 (Moving pointer，針動式)，與指針固定、刻度移動 (Moving scale，表動式) 兩種 (見圖 5.11)。針動式的設計是較好的方式，因其符合所有相容性的原則，如數值大小由左至右遞增，順時針方向代表數量增加，因此針動式的呈現方式可以讓數量的資料有極佳的顯示。表動式設計則無法同時滿足上述兩個原則，唯一的適用時機在於當刻度範圍相當大，且固定的刻度無法適當呈現所有的數量時。此時，開口式的窗型顯示器中可呈現相當大的移動刻度範圍，而所顯示的即是最應顯示的部分。

　　當需要精確的數字讀數，而其數值也相對穩定的情況之下 (至少能持續正確閱讀數字所需要的時間)，就應該使用數值顯示器 (Digital display)，或稱作計數器 (Counter)。

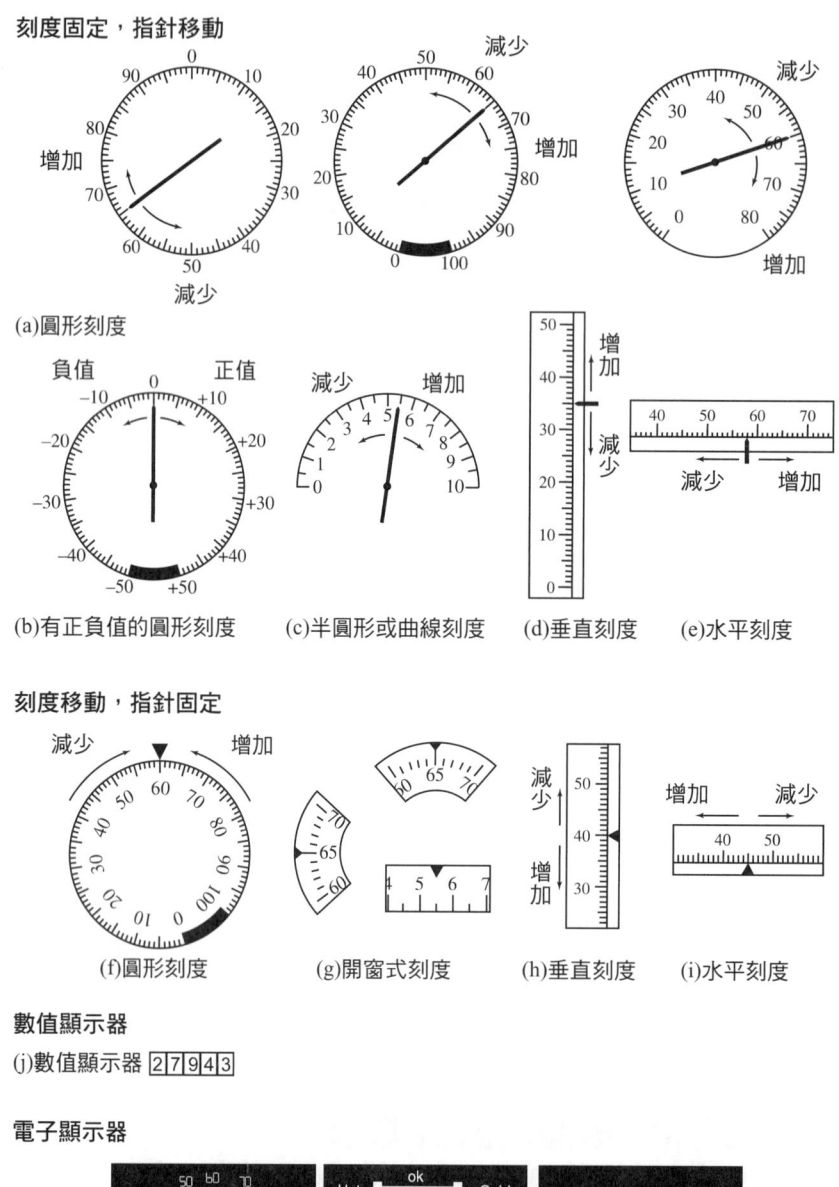

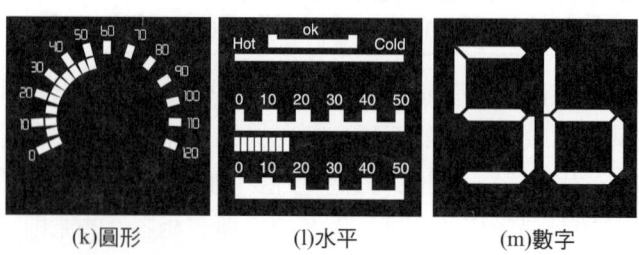

圖 5.11　表達數量資訊所使用的各類顯示器示例。

表 5.3　針動式顯示器、表動式顯示器與計數器的適用效果比較

顯示方式	使用目的			
	閱讀量化資料	閱讀質化資料	設定	追蹤作業
針動式	普通	好（可輕易發現改變）	好（設定旋鈕及指針時，可清楚分辨）	好（指針的位置容易調整與監看）
表動式	普通	差（難以辨別大小與方向）	普通（區分設定與動作有些困難）	普通（在手動控制上可能造成混淆的關係）
計數器	好（耗時與錯誤均最少）	差（位置改變無法代表數量改變）	好（監看數字設定的正確方法）	差（難以監看）

然而，若是數字會快速地改變，則數值顯示器的使用將會相當困難，此類顯示器對於趨勢的判讀也會有困難。正因如此，汽車的速度表一直沒有改用數值式的顯示器。關於針動式顯示器、表動式顯示器與計數器的適用效果比較，整理於表 5.3 中。

一般如時鐘的刻度盤設計，刻度之範圍應清楚，並有次序地以標示大、中、小刻度的呈現方式持續增加。大刻度間為 10 個單位，最小的刻度間為 1 個單位，而每 5 個單位作一中刻度的方式，也都可以幫助閱讀者將數字辨別得更清楚。刻度盤中的指針，其針尖與最小的刻度應大略碰觸，但又不能重疊，而且指針也必須盡量靠近盤面，以免因視差造成錯誤的讀數。

儀表控制面板通常是用來監看系統狀態或指示儀表之用，諸如一連串的壓力計是否都處於正常狀態，或閥門開啟狀態是否異常。作業員主要是作為一位監控者，持續地檢查面板狀況，確保讀數(或系統狀態)在正常範圍之內。此時，儀表的讀數或許具有數量上的意義，但作業員的主要任務僅是確認是否有異常讀數，或系統是否正常而已。因此，在設計上可將所有的正常狀態排成對齊同一方向的一列，若其中一個儀表因異常有了改變，就會因為與其他儀表有所不同而特別地明顯。圖 5.12 即是在線段之間有了明顯的中斷處，代表有異常發生。

在設計視覺資訊顯示器時，應盡量將作業員的資訊負荷最小化，因為當每單位區域中的資訊量增加時，閱讀的人為失誤就會增加。將訊息作適當的編碼有助於顯示器

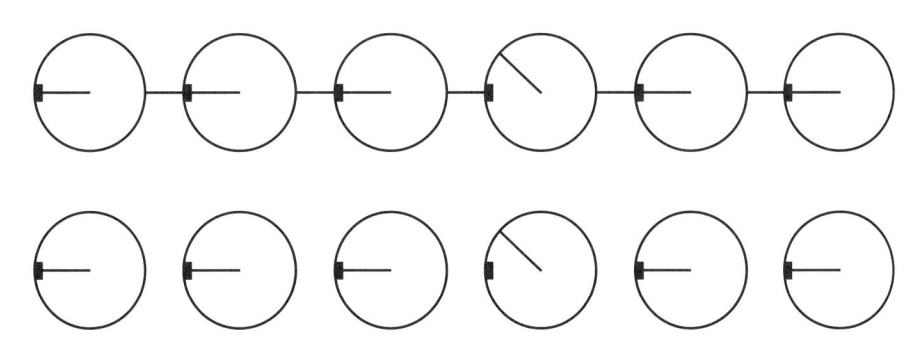

圖 5.12　儀表設計時，將正常狀態作同向排列，易於檢視異常的發生。

的可讀性，並減少失誤的次數。一般說來，顏色、符號、幾何圖形及文字、數字等是最好的編碼方式，因為它們都只需要很小的空間，就能讓人容易分辨不同訊息。

此外，也可藉指示燈的使用吸引作業員的注意力，因為指示或警告燈號在一些具有潛在危險的狀況中，吸引注意力的效果特別好。不過，這些燈號必須能向作業員傳達何處出錯以及該進行何種因應行動的訊息。閃爍頻率介於每秒 1 至 10 次的燈光最能吸引人的注意力，當作業員執行因應行動後，燈號的閃爍應立即停止，但燈光則應持續到異常狀態完全解除為止。

若資訊內涵是文字或數字的訊息，有效的編碼則應同時考慮適當的照明水準、文字高度、筆畫粗細、文字寬高比與不同字型使用的效果。

5.8 聽覺資訊顯示器設計原則
Display of Auditory Information: Specific Design Principles

聽覺信號的特性很適合作為警告用途，因為聽覺信號能吸引注意力，是全方位的，能穿越障礙物，且其反應時間較短。因此，聽覺信號特別適合傳遞訊息給對工作場所不熟悉或需不斷移動的工作者。

因為聽覺系統只能有效接受短且簡單的訊息，因此對複雜的資訊，應考慮利用二階段訊號來呈現。其中，第一個階段應以吸引注意力的信號為主，而第二個階段的信號則呈現更精確的訊息。

此外，人們聽力最敏感的範圍在聲音頻率為 1,000 赫茲 (Hertz，或簡寫為 Hz，1 Hz = 1 週波／秒) 左右，因此在使用聽覺訊號時，最好能將頻率範圍選擇在 500 至 3,000 Hz。將信號強度增強也可以達成兩個目的：第一，可使信號較容易引起注意力，而減少反應時間；第二，可更有效地區分信號與背景噪音。然而，過強的信號也應避免 (如大於 100 分貝)，因為過強的信號會造成驚嚇反應，並使績效降低。

若想讓信號有最佳的使用效果，就應使其與其他聲音 (不論這些是有用的聲音或無用的噪音) 有明顯的區別。這意味著所使用的聲音應在各項屬性 (如頻率、強度和變化) 上，都盡量與其他的聲音有所差異。若是可能，警告的聲音應該透過專用的傳播管道，以增加其獨特性及引人注意的特質。

5.9 人與電腦互動設計的硬體考量
Human-Computer Interaction: Hardware Considerations

輸入與定位裝置

鍵盤與滑鼠為今日使用電腦時主要的輸入與定位裝置，但也有其他許多功能類似的產品，諸如**觸控螢幕** (Touch screen)、**光筆** (Light pen)、**數位板** (Digitizing tablet)、**搖桿** (Track stick) 及**軌跡球** (Trackball) 等。這些產品雖各有其特色與優缺點，但都同樣具有操作正確性與操作速度難以兼顧的問題。操作速度最快的裝置是觸碰螢幕與光筆，但其正確性相對較差。鍵盤游標雖正確性高但比較緩慢，一般接受性不高。觸控

板 (Touch pad) 在操作上比搖桿稍快一點，然而並未受到使用者的青睞。滑鼠與軌跡球較為類似，在速度與正確性上都有較佳的表現，這或許可說明滑鼠如此普及的原因。然而，滑鼠的使用者在握持及使用時有過於用力的傾向 (使用高於所需 2、3 倍的力量)，因此容易造成一些傷害。

螢幕

螢幕中央應正對著正常視線延伸的位置，通常來說是水平面向下 15° 的方向。對 15 吋螢幕而言，以 16 吋的正常閱讀距離來看，螢幕邊緣僅略微超過正常視線 ±15° 的主要視野圓錐區域。因此，在此最佳範圍內，閱覽螢幕時頭部不需要移動，眼睛疲勞可以最小化。是故，螢幕的上緣不應超過眼睛高度的水平面。此外，螢幕最好是可調傾斜角度的，使正常視線與實際閱讀螢幕視線的角度愈小愈好，但絕對要小於 40°。螢幕要避免過度向上傾斜，因為過度向上傾斜會增加由上方燈光造成的反光，而產生炫光並使可視性 (Visibility) 下降。螢幕應盡量降低閃爍，且應有均勻的明亮度，必要時，應以偏光或細網濾光片避免炫光。

筆記型電腦、平板電腦與可攜式個人電子裝置

由於電腦科技的快速發展趨勢，使電腦及相關個人可攜式產品之功能愈強、愈多，尺寸愈小，重量愈輕，更便於攜帶，但虛擬與真實間的關係也愈來愈複雜。膝上型或筆記型電腦的優點為其尺寸與重量較小，因此方便攜帶。然而，也因為如此，這型電腦的按鈕與鍵盤都較小、鍵盤必須連接螢幕、且缺少周邊的游標定位裝置。無法適度調整的螢幕，會使頸部過度彎曲 (遠超過建議的 15°)，而增加肩膀的緊繃、並使手肘角度大於 90°，而很快地造成不舒適的感覺。因此，若能使用外接的鍵盤以及螢幕，或是將筆記型電腦提高，都有助於改善此種情況。

平板電腦與可攜式個人電子裝置 (如：手機、電子書、衛星導航器等)，以其口袋大小的尺寸，提供使用者更多的攜帶性與彈性，但也更增加資料輸入的困難。此類裝置多使用觸控式螢幕操作，鍵盤也顯示在螢幕上，操作時的觸感與回饋與傳統式鍵盤有相當大的差異。以觸碰螢幕將資料輸入裝置時，速度與精確性都會降低；使用其他的輸入方式，諸如手寫辨識與聲音輸入，或許會是較好的作法，但也都有其操作與技術上個人化的限制。電腦相關產品的快速發展與競爭，往往使得新的產品匆忙推出，並未經嚴謹的人因工程測試與評估，隱含著部分需注意的風險，如提前來臨的視力減退、拇指重複性操作傷害、低頭族、臉書強迫症，甚至改變了人際互動的方式，增加了人際疏離等，均屬此類新科技所帶來的新風險，值得我們深思。

5.10 人與電腦互動設計的軟體考量
Human-Computer Interaction: Software Considerations

一般而言，工業工程師或方法工程師並不自行研發軟體，而是使用市面既有的軟體。因此若能了解目前軟體的特徵與標準，將可使人與電腦互動最佳化，因不良設計導致的錯誤率也可降至最低。

目前大部分的電腦軟體都使用**圖形化使用者介面** (Graphical user interface, GUI)，這種介面有四個特徵：視窗、圖像、選單與指標 (有時統稱為 WIMP)。**視窗** (Windows) 乃是螢幕上可以個別作業的區域，一般來說，其中會包含文字或圖形，並可以讓使用者將之任意移動或調整其大小。**圖像** (Icons) 是代表小型或縮小的視窗或其他介面中事物的圖示，可節省螢幕的空間，並可作為具有互動效果的提示。**選單** (Menus) 是提供給使用者的一份操作指令清單，其中包含一定次序的操作、服務或資訊。**指標** (Pointers) 在 WIMP 介面中是一個重要的元件，不同形狀的指標常用來代表不同狀態下的定位方式，例如，箭頭是簡單的定位、交叉細線代表畫線時的定位、油漆刷則代表將外框內塗滿顏色的定位。

在設計上來說，視窗之間要避免彼此重疊而造成重要資訊被阻隔。使用視窗時，就好像可以讓使用者透過視窗進入更大的世界，藉由操作捲軸 (Scrollbars)，讓使用者可將視窗中的內容作上、下、左、右移動，類似於現實中的閱讀情況，得以看到視窗中的新資訊。圖像的設計應與其所代表之物件有合適的關聯性 (通常稱作相容性)，如此使用者方可輕易地了解其意義。指標的設計應讓使用者使用時，對其點選的位置 (熱點) 有清楚的定位；如以箭頭指標而言，其尖端處即為其熱點。然而，許多可愛的圖像 (如狗與貓)，因為沒有一個明顯的熱點，應避免使用。選單設計應注意到，當選項過多 (超過 7 至 10 項) 時，這些選項應予分類。不同類型的選項在不同的視窗中，只將該類的標題或主題在選單上框中呈現出來，當其標題被點選時，屬於此標題下的項目會在另一個彈出來的視窗中呈現。下拉式選單 (Pull-down menu) 即是分類的選單，其分類可依照功能性或相似性區分，而在某一屬性下的選單，則依照重要性和使用頻率作排列。軟體的設計應讓使用者有完全的掌控權，並應提供離開或回復的功能；在每一個操作之後應給予回饋；在較長的系統處理過程中，軟體應隨時提供使用者進度狀況的顯示。

工作環境設計 Work Environment Design

作業員應在良好、安全與舒適的作業環境中工作。過去的經驗告訴我們，在良好環境中工作比在較差的環境中工作會有更高的產出。而從經濟效益考慮來看，提供良好工作環境的效果更是顯著。此外，離職率、曠工率的下降與士氣的提升也都是潛在的誘因，因此方法工程師應該設法改善作業員之工作環境。

5.11 照明與可視性 Illumination and Visibility

人看事物的清楚程度，一般稱為**可視性** (Visibility)。影響可視性的因素主要為**視角** (Visual angle)、**對比** (Contrast)，以及 (最重要的) **照明** (Illuminance)。視角乃是眼睛對目標物各邊所形成的夾角；對比則是目標物本身與其背景明亮度的差別。其他會影響可視性的因素，還包括目標顯現的時間、目標的移動、觀察者年齡、已知目標出現的位置，以及訓練等。因此，要讓作業員看得更清楚，並非只有提高亮度一途，還有其他許多的可能方式。事實上當亮度過高時，也可能產生炫光，反而導致視線不清。

表 5.4　主要色彩對人們情緒與心理上的影響

顏色	特性
黃色	在各種的照明情況下都有最好的可視性，並可帶給人們乾爽、清新的感覺。會使人有富裕、光榮的感受，不過也會讓人產生膽小與病態的負面印象。
橘色	結合了黃色的高可視性與紅色給人的活力感受，在光譜中，比任何其他顏色都更能攫取人們的注意力。此外，橘色也帶給人們溫暖與激勵、歡樂的效果。
紅色	給人有強度與活力感受的高可視性顏色。紅色是血液的代表顏色，傳達出熱力、激發以及行動的印象。
藍色	低可視性的顏色，會讓人的心靈更開闊與慎思。藍色雖然有時會讓人覺得沮喪，但也能使情緒得到舒緩。
綠色	低可視性的顏色，散發出休憩、冷靜與穩定的感受。
紫色	低可視性的顏色，與痛苦、受難、熱情、英雄主義等的形象相關，同時給人脆弱、精神不振、沒有活力的印象。

另外一個與照明有關的議題為人工光源的選擇。適當的光源選擇需考慮兩項因素：一是照明的效率 (Efficiency)；二是顯色性 (Color rendering)。照明的效率指每單位能源所能產生的光度，與成本相關，效率高的光源可減少能源的消耗；而顯色性則意指一個物體在某人工光源照明下感知的顏色，與其在標準光源下感知顏色的接近程度。因此，對於需分辨顏色的工作，必須選擇顯色性較佳的照明光源。

顏色對人有心理層面的影響，不同的顏色會帶給作業員不同的感受。舉例來說，一般人對奶油的印象是黃色的，所以人造奶油一定要符合此種黃色，以引起食慾。對工廠而言，環境中色彩最重要的影響在於它能提供作業員視覺的舒適度。藉由色彩的運用，可以降低對比的強烈程度，增加物體的反射，或是凸顯危害之所在等工作環境的特徵。表 5.4 即列舉過去研究中幾種主要色彩對於人們情緒與心理上的影響。

5.12　噪音 Noise

物理特性與其影響

聲音是由物體振動所發出的一種能量波，透過介質而傳遞。可當作介質的不只是液體與氣體，固體也是傳遞媒介之一。聲音是由頻率與強度來定義，不同的頻率與強度產生不同的聲音。人耳能聽到的聲音頻率約在 20 至 20,000 Hz，而聲音強度的單位為**分貝 (Decibel 或 dB)**，可以音量計量測，聲波的振幅愈大，聲音強度也就愈強，聽起來愈大聲。至於噪音，在本質上為「不受歡迎的聲音」。

噪音可分為**寬頻噪音 (Broadband noise)** 與**具意噪音 (Meaningful noise)**。寬頻噪音的頻率幾乎遍及整個頻譜範圍，又可劃分為連續噪音以及間歇噪音兩種。具意噪音是有語意且會引起分心的噪音，會影響工作效率。在噪音下的暴露時間增長或噪音量甚強時，會造成聽力損失 (Hearing loss)。當頻率接近 2,400 至 4,800 Hz 的範圍時，耳朵受損並造成神經性耳聾的機會就會增加。長期而言，寬頻噪音會導致耳聾，而對日

常作業的影響而言,則會造成作業員效率降低或溝通效能不彰。

當人們暴露於過量的噪音之下時,最初的影響通常是暫時性的聽力損失,在離開該噪音環境數小時之後,聽力可以完全地恢復;然而,若是長期地使其反覆暴露在如此的噪音環境下,將會導致無法復原的聽力損失。因此,若能降低噪音的強度或減少暴露的時間,當能明顯減少永久性聽力損失。

噪音控制與防護

管理者有三種方式可以控制噪音水準。第一種方式是由噪音源處降低噪音,這種方式最好,但也最難達成,因為重新設計低噪音機台並不容易,但可以用較安靜的加工法及設備來代替。低頻噪音源可用橡膠墊及定期良好的維修保養予以有效控制。第二種方式用在無法有效消除噪音源時,可以將噪音源隔離,亦即將整部高噪音機器與其相關的配備都置於隔音的空間。若上述兩種作法都不可行,則可以考慮在牆上、地板與天花板等處所裝上吸音材料,以降低噪音的迴響。

若是以上方式效果不佳,則必須對受噪音影響的人員實施個人聽力保護,例如,落實在噪音環境下配戴耳塞,好的耳塞甚至可以讓所有頻率的噪音強度都降低達 110 分貝之多。

5.13 溫度 Temperature

大多數的作業員或多或少都曾暴露在高溫之下,對某些產業而言,在高溫下工作更是家常便飯,例如,礦工就必須忍受礦坑愈深,溫度愈高;而煉鋼廠、煉鋁廠熔爐的冶煉工人雖然工作時間有限,但面對如此高溫的環境,仍可能會超過自然界極端惡劣氣候的熱壓力上限。

人體可視為一具覆蓋外殼的汽缸。外殼相當於皮膚、體表組織及四肢;核心則是軀幹、頭部的深層組織。核心體溫調適的變化範圍較小,約在 98.6°F (37°C) 上下;若是上升到 100 至 102°F (37.8 至 38.9°C),則生理機能會大幅下滑;若高於 105°F (40.6°C),可使排汗機能失常,會造成核心體溫急速升高,最終可能造成死亡。體表溫度調適範圍則較大,溫度的大幅改變對生理機能的效率不至於影響太大,而且可以作為調節核心體溫的緩衝。一般說來,從事 8 小時坐姿或輕體力工作時,讓人感到舒適的溫度環境約為相對溼度 20% 至 80% 時的 66°F 至 79°F (18.9°C 至 26.1°C)。

人體與環境的熱交換有幾個因素需要考慮:人體新陳代謝產生的熱量、因為熱對流而增加或降低的熱量、因為熱輻射而增加或降低的熱量、汗水蒸發後減少的熱量。上述四項的總和必須為零才能達到熱平衡,否則人體就會不斷地增加或流失熱量。

熱壓力 (Heat stress) 可以藉工程 (即環境改善) 或管理控制兩種方法予以降低。環境改善的想法源自熱平衡的概念,當新陳代謝是主要的熱量來源時,可提高作業的自動化,以降低人員的工作負荷 (降低工作速度雖也可達到同樣效果,但卻會導致生產力下滑)。將高溫與蒸汽機台移開或加裝隔熱設施、防止蒸汽溢出等,也可以有效地

表 5.5　寒冷環境中相當於無風氣溫的等值風寒溫度

風速 (哩／小時)	溫度計實際量測值 (°F)							
	40	30	20	10	0	−10	−20	−30
5	36	25	13	1	−11	−22	−34	−46
10	34	21	9	−4	−16	−28	−41	−53
15	32	19	6	−7	−19	−32	−45	−58
20	30	17	4	−9	−22	−35	−48	−61
30	28	15	1	−12	−26	−39	−53	−67
40	27	13	−1	−15	−29	−43	−57	−71

低度危險：
暴露時，皮膚感到乾澀，
5小時內尚不致凍傷

危險持續增高：
30分鐘內即會
造成凍傷

非常危險：
5分鐘之內即會
造成凍傷

(資料來源：美國國家氣象局(National Weather Service)。)

控制熱量的累積。輻射熱也可在影響作業員之前，用熱反射或熱吸收材料將其吸收。此外，提供更好的通風以及乾燥的空氣，亦有助於對流熱的散熱。就管理控制而言，給予作業員不同的作息表，以輪班方式使同一作業員無須在熱環境中工作太久、協助工人對溫度的調適等，都可以降低他們的熱壓力。

另一方面，就冷壓力而言，最嚴重的影響是使作業員的觸覺敏銳度降低，手部靈敏度也因為血管收縮造成血液減少而變得不靈敏。在 65°F 至 45°F (18.3°C 至 7.2°C) 的溫度下，手部活動的績效甚至會下滑 50% 之多。給予暖氣機、烘手機或手套都能解決此問題。衡量冷壓力最常見的指標是**風寒指數** (Wind chill index)，此係數乃是考慮周遭環境氣溫及風速所造成的輻射與對流熱量損失。在使用上，一般會將之轉換為**等值風寒溫度** (Equivalent wind chill temperature)(如表 5.5)，表中的溫度代表在特定的實測氣溫與風速條件下，人體因熱量損失所感受到相當於無風時的氣溫。

5.14　通風、振動與輻射 Ventilation, Vibration and Radiation

通風

室內的空氣會被人員、機器與各種活動放出的氣味、二氧化碳、蒸汽與熱等所汙染，而適當的通風除了可以稀釋這些汙染，排除不新鮮的空氣外，也能讓新鮮空氣流進室內。通風依照不同需要，可分為三種方式：(1) **一般通風** (General ventilation) 又稱**替換性通風** (Displacement ventilation)，是為移除室內人員、燈具、設備所產生之熱氣所作的通風，適用於整個室內空間都有人員活動的情況；(2) **局部通風** (Local ventilation) 是對大空間中少數有人員作業的小空間或特定的封閉空間所作的通風，不需置換整個空間的空氣；(3) **定點通風** (Spot ventilation) 是針對空間中定點的熱源所作的通風，例如，對高溫熔爐作業的工人可用強力風扇做定點通風，以增強對流與蒸發的降溫作用。

振動

　　振動對人員績效有負面的影響，低頻率、高強度的振動對身體器官與組織也會產生惱人的效應；除了會導致動暈症，振動也會讓人更容易疲勞，產生頭痛與視覺的問題，食慾下降，甚至是動作控制障礙、椎間盤退化以及關節炎。此外，電動工具的振動也會妨礙手部血液流動，而造成**白指症候群** (White fingers syndrome)。此種症狀在寒冷狀態下，因手指末稍血液循環不佳 [或稱**雷諾氏症候群** (Raynaud's syndrome)]，將更為嚴重。

　　除了上述的直接影響外，振動也會造成共振的效果。每個物體都有其自然頻率，當振動的頻率與其自然頻率接近時，物體就會產生共振的現象，引起更大的振幅，這有可能導致安全發生問題。從以往的案例中，可以看到強風造成共振，終使橋梁崩塌。

　　在控制振動上，管理者可藉由對機台的適當維修與設定，使其速度、活動都更穩定而減少振動，在機台下方放置吸振墊或彈簧也可有效地減緩振動。由於人對振動的承受能力與暴露時間成反比，因此對於高強度振動環境下的作業人員，也可縮減其暴露時間，以達到減少振動影響的目的。

輻射

　　雖說各種離子輻射均會傷害人體組織，但由於 α 波與 β 波較容易防護，因此現今的焦點都放在 γ 波和 X 光以及中子輻射的防護上。長期暴露在少量輻射下會增加癌症發生的機率，若是短期間暴露在大劑量下則會產生輻射病，而若劑量更強則致死的機率相當大。因此，對有輻射的工作環境，應嚴格控制作業員的輻射暴露量必須符合輻射安全標準。

5.15 工作時間 Working Hours

輪班工作

　　輪班工作 (Shiftwork) 意指不是在日間時間工作，此在產業界有日漸增加的趨勢。傳統上，此類工作時間的出現是為因應某些無法間斷的服務所需，諸如消防隊以及醫院，或如化學、製藥等連續製程的產業所需。目前的製造業，因昂貴設備投資回收的考量，或零庫存的生產方式，也使此種輪班工作方式有愈來愈多的傾向。最常見的輪班方式是三班制，分為早晨八點至下午四點、下午四點至凌晨零點，以及凌晨零點到早晨八點三班。然而這卻給工業界帶來其他的問題，例如，輪班制度改變了人們的生理節奏，而造成諸如食慾不振、生病、疲倦等健康的問題，也使意外發生的可能性增加。此外，在某些時段工作的績效較差，例如，在正午過後以及夜班人員的績效都已證實較差。即使改用夜班代替輪班，作業員也會因為自己的社交活動，而無法真的將生理節奏調整到適應夜班的情況。若是工作必須採用輪班制度，則下述幾點是規劃輪班的建議：

1. 避免超過 50 歲的員工參與輪班工作。
2. 輪班制度不要以週或月的方式輪調,應改用更短的輪調時間。
3. 若需安排連續夜班,天數應盡量減少 (不超過三個連續夜班)。
4. 應安排部分週末輪休,並至少包含連續兩個全天。
5. 輪班計畫應盡量簡單、規律,對輪班的員工一視同仁。

超時工作

　　一項英國的研究發現,若是將每天的工作時數縮短,則作業員的休息次數可以減少,每小時的產出量反而會提升,不過這種改變要幾天之後才能趨於穩定;相反地,若將一天的工作時數延長,亦即要求作業員加班,那麼績效反而會下降,甚至總產出量比不加班時還要更低。因此,雖然預期超時工作可以增加產量,實際上往往被下降的生產力所抵銷。這種效應的關鍵在於體力負荷:愈要求加班工作,體力負荷愈重,工人更需要增加休息來恢復體力,於是生產力就更為下降。通常,利用加班獎金激勵,可以略為舒緩績效的下滑。然而,對於工作步調需配合機器 (Machine-paced) 的作業而言,作業員終究還是會達到極端疲倦的程度,於是需要依據適當的規範,給予額外的休息時間。此外,還應注意過度或連續超時工作往往會導致意外事故或病假的增加。

　　一般而言,超時工作應予避免。然而,為因應短期的過渡或抒解暫時性的人力不足,以維持生產所需,仍有加班的必要。因此,若是必須超時工作,下述是幾點建議:
1. 重體力工作應盡量避免超時。
2. 重新檢討配合機器作業的速率,訂定合理的作息時程或降低機器作業的速率。
3. 若是需要連續或長期的超時工作,應以多人輪換或採取輪班制度因應。
4. 避免占用週末的時間加班。

壓縮每週工作日數

　　壓縮每週工作日數是指在不減少每週總工時的情況下,以較少的天數和較長的每日工時完成工作,例如,將一週五天共 40 小時的工作,改為一週四天,每天工作 10 小時。這樣的作法可讓作業員減少通勤時間,並增加其週末的休閒時間;對公司而言,則可減少作業員休息的次數、機器設定與暖機的延遲,以及降低曠工率。然而,壓縮每週工作日數的本質即是連續的每日超時工作,因此許多前述超時工作的缺點也都會出現。

彈性工時

　　隨著職場中高齡工作者、需照顧幼兒的婦女、單親父母、生活品質追求者等的增多,有愈來愈多的人無法或不想全職工作,於是**彈性工時** (Flextime) 就可以適合他們的需求。這樣的作法對勞資雙方都有好處,雇主可以僱用到更具工作熱忱、不會經常請病假的員工,員工則可以享有更多的私人時間,以完成他們在私生活所需。不過,這種工作方式並不適合需要連續作業特性的工作,因為這類型的作業往往需要事先排程

總結

　　人員在工作中扮演著不可或缺的角色，因此如何提供作業員一個適合其特性的作業與作業環境，幫助其更有效率地完成工作，是相當重要的一項考量。本章由人因工程的角度，配合工作研究的需求，將討論重點分為三個部分，即工作站設計、認知作業設計及工作環境的設計。

　　工作站設計的良窳直接影響生產力與員工的福祉，其中需要考量的因素相當多。就身體尺寸而言，提供員工可調式的器械設備與桌椅，可讓不同身高、臂長與力氣的員工都能使用舒適。此外，諸如視覺、聽覺、情緒感受、反應速度等其他身體能力，也應同時加以考量，並在方法工程中將之納入，如此才可營造出具有競爭力的工作條件。

　　在作業的設計上，工程師也必須考慮人員的認知能力與特性以進行安排，避免資訊過度負荷，並以有效的方式安排各項資訊的呈現。在電腦使用日益頻繁的今天，電腦的軟硬體介面與其輸入輸出設備的設計，必須符合人因工程的原則，已漸成市場的主流。

　　最後，本章介紹其他各項可能影響員工作業的工作環境因素，適當的環境設計能提升工作效率以及員工滿意度。因此，工作場所的照明不能太刺眼也不能過於昏暗；工作場所中的噪音應設法消除，不應使員工長期暴露於噪音環境中；溫度與溼度應適中，使員工感到舒適；而工作時間的輪班、加班等均應妥適規劃。若是環境中的危害因子無法完全消除，則應給予作業員適當的護具以及足夠的休息，使其工作安全有所保障。

參考文獻

ACGIH. *TLVs and BEIs. Cincinnati,* OH: American Conference of Government Industrial Hygienists, 2003.

Andersson, E. R. "Design and Testing of a Vibration Attenuating Handle." *International Journal of Industrial Ergonomics,* 6, no. 2 (September 1990), pp. 119-125.

Andersson, G. B. J., R. Ortengren, A. Nachemson, and G. Elfstrom. "Lumbar Disc Pressure and Myoelectric Back Muscle Activity During Sitting." I, Studies on an Experimental Chair. *Scandinavian Journal of Rehabilitation Medicine,* 6 (1974), pp. 104-114.

An, K., L. Askew, and E. Chao. "Biomechanics and Functional Assessment of Upper Extremities." In *Trends in Ergonomics/Human Factors III.* Ed. W. Karwowski. Amsterdam: Elsevier, 1986, pp. 573-580.

ANSI (American National Standards Institute). *ANSI standard for Human Factors Engineering of Visual Display Terminal Workstations.* ANSI/HFS 100-1988. Santa Monica, CA: Human Factors Society, 1988.

Armstrong, T. J. *Ergonomics Guide to Carpal Tunnel Syndrome. Fairfax,* VA: American Industrial Hygiene Association, 1983.

ASHRAE. *Handbook, Heating, Ventilation and Air Conditioning Applications.* (Chapter 25). Atlanta, GA: American Society of Heating, Refrigeration and Air Conditioning Engineers, 1991.

Belding, H. S. and Hatch, T. F., "Index for Evaluating Heat Stress in Terms of Physiological Strains." *Heating, Piping and Air Conditioning,* 27 (August, 1955), pp. 129-136.

Bishu, R. R., and C. G. Drury. "Information Processing in Assembly Tasks — A Case Study," *Applied Ergonomics,* 19 (1988), pp. 90-98.

Blackwell, H. R. "Development and Use of a Quantitative Method for Specification of Interior Illumination Levels on the Basis of Performance Data." *Illuminating Engineer,* 54 (June 1959), pp. 317-353.

Bobjer, O., S. E. Johansson, and S. Piguet. "Friction Between Hand and Handle. Effects of Oil and Lard on Textured and Non-textured Surfaces; Perception of Discomfort." *Applied Ergonomics,* 24, no.3 (June 1993), pp. 190-202.

Borg, G. "Psychophysical Scaling with Applications in Physical Work and the Perception of Exertion." *Scandinavian Journal of Work Environment and Health,* 16, Supplement 1 (1990), pp. 55-58.

Bullinger, H. J., and J. J. Solf. *Ergononomische Arbeitsmittel-gestaltung, II - Handgeführte Werkzeuge - Fallstudien.* Dortmund, Germany: Bundesanstalt fur Arbeitsschutz und Unfallforschung, 1979.

Chaffin, D. B., and G. Andersson. *Occupational Biomechanics.* New York: John Wiley & Sons, 1991, pp. 355-368.

Chapanis, A., and L. Lindenbaum. "A Reaction Time Study of Four Control-Display Linkages," *Human Factors,* 1 (1959), pp 1-7.

Corlett, E. N., and R. A. Bishop. "ATechnique for Assessing Postural Discomfort." *Ergonomics,* 19, no. 2 (March 1976), pp. 175-182.

Damon, A., H. W. Stoudt, and R. A. McFarland. *The Human Body in Equipment Design.* Cambridge, MA: Harvard University Press, 1966.

Deatherage, B. H. "Auditory and Other Sensory Forms of Information Presentation," In H. P. Van Cott and R. Kinkade (Eds.) *Human Engineering Guide to Equipment Design.* Washington DC: Government Printing Office, 1972.

Drury, C. "Improving Inspection Performance." In *Handbook of Industrial Engineering.* Ed. G.. Salvendy. New York: John Wiley & Sons, 1982.

Dury, C. G. and J. L. Addison. "An Indistrial Study on the Effects of Feedback and Fault Density on Inspection Performance." *Ergonomics,* 16 (1973), pp. 159-169.

Eastman Kodak Co. *Ergonomic Design for People at Work.* Belmont, CA: Lifetime Learning Pub., 1983.

Eastman Kodak Co. *Ergonomic Design for People at Work.* Vol. 1. New York: Van Nostrand Reinhold, 1983.

Eastman Kodak Co. *Ergonomic Design for People at Work.* Vol. 2. New York: Van Nostrand Reinhold, 1986.

Eggemeier, F. T. "Properties of Workload Assessment Techniques," In *Human Mental Workload.* Ed. P. Hancock and N. Meshkati. Amsterdam: North-Holland, 1988.

Fechner, G. *Elements of Psychophysics.* New York: Halt, Rinehart and Winston, 1860.

Fellows, G. L., and A. Freivalds. "Ergonomics Evaluation of a Foam Rubber Grip for Tool Handles." *Applied Ergonomics,* 22, no. 4 (August 1991), pp. 225-230.

Fitts, P. "The Information Capacity of the Huamn Motor System in Controlling the Amplitude of Movement." *Journal of Experimental Psychology,* 47 (1954), pp. 381-391.

Fraser, T. M. *Ergonomic Principles in the Design of Hand Tools.* Geneva, Switzerland: International Labor Office, 1980.

Freivalds, A., D. B. Chaffin, and G. D. Langolf. "Quantification of Human Performance Circadian Rhythms." *Journal of the American Industrial Hygiene Association,* 44, no. 9 (September 1983), pp. 643-648.

Freivalds, A. "Tool Evaluation and Design." In *Occupational Ergonomics.* Ed. A. Bhattacharya and J. D. McGlothlin. New York: Marcel Dekker, 1996, pp. 303-327.

Freivalds, A., and J. Eklund. "*Reaction Torques and Operator Stress While Using Powered Nutrunners.*" *Applied Ergonomics,* 24, no. 3 (June 1993), pp. 158-164.

Galitz, W. O. *User-Inferface Screen Design.* New York: John Wiley & Sons, 1993.

Garrett, J. "The Adult Human Hand: Some Anthropometric and Biomechanical Considerations." *Human Factors,* 13, no. 2 (April 1971), pp. 117-131.

Giambra, L. and R. Quilter. "A two-Term Exponential Description of the Time Course of Sustained Attention." *Huamn Factors,* 29 (1987), pp. 635-644.

Grandjean, E. *Fitting the Task to the Man.* (4th ed.). London: Taylor & Francis, 1998.

Green, D. and J. Swets. *Signal Detection Theory and Psychophysics.* Los Altos, CA: Peninsula Publishing, 1988.

Greenberg, L., and D. B. Chaffin. *Workers and Their Tools.* Midland, MI: Pendell Press, 1976.

Greenstein, J. S. and L. Y. Arnaut. "Input Devices." In *Handbook of Human-Computer Interaction.* Ed. M. Helander. Amsterdam: Elsevier/North-Holland, 1988.

Harpster, J. L., A. Freivalds, G. Shulman, and H. Leibowitz, "Visual Performance on CRT Screens and Hard-Copy Displays," *Human Factors,* 31 (1989), pp. 247-257.

Heffernan, C., and A. Freivalds. "Optimum Pinch Grips in the Handling of Dies." *Applied Ergonomics,* 31 (2000), pp. 409-414.

Helander, J. G., T. K. Landauer, and P. V. Prabhu, Eds. *Handbook of Human-Computer Interaction,* 2nd ed. Amsterdam: Elsevier, 1997.

Hertzberg, H. "Engineering Anthropometry." In *Human Engineering Guide to Equipment Design.* Ed. H. Van Cott, and R. Kincaid. Washington, DC: U.S. Government Printing Office, 1973, pp. 467-584.

Hick, W. E. "On the Rate of Gain of Information." *Quarterly Journal of Experimental Psychology,* 4(1952), pp. 11-26.

Human Factors Society. *American National Standard for Human Factors Engineering of Visual Display Terminal Workstations, ANSI/HFS 100-1988.* Santa Monica, CA: Human Factors Society, 1988.

Hyman, R. "Stimulus Information as a Determinant of Reaction Time." *Journal of Experimental Psychology,* 45 (1953), pp. 423-432.

IESNA. *Lighting Handbook.* 8th ed. Ed. M. S. Rea. New York: Illuminating Engineering Society of North America, 1995, pp. 459-478.

Kamon, E., W. L. Kenney, N. S. Deno, K. J. Soto, and A. J. Carpenter. "Readdressing Personal Cooling with Ice." *Journal of the American Industrial Hygiene Association,* 47, no. 5 (May 1986), pp. 293-298. 195

Konz, S., and S. Johnson. *Work Design,* 5th ed. Scottsdale, AZ: Holcomb Hathaway Publishers, 2000.

Kroemer, K. H. E. "Coupling the Hand with the Handle: an Improved Notation of Touch, Grip and Grasp." *Human Factors*, 28, no. 3 (June 1986), pp. 337-339.

Langolf, G., D. Chaffin, and J. Foulke, "An Investigation of Fitts' Law Using a Wide Range of Movement Amplitudes." *Journal of Motor Behavior,* 8, No. 2 (June 1976), pp. 113-128. Lehmann, G., *Praktische Arbeitsphysiologie.* Stuttgart: G. Thieme, 1953.

Lockhart, J. M., H. O. Kiess, and T. J. Clegg. "Effect of Rate and Level of Lowered Finger-surface Temperature on Manual Performance." *Journal of Applied Psychology,* 60, no. 1 (February 1975), pp. 106-113.

Lundstrom, R., and R. S. Johansson. "Acute Impairment of the Sensitivity of Skin Mechanoreceptive Units Caused by Vibration Exposure of the Hand." *Ergonomics,* 29, no. 5 (May 1986), pp. 687-698.

Mayhew, D. J. *Principles and Guidelines in Software User Interface Design.* Englewood Cliffs, NJ: Prentice Hall, 1992.

Miller, G., and A. Freivalds. "Gender and Handedness in Grip Strength." *Proceedings of the Human Factors Society 31st Annual Meeting.* Santa Monica, CA, 1987, pp. 906-909.

Miller, G. "The Magical Number Seven, Plus or Minus Two: Some Limits on Our Capacity for Processing Information." *Psychological Review,* 63 (1956), pp. 81-97.

Mital, A., and Å. Kilbom. "Design, Selection and Use of Hand Tools to Alleviate Trauma of the Upper Extremities." *International Journal of Industrial Ergonomics,* 10, no. 1 (January 1992), pp. 1-21.

National Safety Council. *Accident Facts.* Chicago, IL: National Safety Council, 2003.

NIOSH. *Criteria for a Recommended Standard...Occupational Exposure to Hot Environments, Revised Criteria.* Washington, DC: National Institute for Occupational Safety and Health, Superintendent of Documents, 1986.

NIOSH, *Health Hazard Evaluation-Eagle Convex Glass, Co.* HETA-89-137-2005.

NIOSH. *Occupational Noise Exposure, Revised Criteria 1998.* DHHS Publication No. 98-126. Cincinnati, OH: National Institute for Occupational Safety and Health, 1988.

OSHA. *Code of Federal Regulations—Labor.* (*29 CFR 1910*). Washington, DC: Office of the Federal Register, 1997.

OSHA. *Ergonomics Program Management Guidelines for Meatpacking Plants.* OSHA 3123. Washington, DC: The Bureau of National Affairs, Inc., 1990.

Pheasant, S. T., and S. J. Scriven. "Sex Differences in Strength, Some Implications for the Design of Handtools." In *Proceedings of the Ergonomics Society.* Ed. K. Coombes. London: Taylor & Francis, 1983, pp. 9-13.

Putz-Anderson, V. *Cumulative Trauma Disorders.* London: Taylor & Francis, 1988.

Riley, M. W., and D. J. Cochran. "Partial Gloves and Reduced Temperature." In *Proceedings of the Human Factors Society 28th Annual Meeting.* Santa Monica, CA: Human Factors and Ergonomics Society, 1984, pp. 179-182.

Sanders, M. S., and E. J. McCormick. *Human Factors in Engineering and Design.* 7th ed. New York: McGraw-Hill, 1993.

Schwarzenau, P., P. Knauth, E. Kiessvetter, W. Brockmann, and J. Rutenfranz. "Algorithms for the Computerized Construction of Shift Systems Which Meet Ergonomic Criteria." *Applied Ergonomics,* 17, no. 3 (September 1986), pp. 169-176.

Serber, H. "New Developments in the Science of Seating." *Human Factors Bulletin,* 33, no. 2 (February 1990), pp. 1-3.

Seth, V., R. Weston, and A. Freivalds. "Development of a Cumulative Trauma Disorder Risk Assessment Model." *International Journal of Industrial Ergonomics,* 23, no. 4 (March 1999), pp. 281-291.

Sipple, P. A., and C. G. Passel. "Movement of Dry Atmospheric Cooling in Subfreezing Temperatures." *Proceedings of the American Philosophical Society,* 89 (1945), pp. 177-199.

Stroop, J. R. "Studies of Interference in Serial Verbal Reactions." *Journal of Experimental Psychology,* 18 (1935), pp. 643-662

Saran, C. "Biomechanical Evaluation of T-handles for a Pronation Supination Task." *Journal of Occupational Medicine,* 15, no. 9 (September 1973), pp. 712-716.

Terrell, R., and J. Purswell. "The Influence of Forearm and Wrist Orientation on Static Grip Strength as a Design Criterion for Hand Tools." *Proceedings of the Human Factors Society 20th Annual Meeting.* Santa Monica, CA, 1976, pp. 28-32.

Tichauer, E. R. "Some Aspects of Stress on Forearm and Hand in Industry." *Journal* of Occupational Medicine, *8, no. 2 (February 1966), pp. 63-71.*

U.S. Department of Justice. *Americans with Disabilities Act Handbook*. EEOC-BK-19. Washington, DC: U.S. Government Printing Office, 1991.

Webb Associates. *Anthropometric Source Book*. II, Pub.1024. Washington, DC: National Aeronautics and Space Administration, 1978.

Weidman, B. *Effect of Safety Gloves on Simulated Work Tasks*. AD 738981. Springfield, VA: National Technical Information Service, 1970.

Wickens, C. D. "Processing Resources in Attention." In *Varieties of Attention*. Eds. R. Parasuraman and R. Davies. New York: Academic Press, 1984.

Wickens, C. D., S. E. Gordon, and Y. Liu, *An Introduction to Human Factors Engineering*. New York: Longman, 1997.

Yaglou, C. P., and D. Minard. "Control of Heat Casualties at Military Training Centers." *AMA Archives of Industrial Health,* 16 (1957), pp. 302-316.

Yaglou, C. P., E. C. Riley, and D. I. Coggins. "Ventilation Requirements." *American Society of Heating, Refrigeration and Air Conditioning Engineers Transactions,* 42 (1936), pp. 133-158.

Yerkes, R. M. and J. D. Dodson, "The Relation of Strength of Stimulus to Rapidity of Habit Formation." *Journal of Comparative Neurological Psychology,* 18 (1908), pp. 459-482.

相關網址

CTD News － http://www.ctdnews.com/

ErgoWeb － http://www.ergoweb.com/

不良人因工程設計的範例－ http://www.baddesigns.com/American Society for Safety Engineers － http://www.ASSE.org/

National Safety Council － http://www.nsc.org/

NIOSH 首頁－ http://www.cdc.gov/niosh/homepage.html

OSHA 首頁－ http://www.osha.gov/

行政院勞動部－ http://www.mol.gov.tw/

行政院勞動部勞動及職業安全衛生研究所－ http://www.iosh.gov.tw/

中華民國人因工程學會－ http://www.est.org.tw/

工作場所與系統安全
Workplace and Systems Safety

本章重點

- 由一系列多種原因事件所形成的意外。
- 使用工作安全分析來檢查意外。
- 透過失誤樹分析來詳述意外順序或系統故障。
- 藉由增加備份和元件的可靠度來提升系統的可靠度。
- 使用成本效益分析來權衡各矯正活動的利弊得失。
- 熟悉美國職業安全與衛生署的安全要求。
- 以下列方式來控制災害：
  - 如果可能的話，完全消除。
  - 限制所涉及能量程度。
  - 使用隔離、障礙和互鎖。
  - 設計安全當機的設備和系統。
  - 透過增加可靠度、安全因子和監測來最小化失誤的發生。

如第 5 章所述，工作場所安全是為作業員提供良好、安全、舒適工作環境的延伸概念；其主要目標不是透過更有效率的工作環境或提高士氣來增加產量，而是具體地減少可能導致傷害和財產損失的意外發生次數。一般而言，美國雇主皆已遵守現有的州和聯邦安全法規，以避免當局的安檢罰款。然而，逐年遞增的醫療費用才是促使企業經營者落實安全法規的主要動力。

有鑑於此，唯有徹底地落實安全計畫才能夠降低企業的整體營運成本。本章將介紹意外事故預防和危害控制的一般理論，以及美國職業安全與衛生署 (OSHA) 所制定的安全法規和賠償條例。因為許多講述安全理論的教科書 (Asfahl, 2004; Banerjee, 2003; Goetsch, 2005; Hammer and Price, 2001; National Safety Council, 2000) 已然涵蓋了矯正災害的具體細節，所以本章將不再贅述。這些教科書的內容也包含安全管理組織和計畫的設置與維護。

6.1 意外致因的基本原則 Basic Philosophies of Accident Causation

意外預防 (Accident prevention) 有時候是相對短期的措施，其目的在於管控作業員、材料、工具、設備和工作場所來減少或防止意外的發生。相較之下，**安全管理** (safety management) 則是針對意外預防措施進行整體規劃、教育和訓練的長期性策略。優良的意外預防程序必須條理分明 (參閱圖 6.1)，其執行程序與本書第 2 章所介紹的方法工程十分相似。

意外預防的第一步是以簡潔、合理的方式來確認問題。一旦找到了問題，相關數據的蒐集和分析將有助於安全分析師了解引發意外的因果關係，並找出可能的補救措施，以防止意外再次發生；若是意外的起因無法完全根除，就應該盡可能地降低意外的衝擊和影響層面。在許多的案例中，安全分析師必須從數個可能的解決方案之中擇一執行，再藉由持續地監測以確保方案的有效性。如果該方案的效果不佳，分析師可能需要重複此一過程，以試圖找出更好的補救措施。此外，持續地監測還可以有效地提供反饋 (Feedback)，並確保意外預防程序的持續改善。

骨牌理論

一些因果關係的理論與引發意外的一連串步驟，對意外問題的確認扮演了重要的角色。Heinrich、Petersen 及 Roos 依據 1920 年代所發展的一系列原理，於 1980 年提出**骨牌理論** (Domino theory) (參閱圖 6.2)：

1. 意外所導致的工傷 (或傷害損失)；意外發生過程包含能量源的接觸，以及後續的能量釋放。

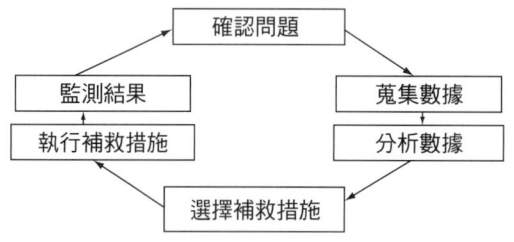

圖 6.1 意外預防程序。
(資料來源：改編自 Heinrich, Petersen, and Roos, 1980.)

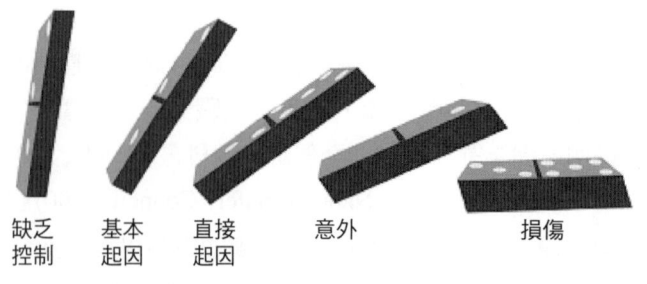

圖 6.2 骨牌理論的意外序列。
(資料來源：改編自 Heinrich, Petersen, and Roos, 1980.)

2. 引發意外的直接起因,例如:
    a. 人員的不當行為。
    b. 不安全的工作場所。
3. 基本要素所導致之直接起因:
    a. 個人因素所導致的不安全行為,例如,缺乏知識、技能,或是單純地缺乏幹勁、細心。
    b. 工作因素所導致的不安全情況,例如,環境因素或缺乏維護所造成的工作標準缺失、設備磨耗、工作條件惡劣等。
4. 缺乏整體控制或適當管理所造成的基本起因。

序列中的第一張骨牌在本質上缺少一個適當執行或維護的安全計畫,這個計畫應該包括正確地識別和量測工作活動,建立適當的工作標準,量測員工的工作績效,並視需要來矯正人員的績效。

Heinrich、Petersen 及 Roos (1980) 更進一步假定,損傷是前事件發生以後的必然結果,此一過程類似於骨牌倒下的連鎖反應。因此,只需要移除將要傾倒的骨牌,就可以防止其餘骨牌倒下,並且阻擋損傷發生前的連鎖反應。根據此一理論,移除順位在前的骨牌可以達到較佳的損傷預防效果;換言之,應於發現基本起因的當下儘早實施矯正措施。綜觀上述,如果一切的努力只是為了避免損傷,卻忽略了杜絕基本起因,那麼導致財產損失和其他損傷的類似意外在未來還是可能會再次發生。

Heinrich、Petersen 及 Roos (1980) 在其改編的骨牌理論中也強調**多重因果關係 (Multiple causation)** 的概念;換言之,每一起意外或損傷可能是肇因於許多不同的因素、起因和條件。這些因子通常是以隨機的方式組合在一起,以致於很難確定究竟哪一個因子才是導致意外的主要起因。有鑑於此,與其花費時間、精力去發掘主要的起因,還不如試圖找出並控制所有的起因。Heinrich、Petersen 及 Roos (1980) 的研究指出,88% 的意外是人員的不當行為所引起,例如,(1) 玩鬧;(2) 設備操作不當;(3) 濫用藥物;(4) 刻意關閉安全防護裝置;或是 (5) 沒有在清潔刀具或移除物件之前關閉機器。另外,還有 10% 的意外則是由不安全的工作條件所引起,例如,(1) 防護不足;(2) 工具或設備缺陷;(3) 機器或工作場所設計不當;(4) 照明不足;(5) 通風不良等。最後 2% 的意外則是屬於無法預防的「不可抗力」所致。

以磨床所造成的火花引燃了溶劑煙霧,接著引發爆炸和火災並導致作業員燒傷的事件為例,圖 6.3 列舉各種矯正措施在多重因果關係的骨牌序列中所產生的效果。作業員所遭受的燒傷是該起事件之傷害,而這起意外是由爆炸和火災所引起。如果作業員穿著防火衣,就可以停止最終造成損傷的骨牌序列;雖然穿著防火衣並無法遏止意外的發生,卻能夠避免嚴重的傷害。然而,前述的方法卻無法避免火災所造成之其他財產損失,所以依舊不是最好的控制方法。如圖所示,安全分析師只需要再往前追溯一個骨牌,就能夠明白這起火災是由於磨床火花點燃了揮發性煙霧所致。如果使用阻火器或透過良好的通風來分散煙霧,那麼骨牌序列就可以被停在這個階段。然而,此

第 6 章　工作場所與系統安全

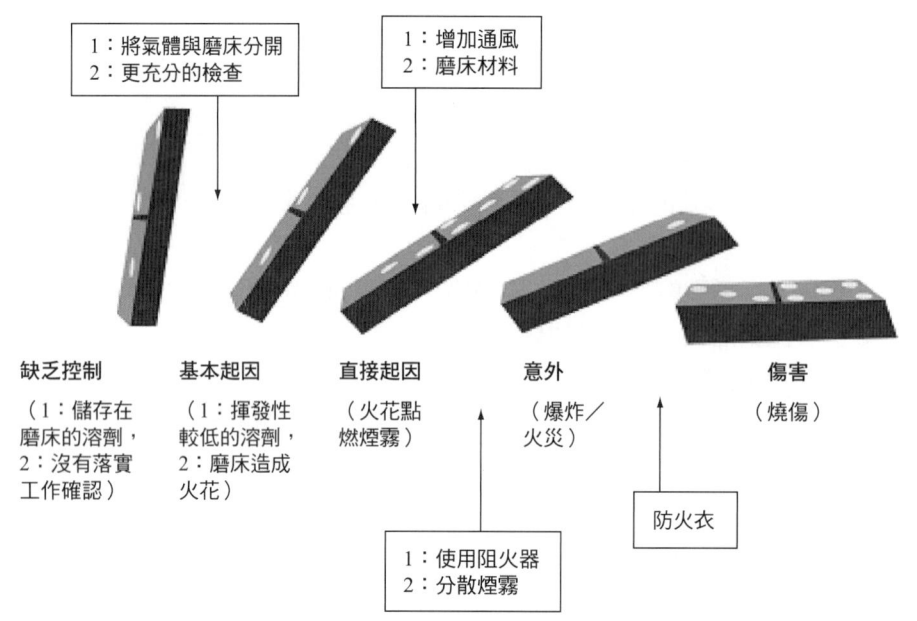

```
┌──────────────┐        ┌──────────────┐
│1：將氣體與磨床分開│        │1：增加通風    │
│2：更充分的檢查   │        │2：磨床材料    │
└──────────────┘        └──────────────┘
       ↓                        ↓

   缺乏控制       基本起因        直接起因         意外           傷害
  （1：儲存在     （1：揮發性     （火花點       （爆炸／       （燒傷）
   磨床的溶劑，    較低的溶劑，    燃煙霧）       火災）
   2：沒有落實     2：磨床造成
   工作確認）      火花）
                                                  ↑
                                              ┌────────┐
                              ┌──────────────┐ │ 防火衣 │
                              │1：使用阻火器  │ └────────┘
                              │2：分散煙霧    │
                              └──────────────┘
```

圖 6.3　因磨床火花引發火災的骨牌序列。

一控制措施依然無法完全免除意外發生的風險；首先，阻火器可能無法抑制所有的火花，而通風設備也可能會因為電力管制而無法使用或減速運轉。接著再往前追溯一個骨牌，更基本的起因可能包括二至三個不同的因素(請注意多重因果關係)，例如，揮發性溶劑和鑄件打磨所產生的火花等。因此使用揮發性較低的溶劑，或是安裝不同材質且不會產生火花的軟砂輪，就能在當下停止骨牌序列的連鎖反應。然而，即使溶劑的穩定性極高，炎熱的天氣還是會造成溶劑的汽化，而砂輪在打磨高硬度鑄件的過程中依舊可能產生火花，所以這些矯正措施仍然不是最有效的控制措施。另一方面，矯正措施的執行亦可能導致負面的效果，例如，軟砂輪難以打磨粗糙的鑄件表面。首張骨牌象徵著缺乏控制，可能的危險因子包括沒有落實工作確認，以致於允許作業員在研磨區使用溶劑、將溶劑儲存在工作區、安全檢驗不足、作業員缺乏警覺等。在這個階段，隔離危險因子是最為簡單、便宜、有效的意外防堵措施；換言之，也就是將溶劑從研磨區移除。

　　嚴格來說，Heinrich、Petersen 及 Roos (1980) 用以奠定主要傷害基礎 (參閱圖 6.4a) 的**意外比率三角** (accident-ratio triangle) 並不是一個講述意外因果關係的模型，但該模型強調了向前追溯在意外發展進程中的必要性。這個三角形的組成包含一個重大傷害、至少 29 個次要傷害和 300 個無傷害意外，以及數不盡的不安全行為。對於一位安全分析師而言，其目標不應該僅止於被動地防堵重大傷害與次要傷害，而是要更進一步地檢視無傷害意外和導致意外的不安全行為，藉此來減少潛在的傷害和財產損失，並提出更為顯著、有效的總體損失控制計畫。Bird 與 Germain 於 1985 年修改了這個意外比率三角，雖然他們新增財產損失這個層級，也修訂各個層級的數字 (參閱圖 6.4b)，但是其基本概念依然相同。

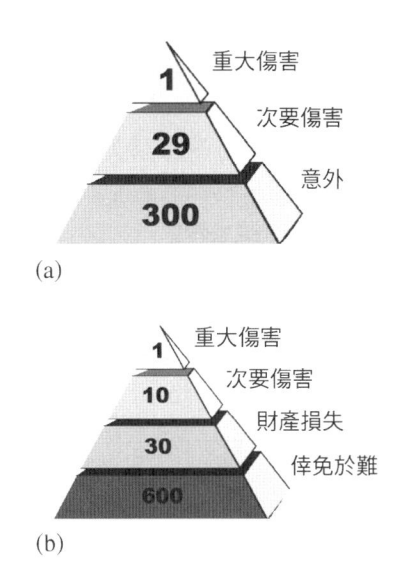

圖 6.4 (a) Heinrich 意外比率三角；(b) Bird 與 Germain (1985) 意外比率三角。
(資料來源：改編自 Heinrich, Petersen, and Roos, 1980.)

行為導向的安全模型

近期的意外因果關係模型大多著眼於作業員的行為面向。這種方法源自於 Hill (1949) 早期的危機研究，接著 Holmes 和 Rahe (1967) 將這些危機或情境因子量化成為**生活變動單位 (Life change units, LCUs)** (參閱表 6.1)。這個理論的基本前提是：情境因子會影響個人處理工作壓力 (或一般生活) 的能力，個人承受意外的可能性也將隨著壓力的提高而上升。相關的研究指出，在兩年內累積 150 至 199 生活變動單位的人，其中有 37% 會生病；當生活變動單位增加到 200 至 299 之間，51% 的人會生病；一旦生活變動單位超過 300，就有高達 79% 的人會生病。該理論有助於解釋為何有些人特別容易發生意外，同時也應該避免指派壓力過重的工作人員從事困難或危險的任務。

動機－獎勵－滿意模型 (Motivation-reward-satisfaction model) 則是另一個由 Heinrich、Petersen 及 Roos (1980) 所提出的行為意外因果關係的模型。該模型拓展了 Skinner 所謂**正向強化 (Positive reinforcement)** 的概念以實現特定目標。在安全的狀況下，人員的績效取決於工作動機與執行能力。如主要的正向反饋循環 (參閱圖 6.5) 所示，人員的績效愈好，所得到的獎勵就愈多，人員的滿意度也會隨之提高，因而有更大的動機來展現更好的績效。這種正向反饋的機制可用於提升安全性和人員的生產力 (這是第 15 章中討論工資獎勵制度的基礎)。

ABC 模型 (ABC model) 是當前最受歡迎的行為導向安全訓練。模型的中心是人員的行為 (B 部分)，或是成為意外序列的人員行為。C 部分是人員行為的結果，或是造成潛在意外和傷害的行為所引發的事件。A 部分則是前情 (Antecedent)[有時稱為**啟動子 (Activator)**]，或是在行為出現之前所發生的事件。一般而言，安全分析師會試圖矯

表 6.1　生活變動單位表

等級	生活事件	均值
1	喪偶	100
2	離婚	73
3	夫妻分居	65
4	刑期	63
5	關係密切的家庭成員死亡	63
6	個人受傷或生病	53
7	結婚	50
8	被解僱	47
9	婚姻和解	45
10	退休	45
11	家庭成員健康方面的變化	44
12	懷孕	40
13	性困難	39
14	新家庭成員的加入	39
15	業務調整	39
16	財務狀況改變	38
17	親密朋友死亡	37
18	工作內容改變	36
19	與配偶爭吵次數的改變	35
20	抵押貸款超過臨界量	31
21	抵押或貸款贖回權的取消	30
22	工作責任改變	29
23	兒女離家	29
24	與姻親的麻煩	29
25	傑出的個人成就	28
26	妻子開始或停止工作	26
27	開始或結束學業	26
28	生活條件的變化	25
29	修改個人習慣	24
30	與上司不合	23
31	改變工作時間、條件	20
32	改變住所	20
33	轉學	20
34	改變娛樂	19
35	改變教會活動	19
36	改變社交活動	18
37	抵押或貸款數額低於關鍵值	17
38	改變睡眠習慣	16
39	家庭聚會次數的變化	15
40	飲食習慣的變化	15
41	渡假	13
42	聖誕節	12
43	輕微的違法	11

（資料來源：Heinrich, Petersen, and Roos, 1980.）

正不愉快的後果，並確認導致意外發生的行為與過程。舉例來說，作業員為了抄近路而跨越運作中的輸送帶就是一種行為，其原因可能是該名作業員想要在午餐時間搶先進入自助餐館。這種行為的正面結果是作業員有更多時間來吃午餐；但是在這個特殊的案例中，該名作業員在輸送帶上滑倒而受傷了。改變行為的辦法可以是張貼警告標示，或是針對違規行為罰款，然而此種消極的作法包含大量的強制行為。換言之，工作人員確實會開始改變他們的行為模式，但在很多情況下，負面的強制方式並不能夠長久維持行為改變的效果。另一方面，動機－獎勵－滿意模型則是著重正面結果的方法；例如，給予員工充分的午餐休息時間，讓他們能夠適度地放鬆、放慢步調。由此

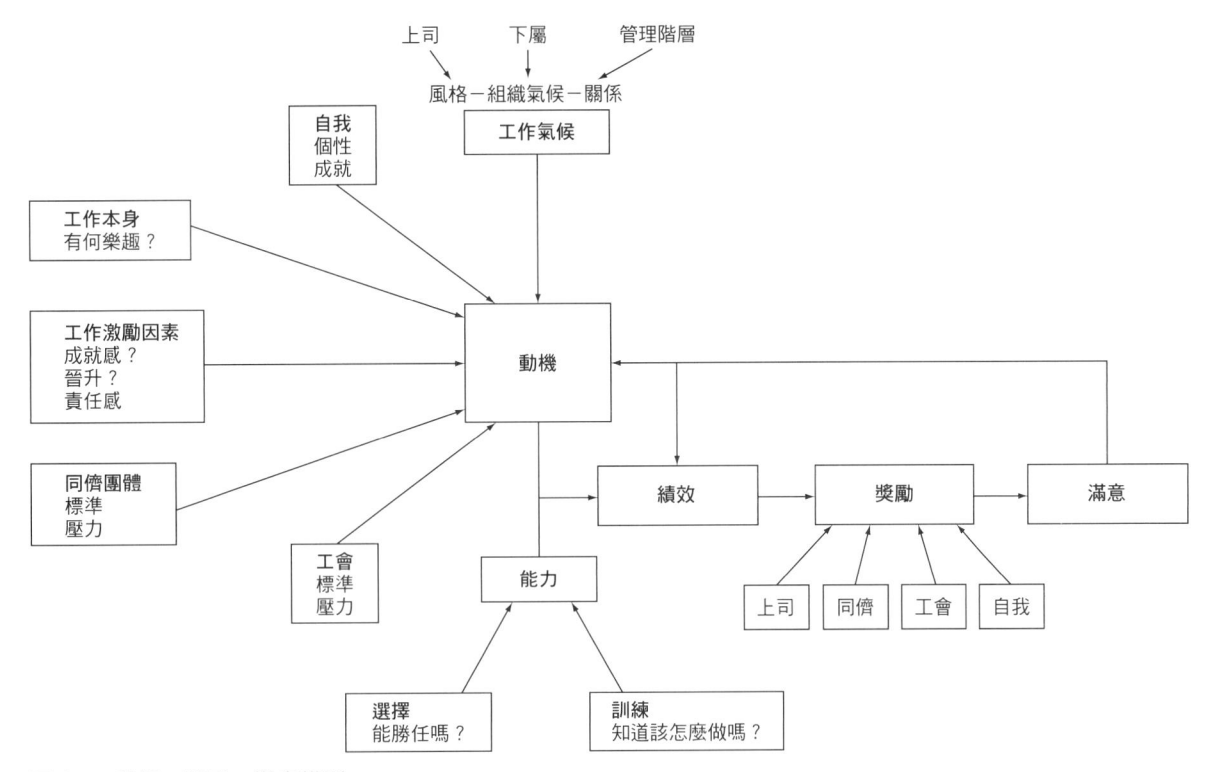

圖 6.5 動機－獎勵－滿意模型。
(資料來源：Heinrich, Petersen, and Roos, 1980.)

可知，最有效的激勵將會引出最有效的結果，也就是兼具積極、直接且確定的結果。

一般而言，大部分(高達 88%)的意外是由於作業員不安全的行為所引起，因此以行為導向為基礎的意外預防方法十分普遍且有效。然而，這種作法只考量到人的因素，而忽略了風險可能造成的傷害，因此安全分析師也應該建立適當的機制和程序來確保工作場所的安全。最後，安全分析師應該避免計畫之設計偏離促進安全的目的。以作者個人的經驗為例，曾經有一家製造公司對生產線人員推行一個獎勵安全的計畫，其內容為：只要一個部門中的所有人員達成特定的安全目標，例如，一個月內無傷害紀錄，就可以得到一份自助餐廳的免費午餐。如果這個零傷害紀錄能夠維持六個月，則該部門的人員就可以到人氣餐廳享受牛排晚餐；如果這個紀錄持續一年，那麼相關人員可以得到 200 美元的禮券。另一方面，如果發生了傷害紀錄，則無傷害紀錄的天數就必須歸零，並重新開始累計。然而，一旦無傷害紀錄累積到某種程度，同儕就會勸說受傷的工人不要向醫護單位報備，而計畫的實施也就偏離了原始的用意！

6.2 意外預防程序 Accident Prevention Process

確認問題

第 2 章方法工程所列舉的量化探索性工具(如柏拉圖分析、魚骨圖、甘特圖、工

作現場分析指引) 也同樣適用於意外預防程序的第一個步驟,即確認問題。**卡方分析** (Chi-square analysis) 可以有效地鑑別各個部門在危險程度上的差異。這種分析是基於在樣本和母體分布之間的卡方適合度檢定,並以列聯表中類別資料的形式表示。實際上,其差異將會以實際觀察值 (m) 和預期傷害數量的差異 (或是意外數量或金額) 來表示:

$$\chi^2 = \sum_i^m (E_i - O_i)^2 / E_i$$

其中　E_i = 期望值 = $H_i \times O_T / H_T$

　　　O_i = 觀察值

　　　O_T = 總觀察值

　　　H_i = 在 i 區的工作時數

　　　H_T = 總工作時數

　　　m = 比較區域數

如果產生的 χ^2 大於 $\chi^2_{\alpha, m-1}$,而 χ^2 的錯誤水準為 α,自由度為 $m-1$,那麼在傷害的期望值和觀察值之間就存在顯著的差異。範例 6.1 說明卡方分析在安全領域的應用,至於更詳細的統計程序請參閱 Devore (2003)。

範例 6.1　受傷數據的卡方分析

多賓公司的三個主要生產部門分別是加工、裝配、包裝／運輸。由於加工部門的受傷人數明顯偏高,所以公司想要知道此一數據與其他部門相較之下是否存在顯著的差異。卡方分析是研究這個問題的適當方法,因為它能夠比較 2006 年 (參閱表 6.2) 的受傷人數與依據暴露工時所推估的預期受傷人數之間的差異。

加工部門的預期受傷人數可由下式得出:

$$E_i = H_i \times O_T / H_T = 900{,}000 \times 36 / 2{,}900{,}000 = 11.2$$

表 6.2　觀察和預期的受傷人數

部門	觀察的受傷人數 O_i	暴露 (小時)	預期的受傷人數 E_i
加工	22	900,000	11.2
裝配	10	1,400,000	17.4
包裝／運輸	4	600,000	7.4
總計	36	2,900,000	36

直接套用上述的公式就能夠算出其他部門的預期受傷人數。請注意,預期受傷總人數應該與觀察所得之實際受傷總人數 36 加總。

$$\chi^2 = \sum_i^m (E_i - O_i)^2 / E_i = (11.2 - 22)^2 / 11.2 + (7.4 - 4)^2 / 7.4 + (17.4 - 10)^2 / 17.4$$
$$= 15.1$$

計算結果 15.1 大於 $\chi^2_{0.05, 3-1} = 5.9$ (見附錄 2,表 A2.4)。由此可知,至少有一個部門

的實際受傷人數明顯少於依據暴露工時所推估的期望值。另一方面,加工部門的實際受傷人數 22 則遠高於期望值 11.2,所以分析師應該進行深入的研究,以找出受傷人數增加的原因。同樣地,包裝／運輸部門的實際受傷人數明顯低於期望值,也可進一步分析以建立最佳範例。

蒐集和分析數據──工作安全分析

意外預防程序的第二個和第三個步驟是蒐集和分析數據。**工作安全分析** (Job safety analysis, JSA) 是其中最為常見且基本的工具,有時也稱之為**工作危害分析** (Job hazard analysis) 或**方法安全分析** (Methods safety analysis)。工作安全分析的步驟可大致列舉如下:(1) 將工作拆解為依序組成的元素;(2) 嚴格檢驗每個元素的潛在傷害或發生意外的可能性;(3) 確認改善此一元素安全性的方法。在執行工作安全分析的過程中,安全分析師應該特別注意下列四個要素:

1. **工作人員**:包括作業員、主管,或是任何與此元素有關的人。
2. **方法**:特定作業過程中所使用的工作步驟。
3. **機器**:所使用的設備和工具。
4. **材料**:作業過程中所使用或組裝的原物料、零件、組件、扣件等。

因此,任何的安全改善措施都可以從上述的幾個要點開始著手,例如,提供作業員更好的訓練或個人防護裝備、新的工作方法、更安全的設備與工具,以及不同且／或更好的材料和組件等。

舉例來說,圖 6.6 為一個體積相當巨大 (40 磅) 的聯接器之加工過程,與之相關的

圖 6.6 加工聯接器的步驟。
(資料來源:Courtesy of Andris Freivalds.)

工作危害分析編號 _____

工作說明 聯接器加工
發行部門 加工部
位置 —

填寫人 _____
複核人 —
日期 4/12

主要工作步驟	潛在的健康和受傷風險	安全的作法、服裝和設備
1) 拿起未完成的聯接器	身體前傾，有高 LS/S_1 壓力	將紙箱向前傾斜
2) 將聯接器放置在夾具上	由於負荷重量，使得肩膀彎曲和扭轉	減少接觸距離 降低夾具高度
3) 以扳手鎖緊夾具	肩膀因施力而彎曲	降低夾具高度
4) 以壓縮空氣清除碎片	塵霧彌漫	配戴防塵口罩
以扳手鬆開夾具 (3)	肩膀因施力而彎曲	降低夾具高度
從夾具上取出聯接器 (2)	由於負荷重量，使得肩膀彎曲和扭轉	減少接觸距離 降低夾具高度
5) 使用研磨機磨平粗糙邊緣	振動	戴上凝膠手套
6) 將完成的聯接器置於包裝箱內	身體前傾，有高 LS/S_1 壓力	將紙箱向前傾斜

JHA 編號 _____
頁次 ____ 之 ____

圖 6.7 工作安全分析。

工作安全分析如圖 6.7 所示。該項作業的過程包括：(1) 從箱中拿起尚未加工的零件；(2) 將零件放置在機器的夾具上；(3) 以扳手鎖緊夾具；(4) 清除加工屑片 (鬆開夾具並取出聯接器；圖中並未顯示該項操作之細節，但是操作內容分別與元素 3 和元素 2 十分類似)；(5) 使用手持研磨機磨平粗糙邊緣；(6) 將加工完成的零件置於包裝箱內。上述六個元素的潛在傷害和相對應的安全措施如圖 6.7 所示。常見問題包括作業員在取出和置入聯接器的過程中所承受的強大壓力，此時只需將紙箱向前傾斜就能夠減少這種壓力而改善此一過程。此外，每當作業員放置和／或取出聯接器到機械夾具之後，為了鎖緊、鬆開夾具所出現的肩膀大幅度扭轉，則是另一個可能導致傷害的時機。此時應該適當地降低夾具的高度，使工作檯更接近夾具，那麼作業員的肘部就會以接近 90° 的最佳角度彎曲而減少傷害。另外，以個人的防護裝備為例，防塵口罩將有助於防

塵，而凝膠手套則有助於阻絕手震。

工作安全分析提供一些融合方法工程的實用功能。這些功能不僅能夠簡便、快速、客觀地涵蓋所有相關的細節，還可以從安全、生產的層面比較現有與建議的方法所造成的影響，這些優點都有助於安全分析師向管理階層溝通日益重要的安全概念。工作安全分析在本質上屬於定性分析，但是在加入機率模式之後就能夠推導出量化的失誤樹分析，更為詳細的說明請參照第 6.5 節。

選擇補救措施──風險分析和決策

一旦工作安全分析已經完成，而且各種的解決方案都已經提出，安全分析師將會選擇其中之一來執行。這個過程相當於意外預防程序的第四個步驟，即使用各種決策工具來選擇一個補救措施 (參閱圖 6.1)。大多數的決策工具亦可用來選擇提高生產力的新方法，相關的論述請參閱第 7 章。風險分析 (Risk analysis) 的核心在於計算意外或傷害之潛在風險，以及因為改善所減少的風險，所以特別適用於與安全相關的決策制訂。根據 Heinrich、Petersen 及 Roos (1980) 的理論，風險分析的基本假設為：傷害或損失的風險無法完全排除，唯一能做的是減少風險或潛在損失。此外，任何的改善措施都應該考慮到最大的成本效益。

根據這個方法 (Heinrich, Petersen, and Roos, 1980)，下列三個因子將會導致潛在損失的增加：(1) 危險事件發生的可能性或機率；(2) 在危險條件下的暴露頻率；和 (3) 危險事件的可能後果。上述的各個因子均被指派對應的數值 (參閱表 6.2)，其乘積即為整體的風險評分 (參閱表 6.3)。讀者必須注意的是，這些數值取決於個人的主觀設定，所以最終的風險評分也可能因人而異。然而，這並不影響風險分析的有效性；對於不同的安全功能或控制措施，風險分析仍然提供一個良好的相對比較基礎。

表 6.3　風險分析因子值

可能性	值	暴露時間	值
預期的	10	連續的	10
可能的	6	每日的	6
不常的	3	每週的	3
相當少的	1	每月的	2
～想像會有機會的	0.5	一年幾次的	1
～不可能的	0.1	每年的	0.5

可能的後果	值
災難（許多人死亡，10^8 美元的損失）	100
災害（一些人死亡，10^7 美元的損失）	40
非常嚴重（可能有人死亡，10^6 美元的損失）	15
嚴重（嚴重受傷，10^5 美元的損失）	7
重要（受傷，10^4 美元的損失）	3
需要注意（護理急救，10^3 美元的損失）	1

（資料來源：改編自 Heinrich, Petersen, and Roos, 1980.）

表 6.4　風險分析和成本效益

風險情況	值
非常高的風險，停止業務	400
高風險，立即改正	200～400
很大的風險，需要改正	70～200
可能的風險，需要注意	20～70
可能有風險，也許可以接受	< 20

（資料來源：Heinrich, Petersen, and Roos, 1980.）

　　舉例來說，一個可以預期、但不大可能發生的事件，其對應的數值為 0.5；暴露率為每週一次，對應的數值為 3；但是發生後有著非常嚴重的後果，對應的數值為 15。計算相關數據後，可知風險評分為 22.5(= 0.5×3×15)；根據表 6.4 的定義，該起事件的風險相當低，可能需要注意，卻不是迫切的注意。以連接線連接圖 6.8 的左右半部也能夠得到相同的結果。圖 6.9 可以用來比較用以補救上述事件的兩個措施之成本效益。措施 A 可降低 75% 的風險，但需要 50,000 美元；而措施 B 雖然只能夠降低 50% 的風險，卻只需要花費 500 美元。就成本效益而言，措施 A 的成效並不確定且難以得到資金支持，而措施 B 的成本較低，所以比較有可能被採納。

　　在選定具備適當成本效益的補救措施之後，意外預防程序的第五個步驟就是執行補救措施。這個過程牽涉到各個階層的人員；首先，安全分析師和技術人員將會安裝適當的安全裝置或設備，而作業員和主管也必須認同新的工作方法，如此才能成就一個完全成功的補救措施。如果相關人員不遵循正確的程序來操作新的設備，那麼潛在

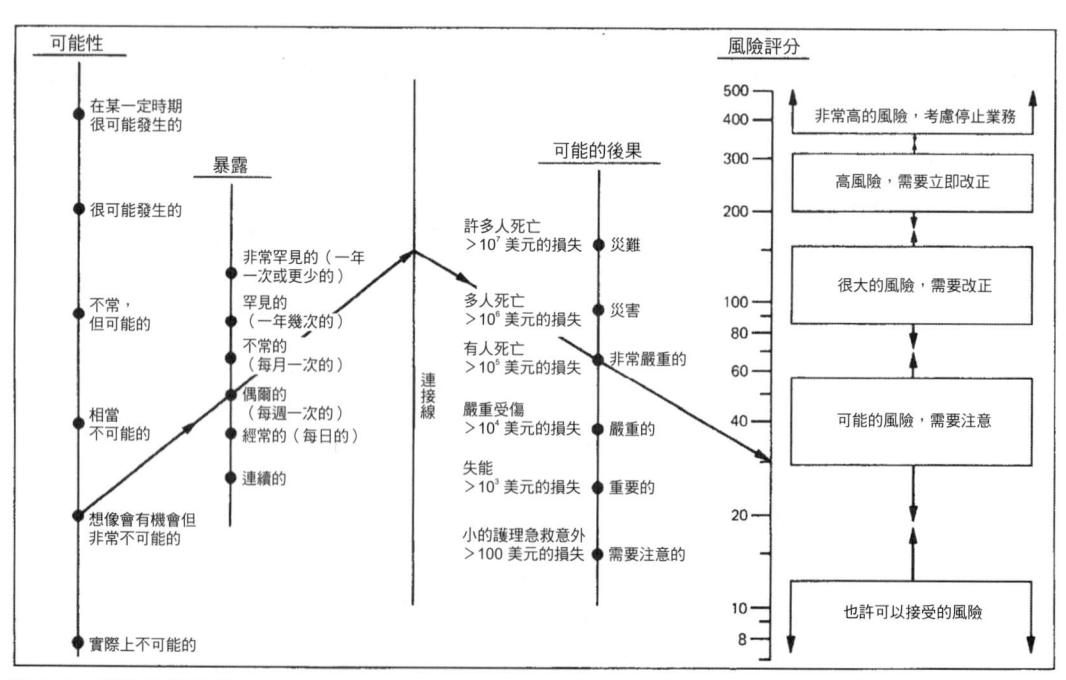

圖 6.8　風險分析計算。
（資料來源：Heinrich, Petersen, and Roos, 1980.）

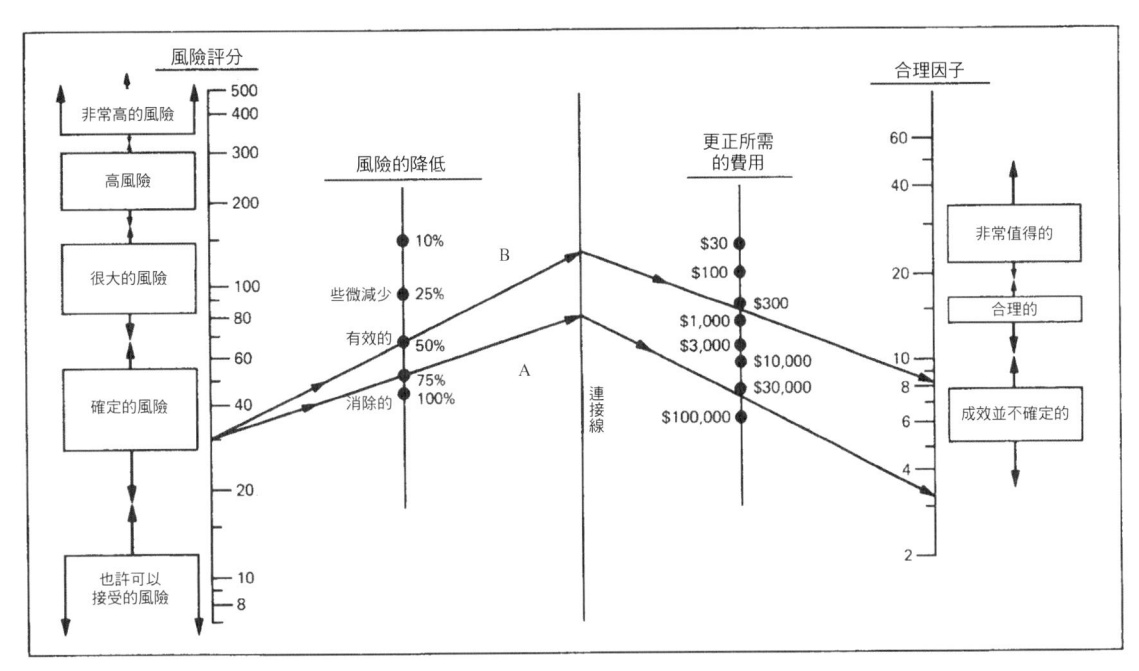

圖 6.9 風險分析與成本效益。
（資料來源：Heinrich, Petersen, and Roos, 1980.）

的安全效益將會因此喪失。順便一提，這也提供一個討論 3E 作法的機會：工程 (Engineering)、教育 (Education) 和強制 (Enforcement)。最佳的補救措施等同於工程再造 (Engineering redesign)，即使作業員沒有遵守相關的規定，工程再造依然可以確保絕對的安全。教育是次佳的辦法，其成敗取決於作業員是否按照正確的程序進行操作。最後，嚴格地規定和強制人員使用個人防護裝備。此舉是假設作業員會違反規定，所以需要嚴格的控制，但此一措施將導致反感和負面反彈，因此應該作為最後的手段。

監測和意外統計

狀況監測是意外預防程序中的第六個，同時也是最後一個步驟，其目的在於評估新方法之實施效果。狀況監測可以提供反饋資訊，並於情況未獲改善時重啟意外預防循環。數據資料通常是監測變化的比較基準。這些數據可能是保險費用、醫療費用，或是受傷或意外的數量。然而，這些數據必須針對作業員的暴露時間進行標準化，才能用於跨地區和跨行業的比較。此外，美國職業安全與衛生署建議發布每年每 100 名全職員工的**意外發生率** (Incidence rate, IR)：

$$IR = 200,000 \times I/H$$

其中 I = 在某既定時期內的受傷數

H = 在同一時期內的總工作時數

根據美國職業安全與衛生署記錄資料的用途，這些傷害類型必須為美國職業安全與衛

生署所認可，或是屬於護理急救等級以上的傷害。然而，根據研究顯示 (Laugheryand Vaubel, 1993)，次要和主要傷害之間存在著相當大的相似處。同理，**嚴重率** (Severity rate, SR) 可用以監測工時損失 (Lost-time, LT) 日數：

$$SR = 200{,}000 \times LT/H$$

除了簡單地記錄和監測逐月變化的意外發生率以外，安全分析師應該運用統計管制圖表原則來審視長期的趨勢。圖 6.10 為一管制圖，其數據資料服從常態分布，而管制下限 (lower control limit, LCL) 和管制上限 (upper control limit, UCL) 的定義如下：

$$LCL = \bar{x} - ns$$
$$UCL = \bar{x} + ns$$

其中　$\bar{x}$ = 樣本平均值
　　　s = 樣本標準差
　　　n = 管制水準

例如，我們希望數據的 $100(1 - \alpha)$ 百分比落於管制上限和管制下限之間，n 就是標準常態值 $z_{\alpha/2}$。如果 $\alpha = 0.05$，那麼 n 就等於 1.96。然而，在許多情況下，當 $n = 3$，甚至

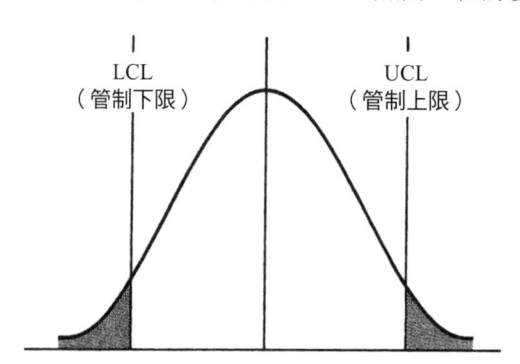

圖 6.10　統計管制限制。
（資料來源：Heinrich, Petersen, and Roos, 1980.）

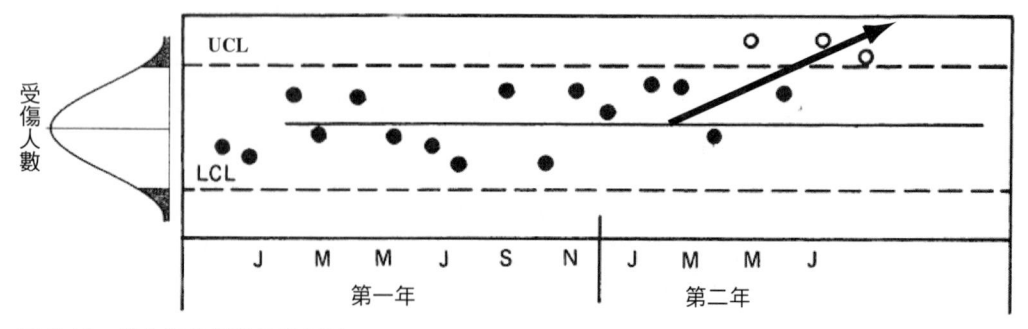

圖 6.11　帶有紅旗標記的管制圖。
（資料來源：改編自 Heinrich, Petersen, and Roos, 1980.）

$n = 6$ [摩托羅拉 (Motorola) 六標準差 (6-sigma) 的管制水準] 時則需要更高階的管制水準。在追蹤意外或受傷事件時，可將管制圖橫向旋轉，並將每月數據繪製於圖表之上 (參閱圖 6.11)。顯然地，管制上限才是意外事件分析的重點，而非管制下限 (除非是為了鼓勵及檢測最佳範例)。如果連續數月的數據都高於管制上限，此種趨勢對於安全分析師來說就是一種警訊或紅旗，應該嚴肅以對並找出原因。除了**紅旗** (Red flagging) 以外，安全分析師應該注意到幾個月前就開始浮現的上升趨勢，並儘早採取管制行動。利用移動線性迴歸分析橫跨數月的數據，即可輕易地完成趨勢分析。

6.3 機率方法 Probability Methods

骨牌理論或是前述的意外因果關係模型，都傳遞了一個非常確定的結論，也就是盡量遠離風險事件。舉例來說，在沒有配戴護目鏡的情況下進行磨削作業，或是步行在坑頂沒有支撐物的煤礦坑道，不一定會發生意外和傷害；然而，意外還是有可能發生，而意外發生的可能性可以用機率值來加以定義。

機率是以布林邏輯 (Boolean logic) 和代數為基礎。事件是以二進位法來定義，即事件的狀態只有兩種：如果事件存在，即為真 (T)；如果不存在，即為假 (F)。下列三個運算元可用來定義事件彼此之間的交互關係：

1. **AND**：兩個事件的相交，以符號 ∩ 或 • (點有時省略) 來表示。
2. **OR**：事件間的聯集，以符號 ∪ 或 + 來表示。
3. **NOT**：一個事件的否定，以符號 – 來表示。

使用上述的運算元表列 X 和 Y 兩個事件之間的交互關係，稱為**真值表** (Truth table) (參閱表 6.5)。兩個事件以上的交互關係需要使用更為複雜的運算式，並經由循序的運算

表 6.5 布林真值表

X	Y	$X \cdot Y$	$X + Y$
T	T	T	T
T	F	F	T
F	T	F	T
F	F	F	F

－ (否)	
X	$\bar{X}$
T	F
F	T

表 6.6 布林代數簡化

- 基本律：
  $X \cdot X = X$ 　　　　　$X\bar{X} = 0$
  $X + X = X$ 　　　　　$X + \bar{X} = 0$
  $XT = X$ 　　　　　　$XF = 0$

- 分配律：
  $XY + XZ = X(Y + Z)$ 　　$(X+Y)(X+Z) = X + YZ$
  $XY + X\bar{Y} = X$ 　　　　$X + Y\bar{X} = X + Y$
  $X + XY = X$ 　　　　　$X(X + Y) = X$
  $X(\bar{X} + Y) = XY$ 　　　$(X+Y)(X+\bar{Y}) = X$

來評估最終意外或傷害的總體機率。運算元的運算順序必須遵循如下：( )、¯、•、+。此外，某些事件組合往往會反覆出現，只要能夠確認事件組合的模式，即可使用簡化規則以加速評估過程。常見的規則如表 6.6 所示。

事件機率 (Probability of an event) $P(X)$ 定義為總觀察次數與事件 X 發生次數之比值：

$$P(X) = \#X/\#Total$$

$P(X)$ 必須介於 0 和 1 之間。如果事件並不相互排斥，則並聯 (OR) 事件 $X \cup Y$ 的機率定義為：

$$P(X + Y) = P(X) + P(Y) - P(XY)$$

如果事件彼此互斥，則為：

$$P(X + Y) = P(X) + P(Y)$$

兩個定義為互斥 (mutually exclusive) 的事件，係指兩個事件並不相交，即 $X \cap Y = 0$。換言之，X 和 $\bar{X}$ 一定是互斥的關係。對於兩個以上事件的聯集，也可以使用反向邏輯來表達，這是非常容易且經常使用的方式：

$$P(X + Y + Z) = 1 - [1 - P(X)][1 - P(Y)][1 - P(Z)]$$

如果兩個事件彼此獨立，則串聯 (AND) 事件的機率定義為：

$$P(XY) = P(X)P(Y) \tag{1}$$

如果兩個事件彼此相依，則為：

$$P(XY) = P(X)P(Y/X) = P(Y)P(X/Y) \tag{2}$$

如果兩個事件被定義為**獨立** (independent)，表示一個事件的發生並不會影響另一事件的發生。就數學的角度而言，如果兩個事件彼此獨立，即表示方程式 (1) 等於方程式 (2)，此時將 $P(X)$ 從等式兩邊移除，則得到：

$$P(Y) = P(Y/X) \tag{3}$$

重組方程式 (2) 也可得到一個常用的運算式，稱為**貝氏法則** (Bayes' rule)：

$$P(Y/X) = P(Y)P(X/Y)/P(X) \tag{4}$$

請注意，兩個事件不能既互斥又獨立，因為互斥是由一個事件來定義另一個事件，即兩個事件彼此相依。範例 6.2 說明了獨立和相依事件間的各種運算過程。基本機率的詳述可參閱 Brown (1976) 的著作。

範例 6.2　獨立和非獨立的事件

參照表 6.7a，假設 A 在總次數中發生的次數為真 (或 1)，那麼 A 的機率為：

$$P(X) = \#X/\#\text{Total} = 7/10 = 0.7$$

請注意，$\overline{A}$ 的機率是沒有發生的次數，即假 (或 0) 的次數除以總次數：

$$P(\overline{X}) = \#\overline{X}/\#\text{Total} = 3/10 = 0.3$$

另外，$P(\overline{X})$ 也可由以下的方式得出：

$$P(\overline{X}) = 1 - P(X) = 1 - 0.7 = 0.3$$

同樣地，Y 的機率為：

$$P(Y) = \#Y/\#\text{Total} = 4/10 = 0.4$$

$A \cap B$ 的機率是 A 和 B 都發生的次數除以總發生次數：

$$P(XY) = \#XY/\#\text{Total} = 3/10 = 0.3$$

表 6.7　獨立或非獨立的事件

(a) X 和 Y 是非獨立的				(b) X 和 Y 是獨立的			
	X				X		
Y	0	1	總次數	Y	0	1	總次數
0	2	4	6	0	2	3	5
1	1	3	4	1	4	6	10
總次數	3	7	10	總次數	6	9	15

在 Y 發生 (為真) 的情況下，X 發生的條件機率相當於 $Y=1$ 時 X 發生的次數：

$$P(X/Y) = \#X/\#\text{Total } Y = 3/4 = 0.75$$

同樣地，

$$P(Y/X) = \#Y/\#\text{Total } X = 3/7 = 0.43$$

請注意，套用貝氏法則也可以得到相同的結果：

$$P(Y/X) = P(Y)P(X/Y)/P(X) = 0.4 \times 0.75/0.7 = 0.43 = P(Y/X)$$

最後，如果兩個事件彼此獨立，那麼方程式 (3) 就必須成立。如表 6.7a 所示，$P(Y)=$ 0.4、$P(Y/X)=$ 0.43，即事件 X 和 Y 並非彼此獨立。然而，可在表 6.7b 中發現以下的結果：

$$P(X) = \#X/\#\text{Total} = 9/15 = 0.6$$
$$P(X/Y) = \#X/\#\text{Total } Y = 6/10 = 0.6$$

因為這兩個運算式是相等的，所以事件 X 和 Y 彼此獨立。同樣的情況也發生於 $P(Y)$ 和 $P(Y/X)$：

$$P(Y) = \#Y/\#\text{Total} = 10/15 = 0.67$$
$$P(Y/X) = \#Y/\#\text{Total } X = 6/9 = 0.67$$

6.4 可靠度 Reliability

可靠度 (Reliability) 這個名詞是用來定義系統成功的機率，它取決於系統內各個組件的可靠度或成功機率。系統可以是實體物件所組成的有形產品，或是一系列用以完成一項操作程序的步驟或子程序。這些組件或步驟可用兩種不同的基本關係來組合：串聯和並聯。以**串聯** (Series) 為例 (參閱圖 6.12a)，每一個組件都必須成功地運作才能確保整個系統 (T) 的成功。換言之，系統的成敗可以用所有組件的相交來表示：

$$T = A \cap B \cap C = ABC$$

其中，如果各組件彼此獨立 (多數情況均是如此)，則系統成功執行的機率為：

$$P(T) = P(A)P(B)P(C)$$

或者，如果組件之間的關聯並非各自獨立，則系統的成功率為：

$$P(T) = P(A)P(B/A)P(C/AB)$$

如果系統內的各個組件是以**並聯** (Parallel) 的方式連接，只要其中任何一個組件成功地運作，就足以確保整個系統 (T) 的成功。此時系統的成敗可以用所有組件的聯集來表示：

$$T = A \cup B \cup C = A + B + C$$

如果各組件彼此互斥 (典型地)，則導出的系統成功率為：

$$P(T) = 1 - [1 - P(A)][1 - P(B)][1 - P(C)]$$

(a) 串聯系統

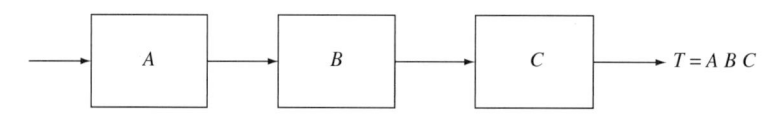

(b) 並聯系統

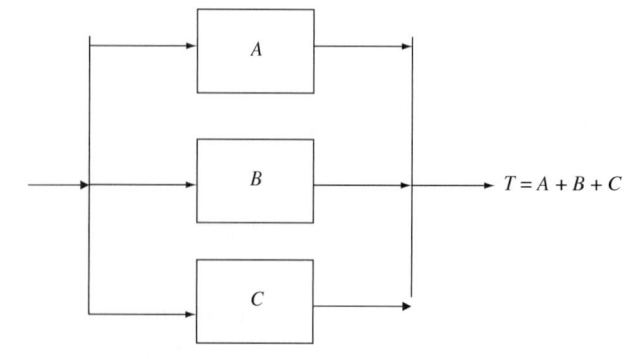

圖 6.12 串聯和並聯的組件。

範例 6.3 和範例 6.4 即示範了系統成功率的計算。

範例 6.3　二階擴大器的可靠度

假設兩個二階擴大器的原型產品都內建備援組件。原型 1 (參閱圖 6.13) 的備援方式相當於內建另一套完整的擴大器，而原型 2 則是採取階段式的備援方式。假設所有組件彼此互相獨立，而且可靠度均為 0.9，試問哪一個原型產品具有較佳的系統可靠度？

寫下系統可能成功執行的所有路徑，將是分析此一問題的最佳方式。原型 1 有兩種可能的路徑：AB 或 CD。系統的成敗可以表達如下：

$$T = AB + CD$$

以機率來表示，則為：

$$P(T) = P(AB) + P(CD) - P(AB)P(CD)$$

其中

$$P(AB) = P(A)P(B) = 0.9 \times 0.9 = 0.81 = P(CD)$$

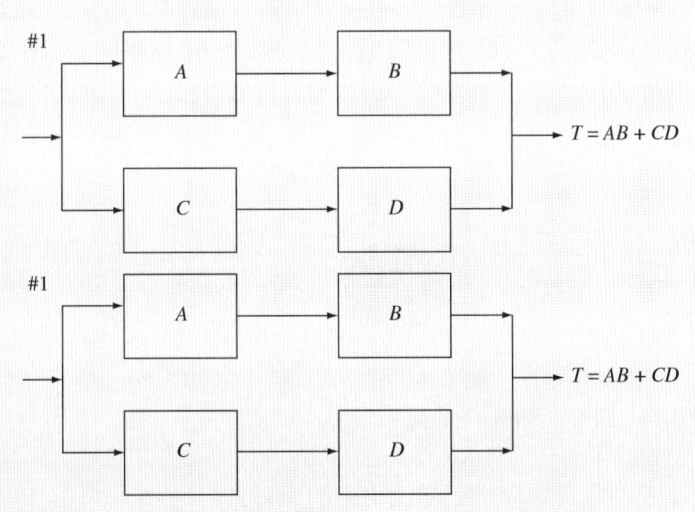

圖 6.13　二階擴大器的兩個原型。

整個系統的可靠度為：

$$P(T) = 0.81 + 0.81 - 0.81 \times 0.81 = 0.964$$

原型 2 有四種可能的路徑：AB 或 AD 或 CB 或 CD。系統的成敗可以表達如下：

$$T = AB + AD + CB + CD$$

亦可簡化為：

$$T = (A + C)(B + D)$$

[請注意，複雜的機率運算式需要被簡化，否則將會導致計算錯誤。兩種基本的**分配律** (distributive law) 是所有簡化規則的基礎。分別是：

$$(X + Y)(X + Z) = X + YZ$$
$$XY + XZ = X(Y + Z)$$

只要以 $\bar{X}$ 取代 X、Y、Z，即可導出表 6.6 的其他運算式。]

現在將值代入運算式，得到：

$$P(A + C) = P(A) + P(C) - P(A)P(C) = 0.9 + 0.9 - 0.9 \times 0.9 = 0.99$$

整個系統的可靠度為：

$$P(T) = 0.99 \times 0.99 = 0.9801$$

因此，原型 2 具有較佳的系統可靠度。

範例 6.4　四引擎飛機的可靠度

一架飛機裝備了四具獨立且相同的引擎 (參閱圖 6.14)。飛機可以靠四具引擎飛行，也可以只靠其中三具引擎飛行，甚至在只有兩具引擎運轉的狀態下也能飛行。唯一的條件是飛機的兩側至少要有一具引擎可以正常運轉；如果只剩同側的兩具引擎可以運轉，那麼飛機就會失去平衡而墜毀。假設每具引擎的可靠度是 0.9，試問飛機整體的可靠度為何？

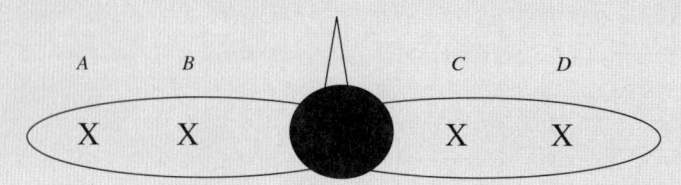

$$T = ABCD + ABC + ABD + BCD + ACD + AC + AD + BC + BD$$

圖 6.14　四引擎飛機的可靠度。

列出所有可能的引擎運轉狀態，導出下列的運算式：

四具引擎 $\Rightarrow ABCD$

三具引擎 $\Rightarrow ABC + ABD + BCD + ACD$

兩具引擎 $\Rightarrow AC + AD + BC + BD$

$T = ABCD + ABC + ABD + BCD + ACD + AC + AD + BC + BD$

這個運算式必須被簡化。讀者必須注意，三具引擎組合與兩具引擎組合有重複的現象：

$$AC + ABC = AC(1 + B) = AC$$

同理，四具引擎組合涵蓋所有的雙引擎組合，所以最終的系統可靠度表達如下：

$$T = AC + AD + BC + BD$$

這個運算式可以進一步簡化成：

$$T = (A + B)(C + D)$$

在括號中的每一個運算式的機率為：

$$P(A + B) = P(A) + P(B) - P(A)P(B) = 0.9 + 0.9 - 0.9 \times 0.9 = 0.99$$

於是總系統的機率為：

$$P(T) = 0.99 \times 0.99 = 0.9801$$

範例 6.2 和範例 6.3 說明增加系統可靠度的基本原則，亦即在原有的組件之外附加並行的備援組件以提升替代功能。換句話說，就是以兩個或兩個以上的組件來提供相同的功能。請注意，如果需要兩個或兩個以上的程序或組件來防止意外的發生，而且這些組件是以串聯的方式排列，那麼多餘的組件就無法提供備援的替代功能。另一方面，提升各個組件的可靠度也有助於改善系統的可靠度；以範例 6.3 為例，如果每個引擎的可靠度都提高到 0.99，則系統的總體可靠度便可提高至 0.9998，而不是原來的 0.9801。然而，提高各個組件的可靠度或增加並行的備援組件，勢必會增加系統的成本，以致於必須在可靠度與成本之間作出取捨。有些時候，成本的增加不一定能夠獲得與之相稱的可靠度提升。這些決策點的差異頗大，端視分析對象是一個簡單如消費性商品或是複雜如商用民航機的系統。

隨著代表系統可靠度的布林運算式變得愈來愈複雜，簡化程序也更加複雜和繁瑣，**卡諾圖 (Karnaugh maps)** 的使用有助於解決簡化過程中所遭遇的困難。布林代數圖是以空間的排列來表達所有可能的事件，矩陣中的一列或一欄都代表了一個事件。兩個事件的組合是卡諾圖最基本的型態，其矩陣大小為 2×2；事件 Y 的兩種狀況 (真或假) 以列來表示，而另一事件 X 的兩種狀況則以欄來表示 (見圖 6.15a)。運算式 $X + Y$ 以矩陣的三個方格來代表 (參閱圖 6.15b)，運算式 XY 則由矩陣的一個方格來代表 (參閱

(a) 基本事件映射

Y \ X	0 ($\bar{X}$)	1 (X)
0 ($\bar{Y}$)	無論 X 或 Y 均未發生	X 發生，但 Y 則未發生
1 (Y)	Y 發生，但 X 則未發生	X 和 Y 都發生

(b) $T = X + Y$

Y \ X	0	1
0		X
1	Y	XY

(c) $T = XY$

Y \ X	0	1
0		
1		XY

(d) $T = \bar{X}$

Y \ X	0	1
0		
1		

圖 6.15 卡諾映射的基礎。

圖 6.15c)，至於 $\bar{X}$ 是 0 以下的兩個方格 (參閱圖 6.15d)。事件愈多，矩陣就愈大；舉例來說，4 個變數可以組成一個含有 16 個方格的矩陣，而 6 個變數就可以組成一個含有 36 個方格的矩陣。依此類推，如果牽涉到 6 個以上的變數，人工分析矩陣將會遭遇極大的困難，此時應該導入電腦化的分析方法才切合實際。此外，複雜的運算式也應該以乘積之總和的形式加以改寫。

矩陣中的每一個條件或結果都會被適當地標記。毫無疑問地，重疊的區域或是被重複標記的方格勢必會存在於卡諾圖之中。

接著將非重疊的方格群組作為一種簡化的表達，群組中的每一個方格都有其特性。如果執行正確，各個群組將會彼此互斥，所以加總各個群組的機率將會是相當簡單的工作。請注意，若是能夠確定可能性最高的區域，將有助於簡化後續的計算過程。這些區域所涵蓋的方格數為 2 的指數次方，即 1、2、4、8 等。範例 6.5 將以卡諾圖分析範例 6.4 的飛機可靠度來作進一步之說明。關於卡諾圖的細節，讀者可以參閱 Brown (1976) 的著作。

範例 6.5　使用卡諾圖之四引擎飛機的可靠度

承範例 6.4，一架配備四具獨立且相同引擎的飛機，其可靠度表示如下：

$$T = ABCD_1 + ABC_2 + ABD_3 + CDB_4 + CDA_5 + AD_6 + BC_7 + AC_8 + BD_9$$

每個事件的組合可以卡諾圖 (參閱圖 6.16a) 所示的數值來描述。許多事件或區塊是重疊的，因此只需要針對非重疊區塊的機率進行評估。雖然可能尚有許多非重疊區塊的組合，其中 4 個非重疊區塊之標示如圖 6.16b 所示。在這個案例中，可能性最高的區塊組合有一個四方格區、兩個雙方格區和一個剩下的方格。由此產生的運算式為：

$$T = AD_1 + A C \bar{D}_2 + \bar{A} B C_3 + \bar{A} B \bar{C} D_4$$

(a)

CD\AB	00	01	11	10
00				
01		9	369	6
11		479	2345 6789	568
10		7	1278	8

(b)

CD\AB	00	01	11	10
00				
01			4	1
11			3	
10				2

(c)

CD\AB	00	01	11	10
00			2	3
01	1			
11				
10				

圖 6.16 使用卡諾圖之四引擎飛機的可靠度。

將機率值代入運算式，得到：

$$P(T) = (0.9)(0.9) + (0.9)(0.9)(0.1) + (0.1)(0.9)(0.9) + (0.1)(0.9)(0.1)(0.9) = 0.9801$$

雖然本例中的九個方格可以單獨確認和計算，但勢必會花費相當多的時間。如同前述，大的區塊可以用 2 的指數次方來表示，即 1、2、4、8 等。為了更進一步簡化計算，也可以使用反向邏輯來定義未被標示的區塊，最後再用 1 減去這個值，就可以得到事件的真實機率 (參閱圖 6.16c)。

$$\overline{T} = \overline{AB}_1 + B\overline{CD}_2 + A\overline{BCD}_3$$

由此算出機率：

$$P(T) = 1 - P(\overline{T}) = 1 - (0.1)(0.1) - (0.9)(0.1)(0.1) - (0.9)(0.1)(0.1)(0.9) = 0.9801$$

這和直接計算所得出的值一樣。

6.5 失誤樹分析 Fault Tree Analysis

失誤樹分析 (Fault tree analysis) 是另一種用來檢查意外序列或系統故障的方法。這是一個機率演繹程序，使用事件或故障的並行和序列組合的圖形模型來進行分析。此法是由貝爾實驗室 (Bell Laboratories) 於 1960 年代初期所提出，其目的在於協助美國

空軍 (U.S. Air Force) 檢查飛彈故障的原因，美國太空總署 (NASA) 隨後將其應用於確保載人太空計畫的整體系統安全。失誤樹分析會以特殊的符號來識別各種類型的事件 (參閱圖 6.17)。一般而言，事件可以區分為**失誤事件** (Fault events) 和**基本事件** (Basic events) 兩大類別。失誤事件以矩形來表示，同時也是失誤樹的頭端事件，之後再向下逐步擴展；基本事件則是以圓圈來表示，位於失誤樹的最底層，無法再繼續發展。形式上，房屋形狀的符號代表預期發生的「正常」活動，而菱形符號則代表不重要或沒有足夠數據作進一步分析的事件。這些事件都與前述的布林邏輯閘有關 (參閱圖 6.17 中的符號)。**及閘** (AND gate) 需要所有的輸入都發生才會產生輸出。**或閘** (OR gate) 只要有一個以上的輸入就可以產生輸出；換言之，縱使數個或全部的輸入都可能發生，但真正需要的輸入也只有其中之一。此外，邏輯閘還可以幫助定義或閘中所有可能促使輸出事件發生的輸入事件。在某些情況下，邏輯閘的標籤必須要加以修改才能傳達特定的狀況。例如，條件性的 AND，即事件 A 必須在事件 B 之前發生；或是互斥的 OR，即事件 A 與事件 B 其中之一發生才會產生輸出，兩者都發生則沒有任何輸出。第一種情況可以下列的方式來定義及閘，也就是：第二個事件的發生條件是第一個事件必須先發生，而第三個事件的條件是前兩個事件都發生。第二種情況是互斥事件的一個特殊狀況，必須以類似的方式來處理。

　　失誤樹的發展始於辨識出正常操作中不希望發生的所有事件。這些事件必須依據其頭端事件的起因，而被分類至彼此互斥的群組之中。舉例來說，研磨作業可能存在著數個互斥的失誤事件，並因此而導致不同的頭端事件或意外，例如，碎片進入眼睛、磨床的火花引起火災、作業員將鑄件推入磨床時失準所造成的手指削傷等。接著再利用及閘與或閘的組合，建立出起因事件和頭端事件的各種關係，直到無法再進一步發展的基本失誤事件達成為止。然後指定每一個基本事件的機率，頭端事件的機率則經由計算及閘與或閘的組合而得出。最後，運用適當的控制以降低起因事件的機率，從而減少頭端事件的發生機率。範例 6.6 是一個簡單的失誤樹分析。顯然地，控制

□　需要進一步評估的失誤事件

○　不需要進一步開展，位於基層的基本事件

⌂　預期將發生的正常事件

◇　無關緊要或是訊息不足以進一步開展的事件

⌒　需要所有的輸入都發生，輸出才可發生的及閘

⌒　任何一個輸入發生，輸出即可發生的或閘

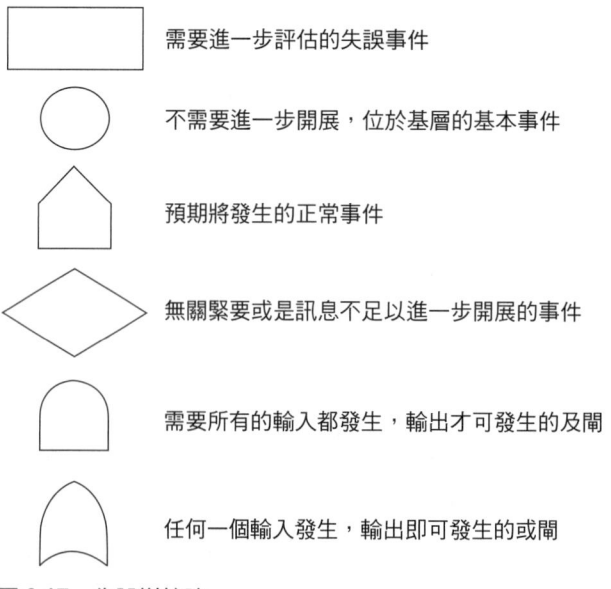

圖 6.17　失誤樹符號。

6.5 失誤樹分析

或修改措施的執行必須考慮成本因素，下一小節所論述的成本效益分析將有助於確認成本的支出是否有效。

範例 6.6　火災的失誤樹分析

多賓公司的磨床工廠發生數起被迅速撲滅的小火災。然而，公司擔心火災可能會失去控制而燒毀整間工廠。以重大火災當作頭端事件的失誤樹分析，則是解析該問題的方法之一。火災的發生有三個必要條件 (實際上是四個，此處將忽視無處不在的氧氣)：(1) 可燃物質的機率為 0.8；(2) 起火源；以及 (3) 小火失控的機率為 0.1。可能的起火源包括：(1) 無視於禁菸標誌的吸菸作業員；(2) 從砂輪中冒出的火花；以及 (3) 磨床的電力短路。據該公司估計，這些事件的機率分別為 0.01、0.05 和 0.02。第一層 (火災的必要條件) 的所有事件都必須發生才會引發火災，因此應該以一個及閘連接這些事件。請注意，導致第二個事件的先決條件是第一個事件必須發生，而導致第三個事件的先決條件則是前兩個事件必須發生。以起火源而言，任何一個輸入即足以造成燃燒發生，所以此時應該用或閘來連結這些事件。完整的失誤樹如圖 6.18a 所示。

另一種作法是將所有事件分別依序畫出，類似於一個產品的構成要件或是系統的操作圖，如圖 6.18b 所示。導致工廠燒毀的路徑必須依序經過三個主要事件 (易燃物、起火、失控)，而起火的原因可以被視為平行的，因為只要其中之一存在就足以發生燃燒。

最終頭端事件或系統成功 (在這個案例中，工廠燒毀不應該被視為系統的成功執行，但這畢竟是解釋系統安全的通用術語)，可表示如下：

$$T = ABC$$

其中 $B = B1 + B2 + B3$。機率計算如下：

$$P(B) = 1 - [1 - P(B1)][1 - P(B2)][1 - P(B3)]$$
$$= 1 - (1 - 0.01)(1 - 0.05)(1 - 0.02) = 0.0783$$
$$P(T) = P(A)P(B)P(C) = (0.8)(0.0783)(0.1) = 0.0063$$

因此，工廠燒毀的可能性為 0.6%。

儘管工廠燒毀的可能性相當低，但該公司仍然希望減少事件發生的機率。火花是研磨過程的自然產物，而短路是不可預測的事件。換言之，兩者都不是可能的控制途徑。有鑑於此，安全分析師想出兩個比較合理的辦法。首先是強制實施禁止吸菸的禁令，一旦引起火災即予以嚴厲懲罰。然而，即使將吸菸的機率下降到 0，整體機率依然有 0.0055；換言之，改善效果只比禁令實施之前縮減了 12%，如此細微的效益，並不值得導入這個將會引發工人反彈的懲處措施。其次是消除磨床區不必要的易燃物，例如，含油抹布。這個方法可以將機率從 0.8 減少至 0.1。因為作業區域尚有裝運鑄件的木製外箱，所以引發火災的機率不會完全減少到 0。計算後所

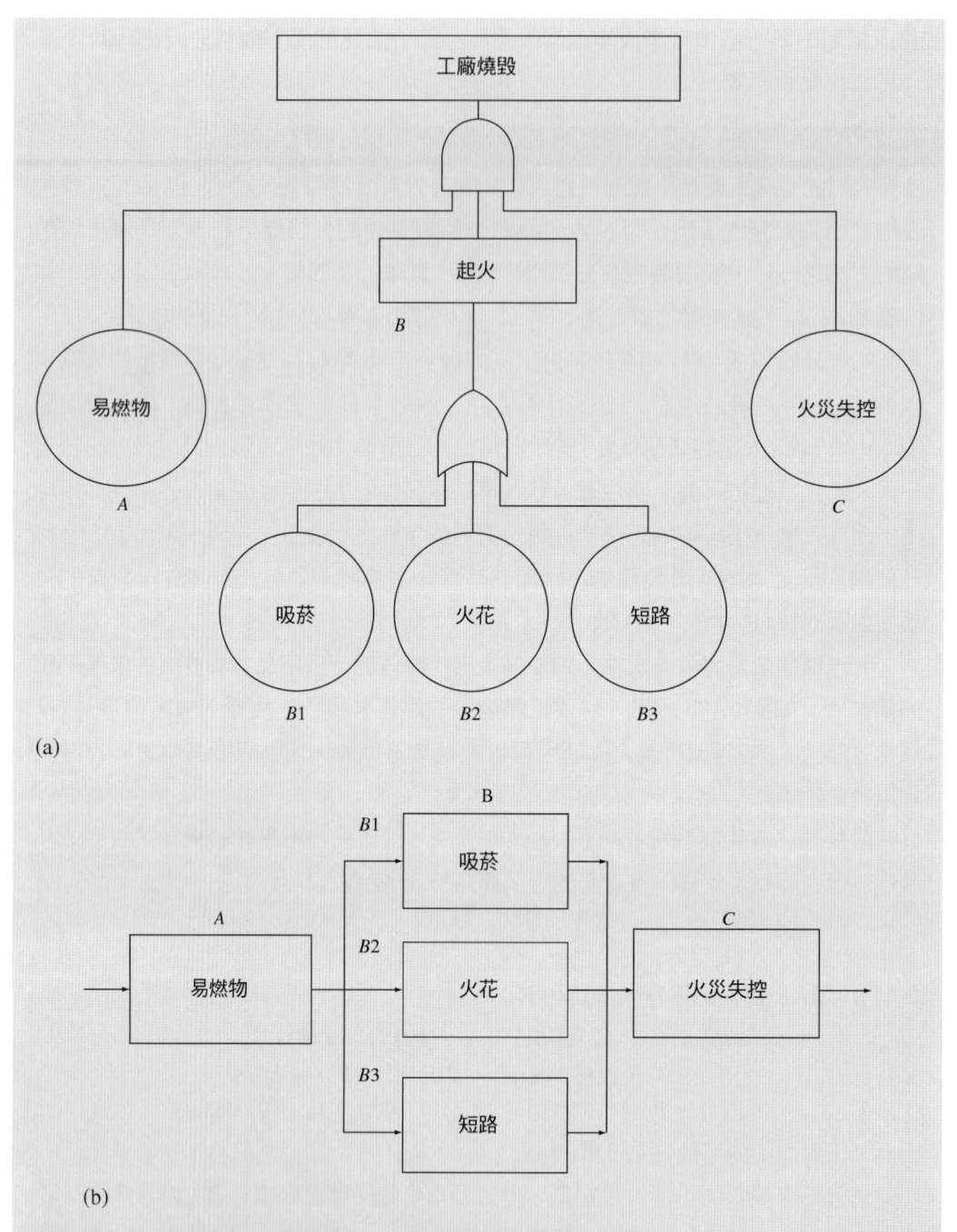

圖 6.18 (a) 磨床工廠的火災失誤樹。(b) 磨床工廠的火災構成要件法。

得出的總體機率為 0.00078，相當於改善之前的 1/10，所以消除不必要的易燃物可能是更加符合成本效益的作法。

6.5 失誤樹分析

表 6.8 使用壓力機造成傷害的期望成本範例

嚴重性	成本（美元）	機率	期望成本（美元）
急救護理	100	0.515	51.50
暫時全部失能	1,000	0.450	450.00
永久部分失能	50,000	0.040	2,000.00
永久全部失能	500,000	0.015	7,500.00
			10,001.50

成本效益分析

如同前述，失誤樹分析的主要功能在於安全問題之調查，以及了解各種起因對頭端事件的相對貢獻。然而，為了提高失誤樹分析的有效性，安全分析師也應該將系統或工作場所的控制與修改成本納入考量，這就是**成本效益分析** (Cost-benefit analysis) 的基礎。成本的概念比較容易理解，舉凡改造舊機器、添購新機器或安全設備、培訓工人使用更安全的工作方法等費用支出都是成本。成本費用可以一次償清，或是在一段期間內按比例攤還。有關效益的概念則比較難以理解，因為效益通常是以意外費用的減少、生產成本損失的降低，或是一段時間內所節省的傷害和醫療費用來表示。表6.8 為一台 200 噸的壓力機於過去五年內所造成的各種傷害及其醫療費用。傷害的嚴重程度乃是依據公司對工人的賠償類別來加以判定 (參閱第 6.6 節)，而該公司的醫療紀錄可以導出傷害的發生機率及成本損失。傷害的嚴重程度從急救護理即可處理的輕微皮膚撕裂傷，到類似手部截肢的永久性部分失能，甚至是輾壓損傷所導致的永久性全部失能或死亡。由於各傷害層級的相對期望成本等於成本與發生機率的乘積，所以只要將各傷害層級的相對期望成本加總之後，即可得知因為操作壓力機而導致傷害的總期望成本；由此可知，這筆大約 10,000 美元的總期望成本乘以頭端事件的發生機率，即為操作壓力機的**臨界閾** (Criticality)。請注意，這個臨界閾通常會以暴露時間 (例如，200,000 個工人－小時) 或生產數量來表示。成本效益分析中的效益部分相當於臨界閾的減項，其效益來自於減少頭端事件的發生機率，或是降低傷害的嚴重程度及其衍生的醫療費用。範例 6.7 說明了如何運用成本效益分析，以發掘咖啡豆研磨機預防手指受傷的最佳設計。更詳細的失誤樹和成本效益分析，可以參閱 Bahr (1997)、Brown (1976)、Cox (1998) 及 Ericson (2005) 的著作。

範例 6.7　磨豆機造成手指受傷的失誤樹和成本效益分析

隨著咖啡文化的興起，許多消費者為了能夠隨時享用新鮮的咖啡，都會自行購買咖啡豆研磨機。然而，消費者卻常在未將手指抽出之前就啟動，於是導致多起手指被旋轉刀片割傷的意外事件。引起類似意外和傷害的可能因素與個別事件的機率，已經列示於圖 6.19 的失誤樹之中。假設啟動旋轉刀片的簡易開關位於磨豆機的側面，導致頭端事件發生的先決條件必須是旋轉刀片正在運轉，而且手指必須位於旋轉刀片的路徑之上，因此以一個及閘來連接上述的二個項目。手指在旋轉刀片路徑

上的原因各異，也許是為了取出碾碎的咖啡豆或是清理容器，在這個範例中並沒有將細節進一步地展開。連結電源與電路正處於閉路的情況是旋轉刀片運轉的必要條件，因此再以一個及閘來表示。接著，電路可能正常或異常地封閉，所以以一個或閘來表示。請注意，在任何一個情境下，我們都假設手指在磨豆機旋轉刀片的路徑上。正常封閉也可能包括開關在關閉的位置上故障或開關設定在關閉位置上，因此以一個或閘來表示。異常關閉的原因可能包括各式各樣的情況：斷線、不正確的接線、導電碎片或容器中有水——其中只要有一個事件發生，即可造成電路短路和封閉，因此以一個或閘來表示。計算出的機率如下：

$$P(C_1) = 1 - (1 - 0.001)(1 - 0.01)(1 - 0.001)(1 - 0.01) = 0.022$$
$$P(C_2) = 1 - (1 - 0.001)(1 - 0.1)(1 - 0.001) = 0.102$$
$$B = C_1 + C_2$$
$$P(B) = 1 - (1 - 0.022)(1 - 0.02) = 0.122$$
$$P(A) = P(B)(1) = 0.122$$
$$P(H) = P(A)(0.2) = 0.122(0.2) = 0.024$$

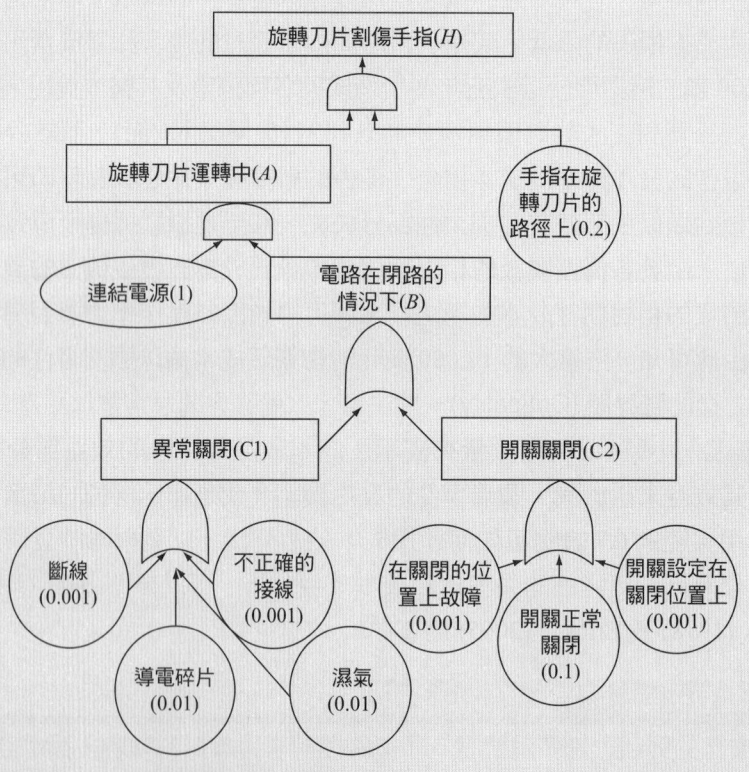

圖 6.19 使用磨豆機割傷手指的失誤樹。

假設手指受傷的嚴重程度從簡單割傷到截肢都可能發生，而受傷的期望成本為 200 美元 (類似表 6.8)，則磨豆機割傷手指的臨界閾 C 相當於：

$$C = P(H)(\$200) = (0.024)(200) = \$4.80$$

現在關注的重點在於找出重新設計的方案與安全管理措施，以減少手指受傷的

可能。多數的磨豆機在重新設計之後都會在外殼上安裝一個互鎖開關 (第 6.8 節將對互鎖機制作更深入的論述)。這個設計的基本前提是只要手指在磨豆機中,開關就不能夠同時啟動。這個機制將「開關正常關閉」的可能性從 0.1 減少至 0.0。然而,其他失效模式依然可能發生,所以頭端事件的發生機率不會完全等於 0.0,而是降低到 0.0048,新臨界閾則為 0.96 美元。

臨界閾從 4.80 美元減少至 0.96 美元,即等同於產生 3.84 美元的效益。但是在磨豆機外殼上增設一個開關,要比原先安裝的側邊簡易開關增加約 1.00 美元的費用。由此可知,該項措施的成本－效益 (Cost-benefit, C/B) 比率為:

$$C/B = \$1.00/\$3.84 = 0.26$$

另一種更便宜的方法則是在磨豆機的側邊貼上警告標籤,說明「必須先將電源插頭拔除,才能夠取出咖啡或清理磨豆機」。如此則每一台磨豆機的成本將會增加 0.10 美元。然而,消費者很可能會忘記或忽略警告標示,所以「連結電源」事件的機率可能會降低為 0.3,而不是 0.0。因此頭端事件的機率降低到 0.0072,臨界閾為 1.44 美元。新的效益是 3.36 美元,產生的成本－效益比率為:

$$C/B = \$0.10/\$3.36 = 0.03$$

綜觀上述,第二種作法從表面上看來似乎更具成本效益。然而,多數的消費者在將手指伸進磨豆機之前可能會忘記拔除電源插頭,所以「連結電源」的機率可能被嚴重地低估。因此貼上警告標籤將不會是最適當的辦法。請注意,如果安裝互鎖開關額外支出的 1.00 美元可用於加強品質管制,並於每一台磨豆機出貨之前解決所有斷絲和開關的問題,則相關事件的機率將降低至 0.0,因此產生的成本－效益比率為 1.25,此值將遠大於在外殼上安裝互鎖開關。

6.6 安全立法和工人薪資 Safety Legislation and Workers' Compensation

基本原則和術語

在美國,安全立法以及其他法律制度是建立於**普通法** (Common law)、**成文法** (Statute law) 和**行政法** (Administrative law) 的基礎上。普通法來自不成文的習俗和英國的慣例,並由法院通過司法裁決來調整和解釋。成文法是由立法者所制定,行政部門所強制的法律。行政法則是由行政部門或政府機構所設置。然而,由於普通法最先存在,所以許多法律名詞和原則都是源自於普通法。舉例來說,**主人** (Master)、**僕人** (Servant) 和**陌生人** (Stranger) 等古老名詞,其實分別代表著**雇主** (Employer)、**員工** (Employee)、**顧客** (Guest) 或**訪客** (Visitor)。**賠償責任** (Liability) 是提供損失或傷害賠償的義務,而**嚴格賠償責任** (Strict liability) 則是一種等級更加嚴重的賠償責任;換言

之，原告不需要證明疏忽或過失即可獲得賠償。**原告 (Plaintiff)** 通常係指受到傷害，在法庭提起訴訟的人。**被告 (Defendant)** 係指在法院辯護的個體，通常是雇主或產品製造商。**疏忽 (Negligence)** 意味著沒有付出合理的心力來防止損傷。更嚴重的過失包括完全沒有表現出絲毫心力的**重大疏忽 (Gross negligence)**，和不需要任何證據的**疏忽本身 (Negligence per se)**。對原告的賠償可分為兩類：**損失賠償 (Compensatory damages)** 包括醫療費用、工資損失，以及其他直接損失的部分；而**懲罰性賠償 (Punitive damages)** 則是以額外的金額來具體地懲罰被告。

根據英國普通法制度，後來又根據成文法，雇主確實有法律義務營造一個安全的工作場所，保護員工以免受到傷害。如果雇主未能履行這些義務時，必須支付員工因此而受傷和損失的費用。這些義務也延伸到客戶和一般公眾，例如，在工作場所中訪客的安全。然而，上述的法律義務在實務上並不一定成立，因為員工必須在法庭上擔負舉證的責任，證明雇主的疏忽是造成傷害的唯一原因。下列因素將會使得類似的舉證更為困難：首先，**共同利益關係 (Privity)** 的原則要求爭端的兩方擁有一個類似合約形式的直接關係；換言之，與雇主沒有直接合約關係的員工幾乎不可能在法庭上勝訴。再者，**風險承擔 (Assumption of risk)** 的概念意味著員工已然明白工作的風險，但依舊從事相同的工作，並願意承擔在沒有任何疏失的情況下可能導致的風險和損失。第三，同事的疏忽或工作人員本身的共同疏忽會大大地影響勝訴的機會。最後，員工害怕會因此而失去工作機會，這個因素就壓縮了員工對雇主採取法律行動的機會。此外，法律訴訟的過程往往需要數年的時間，以致於延緩了醫療費用的賠償，也容易導致前後不一或相對不足的賠償金額，而且大部分的賠償金都必須用來給付律師的訴訟費。有鑑於此，社會上出現了要求將工人賠償立法的呼聲，以糾正這些不公平的現象，並且迫使雇主採取修正行動，以保障員工的安全。

工人的賠償

美國的第一個工人賠償法頒布於 1908 年，其最初的適用對象為聯邦雇員，最後擴及所有 50 個州和美國的領土。此法的一般原則為：如果員工沒有確切的過失，那麼雇主應該賠償工人的醫療費用和工資損失。一般而言，工作情況與職業類型是設定傷害賠償的基準 (雖然這可能因州而異)。此法保障了全美約 80% 的勞動人力，但是獨立農工、家庭傭工、慈善組織、鐵道和航海工人，以及小規模的獨立承包商等並不包括在內。為了確保工人的利益不受雇主破產的影響，企業必須購買保險。這類保險可能可以透過州政府資金或自由競爭的私人保險公司來承接。在某些情況下，規模龐大且財務安全的公司或組織也可以自我投保。

工人要求賠償有三個主要的條件：

1. 傷害必須由意外所造成。
2. 傷害必須起因於工作。
3. 傷害必須在工作期間發生。

表 6.9　永久部分失能中截肢的賠償時程（週）

截肢或100%失能	聯邦政府	賓州
手臂	312	410
腿	288	410
手掌	244	325
腳掌	205	250
眼睛	160	275
拇指	75	100
食指（小指）	46　(15)	50　(28)
腳拇趾（及其他）	38　(16)	40　(16)
聽力——單耳（雙耳）	52 (200)	60 (260)

諸如自己所造成的中毒，或者是因激烈爭執而遭受的傷害，都不會被認定為意外傷害。此外，任何可能發生在正常情況下的事件，如心臟病發作也不屬於意外傷害，除非從事該項工作所承受的壓力被認定為足以引起心臟病的發作。起因於工作的傷害適用於主管所指派的工作，或是員工在上班期間應該從事的工作。此外，從事「政府的工作」或是將公司設備挪作個人使用所導致的傷害，則是無法獲得賠償的典型案例。工傷係指於正常工作時間之內所發生的損傷，並不包括上、下班通勤時間，除非該公司提供交通車。

　　對工人的失能賠償通常分為四個類別：(1) 暫時部分；(2) 暫時全部；(3) 永久部分；以及 (4) 永久全部。**暫時部分失能** (Temporary partial disability) 係指工人受到輕傷，預期可以完全康復；而且工人在受傷之後依然可以履行職責，可能的損失為部分工時和／或工資。**暫時全部失能** (Temporary total disability) 係指受到傷害的工人在一段期間內無法從事任何工作，但預期可以完全康復；多數的工人賠償案件皆屬於此一類型。**永久部分失能** (Permanent partial disability) 則是指工人無法從傷病中完全恢復，但仍然可以執行某些工作；此類傷害也是工人賠償費用的大宗，賠償的給付方式可進一步細分為按時程支付損傷和非按時程支付損傷。**按時程支付損傷** (Schedule injury) 的補償會依據時程表發放，所以員工可在指定的時間內收到賠償金，如表 6.9 所示。請注意，州與州之間的給付時程可能存在著相當大的差異，如表中所列之聯邦政府和賓州。**非按時程支付損傷** (Nonschedule injury) 的性質較不具體；舉例來說，毀容的給付則是按時程支付固定比例的賠償金。**永久全部失能** (Permanent total disability) 代表著極為嚴重的狀況，因為受到傷害的員工將再也無法正常就業。另外，在構成全部失能的認定上，各主管機關可能會有相當大的差異；但各州普遍認定雙眼失明或喪失雙臂、雙腿可被歸類為全部失能。全美大約 50% 州將賠償期間涵蓋整個失能期間或受傷工人的餘生，其他州則限期 500 週。賠償通常是一定比例的工資，大部分是以工資的三分之二作為賠償金額。如果工人死亡，賠償金則支付給工人的遺孀，直至其身故或再婚為止；如果工人的子女尚未成年，則會持續支付賠償至其屆滿 18 歲，或達到最長的賠償期限為止 (例如，500 週)。

　　各州在判定賠償的過程中，可能還會依據其他重要的條件。在某些情況下，企業可以要求受傷工人必須經由企業所聘用之醫生的診斷，並從事低負荷的工作；如果工

人拒絕，則企業有權終止對工人的賠償。不過在多數的案例中，工人的賠償案件都可以快速且愉快地獲得解決，而且工人可以直接取得適當的賠償。在某些情況下，員工和雇主的案件爭議可以藉由雙方協商，或是透過法律制度來解決。站在員工的角度，工人通常會作出一個正面的取捨，也就是接受較低金額的保證賠償，而放棄控告雇主疏失的不確定性。然而，工人仍然具有起訴第三方的權利，例如，故障設備或有缺陷的工具供應商、施工錯誤的建築師或承包商，甚至認證建築物或機器安全性的檢查機構。

從公司的角度來看，應該盡可能地減少賠償費用的支出。這個目標可以藉由下列的方法達成。首先，同時也是最重要的措施，就是實施安全計畫，以減少工作場所的風險，並訓練作業員遵循適當的安全程序。其次則是實施適當的醫療管理程序，其重要性不亞於安全計畫的施行。這代表聘用專業護士和選擇具備工安知識的當地醫生來訪視工廠並了解各項作業，將有助於正確的診斷和低負荷工作的指派。讓受傷員工儘快恢復工作，即使只是低負荷的工作，也是非常重要的。第三，審查每一位員工所從事的工作類別，以免因分類錯誤而導致不必要的保險費用支出；例如，將辦公室職員錯誤地歸類為磨床作業員。第四，進行一次徹底的薪資查核，因為加班費用相當於正常工時以外的補償；如果正常工資為每小時 10 美元，那麼每小時 20 美元的加班工資勢必會大幅提高公司的營運成本。第五，比較自我投保和各種團體保險的方案之後再取其成本最低者，並使用保險扣除條款。第六，經常檢查**調整率 (Mod ratio)**。調整率等於實際損失與同業雇主的期望損失之比率，其平均值通常為 1.00。實施良好的安全計畫和減少意外、傷害，有助於降低工人的賠償要求，而調整率也將隨之大幅下降。0.85 的調整率相當於節省 15% 的保險費。綜觀上述，適當的管理將有助於管控工人的賠償費用。

6.7 美國職業安全與衛生署
Occupational Safety and Health Administration (OSHA)

美國職業安全與衛生法案

美國職業安全與衛生法案 (Occupational Safety and Health Act) 於 1970 年由美國國會通過，其目的在於「盡最大可能保證每一個工作人員都能在安全和健康的環境下工作，以維護美國的人力資源」。根據該法成立了美國職業安全與衛生署，其宗旨為：

1. 鼓勵雇主和員工減少工作場所的危險，並實施嶄新或改善現有的安全和衛生計畫。
2. 建立雇主和員工「獨立但相依的責任和權利」，以實現更好的安全和衛生條件。
3. 維護報告和記錄系統，以監測與工作相關的傷害和疾病。
4. 制定具有強制性的工作安全和衛生標準，並有效地加以執行。
5. 提供各州職業安全與衛生計畫的發展、分析、評估和核准。

該法對於工作場所的設計有著舉足輕重的影響，因此方法分析師應該了解其相關細節。依據該法的**一般責任條款 (General-duty clause)**，雇主「必須提供員工一個免於造成死亡或嚴重身體傷害的就業場所」。此外，該法亦指出，雇主的責任還包括了解適用的安全標準，以及確保員工擁有並使用個人的安全護具和設備。

美國職業安全與衛生署的標準分為四類：一般工業、海運、建築和農業。所有的美國職業安全與衛生署標準都發表在美國聯邦法規資料庫，讀者可以在大部分公共圖書館、美國職業安全與衛生署條例 (OSHA, 1997)，以及網站 (http://www.osha.gov/) 找到相關的資訊。美國職業安全與衛生署可以主動展開標準制定程序，或是接受美國衛生和公眾服務處 (Health and Human Services, HHS)、美國國家職業安全衛生研究所 (National Institute for Occupational Safety and Health, NIOSH)，以及州和地方政府、國家認可的標準制定組織，如美國機械工程師學會 (ASME)，和雇主或勞工代表的請願。在這些團體中，美國國家職業安全衛生研究所是一個隸屬於美國衛生和公眾服務處的機構，在標準的建議上扮演非常積極的角色。美國國家職業安全衛生研究所進行各種安全和衛生問題的研究，並對美國職業安全與衛生署提供大量的技術支援。其中又以有關毒性物質的調查，和在工作場所使用這些物質的規範制定最為重要。

美國職業安全與衛生署也對全美 50 個州的雇主提供免費的現場諮詢服務。這是申請即受理的服務，並優先考慮小型企業，因為小型企業大多無法負擔顧問公司的服務費用。美國職業安全與衛生署的顧問會協助雇主鑑定危險的情況，並決定矯正措施。顧問清單可參閱美國職業安全與衛生署的網頁 (http://www.osha.gov/dcsp/smallbusiness/consult_directory.html)。

該法還規定，僱用員工超過 11 人的雇主，必須將職業傷害和疾病登錄於**美國職業安全與衛生署 300 日誌 (OSHA 300 log)**。**職業傷害 (Occupational injury)** 的定義是「任何肇因於與工作有關的意外或暴露於工作環境而造成的傷害，如割傷、骨折、扭傷或截肢」。而**職業病 (Occupational illness)** 則是「除了職業傷害外，因工作環境所導致的任何不正常的狀況或失序」。職業病包括急性和慢性疾病，原因可能是口鼻吸入、吸收、誤食，或直接接觸有毒或有害物質。具體而言，如果職業傷害的結果是死亡、一日或以上的工時損失、失能、喪失意識、轉調其他工作，或接受急救護理以外的醫療處置，那麼相關的資訊都必須被記錄下來。

工作場所檢查

為了強制執行其標準，美國職業安全與衛生署有權進行工作場所檢查。因此，每一個需要遵守美國職業安全與衛生法案的組織，都必須接受美國職業安全與衛生署代表的視察。該法規定視察人員必須「對公司所有者、作業員或代理負責人提出適當的證明文件」，美國職業安全與衛生署官員有權立即進入任何工廠或工作場所，檢查所有相關的條件、設備和材料，並對雇主、作業員或員工提出問題。

除少數案例之外，美國職業安全與衛生署並不會將查驗行程事先告知雇主。事實上，事先知會雇主將可處以最高 1,000 美元的罰款或是六個月的徒刑。唯有符合下列的特殊情況，美國職業安全與衛生署才會將查驗行程預先通知雇主：

1. 有立即危險的情況，需要儘快進行修正。
2. 檢查需要特別的準備或必須於下班後進行。
3. 事先通知以確保雇主、員工代表或其他人員的出席。
4. 經由美國職業安全與衛生署的區域主管判定，事先通知將可產生更加徹底與有效的檢查結果。

如果美國職業安全與衛生署代表在稽查過程中發現緊急的不安全情況，美國職業安全與衛生署代表會要求雇主張貼緊急的危險告示，並自發地消除危險源，以免受害員工再次暴露於危險之中。此外，美國職業安全與衛生署代表會在離開前將危險告知所有受到影響的員工。

在檢查時，雇主會被要求派遣資方代表陪同美國職業安全與衛生署官員一起進行稽查，而勞方代表也有機會出席開幕會議和陪同稽查。如果公司設有工會組織，那麼工會通常會指派員工代表陪同美國職業安全與衛生署代表進行稽查。雇主有可能無論如何都不派遣員工代表出席，雖然該法並不要求員工代表參與每一個稽查項目；在沒有員工代表的情況下，美國職業安全與衛生署官員必須在工作場所中訪談足夠數量的員工，以了解安全與衛生的相關事項。

查核結束後，美國職業安全與衛生署代表與雇主或雇主代表會召開閉幕會議。隨後，美國職業安全與衛生署代表會將調查結果送到美國職業安全與衛生署辦公室，由該區域主管決定採納的舉證(如果有的話)和建議的處罰(如果有的話)。

舉證

舉證用以通知雇主與員工其所違反的法規和標準，以及限期改善的時間。雇主將會收到舉證通知和處罰的掛號信。雇主必須將每份舉證副本張貼在接近或發生違規情事的地點三天，或直至違規情況已經消除為止，實際的張貼日數則為前述的兩個條件取其長者。

在會議結束之後，美國職業安全與衛生署官員有權在工作現場簽發舉證。在這之前，美國職業安全與衛生署官員必須事先與區域主管討論每個明顯違規的項目，並得到該主管的批准。

可進行舉證的六種違法行為及其罰責如下：

1. **輕微** (De minimis)(**無罰款**)。這類型的違規並沒有與安全或衛生產生直接關係，例如，廁所的數量。
2. **非嚴重違規** (Nonserious violation)。這類型的違規與工作安全和衛生有直接關係，

但可能不會造成死亡或嚴重的身體傷害。美國職業安全與衛生署官員針對每一個違規項目，可自由判處的最高擬議罰款為 7,000 美元。此罰款可視雇主的誠意(顯示遵守法規的努力)、先前的違規事件和經營規模來加以調整。

3. **嚴重違規** (Serious violation)。這類型的違規導致死亡或嚴重損傷之可能性極高，而雇主應該／已經知道此類危險情況的存在。針對每一違規，可判處最高 7,000 美元的強制性罰款。

4. **故意違規** (Willful violation)。這是一種雇主明知故犯的違規。雇主可能已經了解其行為已構成違規情節，或者明知危險存在卻不做合理的努力來消除它。針對每一個故意違規項目，可處以最高 70,000 美元的罰款。如果雇主因故意違規而造成員工死亡，也有可能被判處最長六個月的徒刑。如果類似的違規再次發生，則將最高刑罰加倍作為懲處。

5. **重複違規** (Repeated violation)。如果再次稽查時，發現該公司違反的標準、法規、規則或命令，與先前所舉證的違規事件相同，即屬於重複違規。此外，如果再度稽查所發現的違規舉證乃是發生在另一台設備或不同的工作場所，依然可以被視為重複違規。每一個重複違規可處以最高 70,000 美元的罰款。如果涉及裁定有罪的刑事訴訟，那麼可處最長六個月的徒刑和 25 萬美元的個人罰款或 50 萬美元的公司罰款。

6. **緊急危險** (Imminent danger)。是指具有充分理由證明危險已經存在的狀況，而該危險可預期會立即或在危險強制消除前，造成死亡或嚴重的身體傷害。一個即將發生的緊急危險事件可能會導致作業中斷，甚至是工廠停工。

其他違規的舉證行為及其擬議的罰責如下：

1. 如經確認有偽造紀錄、報告或應用程序的事實，可處六個月有期徒刑，併科罰款 10,000 美元。
2. 若是違反張貼公告的規定，最高可處 7,000 美元的民事賠償。
3. 未在限期前消除或矯正違規事項，每天最高可處 7,000 美元的民事賠償。
4. 攻擊、干擾或抗拒稽查人員執行職務者，最高可處三年有期徒刑，併科罰款 5,000 美元。

美國職業安全與衛生署的人因工程計畫

1990 年，相關調查曾指出肉品加工業的員工罹患肌肉骨骼疾病的機率極高，而且症狀相當嚴重，此一現象致使美國職業安全與衛生署開始制訂相關的人因工程準則，以保護肉品加工人員免於遭受類似的傷害 (OSHA, 1990)。相關準則的出版和宣導，是為了協助肉品加工業者實施全面性的安全和衛生計畫。這個最初僅止於諮詢性質的準則，逐漸發展成為適用於各個產業的人因工程標準。雇主可以藉由這個準則，了解他們是否正面臨人因工程方面的問題，接著確定問題的屬性和定位，並採取措施以減少或消除這些問題。

肉品加工廠的人因工程計畫共分為五個部分：(1) 管理階層的承諾和員工的參與；

(2) 工作現場分析；(3) 建議的危險預防和管制；(4) 醫療管理；以及 (5) 訓練和教育。其中還包括專為肉品加工業所設計的詳細範例。

承諾和參與是健全的安全和衛生計畫必須具備的基本要素。來自管理階層的承諾在提供動力和解決問題的必要資源方面顯得特別重要。同理，員工的參與則是維護計畫，並使之持續運作的必要條件。有效的計畫應該以團隊的形式進行，以高階管理階層為首，並應用下列原則：

1. 有關職業安全、衛生和人因工程的書面計畫，必須具有明確的目標和宗旨，並由最高管理階層認可和倡導。
2. 注重員工的健康和安全，強調消除違反人因工程的危險因子。
3. 該項政策將健康和安全的重要性視為與產量相等。
4. 指派適當的管理者、主管和員工來負責人因工程計畫的執行與溝通。
5. 設立管理機制，以確保這些管理者、主管和員工確實履行職責。
6. 定期審查和評估人因工程計畫的執行狀況，包括傷害數據的趨勢分析、員工調查、工作場所改善前後的差異評估、工作改善日誌等。

員工可透過以下方式參與計畫的執行：

1. 透過投訴或建議程序向管理階層表達自己的關切，而不必擔心報復。
2. 迅速而確實地記錄因為工作所造成的肌肉骨骼疾病之徵兆，以便及時地控制和治療。
3. 參與人因工程委員會，以接收人因工程問題的分析與矯正報告。
4. 具備專業技能的人因工程團隊，應當協助確認與分析工作所帶來的人因壓力。

有效的人因工程計畫包括四個主要項目：工作現場分析、危害控制、醫療管理、訓練和教育。工作現場分析用以確定既有的風險和狀況，以及可能導致危險的作業和工作場所。這項分析包括詳細的傷病紀錄追蹤和統計分析，以判定與工作有關的肌肉骨骼疾病之發展模式。執行分析程序的第一步，則是利用卡方分析及追蹤意外發生率，審查和分析醫療紀錄、保險紀錄與美國職業安全與衛生署 300 日誌。其次，進行基線篩選調查 (Baseline screening survey) 以查明可能引發肌肉骨骼疾病的作業。這樣的調查通常是採用問卷的方式進行，以確認作業過程、工作現場、作業方法是否含有潛在的人因工程風險因子，並藉由第 5 章所介紹的身體不適表來判定個別員工發生潛在肌肉骨骼問題的位置和嚴重程度。接著再利用先前所介紹的工作設計檢核表和分析工具，在工廠進行實地現場分析，並透過錄影方式分析關鍵的作業項目。最後，就如同其他計畫一般，應該進行定期的審查。此一過程可能會發現以往被忽略的風險因素或設計缺陷。傷害和疾病的趨勢應定期計算和審查，以作為查核人因工程計畫是否有效的量化指標。

危害控制所涉及工程管制、工作實務管制、個人防護設備及行政管制等方法，與本書其他章節所論述者相同。若是情況允許，工程管制是美國職業安全與衛生署首選的管制方法。

適當的醫療管理包含早期徵兆的發現以及有效的症狀治療，在減少與工作有關的肌肉骨骼疾病風險方面也十分重要。專精於肌肉骨骼疾病的醫生或護士應負責指導該計畫的執行，並定期進行有系統的實地訪查，以期能維持對作業內容的了解，找出潛在的低負荷作業，並與員工保持密切接觸。類似的資訊讓保健人員得以安排傷癒人員從事低負荷的作業，使其剛剛復原的肌肉和肌腱群承受之壓力降至最低。

　　衛生保健人員應參加所有人員(包括主管)的教育訓練，內容包括與工作有關的肌肉骨骼疾病、預防方法、原因、早期症狀和治療方法等。相關的訓練有助於儘早發現肌肉骨骼的疾病，以免病情更進一步地惡化。鼓勵員工報告與工作有關的肌肉骨骼疾病之早期徵兆和症狀，以便及時接受治療，也不必擔心會受到管理階層的責難。健康監測、評估和治療的書面協議，將有助於維持適當的控制程序。

　　對於可能接觸到人因工程危害的員工而言，訓練和教育是人因工程計畫中至關重要的部分。訓練可以教導管理者、主管和員工了解與其職務相關的人因工程問題，以及相關問題的預防、控制與醫療效果。

1. 對於可能接觸到風險的員工實行每年一次的一般培訓計畫，訓練內容包括工作相關之肌肉骨骼不適的危險因子、症狀，以及與工作相關的危害。
2. 針對新進人員實施特定的職前訓練，訓練項目包括工具、刀具、護具、安全和正確的抬舉動作。
3. 主管應當接受訓練，以便能夠判別工作相關之肌肉骨骼不適的早期徵兆與危險的工作慣例。
4. 管理者應當接受訓練，以了解他們在健康和安全上的責任。
5. 工程師應當接受訓練，方能透過工作場所的重新設計來防止和矯正人因工程危害。

　　適用於一般行業的人因工程草案於 1990 年發布，而該案的最終版本於 1992 年年初完成簽署，其內容大致上與肉品加工業的指導原則相同。然而，工業界對此極為不滿，於是當共和黨在 1992 年贏得美國國會的主控權之後，人因工程標準便從此被束之高閣。

6.8 危害控制 Hazard Control

　　本節將介紹危害控制的基本原則。**危害 (Hazard)** 是一種可能造成傷害或損失的狀況；而**危險 (Danger)** 是指暴露於該危害下，或是該危害可能導致的後果。因此，鷹架上沒有防護裝備的工人可說是身處危害之中，並且可能因而導致嚴重傷害的危險。如果工人穿戴了安全裝備，雖然危害依舊存在，但危險已經大幅降低。

　　危害產生的類型可以區分如下：(1) 肇因於危害的屬性，如高電壓、輻射或腐蝕性化學物質；(2) 肇因於作業員(或其他人)的潛在失誤，或是機器(或一些其他設備)的潛在故障；或 (3) 肇因於環境作用或應力，例如，強風、腐蝕等。一般的作法是徹底消除危害以防止意外發生；如果無法完全杜絕危害的起因，就應該降低危害的程度，使

得意外發生所造成的潛在傷害或損失可以減到最低。良好的設計和適當的程序可以排除危害的成因，例如，使用不可燃的物質和溶劑、將設備邊緣修成圓角、腐蝕作業自動化 (將作業員與危害環境隔離，就如同在鐵路和公路的交會處架設高架橋)。

如果無法完全排除危害，就應該設法限制危害等級。舉例來說，在潮溼的環境下使用電鑽可能會有觸電的風險。若是改用無線電鑽，雖然觸電的風險依舊存在，但是無線電鑽確實可以減少傷害的嚴重程度，其代價是犧牲了扭力水準和鑽鑿效率。另一方面，使用氣鑽可以完全排除觸電的風險，而使用條件的限制則是氣鑽最大的缺點。氣鑽需要一般家庭所沒有的壓縮空氣，這也意味著鑽鑿成本的增加；而且高壓空氣的釋放也可能產生新的風險。最安全的解決辦法是使用機械式手搖鑽；但是該項工具的鑽鑿效率嚴重不足，還可能導致骨骼肌肉的疲勞 (一個完全獨立的風險)。透過調速器來限制校車的速度，則是另一個降低危害等級的例子。

如果機電設備或電動工具的特性導致無法限制危害等級，那麼下一個方法是藉由隔離、障礙和互鎖等機制，將作業員接觸能源的機會降至最低。隔離是增加能源與人員之間的距離，而障礙則是透過物理阻絕彼此的接觸。舉例來說，將發電機或壓縮機置於廠房之外，有助於降低作業員和能源之間的日常接觸。換言之，只有維修人員會不定期地接觸到這些能量來源。而固定的機器護具或滑輪護蓋都是使用障礙的例子。**互鎖** (Interlock) 是一個更為複雜的方法或裝置，用以避免不相容的事件在錯誤的時間點同時發生。互鎖最基本的形式可能僅止於**外鎖** (Lockout)(見 OSHA 1910.147，Lockout/Tagout) 一個危險的區域，以防止未經授權的人員進入這一區域；又或是**內鎖** (Lock in) 一個運作中的開關，使其不能被意外地關閉。典型的積極互鎖機制，可用於確保兩個互斥的事件不會在同一時間發生。前述的磨豆機開關 (範例 6.7) 就是一個說明互鎖的範例；開關啟動的同時，該機制可以預防使用者的手指仍然放在研磨區域的風險情況。

另一種辦法是使用**安全當機設計** (Fail-safe design)。具備類似功能的系統會於故障發生時自動切換至最低的能量水準。這個機制可以透過保險絲、斷路器等簡單的被動裝置來達成；一旦電流量過高，被動裝置就會形成開路，使電流立即下降到零。閥的設計也可以達成類似的功能，如果閥處在開啟的狀態，流體即可通過 (也就是閥門開關被流體沖開)；當閥處在關閉的狀態，流體則無法通過 (也就是閥門被流體沖回關閉位置)。割草機或水上摩托車的**手持控制開關** (Deadman control) 都具備了相同功能。以割草機為例，作業員必須按住控制桿才能啟動刀片；如果作業員跌倒而鬆開控制桿，那麼刀片就會因為離合器鬆開或是引擎的關閉而停止轉動。水上摩托車的引擎鑰匙則是以皮帶繫在駕駛員的手腕上，如果駕駛員翻落車外，引擎即因鑰匙被拔出而停止。

另一種危害控制的方法是故障最低化。其基本概念為：即使在安全當機模式下，與其讓系統完全故障，不如降低系統故障的可能性。作法包括：增加安全係數、更緊密地監測系統參數、定期更換關鍵組件，或是使之具有備援的功能。**安全係數** (Safety factor) 的定義是強度 (Strength) 對應力 (Stress) 的比值，其值顯然應遠高於 1。有鑑於

建築用的 2 吋 ×4 吋木板在材料強度上可能存在的差異，以及北方的降雪等環境對應力的變異，應該適度地提高建築標準的安全係數以克服上述差異，可減少建築物倒塌的風險。監測主要的溫度和壓力，並提供適當的調整或補償，有助於預先防止系統達到臨界狀況。汽車輪胎的磨損標記就是一個極為常見的參數監測系統；而美國職業安全與衛生署要求在危險地區實施的夥伴系統 (Buddy system；兩人為一組，彼此負責對方的安全) 則是另一個例子。定期更換輪胎，甚至在磨損標記出現前即進行更換，則是屬於定期更換組件的例子；此外，使用更多的 2 吋 ×4 吋木板 (設定為 12 吋的間距，而不是原來的 16 吋) 則是在系統中建立備援組件的例子。

如果系統最終還是故障，那麼公司必須提供個人防護裝備、逃生和求生設備，以及救援設備，以期能盡量減少因此而造成的傷害和成本。火災防護服、頭盔、安全鞋、耳塞等，都是用來減少傷害的個人防護設備。在礦坑的固定地點安置自救裝置，以便在甲烷外洩或火災消耗掉周圍的氧氣時，可提供礦工額外的氧氣，並增加救援人員到達之前的存活時間。同樣地，如果大公司擁有專屬的消防設備，那麼火災發生時的處理速度將會比依賴當地的消防部門更為迅速。

6.9　一般安全概念 General Housekeeping

建築物的基本安全考量包括足夠的樓面承載能力；儲存區域的承載能力是否足夠至關重要，因為超載可能會導致嚴重的意外。牆壁或天花板的裂縫、過度的振動和建築結構的位移，都是超出承載極限的危險跡象。

針對通道、樓梯和走道等設施進行定期檢查，確保沒有障礙物阻塞、地面平整，也沒有任何可能導致人員摔傷的油漬或物體。老舊建築物的樓梯是安全檢查的重點項目，因為它們曾造成多起虛耗時間意外。樓梯的傾斜角度應介於 28° 至 35° 之間，階寬 11 至 12 吋 (27.9 至 30.5 公分)，階高 6.5 至 7.5 吋 (16.5 至 19.1 公分)。所有樓梯皆應配備扶手，照度至少在 10 呎燭 (fc)(100 勒克司；lx) 以上，再刷上顏色明亮的油漆。

通道應成直線，並予以清楚地標示，而轉角處也應該修圓。如果要供車輛通行，則通道的寬度至少要等於最大型車輛寬度的 2 倍再加 3 呎；如果僅供單向通車，其寬度至少要等於最大型車輛的寬度再加 2 呎。一般而言，通道應至少有 10 fc (100 lx) 的照度。各危險狀態應以顏色逐一標示 (見表 6.10)。關於通道、樓梯及走道的設計細節，讀者可以參閱 OSHA 1910.21-1910.24, *Walking and Working Surfaces*。

現今多數的機器工具可以有效降低作業員受傷的機率。然而，問題的癥結在於許多老舊機器依然缺乏有效的防護設施。此時應立即採取改善行動，提供適當的防護設施，並確保其可正常且反覆地使用。另一個方法則是為機台裝上須由雙手操作的安全按鈕 (參閱圖 6.20)；這兩個按鈕的間距必須足夠，使得壓力機啟動時作業員的雙手是

表 6.10　顏色建議

顏色	適用於	範例
紅	防火設備、危險，和作為禁止標誌	火災警報箱、滅火器和消防水帶的位置、灑水管道系統易燃物的安全罐、危險標誌、緊急停止鈕
橘	機器的危險部分、其他危險源	移動式防護物的內側、安全啟動鈕、移動設備的外露部分
黃	需要注意處、物理性危險	建造和物料裝卸設備、角落標示、平台的邊緣、坑、階、凸出物。黑色條紋或方格也可與黃色共用
綠	安全	急救護理器材的位置、防毒面具、安全噴灑系統
藍	指定啟動或使用設備所需之注意	在機器啟動點的警告旗幟、電氣控制、貯槽和鍋爐的閥門
紫	輻射危害	放射性材料的容器或放射源
黑與白	運輸及內務標記	通道的位置、指示標誌、有緊急設備的無障礙地面

在安全的位置；而且作業員不需要太大的力量就可以按壓這些按鈕，否則極可能導致重複性的運動傷害。實際上，新一代的按鈕以皮膚電容 (Skin capacitance) 感應取代了傳統的機械式按壓。流程自動化則是更好的解決方案，作業員將因此遠離危險，或是以機械手臂來取代人工作業。更多與機械防護 (Machine guarding) 有關的細節請參閱 OSHA1910-211-1901.222, *Machinery and Machine Guarding*。

　　品質控制與維護系統亦應被納入工具室或工具箱的管理，如此才能確保作業員取得可靠且狀況良好的工具。不應該提供給作業員的不安全工具，包括絕緣裝置損壞的電動工具、沒有接地裝置或接地線的電力驅動工具、磨損的切削工具、已呈圓錐形的鐵鎚、頭端已槌上開花的工具、龜裂的砂輪、沒有防護物的砂輪，以及手把斷裂或鉗口彈開的工具。

　　某些具有潛在危險的物質以及具傷害性的化學物質亦須納入考慮，這些物質或許可能危害健康或導致安全問題，一般將之區分為三類：腐蝕性物質、毒性物質及易燃性物質。腐蝕性物質包括各種不同種類的酸性及苛性 (強鹼性) 物質，與之接觸將會造成灼傷並破壞人體組織。這些腐蝕性物質可經由皮膚的直接接觸或吸入其氣體而產生化學作用。要避免因使用腐蝕性物質而導致的潛在傷害，可考慮採取下列措施：

1. 確認此類物質的處理方法是萬無一失。
2. 避免此類物質於運送過程中噴灑潑濺。
3. 確認暴露於該腐蝕性物質操作環境下的作業員，已正確地使用個人防護裝備與廢棄物處理程序。
4. 確定診療所或急救區已經配備必要的緊急設施，包括淋浴設備及洗眼杯。

　　有毒或刺激性物質可能以氣體、液體或固體的形式存在，並經由誤食、皮膚吸收或口鼻吸入而對人體產生危害。應採取以下措施來管制毒性物質：

圖 6.20 雙按鈕的壓力機操作。
© Morton Beebe/CORBIS.

1. 將人員與作業程序完全隔離。
2. 提供充分的排氣通風。
3. 提供作業員可靠的個人防護裝備。
4. 盡可能以無毒或無刺激性物質取代。

更多有關毒性物質的資料可參閱 OSHA 1910.1000-1910.1200, *Toxic and Hazardous Substances*。

此外，依據美國職業安全與衛生署條例規定，公司必須對化學合成物的組成進行確認和決定危害程度，並建立適當管控機制以保護員工。此類資訊必須以淺顯易懂的標籤及材料安全資料表 (Material Safety Data Sheets, MSDSs) 清楚地告知員工。有關危害通識 (簡稱 *HAZCOM*) 的更多內容，可參閱 OSHA 1910.1200, *Hazard Communications*。

易燃性物質結合強氧化劑將會產生燃燒與爆炸的危險。易燃性物質在無良好通風的狀態下，將產生自燃作用 (因其本身會經由氧化產生熱能，若通風不佳，則溫度上升將引發自燃)。為防止自燃發生，易燃性物質應儲存於通風良好、乾燥且低溫的環境。少量的易燃性物質可儲存於有蓋的金屬容器之內。部分易燃性的粉末，如鋸屑，通常屬於非爆炸物質；然而，如果環境有利於自燃，則鋸屑還是有可能發生爆炸。為

了避免類似事件的發生，必須提供足夠的通風抽氣設備及改善生產流程，以減少粉塵與易燃氣體、蒸汽的產生。氣體和蒸汽可以被液體或固體吸收，或是吸附在固體上，而凝結、催化燃燒和焚化等方式，亦有助於除去環境中的氣體和蒸汽。在吸收的過程中，氣體或蒸汽將會被如泡罩板欄、洗滌器等吸收裝置所吸附。氣體和蒸汽的吸附可以使用各式各樣的固體吸附劑，如對四氯化碳、苯、氯仿、一氧化二氮和乙醛等物質具親合性的木炭。更多關於易燃性物質的資訊請參閱 OSHA 1910.106, *Flammable and Combustible Liquids*。

如果是易燃性物質發生自燃現象，即可依據簡單的燃燒三角 (fire triangle) 原則來進行滅火 (雖然實務上並不一定那麼簡單)。燃燒三角的三個邊分別代表火災發生的三個要素，分別是：氧氣 (或氧化劑的化學反應)、燃料 (或還原劑的化學反應)，以及熱或燃燒。消除任何一個要素就可以瓦解這個三角形，並達到抑制火災的效果。噴水具有平息火災 (消除熱) 與稀釋氧氣的效果，而泡沫 (或以毛毯覆蓋) 可以隔離氧氣與火源，移除營火中的木材相當於移除了燃料。實務上，工廠必須配置如灑水器、手提式滅火器等滅火系統。撲滅火災的方式可按火災的類型和規模區分為以下四個類別：A 類：普通易燃物，可使用水或泡沫；B 類：易燃液體，通常使用泡沫；C 類：電氣設備，使用絕緣泡沫；D 類：易氧化的金屬。更多有關滅火的資訊可參閱 OSHA 1910.155-1910-165, *Fire Protection*。

總結

本章涵蓋安全的基本原則，透過各種意外因果關係的理論來解析意外的預防程序；利用機率原則解釋系統可靠度、風險管理和失誤樹分析；使用成本效益分析和其他工具來輔助決策之制訂；運用各種統計工具來監測安全計畫的執行是否成功；基本危害控制；與工業界有關的美國聯邦安全條例。本章所介紹的只是基本的危害控制知識；其他與工作場所危害相關的細節，請參閱下列的安全教科書，如 Asfahl (2004)、Banerjee (2003)、Goetsch (2005)、Hammer 與 Price (2001)、美國國家安全委員會 (National Safety Council, 2000)，以及 Spellman (2005)。然而，本章已提供充分的資訊，得以讓工業工程師著手進行一個打造安全工作環境的安全計畫。

問題

1. 意外預防和安全管理的差異為何？
2. 意外預防程序包括哪些步驟？
3. 試描述骨牌理論中的「骨牌」，並敘述該理論的關鍵概念。
4. 多重因果關係如何影響意外的預防？
5. 比較生活變動單位、動機－獎勵－滿意模型，以及 ABC 模型。這些模型的共同關聯為何？

6. 試說明卡方分析在意外預防的重要性。
7. 風險分析在意外預防之目的為何？
8. 何謂紅旗？
9. 試說明獨立事件與和互斥事件之差異。
10. 試說明改善系統可靠度的方法。
11. 試比較及閘和或閘的差異。
12. 試說明臨界閾的涵義，以及臨界閾在成本效益分析的功能為何？
13. 試比較普通法和成文法的差異。
14. 試說明賠償責任和嚴格賠償責任之間的差異？
15. 試說明疏忽、重大疏忽和疏忽本身之間的差異？
16. 試說明損失和懲罰性賠償之間的差異。
17. 雇主可以根據哪三個普通法條件，在賠償執行之前取消對受傷工人的賠償？
18. 試說明工人獲得賠償的三個主要條件。
19. 試比較工人賠償所認定的四個失能類別。
20. 試說明按時程支付與非按時程支付損傷之間的差異。
21. 何謂第三方訴訟？
22. 企業可以運用哪些方法來降低其對工人的補償費用？
23. 試說明美國職業安全與衛生署一般責任條款之重要性？
24. 美國職業安全與衛生署可以簽發哪些類型的舉證？
25. 美國職業安全與衛生署所提出的人因工程計畫有哪些主要內容？
26. 試說明危害與危險之間的差異。
27. 何謂危害控制的一般方法？
28. 請解釋為何手持控制開關是優良的安全當機設計，並舉出一個使用手持控制開關的例子。
29. 何謂安全係數？
30. 何謂燃燒三角形？請解釋在滅火器是如何應用這個原則達到撲滅火災的效果。

習題

1. 各部門的傷害數據如下表所示：

部門	受傷人數	損失日數	工作小時
鑄造	13	3	450,000
澆注	2	0	100,000
剪切	5	1	200,000
磨削	6	3	600,000
包裝	1	3	500,000

a. 試問各部門的意外發生率和嚴重率為何？
b. 試問哪一個部門的受傷人數明顯高於其他部門？
c. 試問哪一個部門的嚴重率明顯高於其他部門？
d. 身為一個安全專家，你會首先處理哪一個部門的問題？試說明原因。

2. 一位工程師在大型蒸汽引擎運作時進行變速箱的調整，不慎將扳手滑落到齒輪的路徑上，進而造成引擎定位失準且被嚴重破壞。所幸，工程師只被彈出的金屬碎片輕微割傷。根據工程師的說法，意外發生的原因只是金屬扳手從他滿是油膩的手中滑出。

a. 使用骨牌和多重因果關係理論研究這個意外狀況。
b. 使用工作安全分析來建議可以防止傷害和損失的控制措施 (並說明每一措施的相對有效性)，並說明你的最終建議為何？

3. 假設 $P(A)=0.6$，$P(B)=0.7$，$P(C)=0.8$，$P(D)=0.9$，$P(E)=0.1$，而且上述的事件彼此獨立，請決定以下 $P(T)$ 的機率：

a. $T = AB + AC + DE$
b. $T = A + ABC + DE$
c. $T = ABD + BC + E$
d. $T = A + B + CDE$
e. $T = ABC + BCD + CDE$

4. 使用失誤樹分析進行樓梯安全的成本效益分析。假設在過去一年中，梯面過滑所造成的意外有 3 起，欄杆設置不良所造成的意外有 5 起，因為人為疏忽而遺留工具或其他障礙物在梯階上所造成的意外有 3 起，每起意外的平均費用是 200 美元 (包括急救、工時損失等)。假設已經撥款 1,000 美元來改善樓梯的安全 (一定要用盡所有的經費)，並且有三種改善措施可供選用：

(i) 更換梯面：將減少 70% 因梯面過滑所造成的意外，其成本為 800 美元。
(ii) 更換欄杆：將減少 50% 因欄杆設置不良所造成的意外 (因為並非所有人都使用欄杆！)，其成本為 1,000 美元。
(iii) 標誌和教育計畫：估計可以減少與欄杆和障礙有關的意外各 20% (人們的記憶力有限)，但是成本只需要 100 美元。

(計算基本事件的機率，假設樓梯每小時使用 5 次，8 小時／天，5 天／週，50 週／年。)

a. 請以失誤樹描繪此一情況。
b. 請評估所有可供選擇的辦法 (或其組合)，並選出使用這 1,000 美元的最佳配置。

5. 機械附件的上色與油漆烘烤作業都會在噴漆室完成。引起噴漆室火災，並造成重大傷害的三要素分別是燃料、起火和氧氣。空氣中到處都充滿了氧氣，所以機率

為 1.0；起火可能是肇因於靜電所產生的火花 (機率為 0.01)，又或是過熱的油漆烘烤設備 (機率為 0.05)。燃料的來源是揮發性氣體，包括乾燥過程中產生的油漆蒸汽 (機率為 0.9)、用以稀釋油漆的油漆稀釋劑 (機率為 0.9) 和清潔設備的溶劑 (機率為 0.3)。火災所造成的財產損失最高可達 10 萬美元。下列三個方案可用於減少重大火災發生的可能性：

(i) 花 50 美元將設備清潔作業移到另一個房間，此一措施可將噴漆室的溶劑蒸汽機率降至 0.0。

(ii) 花 3,000 美元裝置新的通風系統，因此降低三種燃料蒸汽的機率至 0.2。

(iii) 花 10,000 美元裝置不會釋放揮發性氣體的新型塗料和噴漆系統，如此一來，塗料和油漆稀釋劑蒸汽的機率將減少至 0.0。

a. 請繪製失誤樹，並建議最具成本效益的解決方案。

b. 請應用骨牌理論於上述情況。以適當的秩序命名每一骨牌，並提供其他兩個可適用於這種情況的解決辦法。

6. a. 請繪製布林運算式 $T = AB + CDE + F$ 的失誤樹。

b. T 事件的嚴重性被定義為每次意外將損失 100 個工作日數。各基本事件的機率分別是：$A = 0.02$，$B = 0.03$，$C = 0.01$，$D = 0.05$，$E = 0.04$ 和 $F = 0.05$。試計算頭端事件 T 的期望損失為何？

c. 從成本效益的角度比較下列兩個方案。你會推薦哪一個？

(i) 花費 100 美元，以減少 C 和 D 至 0.005。

(ii) 花費 200 美元，以減少 F 至 0.01。

7. 假設所有事件彼此獨立，試計算系統的可靠度。

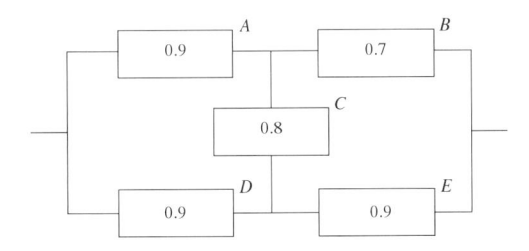

8. 一架早期的螺旋槳飛機配有三具引擎；一具在機身中央，另外兩具分別位於兩側的機翼。只要三具引擎中的兩具，或是位於機身中央的引擎可以正常運轉，這架飛機就能夠飛行。假設每具引擎的可靠度是 0.9，試問該型飛機的整體可靠度為何？

9. 美國太空總署使用四組相同的電腦 (其中三組是備援裝置) 來控制太空梭。如果任何一組電腦的可靠度是 0.9，那麼整體系統的可靠度為何？

10. 請選擇一個美國職業安全與衛生署 1910 年的標準，然後審視美國職業安全與衛生署委員會對於此一標準的決定。這些案件中是否有任何相似之處？一般會由哪一

方勝訴？而法院會修改美國職業安全與衛生署所簽發的舉證和／或罰款嗎？

11. 一核能電廠使用 4 條冷卻線路來進行中央原子爐的散熱。線路 A_1 和 A_2 分別冷卻原子爐的頂端與底部，而線路 B_1 和 B_2 則分別冷卻爐身的上半部與下半部。如果任一條 B 線路 (即，兩條 A 線路及另一條 B 線路都故障) 或兩條 A 線路 (即，兩條 B 線路都可故障的情況下) 運作正常，那麼原子爐就不會過熱。如果每條線路的可靠度為 0.9，則整個系統的可靠度為何？

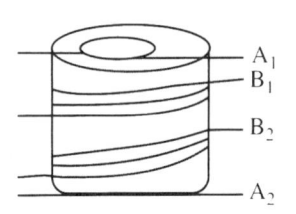

12. 美國鋼鐵公司使用焦炭和鐵在封閉的熔爐內生產鋼鐵。鐵的還原和焦炭的氧化產生各種氣體 (包括一氧化碳)，這些氣體是通過煙囪排放至大氣。在 1 月 2 日 (聖誕節關機後上工的第一天)，一名工人在爐區因吸入一氧化碳而致死。之後安全檢查員拼接出以下事實：(i) 工廠設施陳舊，煙囪上有許多小裂縫，(ii) 在假期節省成本的考量下，該公司關閉了廠區內所有的通風系統，(iii) 幾個一氧化碳監測器的電池沒電，(iv) 該工人違背公司政策，沒有戴上適當的口罩。請分析上述情況，並繪製失誤樹。假設不戴適當口罩的機率是 0.1，電池沒電、通風系統被關閉和煙囪有裂縫的機率都是 0.01。請計算出頭端事件的機率。

參考文獻

Asfahl, C. R. *Industrial Safety and Health Management*. New York: Prentice-Hall, 2004.

Bahr, N. J. *System Safety Engineering and Risk Assessment: A Practical Approach*. London: Taylor & Francis, 1997.

Banerjee, S. *Industrial Hazards and Plant Safety*. London: Taylor & Francis, 2003.

Bird, F., and G. Gemain. *Practical Loss Control Leadership*. Loganville, GA: International Loss Control Institute, 1985.

Brown, D. B. *Systems Analysis and Design for Safety*. New York: Prentice-Hall, 1976.

Cox, S. *Safety, Reliability and Risk Management: An Integrated Approach*. Butterworth Heinemann, 1998.

Devore, J. L. *Probability and Statistics for Engineering and the Sciences*. 6th ed. New York: Duxbury Press, 2003.

Ericson, C. A. *Hazard Analysis Techniques for System Safety*. New York: Wiley-Interscience, 2005.

Goetsch, D. L. *Occupational Safety and Health for Technologists, Engineers, and Managers*. 5th ed. Upper Saddle River, NJ: Pearson Prentice Hall, 2005.

Hammer, W., and D. Price. *Occupational Safety Management and Engineering*. 5th ed. New York: Prentice-Hall, 2001.

Heinrich, H. W., D. Petersen, and N. Roos. *Industrial Accident Prevention*. 5th ed. New York: McGraw-Hill, 1980.

Holmes, T. H., and R. H. Rahe. "The Social Readjustment Rating Scale." *Journal of Psychosomatic Research*. 11(1967), pp. 213-218.

Laughery, K., and K. Vaubel. "Major and Minor Injuries at Work: Are the Circumstances Similar or Different?" *International Journal of Industrial Ergonomics*. 12(1993), pp. 273-279.

National Safety Council. *Accident Prevention Manual for Industrial Operations*. 12th ed. Chicago: National Safety Council, 2000.

OSHA. *Code of Federal Regulations—Labor*. 29 CFR 1910. Washington, DC: Office of the Federal Register, 1997.

OSHA. *Ergonomics Program Management Guidelines for Meatpacking Plants*. OSHA 3123. Washington, DC: The Bureau of National Affairs, Inc., 1990.

Skinner, B. F. "Superstition' in the Pigeon". *Journal of Experimental Psychology*. 38(1947), pp. 168-172.

Spellman, F. R. *Safety Engineering: Principles and Practices*. Lanham, MD: Government Institutes, 2005.

相關網址

NIOSH 首頁－ http://www.cdc.gov/niosh/

OSHA 諮詢－ http://www.osha.gov/dcsp/smallbusiness/consult_directory.html

OSHA 首頁－ http://www.oshrc.gov

OSH Review Commission 首頁－ http://www.oshrc.gov

實施新方法
Proposed Method Implementation

本章重點

- 利用價值工程、成本效益分析、交互圖與經濟分析選擇合適的方案。
- 新方法的推銷：人常會抗拒改變。
- 以可靠的工作評價訂定完善的基本工資率。
- 依每位員工的特性幫助其適應工作。

新方法的提出與實施，乃是系統化建立作業中心以生產產品或提供服務的第五個步驟。然而，分析師首先必須選擇所要使用的方法；每個可能方案的特性各有不同，有一些效用較佳，有一些則成本較高。本章將介紹一系列的決策工具，幫助分析師定義「最佳」方案所包含的各項因素，並透過這些工具作適當的加權評估，以決定所欲導入的最佳方案。

決定方法後的下一步驟是推銷方法，此步驟的重要性不言可喻。未能成功推銷的方法，就等於沒有實施的機會，即使資料蒐集得再完整或分析得再仔細，其價值也等於零。

一般人並不喜歡他人改變自己的想法，因為大家都想保護自己的獨特性與自尊心，並認為自己的想法比其他人好。因此當導入的新方法可能會造成改變時，即使對其本身有好處，他們仍會出自防禦性地阻止其實施。

所以，提出新方法時，應說明整體的決策過程能帶來在節省物料與勞力的效益。其次是強調新方法對於產品或服務在品質與可靠性上能達成的改善。最後，也應強調投資資本回收的時間，如果無合理的回收速度，專案就不應繼續進行。

新方法經有效地提出並採用後，接著就會付諸實施。新方法實施的成功與否有賴於工程師、技術人員、基層執行人員、監督人員、勞工及工會代表等各種人員的配合，因此分析師必須將新方法依照個別的需求，持續地向上述人員推銷，而提供投資資本回收的資訊是其中相當重要的一環。

7.1 決策工具 Decision-Making Tools

決策表

決策表 (Decision tables) 是一結構化、客觀的決策輔助工具，可以幫助分析師由幾個可能的方法中選擇該執行哪一個。決策表在本質上都會包含一「狀況－行動」的列表，這類似於電腦程式中的「若－則」(If-then) 敘述法；即「若」某種預先設定的狀況或幾項條件均存在，「則」該採取某特定的行動。因此，決策表可以清楚地描述出複雜、多準則、多變數的決策系統。

在安全計畫中，常用一種稱為**危害消除行動表** (Hazard action table) 的決策表，以決定在特定危害狀況中該採行的特定行動 (Gausch, 1972)。危害可依「發生頻率」與「嚴重性」兩種變數進行區分；前者意指此種意外多久可能發生一次，後者則用以說明損失的嚴重程度。發生頻率可再區分為非常罕見的、罕見的、偶爾發生的、極可能發生的幾種程度；嚴重性則可分為可忽略的、輕度嚴重、很嚴重的、災難性的幾種程度。表 7.1 列出這些危害的結果與可能的五種消除行動。

此處以表中右方標註星號的格子為例，分析師認為該狀況極可能發生，其嚴重性屬災難性的，可能造成人員的死亡或重傷，因此應該立即停工改善。顯而易見地，這只是一個簡化的例子，略加思索就可以得出結論。然而，若有兩個變數，每個變數又有 20 個不同的情況，就有 400 種組合，單憑記憶思考也難以全部記得，因此利用決策表就能幫助解決這種問題。總體來說，決策表強調透過較佳的決策分析技術與較少的時間壓力，使決策的品質更好，亦即行動的計畫可以在事前做好，以免狀況發生時，因時間的壓力而造成錯誤。

表 7.1 危害消除行動表

發生頻率	嚴重性			
	可忽略的	輕度嚴重	很嚴重的	災難性的
非常罕見的				
罕見的				
偶爾發生的				(*)
極可能發生的				
行動				
暫不需處理				
需長期的研究				
改正（1年內）				
改正（90天內）				
改正（30天內）				
立即停工改善				↓

（資料來源：Heinrich, Peterson and Roos, 1980.）

價值工程

若要進一步對可能的方案進行評估，一個簡單的作法是考慮各方案與企業期望利益之間的報酬關係，這種方法通常稱為**價值工程** (Value engineering) (Gausch, 1974)。對希望達成的利益目標而言，每一個解決方案各有不同的價值。我們可以對每個期望利益目標賦予一個權重 (如 0 至 10，10 最高)，並依照每一個解決方案能達成期望利益目標的程度予以評分 (如 0 至 4，4 最好)。這兩個數字的乘積即是在單一期望利益目標下各方案的優劣水準，最後將各個方案在所有期望利益目標下的得分值加總，最高分的即是最佳方案。

值得一提的是，在企業間、部門間，甚至是在不同時間點上，利益會有不同的相對價值，因此應該視個別情況給予不同的權重。此外，在第 3.8 節中莫瑟提出的系統性布置規劃，也是價值工程的一種形式。

成本效益分析

在比較不同方案時，還有一種更為量化的方式——**成本效益分析** (Cost-benefit analysis)。這種分析方式有五個步驟：

1. 分析新方法會帶來哪些改變？如生產力與品質的提升、工作傷害的降低等。
2. 將這些改變的利益量化成金錢。
3. 估算要導入這些改變所需要的成本。
4. 將各方案的成本除以可能帶來的利益，可得到成本效益比。
5. 成本效益比最小的方案即是最佳方案。

步驟 2 通常是最不容易估算與量化的部分，因為並非所有狀況都可以賦予金錢的價值，有時該關注的重點只是改變的百分比、人身傷害或是其他非金錢的價值。範例 7.1 可幫助讀者了解這三種決策工具。其他較無法定義利益的成本效益分析範例，如健康與安全議題，讀者可參考 Brown 於 1976 年的介紹。

範例 7.1　刀片衝壓裁切作業

多賓公司生產一種將刀片嵌入塑膠把手組合而成的簡單小刀。在刀片成型過程中，須用腳踏操作衝床開關，將薄不鏽鋼條衝壓裁切成刀片。作業員接著再用鉗子由零件箱中取出一橡膠護套，將刀片套入加以保護。衝壓後，切割好的刀片會放在一個承托盤中，等待稍後與把手組合 (這是動素預對的一個實例)。由於刀片很小，因此需要以雙眼立體透鏡輔助操作過程。線上的作業員曾抱怨其手腕、頸部、背部與腳踝疼痛，要改善此問題的可能方式有：(1) 以腳踏式的電動開關取代機械踏板，以減少腳踝的疲勞；(2) 將立體透鏡的位置做較佳的調整，以減少頸部疲勞；(3) 裝設影像投影系統，讓作業員不需低頭觀看操作；(4) 使用重力進料箱進給橡膠護套，以提高生產力；(5) 以真空吸取頭取代鉗子，以提升生產力，並消除夾取動作可能導致的累積性傷害 (CTD)。

依照 MTM-2 分析 (參見第 11.1 節) 以及 CTD 風險指數 (CTD Risk Index) 計算得出的傷害降低，所獲得的生產力改善應如表 7.2 所示：

公司的政策是在狀況 1 時，以及狀況 2 或狀況 3 時，只要符合：(1) 導入成本低於 200 美元 (即小額支出)；(2) 生產力增加超過 5%；(3) 工作傷害的風險至少降低 33%；就授權方法工程師決定以直接進行改善。在決策表上，這樣的情況可整理成表 7.3。

就價值工程而言，將權數 6、4 與 8 賦予生產力的增加、工作傷害率的降低，以及低成本解決方案三個因素 (參閱表 7.4)。各個方案對每一個因素的貢獻價值，分別評以 0 至 4 分的分數。計算得出每個方案的加權乘積和分別是 28、36、18、58 及 42，而重力進料箱對該作業的貢獻獲得 58 分，是明顯的最佳解。

就成本效益分析而言，增加生產力與降低傷害率都能量化預期效益。假設公司生產力每增加 1%，則一年公司可多獲利 645 美元。同樣地，由於降低了 CTD 傷害率，工人補償金及醫療成本隨之降低，也可視為效益。平均每 5 年該公司會有一個 CTD 個案需要進行手術，假設公司負擔一個 CTD 手術個案的成本是 30,000 美元，公司每年的期望損失即為 6,000 美元。因此，CTD 風險每降低 1%，公司每年就可節省 60 美元。同樣地，生產力的增加與傷害率的降低都可依此方式加以量化，如表 7.5 所示。

表 7.2 刀片衝壓裁切作業的不同改善方案，對生產力、傷害風險與成本的期望值改變狀況

工作設計與方法改變	生產力差距 (%)	CTD風險差距 (%)	成本 (美元)
1. 腳踏式電動開關	0	−1[*]	175
2. 調整立體透鏡位置	0	−2	10
3. 裝設投影系統	+1[**]	−2	2,000
4. 重力進料箱	+7	−10	40
5. 真空吸取頭	+1[**]	−40	200

[*] CTD風險指數並未考慮下肢的影響。然而，操作電動開關較不費力，可合理推測其 CTD風險亦較低。
[**] 無法用MTM-2加以量化，但仍可預期該法能提升生產力。

表 7.3 刀片衝壓裁切作業的決策表

方法改變	狀況 #1	#2	#3	政策	行動
1. 腳踏式電動開關	■				—
2. 調整立體透鏡位置	■				—
3. 裝設投影系統					—
4. 重力進料箱		■	■	■	進行
5. 真空吸取頭		■	■	■	進行

表 7.4　刀片衝壓裁切作業的價值工程分析

工廠：多賓公司		A	B	C	D	E	
專案：刀片衝壓裁切作業 日期：6-12-97 分析師：AF	可能方案	腳踏式電動開關	調整立體透鏡位置	裝設投影系統	重力進料箱	真空吸取頭	
		評分與加權評分					備註
因素／考量	權重	A		B		C		D		E		

因素／考量	權重	A		B		C		D		E	
增加生產力	6	0	0	0	0	1	6	3	18	1	6
降低工作傷害	4	1	4	1	4	1	4	2	8	3	12
低成本解決方案	8	3	24	4	32	1	8	4	32	3	24
總和			28		36		18		58		42

注意：重力進料箱為最佳的改變方法。

　　由表 7.5 中，明顯地可以看出，對任何成本效益比低於 1 的方法改變而言 (方法 2、4、5 和 6)，導入該方法所帶來的效益會大於成本。換言之，方法 4 是最具成本效益的。有趣的是，由於花費成本相較而言並不高，將方法 2、4 與 5 一併實施 (即方法 6)，也是值得考慮的。

表 7.5　刀片衝壓裁切作業之成本效益分析

方法改變	效益（美元）			成本（美元）	成本效益
	生產力	傷害率	總和		
1. 腳踏式電動開關	0	60	60	175	2.92
2. 調整立體透鏡位置	0	120	120	10	0.08
3. 裝設投影系統	645	120	765	2,000	2.61
4. 重力進料箱	4,515	600	5,115	40	0.01
5. 真空吸取頭	645	2,400	3,045	100	0.03
6. 2、4、5三法一併實施	5,160	3,120	8,280	150	0.02

交互圖

　　交互圖 (Crossover chart)，或稱**損益平衡圖** (Break-even chart)，在比較兩個方案的投資回收上相當有用。某些人或許會選擇通用功能的設備，其固定資本成本較低，但卻會有較高的設定成本；而另外有些人則可能會選擇有特殊功能的設備，其固定資本成本較高，設定成本則較低。對某些的生產量而言，這兩個方法的成本是相同的，也就是圖中的**交叉點** (Crossover point)。要注意的是，這與規劃者最常犯的錯誤也有關係。例如，將大量的資金投資在夾具上，規劃效益雖顯示其使用時能有大量的節約效

益，但這些夾具卻很少使用。舉例來說，雖然某項器材投資費用較高，但每次使用可以節省 80% 或 90% 的作業成本，如果一年僅用該器材進行數次的小工作，其所產生的效益，遠遠不如在一個經常性的工作上節省 10% 的直接人工成本為多 (這是第 2.1 節帕列多分析的好範例)。

低人工成本在經濟上的好處，使其成為決定工具設備的關鍵因素，因此，即使產量很少，加工作業中都希望有夾具或治具。其他的考量，諸如改善可替換性、正確性的增加或減少勞工問題，都是讓工具更精進的主要理由，雖然通常都未能如此考量。

多準則決策

當需要進行多重 (常互相矛盾) 準則的決策時，可以使用 Saaty 於 1980 年所提出的**多準則決策** (Multiple-criteria decision making, MCDM) 方式。舉例來說，假設分析師考慮可應用到四種產品狀況或市場狀況 (S_1、S_2、S_3、S_4) 的四個方案 (a_1、a_2、a_3、a_4)。分析師評估各方案對市場狀況的影響如下：

替代方案	S_1	S_2	S_3	S_4	總和
a_1	0.30	0.15	0.10	0.06	0.61
a_2	0.10	0.14	0.18	0.20	0.62
a_3	0.05	0.12	0.20	0.25	0.62
a_4	0.01	0.12	0.35	0.25	0.23
總和	0.46	0.53	0.83	0.76	

假設表中的數據代表利潤或報酬，若發生的狀況是 S_2，則分析師會選擇方案 a_1；但若表中數據是代表廢料或其他分析師希望最小化的因素，則 a_3 將是最佳選擇 (雖然 a_4 的結果也是 0.12，但採行 a_3，其結果的變異比 a_4 小)。然而，決策時的情況很少是確定的，因此預測未來市場情況總有風險存在。現在假設分析師估計四種市場狀況下的機率為：

$$\begin{aligned} S_1 &\ldots\ldots\ldots 0.10 \\ S_2 &\ldots\ldots\ldots 0.70 \\ S_3 &\ldots\ldots\ldots 0.15 \\ S_4 &\ldots\ldots\ldots \underline{0.05} \\ & 1.00 \end{aligned}$$

範例 7.2　夾具與工具成本的損益平衡分析

在機器加工部門的生產工程師對廠內一項加工作業使用的加工設備，提出了兩個替代方案。現行方法與替代方案的資料整理如表 7.6，從生產的角度檢視，哪一個方案最為經濟？如果基本工資率為每小時 9.60 美元，估計產量每年有 10,000 件，夾具的資本投資分 5 年折舊。由成本分析中，可知方案 2 的總單位成本為 0.077 美元，長期而言是所有方案中最為經濟的。

損益平衡圖 (見圖 7.1) 讓分析師可以決定在某一需求量下，該採用哪一個方案。現行方法在每年生產量不超過 7,700 的情況之下是最佳方案：

$$(0.137 + 0.0006)x + 0 = (0.097 + 0.001)x + 300$$
$$x = 300/(0.1376 - 0.098) = 7,692 \approx 7,576$$

方案 1 在年需求量介於 7,576 到 9,090 之間時為最佳方案：

$$(0.097 + 0.001)x + 300 = (0.058 + 0.007)x + 600$$
$$x = 300/(0.098 - 0.065) = 9,090$$

方案 2 則在當年需求量超過 9,090 時為最佳選擇。值得注意的是，該計算將夾具成本一次完全吸收，但工具成本則被視為耗材，會隨產量而增加。

表 7.6　夾具與工具成本

方案	標準時間（分鐘）	夾具成本	工具成本	平均工具壽命	單位直接人工成本	單位夾具成本	單位工具成本	單位總成本
現行方法	每件 0.856	無	$ 6	10,000 件	$0.137	無	$0.0006	$0.1376
方案 1	每件 0.606	$300	20	20,000 件	0.097	$0.006	0.0010	0.104
方案 2	每件 0.363	600	35	5,000 件	0.058	0.012	0.0070	0.077

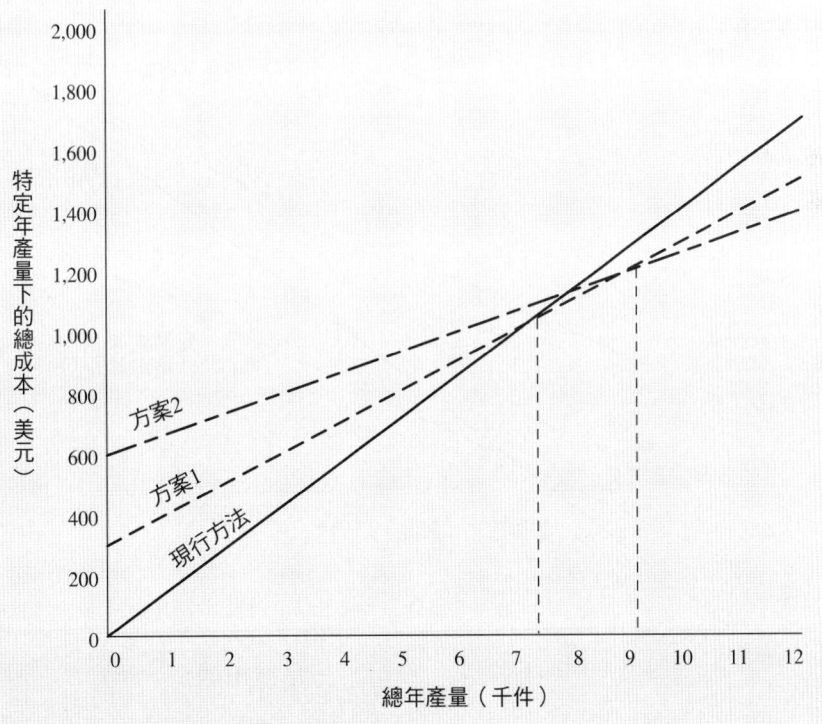

圖 7.1　夾具成本與工具成本的損益平衡圖。

範例 7.3　以損益平衡分析決定採行何種加工方法

產量也是重要的考量因素，有些替代方法雖較現行方法更具實質效益，卻由於產量不足而無法考慮。例如，將工件上 0.5 吋的孔用鑽孔機與鉸刀鉸孔加工，至其含公差孔徑為 0.500 到 0.502 吋為止，該項工作量預估為 100,000 件。時間研究部門建立的標準為每千件鉸孔操作需時 8.33 小時，鉸孔夾具成本為 2,000 美元。在每小時的基本工資率為 7.20 美元的條件下，每千件的人工成本為 60 美元。

現在，假設方法分析師建議改以拉削法擴大內徑，因以此方法加工，每千件只需 5 小時，較舊方法節省 3.33 小時，而總共可節省 333 小時。在工資率 7.20 美元的情況下，這表示可節省直接人工成本 2,397.60 美元。但是這個想法並不實際，因為拉削的工具成本需要 2,800 美元，除非人工成本的降低能超過 2,800 美元，可以抵銷拉削工具的成本，否則這種改善並不值得。

因為新拉削工具的人工成本每千件可節約 3.33 × $7.20，因此產量要達到 116,800 件以上，才值得作工具的改變。

$$\frac{\$2,800 \times 1,000}{\$7.20 \times 3.33} = 116,783 \text{ 件}$$

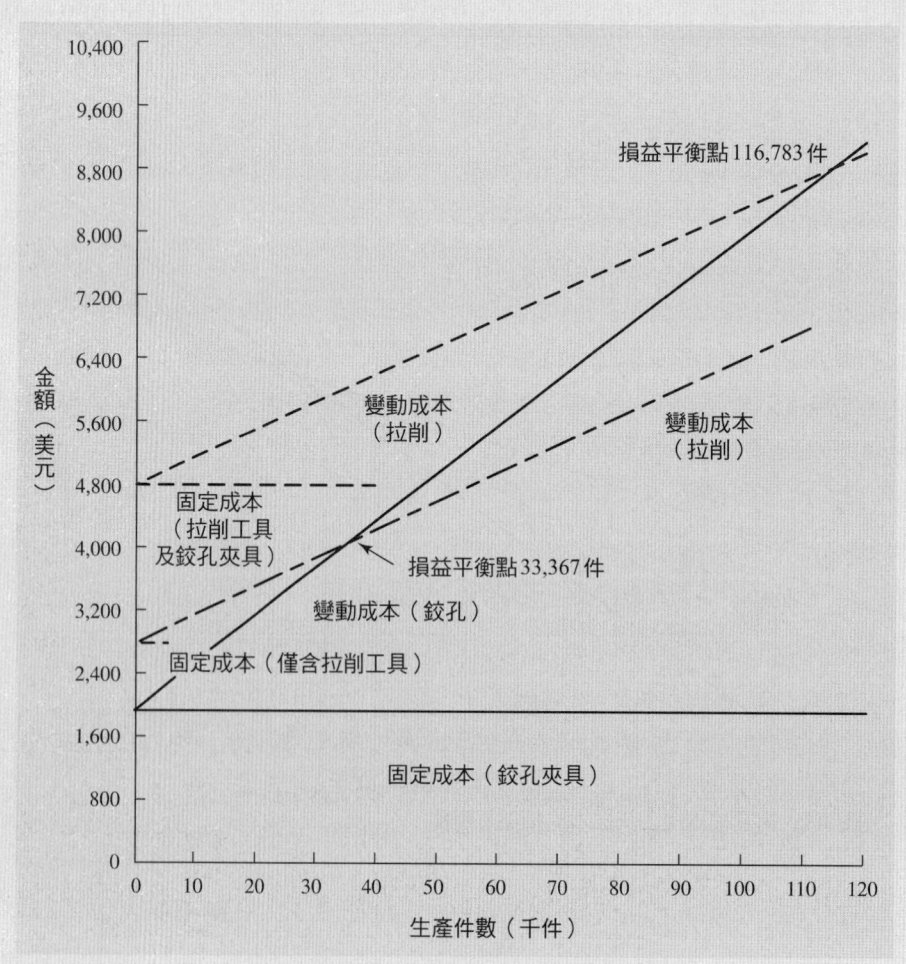

圖 7.2　損益平衡圖顯示比較兩個改善方法的固定與變動成本。

但是，假若原來就使用拉削的方式而不是鉸孔的方法，則只要達到以下產量，投資就能回收：

$$\frac{\$2,800 - \$2,000}{\$7.20 \times 3.33/M} = 33,367 \text{ 件}$$

在 100,000 件的生產要求下，每千件的人工節約為 $3.33 \times \$7.20 \times 66.6$（即 100,000 與 33,400 的差，單位為每千件）= 1,596.80 美元。假若在規劃階段即進行動作研究，則這項節約早就實現了。圖 7.2 使用損益平衡圖顯示這樣的關係。

較為合理的決策策略是計算各替代方案的期望報酬，並選擇最大值使報酬或收益最大化，或選擇最小值使成本或損失最小化。其中：

$$E(a) = \frac{\sum_{j=1}^{n} P_j C_{ij}}{n}$$

$$E(a_1) = 0.153$$
$$E(a_2) = 0.145$$
$$E(a_3) = 0.132$$
$$E(a_4) = 0.15$$

在此，選擇方案 a_1 能獲得最大的期望結果。

另一種不同的決策策略是考慮最可能出現的市場狀況。若由已知的資訊，可知最可能出現的市場狀況是 S_2，因為其機率為 0.70。因此在狀況 S_2 下應選擇方案 a_1，可有 0.15 的最高報酬。

第三種決策策略乃是考慮**期望水準** (Level of aspiration)。其中，我們訂定結果值為 C_{ij}，代表我們合理推測大多數時候最起碼會有的結果，也就是我們願意接受的水準。此結果值可以視為一項「期望水準」，以 A 表示。就各 a_j 而言，我們可以找出與各決策替代方案相關的 C_{ij} 大於或等於 A 的機率。最後，以 $P(C_{ij} \geq A)$ 最大的方案作為新方案。

例如，假若將 A 的結果值訂為 0.10，則可以得到下列情況：

$$(C_{ij} \geq 0.10)$$
$$a_1 = 0.95$$
$$a_2 = 1.00$$
$$a_3 = 0.90$$
$$a_4 = 0.90$$

因為方案 a_2 的 $P(C_{ij} \geq A)$ 最大，所以建議以 a_2 作為新方案。

分析師對推估市場狀況發生的機率或許沒有足夠的信心，因此會將各種狀況均視

為有相同的發生機會。在這種情況下所用的決策策略是**不充分理由原則** (Principle of insufficient reason)，因為沒有理由可推斷某狀況比其他狀況更有可能發生。因此，我們以下列公式來計算各項期望值：

$$E(a) = \frac{\sum_{j=1}^{n} C_{ij}}{n}$$

以上述的例子來計算，結果如下：

$$E(a_1) = 0.153$$
$$E(a_2) = 0.155$$
$$E(a_3) = 0.155$$
$$E(a_4) = 0.183$$

基於這些結果，建議以 a_4 為新方案。

在不確定情況下的第二種決策策略為**悲觀評核準則** (Criterion of pessimism)。當一個人是悲觀的，則其對任何事情都會預期有最壞的結果。因此在考慮要最大化的問題中，分析師會選擇各方案期望值中最小的來考量。在比較這些最小期望值後，再從這些最小期望值中，選擇期望值最大者作為建議的新方案。茲舉例如下：

方案	最小的 C_{ij}
a_1	0.06
a_2	0.10
a_3	0.05
a_4	0.01

其中，建議選擇方案 a_2，因為 $a_2 = 0.10$，比其他各方案的最小值都大。

在不確定情況下的第三種決策策略為**投機準則** (Plunger criterion)，是依據樂觀的方法來作決策。一個樂觀的人不論選哪一個方案，都會預期該方案有最好的結果。因此在最大化的問題裡，分析師會選擇各方案期望值 C_{ij} 中最大的來考量。再從這些初步入選的方案中，選擇有最大期望值的方案作為建議的新方案。

方案	最大的 C_{ij}
a_1	0.30
a_2	0.20
a_3	0.25
a_4	0.35

在此建議方案為 a_4，因為其最大值 0.35 是四個方案之最大期望值中最大的。

事實上，大多數的決策者既非全然樂觀，亦非完全悲觀，因此可定義樂觀係數 (Coefficient of optimism) X 來協助決策，如下：

$$0 \leq X \leq 1$$

接著，對各方案找出 Q_i 值如下：

$$Q_i = (X)(\text{Max } C_{ij}) + (1 - X)(\text{Min } C_{ij})$$

採行方案的選取，在最大化問題下，為有最大 Q_i 值的方案；在最小化問題下，則為有最小 Q_i 值的方案。

最後一種在不確定狀況下的決策策略是**最小的最大遺憾準則** (Minimax regret criterion)，其中包含**遺憾矩陣** (Regret matrix) 的計算。分析師基於各種市場狀況估算出每一方案的遺憾值。這個遺憾值就是「決策者若能事先準確預知市場狀況而能收到的報酬」與「實際收到的報酬」之差。

建立遺憾矩陣時，應將各狀況 S_j 的最大值 C_{ij} 減去各方案在此狀況下的 C_{ij} 值。本範例的遺憾矩陣如下：

	狀況			
方案	S_1	S_2	S_3	S_4
a_1	0	0	0.25	0.19
a_2	0.20	0.01	0.17	0.05
a_3	0.25	0.03	0.15	0
a_4	0.29	0.03	0	0

最後，分析師從最大遺憾值中，選取遺憾值最小的方案作為建議的新方案。

方案	最小的 r_{ij}
a_1	0.25
a_2	0.20
a_3	0.25
a_4	0.29

依據最小的最大遺憾準則，應選擇 a_2 為建議方案，因其遺憾值是各方案的最大遺憾值中最小的，只有 0.20。

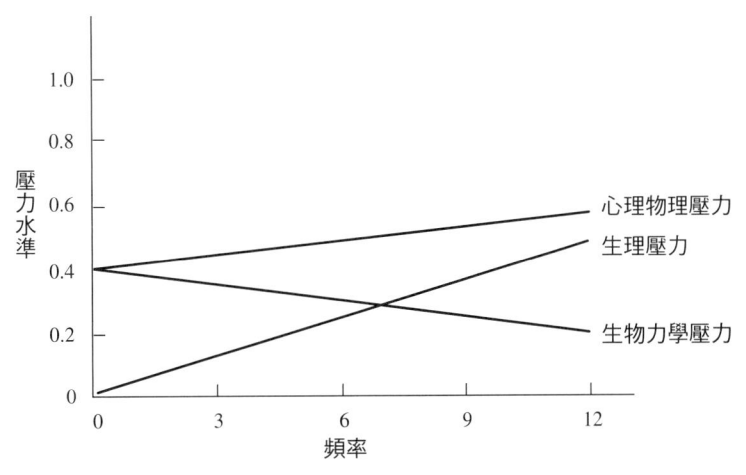

圖 7.3 解決人工物料搬運指引相互抵觸的作業壓力水準上限。
（資料來源：Jung and Freivalds, 1991.）

這種決策在人工物料搬運問題上相當常見(參閱第 4 章)，勞工安全與勞工生產力常常讓決策者面臨兩難。例如，降低負重及相關的下背部生物力學壓力以提高安全性，生產力就會因此降低；但為了將生產力維持在期望的水準以上，減少重量負荷的同時就必須增加搬運工作頻率，勞工的生理需求則相應增加。雖然由新陳代謝評估的結果可知「次數少重量大的搬運」較「次數多重量小的搬運」為佳，但就生物力學的觀點而言，負荷重量應該要盡量降低，這個原則不論搬運頻率如何都應把握，因此與前述結論產生抵觸。Jung 與 Freivalds 於 1991 年使用多準則決策法檢視對每分鐘 1 至 12 次抬舉頻率的作業進行分析(參閱圖 7.3)。結果發現，對頻率較低(小於每分鐘 7 次)的工作而言，生物力學相關的壓力較大；對抬舉頻率較高(大於每分鐘 7 次)的工作來說，生理壓力較大。但是在抬舉頻率為每分鐘 7 次左右時，生物力學與生理的雙重壓力，將會造成工人的整體壓力負荷。因此，考量不同方案及各方案對特定屬性的效應，可以得到不同的解決方法。分析師必須熟悉這些決策的策略，在作決策時應使用最適合其組織的策略。

經濟決策工具

在評估新方案是否值得投資的方法中，有三種最常被使用：(1) 銷售報酬法；(2) 投資報酬法或回收年限法；(3) 現金流量折現法。

銷售報酬法 (Return on sales method) 為依悲觀的產品預估壽命，計算採用某個方案後，其年平均利潤除以年平均銷售額的比率。然而，此法雖然考慮到該方案的有效性與銷售上的努力，卻未能將原始的投資納入考量。

投資報酬法 (Return on investment method) 是依悲觀的產品預估壽命，計算採用某個方案後，其年平均利潤除以原始投資額的比率。若是兩種新方案可以達到相同的銷售數目與利潤，管理階層會傾向於使用最少原始投資額的方案。將投資報酬法中的分子與分母互換，稱為**回收年限法** (Payback method)，此法算出的數字即代表完全回收原始投資所需之年限。

現金流量折現法 (Discounted cash flow method) 是計算在達成預定報酬率下的現金流量現值與原始投資額的比率。此法計算 (1) 貨幣流進與流出公司的比例；及 (2) **貨幣的時間價值** (Time value of money)。貨幣的時間價值相當重要，由於貨幣會產生利息，今天 1 元的價值必然大於未來的 1 元。例如，在複利 15% 的情況下，今天的 1 元在五年後就值 2.011 元；也可以說，五年後的 1 元，在今天只值 0.50 元而已。利息可說是將資本作生產性投資的報酬。

下表有助於對現值概念的了解：

一次支付		
——未來值因子	（已知 P，求 F）	$F = P(1+i)^n$
——現值因子	（已知 F，求 P）	$P = F(1+i)^{-n}$
等額系列		
——償債基金因子	（已知 F，求 R）	$R = \dfrac{Fi}{[(i+1)^n - 1]}$
——資本回收	（已知 P，求 R）	$R = \dfrac{Pi(1+i)^n}{(1+i)^n - 1}$
——未來值因子	（已知 R，求 F）	$F = R[(1+i)^n - 1]/i$
——現值因子	（已知 R，求 P）	$P = \dfrac{R[(1+i)^n - 1]}{i(1+i)^n}$

其中　i = 所選定期間的利率

n = 利息期數

P = 貨幣現值 (本金的現值)

F = 由現在至 n 期期末的貨幣總額，等同於利率 i 下的 P

R = 期末支付金額，或連續 n 期連續等額收入，全系列金額等同於利率 i 下的 P

假設的報酬率 (I) 是現金流量計算的基礎。所有對新方案初始投資的現金流量，都依照假設的報酬率進行估算並將之調整為現值。按悲觀的產品預估壽命所估算之各類現金流量總值，再加總並成為目前持有的利潤 (或損失)。這個數值最後再與初始投資進行比較。

對產品需求作 10 年的預估，因變異可能頗大而顯得有些不切實際。因此，必須了解機率的因子，以及成功的機率隨著投資回收期增長而減少之道理。任何研究結果的有效程度完全取決於輸入資料之可靠性。持續追蹤能決定假設的有效性。假若原始資料證實是無效的，分析師必須果斷地改變決策。健全的財務分析是用來幫助決策過程，而不是用來取代良好的企業判斷。

範例 7.4　新方案的經濟驗證

以本例說明使用上述三種方法來評估新方案成效的過程。

新方案投資金額：10,000 美元

期望投資報酬率：10%

治具、夾具及工具的殘值：500 美元

預計實施新方案的產品壽命：10 年現金流量現值：

工具殘值的現值：

(3,000)(0.9091) = $2,730	(3,800)(0.5645) = 2,140
(3,800)(0.8264) = 3,140	(3,000)(0.5132) = 1,540
(4,600)(0.7513) = 3,460	(2,200)(0.4665) = 1,025
(5,400)(0.6830) = 3,690	(1,400)(0.4241) = 595
(4,600)(0.6209) = 2,860	(500)(0.3855) = 193
	$21,337

工具殘值的現值：

$$(500)(0.3855) = \$193$$

預計總毛利及工具殘值的現值是 21,566 美元。現值與原始投資的比例為：

$$\frac{21,566}{10,000} = 2.16$$

新方案均符合前述三項的評估方法 (見表 7.7)。61% 的銷售報酬率及 32.3% 的資本投資報酬率都是相當吸引人的。3.09 年後就可回收 10,000 美元的資本投資，而現金流量分析亦顯示原始投資在 4 年內就可回收，並達成 10% 的利潤目標。此方案在預期為 10 年的產品壽命期內，相較於投資額，可多獲取 11,566 美元的利潤。

表 7.7　經濟驗證方案的比較

第 n 年末	導入新方案 增加的銷售額	導入新方案 的生產成本	新方案 帶來的毛利
1	$5,000	$2,000	$3,000
2	6,000	2,200	3,800
3	7,000	2,400	4,600
4	8,000	2,600	5,400
5	7,000	2,400	4,600
6	6,000	2,200	3,800
7	5,000	2,000	3,000
8	4,000	1,800	2,200
9	3,000	1,600	1,400
10	2,000	1,500	500
總和	$53,000	$20,700	$32,300
平均	$ 5,300	$ 2,070	$ 3,230

$$\text{銷售報酬率} = \frac{3,230}{5,300} = 61\% \qquad \text{投資報酬率} = \frac{3,230}{10,000} = 32.3\%$$

$$\text{回收年限} = 1/0.323 = 3.09 \text{ 年}$$

7.2 推行新方法 Installation

　　當提出的建議經過許可後，接下來的步驟是推行新方法。分析師在新方法推行期間應該要隨時注意工作的進行，以確保所有的細節都依建議的計畫來執行，諸如提議的設施是否有設置備用、工作條件是否依照規劃、工具的使用是否遵照建議執行，以及工作進度是否符合預期。機械技師可能會在未考慮後果的情況下，私自修改新方法，而無法達到預期的成果。因此在推行過程中，分析師也須持續地向作業員、領班、裝設人員等推銷新方法，讓員工更能接受。

　　一旦新的作業中心設立後，分析師必須詳細檢查，以確保所有設施均符合所訂規格。特別是分析師必須確認伸手 (Reach) 與移動 (Move) 距離須在正常範圍內、工具須正確磨利、機器功能須正常、黏附雜物已清除、安全裝置能夠正常運作、材料已依所需備妥、作業中心的工作條件已如預期，以及所有相關人員均已知悉新方法即將實施。

一旦新方法的各層面均已準備妥當，領班即可指派使用新方法的作業員。分析師必須視其必要性，盡可能陪同這些作業員，以確保作業員能熟悉新工作方法。這段時間可能是幾分鐘、幾小時或甚至幾天，端視工作的複雜性、工人的靈活性及適應能力而定。

一旦作業員能掌握新方法並規律地工作後，分析師才能進行其他的工作。但是，分析師千萬不可認為此時推行階段已經完成，而必須在實施的最初幾天，經常回到現場查核，直到確定新方法已完全按照規劃實施為止。此外，分析師也要對生產線領班進行查核，以確保他們有執行缺點查核與督導新方法。

抗拒改變

通常，員工會對工作方法的改變產生抗拒。許多人認為自己心胸開放，但他們大多數似乎對目前的狀況並無不滿(但也不特別滿意)；他們所擔心的是任何工作上的改變，會影響他們的工作、薪資及安全保障[參閱第15章中提及的馬斯洛(Maslow)需求層級金字塔]。面對改變，員工的反應是相當頑固並令人困惑的。例如，當吉爾柏瑞斯在一家床具製造工廠進行動作研究時，他注意到一位中年婦人以非常缺乏效率且容易疲勞的方法來熨床單。在熨平床單的過程，她拿起又大又重的熨斗，坐下來，然後用力熨壓床單，每床床單大約熨壓100次。這位婦人總是非常疲倦，還引起背痛。經過工作設計改善後，吉爾柏瑞斯使用類似今日工具配重平衡器的裝置，幫助這名婦人承受熨斗的重量，有效降低她的體力負荷。然而，這名婦女的反應與預期完全相反，她原本是廠內體力最好，唯一可以使用大熨斗熨燙床單的人(也因此受到領班的讚揚)。但由於設備與方法的改變，人人都可輕鬆勝任熨燙床單的工作，也使她變得平凡無奇。她因而喪失了原有的地位，也因此極力反對這項工作的改變(DeReamer, 1980)。

這顯示出向作業員、領班、技工等人推銷新方法是很重要的。只有讓員工事先了解某項改變對他們的可能影響，該新方法的推行才能較為順利。一項改變的阻力是與改變幅度及推行改變的時間壓力成正比的。因此，較大的改變必須逐步分段進行，例如，要對工作站作改變，一次將座椅、工具、方法完全變更，恐會造成調適的困難，但可以先從座椅開始，其次改變工具，最後再達成整個工作站的改變。

此外，因為人們反對的常是那些他們所不了解的改變，因此改變的原因也要對員工說明清楚。例如，不要光要求作業員改用某種工具，更要解釋改用這種工具是因為其重量較輕，且操作時上臂動作較少，因此用起來更舒適。

在解釋的方法上，一如處理情緒問題的法則，最好能夠強調正面的價值而非負面的缺點，例如，說「新工具比較容易使用」而不說「這個工具又笨重又不安全」。

讓工人參與方法改變及工作設計的過程，也是減少阻力的好方法，因為工人對自己提出的建議或自己參與決策的措施較為支持，反對較少。組織工人委員會或人因工程小組以鼓勵參與改變，是相當成功的方式(詳見第15章)。

如果管理階層對不願意改變的人施以報復,可能會造成怠工或情緒反彈的結果。此外,人們反對的常是社會關係層面的改變,而不是技術層面的改變,因此若能向作業員展示已有其他員工使用相同的新設備,則其配合改變的可能性將能有相當程度的提升。

在適當的標準建立之後,方法工程的最後一步是要維持新方法,以確定期望的生產效益已經實現。在此,工業工程師必須審慎地判定,所獲得的效果是否確實是由新方法所導致的貢獻,或僅僅只是因為**霍桑效應** (Hawthorne effect)。

霍桑效應

這個常被人提及的研究是由美國國家研究委員會 (National Research Council) 與西方電氣公司合作進行,旨在了解照明對生產力的影響。它們認為在執行方法改變或生產規劃時,員工的參與可提升工作動機及生產力,但該系列的研究事實上並不嚴謹,除了讓人了解作「方法改變可導致生產力提升」假設時必須謹慎之外,可以說毫無真正科學性的結論。此研究在芝加哥附近的霍桑廠 (約 40,000 名員工) 進行,歷時三年 (1924 年至 1927 年)。結果與假設一致,該研究發現當照明亮度改變時,員工會依照自己假設公司對生產力的期望而行動。也就是當增加照明亮度時,員工以為是公司希望提升生產力,因此他們更加努力;當照明亮度降低時,員工也順著他們所認為公司希望生產力降低的預期作出反應。然而,在之後一項深入的追蹤研究中,研究者將照明亮度固定,僅改變所使用的燈泡,讓員工誤以為亮度增加,員工卻表示較喜歡改變後的燈光,而其生產力也有所提升。原本應該是生理反應效果的研究,卻被心理性的因素所混淆了 (Homans, 1972)。

了解此情形後,西方電氣公司決定更深入探討心智態度與員工工作績效的關係,於是在 1927 年到 1932 年與哈佛企業管理學院合作研究 (Mayo, 1960)。而這就是知名的霍桑研究。此實驗是在一隔離房間內安排六名女性作業員,並給予下列的實驗環境條件:(1) 專為此六名作業員設計,不同於超過 100 人的大型部門所使用的團體激勵方式;(2) 工作中給予兩次 5 或 10 分鐘的休息;(3) 減少每日工作時數;(4) 減少每週工作日數;(5) 公司提供午餐或飲料。此外,若工作上有任何的改變都會先與作業員討論,若有強烈的反對意見則不予施行。所有的改變在實行一段時間後,會再以正式面談的方式與該六名作業員討論是否產生任何的影響。

結果,作業員很高興有機會能夠表達自己的感受,因此面談全都成為無止盡的牢騷大會。然而有趣的是,不論在何種測試的情境中,六名作業員的生產力在這五年內是穩定增加的 (除了部分產品的些微改變或假期時間調整時例外),她們的曠職與病假日數也比其他同事少。向來關心員工福利的西方電氣公司對此結果頗為驚訝,並將之歸因於對員工的關切,因而提升其社會滿意度 (Pennock, 1929-1930)。

不幸的是,這些結論仍舊過於簡化,而且研究中亦摻雜其他的效應。例如,在這五年的研究期間內,現場管理方式有了大幅的改變,衡量生產力的方法也不一致,工

作的方式更有顯著的變更 (Carey, 1972)。舉例來說，工廠為了計算繼電器的數目，而讓這六名作業員使用墜送系統，但根據第 4.3 節中提及的動作經濟原則，生產力本就會隨墜送系統的採用而提升。

儘管反對的聲浪不小，霍桑研究仍具有三點重要的含意：(1) 確立了「量測變因」的實驗基本原則；(2) 適當的人際關係可增進工作動機 (參閱第 15 章)；(3) 在未能有效控制的研究中，要分離各混淆變數是幾近不可能的。因此，分析師在了解新方法是否對生產力造成影響時，需注意不要驟下結論。生產力的改變，部分可以歸因於方法上的改善，但也有部分是因為員工的士氣與動機受到影響之故。此外，即使看似無害的生產力量測，也會因為在員工意識到後所產生的刻意舉動，而造成意料之外的影響。

7.3 工作評價 Job Evaluation

工作評價是方法工程系統化應用的第六個步驟，每當需要改變方法時，工作說明即應更新以反應新方法的條件、任務與責任。新方法的導入必須伴隨工作評價的進行，使合格的作業員可以合適的薪資被派任到作業中心。

工作評價應以精確的工作名稱作為開頭，將作業員需要執行的作業以及工作上的責任不留模糊空間地加以陳述，並應指出各個工作的特定職務與責任，以及工作執行者的最低條件限制。而在清楚地定義工作責任時，作業員也應該加入。各工作的簡明定義則可藉由個人面談、問卷調查及直接觀察得到，定義應涵蓋執行工作所需的心智與體能條件，用詞也務求準確，諸如「**指導、檢查、規劃、衡量與操作**」(direct, examine, plan, measure, and operate) 等。圖 7.4 是工作說明，工作說明對於人員選擇、訓練、升遷及工作分派的評估都有相當的助益，是一項好用的管理工作。

在本質上，工作評價是組織將內部工作依其價值或重要性排序的一種程序，並且應該能夠提供：

1. 向員工說明為何某工作的價值高於其他工作的根據。
2. 向員工說明工作方法的改變會伴隨薪資調整的理由。
3. 將特定人員指派到某項工作的理由基礎。
4. 僱用新進員工或員工升遷時的標準。
5. 訓練管理人員時的輔助材料。
6. 決定是否存在改善方法，以及可能改善內容的基礎。

工作評價系統

現今大多數的工作評價系統都是由下列四種主要系統變化或組合而來：分類法、點數系統、因素比較法及排序法。

```
工作名稱：裝運及接收辦事員        部門： 運送部門
男性：X  女性：___  日期：_____  總點數：280  等級： 5

                        工作說明

購買零件與供應品的裝貨、卸貨、清點、接收、拒收的指揮與協助，並分送
至各適當部門。

依照採購單在線外檢查到貨。保存所有採購單和出貨單檔案。記錄新開的訂
單。保存每日與每週的運送報告及月存量報告。

協助所有外銷及內銷貨物的包裝。對收到的物料開立檢驗單。對拒收的物件
開拒收單。

本工作需具備在包裝、裝運接收流程、工廠布置、現場供應品與成品上的完
備知識。基本辦公室流程的知識、與其他部門共事的能力（如服務部門）、
與供應商有效交易的能力亦屬必需。工作需要高度的精確性與可靠性。不良
決策所造成的影響包含貨品的損壞、錯誤存量與額外物料搬運。工作需要經
常性抬舉重達 100 磅的物品。將會與兩位第 4 等搬運員與包裝員共事。

        工作評價             水準           點數
        教育                  1             15
        經驗與訓練            2             50
        主動性與靈活          3             50
        分析能力              3             50
        個性要求              2             30
        管理責任感            1             25
        對損失的責任感        1             10
        身體狀況              6             25
        心理或視力狀況        1              5
        工作條件              5             20
                                           ───
                                           280
```

圖 7.4　裝運及接收辦事員的工作分析。

　　分類法 (Classification method) 也稱為**等級說明計畫** (Grade description plan)，包含一連串將不同工作分類為不同薪資類別的定義。一旦薪資的等級水準決定，分析師即可將每一工作依其特性分類到不同的水準中，此處特性包含該工作的複雜性、責任及該工作與各水準的關係。美國的文官委員會 (U.S. Civil Service Commission) 即大量採用此法。

　　分類法的實行步驟如下：

1. 為各類工作準備等級尺度說明，例如，機器操作、人工操作、技巧性操作及檢驗等。
2. 以下列因素協助各等級尺度撰寫等級說明書。
    a. 工作類型及任務的複雜度。
    b. 執行工作所需的教育。
    c. 執行工作所需的經驗。

    d. 責任。
    e. 必須努力的程度。
3. 準備各工作的工作說明,並比較各工作的工作說明與事先完成的等級定義,將工作安置於合適的等級中。

點數系統 (Point system) 則是以下列步驟直接對不同工作的屬性進行比較:
1. 建立及定義大多數工作所共有的基本因素,亦即工作的價值元素所在。
2. 清楚定義各因素的等級水準。
3. 指派統一的點數到每個因素的不同水準。
4. 準備各工作的工作說明。
5. 依照選出的因素評估各工作,以決定該工作在各因素上的水準。
6. 加總各因素水準的點數得分,以得到各工作的總點數。
7. 將工作總點數轉換為薪資率。

工作評價方法中的**因素比較法** (Factor comparison) 包含下列步驟:
1. 找出可決定工作間之相對價值的相關因素。
2. 建立類似於點數系統的評估尺度,不過是以金錢為單位。舉例來說,每月 2,000 美元的標竿工作中,其中的 800 美元屬於責任因素,400 美元屬於教育因素,600 美元屬於技能因素,而 200 美元屬於經驗因素。
3. 準備工作說明。
4. 以不同因素逐次地對關鍵工作進行評估,並由高至低排出每個工作在不同因素上的優劣。
5. 依照各因素支付關鍵工作的薪資,如此金額的多寡將會符合每個因素下的工作排序關係。
6. 依據指派給關鍵工作的薪資金額,逐一因素地評估其他非關鍵工作。
7. 最後將不同因素的薪資金額加總,即是該工作的薪資。

點數系統與因素比較法在工作評價方法中屬於較為客觀、周延的方法;兩種方式都必須先了解影響大多數工作相對價值的共同因素。不過,點數系統較因素比較法更常被使用,且被認為對職業薪資計算較為精確。

排序法 (Ranking method) 則是依工作的重要性或相對價值進行排序。工作的各個層面都應納入考慮,包含工作的複雜性和困難度、特殊知識領域的要求、技術需求、經驗需求,以及對工作授權與負責的水準。此方法因其簡單且容易實施,在二次世界大戰期間普及於美國。通常排序法較其他方法不客觀。若要平衡此問題,則需對工作有更多的了解,因此該方法近年來很少被使用。排序法的實施步驟如下:
1. 準備工作說明。
2. 依工作的相對重要性排序。
3. 將各項工作分類,並評定為不同的等級或類別。
4. 依上述等級類別訂定各工作的薪資或薪資範圍。

因素選擇

　　以因素比較法而言，大多數公司會使用五個因素，不過在某些點計畫中，也可能使用 10 個以上的因素。然而，因素的數量愈少愈好，理想狀態為以最少的因素清楚地區分出各個工作的差異。所有工作的要素皆可以下列四點進行區分：

1. 員工進行工作時所需要生理和心理性的因素。
2. 員工進行工作時所產生生理和心理上的疲勞。
3. 工作所要求的責任。
4. 工作完成所需具備的條件。

　　其他的因素尚有教育、經驗、開創、巧思、體力需求、心理與視覺需求、工作狀況、危害、設備責任、流程、物料、產品、工作及他人安全等。

　　這些因素在不同工作中的重要性皆不相同，每個工作也都在因素的不同水準中有其定位，然而因素本身並無優劣之分，因此分析師必須給予每個因素水準相稱的權重或計點，如表 7.8，才能區別其重要性的差異。圖 7.5 則是一個完整的工作點數配置範例。

　　舉例來說，教育可以定義為一種要求。水準一的教育僅需讀、寫的能力；水準二需要使用初級算術，可等同於兩年的中學教育；水準三的教育等於四年的中學教育；水準四的教育等於四年的中學教育加上四年的正式貿易訓練；水準五的教育則等於四年的科技大學訓練。

表 7.8　因素水準的點數配置

因素	水準1	水準2	水準3	水準4	水準5
技巧					
1. 教育	14	28	42	56	70
2. 經驗	22	44	66	88	110
3. 開創與巧思	14	28	42	56	70
努力					
4. 體力需求	10	20	30	40	50
5. 心理／視覺需求	5	10	15	20	25
責任					
6. 設備或流程	5	10	15	20	25
7. 物料或產品	5	10	15	20	25
8. 他人的安全	5	10	15	20	25
9. 他人的工作	5	10	15	20	25
工作狀況					
10. 工作條件	10	20	30	40	50
11. 無法避免的危害	5	10	15	20	25

（資料來源：National Electrical Manufactures Association.）

工作評價點數表
多賓製造公司
賓州，大學園區

工作名稱：一般機工　　　編碼：176　　　日期：11月12日

因素	水準	點數	評分基礎
教育	3	42	複雜圖表的使用，進階的商用數學，能使用各種精準量測工具，貿易交易知識。相當於四年的中學教育或兩年的中學教育加上三年的貿易訓練。
經驗	4	88	具備三到五年安裝、修理與維護機械器材及設備的經驗。
開創與巧思	3	42	重新建立、修理、維修各種中尺寸的電動／手動工具。需要診斷問題、拆卸機器與組裝新元件，例如，潤滑劑、軸、齒輪等。必要時需製造替代品。能夠以正確的工具操作機器。快速地診斷與修復問題並維護產品。
體力需求	2	20	週期性地拆卸、組裝、安裝與維修機器的體力需求。
心理／視覺需求	4	20	大量心智與視覺注意力的需求，例如，布置、裝配、使用機器、核對、檢查、將原件與機器配對。
對設備或流程的責任	3	15	傷害鮮少超過900美元。只對機器的部分造成損壞。不小心的操作工具或複雜的元件可能會造成傷害。
對物料或產品的責任	2	10	因為物料或工作的碎片造成的可能損失，鮮少超過300美元。
對他人安全的責任	3	15	避免他人傷害的安全預警需求，例如，將工件繫緊在面板上，配件的操作等。
對其他工作的責任	2	10	耗費一位或多位的幫忙者大量的時間。
工作條件	3	30	稍不舒適的工作環境，例如，暴露在油脂、潤滑劑與灰塵中。
無法避免的危害	3	15	暴露在意外，例如，手或腳的碾壓、失去指頭、懸浮微粒造成的眼睛傷害、電擊或燒傷。

注意：總點數為307分──評定為第4級。

圖 7.5 工作評價點數表。

　　而經驗則是對時間的估量，意謂具備特定教育水準的個人需要多少時間能夠完成質量均備的工作。水準一可定義為至多3個月，水準二為3個月至1年，水準三為1至3年，水準四為3至5年，水準五為5年以上。每個因素皆可以類似的方式定義出各個水準，必要時也可附加例子說明。

績效評估

評估工作的各個因素水準狀態需要大量的判斷,因此最好能成立委員會執行此項評估,委員會應包含一個工會代表、部門主管、部門總務及一位管理階層代表(通常來自人力資源)。

委員會成員間的點數評估應獨立進行,且評估時應以同一個因素衡量所有的工作後,再換下一個因素進行評估。不同的評估者之間的相關性應該要很高,例如,0.85或是更高。出現任何差異時,成員都應該進行討論,直到對該工作的因素水準有共識為止。

工作分類

評估所有的工作後,各個工作所分配到的點數應彙整成表,以決定工廠中的勞工等級,一般設定為 8 (小型工廠或不需特殊技術的產業) 到 15 級 (中大型工廠或精密技術產業),如圖 7.6。舉例來說,若工廠中所有工作評價後的點數範圍落在 110 至 365 點之間,那麼即可建立各個勞工等級如表 7.9。各個勞工等級的點數範圍不需要相同,替代性高的工作其點數範圍可以較大。

決定勞工等級後的下一步是比較不同勞工等級的工作,以確保公平與一致性。舉例來說,高級機師的勞工等級應比一般機師更高。接下來是決定各個勞工等級的時薪水準範圍,一般由當地的類似工作、公司政策,以及生活消費指數所共同決定。作業員依其**整體績效表現** (Total performance) (品質、數量、安全性、出勤率、建議等),可獲得其勞工等級內不同的時薪水準。

實行工作評價計畫

訂定不同工作點數的時薪範圍後,即可藉迴歸分析由時薪與點數找出一條時薪趨勢線,而這條線不一定是直線。某些工作的時薪會明顯地偏離此趨勢線;偏高意謂該工作的現有時薪水準相較於工作評價計畫而言過高,偏低則表示其現有時薪水準過低。

工作時薪低於工作評價系統所訂該等級的下限水準時,應立即予以調升到該等級時薪下限水準。時薪高於該等級上限水準時,該時薪水準稱為**過高時薪** (Red circle rates),雖不會調降這些員工的時薪水準,但下次公司調薪時,時薪過高者將不作調整(除非屆時物價水準高過目前的時薪水準)。最後,新進的員工則可依照新的工作評價制度敘薪。

其他的考量

雖然將點數工作評價系統應用於員工薪資的決定是最能兼顧公平與客觀的方式,但仍舊存在著一些問題。例如,當工作說明中未能清楚地要求,某些員工會以這並非其責任作為藉口而拒絕完成重要的工作。點數計畫也可能導致公司內部出現意料之外的權力關係,因為工作點數提供明顯的相對優劣資訊,可能會妨礙合作與組織決策。

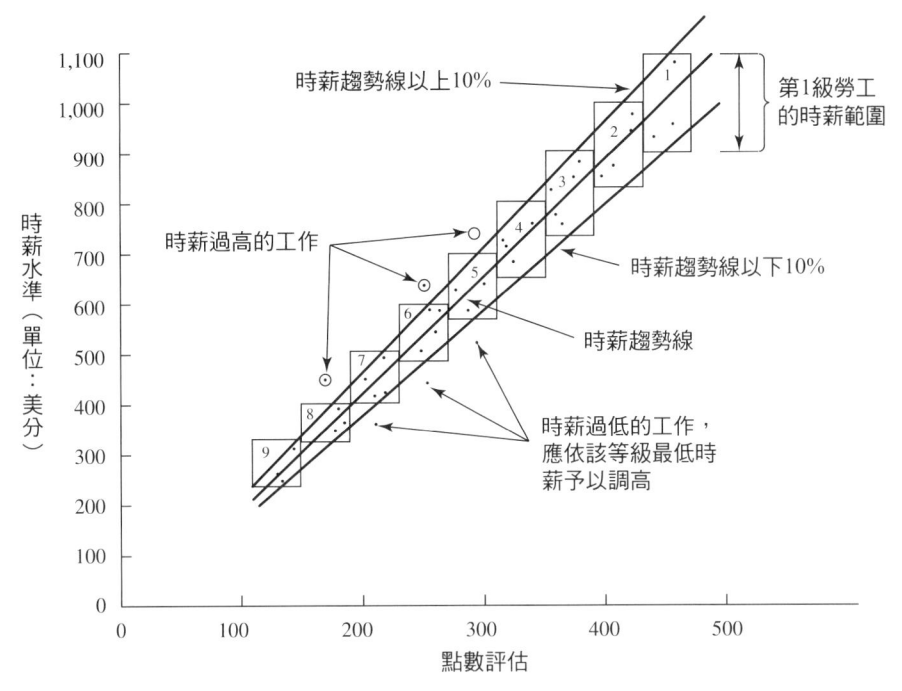

圖 7.6 九個勞工等級之點數評估與基礎薪資範圍。

表 7.9 勞工等級

等級	點數範圍	等級	點數範圍
12	100～139	6	250～271
11	140～161	5	272～293
10	162～183	4	294～315
9	184～205	3	316～337
8	206～227	2	338～359
7	228～249	1	360 及以上

另一項問題是，員工會了解，增加工作責任可提升其工作評價點數，而做出增加不必要的工作，或是增加另一員工等行為。這些增加並非必要，卻造成額外的直接成本及點數提高下的薪資上升。

在法院或聽證會上，「同工同酬」(Equal pay for equal work) 的議題常是討論的焦點，點數工作評價系統背後的邏輯即奠基於此。不過工作者動機與經驗的權重該給多少，也是決策所需要考量的，相對於體力勞動且常處於危險情況下的製造類型工作 (多由男性從事)，許多領薪水的工作 (多由女性從事) 常需要此類考量。然而，分析師必須了解，沒有任何工作具有與生俱來的價值，價值的高低取決於該工作提供市場什麼東西。若是分析師僅依靠市場狀況來決定薪資，而不使用已建立的點數計畫，結果幾乎總是會造成新的不平等。分析師必須能認知，平等地對待每個人與用每個人對企業或產業的貢獻來平等地對待他們，兩者並不相同。例如，當護士已供不應求，而高齡族群又讓此情勢惡化時，薪資就會提高；相反地，當程式設計師數量過多時，薪資自然下降。

因為工作會改變，所以必須作常態性的狀態追蹤，以及週期性回顧各個工作，並在必要時予以調整。最後，員工必須了解工作評價計畫在本質上是公平的，並且能試著在此系統下工作。

7.4 美國殘障人士就業保障法案 Americans with Disabilities Act

在執行新方法以及工作評價的過程中，分析師必須將美國殘障人士就業保障法案 (Americans with Disabilities Act, ADA) 納入考量。此法案於 1990 年通過，內容指出：「聘用員工時，歧視符合資格但有缺陷的個人乃屬非法。」這對於擁有 15 名員工以上的老闆而言相當重要，因為這會導致許多工作場合的重新設計與調整。美國殘障人士就業保障法案涵蓋招募、僱用、晉升、訓練、酬賞、裁員、解僱、離職、福利、工作分派等，其中工作分派則牽涉到方法分析。美國殘障人士就業保障法案保障「因生理／心理損傷而使主要生活活動受限」的個體。**主要生活活動 (Major life activity)** 包含聽、看、說、呼吸、走路、以手部感覺或操作、學習或工作。暫時性的傷害則不在此列。

企業應提供合理的安置，讓這些不方便的員工能執行工作的「基本功能」。此處**基本功能 (Essential function)** 乃是員工必須能夠執行的「基本工作責任」，可以藉由本章先前提到的工作分析技術決定。而**合理的安置 (Reasonable accommodation)** 是使個人得以進行作業，以及享受與其他人相同的利益和優惠而做的工作或環境的調整。安置可以包含器具、設備或工作站的改變；重組作業；重新安排時程；以及改變訓練材料與政策等。而不論任何的調整，其目的都在於使被調整對象有用並且可被接受。其中一項重要的原則，是任何此類的改變都必須在人因工程上符合對眾人的好處。其他工作設計準則 (第 4、5 章) 在此處也應加以應用。

合理的安置是指不會對雇主作超出其能力的困難要求，也就是合理的安置不會是無理的、具破壞性的或需付出昂貴代價的，或者改變公司本質或營運的調整。其中，影響成本的變數包含公司的規模、財務資源，以及營運本質或組織架構。不幸地，成本因素並沒有特別或量化的定義，因此特別容易與歧視有所關聯。最常見的情況是成本因素以不同的方式出現在法律系統的歧視案中。若欲對此主題有更進一步的了解，可參考 1991 年美國殘障人士就業保障法案。

7.5 追蹤 Follow-up

方法工程計畫中第八個，也是最後一個步驟為追蹤 (可參考圖 1.3)，第七個步驟的建立時間標準並不是方法改變的全部，因此不在此處討論。然而，一個成功的作業中心必須包含建立時間標準，而此部分內容將在第 8 至 14 章中討論。

追蹤包含確保新方法得以正確實行，使作業員可在適當的工作中做適當的訓練，並達到預期的產能水準。追蹤也包含經濟分析，以確認預期的成本降低是否達成。若未能有效追蹤，管理者將會質疑變革的必要性，且對未來支持類似方案的意願也會降

低。此外，確保相關人員願意配合也是追蹤很重要的一環，如此作業員才不會重操舊法，監督者也不至於對新法的推行虎頭蛇尾，而管理者更不會放棄對整體計畫的承諾。

追蹤新方案是維持作業中心的平順運作與有效性的重要步驟。若未能有效追蹤，數年後另一個方法工程師將會檢視現行的方法，並且再次提出「這麼做的目的何在？」這個在本次操作分析中的問題。因此，完整流程的採用與持續性的改善非常重要，如圖 1.3 所示。

7.6 成功的方法實行 Successful Methods Implementations

一家位處俄亥俄州的公司將原本粗鍛的鋼環改以銑製部件與環圈焊接，成功地將原本重 2,198 磅的鋼環減少到 740 磅，省下了 1,458 磅的精鋼，這個數量相當於改善後鋼環重量的 2 倍，也意味著節省了原本必須將這些多餘物料切割下來的程序。該範例所展示的是在製造上導入有效的方法，而成功地讓公司每年節省 17,496 噸的鋼料，更多的細節可參考範例 7.5。

方法改善也可應用在非傳統的操作上。一間位於紐澤西州的研究室採用操作分析的原則，將工作桌椅交叉擺放，讓每位研究人員的作業空間呈現 L 型，使他們僅需一小步即可觸及工作空間中的每個位置。電路插座也都重新安排以獲得最高的效能。新的桌具擺設同時也納入作業必要的設備，除了空間節約之外，也讓多人可以同時共用設備，而使瓶頸作業大為抒解。

流線型的服務組織亦適用方法的改善，某州政府部門發展一套操作分析方案，藉由合併、取消、重新設計所有的文書作業；改善空間利用；以及疏通授權管道等方式，每年可以節省 50,000 小時以上的時間。

辦公室環境也同樣可以見到方法改善的成功例子。賓州一家公司的工業工程部門規劃一種新的作業流程，大幅簡化了該廠鑄件運往組裝廠的文書工作，結果讓每日的平均往來次數減少 45 趟，文書作業亦由 552 張減少到 50 張。每年在紙張上的節約已是相當可觀。

近來方法改善也成功地與人因工程專案結合。美國職業安全與衛生署 (OSHA) 為了推展建立人因工程的標準，曾經引用在賓州一間主要的汽車地毯製造商的案例。該公司因工作相關的肌肉骨骼傷害病例數過高，雖已著手訂定廠內的人因工程標準，但仍被指出未能提供員工安全的工作環境，違反了 1970 年通過的職業安全與衛生法案中一般責任條款。除了推行四年改善計畫外，該公司還聘請可提供適當醫療管理的護士，並向人因工程顧問諮詢如何重新設計工作環境以減少傷害率。藉由醫療紀錄與仔細的工作站分析，該公司找到了關鍵的作業與工作站。因此，該公司改以水刀切割的方式取代過去人工裁剪地毯的作法，而使過度握持刀具把手的狀況降低。工作環境亦由員工角度出發而進行健康與安全性上的仔細分析，員工也接受不同程度的人因工程訓練。這麼做的結果是在 OSHA 有紀錄的肌肉骨骼傷害件數中，該公司由第一年的 55

件降至第二年的 35 件，第三年的 17 件，最終到第五年的 8 件。更好的是，美國職業安全與衛生署認為該人因工程計畫執行得非常成功，在兩年後就提前完成了原本的四年改善計畫！

範例 7.5　汽車啟動裝置的方法改變

汽車啟動裝置是透過轉換器降低電壓數以啟動直流電馬達。該裝置其中一項附件為電弧箱，電弧箱裝在汽車啟動裝置的最底部，作用在於防止短路。其他的組成元件列於表 7.10。

表 7.10　自動啟動裝置元件

三孔石棉護片	6
2吋長的絕緣管數	15
兩端具螺紋之鋼桿數量	3
五金件數	18
總元件數	42

組裝這些元件時，作業員依序裝上墊圈、鎖上墊圈、在兩端鎖上螺帽、在第一片石棉護片的三個孔上裝上鋼條、在鋼桿上放一個絕緣管、放上另一片石棉護片。重複步驟，直到六個護片與三個絕緣管都放上鋼桿(護片兩邊都要放)。

在此組裝過程中，六個護片可以分兩批執行，一次一邊。用來支持護片的兩片石棉則可分為六批進行。分別組裝完成後，再組合於汽車啟動裝置之底部。經過操作分析後可找出 15 項可改善之處，呈現於表 7.11。

表 7.11　自動啟動裝置組裝方式的改善

舊方法	新方法	節省
42個元件	8個	34個
10個工作站	1個	9個
18次搬運	7次	11次
7,900呎搬運距離	200呎	7,700呎
9次儲存	4次	5次
0.45小時工時	0.11小時	0.34小時
1.55美元成本	0.60美元	0.95美元

總結

　　增加產出、改善品質、提供員工較為舒適與安全的工作環境，是方法改善與工作設計的主要結果。藉此，員工除了可在工廠完成更多更好的工作，也能有足夠的精力去享受其生活。欲有效地導入新方案，由案例中可知，如圖 1.3 所提出的步驟乃是必須的。方法工程師也應了解僅僅使用複雜的演算法或最新的軟體工具並不足夠，理想的方法必須讓管理者與員工同時都能夠接納。第 15 章中提到的人際技巧與策略將可幫助計畫的推展。

問題

1. 比較決策表和價值工程,並分析其差異。
2. 在成本效益分析中,該如何定義與健康和安全相關的效益?
3. 管理相對成本較高之新方案導入的主要考量為何?
4. 何謂現金流量折現法?
5. 回收年限法為何?請問回收年限法與投資報酬法的相關性為何?
6. 採用新方案時,投資利潤與產品預期銷售風險的關係何在?
7. 在撰寫工作說明時,應特別強調哪兩個主題?
8. 人力成本是否常以時間作為分母?請解釋其原因。
9. 何謂工作評價?
10. 請列舉四種工作評價的方法。
11. 請詳細說明點數計畫如何進行。
12. 有哪些因素會影響工作的相對價值?
13. 使用歷史紀錄作為建立績效標準的缺點何在?
14. 請解釋為何每一個勞工水準應該建立範圍性,而非單一性的評分?
15. 在導入一個點數工作評價系統之前,有哪些主要的負面考量因素?
16. 一個恰當的工作評價計畫導入能帶來哪些好處?
17. 一個成功的工作評價計畫需考量哪三個面向?
18. 如何可讓美國殘障人士就業保障法案成為方法改變的一部分?

習題

1. 若管理階層預期新方案有 30% 的利潤,且估計第一年可以省下 5,000 美元,第二年可以省下 10,000 美元,第三年可以省下 3,000 美元。試問該方案值得投資多少資金?
2. 若一新設計所需的投資金額為 20,000 美元,其壽命為三年。而根據銷售預測,該設計在第一年可得稅後收益為 12,000 美元,第二年為 16,000 美元,但第三年會虧損 5,000 美元。以投資金額的獲利率為 18% 計算,請問公司是否應該投資此設計?並解釋你的答案。
3. 在多賓公司倉庫中的物料搬運全部仰賴人力完成,而這些勞工及其相關的支出(社會福利、意外保險及其他的紅利) 每年花費 8,200 美元,因此分析師考慮提出機械化的新方案,以降低該人力成本。在該計畫中,設備的初始成本為 15,000 美元,電力、維修與稅賦的成本分別為每年 400 美元、1,100 美元與 300 美元,不過每年可在人力與其相關成本上節省 3,300 美元。該機器預計使用 10 年,且此設備無其他用途,因此沒有剩餘價值。若假設人力、電力與維修費在這 10 年之間

第 7 章 實施新方法

都是均等分配，在最小獲利率為 10% 的條件下以年成本比較，請問多賓公司是否該採行此新方案？

4. 多賓公司的工作評價計畫提供五個勞工等級，其中最高為等級 5，最低為等級 1，每個勞工等級又分為高、中、低三個薪資水準。該評估計畫為線性並包含下列因素：技術 (範圍由 50 至 250 分)、努力 (範圍由 15 至 75 分)、責任 (範圍由 20 至 100 分)、工作條件 (範圍由 15 至 75 分)。請問：

   a. 若第 1 級勞工的高薪資水準為 8 美元／小時，而第 5 級勞工的高薪資水準為 20 美元／小時，則第 3 級勞工的中薪資水準應為每小時多少錢？

   b. 若努力為水準 2，責任為水準 2，而工作條件為水準 1，則技能水準應為多少才能被評估為第 4 級的勞工？

5. 多賓公司為廠內操作部門的間接員工導入點數工作評價計畫，該計畫共選取十項因素，每項因素再分為五個水準，最低總得分為 100 點，最高分為 500 點。其中，搬運員在開創與巧思因素上被評為水準 2，得分 30 點，且其總得分為 250 點。請問：

   a. 若將薪資等級分為 10 等，欲使該搬運員由薪資等級 4 提升至薪資等級 5，所需要的開創與巧思水準應變為多少？

   b. 若薪資等級 1 的薪資為 8 美元／小時，而薪資等級 10 的薪資為 20 美元／小時，則薪資等級 7 的薪資有多少？（註：薪資計算乃按照薪資等級點範圍的中點為基礎。）

6. 一位人因工程師建議將兩個負責信件的員工以機器系統取代。這兩位員工每人每小時可處理 3,000 份信件，時薪皆為 10 美元。該機器系統每小時可處理 6,000 份信件，不過購買此機器系統需花費 50,000 美元，每個小時並需要 1 美元的維修費用。試問該機器至少要使用多少小時才會划算？

7. 美國空軍考慮花費 $100,000 採購改良式自動管制器 (無操作人員) 以取代原有的偵檢專員，自動管制器每小時可執行 4,000 次目標偵測，偵檢專員則每小時平均可偵測 1,000 個目標。已知美國空軍偵檢專員時薪相對較低，只有每小時 8 元 (但退伍後福利不錯)，自動管制器每小時需耗費 1 元維護成本。若購買自動管制器，請問需要多少目標偵測時數才能夠還本 (pay off)？

8. 用第 6 章習題第 12 題的資料，假設你獲得授權動用適量的經費改正所有疏失。你能做到：

   a. 支付 $50 電池費，每年更換所有一氧化碳監測器的電池，使因電池沒電，未監測出一氧化碳，導致事故的機率減為 0.0。

   b. 支付 $500 電費以維持假期中廠房內的通風，以將事故機率減為 0.0。

   c. 支付 $5,000 更新煙道，使事故機率減為 0.0。

   哪一個方案的成本效益最佳？你會推薦哪個方案？為什麼？

參考文獻

ADA. *Americans with Disabilities Act Handbook.* EEOC-BK-19. Washington, DC: Equal Employment Opportunity Commission and U. S. Dept. of Justice, 1991.

Brown, D. B. *Systems Analysis & Design for Safety.* Englewood Cliffs. NJ: Prentice Hall, 1976.

Carey, A. "The Hawthorne Studies: A Radical Criticism." In *Concepts and Controversy in Organizational Behavior.* Ed. W. R. Nord. Pacific Palisades, CA: Goodyear Publishing Co., 1972.

DeReamer, R. *Modern Safety and Health Technology.* New York: John Wiley & Sons, 1980.

Dunn, J. D., and F. M. Rachel. *Wage and Salary Administration: Total Compensation Systems.* New York: McGraw-Hill, 1971.

Fleischer, G. A. "Economic Risk Analysis." In *Handbook of Industrial Engineering.* 2d ed. Ed. Gavriel Salvendy. New York: John Wiley & Sons, 1992.

Gausch, J. P. "Safety and Decision-Making Tables." *ASSE Journal,* 17 (November 1972), pp. 33-37.

Gausch, J. P. "Value Engineering and Decision Making." *ASSE Journal,* 19 (May 1974), pp. 14-16.

Heinrich, H. W., D. Petersen, and N. Roos. *Industrial Accident Prevention.* 5th ed. New York: McGraw-Hill, 1980.

Homans, G. "The Western Electric Researches." In *Concepts and Controversy in Organizational Behavior.* Ed. W. R. Nord. Pacific Palisades, CA: Goodyear Publishing Co., 1972.

Jung, E. S., and A. Freivalds. "Multiple Criteria Decision-Making for the Resolution of Conflicting Ergonomic Knowledge in Manual Materials Handling." *Ergonomics,* 34, no. 11 (November 1991), pp. 1351-1356.

Livy, B. *Job Evaluation: A Critical Review.* New York: Halstead, 1973.

Lutz, Raymond P. "Discounted Cash Flow Techniques." In *Handbook of Industrial Engineering.* 2d ed. Ed. Gavriel Salvendy. New York: John Wiley & Sons, 1992.

Mayo, E. *The Human Problems of an Industrial Civilization.* New York: The Viking Press, 1960.

Milkovich, George T., Jerry M. Newman, and James T. Brakefield. "Job Evaluation in Organizations." In *Handbook of Industrial Engineering.* 2d ed. Ed. Gavriel Salvendy. New York: John Wiley & Sons, 1992.

Pennock, G. A., "Industrial Research at Hawthorne." *The Personnel Journal,* 8 (June 1929-April, 1930), pp. 296-313.

Risner, Howard. *Job Evaluation: Problems and Prospects.* Amherst, MA: Human Resource Development Press, Inc., 1988.

Saaty, T. L. *The Analytic Hierarchy Process.* New York: McGraw-Hill, Inc., 1980.

Thuesen, H. G., W. J. Fabrycky, and G. J. Thuesen. *Engineering Economy.* 5th ed. Englewood Cliffs, NJ: Prentice-Hall, 1977.

Wegener, Elaine. *Current Developments in Job Classification and Salary Systems.* Amherst, MA: Human Resource Development Press, Inc., 1988.

相關軟體

Design Tools (available from the McGraw-Hill text website at www.mhhe.com/niebel-freivalds). New York: McGraw-Hill, 2002.

時間研究
Time Study

8

本章重點

- 利用時間研究來建立時間標準。
- 利用視覺與聽覺的分界點,將操作分割成若干單元。
- 利用連續測時法以獲得完整的時間紀錄。
- 利用按鈕(歸零)測時法以避免文書的筆誤。
- 實施檢查以確保時間研究的有效性。

制定高效率工作模式的第七個系統化步驟就是建立時間標準。下列三種方法有助於時間標準之決定:(1) 估計法;(2) 歷史紀錄法;及 (3) 工作衡量法。過去時間研究分析師大多以估計法來訂定時間標準。然而,經驗告訴我們,如果時間標準的制定基礎只是分析師對於該項作業的觀察結果,那麼任何人都無法訂定一致且客觀的時間標準。

歷史紀錄法是以過去類似工作的時間數據為依據,其數據來源為作業員於開始與完成操作時,在打卡鐘或其他資料蒐集裝置上所留下的紀錄。然而,這些數據僅能顯示作業員完成該項工作所需的時間,卻不一定等於該項工作的合理工作時間。由於作業員在操作過程中可能會因為個人事務,或是無可避免及可避免的延遲,而導致工作進度落後;換言之,延遲將會對每一次歷史資料蒐集的結果造成不同程度的變異,所以即使是相同的操作步驟,其歷史數據也可能存在著 50% 以上的誤差。

以下的工作衡量方法有助於建立合理的生產標準,如馬錶(電子式或機械式)時間研究、預定時間系統、標準數據、時間公式或工作抽查研究等,這些方法都會將寬放時間(疲勞、私事及不可避免的延遲)一併列入考量,以建立合理的工時標準。

時間標準的健全與否對於企業的營運有舉足輕重的影響;正確的時間標準有助於提升設備的使用率與工作人員的生產率;反之,就很容易造成人工成本的浪費,甚至是勞資雙方的衝突。

8.1 合理的工作量 A Fair Day's Work

勞資關係的基本原則是：雇主應該指派合理的工作量，而員工也應該得到與此對等的報酬。所謂的合理工作量，係指一位合格作業員在不受製程限制的狀況下，有效地利用工作時間並以標準速度執行工作所能達成的產出數量。此處的定義並沒有明確地指出何謂「合格作業員」、「標準速度」及「有效的利用」等名詞。例如，所謂的**合格作業員** (Qualified employee)，可以被定義為受過充分訓練，且能夠達成工作目標的一般員工。

標準速度 (Standard pace) 係指合格作業員在不勉強自己過度努力、不故意怠慢，並能夠兼顧工作過程中生理、心理及視覺之需求，做出適當回應的有效作業速度。「標準速度」亦可以被定義為：在沒有身體負荷的情況下，於平坦地面上以每小時 3 哩的速度步行。

雖然目前對於**有效的利用** (Effective utilization) 一詞並沒有十分明確的定義；不過一般將此解釋為：作業員在工作過程可以不受製程、設備或其他作業的限制，因此除了個人需求或疲勞以外，作業員在任何時刻都能以正常的速度從事生產作業。

簡而言之，合理的工作量對勞資雙方而言都是公平的。換言之，除了合理的寬放時間之外 (疲勞、私事及不可避免的延遲)，員工都應該致力於生產作業的執行，以獲取合理的報酬。作業員應遵守既定的工作方法，並以快慢適中的步調進行作業。時間研究是決定合理工作量的方法之一。

8.2 時間研究的需求 Time Study Requirements

在實施時間研究之前必須先滿足若干基本要件。舉例來說，不論時間研究的對象是嶄新的工作項目，或方法改善後的現有工作，分析師在研究開始之前必須先確認該項工作的操作方法已經被標準化，且作業員必須完全了解操作的內容與流程。除非這些工作內容的細節都已經被標準化，否則分析後所得之時間標準不但沒有實質的意義，還會造成員工的不滿、不信任與爭執。

在研究開始之前，時間研究分析師應事先告知工會人員、部門領班及作業員，以獲得圓滿且充分之合作。首先，作業員必須確認工作方法的正確與否，並熟知作業過程中的各種細節。領班亦須檢視生產設備之進料裝置、變速系統、切削工具及潤滑機構的操作方法，以確認現行的作業方式是否與標準操作方法有所出入；另外，領班亦須檢視所需之物料、零件是否足夠，以免研究過程因而中斷。工會人員必須確定參與研究的作業員都已經接受充分的訓練，且必須告知作業員從事時間研究之目的，並回答作業員任何相關的問題。

分析師之職責

每項工作都會牽涉工作技巧、生理及心理等影響因素，而作業員彼此之間也存在著工作態度、敏捷度方面的個人差異。分析師可以很輕易地從作業員的工作過程計算

出完成該項作業所需的時間；然而，若是希望制定合格作業員的工作標準，就必須考量上述的各種差異因素，而研究的困難度也必然會隨之提升。

時間研究分析師應該保證研究方法正確無誤；即過程中必須精確記錄工作的執行時間、忠實評估作業員的表現，並避免對作業員有所批評。研究結果必須準確可靠，錯誤且拙劣的判斷不僅會影響作業員與公司之利益，而工會與作業員也可能因此失去對公司的信心，使得管理階層苦心建立的勞資關係遭到損害。時間研究分析師應該具備的人格特質包括誠實、圓融、和悅、耐心、熱忱及優良的判斷能力。

領班的職責

在得知哪些作業已經被選為研究對象之後，領班應事先知會負責執行該項工作的作業員；此外，領班也應該查明方法部門所制定的標準方法是否為作業員所落實執行，並確認作業員是否具備足夠的能力與經驗從事此項操作。雖然時間研究分析師應該對被研究的操作項目有一定程度的認知，但實際上卻不可能要求他們對該項操作有完整且深入的了解。因此，領班亦必須協助分析師確認刀具研磨是否適當，以及潤滑液的使用、刀具的進給、切削速率與切削深度是否正確等問題。領班也要確認作業員確實依照既定的方法操作，並認真地幫助與訓練員工熟稔該操作方法。時間研究完成後，領班應於原始資料上簽名，以示其參與研究分析工作。另外，領班應儘快通知時間研究部門任何與操作方法有關的變動，以合理地調整時間標準。若領班無法克盡職責而導致時間標準有所偏差，將會引起作業員的抱怨、管理階層的壓力及工會的不滿。

工會的職責

大部分的工會都能了解「標準」的建立有助於提升企業的獲利能力，也支持管理階層實施工作衡量方法持續地更新標準。再者，工會也了解不佳的時間標準可能對勞資關係造成負面的影響。

經由訓練課程，工會應教導其成員有關時間研究之原則、理論及經濟必要性。如果作業員對時間研究一無所知，就很難獲得他們熱情的參與，尤其考慮到時間研究的背景(請參閱第 1 章)。

工會代表必須確定時間研究包含工作方法與設施布置的完整紀錄。此外，他們也應該確保工作說明的正確詳實，並鼓勵作業員在研究過程中與分析師充分合作。

作業員的職責

每位員工都應該重視公司的利益，並全力支持管理階層所制定的方針和決策。因為作業員是工作方法的實際執行者，所以更應該全力配合新方法的導入，並給予公平客觀的測試，協助分析師找出可能的錯誤。

作業員應協助時間研究分析師分解操作單元，以確保時間研究能涵蓋所有的工作

細節。作業員在研究進行的過程中應以穩定的正常速度從事操作，並盡量避免執行未經定義的單元與多餘的動作；此外，使用正確的工作方法是絕對必要的，因為任何刻意拉長時間的動作將會導致分析師制定過於寬鬆的標準。

8.3 時間研究的設備 Time Study Equipment

時間研究所需的設備有馬錶 (Stopwatch)、時間觀測板 (Time study board)、時間研究表格 (Time study form) 及口袋型計算機 (Pocket calculator)。此外，能夠記錄操作細節的錄影設備也是相當不錯的選擇。

馬錶

馬錶可大致區分為兩種類型：(1) 傳統的十進分制馬錶 (Decimal minute watch)（0.01 分鐘）；及 (2) 較實用的電子式馬錶 (Electronic stopwatch)。如圖 8.1 所示，十進分制馬錶的錶盤上刻有 100 個刻度，每個刻度代表 0.01 分鐘，因此長針走一圈即代表 1 分鐘。錶盤上方的小錶盤有 30 個刻度，每個刻度代表 1 分鐘，長針每走一圈，小錶盤上的短針就會移動一格。只要將側邊滑柄 (Side slide) 推向頂鈕 (Crown) 即可啟動馬錶；反之，將滑柄推離頂鈕，則可使馬錶指針停止於固定位置；若再將滑柄推向頂鈕，馬錶指針就可以從前次停止的位置再次啟動。壓下頂鈕則可使長、短指針歸零，除非將滑柄推離頂鈕，否則手指一離開頂鈕，馬錶又會歸零並重新開始計時。

圖 8.1　十進分制馬錶。

電子式馬錶的售價大約是 50 美元。這種馬錶的精確度可達 0.001 秒，且誤差不超過 ±0.002%。電子式馬錶的重量大約是 4 盎司，大小為 4×2×1 吋 (參閱圖 8.2)。此種馬錶不但可以量測個別單元的執行時間，也具備累計操作時間的功能。因此，此種馬錶可提供**連續式測時 (Continuous timing)** 與**歸零式測時 (Snapback timing)** (按鈕 C)，而無機械式馬錶的缺點。只要按下頂上的按鈕 (按鈕 A)，即可操作此馬錶，而每按一下頂上的按扭，就會有一個讀數顯示。若按下記憶按鈕 (按鈕 B)，則可顯示先前的讀數。

由於機械式馬錶的價格在 150 美元以上，而電子式馬錶的價格持續下跌，因此機械式馬錶將會逐漸被電子式馬錶所取代。此外，各種 iPad、iPhone 和 Android 手機 (以及平版電腦) 的時間研究應用程式 (apps)，現在也可利用。

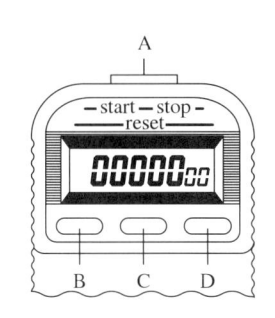

圖 8.2 電子式馬錶。
(A) 開始／停止；(B) 記憶恢復；(C)（累計／歸零）模式；(D) 其他功能。

錄放影機

　　錄影機是記錄作業員操作方法與時間的理想工具。經由影片的逐框分析 (one frame at a time)，分析師得以記錄工作方法的細節資料並據此制定正常時間。此外，分析師亦可於影片播放過程中對作業員的績效進行評比，因此觀看錄影帶是一種既客觀又準確的評比方式。此外，影片分析的過程中也可能會發現潛在的改善因子，而一般的馬錶測時卻不具備此種附加效益。MVTA 影像軟體 (詳情將在「時間研究軟體」中說明) 的輔助則是影片分析的另一項優點，MVTA 使得時間研究幾乎能夠自動完成。隨著數位錄影設備與電腦分析軟體的精進，時間研究分析師得以在操作的現場迅速地計算出時間標準。此外，影片所具有的倒轉與重複播放功能，亦可用於訓練新進的時間研究分析師。

時間觀測板

　　時間觀測板的功能在於放置研究表格與測時工具，以利馬錶測時研究之進行。有鑑於此，記錄板的材質必須兼具輕盈與強韌等特性；亦即除了支持與固定研究表格之外，還要避免久持觀測板可能造成的肌肉疲勞。1/4 吋厚的三夾板或塑膠板是相當合適之材料。此外，記錄板的設計也應該同時具備使用舒適與書寫方便等特點。對於慣用右手的觀察者而言，馬錶應安置於記錄板的右上角，記錄板左上角的彈簧夾則是用以固定時間研究表格。分析師在研究過程中應選擇適當的位置進行觀測，以便視線能夠在馬錶讀數與工作區域間迅速切換，如此方能即時觀察作業員之動作，以便在操作行為開始時迅速地讀取馬錶數據，並記錄於時間研究表格中。

時間研究表格

　　時間研究表格的記錄應能涵蓋時間研究的所有細節。時間研究表格具備登錄操作方法、工具使用等資訊的欄位，用以記錄諸如作業員姓名與編號、操作描述與編碼、設備類型與序號、工具名稱與序號、操作部門，以及工作環境等詳細資料。一般而言，分析師會將研究過程中所蒐集的資訊盡可能完整地記錄下來，以免在分析研究結果時才發現缺少必要的資訊。

第 8 章 時間研究

圖 8.3 是本書作者所發展的時間研究表格；基本上，這張表格可以適用於各種操作類型的時間研究。使用這張表格時，時間研究分析師在表頭逐欄記錄該作業所包含的各個操作單元，並逐列記錄不同週程的數據。每個操作單位的位置底下有四個欄位：R 為**評比** (Ratings)；W 為**讀數** (Watch time/Watch readout)；OT 為**觀測時間** (Observed time)，即兩連續讀數 (W) 之間的時間差；NT 為**正常時間** (Normal time)。

時間研究觀測表

時間研究編號：2-85	日期：	第 1 頁，共 1 頁
操作：壓鑄	作業員：B. Jones	觀測者：AF

單元編號與描述

		1 從鑄模移走工件，潤滑鑄模、檢驗	2 將工件放入夾具中，修邊				

註解	週程	R	W	OT	NT	R	W	OT	NT	R	W	OT	NT	R	W	OT	NT	R	W	OT	NT	R	W	OT	NT
	1	90		30	270	90		23	207																
	2	100		27	270	100		21	210																
	3	90		31	279	90		23	207																
	4	85		35	298	100		20	200																
	5	100		28	280	100		20	200																
	6	110		25	275	110		18	198																
	7	90		31	279	90		24	216																
	8	100		28	280	85		24	204																
	9	90		32	288	90		23	207																
	10	110		26	286	105		19	200																
	11																								
	12																								
	13																								
	14																								
	15																								
	16																								
	17																								
	18																								

摘要

總觀測時間	2.93	2.15				
評比值	—	—				
總正常時間	2.805	2.049				
觀測次數	10	10				
平均正常時間	0.281	0.205				
寬放率%	17	17				
單元標準時間	0.329	0.240				
出現次數	1	1				
標準時間	0.329	0.240				

總標準時間（所有單元的標準時間總和）：0.569

外來單元					時間查核			寬放摘要	
Sym	W1	W2	OT	描述	完成時間	3:48.00		私事	5
A					開始時間	3:42.00		基本疲勞	4
B					經過時間	6.00		變動疲勞	8
C					TEBS	0.60		特殊寬放	—
D					TEAF	0.32		總寬放率%	17
E					總查核時間	0.92		備註：	
F					有效時間	5.08			
G					無效時間	0			

評比查核		總紀錄時間	6.00	
綜合時間		未計算時間	0	%
觀測時間		記錄誤差	0	

圖 8.3 壓鑄操作的歸零法時間研究（每週程之評比單元）。

時間研究軟體

目前市面上有幾款套裝軟體可輔助時間研究的進行，其中有些以 PDA 為平台，包括 QuickTimesTM (由 Applied Computer Services 公司所開發) 與 WorkStudy+TM 3.0 (由 Quetech 公司所開發)。近期由於平板電腦和智慧手機的出現，產生多種可用在這些平台上的應用程式，例如 QuickTS，即是一套以 iPad 為平台，兼具入門容易與介面親和的分析軟體 (參閱圖 8.4)。這些軟體的使用不僅能降低分析師在抄寫數據時的單調無趣，還能提升數據計算的精確性。

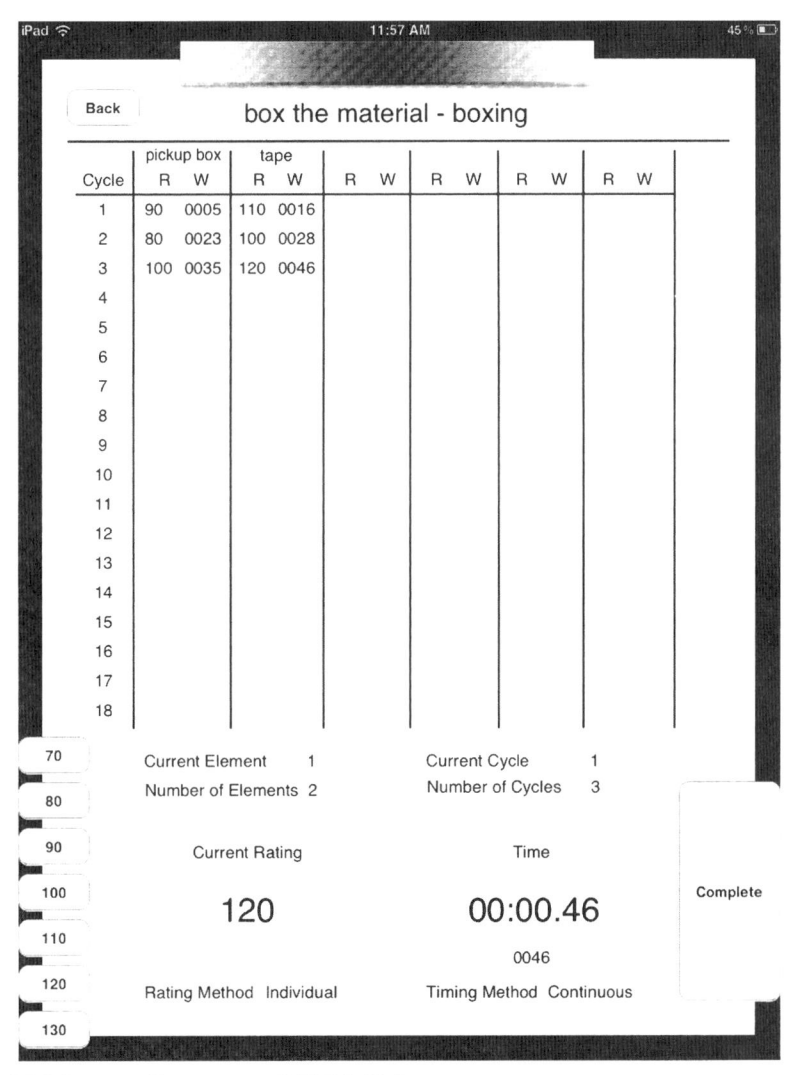

圖 8.4　iPad 的 QuickTS 時間研究程式。

如果分析師計畫以影片作為時間研究的分析依據，那麼多媒體影像作業分析 (Multimedia Video Task Analysis, MVTA；由 Nexgen Ergonomics 公司開發) 是個不錯的選擇。MVTA 透過圖形介面及 VCR 連結與分析師互動，允許使用者自行調整播放速度 (正常時間播放、快/慢動作，或跳頁前進/後退播放)；最後 MVTA 會自動產生時間研究報告，並計算出每個動作發生的頻率與次數。

測時訓練設備

節拍器 (Metronome) 是學習音樂必備的儀器；然而，這個便宜的儀器也可以用來訓練時間研究分析師。使用者可以預先設定節拍器的拍打頻率，如每分鐘 104 拍。一般人以正常速度將撲克牌依序分發至距離相等的四個定點，持續這個動作循環 1 分鐘後將可發出 104 張牌 (參閱第 9 章.)；換言之，每一張撲克牌到達定點的時機皆與節拍器的拍子同步。電子節拍器還可以設定每 3 拍、4 拍或 5 拍之後再出現一個較重或較輕的節拍，以強化訓練的效果。如同前述，如果分析師希望受試者達到 80% 的發牌績效，則分析師只要將節拍器調為每分鐘 83 拍，再要求受試者根據節拍發牌即可。

8.4 時間研究的實施步驟 Time Study Elements

時間研究之實施，既是科學，也是藝術。信心、正確的判斷及良好的人際溝通技巧，是確保時間研究能順利完成的必要條件。此外，分析師的背景及所受的訓練，也與時間研究的成敗息息相關，包括：(1) 選擇作業員；(2) 分析待研究之工作，並將工作分解動作單元；(3) 記錄動作單元之時間；(4) 實施操作績效之評比；(5) 賦予適當的寬放等。

選擇作業員

時間研究的第一個步驟，就是在部門主管的協助下選定作業員。一般而言，時間研究的對象多為平均作業員 (Average operator) 或工作表現略優於平均水準的作業員；原因在於操作能力極為優異或極為拙劣的作業員，其工作績效的變異較為顯著，不如平均作業員般具有一致性。此外，平均作業員的操作步調接近於正常速度 (參閱第 9 章)，因此時間研究分析師也易於訂定正確的評比係數 (Performance factor)。

當然，身為研究對象的作業員必須熟練操作方法、熱愛工作，且樂於接受研究。作業員也應該了解時間研究的實施程序與方式，並且對分析師的能力及時間研究方法具有充分的信心，同時也願意接受領班和分析師所提出的建議。

時間研究分析師應該以親切的態度與作業員溝通，並適時地表現出對於該項作業的熟稔；分析師也必須以無比的耐心，坦誠地回答有關時間研究手法、評比方式及寬放制訂等問題。最後，時間研究分析師亦應鼓勵作業員提出建議，並樂於接受任何可能的改善，藉此傳達對於作業員之技術與知識的重視程度。

記錄重要資訊

時間研究分析師必須在時間研究表格上詳細記錄研究過程中的各種資訊，如生產設備、手工具、夾具與治具、作業環境、操作名稱、作業員姓名與編號、實施操作的部門與日期，以及分析師的姓名等；而工作場所的布置圖對後續的分析亦有相當程度的幫助。愈詳盡確實的資料，對後續的研究就愈有幫助，也能成為建立標準數據、發

展時間公式的資料來源。另外,這些資料也能夠應用於方法改善、員工績效評比、工具及機器評估等範疇。

如果作業過程中牽涉工具與機器的使用,分析師就應該詳細說明機器的名稱、規格、型式、產能、出廠或庫存號碼,以及其工作環境;並記錄模具、治具、量規及夾具的編號與簡短的敘述。若是研究對象的工作環境與正常的環境不相同時,就會影響作業員的表現。以落鎚鍛造的時間研究為例,如果當天的氣候相當炎熱,工作站的環境就會比平常更為惡劣,而作業員的績效亦會因而有所衰退;有鑑於此,標準工作時間應該包含適當的寬放 (參閱第 9 章),以免忽略環境對作業績效的影響。同理,若是工作環境有所改善,即可減少寬放時間;反之,則應當適度地增加寬放時間。

時間研究分析師的觀測位置

時間研究分析師應該站在作業員身後數呎的地方執行觀測工作,以免妨礙其操作,甚至擾亂其注意力。分析師在觀察過程中應該保持站立,並盡量避免採取坐姿,以便能隨著作業員的操作而進行移動。另外,分析師在觀測過程中應避免與作業員交談,以免影響作業員的操作行為和本身的測時工作。

分割操作單元

分析師通常會將一項作業分解成數個操作**單元 (Elements)** 以便衡量;一般而言,分析師應先觀察作業員操作數個週程之後再進行操作單元的定義。然而,如果單一週程時間超過 30 分鐘,那麼分析師可在研究進行的同時撰寫各個單元的操作說明書。時間研究分析師應盡可能在研究開始之前完成操作單元的分解。單元的分解應該愈細愈好,但是過度分解的單元可能會影響觀測的正確性。原則上,每個分解後的操作單元約為 0.04 分鐘左右,有經驗的時間研究分析師在此一條件下通常能夠獲得一致的研究結果;如果當下操作單元之前或是之後的單元必須花費較長的時間才能完成,則將每個操作單元分割為 0.02 分鐘左右是可以被接受的範圍。

為了使單元的終止時間能完整一致,可考慮利用工作中明顯的聽覺或視覺信號作為分解單元的**切割點 (Break points)**。例如,組裝成品撞擊容器的聲音、車刀接觸鑄件的聲音、鑽頭鑽通孔口的聲音,或是測微計 (Micrometer) 放置於工作檯的撞擊聲等。

操作單元應依其執行順序逐項記載,而且各個操作單元的終止點都有明顯的聲音或動作可供區分。例如,「將工件放置於手動夾具並加以固定」的單元,包含伸手觸及工件、抓取工件、移動工件、校準工件、伸手觸及夾具扳鉗、抓取夾具扳鉗、轉動夾具扳鉗,以及釋放夾具扳鉗等動素,而夾具扳鉗撞擊車床的聲音則可以作為該單元完成的信號。「開動機器」的單元則是包括伸手觸及操縱桿、抓取操縱桿、移動操縱桿與釋放操縱桿等動素,機器運轉所產生的聲音可被視為此單元的終止點;有了明顯的終止信號,時間研究分析師即可在每一個操作週程中,一致且準確地量測單元操作的持續時間。

一般而言，屬於同一個組織的分析師都會採用標準的單元分解方法，以確保他們所建立的單元都有相同的分割點。舉例來說，所有的單軸鑽床作業均有其標準單元，而所有的車床操作亦是由一連串預定標準單元所組成。使用標準單元當作基準，對於建立標準數據而言是非常重要的 (參閱第 10 章)。

下列的建議或許有助於操作單元的分解：

1. 一般而言，手動操作時間和機器運轉時間應予以區隔，理由是機器運轉時間比較不會受到評比的影響。
2. 明確劃分定值單元 (Constant elements，該單元之操作時間在特定範圍內不會變動) 和可變單元 (Variable elements，該單元之操作時間在特定範圍內會有所變動)。
3. 省略重複執行單元的文字敘述，只要在記錄該單元的位置上註明前面已出現的單元代號即可。

8.5 進行測時工作 Start of Study

分析師應於測時工作開始時記錄當時的時刻 (以分鐘表示)，並同時啟動馬錶 (假設所有的數據皆已記載於時間研究表格)；這個時刻即為**開始時間**① (Starting time)，參閱圖 8.5。研究過程中量測單元操作時間的方法有兩種，分別是：(1) **連續法** (Continuous timing)：顧名思義，就是在不停止馬錶的狀況下，由分析師記錄各單元的終止時間；(2) **按鈕法／歸零法** (Snapback)：分析師在每個單元終止的瞬間進行數據之讀取，隨後再將馬錶時間歸零。所以在量測單元的時候，馬錶都是由零開始計時。

記錄馬錶讀數時，分析師僅需記載必要的數字，小數部分則省略不計，如此才有足夠時間觀測作業員的表現。當使用十進分制馬錶時，若第一個操作單元的終止點發生在 0.08 分鐘，則僅需在時間讀數 (W) 記載數字 8。其他範例請參閱表 8.1。

歸零法

連續法與歸零法各有其優點與缺點。有些時間研究分析師會視研究情境的差異以

表 8.1 連續測時法的馬錶讀數記載

馬錶的讀數	記載的讀數
0.08	08
0.25	25
1.32	132
1.35	35
1.41	41
2.01	201
2.10	10
2.15	15
2.71	71
3.05	305
3.17	17
3.25	25

時間研究觀測表

時間研究編號:1-3	日期:3-22-	第 1 頁,共 1 頁
操作:機器加工	作業員:J. SMITH	觀測者:AF

單元編號與描述		1 將材料棒進給至阻停銷 ③ ④				2 標示、將刀具進給至材料棒				3 以 550 RPM 車削 1/2吋 ⑤				4 將刀具退出並取出材料棒												
註解	週程	R	W	OT	NT	R	W	OT	NT	R	W	OT	NT	R	W	OT	NT	R	W	OT	NT	R	W	OT	NT
	1	85		19	162	105		12	126	100		60 ④	600	90		17	153								
	2	90		22	198	105		13	137	100		60	600	100		16	160								
	3	100		17	170	105		11	116	100		60	600	105		17	179								
	4																								
	5			⑩																					
	6																								
	7																								
	8																								
	9																								
	10																								
	11																								
	12																								
	13																								
	14																								
	15																								
	16																								
	17																								
	18																								

摘要

總觀測時間	0.58	0.36	1.80	0.50	
評比值	③ —	—	—	—	
總正常時間	0.530	0.379	1.800	0.492	
觀測次數	3	3	3	3	
平均正常時間	⑪ 0.177	0.126	0.600	0.164	
寬放率%	10	10	10	10	
單元標準時間	0.195	0.139	0.660	0.180	
出現次數	1	1	1	1	
標準時間	0.195	0.139	0.660	0.180	
				總標準時間(所有單元的標準時間總和):	**1.174**

外來單元

Sym	W1	W2	OT	描述
A	0	35	35	檢查尺寸
B		⑤		
C				
D				
E				
F				
G				

評比查核

綜合時間	
觀測時間	

時間查核

完成時間	⑥ → 9:22.00
開始時間	① 9:16.00
經過時間	⑨ 6.00
TEBS ② →	1.86
TEAF ⑦ →	0.60
總查核時間	2.46 ⑧
有效時間	3.24 ⑫
無效時間	0.35 ⑬
總紀錄時間	⑭ → 6.05
未計算時間 %	⑮ 0.05
記錄誤差	⑯ → 0.8%

寬放摘要

私事	5
基本疲勞	4
變動疲勞	1
特殊寬放	—
總寬放率%	10

備註:
機器週程(單元3)時間=0.60分鐘

圖 8.5 計算工作時間之摘要表。

連續法或歸零法進行測時,他們普遍認為歸零法較適用於長時間操作單元的研究,而連續法則較適用於短時間操作單元的研究。

由於歸零法所測得之數據即為該工作單元的執行時間,因此分析師可直接將馬錶讀數記載於**觀測時間** (Observed time, OT) 欄位,免除了連續測時法在分析過程中所需的大量運算工作;另外,即使作業員的操作程序出現差錯,其數據資料也不需要作額外的註記。歸零法的支持者認為其量測數據並不包含任何延遲單元。分析師可以藉由

這些數據找出該工作單元在不同週程的執行時間差異，並依此決定所需的觀測週程數目。然而，依賴過去少數幾個週程的觀測值來決定後續的觀測週程次數並不妥當，因為這樣的作法可能會導致時間研究的樣本數過少，也間接影響到時間標準的準確性。

歸零法量測模式是針對操作過程中的工作單元逐一進行獨立計時作業；然而，單元時間會受到前、後單元的執行狀況所影響，所以任何一個單元的時間數據均無法獨立量測；因此忽略延遲因子、外部單元或是運輸單元，都可能會導致分析結果出現偏差。歸零法的另一個缺點為指針歸零所造成的時間數據消失，而電子式馬錶的使用能夠有效消弭此一缺失。此外，歸零法也不適用於量測單元時間較短 (小於 0.04 分鐘) 的作業；而分析師在加總單元時間的過程也可能發生錯誤。

圖 8.3 為壓鑄操作的歸零法時間研究。

連續法

連續法最顯著的優點在於能夠呈現整個觀測過程的完整紀錄，而這也是連續法之所以受到作業員與工會認同的主要原因。連續法完整地記錄操作過程中所發生的延遲時間和外來單元，也沒有馬錶歸零所造成的數據消失問題，因而比較能夠為大眾所理解與接受。

連續法比歸零法更適合於量測短單元的工作時間。實務上，如果三個連續發生的短單元 (少於 0.04 分鐘) 之後還接續著一個長單元 (約 0.15 分鐘)，則優秀的時間研究分析師可準確地記錄所有短單元的數據；這是由於分析師已經先將三個短單元的馬錶數據記憶在腦海中，並於長單元進行時將短單元的測時數據記錄於時間研究表格。

然而，繁雜的文書處理與數據計算是連續法的最大缺點。由於連續法是在不中斷馬錶計時的狀況下記錄各個單元發生的時間，所以必須對兩相鄰單元之終止時間進行減法運算才能獲得個別單元的實際執行時間。例如，下列數據分別代表 10 個操作單元的終止時間，數據分別是 4、14、19、121、25、52、61、76、211、16；經過減法運算之後，各單元的操作時間分別為 4、10、5、102、4、27、9、15、35 及 5。圖 8.6 為壓鑄操作的連續法時間研究範例。

時間記錄遭遇的困難

在時間研究實施過程中，時間研究分析師可能會觀察到不屬於標準操作順序的操作單元，甚至是偶然地錯過單元的終止點；這些困難將會使時間研究變得更為複雜，因此分析師應該盡可能減少錯誤的發生，以簡化後續的數據分析工作。

一旦錯過單元的終止點而沒有讀取馬錶數據，時間研究分析師應在時間研究表格的「W」欄位內特別註記符號「M」，再填入約略的時間數據。這種作法不但會導致該單元的時間標準失去效度，也會對時間研究結果的精確度造成不良的影響；另外，如果作業員在研究過程中因疏忽而沒有執行某一單元的操作，則分析師應該在「W」欄位內畫一條橫線，作為該名作業員技能熟練度不佳，或該項作業缺乏標準操作方法的

時間研究觀測表

時間研究編號: 2-85	日期: 3-1-	第 1 頁，共 1 頁
操作: 壓鑄	作業員: B. Jones	觀測者: AF

單元編號與描述

1. 從鑄模移走工件，潤滑鑄模、檢驗
2. 將工件放入夾具中，修邊

註解	週程	1 R	1 W	1 OT	1 NT	2 R	2 W	2 OT	2 NT
	1	90	90	30	270	90	113	23	207
	2	100	40	27	270	100	61	21	210
	3	90	92	31	279	90	215	23	207
	4	85	50	35	298	100	70	20	200
	5	100	98	28	280	100	318	20	200
	6	110	43	25	275	110	61	18	198
	7	90	92	31	279	90	416	24	216
	8	100	44	28	280	85	68	24	204
	9	90	500	32	288	90	23	23	207
	10	110	49	26	286	105	68	19	200

摘要

	單元1	單元2
總觀測時間	2.93	2.15
評比值	—	—
總正常時間	2.805	2.049
觀測次數	10	10
平均正常時間	0.281	0.205
寬放率%	17	17
單元標準時間	0.329	0.205
出現次數	1	1
標準時間	0.329	0.205

總標準時間（所有單元的標準時間總和）：0.569

外來單元

Sym	W1	W2	OT	描述
A				
B				
C				
D				
E				
F				
G				

時間查核

完成時間	3:48.00
開始時間	3:42.00
經過時間	6.00
TEBS	0.60
TEAF	0.32
總查核時間	0.92
有效時間	5.08
無效時間	0
總紀錄時間	6.00
未計算時間	0
記錄誤差 %	0

寬放摘要

私事	5
基本疲勞	4
變動疲勞	8
特殊寬放	—
總寬放率%	17
備註:	

評比查核

| 綜合時間 | | % |
| 觀測時間 | | |

圖 8.6 壓鑄操作的連續法時間研究（每週程均予以評比）。

註記。雖然前述的狀況都不應該發生，但是作業員仍然可能因為粗心而遺漏某個操作單元的執行；例如，忘記將工作檯的鑄件開通氣孔。如果分析師發現作業員在操作過程中經常遺漏某個單元之執行，則時間研究應該立即停止，以查明被遺漏的操作單元是否有執行的必要性。此時需要領班和作業員的協助，以建立最好的操作方法。分析師應隨時注意是否有更好的操作方法；若是發現任何可能的改善，應迅速將其記載在備註欄內，以便將來進行評估。

如果作業員本身的操作熟練度不佳或是經驗不足,那麼時間研究分析師有時會觀察到單元順序錯亂的情形。基本上,如果作業項目的週程較長且包含許多操作單元,分析師就應該選擇經驗豐富且訓練充分的作業員當作研究對象。然而,一旦發生單元順序錯亂的情況,分析師應迅速找出當前操作單元在時間研究表格上的位置,然後在「W」欄位的中央畫一條橫線,並將當前操作單元的開始與終止時刻分別記錄於橫線的下方與上方。對於所有順序錯亂的單元均應依循此一程序記錄其時間,直到恢復正確順序後的第一個單元為止。

在時間研究實施的過程中,作業員可能會遇到不可避免的延遲。例如,受到領班或辦事員的打擾、或是工具斷裂所導致的工作中斷,以及作業員需要取水飲用或休息片刻而短暫地離開工作場所等,這些干擾工作執行的因子統稱為**外來單元** (Foreign elements)。

操作單元的終止點及其操作過程都是外來單元的發生時機。多數的外來單元通常發生於某個操作單元結束之後,尤其是作業員可控制的外來單元。如果外來單元發生在操作過程中,那麼時間研究分析師應於該操作單元的「NT」欄位以英文字母 (A、B、C 等) 作註記 (如圖 8.4 的項目⑤)。通常英文字母 A 是表示第一個出現的外來單元,字母 B 則代表第二個出現的外來單元,其他以此類推。

當外來單元已經被指定與之對應的英文字母代號之後,時間研究分析師應在時間研究表格左下角的空白處對外來單元做簡略的文字說明,並在記錄此外來單元的區塊中,將單元的起始時刻登錄於「W1」欄位,而「W2」欄位則記載其終止時刻,最後再將前述兩個欄位的時間數值相減,即可得知外來單元的持續時間,此一數值可記載於此外來單元之「OT」欄位。如何正確地記錄外來單元資訊,可以參照圖 8.4 的說明。

有時外來單元持續的時間非常短暫,以致於無法以上述的方式記載。舉例來說,拾起掉落在地面的扳手、用手帕擦拭額頭,或是轉頭與領班短暫的交談都屬於此種典型的外來單元,這些外來單元的持續時間可能少於 0.06 分鐘。處理此類干擾的最佳方式就是把干擾時間併入進行中的工作單元操作時間,並立即將其馬錶讀數予以圈註,此一數據即為該工作單元的「粗略值」(Wild value)。另外,分析師可在該操作單元的註解欄簡短說明其外來單元發生的狀況。下頁圖 8.7 的週程 7 說明如何正確地處理粗略值。

決定觀測週程數

長久以來,如何決定操作週程之觀察次數,並依此建立公平客觀的標準,一直是時間研究分析師的討論重點,同時亦受到工會代表的注意。由於作業的工作內容與週程時間都會影響到觀測週程次數之選定,所以時間研究分析師不應該以統計理論所要求的樣本數,作為決定觀測週程次數的唯一依據。表 8.2 所示為奇異電子公司所建議的約略觀測週程次數。

表 8.2　建議的觀測週程數

週程時間（分鐘）	建議的週程數
0.10	200
0.25	100
0.50	60
0.75	40
1.00	30
2.00	20
2.00～5.00	15
5.00～10.00	10
10.00～20.00	8
20.00～40.00	5
40.00 以上	3

（資料來源：奇異電子公司的薪資管理經理 Albert E. Shaw 所引導制定的時間研究操作手冊。）

統計理論之實驗設計方法可以協助分析師取得更為精確的觀測週程次數。時間研究可被視為一種抽樣程序 (Sampling)；假設抽樣母體為常態分配，母體平均數與母體變異數未知。只要抽查樣本數目足夠，分析師即可利用樣本平均數 $\bar{x}$ 與樣本變異數 s 計算出以下的信賴區間：

$$\bar{x} \pm \frac{zs}{\sqrt{n}}$$

其中

$$s = \sqrt{\frac{\sum_{i=1}^{i=n}(x_i - \bar{x})^2}{n-1}}$$

然而，多數時間研究的樣本數均少於 30 個 ($n < 30$)，因此分析師必須使用 t 分配進行估計，此時之信賴區間為：

$$\bar{x} \pm t\frac{s}{\sqrt{n}}$$

我們可將 ± 項視為 $\bar{x}$ 的誤差項，其中 k 為一個可接受的 $\bar{x}$ 百分比係數：

$$k\bar{x} = ts/\sqrt{n}$$

由此可解出 n 為：

$$n = \left(\frac{ts}{k\bar{x}}\right)^2$$

另外，相似單元的歷史資料及歸零法量測所得結果中變異最大的幾個數據，可以輔助分析師在時間研究開始之前對 s 和 $\bar{x}$ 作出準確的估計。

第 8 章 時間研究

時間研究觀測表

時間研究編號：14　　日期：3-15-　　第 1 頁，共 2 頁
操作：壓鑄　　作業員：RAINBOW　　觀測者：P. ROCHE

單元編號與描述		1 拾起鑄件並安裝於夾具上；壓鉗兩處零件				2 打開夾具，取出零件，旋轉90°後安裝於第二個夾具上				3 接合繼給，打開夾具，移出零件				5-1 清理工作站				5-2 衝孔				5-3 整備夾具中的阻銷				5-4 依規劃之產量衝壓產品			
註解	週程	R	W	OT	NT	R	W	OT	NT	R	W	OT	NT	R	W	OT	NT	R	W	OT	NT	R	W	OT	NT	R	W	OT	NT
	1															132	132			182	50			415	233			550	135
	2		62	12			78	16			88	10																
	3		604	16			21	17			30	9																
	4		43	13			59	16			70	11																
	5		828	15	Ⓐ		49	21			58	9																
	6		71	13			91	20			905	14																
卸下鑄件	7		30	㉕			46	16			57	11																
	8		70	14			88	18			1002	14																
	9		15	13			32	17			40	8																
	10		52	12			68	16			78	10																
	11		92	14			1112	20			24	12																
	12		38	14			56	18			66	10																
	13		81	15			1200	19			11	11																
	14		25	14			41	16			50	9																
	15		63	13			80	17			91	11																
	16		1305	14			24	19			34	10																
	17		50	16			69	19			83	14																
	18																												

摘要

項目	1	2	3	5-1	5-2	5-3	5-4
總觀測時間	2.07	2.85	1.74	1.32	0.50	2.33	1.35
評比值	110	110	110	110	110	110	110
總正常時間	2.777	3.135	1.914	1.452	0.550	2.563	1.485
觀測次數	15	16	16	1	1	1	1
平均正常時間	0.152	0.196	0.120	1.452	0.550	2.563	1.485
寬放率%	12	12	12	12	12	12	12
單元標準時間	0.170	0.219	0.134	1.626	0.616	2.867	1.663
出現次數	1	1	1				
標準時間	0.170	0.219	0.134				

總標準時間（所有單元的標準時間總和）： 0.523

外來單元

Sym	W1	W2	OT	描述
A	670	813	143	與領班交談
B				
C				
D				
E				
F				
G				

時間查核

完成時間	2:11.00
開始時間	2:25.00
經過時間	14.00
TEBS	0
TEAF	0.17
總查核時間	0.17
有效時間	12.10
無效時間	1.43
總紀錄時間	14.00
未計算時間	0
記錄誤差 %	0

寬放摘要

私事	5
基本疲勞	4
變動疲勞	3
特殊寬放	—
總寬放率%	12

備註：標準時間以每件計，且不包含裝設時間

評比查核

| 綜合時間 | |
| 觀測時間 | | %

圖 8.7 總體評比的時間研究。

範例 8.1 計算需要的觀測週程數

假設分析師於執行時間研究之前已經針對某項操作進行 25 次觀測作業，根據觀測結果可知該單元的 $\bar{x} = 0.30$、$s = 0.09$。在可接受誤差為 5%、自由度等於 24 且 alpha 為 0.05(因估計其中的一個參數，所以自由度少 1) 的條件下，計算可得 $t = 2.064$ (參

閱附錄 2 的表 A2.3，即可得到 t 值)。根據上述的方程式，可得到：

$$n = \left(\frac{0.09 \times 2.064}{0.05 \times 0.30}\right)^2 = 153.3 \approx 154 \text{ 觀測次數}$$

為了確保信賴度水準，務必將小數點無條件進位。

8.6　時間研究的執行 Execution of Study

本節將針對時間研究執行過程中幾個重要步驟進行簡略的敘述。關於作業員評比與寬放制定的細節，請參閱第 9 章之說明。

範例 8.2　異常資料之統計計算

以圖 8.7 之中第 7 個週程的單元 1 (被圈註者) 為例，可知作業員將鑄件放置於定位是一個相當長的單元。1.5IQR [四分位間距 (Interquartile range)] 法則是以敘述 統計為基礎，利用箱形圖 (Box plot) 將任何超過 1.5 倍 四分位間距的數值標示為異常資料 (Montgomery and Runger, 1994)。以單元 1 為例，該單元的平均值為 0.145，標準差為 0.0306，第 1 四分位數與第 3 四分位數分別是 0.13 與 0.15；而 1.5IQR 的計算如下：

$$1.5\text{IQR} = 1.5 \times (0.15 - 0.130) = 0.3$$

被圈註的數據 0.25 遠超過平均值與 1.5IQR 之和 0.168，所以此一數據應該被視為異常資料並予以忽略不計。

使用 3 倍標準差法則 (或 4 倍標準差)，在 95% 的信心水準，t 之自由度為 14 且其值等於 2.145 的條件下，可以得到：

$$ts/\sqrt{n} = 2.145 \times 0.0306 / \sqrt{15} = 0.051$$

3 倍標準差所計算出的臨界值為 0.153，其與 1.5IQR 之結果相當接近，這代表著此一數據依然被歸類為異常資料。

評比作業員

技術困難度與作業員的努力決定執行工作單元所需的操作時間；為了制定合理的標準，分析師必須將優秀作業員較短的操作時間予以拉長，或是將技術水準較差之作業員過長的操作時間予以縮減，才能獲得所謂的正常工作時間。

有鑑於此，時間研究分析師在離開工作場所之前，必須給予作業員公平且客觀的評比係數；對於週程時間較短、重複性較高的操作，慣例上我們會給予整體操作一個評比，或是對個別操作單元給予平均評比 (參閱圖 8.7)。倘若單元週程時間很長，且包含多變化的動作，則應針對各個別的操作單元給予一個評比係數。如圖 8.3 與圖 8.6 的

壓鑄操作所示，其作業過程中多個單元時間均超過 0.20 分鐘。時間研究表格提供填寫總體評比係數，以及個別單元評比係數的空間。

在評比過程中，時間研究分析師通常會以所謂**合格作業員 (Qualified operator)** 作為衡量操作績效的標準。評比係數是用以判斷某一操作單元時間需要放寬或縮減的十進位數值或百分比，其數值記載於時間研究表格的「R」欄位 (如圖 8.5 的③)。所謂的合格作業員，係指具備操作經驗與完整訓練的作業員，在正常的工作環境下以快慢適中的步調進行操作，其績效表現能穩定維持一整個工作天的平均操作速度。

評比的基本原則，在於調整觀測單元的平均觀測時間 (OT)，使之與合格作業員操作相同工作單元所需之正常時間 (NT) 相同。亦即：

$$NT = OT \times R/100$$

其中評比係數 R 以百分比表示，R 若等於 100%，則代表其操作績效相當於合格作業員的標準表現。為了作出客觀、公正的評比，時間研究分析師必須排除個人偏見與其他變異因素所造成的影響，僅只針對受評作業員與合格作業員的單位時間產出進行比較。第 9 章將介紹常用的評比技術。

賦予寬放

任何一位作業員都不可能長時間維持一定的操作速度。工作過程中偶爾會出現以下三種形式的干擾或中斷，導致作業員無法維持穩定的工作速度，所以標準時間之制定必須適度包含操作速度下降所造成的額外工作時間，也就是所謂的「寬放」。第一種形式為「私人干擾」，常見的上廁所、喝水即屬於此一範疇；第二種形式為「疲勞」，即使最強壯的人從事最輕鬆之工作，其工作績效亦會受疲勞影響而有所衰退；第三種形式為「不可避免之延遲」，如工具斷裂、領班打擾、輕微的工具或材料異常等。這些干擾必然會對工作速度造成衝擊，也應該被賦予適當的寬放。由於時間研究的觀測時程相當短，而且正常工作時間之計算並不包含任何的外來單元，所以分析師必須在正常工作時間之外再加上適度的寬放，才能制定每一位作業員都能夠達成，且兼具公平與合理的標準時間。時間研究中，一位合格且受過訓練之作業員，以標準操作速度與平均努力程度完成某項作業所花費的時間，即為該作業的**標準時間 (Standard time, ST)**。寬放通常是以正常時間的百分比來給予，亦即：

$$ST = NT + NT \times 寬放 = NT \times (1 + 寬放)$$

若真正的生產時間未知，寬放時間之估計值可以藉由總工作時間的百分比來表示，於是標準時間表示為：

$$ST = NT/(1 - 寬放)$$

第 9 章將詳細介紹寬放的訂定方法。

8.7 計算時間研究的數據 Calculating the Study

在觀察足夠的工作週程之後，分析師應該將必要的資訊記載於時間研究表格，並依據工作績效給予作業員適當的評比，最後再記錄整個研究的完成時間(如圖 8.5 的⑥)。以連續法而言，確認馬錶的最後讀數是否等於該項作業的總時間是很重要的。

理論上，這兩個數值應該要非常接近 (±2% 的差異)。(若差異太多，表示過程中可能有錯誤發生，此時或許需要重新進行時間研究。) 最後，時間研究分析師應感謝作業員的配合，然後進行時間研究的下一步驟——計算數據。

若是以連續法進行時間研究，分析師只要將每個單元的馬錶讀數減去前一單元的馬錶讀數，即可得到該單元的實際操作時間，並將其數值記錄在名稱為「OT」的欄位。時間研究分析師必須謹慎地計算各個單元的時間，以免計算錯誤而導致整個研究失敗。若使用單元評比，則時間研究分析師應將單元的操作時間乘上該單元之評比係數，並將結果記錄在時間研究表格的「NT」欄位。由於 NT 為一經過運算的數值，所以一般都計算到小數點後第三位。

遺漏而未予登錄的工作單元應該在時間研究表格中的「W」欄位上標記「M」，並且在計算時予以忽略。假設分析師蒐集 30 個週程的觀測數據，彙整後發現作業員在第 4 個週程並沒有執行 (或遺漏) 單元 7 的操作，分析師就只能夠以現有的 29 個觀測值計算單元 7 的操作時間；此外，因為單元的操作時間是兩個連續的單元時間相減之後的結果，所以緊隨在遺漏單元之後的單元也應予以忽略。另一方面，分析師僅需將「W」欄位中橫線下方的數值減去上方的數值，即可得到順序顛倒單元之操作時間。

時間研究分析師應該從週程時間中去除屬於外來單元的部分，才能得到合適的單元操作時間。分析師可將外來單元「W1」的數據減去「W2」的數據，即可得到該外來單元的經過時間。

一旦導出所有單元的操作時間之後，時間研究分析師應謹慎地研判其中是否有不尋常的數值出現。極端值可以被視為統計學上的異常資料，1.5IQR 或 3 倍標準差法則可用於協助判定單元時間是否超出極限，範例 8.2 分別示範前述兩種法則的應用。這些數值稍後被圈註，並從研究中予以排除。以圖 8.7 中第 7 個週程的單元 1 為例，作業員掉落鑄件；該項目先前被認為是預估值，因此我們可以依據統計極限將這個數值輕易地剔除。

週程中屬於機械操作的單元通常變異甚小；相較之下，人工操作單元往往有著較大的變異。如果數據判讀過程中發現無法解釋的時間變異，分析師在圈註這些數值應格外審慎；由於評比並不是此一程序的主要目的，所以任意放棄過大或過小的數值可能會導致研究結果出現誤差。

若是採用單元評比，分析師可於取得單元操作時間之後，再乘上與之對應的評比係數，即可得到該單元之正常時間，「NT」欄位記載各個單元的正常時間 (如圖 8.5 的

項目⑩)；時間研究分析師先將所有「NT」欄位的數值加總之後，再除以觀測次數，即可獲得單元之平均正常時間。

在決定各單元的操作時間之後，分析師應該確保研究過程中沒有任何計算或記錄錯誤存在。其中一種方法就是填寫時間研究表格中各單元的**時間查核 (Time check)**(參閱圖 8.5)。首先，時間研究分析師必須先確認時間研究表格記載的開始時間 (Starting time，圖 8.5 的①) 和**完成時間 (Finishing time**，圖 8.5 的⑥)，然後再對以下三個數值進行加總：(1) 總觀測時間，即**有效時間 (Effective time**，圖 8.5 的⑫)；(2) 外來單元的總時間，即**無效時間 (Ineffective time**，圖 8.5 的⑬)；(3) **時間研究前的經過時間 (Time elapsed before study, TEBS**，圖 8.5 的②) 與**時間研究後的經過時間 (Time elapsed after study, TEAT**，圖 8.5 的⑦) 之和。時間研究前的經過時間係指分析師啟動馬錶之後，第一個單元開始執行時的讀數；時間研究後的經過時間即為時間研究結束時，分析師停止馬錶時的讀數。這兩個數值之和即為**查核時間 (Check time**，圖 8.5 的⑧)。前述的三個數值之和即為**總記錄時間 (Total recorded time**，圖 8.5 的⑭)；完成與開始時刻之差距等於該單元**真正的經過時間 (Actual elapsed time**，圖 8.5 的⑨)。總記錄時間與經過時間之差異則稱為**無法計算的時間**（Unaccounted time，圖 8.5 的⑮)；正常而言，無法計算的時間並不存在於一個優良的時間研究之中。將無法計算的時間除以經過時間之後再以百分比表示，稱為**記錄誤差 (Recording error)**。記錄誤差應小於 2%，如果誤差值超過 2%，則應該再次實施時間研究。

計算出操作單元的正常時間之後，時間研究分析師應將以百分比表示之寬放時間附加到每一個操作單元，以決定所謂的容許時間或標準時間。如圖 8.7 所示，分析師將單元 1 的正常作業時間乘上 1.12，即可得到該單元的標準時間：

$$ST = 0.152 \times (1 + 0.12) = 0.170$$

工作性質會直接影響寬放比的選定 (參閱第 9 章)。一般而言，人工操作單元的平均寬放比為 15%；機械操作單元的寬放比通常為 10%。

在多數的案例中，個別的操作單元在操作週程僅會出現一次，於是該單元之發生次數為 1。然而，部分案例確實存在著同一個操作單元在週程中重複出現的情形；如此一來，則該單元發生的次數變成 2 次或 3 次，此時該單元在週程內的總時間也會隨之增加。

在決定各操作單元的標準時間後，只要將所有單元的時間加總，就能夠得到整體作業的標準時間，最後再將計算所得之數值填寫於時間研究表格的**總標準時間 (Total Standard Time)** 欄位即可。

8.8 標準時間 The Standard Time

若使用十進分制馬錶來記錄各操作單元的時間並計算其總和，則單一作業的標準工時是以分鐘為單位呈現；若使用十進時制馬錶，則標準工時將以小時為單位表示。

多數的工業生產均屬於短週程 (小於 5 分鐘) 作業，因此分析師有時會以小時為單位來表示每百件產品的標準工時。以沖床作業的標準工時為例，每百件產品需要 0.085 小時的表示方法，遠比每件 0.00085 小時或每件 0.051 分鐘的表示更適當。

至於作業員的效率百分比，則可用下列公式表示：

$$E = 100 \times H_e/H_c = 100 \times O_c/O_e$$

其中　E = 效率百分比

　　　H_e = 獲得的標準小時

　　　H_c = 操作的標準時間

　　　O_e = 期望產出

　　　O_c = 目前產出

因此，假設作業員在一天 8 小時的工作過程中生產 10,000 個產品，相當於平均作業員 8.5 小時的產出，計算後可知該名作業員的生產效率為 8.5/8 = 106%。

標準時間制定完成以後，可將相關資訊製成操作卡 (Operation card) 交給作業員。操作卡的形式可以是電腦檔案，或是以複印方式產生的紙本文件；操作卡可作為途程計畫、排程、指導、薪資給付、作業員績效、成本、預算，以及其他用來管控操作效率的依據。圖 8.8 所示為一典型之生產操作卡。

暫時性時間標準

員工需要時間去適應嶄新或是不同的工作內容。時間研究分析師往往必須在作業員尚未熟悉該項作業之前就建立工作標準。若時間研究分析師單純地以現有操作的產出來評比作業員從事新工作的工作績效 (如將作業員評比於 100 以下)，則建立的標準將會過於嚴苛，以致作業員無法達成預定績效目標並獲得獎金 (參閱第 15 章)；相反地，若時間研究分析師因權衡此工作新穎且產量不多，而建立過寬鬆的標準，那麼在需求數量增加或是有新的訂單時，上述的問題仍會一再地發生。

使用暫時性時間標準 (Temporary standards) 是解決上述難題的最佳選擇。在正式的時間標準尚未建立之前，時間研究分析師必須先衡量此一工作的困難度及生產量，再配合工作學習曲線 (參閱第 15 章) 與既有的標準數據，才能夠建立合理的暫時性時間標準。一般而言，對於產量較大的作業，其暫時性時間標準亦會較為寬鬆。暫時性時間標準發布時，分析師應該明白地標示此一標準只是「暫時」的時間標準，並註明該標準適用的最高產量。此外，暫時性時間標準也必須明訂其有效期限，如 60 天，並於期限到達之後立即以永久時間標準取代之。

生產操作卡

描述　__刨削蓮蓬頭__　　　　　圖號　__JB-1102__　　　工件號碼　__J-1102-1__

原材料　__直徑 2½″ 70-30 擠製的黃銅桿__　　　　　　　日期　__9-15__

操作路徑　__9-11-12-14-12-18__

操作編號	操作名稱	部門	機器與特殊工具	整備時間（分）	每件時間（分）
1	鋸料	9	J. & L. Air Saw	15 min	0.077
2	鍛造	11	150 Ton Maxi F-1102	70 min	0.234
3	下料	12	Bliss 72 F-1103	30 min	0.061
4	浸漬	14	HCL. Tank	5 min	0.007
5	衝 6 個細孔	12	Bliss 74 F-1104	30 min	0.075
6	粗鉸及去角	12	Delta 17″ D.P. F-1105	15 min	0.334
7	鑽 13/64″ 的孔	12	Avey D.P. F-1106	15 min	0.152
8	切削桿和面	12	#3 W. & S.	45 min	0.648
9	拉 6 個孔	12	Bliss 74½	30 min	0.167
10	檢驗	18	F-1109, F-1110, F-1112		

日班

圖 8.8　典型的生產操作卡（"F" 號碼表示所使用的夾具）。

範例 8.3　計算收益時數及生產率百分比

某項生產作業的標準產出為每件 11.46 分鐘，那麼作業員一個工作天 (8 小時) 的 期望產量為：

$$\frac{8\text{小時} \times 60 \text{分鐘／小時}}{11.46 \text{分鐘／件}} = 41.88 \text{件}$$

然而，若是作業員在一個工作天內生產 53 件產品，則該名作業員的產出相當於 10.123 個標準小時 (參閱第 15 章)，計算過程如下：

$$H_e = \frac{53 \text{件} \times 11.46 \text{分鐘／件}}{60 \text{分鐘／小時}} = 10.123 \text{小時}$$

另外，每百件產品 (C) 的標準小時 (S_h) 為：

$$S_h = \frac{11.46 \text{分鐘／件} \times 100 \text{件／}C}{60 \text{分鐘／小時}} = 19.1 \text{小時／}C$$

作業員所獲得的標準小時為：

$$H_e = \frac{19.1 \text{小時／}C \times 53 \text{件}}{100 \text{件／}C} = 10.123 \text{小時}$$

此作業員的效率為：

$$E = 100 \times 10.123/8 = 126.5\%$$

以下的公式也能夠導出相同的結果：

$$E = 100 \times 53/41.88 = 126.5\%$$

整備時間標準

操作單元彼此之間通常會包含一個整備時間標準 (Setup time standards)。整備時間所包含的工作單元，大致涵蓋前一項工作結束後至當前工作開始之前的所有工作。「拆卸」(Teardown) 或「儲存」(Put-away) 單元亦包含在整備工作之內，例如，打卡開始操作、從工具櫃取出工具、從相關人員手中取得工作藍圖、設置機器、結束操作、從機器上卸下工具、將工具放回工具櫃、計算生產數量等。圖 8.7 和圖 8.9 列舉四個整備單元 (S-1、S-2、S-3 及 S-4) 的研究。

時間研究分析師應該採用與制定生產時間標準 (Production standards) 相同的程序來建立標準整備時間；唯一的差別在於時間研究分析師沒有機會觀測一連串重複性的操作，再來決定單元之平均時間。另外，時間研究分析師無法事先觀察作業員的整備工作，因此分析師必須在觀測過程中即時完成操作單元的分割。由於多數的整備單元都需要相當長的時間才能完成，所以分析師應有足夠的時間來進行單元分解、讀取數據及評比作業員績效等工作。

分配整備時間的方法有二，分別是以產量來分配，或是以工作來分配。第一種方法是將整備時間平均分配於特定的生產批量 (如 1,000 件或 10,000 件)；此法僅適用於

生產數量固定的情況下。舉例來說，某間工廠以最小－最大 (Minimum-maximum) 存貨系統來決定原物料之再訂購點與訂購量，而且該工廠的生產數量等於經濟生產批量 (Economical lot sizes)，那麼整備時間將可平均分配於固定的批量。換言之，如果經濟生產批量為 1,000 件，庫存降至 1,000 件時為再訂購點；在整備時間標準為 1.5 小時的條件下，該工廠允許作業員每完成 100 件產品之後都有 0.15 小時的整備時間，以便處理設備與工具的準備及拆卸作業。

倘若生產數量不固定，上述的方法並不適用。對於採用訂單式生產的工廠而言，生產數量會隨著客戶所指定的需求量而有所變動，因此無法將生產數量標準化。例如，本週某產品的生產數量可能是 100 件，而該產品下週的生產數量卻可能高達 5,000 件；在這種情況下，以產量作為整備時間分配的依據就會得到錯誤的結果。如果本週每 100 件產出的整備時間為 0.15 小時，以此類推，為了達成下週生產 5,000 件的目標，總體的整備時間將高達 7.50 小時。

實際上，將整備時間標準視為另一種類型的標準時間 (參閱圖 8.7 和圖 8.9) 是較為合理的作法，其優點在於整備時間之設置不會受到生產數量的影響。聘僱專門人員負責整備工作之執行有許多優點：首先，技術較差的作業員可以專心處理份內的生產操作，而不需執行額外的整備工作；也有助於整備工作的標準化與改善。此外，如果尚有閒置的設備可供生產，專門人員就可以預先進行下一個生產作業的整備工作，有效避免因為等待整備完成而中斷生產作業的狀況。

部分整備的時間標準

一般而言，在一系列的生產過程中，後續生產作業所使用的工具大多數已經被安裝妥當，且正由當前執行中的操作所使用，所以工作交替並不需要進行「完全」的整備。以六角車床的整備工作為例，領班若能在排程時將使用相同刀具的生產工作安排在一起，那麼在轉換生產作業的過程中只須對部分工具進行整備，而不必進行整套的整備工作。換言之，這個過程可能僅需更換 2 至 3 個刀具，而不必同時更換 6 個刀具。整備時間的縮減是使用群組技術 (Group technology) 的主要效益之一。

由於指派給某一部機器的生產作業在工序與排程等方面不可能一成不變，所以分析師很難建立足以包含所有狀況的部分整備時間 (Partial setup time)。舉例來說，編號第 4 號的六角車床，其完整的整備時間為 0.80 小時。然而，如果整備工作被安排在工作 X 之後進行，僅需 0.45 小時；在工作 Y 之後，需 0.57 小時；在工作 Z 之後，則需 0.70 小時。由此可知，整備時間的變動範圍相當大，所以分析師只有利用標準數據 (參閱第 10 章)，才可能為每一項作業建立相對應的部分整備時間標準。

對於生產週期較長且整備時間少於 1 小時的作業，慣例上會允許對每一項作業進行完全的整備。這種方法有很多優點：首先，若公司設置績效獎金制度，則作業員會有更多的機會獲得績效獎金；而且員工努力獲得獎金的過程也有助於提升工廠的生產率、降低成本。另外，這種方法可以大幅減少建立部分整備時間標準，以及計畫其如

8.8 標準時間

草圖						
時間研究編號 _14_ 日期 _3/15_						
操作名稱 _凸緣鋸除與鑽孔_						
部門 _F-114_ 作業員 _Rainbow_ 號碼 _127_						
設備 _氣壓鋸床與鑽床_						
機器號碼 _F 114-146_						
特殊工具、治具、夾具、量具 _J-1117-9 & J-1117-10_						
工作環境 _作業員採站立姿勢工作、工作場所乾淨、工作環境有一般噪音、照明充足_						
物料 _鋁 380_						
工件號碼 _A-1117_ 圖號 _C-1117_						
工件描述 _裝配用的架座_						

動作分解		單元編號	小工具、進給、速率、切削深度等	單元時間	每週程出現的次數	總寬放時間
左手	右手					
	拿取鑄件(16")	1	J-1117-9, 3600 r.p.m	0.170	1	0.170
閒置	移至夾具	2	J-1117-10, 30'/min	0.222	1	0.222
	放入夾具中	3		0.131	1	0.131
壓下氣壓啟動鈕（鎖定）	閒置		總計（每件）			0.523
閒置	壓下氣壓鋸床啟動鈕					
		5-1		1.626		1.626
壓下氣壓啟動鈕（解除）	閒置	5-2		0.616		0.616
		5-3		2.867		2.867
閒置	從夾具中取出工件	5-4		1.663		1.663
轉動身體 60°	轉動身體 60°					
	將工件放入鑽床的夾具		總計（整備時間）			6.772
鎖上夾具						
閒置	伸手至控制接合進給					
鑽孔	鑽孔					
移至控制處以開啟夾具	閒置					
接合						
閒置	取出完成的工件，移動 16" 至搬運箱，放入搬運箱					

每件 _0.523_ 分鐘　　　　　總計
整備時間 _0.1129_ 小時　　　小時／每百件 _0.8717_

領班　　　　　　　　　　　檢驗員
Eugene Reiter　　　　　　　Jerome Gates

觀測員　　　　　　　　　　審核者
Paul Roche　　　　　　　　Dick Henshaw

圖 8.9 圖 8.7 的時間研究表格背面。
這個研究指出，每個工件的時間為 0.523 分鐘（0.8717 小時／每百件），整備時間為 6.772 分鐘（0.1129 小時）。

何適當運用所需的時間及書面作業。事實上，額外給予的整備時間(整備時間標準減去部分整備時間標準)，使得作業員有更為寬裕的時間標準，管理者亦可藉此得到很多 正面的效果。

總結

典型的時間研究實施與計算步驟可總結如下 (參閱圖 8.5 的對應編號)：

1. 校正主時鐘的時刻並記錄研究起始時間。
2. 走向作業區域並開始進行時間研究。按鈕按下之前的時間讀數，即為研究開始之前所經過的時間。
3. 於操作單元執行的過程中，對作業員的操作績效進行評比，並記錄個別或平均評比數據。
4. 在下個單元的起始時刻按下馬錶。若為連續測時法，則將此讀數記載在「W」欄；若為歸零測時法，則將此讀數記載在「OT」欄。
5. 外來單元應該被註記於適當的「NT」欄位，並將其時間數據記錄於表格中用以表示外來單元的位置。
6. 在完成所有單元的測時工作之後，參照主時鐘的時刻並記錄研究完成時間。
7. 記錄時間研究的過程總共花費多少時間。
8. 將②與⑦相加，即可得到查核時間。
9. 將⑥減去①，即可得到經過時間。
10. 將觀測時間乘以評比，即可得到正常時間。
11. 加總各單元的正常時間與觀測時間，並求出平均正常時間。
12. 加總所有觀測時間，即可得到有效時間。
13. 加總所有外來單元，即可得到無效時間。
14. 加總⑧、⑫及⑬，即可得到總記錄時間。
15. 將⑭減去⑨，即可得到不屬於任何操作單元的時間，又稱為無法計算的時間 (其值可能為正值或負值，所以請取其絕對值)。
16. 將⑮除以⑨，即可得到記錄誤差的百分比。理想的記錄誤差應小於 2%！

問題

1. 如何建立每日的合理工作量？
2. 試說明標準速度之定義。
3. 為何領班必須在時間研究表格上簽名？
4. 不良的時間標準對於生產作業有何影響？
5. 時間研究分析師需要哪些設備才能順利地施行時間研究？
6. 試說明 PDA 具備哪些足以吸引時間研究分析師的特色。
7. 請說明「節拍器」何以被視為績效評比的訓練工具。
8. 選擇時間研究對象時應考量哪些因素？
9. 試說明分析師將工具與設備的完整資料記載於時間研究表格上之重要性。

10. 試說明工作環境對於識別被觀察的工作方法有何重要性。
11. 試說明分析師的聽力缺陷在實施時間研究時會造成哪些障礙。
12. 試說明定值單元和可變單元的區別？並解釋分割操作單元時，為何必須將此兩種單元分開表示。
13. 試說明為何連續法優於按鈕法（歸零法）。
14. 試說明電子式馬錶的出現與愈來愈多的時間研究採用按鈕測時法之間有何關聯。
15. 實施時間研究時，為何應將研究的起始時刻記載於時間研究表格？
16. 如果單元時間的順序出現極大的變異，試問分析師應該做何處置？
17. 請解釋「外來單元」的定義？並說明連續法對外來單元之處置方式。
18. 影響分析師決定觀測週程次數的因素有哪些？
19. 試說明對作業員實施評比的必要性。
20. 在何種情況下，操作週程中的每一單元都必須逐一予以評比？
21. 試說明「合格作業員」之定義。
22. 為何正常時間還要加上寬放？
23. 被圈註的經過時間有何意義？
24. 對於使用連續測時法且採用整體評比的時間研究而言，其數據的計算步驟為何？
25. 試說明「每小時步行 3 哩」是否符合你對於標準績效之定義。
26. 定義「標準時間」。
27. 為何以「生產時間／百件產出」來表示標準時間，會比「生產時間／單件產出」更為方便？
28. 為何要訂定暫時性時間標準？
29. 整備時間標準包含哪些單元？

習題

1. 假設操作週程為 15 分鐘，年產量 750 件。試根據表 8.2 計算研究該工作所需的觀測週程次數？
2. 試估計執行刷牙、刮鬍子及梳頭髮等簡單動作需要花費多少時間；接著以標準速度來執行上述的工作並測量時間，請問估計時間與實際時間的差異是否在 20% 的範圍之內？
3. XYZ 公司的時間研究分析師利用節拍器控制發牌的速度，藉此讓工會成員了解工作速度與作業績效之間的關聯。試問在 60%、75%、100% 及 125% 的績效水準之下，節拍器每分鐘設定的拍數各為多少？
4. 分析師依據奇異電子公司的觀測次數表決定研究之觀測週程次數為 10。在取得觀測數據之後，該名分析師以平均值的標準誤差計算出在特定的信心水準下，所需

的觀測週程次數應為 20 次。試問你會選擇哪一種週程次數？並說明原因。

5. 多賓公司的時間研究分析師以歸零法進行時間研究所得之數據如下表。若使用單元評比，且此單元的寬放為 16%，試計算此單元的標準時間？

馬錶讀數	評比係數
28	100
24	115
29	100
32	90
30	95
27	100
38	80
28	100
27	100
26	105

6. 時間研究分析師觀測某一操作單元 19 次後，獲得下列觀測值：0.09、0.08、0.10、0.12、0.09、0.08、0.09、0.12、0.11、0.12、0.09、0.10、0.12、0.10、0.08、0.09、0.10、0.12、0.09。在信賴度 87%，平均時間的誤差在 ±5% 以內的條件下，試計算該研究所需的觀測次數。

7. 對鐵床加工實施時間研究之數據如下：
每週程的平均人力時間：4.62 分鐘
平均切削時間 (動力進給)：3.74 分鐘
評比值：115%
機器時間的寬放：10%
疲勞寬放：15%
試計算此項操作的標準時間。

8. 多賓公司的工作衡量分析師對某個高產量的工作觀測 10 次。他對每個週程均實施評比，然後計算每一操作單元的正常時間。其中，分布最廣的單元其平均值為 0.30 分鐘，而其標準差為 0.03 分鐘。假若他想要使樣本數據在真正數據的 ±5% 範圍內，請問所需的觀測次數應為若干？

9. 多賓公司的工作衡量分析師對殼模製作過程施行詳細的時間研究。其結果顯示該項作業的單元 3 在操作時間上的變異最為明顯。根據 9 個週程的觀測數據，分析師計算此單元的平均值及標準差為：

$$\bar{x} = 0.42 \quad s = 0.08$$

若分析師希望在 90% 的信心水準下，且樣本平均值相對於母體平均值的變異在 ±10% 以內。請問總觀測次數應為若干？此外，如果觀測次數不變，但信心水準提升至 95%，請問樣本平均值相對於母體平均值的變異百分比？

10. 根據圖 8.7 的數據，如果該名作業員在 40 小時內不但完成機器的整備工作，還生產 5,000 件產品，請問他的效率如何？

11. 請依下列數據訂定每百件產出的薪資率：

    週程時間 (平均的測量時間)：1.23 分鐘

    基本薪資率：每小時 8.60 美元

    週程產出：4 件

    機器時間 (動力進給)：每週程 0.52 分鐘

    寬放：人力時間 17%；機器時間 12%

    評比係數：88%

12. 對水平銑床實施時間研究所得的數據如下：

    週程產出：8

    週程平均時間：8.36 分鐘

    週程平均人力時間：4.62 分鐘

    平均刀具往返時間：0.08 分鐘

    平均切削時間：3.66 分鐘

    評比係數：115%

    寬放 (機器時間)：10%

    寬放 (人力時間)：15%

    如果作業員一個工作天 (8 小時) 可以產出 380 件成品，請問該名作業員的產出相當於幾個標準工時？當日的工作效率又是多少？

13. 將每件 5.761 分鐘的標準改以每百件小時表示。如果作業員一個工作天 (8 小時) 可以完成 92 件成品，試問該名作業員的工作效率為何？另一方面，如果該名作業員在一個工作天 (8 小時) 的時間內，不僅完成機器的整備 (整備的標準時間為 0.45 小時)，還能夠產出 80 件成品，試問該名作業員的工作效率為何？

14. 在標準評比和 10% 的寬放條件下，請得出下列各作業 (見教科書官方網站) 的觀察、正常和標準工時。

    a. 沖壓成型

    b. 沖壓聯接頭

    c. 手電筒組裝

    d. 接合組裝

    e. 病床圍欄組裝

    f. 車縫 (成衣)

    g. 貼標 (成衣)

    h. 剪裁與粗縫固定 (成衣)

第 8 章　時間研究

15. 完成下列的時間研究

註解	週程	R	W	QT	NT	R	W	OT	NT	R	W	OT	NT
	1	95	65	◯	◯	110	115	◯	◯		200	◯	◯
	2									100	290	◯	◯
	3									90	395		
	4	◯	435	◯	◯	100	485	◯	◯	100	580	◯	◯
	5									120	695		
	6									◯	◯		950

摘要				
總觀測時間	◯	◯	5.450	
評比值	—	—	—	
總正常時間	.733			
觀測次數	◯	◯	◯	
平均正常時間	◯	◯	◯	
寬放率	0	0	0	
單元標準時間	◯	◯	◯	
出現次數	◯	◯	◯	
標準時間	◯	◯	◯	
總標準時間 (所有單元的標準時間總合)			3.636	

外來單元					時間查核			寬放摘要	
Sym	W1	W2	OT	描述	完成時間		1:09 AM	私事	0
A	◯	640	40	與領班交談	開始時間		1:01 AM	基本疲勞	0
B					經過時間	◯		變動疲勞	0
C					TEBS	.30		特殊寬放	0
D					TEAF	.10		總寬放 %	0
E					總查核時間	◯		備註：	
F					有效時間	◯		假設圈起處寬放率為 0%	
G					無效時間	◯			
評比查核					總紀錄時間	◯			
綜合時間			%		未計算時間	◯			
觀測時間					紀錄誤差 %				

16. 完成下列的時間研究。假設寬放率為 10%，請計算一個 8 小時作業的標準時間。

時間查核	
完成時間	◯
開始時間	8.11
經過時間	◯
TEBS	0.45
TEAF	◯
總查核時間	◯
有效時間	◯
無效時間 %	0.00
總記錄時間	◯
未計算時間	0.00
記錄誤差 %	0.00

時間研究觀測表

時間研究編號
操作

單元編號與描述		A				B			
註解	週程	R	W	OT	NT	R	W	OT	NT
	1	110	55	◯	◯	110	75	◯	◯
	2	130	83	◯	◯	130	00	◯	◯

標準時間 _____

參考文獻

Barnes, Ralph M. *Motion and Time Study: Design and Measurement of Work*. 7th ed. New York: John Wiley & Sons, 1980.

Gomberg, William. *A Trade Union Analysis of Time Study*. 2d ed. Englewood Cliffs, NJ: Prentice Hall, 1955.

Griepentrog, Carl W., and Gilbert Jewell. *Work Measurement: A Guide for Local Union Bargaining Committees and Stewards*. Milwaukee, WI: International Union of Allied Industrial Workers of America, AFL-CIO, 1970.

Lowry, S. M., H. B. Maynard, and G. J. Stegemerten. *Time and Motion Study and Formulas for Wage Incentives*. 3d ed. New York: McGraw-Hill, 1940.

Mundel, M. E. *Motion and Time Study: Improving Productivity*. 5th ed. Englewood Cliffs, NJ: Prentice Hall, 1978.

Nadler, Gerald. *Work Design: A Systems Concept*. Rev. ed. Homewood, IL: Richard D. Irwin, 1970.

Rotroff, Virgil H. *Work Measurement*. New York: Reinhold Publishing, 1959.

Smith, George, L. *Work Measurement—A Systems Approach. Columbus*, OH: Grid, 1978.

United Auto Workers. *Time Study—Engineering and Education Departments. Is Time Study Scientific*? Publication No. 325. Detroit, MI: Solidarity House, 1972.

評比與寬放
Performance Rating and Allowances

9

本章重點

- 利用評比將觀測時間調整至正常績效所需的時間。
- 速度評比是最快速且簡單的評比方法。
- 記錄時間之前應該先完成作業員之評比。
- 針對操作時間較長的單元實施個別評比。
- 針對操作時間較短的單元實施整體評比。
- 利用寬放補償工作過程中的疲勞與延遲。
- 針對個人事務與一般疲勞提供最少 9% 至 10% 的固定寬放。
- 除了正常時間以外，再附加一定比例的正常時間作為寬放。

在時間研究的過程中，分析師應謹慎注意作業員的績效，因為其執行績效不一定符合「標準」。因此，分析師必須調配平均觀測時間，以獲得合格作業員用標準速度完成指定任務之時間數據。所有合格作業員皆能達成的績效目標方稱之為「標準」；有鑑於此，分析師必須將優於標準之操作時間予以延長(因其操作太快)，同時將低於標準之操作時間予以縮短(因其操作太慢)，如此才能建立一套適用於所有合格作業員的真正標準。

在整個時間研究的過程當中，評比可以說是最重要的一個環節。然而，由於分析師的個人特質(經驗、訓練與主觀評斷)會影響評比的結果，所以評比也是最具爭議的一個項目。不論評比的依據是否為產出的速度與節奏，抑或是相對於合格作業員操作績效之比率，分析師的實務經驗和主觀判斷仍然是決定評比是否準確與一致的重要因素。綜觀上述，分析師必須要具有足夠的專業訓練與高度的公平客觀。

工作過程中難免會發生無可避免的干擾、延遲和怠工，因此除了完成工作所需的正常時間之外，分析師也應該把這些干擾因素的寬放 (Allowance) 納入考量，才能制定真正的標準時間。舉例來說，假設我們計畫完成一段 1,300 哩的旅程，理論上若以每小時 65 哩的速度前進，應該只要 20 小時就能完成旅程；然而，前述的時間標準卻沒有包含適當的寬放，所以週期性的個人需求(吃飯、如廁)、旅程的疲累、不可避免的停止(塞車或等待紅綠燈)、車輛故障排除等項目所花費的時間都沒有被列入計算。有

鑑於此，我們應將正確的旅行時間訂為 25 小時，這額外的 5 小時則是用以包含所有延遲的寬放時間。同理，若欲建立公平的標準時間，分析師必須加入合理的寬放，才能制定合格作業員以穩定、正常的速度執行操作所能達成的時間標準。

9.1 標準績效 Standard Performance

標準績效 (Standard performance) 係指一位有經驗的作業員在正常工作環境下，以快慢適中的操作速度持續工作一天的生產績效。為了讓讀者對於標準績效的定義有更進一步的了解，以下將列舉一些常見的例子來做說明。舉例來說，「將 52 張撲克牌在 0.50 分鐘內分派到四位玩家的手中」，或「在 0.38 分鐘內行走 100 呎 (每小時 3 哩或每小時 4.83 公里)」都可以視為一種標準；然而，標準的定義也應該涵蓋詳細的動作與環境說明。以前述的發牌標準而言，莊家與四位玩家的距離，以及莊家在發牌過程中的抓取、移動與分發動作，都應該有明確的定義。同理，制定行走標準時也應該詳細說明路面是否平坦、有無負重，甚至是負重多少等項目。簡而言之，與基準相關的條件說明應該盡可能地詳盡和確實。

除此之外，標準的定義也應該詳細說明能夠達成此一目標的人員應該具備何種特質？典型的個人特質說明如下：「一位具有足夠經驗的作業員，能夠在適度的監督與領導下，有效率地完成所交付的任務；該員的心理與生理狀態良好，使得他能夠在沒有任何猶豫與延遲的狀況下，遵循動作經濟原則完成操作單元的轉換；此外，該員對於相關的工具、設備具有豐富的知識，亦能於適當的時機執行正確操作，並維持良好的工作效率。該員以適合於連續操作的速度完成各個單元的作業。」

然而，作業員彼此之間確實存在著不同程度的個人差異，諸如基礎知能、生理能力、健康狀況、專業知識、敏捷度與教育訓練等，這些差異都會導致工作績效的落差。舉例來說，隨機挑選 1,000 位作業員，其產出的分配會趨近於常態曲線 (Normal curve)；換言之，其中有超過 997 位作業員的產出績效會落在平均產出的 3 倍標準差之內 (99.73%)，其分布狀態如圖 9.1 所示 (Presgrave, 1957)。根據圖中的兩個極端值

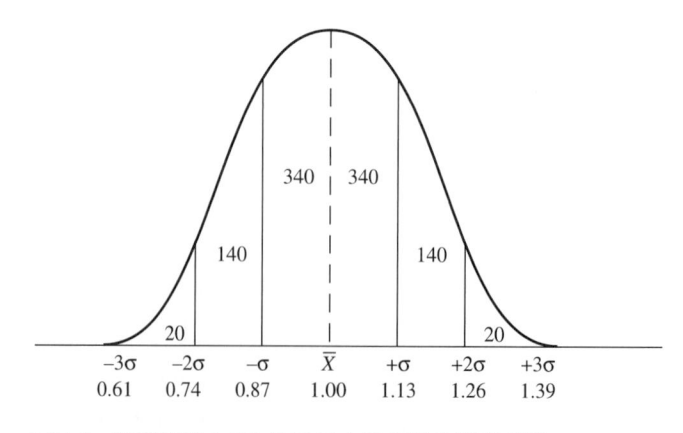

圖 9.1 隨機選出 1,000 位員工之產出量的期望分配。

(1.39/0.61)，讀者可以得知產出績效最佳的作業員之操作速度比績效最差者快了將近2倍。

9.2 健全的評比特性 Sound Rating Characteristics

評比系統 (Rating system) 最重要的一項特性就是準確性。評比方法主要取決於分析師的主觀判斷，因此期待一項毫無偏差的評比結果是不可能的事。然而，在對從事相同工作的多名作業員實施評比之後，如果所獲得的時間標準不超過平均時間標準的5%，即可代表評比方法的準確性符合預期。

分析師應該盡可能地維持評比標準的一致性。對於評比穩定性較高的分析師而言，適度地修正過於寬鬆或是過於嚴謹的評比習慣並不困難。另一方面，對於那些評比標準變異較大的分析師而言，修正如此不一致的評比標準並不是一件容易的事；想當然爾，這名分析師也應該避免執行後續的評比作業。因為不一致的評比，比任何不適當的時間研究步驟更容易打擊作業員的自信心。

績效評比應該在觀察單元操作的過程中一併完成。當作業員從當前的操作轉換到下一個操作單元時，分析師應謹慎地評估作業員的工作速度、操作熟練度、動作正確性、節奏、協調性、有效性與其他影響產出的因素，最後再評定該名作業員之工作績效與標準績效之間的差距。只要作業員的績效已經被判定與記錄，就不應再修改該員之評比結果。然而，但這並不表示分析師的判斷正確無誤；當評比結果被質疑時，分析師應該重新研究此項操作，以證明或推翻評比結果的正確性。

評比的實施頻率會依據工作週程時間的長短而有所變動。以短週程 (平均 15 至 30 分鐘) 的重複性操作為例，作業員在工作績效上的些微差異是可以預期的，而且其結果也足以作為評比該項工作之依據。除此之外，分析師在評比過程中必定會忙於記錄各個工作單元的時間數據，以致於無法有效地觀察、分析與評估作業員的表現。

另一方面，如果受評對象屬於工作週程較長 (大於 30 分鐘)，或是一項由許多長時間操作單元所組成的作業，那麼作業員的工作績效就可能有較大的差異。因此分析師應該在評比過程中，針對所有持續時間超過 0.10 分鐘的動作單元實施個別的評比。一般而言，針對特定作業項目實施評比的次數愈多，其結果愈能夠反映出作業員在執行該項工作時之績效水準。圖 8.3、圖 8.5、圖 8.6 為針對所有操作單元實施個別評比之結果；而圖 8.7 則是採用總體評比後所取得的結果。

9.3 評比的方法 Rating Methods

速度評比法

速度評比法 (Speed rating) 的唯一評比基準就是作業員之單位時間工作達成率。在速度評比法中，分析師將以「合格作業員完成指定任務所需的時間」為標準，接著再以此標準來衡量其他作業員的工作產出，其結果為一個百分比數值，代表該名作業

員的操作績效與標準績效之間的比例關係。

在實施速度評比法之前，分析師對於受評作業的操作方法必須具備充分的知識與了解。例如，機械工人組裝飛機引擎的操作速度勢必遠低於成衣加工人員縫製衣服的速度，其原因在於飛機引擎的組裝對於人員動作精密度的要求較高，導致每一位參與組裝工作的人員必須放慢動作，所以其生產速度當然不能與其他行業相提並論。

在速度評比法中，分析師的首要工作就是評估作業員的操作速度究竟是高於或低於評比基準，然後再從一個量化的評比尺度上，正確地判斷作業員的操作績效與標準績效之間的差異。換言之，如果 100% 代表該項作業的標準操作速度，那麼 110% 的評比結果意謂該名作業員的操作速度比標準速度快上 10%；同理，如果評比結果只有 90%，即代表該名作業員的操作速度僅達標準操作速度的 90%。經過了一段時間的歷練以後，有經驗的分析師通常會對績效標準發展出一套專屬的心智模式 (Mental model)。然而，對於新進的分析師而言，一些常見的操作績效實例將有助於啟發心智模式的發展。Presgrave (1957) 建議初學者可先透過下列兩個標準績效來熟悉速度評比之涵義：(1) 每小時行走 3 哩 (每小時 4.83 公里)，即在 0.38 分鐘內走 100 呎 (30.5 公尺)；(2) 在 0.5 鐘內，以相同的速度將 52 張撲克牌分發至四位玩家手上 (左手大拇指先將一張牌推送出來，隨後再由右手將牌送至指定的位置)。如表 9.1 所示，分析師針對上述的兩個案例，依據其操作速度的差異而分別給予不同的評比係數。

對於剛剛入門的分析師而言，一開始先以 10 為評比係數的基本單位 (如 80、90、100 等) 是個不錯的方法；接著再精細到以 5 為單位，之後便以此類推，直到熟練為止。此外，在時間研究進行的過程之中，分析師應先於時間研究表格的「R」欄位中記錄評比分數，接著再按下馬錶並讀取時間數據，以免造成依馬錶讀數給予評比分數 (Rating by the watch) 的疑慮。

部分企業將速度評比法的標準值定為 60，此一作法是以標準工時為基礎，即作業員每工作一個小時相當於 60 分鐘的產出。根據此一定義，一位評比分數為 80 分的作業員，其工作速度相當於正常速度的 80/60 或 133%，也就是比正常速度快了 33%；換言之，若是評比結果為 50 分，表示該名作業員的速度僅達正常速度的 50/60 或 83.3%。

分析師可以利用速度評比法來評比單元操作、週程操作或是總體評比。舉例來說，本書第 8 章所提到的時間研究方法，都是以速度評比法作為評比工作績效之依據。

表 9.1　速度評比指引

評比值	口語式的評價	行走速度（哩／小時）	每半分鐘的發牌數
0	沒有活動	0	0
67	很慢、笨拙的	2	35
100	穩定、慎重的	3	52
133	生氣勃勃的、很認真的	4	69
167	很快、很靈巧的	5	87
200	極快的	6	104

西屋系統

由西屋電氣公司 (Westinghouse Electric Corporation) 所發展的**西屋評比系統 (Westinghouse rating system)** 是一套歷史相當悠久的評比系統，該系統的創始者為 Lowry、Maynard 及 Stegemerten。這個系統以下列四個層面來評比作業員的工作績效，分別是：技術能力、努力程度、工作環境與一致性。

該系統將**技術能力 (Skill)** 定義為「遵循一套操作方法的熟練程度」，也就是作業員協調心智與雙手的能力。作業員的技術能力受到工作經驗和與生俱來的特質 (如天生的協調能力與身體律動) 所影響。隨著操作時間的累積，技術能力也將隨之提升，其原因在於操作熟悉度的提升不僅使得速度加快、動作圓滑，還能夠減少反應的遲疑與錯誤的動作；反之，技術的衰退通常肇因於生理或心理因素，如視力的損傷、反射動作遲緩、肌力或是手腳協調度的衰退等。因此，個人的技術能力會隨著工作項目的改變，甚至是同一個工作項目的不同操作單元而有所差異。

西屋評比系統將技術能力區分為六個等級：拙劣 (Poor)、尚可 (Fair)、一般 (Average)、良好 (Good)、傑出 (Excellent)、特佳 (Super)，分析師即可依此來評估作業員的技術能力。表 9.2 列出此六個等級的差異，以及與之對應的係數。各個等級的技術評比可轉換成範圍從 +0.15 (+15%) 至 −0.22 (−22%) 不等的係數值。最後，代表技術能力的係數值將與努力程度、工作環境及一致性等係數值結合，以求得最後的評比係數。

表 9.2　西屋系統的技術能力評比

+0.15	A1	特佳
+0.13	A2	特佳
+0.11	B1	傑出
+0.08	B2	傑出
+0.06	C1	良好
+0.03	C2	良好
0.00	D	一般
−0.05	E1	尚可
−0.10	E2	尚可
−0.16	F1	拙劣
−0.22	F2	拙劣

(資料來源：Lowry, Maynard, and Stegemerten, 1940, p. 233.)

表 9.3　西屋系統的努力程度評比

+0.13	A1	極佳
+0.12	A2	極佳
+0.10	B1	傑出
+0.08	B2	傑出
+0.05	C1	良好
+0.02	C2	良好
0.00	D	一般
−0.04	E1	尚可
−0.08	E2	尚可
−0.12	F1	拙劣
−0.17	F2	拙劣

(資料來源：Lowry, Maynard, and Stegemerten, 1940, p. 233.)

西屋系統對於**努力程度 (Effort)** 的定義為「積極工作的企圖心之展現」；意指作業員在具備充分技術能力的條件下，對於操作速度之控制程度。在評估一位作業員的努力程度時，分析師只能夠針對「有效的」努力進行評比，因為有時作業員可能會故意以無效的努力來延長工作週程時間，以獲得有利的評比係數。

評比努力程度的六個等級可分為：拙劣 (Poor)、尚可 (Fair)、一般 (Average)、良好 (Good)、傑出 (Excellent) 與極佳 (Excessive)。努力程度極佳的係數為 +0.13 (+13%)，而拙劣的係數為 –0.17 (–17%)。表 9.3 列出六個努力程度的等級，以及與之對應的量化係數。

讀者必須注意的是，西屋系統所提及的**工作環境 (Condition)**，係指會影響作業員，卻不會左右作業執行的環境因素；常見的因子如溫度、通風、光線與噪音等。假設工作站的溫度為 60°F，但實際上適合該工作站的溫度為 68°F 至 74°F，則該工作站的環境應被評比為低於正常標準。另外，在評比工作環境的過程中，分析師不應該把工具不適用或是原物料變異等影響作業的因素列入考量。

工作環境的六項評比係數從 –0.07 (–7%) 至 +0.06 (+6%) 不等，相對應的定義分別為拙劣 (Poor)、尚可 (Fair)、一般 (Average)、良好 (Good)、傑出 (Excellent) 與理想 (Ideal)，詳細的說明請參照表 9.4。

作業員的**一致性 (Consistency)** 則是影響評比結果的第四個因素。除非分析師採用歸零測時法進行時間研究，或是在研究過程中執行前後單元的連續減法運算，否則都應該在研究結束時立即對作業員的一致性給予評比。如果反覆執行操作的單元時間完全相同，即代表該名作業員具有完美的一致性；然而，這種情形並不常見，因為舉凡材料硬度、刀具保養、機件潤滑、馬錶數據讀數錯誤與外來單元等，都會造成一致性的變異。機械單元較能夠獲得接近完美的一致性，其評比分數為 100 分。

表 9.4　西屋系統的工作環境評比

+0.06	A	理想
+0.04	B	傑出
+0.02	C	良好
0.00	D	一般
–0.03	E	尚可
–0.07	F	拙劣

（資料來源：Lowry, Maynard, and Stegemerten, 1940, p. 233.）

表 9.5　西屋系統的一致性評比

+0.04	A	完美
+0.03	B	傑出
+0.01	C	良好
0.00	D	一般
–0.02	E	尚可
–0.04	F	拙劣

（資料來源：Lowry, Maynard, and Stegemerten, 1940, p. 233.）

一致性評比的六個等級分別為：拙劣 (Poor)、尚可 (Fair)、一般 (Average)、良好 (Good)、傑出 (Excellent) 與完美 (Perfect)；完美的評比係數為 +0.04 (+4%)，而拙劣的評比係數為 −0.04 (−4%)，其他等級的評比係數則落在此一範圍當中。表 9.5 列出該項評比之等級和與之對應的係數。

一旦作業員的技術能力、努力程度、工作環境與一致性都已經被納入評比，且記錄了相對應的係數之後，分析師即可利用代數加總四個係數值，最後再將其總和加 1，就可以獲得總體的評比係數。例如，一名作業員的技術能力評比為 C2 (即「不錯但不是很好」)、努力程度評比為 C1 (即「比好還要好，有可能是很好」)、工作環境評比為 D (即「普通，一般」)、一致性評比為 E (即「尚可，或低於一般水準」)，則此項作業之總體評比係數計算如下：

技術能力	C2	+0.03
努力程度	C1	+0.05
工作環境	D	+0.00
一致性	E	−0.02
代數總和		+0.06
評比係數		1.06

許多企業修改了西屋系統的評比內容，僅針對技術能力與努力程度兩個項目進行評比，其著眼點在於一致性其實與技術能力有相當密切的關聯，而工作環境的評比等級則多為「一般」。即使工作站的環境條件與正常工作環境有所差異，分析師只需要將時間研究之結果予以延長，或是給予寬放時間，那麼時間標準即可涵蓋環境因素對於工作績效的衝擊 (參閱 9.10 節)。

在實際運用西屋評比系統之前，分析師必須經過充分的訓練，才能夠辨別各個屬性的等級。西屋系統適用於週程評比或是總體評比，卻不適用於單元操作評比。除非操作單元的持續時間較長，否則分析師將缺乏足夠的時間，對作業員在執行操作單元時所展現的靈巧度 (Dexterity)、工作效果 (Effectiveness) 及生理應用 (Physical application) 進行評比。根據本書作者的意見，一個單純、簡潔、易於解釋，同時還具備完善基準的評比系統，將會比一個複雜的系統更為成功。如同西屋系統一般，過多的調整因子與計算過程，反而容易造成一般員工對於評比系統的基準與方法感到困惑與不解。

合成評比法

Morrow 於 1946 年發展出一套不需要依賴分析師的主觀評斷，又能獲得一致且公平結果的評比方法，稱為**合成評比法 (Synthetic rating)**。合成評比法係以工作週程中主要操作單元之時間數據作為計算評比係數之基準；計算時則以主要單元之時間觀測數據為分母，而基本動作數據 (參閱第 11 章) 為分子，兩者之比值即為該單元的評比係數。因此，單元評比係數可以用下列代數函式表示：

$$P = \frac{F_t}{O}$$

其中　P = 評比係數
　　　F_t = 基本動作時間值
　　　O = 實際單元之平均觀測值

上述之評比係數可應用於工作週程中之其他人工操作單元。值得注意的是，評比過程並不包含任何的機械控制單元。表 9.6 為典型的合成評比法範例。

就單元 1 而言，評比係數之計算如下：

$$P = 0.096/0.08 = 120\%$$

就單元 4 而言，評比係數之計算如下：

$$P = 0.278/0.22 = 126\%$$

上述兩個操作單元的係數平均值為 123%，此一數值即可代表工作週程中所有人工操作單元的評比係數。

相關研究指出，作業員之工作績效會隨著操作單元的不同而有所變動，此一現象會隨著操作複雜度的提升而更為顯著。因為唯有大量的觀測數據才能確保評比結果的正確性，所以建立預定時間系統所花費的大量時間即為合成評比法的主要缺點。

客觀評比法

客觀評比法 (Objective rating) 由 Mundel 與 Danner 於 1994 年所提出。一般而言，分析師必須先對各種類型的工作制定其標準速度，否則評比作業即無法順利展開；而客觀評比法的優點就在於免除了這些前置作業所帶來的困難。首先，分析師必須先指定一項作業的操作速度為評比基準，然後再將其他作業的操作速度與基準比較後，即可得到「速度評比係數」；接著再比較受評作業與基準作業的操作困難度，即可取得代表相對困難度的「困難度調整係數」。影響「困難度調整係數」的因素包括：(1) 肢體運用的多寡；(2) 足部踩踏；(3) 雙手動作；(4) 手眼協調；(5) 需求之處理或感覺；(6) 搬運的重量或所遭遇的阻力。

表 9.6　合成評比法之範例

單元編號	平均觀測時間（分鐘）	單元類別	基本動作（分鐘）	評比係數
1	0.08	手動操作	0.096	123
2	0.15	手動操作	—	123
3	0.05	手動操作	—	123
4	0.22	手動操作	0.278	123
5	1.41	機械操作	—	100
6	0.07	手動操作	—	123
7	0.11	手動操作	—	123
8	0.38	機械操作	—	100
9	0.14	手動操作	—	123
10	0.06	手動操作	—	123
11	0.20	手動操作	—	123
12	0.06	手動操作	—	123

各項因子的量化評比係數範圍皆是以實驗的方式獲得。前述六個因子之係數值總和即為該項作業之困難度調整係數。因此評比可以下列公式表示：

$$R = P \times D$$

其中　P = 速度評比係數
　　　D = 工作困難度調整係數

客觀評比能夠獲得一致性的結果。對於熟悉某一項作業的分析師而言，與其要求他以「正常速度」的觀念來比較有著諸多屬性差異的操作 (即速度評比)，還不如直接比較受評作業與基準作業在操作速度上的差異要來得簡單許多。調整係數並不會影響評比的一致性，因為這些次級因素對於評比結果僅會產生些微的調整。Mundel 與 Danner (1994) 列出了工作困難度的影響百分比值。

9.4　評比的應用與分析 Rating Application and Analysis

評比結果應記錄於時間研究表格的「R」欄位。一般而言，分析師為了節省書寫評比結果的時間，都會將數值的小數部分予以省略。在完成所有的馬錶測時作業以後，分析師只要將時間研究表格中的觀測時間 (OT) 乘以評比係數 (R)，之後再除以 100，即可獲得該項作業的正常時間 (NT)：

$$NT = OT \times R/100$$

實際上，如果作業員遵循正確的操作方法，那麼其工作績效並不會遜於合格作業員以標準速度執行相同作業之結果 (參閱圖 9.2)。

在眾多的評比計畫中，最容易被應用與解釋、同時又能獲得最佳結果的評比方法，乃是從合成基準 (Synthetic benchmarks) 所衍生出來的速度評比。如同前述，在評比的程序當中，100% 代表正常速度，一旦作業員之操作績效優於正常速度，則其評比為一大於 100% 的百分比數值。速度評比的結果通常落在 50% 至 150% 之間，如果作業員的評比分數超出上述的範圍，就極有可能導致分析結果的偏差，所以並不建議採用；反之，若是評比結果愈接近正常值 (100%)，其結果就愈準確。

下列四項因素決定了分析師利用速度評比法所取得的結果是否一致，以及其結果是否能落在其他分析師所得之平均評比的 ±5% 之內：

1. 對於被評比的工作項目是否有經驗。
2. 至少有兩個操作單元使用合成基準。
3. 選定作業員之操作績效是否介於正常速度評比的 85% 至 115% 之間。
4. 評比基準是否來自於三個以上的時間研究與／或不同作業員之平均評比。

評比的關鍵在於分析師對於受評作業是否具備充分的經驗；因此分析師都應於時間研究開始之前，對於受評作業有著充分且詳盡的了解。以組裝作業為例，如果操作過程中涉及夾具的使用，分析師就應該深入了解作業員以夾具定位組件的困難度，以

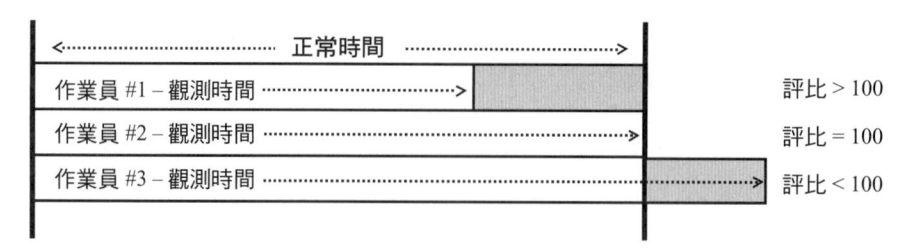

圖 9.2 觀測時間、評比與正常時間的關係。

及組裝各項零件所使用的動作類型和執行這些動作的時機。此外，分析師也必須了解每項零件的重量及其組裝次序。雖然如此，這並不代表分析師必須具備實際執行該項作業的經驗 (有經驗當然更好)；舉例來說，要求一位已經在金屬加工業工作十年的分析師建立女鞋製造廠的時間標準，這個要求對於該名分析師而言仍是相當困難的事。

若是有多名作業員可以參與時間研究，則分析師所選擇的評比對象應該具備以下的特質：豐富的實務操作經驗、樂於接受研究觀測，能夠持續以接近或略優於正常速度的步調執行該項工作。作業員的操作愈接近標準速度，分析師愈容易評比該名作業員的工作績效。舉例來說，莊家將一副撲克牌 (52 張) 分發到四位玩家手中的標準時間為 0.50 分鐘，如果莊家的發牌速度不超過標準速度的 ±15%，分析師即可輕易地察覺此一差異並予以評比。然而，一旦莊家的發牌速度與標準速度之間存在著 ±50% 以上的差異，分析師就很難對該項工作建立準確的評比係數。

合成標準 (Synthetic standards) 可用於查核評比的準確性。以第 8 章時間研究的圖 8.7 為例，單元 1 的平均觀測時間為 2.07/15 = 0.138 分鐘，接著再將 0.138 分鐘除以 MTM 的反轉係數 0.0006，可得觀測時間為 230 TMU(參閱第 11 章)；單元 1 的基本動作時間 (Fundamental motion time) 為 255 TMU，則該單元的合成評比為 255/230 = 111%。在前述的研究中，分析師所訂定的速度評比為 110%，而合成評比正好能支持評比結果的正確性。

建立時間標準之前，分析師應該至少對該項操作執行三次以上的評比。這三次評比的內容可以是同一位作業員在不同時段所執行之操作，或是由不同的作業員所各自執行之操作。簡而言之，隨著觀測的次數增加，互補的誤差值將會消弭總體誤差。下述的例子能夠闡明此一論點：三位受過專業訓練的分析師審視一支針對 15 項作業實施評比的訓練影片，其結果如表 9.7 所示。在完成全部 15 項作業的評比之前，標準的評比係數將不會公布。三位分析師對於 15 項作業的評比結果分布於 50 分至 150 分之間，平均速度評比誤差僅為 0.9 分。其中工程師 C 對於作業 7 的評比高於平均值 30.0 分，而工程師 B 對於作業 2 的評比低於平均值 20.0 分。如果標準的評比範圍介於 70 分至 130 分之間，則前述三位分析師對於各項作業的平均評比僅有一次超出 ±5 分的誤差範圍 (作業 3)。

表 9.7　三位工業工程師對於 15 位作業員所作的評比

作業員	標準評比值	工程師A 評比值	差異	工程師B 評比值	差異	工程師C 評比值	差異	三位工程師平均值 評比值	差異
1	110	110	0	115	+5	100	−10	108	−2
2	150	140	−10	130	−20	125	−25	132	−18
3	90	110	+20	100	+10	105	+15	105	+15
4	100	100	0	100	0	100	0	100	0
5	130	120	−10	130	0	115	−15	122	−8
6	120	140	+20	120	0	105	−15	122	+2
7	65	70	+5	70	+5	95	+30	78	+13
8	105	100	−5	110	+5	100	−5	103	−2
9	140	160	+20	145	+5	145	+5	150	+10
10	115	125	+10	125	+10	110	−5	120	+5
11	115	110	−5	120	+10	115	0	115	0
12	125	125	0	125	0	115	−10	122	−3
13	100	100	0	85	−15	110	+10	98	−2
14	65	55	−10	70	+5	90	+25	72	+7
15	150	160	+10	140	−10	140	−10	147	−3
15項作業的平均值	112	115.0		112.3		111.3		112.9	
平均差異		0	+3.0		+0.7		−0.7		+0.9

9.5　評比訓練　Rating Training

時間研究成功的關鍵，在於分析師是否留下可供追蹤的數據資料，並依此制定勞工階層及管理階層皆能接受的時間標準。為了獲得各單位的信賴，評比標準必須具有一致性，尤其是以速度作為評比基準的情況。

一般而言，若是作業員的操作績效介於標準的 0.70 (70%) 至 1.30 (130%) 之間，則分析師所建立的時間標準與真實評比結果的誤差範圍應該在 ±5% 以內。換句話說，如果工作站有數名作業員正在執行相同的操作，每一位分析師各自以其中一位作業員當作研究對象，再依據觀察結果建立各自的時間標準，則分析師各自制定的標準應介於總體平均值的 ±5% 誤差範圍之內。

為了確保速度評比的一致性，且評比結果又能夠與其他分析師一致，分析師應不斷地接受相關的訓練課程；而新進的分析師應該接受更為嚴格的訓練。利用影像來呈現各項工作在不同生產力水準下之操作狀態，是目前應用最為廣泛的訓練方式；每一支影片都有已知的評比係數。在訓練影片播放完畢之後，所有參與訓練的分析師必須依據影片的內容作出評比，而後再將其結果與正確的評比結果互相比較；倘若分析師的評比係數與正確的評比係數之間存在顯著的差異，則應查出原因並給予更正。例如，分析師可能會因為作業員的操作行為不夠賣力，卻忽略了該名作業員熟練的動作、圓滑順暢的移動，以及優越的敏捷度與操作能力，而給予過低的評比。

在審視所有的觀測數據之後，分析師應將其評比結果與正確的評比結果繪製成圖(參閱圖 9.3)。若圖形為一直線，則表示評比結果相當完美；換句話說，如果評比數值

極度不規則地落於直線的兩側，意味著此次評比非但不具備一致性，也顯示出分析師對於操作績效的評比能力有待加強。以圖 9.3 為例，分析師針對第一支影片所作出的評比結果為 75，但正確的評比數值為 55；而第二支影片的評比結果為 80，但適切的評比數值為 70。由圖可知，除了第一支影片以外，分析師所給予的評比數值大多位於公司所制定的正確評比範圍以內 (即圖中的斜線部分)。由此可知，若是作業員的操作績效近似於標準績效 (100%)，則分析師施行評比的準確度誤差約為 ±5%；然而，一旦作業員的績效不及標準的 70%，或是超過標準的 130% 以上，即使是有著豐富經驗的分析師，其評比結果與標準評比之間極有可能存在著 5% 以上的差距。

此外，若將一系列的評比數值繪製於管制圖的 X 軸 (評比次數)，並於 Y 軸標示出分析師的評比結果與正確評比之間的正負誤差百分比 (參閱圖 9.4)，則分析師的評比結果愈接近 X 軸，即代表該名分析師的評比愈接近正確的評比。

近期一項為期兩年，由 19 位分析師針對 6,720 位作業員進行評比的統計研究，指出了幾項引人注意的事實。首先，該項研究證實作業員的「績效水準」對於評比誤差具有顯著的影響；分析師會傾向於給予低績效水準較高的評比，同時又給予高績效水準較低的評比，此一現象常見於新進分析師的評比結果，其原因在於新進分析師懼怕

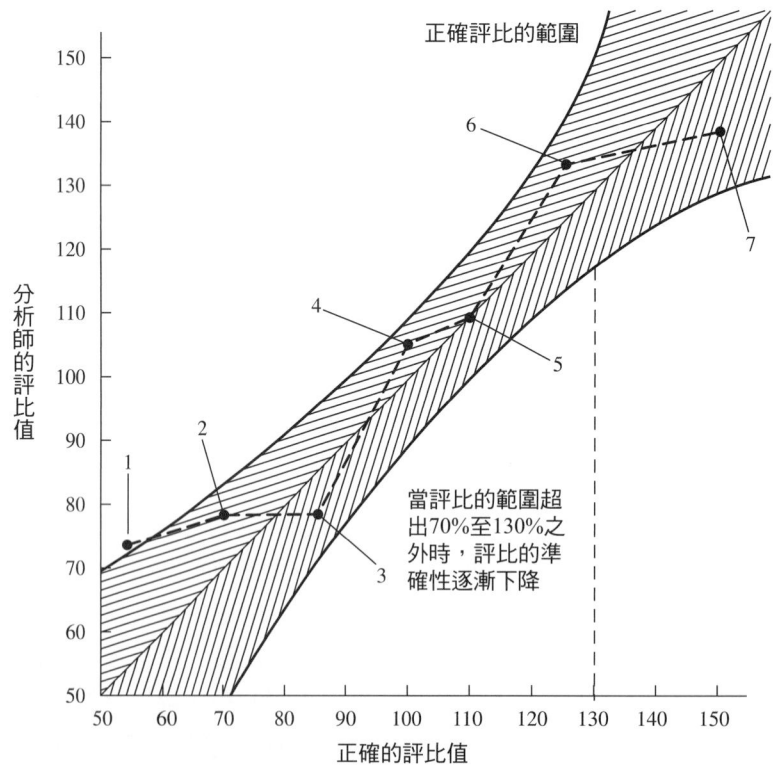

圖 9.3　時間研究分析師對於 7 個作業的評比值，其中作業 1、2、4 與 6 的評比值略高於正確的評比值，而作業 3 與 7 則略低於正確的評比值。
(僅作業 1 的評比值超出 70% 至 130% 的範圍之外。)

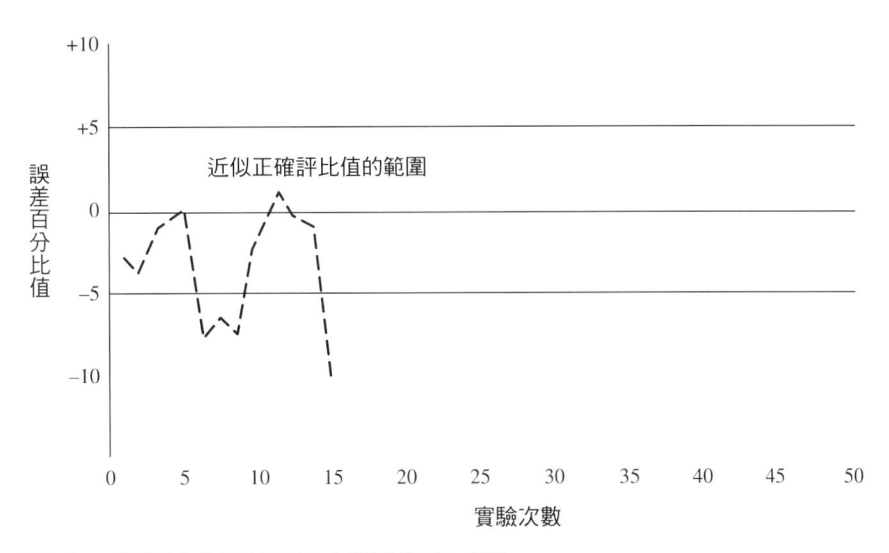

圖 9.4 時間研究分析師對 15 次觀測的評比係數。

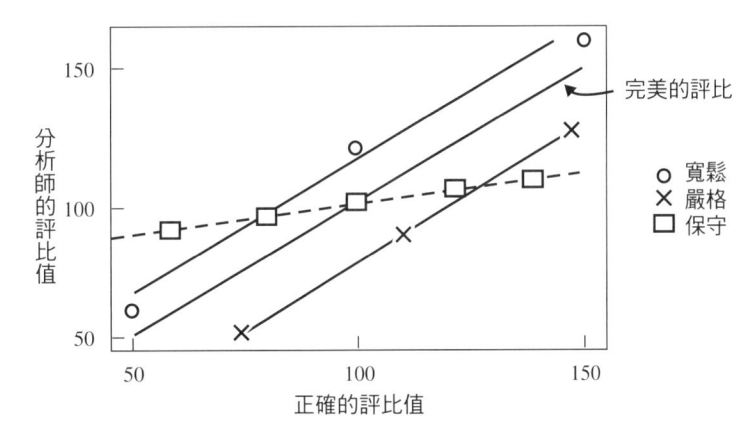

圖 9.5 舉例寬鬆、嚴格與保守的評比值。

所給予的評比與標準相差太大,所以總是給予較為保守的評比數值。在統計學的應用上,此趨勢稱之為趨向於**平均值的迴歸** (Regression to the mean),此時的評比數值會是一條斜率趨近於 1 的直線 (參閱圖 9.5)。倘若新進分析師針對低績效水準的作業員給予了過高的評比,就會產生**過於寬鬆的評比** (Loose rate),此種現象會導致任何一名作業員都可以很輕易地達到標準時間的要求,間接使得該項作業造成公司財務之虧損。相反地,若給予高績效水準的作業員低於標準的評比,其結果就是**嚴格的評比** (Tight rate),而作業員亦無法達成標準時間的要求。即使是經驗豐富的分析師,有時也會經常給予過度嚴格或是過度寬鬆的評比。

此外,前述研究的另一個結論為作業性質亦會左右評比的結果。隨著操作複雜度的增加,評比困難度會也隨之提升,而經驗的累積亦無法完全消弭此一趨勢。在操作績效低於標準的狀況之下,複雜的操作相對於簡單的操作更容易發生評比結果高估的情形;另一方面,如果操作績效優於標準,則分析師較容易對簡單的操作作出過低的評比。

先前在第 8 章所提到的，多媒體影像作業分析軟體 (Multimedia Video Task Analysis, MVTA；由 Nexgen Ergonomics 公司開發)，其通常用於記錄時間研究資訊，然而對於訓練來說，應也是個不錯的選擇。

9.6 寬放 Allowances

馬錶測時僅占整體時間研究時程中的一小部分。因此，正常的操作時間並不包含不可避免的延遲與其他合理的時間損失，這些額外的時間甚至根本沒有被觀測與記錄。於是分析師必須作出適當的調整，以補償這些損失的時間，才能夠建立合理的時間標準。這些調整即稱為**寬放** (Allowances)，每一家企業對於寬放的應用也有所不同。表 9.8 為 42 家企業對於各個項目所給予的寬放百分比。

寬放可應用於時間研究的三個部分，分別是：(1) 總週程時間；(2) 機械時間；及 (3) 人力操作時間。總週程時間的寬放是以週程時間的百分比方式表示，諸如私人事務、工作站清理、潤滑機械所造成的延遲都包含在內；機械時間的寬放則包含工具維修、供電異常等；至於應用在人力操作時間的寬放，則有疲勞與不可避免的延遲。

常用於建立標準寬放時間的方法有二：第一種為直接觀察法 (Direct observations)，此法要求分析師必須對兩個或三個以上的作業進行長時間的觀測研究，分析師應該詳細記錄閒置期間 (Idle interval) 的時間及緣由。分析師從合理樣本的觀測結果來決定適當的寬放百分比。就如其他的時間研究一般，觀測所得的數據必須經過調整才能代表標準績效水準。由於此法必須觀測數個長時間的作業，此一冗長的過程將會耗費分析師與作業員大量的時間。直接觀察法的另一個缺點是觀測樣本數太少，可能會導致研究結果的偏差。

第二種方法為工作抽查法 (Work sampling) (參閱第 12 章)。此法需要大量的隨機觀測 (Random observations) 樣本，因此分析師只需要進行週期性的觀測，而不需要全天守候在工作場所。另外，工作抽查法不需要進行馬錶測時，所以分析師僅需隨機

表 9.8 典型的工業寬放

寬放因素	公司數	寬放百分比
1. 疲勞	39	93
A. 一般	19	45
B. 休息時間	13	31
無註明 A 或 B	7	17
2. 學習所需時間	3	7
3. 不可避免的延遲	35	83
A. 作業員	1	2
B. 機械	7	17
C. 兩者，作業員與機械	21	50
無註明 A 或 B 或 C	6	14
4. 私事需求	32	76
5. 整備及準備操作	24	57
6. 不正常操作	16	38

(資料來源：Hummel, 1935.)

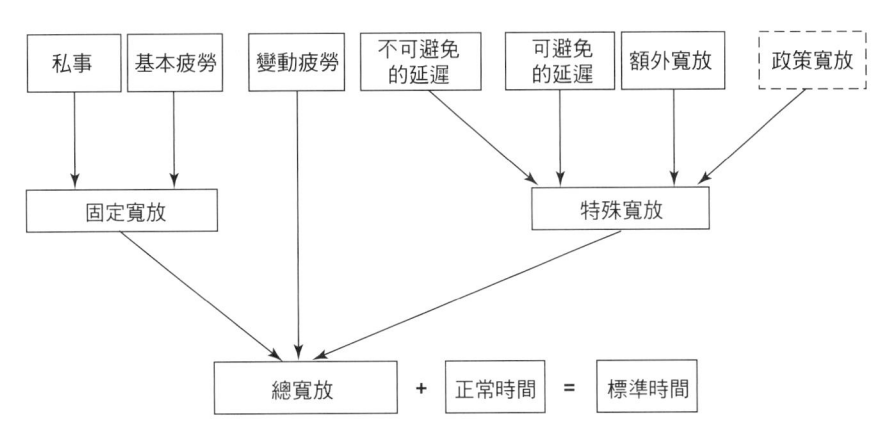

```
 私事   基本疲勞   變動疲勞   不可避免    可避免    額外寬放    政策寬放
                              的延遲     的延遲
   ↓      ↓                    ↓         ↓         ↓          ↓
   固定寬放                              特殊寬放

              ↓                                    ↓
              總寬放    +    正常時間    =    標準時間
```

圖 9.6 不同性質的寬放。

前往觀測地點,簡短地記錄作業員的工作情形(執行或是閒置)即可。最後,分析師將工作抽查所記錄的閒置次數除以作業員正在執行工作的總次數,即可獲得操作該項作業所需的約略寬放時間。

如圖 9.6 所示,依據寬放的性質再予以分類之後,大致上可區分為疲勞寬放與特殊寬放兩個類別。所謂的**疲勞寬放** (Fatigue allowances) 乃是當員工因操作行為或工作環境造成疲勞時,所給予休息的時間;疲勞寬放又可再細分為**固定** (Constant) 疲勞寬放與**變動** (Variable) 疲勞寬放。**特殊寬放** (Special allowances) 則涵蓋製程、設備與原物料等因素,可再區分為**不可避免的延遲** (unavoidable delays)、**可避免的延遲** (avoidable delays)、**額外寬放** (extra allowances) 與**政策寬放** (policy allowances) 等項目。

9.7 固定寬放 Constant Allowances

私事寬放

私事寬放 (Personal allowance) 包含為維持員工福利所需的短暫停止,例如,飲水與如廁等。一般的工作環境與工作種類皆會影響私事寬放所需的時間。例如,塑膠成型部門或是鋼鐵熱鍛製程,即為典型的高溫環境與粗重工作之組合;相較之下,參與前述作業的人員會比在舒適環境下執行輕鬆作業的員工需要更多的私事寬放。

寬放的制定其實並沒有科學依據;但大致上而言,在一般工作環境下執行作業的私事寬放為 5%,相當於每 8 小時的工作約有 24 分鐘的寬放時間。Lazarus (1968) 於一項針對 23 種產業類別,總數達 235 家企業的研究報告中指出,私事寬放的範圍約為 4.6% 至 6.5% 之間,因此 5% 的私事寬放對於大多數員工而言應該是足夠的。

基本疲勞寬放

基本疲勞寬放 (Basic fatigue allowance) 也是一種定值寬放,考量了員工執行工作時所花費的精力與工作時的沉悶感。國際勞工局 (International Labour Office, ILO) (1957)

認為作業員在良好的工作環境以坐姿進行輕鬆的操作，而且感官或運動神經沒有其他負荷的情形下，適當的基本疲勞寬放約占正常時間的 4%。

大部分的作業員在工作尚未開始之前，就已經被賦予 9% 的初始寬放 (5% 的私事寬放與 4% 的基本疲勞寬放)，而工作執行過程中，亦可能會視狀況而給予額外的寬放時間。

9.8 變動疲勞寬放 Variable Fatigue Allowances

基本理論

疲勞寬放與私事寬放有相當密切的關聯；一般而言，疲勞寬放僅適用於工作過程中與人力操作相關的部分。

疲勞的發生不僅限於生理層面，亦可能是純粹心理層面的，甚至是前述兩者的結合，其結果為作業員工作意願的衰減。造成疲勞的主要原因包括：(1) 工作環境，如噪音、溫度與溼度等；(2) 工作性質，如操作姿勢、肌力耗損與工作乏味等；(3) 員工的健康情形。隨著產業機械化程度的提升，因為人力操作所導致的肌力疲勞已經大幅減少；然而，其他的疲勞因素如員工的心理壓力與工作的缺乏趣味等，卻增加了疲勞發生的可能性。由於工作中的疲勞因子不可能完全消除，所以必須給予作業員適當的疲勞寬放，以補償因工作環境或是重複性操作所引起的疲勞。

經由測量工作週程內的生產速率衰退程度 (每隔 15 分鐘檢視生產速率是否有所減少)，分析師將得以制定適當的疲勞寬放：若是生產速率的降低並非肇因於私事或不可避免的延遲，則應將其歸類於疲勞的發生，其寬放時間則是以工作週程時間之百分比數值表示。Brey (1928) 所建議的疲勞係數如下：

$$F = (T - t) \times 100/T$$

其中　F = 疲勞係數

T = 連續工作終了時，實施某一操作所需的時間

t = 連續工作開始時，實施某一操作所需的時間

許多研究嘗試以物理、化學與生理學的角度來衡量疲勞，但至今依然沒有定論。有鑑於此，國際勞工局將各種工作環境所需的私事寬放與疲勞寬放詳細地編列成表 (參閱表 9.9)(ILO, 1979)，這些影響寬放的因素包含：站立或坐姿、不正常的姿勢、力量的使用、照明、空氣狀況、需集中注意力之工作、噪音水準、心智負荷、工作單調、冗長乏味等。分析師可利用此一表格來決定各個操作單元的寬放係數，將其加總之後即可得知整體的變動疲勞寬放，最後再加上固定疲勞寬放，就相當於該項作業的總寬放時間。

雖然國際勞工局所提出的寬放標準缺乏明確的理論依據，卻依然獲得產業界之管理者與員工的一致認同。另一方面，美國從 1960 年代開始逐步制定相關的勞工健康與

表 9.9　國際勞工局建議的寬放值

A. 固定寬放：	
1. 私事寬放	5
2. 基本疲勞寬放	4
B. 變動寬放：	
1. 站立寬放	2
2. 不正常姿勢寬放：	
a. 稍微不便	0
b. 不便（彎身）	2
c. 非常不便（躺著或伸展）	7
3. 使用力量或肌肉能量（提、拉、推）：	
抬舉的重量（磅）	
5	0
10	1
15	2
20	3
25	4
30	5
35	7
40	9
45	11
50	13
60	17
70	22
4. 光線惡劣：	
a. 略低於建議量	0
b. 較建議量低很多	2
c. 非常不足	5
5. 空氣狀況（熱度及溼度）——變數	0～100
6. 需密切注意之工作：	
a. 一般精細工作	0
b. 精細或精密之工作	2
c. 非常精細或精密之工作	5
7. 噪音程度：	
a. 連續	0
b. 間歇——大聲	2
c. 間歇——很大聲	5
d. 高音調——大聲	5
8. 精神緊張：	
a. 一般複雜操作	1
b. 複雜或需廣泛注意的操作	4
c. 非常複雜之操作	8
9. 單調：	
a. 低	0
b. 中	1
c. 高	4
10. 冗長：	
a. 有點冗長	0
b. 冗長	2
c. 非常冗長	5

安全標準。本章接下來將逐一檢視由美國所制定的寬放標準，再以此為依據，探討國際勞工局所訂定的寬放是否恰當。

不正常的姿勢

人體的新陳代謝是設置姿勢寬放的基礎；各種活動都有其對應的新陳代謝模式

(Me-tabolic models) 可供分析師運用 (Garg, Chaffin, and Herrin, 1978)。三種基本的方程式如坐姿、站立與彎身，可用以預測和比較各種身體姿勢與能量消耗之間的關係。舉例來說，一位體重 152 磅 (69 公斤) 的成年人，從事一項消耗 2.2 仟卡／分鐘的手動操作 (Garg, Chaffin, and Herrin, 1978)，當他分別以坐姿、站立與彎身來執行該項操作時，所消耗的能量分別為 3.8 仟卡／分鐘、3.86 仟卡／分鐘與 4.16 仟卡／分鐘。因為坐姿是屬於比較舒適且能夠長時間維持的姿勢，所以此處將以坐姿為基準與其他的姿勢互相比較。站立和坐姿的能量消耗比為 1.02，相當於 2% 的寬放；而彎身和坐姿的能量消耗比為 1.10，即 10% 的寬放。參照表 9.9 所列舉的國際勞工局建議寬放，第一個數值和國際勞工局的建議值相同，第二個數值則稍微大於國際勞工局所建議的 7%，其原因在於彎身是一種無法長時間維持的極端姿勢。

肌肉受力情形

疲勞，有時亦稱為放鬆寬放 (Relaxation allowances)，以下兩個重要的生理原則是用以設置寬放的主要依據：(1) 肌肉疲勞；與 (2) 肌肉疲勞後的恢復。肌肉疲勞最顯著的症狀就是肌肉力量顯著的減弱，Rohmert (1960) 將肌肉疲勞量化之後整理出下列的原則：

1. 當靜態施力超過最大肌力的 15% 時，最大肌力會因此下降。
2. 肌肉靜態收縮的時間愈久，則肌力減弱的幅度愈大。
3. 當施力程度與最大肌力相當時，肌肉的收縮幅度最小。
4. 恢復時間與疲勞程度是一函數關係，即肌力的減弱幅度與恢復肌力所需之時間成正比。

Rohmert (1973) 將疲勞和恢復的觀念量化之後，繪製出一系列如圖 9.7 的曲線圖；圖中之放鬆寬放 (RA) 為施力和支持時間的函數：

$$RA = 1,800 \times (t/T)^{1.4} \times (f/F - 0.15)^{0.5}$$

其中 RA = 放鬆寬放 (時間 t 的百分比)

t = 支持時間 (分鐘)

f = 支持力量 (磅)

F = 最大支持力量 (磅)

T = 以支持力量 f 持續支撐重物的最大支持時間 (分鐘)，其定義如下：

$$T = 1.2/(f/F - 0.15)^{0.618} - 1.21$$

Chaffin 等人 (1987) 針對 1,522 位男女作業員所進行的研究指出，人體之手臂、腿部與軀幹的平均最大支持力約為 100 磅 (45.5 公斤)。若是以最大支持力進行短暫且非經常性的抬舉作業 (每 5 分鐘不超過一次)，則適當的寬放如表 9.10 所示。另一方

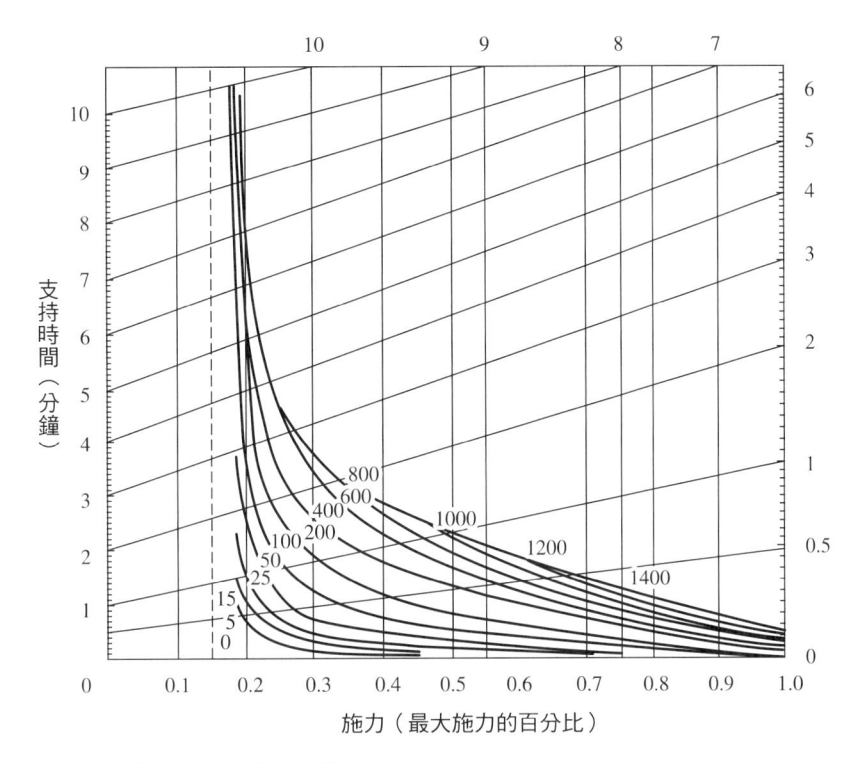

圖 9.7 靜態施力與支持時間的不同組合。
（資料來源：Rohmert, 1973.）

表 9.10 肌力寬放值的計算值與國際勞工局的建議值比較

負重（磅）	國際勞工局	計算值
5	0	0
10	1	0
15	2	0
20	3	0.5
25	4	1.3
30	5	2.7
35	7	4.5
40	9	7.0
45	11	10.2
50	13	14.4
60	17	不適用
70	22	不適用

面，新陳代謝速率對於經常性抬舉作業 (每 5 分鐘超過 1 次) 有著決定性的影響，所以分析師應該參照美國國家職業安全衛生研究所制定的抬舉指導方針 (參閱 4.4 節) 決定該項作業的限制；然而，讀者必須注意美國國家職業安全衛生研究所並不適用於負重超過 51 磅 (23.2 公斤) 的抬舉作業。

在完成了沉重的工作之後，究竟需要多少時間才能讓肌肉能量回復到一般水準呢？以下列舉的公式將可以幫助讀者了解休息時間之計算 (參閱 4.4 節)：

$$R = (W - 5.33)/(W - 1.33)$$

其中　　R = 所需的休息時間，以總時間的百分比表示

　　　　W = 工作期間的平均能量消耗 (仟卡／分鐘)

將上述的公式以放鬆寬放表示：

$$RA = (\Delta W/4 - 1) \times 100$$

其中　　RA = 放鬆寬放，以百分比值方式附加至正常時間

　　　　ΔW = 能量消耗的增加量 = W –1.33 仟卡／分鐘

測量心搏速率遠比測量能量消耗要來得容易，此處利用心搏速率將放鬆寬放改寫如下：

$$RA = (\Delta HR/40 - 1) \times 100$$

其中　　RA = 放鬆寬放，以百分比值方式附加至工作時間

　　　　ΔHR = 工作心搏速率與休息心搏速率之差異值

範例 9.1　非經常使用肌力之放鬆寬放

假設作業員以少於每 5 分鐘 1 次的頻率抬舉重約 40 磅 (18.2 公斤) 的物體，由於該項作業之負荷相當於平均最大體能的 40% (40/100 = 0.4)，故最大支持時間之計算如下：

$$T = 1.2/(0.4 - 0.15)^{0.618} - 1.21 = 1.62 \text{ 分鐘}$$

接著將短暫支持時間 (0.05 分鐘) 與最大支持時間 (1.62 分鐘) 分別代入放鬆寬放的方程式：

$$RA = 1{,}800 \times (0.05/1.62)^{1.4} \times (0.4 - 0.15)^{0.5}$$
$$= 1{,}800 \times (0.00768) \times (0.5) = 6.96 \approx 7\%$$

最後再將計算所得的放鬆寬放 (7%) 加上典型的固定寬放 (9%)，即可得知該項作業的總寬放為 16%。

大氣環境

具體表現人體對大氣環境的反應是一件非常困難的工作。許多研究嘗試將人類的生理反應與數個環境狀態之改變結合成一項簡單的指標。然而，實際上並沒有任何一項已知的指標能夠符合要求，又能夠兼顧寬放的變異性。國際勞工局用以制定大氣環境寬放的概念已經過時，也明顯低估了放鬆寬放所需的時間；Freivalds 與 Goldberg (1988) 的研究指出，依據國際勞工局標準所制定的寬放和實際工作情形存在顯著的差異。

美國國家職業安全衛生研究所於 1986 年所提出的指導方針，則是透過溼球溫度計 (WBGT) 和工作能量消耗，以最小平方迴歸方程式將無法適應大氣環境的人員所需之

疲勞寬放予以量化：

$$RA = e^{(-41.5 + 0.0161W + 0.497\text{WBGT})}$$

其中　　W = 工作時的能量消耗 (仟卡／小時)

WBGT = 溼球溫度 (°F)

範例 9.2　總體疲勞之放鬆寬放

以第 4 章圖 4.20 所列舉之將煤礦剷入漏斗的粗重工作為例，其能量消耗為 10.2 仟卡／分鐘，而執行該項作業所需的放鬆寬放 (RA) 為：

$$RA = [(10.2 - 1.33)/4 - 1] \times 100 \approx 122\%$$

唯有足夠的休息時間才能讓員工從疲勞中逐漸恢復。根據計算所得之結果，從事該項作業的人員在 8 小時的工作期間內必須有 4 小時的休息時間。(註：對男性而言，可接受的 ΔW 為 5.33−1.33 = 4 仟卡／分鐘；對女性而言，則將 5.33 與 1.33 分別換為 4.0 與 1.0。)

噪音程度

美國職業安全與衛生署 (OSHA, 1983) 制定了員工暴露在噪音環境下的容許時間；如表 9.11 所示，其容許時間範圍則是依噪音水準的強弱而有所差異。

如果作業員每天都必須於數個噪音水準不同的環境執行生產作業，則應當以下列公式計算該名作業員所承受的合併噪音劑量 (Noise dose)：

$$D = C_1/T_1 + C_2/T_2 + \cdots \leq 1$$

其中　D = 噪音劑量

C = 暴露在特定噪音水準下的時間 (小時)

T = 暴露在特定噪音水準下的容許時間 (表 9.11)(小時)

其放鬆寬放 (以百分比表示) 為：

$$RA = 100 \times (D - 1)$$

範例 9.3　大氣環境之放鬆寬放

一位以坐姿從事手工組裝作業的作業員，其能量消耗為 200 仟卡／小時，在溼球溫度為 88.5°F 的條件下，放鬆寬放之計算如下所示：

$$RA = e^{[-41.5+0.0161(200)+0.49(88.5)]} + e^{5.7045} \approx 300\%$$

根據上式的計算結果，在放鬆寬放為 300% 的條件下，該名作業員每工作 15 分鐘，就需要 45 分鐘的休息時間。

表 9.11 美國職業安全與衛生署所制訂的噪音容許程度

噪音程度 （分貝）	容許時間 （小時）
80	32
85	16
90	8
95	4
100	2
105	1
110	0.5
115	0.25
120	0.125
125	0.063
130	0.031

根據以上的公式，作業員於各種噪音水準下所承受的總體噪音劑量不能超過 100%。例如，一名作業員先於噪音水準達 95 分貝的環境工作了 3 小時，隨後再到噪音水準達 90 分貝的環境工作了 5 小時；雖然個別的噪音劑量尚在容許範圍之內，但經過合併計算以後，其總體噪音劑量已經超出美國職業安全與衛生署所建議之容許範圍：

$$D = 3/4 + 5/8 = 1.375 > 1$$

根據美國職業安全與衛生署的規定，放鬆寬放之計算如下：

$$RA = 100 \times (1.375 - 1) = 37.5\%$$

由此可知，對於每天 8 小時的工作而言，最大的噪音容許水準為 90 分貝；如果工作場所的噪音大於 90 分貝，就應該給予適當的放鬆寬放。

噪音劑量之計算包含所有介於 80 至 130 分貝的聲音（雖然 115 分貝以上的噪音是不被允許的），表 9.11 中僅提供特定噪音水準下的容許暴露時間，而下列的公式可用於計算其他未被列出的噪音水準及其容許時間：

$$T = \frac{32}{2^{(L-80)/5}}$$

其中　L = 噪音程度（分貝）

範例 9.4　噪音之放鬆寬放

一位作業員暴露在如表 9.12 所示的噪音水準下長達 8 小時，透過下列的公式計算後，可得該名作業員之容許暴露時間如下：

$$T = \frac{32}{2^{(96-80)/5}} = 3.48$$

噪音劑量為：

$$D = 1/32 + 4/8 + 3/3.48 = 1.393$$

放鬆寬放為：

$$RA = 100 \times (1.393 - 1) = 39.3\%$$

由於一天 8 小時的噪音劑量超過了美國職業安全與衛生署的要求，因此應該給予該名作業員 39.9% 的放鬆寬放。值得注意的是，國際勞工局所建議的寬放明顯低估了真正的需求，因此不建議使用。

表 9.12　每日超過 8 小時的噪音程度

噪音量(L) （分貝）	暴露時間(C) （小時）	容許時間(T) （小時）
80	1	32
90	4	8
96	3	3.48

照明水準

國際勞工局於 1957 年與北美照明工程協會 (IESNA) 於 1995 年所制定的照明寬放並非完全相同，但可用下述的方式予以調整。以放鬆寬放而言，如果照明水準僅略低於建議值，則視為與建議照明水準相同，而不需要給予任何的寬放；若是照明水準明顯低於建議值，則可歸類至比建議照明水準更低一個等級的類別，並給予 2% 的寬放；一旦照明水準非常不足，則應將其歸類到低於建議照明水準二個等級以上的類別，並給予 5% 的寬放。由於人類對照明的感知是以對數函數呈現；換言之，人類需要相當強烈的照明差異才能察覺照明水準之改變，也印證了上述調整的合理性 (IESNA, 1995)。

相關的文獻指出，增加照明水準有助於提升作業員的操作績效。衡量績效差異最好的方法是在準確操作的前提下，測量各種照明水準對於操作完成時間的影響。Bennett、Chitlangio 及 Pangrekar (1977) 的研究發現，閱讀一篇內含 450 個鉛筆字的文章，其閱讀時間是照明水準的三次方函數：

$$\text{Time} = 251.8 - 33.96 \log \text{FC} + 6.15 (\log \text{FC})^2 - 0.37 (\log \text{FC})^3$$

其中　Time = 平均閱讀時間 (秒)

　　　FC = 照明水準 [呎燭光 (Foolt candles, fc)]

IES (1981) 所建議的鉛筆字閱讀照明水準為 50 至 100 呎燭光 (500 至 1,000 lx)，由於整體的權重係數為 0，所以建議照明水準為 75 呎燭光 (750 lx)。另一方面，表 9.13 則是以降冪方式詳細條列在特定照明水準下合理的閱讀時間與寬放，根據該表格所載之數據，每當照明水準遞減一個等級，就應該增加約 3% 至 5% 的閱讀時間。當照明水準與建議值有一段差距時，表中所列之寬放相當於國際勞工局之建議值；若是照明水準持續下降到更低的等級，則所需的閱讀時間增加 6% 至 8%，此一數值大於國際勞工局所建議的寬放值 5%。總體而言 Bennett、Chitlangio 及 Pangrekar (1977) 的研究結果與國際勞工局所提出的照明寬放值大致相等。

表 9.13　不同照明度與時間關係

照明度 （呎燭光）	時間 （秒）	和 75 呎燭光 的差異(%)	國際勞工局 類別	寬放 (%)
75	207.3	—	（建議）	0
50	210.0	1.3	稍差	0
30	213.9	3.2	很差	2
20	217.2	4.8	很差	2
15	219.8	6.0	不足	5
10	223.6	7.9	不足	5

（資料來源：Bennett, Chitlangio, and Pangrekar, 1977.）

視覺負荷

　　國際勞工局並沒有對精密程度一般的作業制定視覺負荷寬放；然而，國際勞工局對於精密度較高與精密度極高的作業，則分別給予 2% 與 5% 的寬放。此一寬放標準僅考量視覺上的要求，卻並未提及如照明水準、炫光、閃爍、顏色、目視時間與對比等其他會嚴重影響視覺需求的因素。因此，國際勞工局對於視覺負荷的寬放只是粗略的近似值；更為精確的視覺寬放可透過分析目標偵測能力的 Blackwell 視覺曲線 (Visibility curves) 加以制定 (1959)。

　　下列四個因素對於目標物的視覺清晰度有著相當顯著的影響：

1. **目標物之背景亮度**：目標物的背景光源反射到作業員眼睛的強度，其衡量單位為呎－郎伯 (foot-Lamberts, fL)。
2. **對比度**：目標物本身的亮度與背景亮度之間的差異。此外，對比度也應該隨著下列因素的改變而作出些許調整：一般真實世界的環境 (2.5)、目標物的移動 (2.78)，以及需要尋找目標物位置的時候 (1.5)。
3. **容許的觀測時間**：觀測時間的範圍從千分之一秒到數秒不等。觀測時間是否充分將會影響操作的速度與準確性。
4. **目標物的大小**，以視角衡量 [弧分 (arc minutes)]。

Blackwell 的視覺曲線能夠以下列的方程式表示：

$$\%\text{Det} = 81 \times C^{0.2} \times L^{0.045} \times T^{-0.003} \times A^{0.199}$$

其中　%Det = 目標偵測百分比 (0% 至 100%)

　　　　C = 對比度 (0.001 至 1.8)

　　　　L = 背景亮度 (1 至 100 呎－郎伯)

　　　　T = 目視時間 (0.01 至 1 秒)

　　　　A = 視角 (1 至 64 弧分)

　　在確定了常人視覺能力的百分位數範圍 (Percentile range) 之後，目標偵測能力的百分比數值可用於查核分析師所制定之視覺負荷寬放是否合理。常用的百分位數範圍從

50% 至 95% 不等，此範圍亦適用於目標偵測與放鬆寬放之定義。當目標偵測水準高達 95% 以上，代表該項工作並不會對作業員的視覺造成沉重負荷，也就是國際勞工局所定義的一般精密作業，其寬放為 0%；高度精密作業的目標偵測百分比在 50% 以上，而與之對應的寬放為 2%；最後，倘若目標偵測百分比低於 50%，即符合國際勞工局對於極度精密作業之定義，並給予 5% 的寬放。

值得注意的是，Blackwell 視覺曲線對放鬆寬放並沒有直接的定義，而是藉由目標偵測能力間接地決定了放鬆寬放；換言之，放鬆寬放為目標偵測百分比的反比值。

一般而言，較小的視角通常會導致作業績效的衰退；而唯有在對比水準較高的環境下，目視時間才會對作業績效造成影響。

範例 9.5 視覺負荷之放鬆寬放

檢驗電路板上的電阻屬於相當精密的工作，依據國際勞工局所制定的建議值，該項作業的寬放為 2%。下列的計算有助於確認此一寬放是否合理。假設作業員與電路板的距離為 12 吋，而電路板上每一個電阻的寬度為 0.02 吋。根據上述的資料，該項作業的視角為 3,438 × 0.02/12 = 5.73 弧分；電阻本體 (目標物背景) 的亮度為 10 呎－郎伯，且電阻與其背景的對比為 0.5。將對比除以特定係數 (1.5 × 2.5 = 3.75) 作為實際偵測電阻與尋找電阻位置的調整 (Freivalds and Goldberg, 1988)。眼睛凝視的平均時間為 0.2 秒，將以上的數值代入偵測能力公式，可得：

$$\%\text{Det} = 81 \times (0.5/3.75)^{0.2} \times 10^{0.045} \times 0.2^{-0.003} \times 5.73^{0.199}$$
$$= 81 \times 0.668 \times 1.109 \times 1.005 \times 1.415 = 85.3\%$$

根據計算結果，目標偵測能力為 85.3%，小於 95%，所以應當給予 2% 的寬放。

心智負荷

不論工作型態為何，心智負荷的衡量都相當地困難。如今一套標準化的心智負荷衡量方法依然付之闕如，而且同一項操作的心智負荷也會因人而異。除此之外，對於影響作業複雜度的因素缺乏理解，也是導致心智負荷難以度量的另一個原因。

調查心智負荷寬放是否合理的先決條件有：(1) 一個獨立的作業複雜度指標；與 (2) 因疲勞或時間而導致工作產出變動的客觀證據。即使擁有了上述的資訊，實驗動機的差異對於觀測結果依然有著相當顯著的影響。然而，讓問題變得更加複雜的卻是國際勞工局對放鬆寬放所作的粗略定義：對於複雜程度一般的工作給予 1% 的寬放；需要廣泛注意力的複雜作業給予 4% 的寬放；非常複雜的作業則給予 8% 的寬放。

Okogbaa 與 Shell (1986) 所設計的定時閱讀或心算作業，或許能作為制定心智負荷寬放的參考。上述的兩項作業都是屬於複雜且需要廣泛注意力的作業，因此能夠給予 4% 的寬放。然而，閱讀績效每小時遞減 3.5%，而心算績效則是每小時遞減 2%。由此可知，國際勞工局於 1957 年針對績效衰退所給予的寬放，僅適用於心智負荷時間在 1 小時以內的工作；過長的工作時間將會導致寬放不足，而必須加以適當地修正。

工作單調

根據國際勞工局於 1957 年的定義,所謂的單調乃是重複使用部分心智機能(如心算)所造成的結果。單調程度較低的作業不需要給予寬放;而中度單調的作業給予 1% 的寬放;高度單調的作業則給予 4% 的寬放。由於 Okogbaa 與 Shell (1986) 執行認知研究的時間超過了 4 個小時,也應該給予適度的單調寬放;然而,即使是採用最高的寬放值 (4%),也僅能增加 2 小時的工作時間。另外,警戒作業也算是一種典型的單調工作。Baker、Ware 與 Sipowicz (1962) 發現,受試者在 1 小時的測試當中,能夠偵測到短暫燈光閃爍的機會高達 90%;但是在經過了 10 小時之後,偵測績效就衰退到只有 70% 的水準,其偵測能力衰退程度相當於每小時下降 2%。再次強調,國際勞工局所制定的放鬆寬放並不足以補償長時間工作所導致的績效下降,因此分析師必須進行更進一步的研究以取得更好的寬放模式。

冗長及煩悶

一般而言,冗長煩悶的工作(重複性作業)並不需要給予寬放 (0%);比較冗長煩悶的工作給予 2% 的寬放;非常冗長煩悶的作業則給予 5% 的寬放。國際勞工局於 1957 年將冗長煩悶定義為:重複使用人體的某些部位執行工作,如手指、雙手、手臂與雙腳。換句話說,重複使用相同的肢體反覆執行一項操作,就是典型的冗長煩悶作業;而單調作業的特點則是不斷重複地使用相同的心智機能。方法研究的目的在於簡化作業與提升效率,卻同時為技能良好的作業員帶來了更多的重複動作與冗長煩悶,使得作業員的動作變得更不協調(參閱第 5 章)。

累積性傷害 (CTD) 風險評估模式 (ANSI, 1995; Seth, Weston, and Freivalds, 1999) 指出,動作頻率、手腕姿勢、手部施力程度是增加 CTD 風險的關鍵因素。然而,如今這個模式依然未臻完善,因此尚未受到業界的廣泛重視。不過,根據美國國家職業安全衛生研究所於 1989 年的數據指出,如果每個工作班次的危險性腕關節動作達到 10,000 次,就會讓 CTD 的工作風險達到臨界值;一旦超過 20,000 次,工作風險就會顯著地增加。換言之,10,000 次的腕關節動作次數是安全作業的上限,同時也應該給予 100% 的放鬆寬放,但是此一數值比起國際勞工局於 1957 年的建議值要高出許多。由此可知,多數與冗長煩悶相關的寬放模式其實都尚在開發階段,若想要制定廣為大眾所接受的寬放標準,分析師必須有更多的證據來驗證其正確性。

9.9 特殊寬放 Special Allowances

不可避免的延遲

此種延遲係指人力操作單元的遲滯;例如,部門主管、收發人員、排程人員、分析師與其他因素所導致的作業中斷,或是原物料異常、維持公差與規格的困擾,以及單人多機作業的機器干擾等,均屬於此種延遲類型。

作業員在工作過程中可能遭遇到各種形式的干擾。領班或是課長可能會為了給予額外的作業指示，或是說明注意事項而中斷正在進行的作業；而檢驗員也可能會打斷作業員的工作以說明造成品質瑕疵的原因。其他如規劃人員、稽查人員、部門同儕、生產人員等也是可能的干擾來源。

不可避免的延遲大多是由於原物料異常所導致，例如，原物料的存放位置錯誤、材質太軟或太硬、長度太短或太長，以及餘料或毛邊等品質缺陷等。若是原物料的規格不符標準，則已建立的寬放就可能會有所不足；因此分析師必須再次進行時間研究，以建立處理異常原物料所需的寬放時間。

如第 2 章所論述的，如果一位作業員必須負責操作兩部以上的機器，那麼他必須先完成其中一部機器的操作，接著才能操作其他的機器；換言之，在作業員執行操作的過程中，至少有一部機器是處於閒置或是待操作的狀態。隨著作業員操作機器數量的提升，機器干擾時間 (Machine interference time) 也將隨之增加。範例 9.6 則是應用萊特方程式 (參閱第 2 章) 推估機器干擾寬放之案例。

範例 9.6　機器干擾之放鬆寬放

一名任職於紡織工廠的作業員被指派負責 60 部紡織機的運作。經由馬錶測時，每部紡織機的平均運轉時間為 150 分鐘，而每單位產出需時 3 分鐘；依據萊特方程式來計算機器干擾時間 (參閱第 2 章)，即可得知作業員的產出百分比為 1,160%。

其他相關資訊如下：

機器運轉時間	150.00 分鐘
作業員產出時間	3.00 分鐘
機器干擾時間	$11.6 \times 3.0 =$ 34.80 分鐘
60 倍機器的標準時間	187.80 分鐘
每部機器的標準時間	$\dfrac{187.80}{60} = 3.13$ 分鐘

將機器干擾時間以百分比的方式表示，則為：

$$\% \text{ 寬放} = \frac{34.8}{153} \times 100 = 22.75\%$$

機器干擾時間和作業員的工作績效之間有著相當緊密的關聯。因此，若是作業員的努力程度不足，機器干擾的次數將會有所增加；相反地，努力程度較佳的作業員花費在處理機器故障的時間較少，也比較不容易發生機器干擾的狀況。分析師大多利用第 2 章所建議的方法來決定正常的干擾時間 (如領班干擾、原物料干擾等)，若正常的干擾時間小於機器的干擾時間，則兩個干擾時間的比值就是作業員的工作績效。

可避免的延遲

習慣上對於可避免的延遲通常不會給予寬放；例如，拜訪同儕之社交行為、沒有理由的工作停頓，以及不是以恢復疲勞為目的而進行的休息等。由於作業員可能因而犧牲了工作產出，因此對於可避免的延遲，工作標準時間通常不會給予任何的寬放。

額外的寬放

一般而言，金屬加工相關的操作通常會給予私事、不可避免的延遲、疲勞等項目大約 15% 的寬放。然而，分析師必須針對某些特殊狀況給予額外寬放 (Extra allowances)，才能夠維持時間標準的公平與合理。舉例來說，分析師必須對一批不符規格的原物料給予額外的寬放，以彌補作業員處理產品退貨所花費的時間。另舉一例，因為起重機故障，迫使作業員必須以人力搬運及定位重達 50 磅鑄件，則分析師應該給予額外的寬放，以補償人力搬運所產生的疲勞。

將部分操作或是整體工作週程時間增加一定的比例 (通常是以百分比的方式表示)，以維持作業員的工作效率，是一種常用於制定額外寬放的方法，其中又以鋼鐵工業的應用最為廣泛。額外寬放通常又稱為**注意時間** (Attention time)，適用於檢驗員觀察鍍錫鐵板的產出、作業員觀察熔池狀態並接收鎔爐的資訊，或起重機作業員依據調度員的指示進行操作等。若是缺少了適當的額外寬放，部分員工會發現他們無法取得與其他同儕相同的酬勞。

清理工作站與潤滑機器所需的時間，應歸類於不可避免的延遲。由於這些工作都是屬於作業員的責任，所以管理階層必須給予適當的寬放。分析師通常會將前述作業的寬放時間包含在整個工作週程的寬放時間之內。機器設備的種類與大小，以及加工產品的材質，均會影響完成此類型工作所需的時間。表 9.14 為某家公司針對上述項目所制定的寬放時間。有時領班會在每天工作結束前給予作業員 10 至 15 分鐘的時間，以從事清理工作站與潤滑機器的工作。若是如此，則分析師所建立的時間標準就不應該包含清理與潤滑的寬放。

刀具維修的寬放，乃是提供作業員維護及保養刀具的時間。一般而言，刀具在安裝之前都已經完成適當的研磨；但是在經過長時間的使用之後，刀具依然需要定期的研磨與保養才能維持正常的功能，因此管理階層應給予作業員適當的寬放以從事刀具之維修作業。

政策寬放

在極為罕見的狀況下，為了提供足以讓績效特優人員滿意的薪資而給予之寬放，稱為政策寬放，其適用對象包括新進員工、不同能力程度的員工等。政策寬放通常是由管理階層和工會共同協商後所制定。

9.10 寬放的運用 Allowance Applications

所有寬放的基本用意，皆是在正常操作時間以外，再附加足夠的時間，使得平均作業員能夠以正常速度達成預定的績效標準。寬放的應用方式有兩種，最常見的是將寬放以百分比的方式附加至正常操作時間，因此寬放的制定基準為固定比率的生產時間。習慣上會將此一類型的寬放以乘數來表示，以便將正常時間 (NT) 調整為標準時間 (ST)：

表 9.14 清理機器的寬放表

項目	每部機器的寬放百分比		
	大	中	小
1. 清理機器並使用潤滑劑	1	3/4	1/2
2. 清理機器但不使用潤滑劑	3/4	1/2	1/4
3. 清理機台並移開大量工具和裝備	1/2	1/2	1/2
4. 清理機台並移開少量工具和裝備	1/4	1/4	1/4
5. 停機以清理機器（此寬放僅適用於備有切屑盤的機器，在機器加工一段時間後，必須關掉機器以清理切屑）	1	3/4	1/2

$$ST = NT + NT \times 寬放 = NT \times (1 + 寬放)$$

其中　ST＝標準時間

NT＝正常時間

因此，若給予一項作業 10% 的寬放，則此乘數之值為 1 + 0.1 = 1.1。

舉例來說，總寬放之計算可能包括下列項目：

私事寬放	5.0 %
一般疲勞寬放	4.0
不可避免的延遲寬放	1.0
總寬放	10.0 %

於是，正常時間乘上 1.1 就等於標準時間。以圖 8.6 所展示的時間研究為例，單元 1 的平均正常時間為 0.177 分鐘，將其乘上 1.1 (即 10% 的寬放) 後，即可得知該單元的標準時間為 0.195 分鐘。在每天工作 480 分鐘的條件下，作業員實際的生產時間相當於 480/1.1 = 436 分鐘，另外有 44 分鐘的寬放時間可供作業員用餐或稍事休息。讀者必須注意的是，根據本書第 4 章所闡述的原則，高頻率、短時間的休息模式會比低頻率、長時間的模式有著較佳的恢復效果。

有些公司則會採用另一種方式，在尚未確認生產時間的狀況下，直接將每日工時的一部分當作寬放；若以上述的例子而言，正常時間的乘數變成 100/ (100 − 10) = 1.11 (而非 1.1)，且單元 1 的標準時間則延長為 0.196 分鐘。換言之，在為期 480 分鐘的工作過程中，容許休息時間被放大為 480×0.1 = 48 分鐘 (而非 44 分鐘)。雖然前後兩個計算方式所得之休息時間並沒有太大的差異，但若將數百位作業員一天的休息時間擴展至以年為單位計算，其差異量就相當可觀了。而公司政策是造成此種差異的主要原因。

總結

績效評比的核心觀念在於調整工作時間之觀測平均值，以獲得合格作業員以正常速度完成該項工作所需的時間。由於時間標準的建立完全仰賴分析師的經驗、訓練與

表 9.15　寬放修正表

固定寬放	
私事	5
基本疲勞	4

變動放鬆寬放	
姿勢寬放	
站立	2
不便（彎身、躺著、蹲伏）	10
照明水準	
低於建議值 1 個等級	1
低於建議值 2 個等級	3
低於建議值 3 個等級	5
視覺負荷	
精密的工作	2
非常精密的工作	5
心智負荷	
第1個小時	2
第2個小時	4
接續的每個小時	+2
工作單調	
第1個小時	2
第2個小時	4
接續的每個小時	+2
使用肌肉力量或能量	
重複握取或偶發抬舉	
（每5分鐘抬舉少於一次）	$RA = 1{,}800 \times (t/T)^{1.4} \times (f/F - 0.15)^{0.5}$，其中 $T = 1.2/(f/F - 0.15)^{0.618} - 1.21$
經常性抬舉	
（每5分鐘抬舉大於一次）	使用NIOSH的建議值 LI < 1.0
整個身體的動作	$RA = (\Delta HR/40 - 1) \times 100$ 或 $RA = (\Delta W/4 - 1) \times 100$
大氣環境	$RA = \exp(-41.5 + 0.0161W + 0.497\ WBGT)$
噪音程度	$RA = 100 \times (D - 1)$，其中 $D = C_1/T_1 + C_2/T_2 + \cdots$
重複性（冗長及煩悶）	
尚未建立標準	使用CTD的風險分析並維持風險指標 < 1.0

判斷，因此時間標準的正確性容易遭受質疑。現有的評比系統都試圖以「客觀」的角度比較工作績效之優劣，然而，評比的正確與否最終依然取決於分析師的主觀判斷。有鑑於此，訓練分析師如何維持適切且一致的評比有著決定性的影響。因為許多研究指出，多數的分析師在接受訓練之後皆能給予適切且一致的評比。

分析師的首先任務是以評比來調整工作時間之觀測值，接著就應該導入寬放的概念，以估計延遲與中斷對於工作的影響。一般而言，產業界所採行的標準為 5% 的私事寬放，以及 4% 的疲勞寬放；表 9.15 所提供的資訊，將可以幫助讀者了解各種疲勞及對應的寬放數值，這些指導方針尤其適用於不正常的姿勢、肌肉施力情形、大氣環境和其他與工作環境相關的寬放，但是用以制定視覺負荷、心智負荷、單調、冗長及

煩悶有關的寬放則比較不可靠；最後再加上不可避免的延遲以及額外寬放 (如維持機器清潔) 等項目。分析師所制定的寬放必須兼具精確度與一致性，否則一旦給予過多的寬放，就會導致生產成本的升高；另一方面，過度嚴謹的寬放亦會使得績效標準過於嚴苛，造成勞資關係的不和諧，最終導致整個評比與寬放系統失效。

問題

1. 為何工業界無法發展出一套通用的「標準績效」觀念？
2. 何種因素將會導致作業員的績效出現相當大的變化？
3. 健全的評比系統應該具有哪些特徵？
4. 評比應該於時間研究的哪一個階段完成？並說明其重要性。
5. 時間研究的實施過程中，哪些因素會影響實施績效評比的頻率？
6. 試說明西屋評比系統之內容。
7. 試說明西屋系統對「工作環境」實施評比的目的。
8. 什麼是合成評比法？它主要的缺點是什麼？
9. 速度評比法的理論依據為何？它與西屋系統有何差異？
10. 優良的速度評比法應該具備哪四項基本準則？
11. 為何評比訓練是一種連續的過程？
12. 為何合成評比法需要一個以上的操作單元才能建立評比係數？
13. 選用一名操作速度優於常人的作業員進行時間研究有何缺點？並說明原因。
14. 作業員在何種狀況下會試圖給人認真工作的印象，但是其產出績效卻僅止於中等或低劣的水準？
15. 寬放所涵蓋的主要領域有哪些？
16. 哪兩種方法適用於建立寬放標準？請簡單說明其應用。
17. 列舉一些私事寬放的項目，並說明一般的工作站作業應該設置多少百分比的私事寬放才合理？
18. 影響疲勞的主要因素有哪些？
19. 哪些作業員的干擾應該被歸類為可避免的延遲？
20. 通常會給予可避免的延遲多少百分比的寬放？
21. 何種狀況下應該給予額外的寬放？
22. 為何疲勞寬放通常僅適用於人力操作的單元？
23. 為何以生產時間的百分比為基準來制定寬放？
24. 要求作業員自行清理與潤滑機器有何優點，試說明之。
25. 試列舉數個理由，說明為何當整個工作週程大部分的時間都屬於機器操作時，不需要給予額外的寬放。

習題

1. 針對下列各作業(見教科書官方網站)進行評比
   a. 沖壓成型
   b. 沖壓連接頭
   c. 手電筒組裝
   d. 接合組裝
   e. 病床圍欄組裝
   f. 車縫(成衣)
   g. 貼標(成衣)
   h. 剪裁與粗縫固定(成衣)

2. 一位技巧笨拙的作業員正在從事組裝作業,請依下列條件為該名作業員建立適當的寬放:
   - 需要經常性地抬舉重約 15 磅的物件。
   - 照明水準與大氣環境皆屬良好。
   - 工作性質屬於精密操作;且連續噪音水準為 70 分貝。
   - 心智負荷、單調程度與冗長煩悶皆屬於低等。

3. 作業員每隔 5 分鐘就必須必須裝載、卸載一具重達 25 磅的鑄件,該項作業的抬舉高度為 30 吋,試計算其疲勞寬放。

4. 承上題,若將抬舉頻率提升為每分鐘 5 次,則疲勞寬放為若干?

5. 量測 XYZ 公司中的噪音程度一整天(8 小時)之後,得到以下的結果:
   - 噪音水準達 100 分貝的持續時間為 0.5 小時。
   - 噪音水準低於 80 分貝的時間為 1 小時。
   - 噪音水準為 90 分貝的時間為 3.5 小時。
   - 另外 3 小時的噪音水準為 92 分貝。請計算該公司員工之放鬆寬放。

6. 某一項連續工作的起始操作需時 1.480 分鐘,同時該項連續工作的結束操作耗時 1.542 分鐘,試問應當給予此一工作多少疲勞寬放?

7. 假設作業員在照明不足的環境下,以 42 磅的拉力從事精密度一般的工作;試問根據國際勞工局所制定的標準,該項作業之寬放係數為何?

8. 以一名負責將廢鐵剷入儲存容器中的作業員為例,該員在工作過程中的心搏率約為 130 次/分鐘,而休息時的心搏率約為 70 次/分鐘,試計算其疲勞寬放。

9. 一位體重約 200 磅的作業員站在鎔爐旁監控生產作業,試問當溼球溫度到達 92°F 時,應該給予該名作業員的疲勞寬放為若干?

參考文獻

ANSI. *Control of Work-Related Cumulative Trauma Disorders — Part I: Upper Extremities*. ANSI Z-365 Working Draft. Itasca, NY: American National Standards Institute, 1995.

Baker, R. A., J. R. Ware, and R. R. Sipowicz. "Signal Detection by Multiple Monitors." *Psychological Record*, 12, no. 2 (April 1962), pp. 133-137.

Bennett, C. A., A. Chitlangia, and A. Pangrekar. "Illumination Levels and Performance of Practical Visual Tasks." *Proceedings of the 21st Annual Meeting of the Human Factors Society* (1977), pp.322-325.

Blackwell, H. R. "Development and Use of a Quantitative Method for Specification of Interior Illumination Levels on the Basis of Performance Data." *Illuminating Engineer*, 54 (June 1959), pp. 317-353.

Brey, E. E. "Fatigue Research in Its Relation to Time Study Practice." *Proceedings, Time Study Conference*. Chicago, IL: Society of Industrial Engineers, February 14, 1928.

Chaffin, D. B., A. Freivalds, and S. R. Evans. "On the Validity of an Isometric Biomechanical Model of Worker Strengths." *IIE Transactions*, 19, no. 3 (September 1987), pp. 280-288.

Freivalds, A. "Development of an Intelligent Knowledge Base for Heat Stress Evaluation." *International Journal of Industrial Engineering*, 2, no. 1 (November 1987), pp. 27-35.

Freivalds, A., and J. Goldberg. "Specification of Bases for Variable Relaxation Allowances." *The Journal of Methods-Time Measurement*, 14 (1988), pp. 2-29.

Garg, A., D. B. Chaffin, and G. D. Herrin. "Prediction of Metabolic Rates for Manual Materials Handling Jobs." *American Industrial Hygiene Association Journal*, 39, no. 12 (December 1978), pp. 661-674.

Hummel, J. O. P., *Motion and Time Study in Leading American Industrial Establishments* (MS Thesis). University Park, PA: Pennsylvania State University, 1935.

IESNA. *Lighting Handbook*, 8th ed. Ed. M. S. Rea. New York: Illuminating Engineering Society of North America, 1995, pp. 459-478.

ILO. *Introduction to Work Study*. Geneva, Switzerland: International Labour Office, 1957.

ILO. *Introduction to Work Study*. 3d ed. Geneva, Switzerland: International Labour Office, 1979.

Konz, S., and S. Johnson. *Work Design*. 5th ed. Scottsdale, AZ: Holcomb Hathaway Publishers, 2000.

Lazarus, I. "Inaccurate Allowances Are Crippling Work Measurements." *Factory* (April 1968), pp. 77-79.

Lowry, S. M., H. B. Maynard, and G. J. Stegemerten. *Time and Motion Study and Formulas for Wage Incentives*. 3d ed. New York: McGraw-Hill, 1940.

Moodie, Colin L. "Assembly Line Balancing." In *Handbook of Industrial Engineering*, 2d ed. Ed. Gavriel Salvendy. New York: John Wiley & Sons, 1992.

Morrow, R. L. *Time Study and Motion Economy*. New York: Ronald Press, 1946.

MTM Association. *Work Measurement Allowance and Survey*. Fair Lawn, NJ: MTM Association, 1976.

Mundel, Marvin E. and David L. Danner. *Motion and Time Study: Improving Productivity*. 7th ed. Englewood Cliffs, NJ: Prentice-Hall, 1994.

Murrell, K. F. H. *Human Performance in Industry*. New York: Reinhold Publishing, 1965.

Nadler, Gerald. *Work Design: A Systems Concept*. Rev. ed. Homewood, IL: Richard D. Irwin, 1970.

NIOSH. *Criteria for a Recommended Standard for Occupational Exposure to Hot Environments*. Washington, DC: National Institute for Occupational Safety and Health, Superintendent of Documents, 1986.

NIOSH. *Health Hazard Evaluation—Eagle Convex Glass Co*. HETA 89-137-2005. Cincinnati, OH: National Institute for Occupational Safety and Health, 1989.

Okogbaa, O. G., and R. L. Shell. "The Measurement of Knowledge Worker Fatigue." *IIE Transactions*, 12, no. 4 (December 1986), pp. 335-342.

OSHA, "Occupational Noise Exposure: Hearing Conservation Amendment." *Federal Register*, 48 (1983), (Washington, DC: Occupational Safety and Health Administration), pp. 9738-9783.

Presgrave, R. W. *The Dynamics of Time Study*. 4th ed. Toronto, Canada: The Ryerson Press, 1957.

Rohmert, W. "Ermittlung von Erholungspausen für statische Arbeit des Mensche." *Internationale Zeitschrift für Angewandte Physiologie einschließlich Arbeitsphysiologie*, 18 (1960), pp. 123-140.

Rohmert, W. "Problems in Determining Rest Allowances, Part I: Use of Modern Methods to Evaluate Stress and Strain in Static Muscular Work." *Applied Ergonomics*, 4, no. 2 (June 1973), pp. 91-95.

Seth, V., R. Weston, and A. Freivalds. "Development of a Cumulative Trauma Disorder Risk Assessment Model." *International Journal of Industrial Ergonomics*, 23, no. 4 (March 1999), pp.281-291.

Silverstein, B. A., L. J. Fine, and T. J. Armstrong. "Occupational Factors and Carpal Tunnel Syndrome." *American Journal of Industrial Medicine*, 11, no. 3 (1987), pp. 343-358.

Stecke, Kathryn E. "Machine Interference: Assignment of Machines to Operators." In *Handbook of Industrial Engineering*, 2d ed. Ed. Gavriel Salvendy. New York: John Wiley & Sons, 1992.

選擇的軟體

Design Tools (available from the McGraw-Hill text website at www.mhhe.com/niebel-freivalds), New York: McGraw-Hill, 2002

MVTA. Nexgen Ergonomics, 3400 de Maisonneuve Blvd. West, Suite 1430, Montreal, Quebec, Canada H3Z 3B8 (http://www.nexgenergo.com/).

QuickTS (available from the McGraw-Hill text website at www.mhhe.com/niebel-freivalds), New York: McGraw-Hill, 2002

標準資料法
Standard Data and Formulas

10

本章重點

- 使用標準數據或圖表化資料建立共同工作單元的正常時間。
- 將整備單元和週期性操作單元分開。
- 將定值單元與可變單元分開。
- 使用時間公式以快速一致地計算可變單元之正常時間。
- 盡可能地使時間公式簡明扼要。
- 將正常時間加總後再加上寬放，即可得到標準時間。

標準時間數據 (Standard time data) 是時間研究的結果，可視為儲存在工時資料庫中的單元時間標準 (Element time standards)，其優點在於分析師不需要針對重複發生的共同單元進行量測，就能夠制定該單元的標準時間。標準數據的應用乃植基於泰勒曾提出將單元時間作適當的索引，以便將來可用來建立時間標準的觀念。今天我們所謂的標準數據，是指所有表列的單元標準及可用來作為工作衡量之各種圖表。利用這些標準數據，在不需使用測時設備 (如馬錶) 的情況下，即可對指定的工作進行工作衡量。

標準數據可細分成三個等級：動作 (Motion)、單元 (Element)、作業 (Task)。標準數據的單元區分得愈細，應用的範圍愈廣；其中又以動作標準數據 (Motion standard data) 的應用層面最廣泛，但是標準制定的過程卻需要比單元標準數據 (Element standard data) 與作業標準數據 (Task standard data) 花費更多的時間。本章之主旨為單元標準數據，雖然其應用不如動作標準數據般廣泛，卻能夠在較短的時間內建置完成；而第 11 章將會針對動作標準數據作更為深入的討論。

針對各種非重複性工作實施時間研究，將耗費大量的時間與人力成本，因此實務上皆以時間研究公式作為制定相關標準的基礎。簡而言之，時間研究公式是一種比較簡單的標準資料表示方法，分析師只需將工作可變單元之數值代入公式，即可在短時間內計算出該項作業的時間標準，因此非常適用於非重複性工作之標準制定。

相關的研究已經證實了標準數據與時間公式計算所得的時間標準頗為一致。由於標準數據均已列表，所以只需彙整有關的單元資料即可制定標準；任何一位分析師透過時間研究公式所建立的標準都完全相同，而且其精確度與時間研究所得相較並不遜色。

以標準數據來建立新工作的標準，遠比實施馬錶測時更有效率。相同的情況也發生在間接人員工作標準之制定，因為馬錶測時並不適用於量測間接人員之工作績效。一般而言，若使用馬錶測時的方法，工作分析師每天可建立 5 個標準；而標準數據的使用則可在同樣的時間內建立 25 個標準。此外，標準數據能在更廣泛的工作類別上建立時間標準。

10.1　建立標準時間數據 Standard Time Data Development

一般性方法

在建立標準時間數據之前，分析師必須將工作區分為定值單元和可變單元。**定值單元** (Constant element) 的操作時間約略相等，不會因為重複作業而產生差異；**可變單元** (Variable element) 的操作時間則會隨著工作特性而變動。例如，「啟動機器」即為定值單元，而「鑽直徑 3/8 吋的孔」則為可變單元，因為實際的操作時間會隨著孔的深度、鑽頭進給率及轉速而有所變異。

標準數據應予以分類及編製索引。此外，如同定值單元和可變單元之區分，整備單元和生產單元也應予以區隔。典型的機器操作標準數據可依下列方式來列表：

1. 整備單元：
    a. 定值單元。
    b. 可變單元。
2. 單位產出：
    a. 定值單元。
    b. 可變單元。

時間研究彙整各個單元的資料而成為標準數據，但僅限於已被證實有效的時間研究方法。此外，分析師在編製標準數據時應詳細定義時間研究的終止點，否則極有可能在一段時間內重複蒐集相同的數據。例如，在 Warner & Swasey 3 號六角車床操作中的「送料至觸止器」單元，包含伸手至進料桿、抓取進料桿、穿過銅夾將料件送至六角車床的給料觸止器、關上銅夾及伸手至車床的握柄等動作；然而，這個單元亦可能僅包含穿過銅夾將物料送至給料觸止器的單一動作。由於標準數據資料可能是多名分析師共同研究的成果，因此研究過程中應該謹慎定義各個動作的終止點，以免導出的標準有所偏差。

如果標準時間列表中缺少部分資料，則通常會以馬錶測時的方式補足資料。另一方面，如果個別單元的發生時間極為短暫，以致無法採取個別觀測的資料蒐集模式，即可運用觀測集體單元的方式，再以解聯立方程式求出個別單元的時間 (參閱範例 10.1)。

> **範例 10.1　短單元時間之計算**

假設單元 a 為「抓取鑄件」；單元 b 為「放入治具」；單元 c 為「關上治具的蓋子」；單元 d 為「定位治具」；單元 e 為「將心軸向前推」等。因為這些單元的發生時間極為短暫，因此採取集體觀測的方式蒐集資料，然後再求出個別單元的時間：

$$a + b + c = 單元\ 1 = 0.070\ 分鐘 = A \tag{1}$$
$$b + c + d = 單元\ 3 = 0.067\ 分鐘 = B \tag{2}$$
$$c + d + e = 單元\ 5 = 0.073\ 分鐘 = C \tag{3}$$
$$d + e + a = 單元\ 2 = 0.061\ 分鐘 = D \tag{4}$$
$$e + a + b = 單元\ 4 = 0.068\ 分鐘 = E \tag{5}$$

將這五個方程式相加：

$$3a + 3b + 3c + 3d + 3e = A + B + C + D + E$$

令

$$A + B + C + D + E = T$$
$$3a + 3b + 3c + 3d + 3e = T = 0.339\ 分鐘$$

且

$$a + b + c + d + e = \frac{0.339}{3} = 0.113\ 分鐘$$

因此

$$A + d + e = 0.113\ 分鐘$$

然後

$$d + e = 0.113\ 分鐘 - 0.07\ 分鐘 = 0.043\ 分鐘$$

又因為

$$c + d + e = 0.073\ 分鐘$$
$$c = 0.073\ 分鐘 - 0.043\ 分鐘 = 0.030\ 分鐘$$

相同地，

$$d + e + a = 0.061\ 分鐘$$

因此

$$a = 0.061 - 0.043 = 0.018\ 分鐘$$

將 a 和 c 的值代入方程式 (1)，得到：

$$b = 0.070 - (0.03 + 0.018) = 0.022\ 分鐘$$

將 b 和 c 的值代入方程式 (2)，得到：

$$d = 0.067 - (0.022 + 0.03) = 0.015\ 分鐘$$

將 c 和 d 的值代入方程式 (3)，則：

$$e = 0.073 - (0.015 + 0.03) = 0.028 \text{ 分鐘}$$

資料表格化

以發展機器單元的標準時間數據為例，分析師必須詳列機器以不同的參數 (如切削深度、速率、進給等) 加工各類型材質之動力需求，並將結果彙整成表格。為了避免機器設備的工作負荷過重，分析師必須對各個機器設備之工作負荷與操作狀況有所了解。例如，以 10 匹馬力的車床，在進給率 0.011 吋／轉、車削速率 200 呎／分鐘的條件下車削高合金鋼，無論是設備製造商所提供的機器規格資料，抑或實證研究的結果，都證明以上述條件執行 3/8 吋的切削深度並不適當。依據表 10.1 的資料，此種作業需要 10.6 匹馬力；換言之，如果切削深度與車削速率維持不變，就必須使用 0.009 吋的進給，而此時所需的動力僅為 8.7 匹馬力。當表格化資料配合試算表 (如 Microsoft Excel) 使用時，可高度發揮儲存、擷取與彙整等運算功能以獲致最終的標準時間。

運用列線圖與其他圖表

由於報表的篇幅有限，且可變單元的種類甚多，因此直接將所有的資料編列表格容易造成閱讀困難；反之，若將資料以曲線圖的方式表達，則分析師即可在有限的空間內展示大量資訊。

圖 10.1 為決定面削及車削時間的列線圖 (Nomogram)。以圖 10.1 為例，若要在車床車製直徑 4 吋的中碳鋼軸，車削長度為 5 吋，進給率為 0.015 吋／轉，且車削時間占加工週程時間的 55%，則該設備每小時之產出為何？依據上述之加工條件，首先在圖線 1(切削速率) 中，找出適合中碳鋼切削速率的點 (150 呎／分鐘)，將此點依序與圖線 2 (工件直徑) 中標示 4 吋的點，以及圖線 3(轉速／分鐘) 中標示為 143 rpm (每分鐘轉速) 的點連接；再逐步延伸至圖線 4 (進給吋數／轉) 中每轉進給 0.015 吋的點，以及圖線 5 (進給吋數／分鐘) 所得的點為 2.15 吋；再將此點與圖線 6 (切削長度) 的點連接，並延伸至圖線 7 (單位工件的切割時間)。圖線 7 所得之點為 2.35 分鐘。然後，

表 10.1　在不同進給和速率下，車削高合金鋼鐵鍛件的馬力需求

表面(呎)	3/8吋切削深度（進給、吋／轉）						1/2吋切削深度（進給、吋／轉）					
	0.009	0.011	0.015	0.018	0.020	0.022	0.009	0.011	0.015	0.018	0.020	0.022
150	6.5	8.0	10.9	13.0	14.5	16.0	8.7	10.6	14.5	17.3	19.3	21.3
175	8.0	9.3	12.7	15.2	16.9	18.6	10.1	12.4	16.9	20.2	22.5	24.8
200	8.7	10.6	14.5	17.4	19.3	21.3	11.6	14.1	19.3	23.1	25.7	28.4
225	9.8	11.9	16.3	19.6	21.7	23.9	13.0	15.9	21.7	26.1	28.9	31.8
250	10.9	13.2	18.1	21.8	24.1	26.6	14.5	17.7	24.1	29.0	32.1	35.4
275	12.0	14.6	19.9	23.9	26.5	29.3	15.9	19.4	26.5	31.8	35.3	39.0
300	13.0	16.0	21.8	26.1	29.0	31.9	17.4	21.2	29.0	34.7	38.6	42.5
400	17.4	21.4	29.1	34.8	38.7	42.5	23.2	28.2	38.7	46.3	51.5	56.7

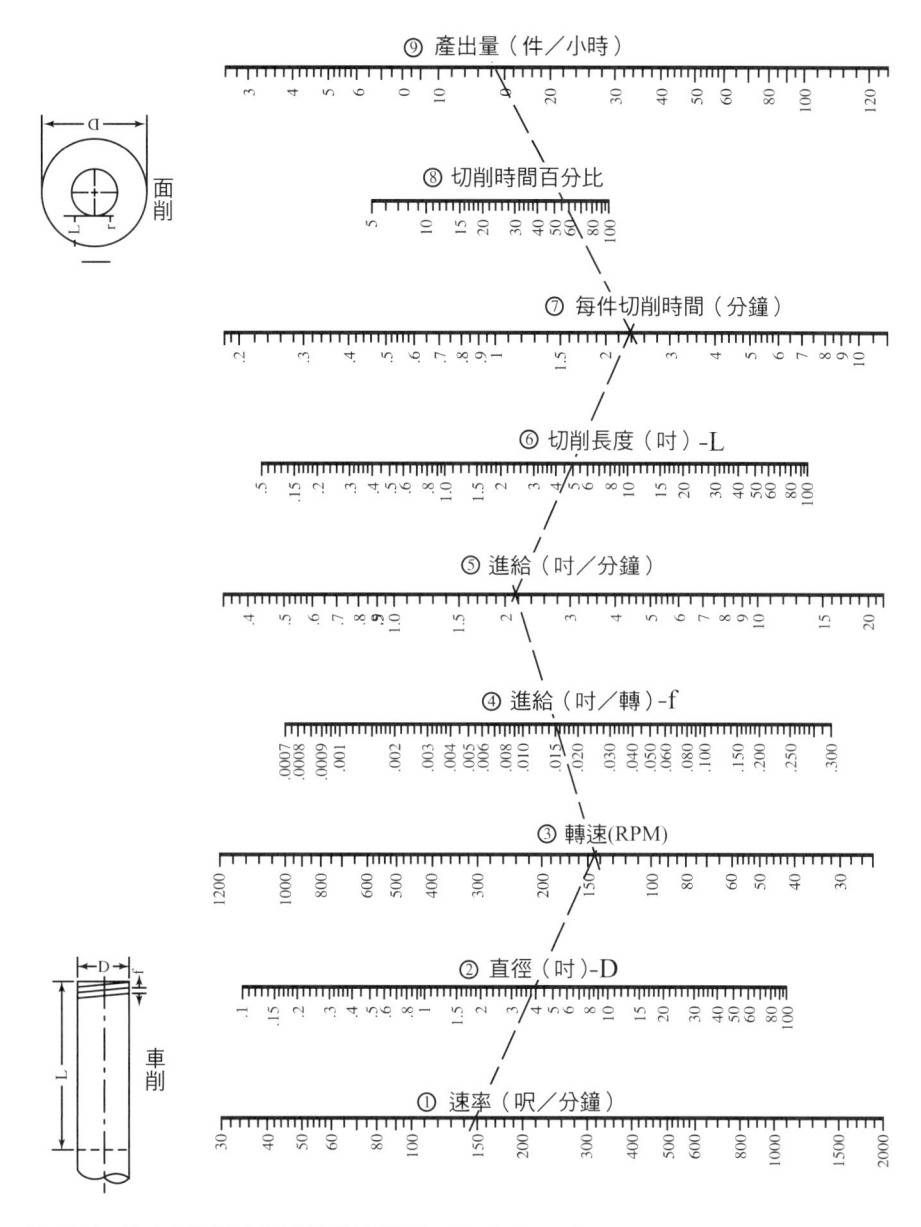

圖 10.1 決定面削和車削時間的列線圖。(Crobalt, Inc.)

將此點與圖線 8 (切削時間百分比) 中 55% 的點連接，並使之延伸至圖線 9 (每小時生產量)。圖線 9 所得之點為 16，即為此問題的答案。

圖 10.2 顯示不同尺寸之料件所需的成型時間。圖形中的每一點 (共 12 點)，各代表一個獨立的時間研究。由該圖可看出，不同的研究之間有直線的關係。這個關係可以如下之公式表示，並可透過最小平方法來解出線的斜率和截距：

$$標準時間 = 50.088 + 0.00038（面積）$$

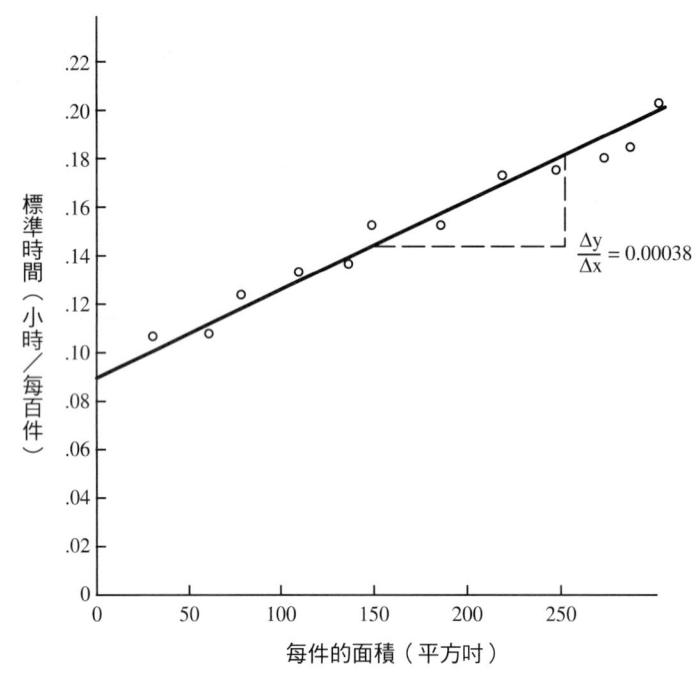

圖 10.2 不同尺寸之料件所需的成型時間。

　　使用曲線圖亦有很多明顯的缺點。首先，插補法的使用容易導致讀數誤差。其次，圖線連接的過程中若是發生讀取數值錯誤或連線失誤，將造成很大的誤差。

10.2 從實證數據建構時間公式 Formula Construction from Empirical Data

確認變數

　　確認哪些變數屬於關鍵變數是建立時間公式的首要任務。這包含區分獨立變數與相依變數，並決定這些變數的變動範圍。由於分析師的任務在於制定工作時間標準，因此時間就是時間公式的相依變數。例如，如果分析師希望建立接合重量從 2 盎司至 8 盎司工件的時間標準，則工件重量「2 盎司至 8 盎司」即為獨立變數，而時間就是相依變數。

單元分析與數據蒐集

　　初步的單元分析完成之後，接著就是蒐集時間公式所需要的資料。一般常用的資料蒐集方法有兩種：一是從過去的研究中找出符合目前需求之標準化單元；另一個方法則是在取得足夠的樣本之後進行新的研究。變動單元會因為加工元件之大小、形狀、硬度等作業特徵而產生一定程度的差異，因此必須仔細驗證以確定真正影響時間的因子；反之，定值單元的標準時間是依據數個研究結果之平均數值來制定，因此不應該有顯著的變動。

簡而言之，更多的時間研究也代表著可供利用的數據愈多，而愈能反映正常的情況，因此建立的時間公式將更為準確。綜觀上述，分析師應該將「種瓜得瓜、種豆得豆」這句話謹記在心，因為唯有依據正確資料建立的時間公式才能反映實際的狀況。

變數的圖解分析

分析師接著將數據輸入試算表(如 Microsoft Excel)內進行常數與變數的分析，常數是獨立且可相加的，且變數分析也是需要靠圖解來找出可能影響的因子。分析師可透過時間與獨立變數的曲線圖追溯兩者間潛在的關係。舉例來說，依據資料所繪出之圖形可能是線性關聯、非線性遞增、非線性遞減，甚至是不具規則的線條。如果時間與獨立變數為線性關係，則時間公式如下：

$$y = a + bx$$

其中 a、b 之值可用最小平方法的迴歸分析決定；如果兩者的關係為非線性遞增，就應該考慮 x^2、x^3、x^n 或 e^x 之權重關係；反之，在非線性遞減的狀況下應該考慮 x^2、x^3、x^n 或 e^x 之負權重，而兩者間的指數關係如下：

$$y = 1 - e^{-x}$$

因為每增加一個因子，該迴歸模式的解釋變異百分比 (r^2) 也必然隨之增加，但這未必就表示該模式在統計上具有顯著的效果 (譯註：這也是迴歸分析傾向於使用調整型 r^2 來反映其統計顯著性之原因)。此外，簡單的方程式容易被理解與應用，因此分析師應避免引用複雜且累贅的解釋，並清楚地定義每一個變數的範圍與關係。

一般線性模式驗證 (General linear test) 是求解最佳模式所使用的方法。它的基本機制是計算**縮減模式** (Reduced model) 與**全模式** (Full model) 之間不可解釋變異 (隨機誤差) 的減少程度。一旦不可解釋的變異量顯著減少時，代表全模式中所增加的因子具有顯著的效果 (見範例 10.2)，此時全模式便是一個較佳的模式。詳細的理論基礎可參考 Neter 等人 (1996) 或 Rawling (1988)。

範例 10.2

分析師從 10 個時間研究的結果中，得到「點燃電弧並開始焊接」這個工作單元的相關數據如下表。

圖 10.3 為下述資料繪製成的曲線圖。分析師依據這些資料推導出相依變數「分鐘」與獨立變數「焊接」的簡單迴歸方程式：

$$y = -0.245 + 1.57x \tag{1}$$

我們可從以上的方程式中得知 $r^2 = 0.928$，且 SSE〔不可解釋變異量 (即隨機誤差變異量) 平方和〕= 0.1354。

時間研究編號	焊接的長度（吋）	焊接時間（分鐘／吋）
1	1/8	0.12
2	3/16	0.13
3	1/4	0.15
4	3/8	0.24
5	1/2	0.37
6	5/8	0.59
7	11/16	0.80
8	3/4	0.93
9	7/8	1.14
10	1	1.52

圖 10.3 中之曲線為一非線性趨勢曲線，因此分析師再增加一個二次因子，轉換後之方程式如下：

$$y = 0.1 - 0.178x + 1.61x^2 \tag{2}$$

同理，我們可以分別計算出 $r^2 = 0.993$ 與 SSE = 0.012。r^2 的增加也顯示出工作時間模型的適用性已經有所提升，因此我們可以藉由一般線性模式之偏 F (Partial F) 檢定對其進行驗證：

$$F = \frac{[SSE(R) - SSE(F)]/(df_R - df_F)}{SSE(F)/df_F}$$

其中　SEE(R) = 縮減模式不可解釋變異量之平方和

SEE(F) = 全模式不可解釋變異量之平方和

df_R = 縮減模式的自由度

df_F = 全模式的自由度

將兩個模型的數值代入以上的方程式，即可得到以下的結果：

$$F = \frac{(0.1354 - 0.012)/(8 - 7)}{0.012/7} = 71.98$$

因為 71.98 大於 $F_{(1,7)} = 5.59$，所以全模式顯著地較為適用。

我們也可以重複上述的程序，逐次加入更高階的變數因子（如 x^3）等，即可得到以下的模型：

$$y = 0.218 - 1.14x + 3.59x^2 - 1.16x^3 \tag{3}$$

同理，可知 r^2 與 SSE 之值分別為 0.994 與 0.00873。然而，線性檢驗卻顯示高階因子的導入不具有顯著的效果：

$$F = \frac{(0.012 - 0.00873)/(7 - 6)}{0.00873/6} = 2.25$$

因 F 值 2.25 小於 $F_{(1,6)} = 5.59$，所以並不適用。

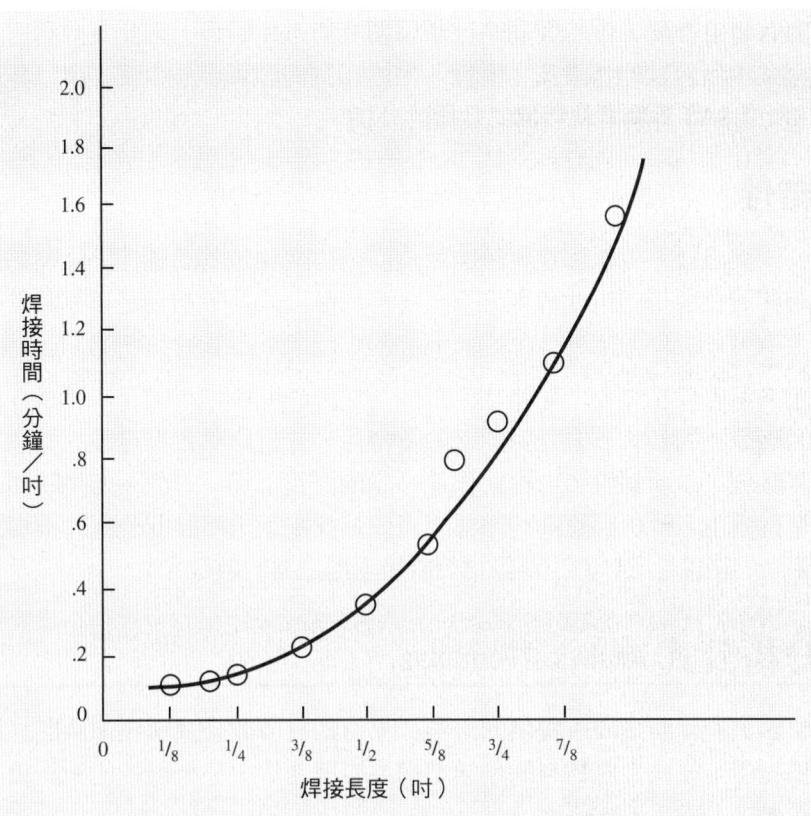

圖 10.3 數據繪於一般繪圖紙上所得指數形式的曲線。

有趣的是，另一個簡單的二次模型：

$$y = 0.0624 + 1.45x^2 \tag{4}$$

可以分別得到 $r^2 = 0.993$ 與 SSE = 0.0133 的結果；如果將此一模型 [方程式 (4)] 與前述之第二個模型 [方程式 (2)] 相互比較可得：

$$F = \frac{(0.133 - 0.012)/(8 - 7)}{0.012/7} = 0.758$$

經過以上的驗證可知偏 F 值不顯著，而且額外線性因子 x 的導入也無法提升模型的適用性。

所以我們依然採用以下的模型來估計工作時間，於是將 x = 1 吋代入模型中：

$$y = 0.0624 + 1.45(1)^2 = 1.51$$

由此可知，迴歸模型所預估的 1.51 分鐘工作時間，與實際研究所得之數值 1.52 分鐘極為接近。

分析師有時會發現工作時間同時被數個獨立變數所影響，因此需要利用多元迴歸來處理方程式中所包含的多階獨立變數。由於相關的計算十分複雜，所以建議讀者使用 MINITAB 或 SAS 等套裝軟體協助數據的分析。

驗證準確性

時間公式完成後，分析師在實際應用之前應再次驗證其準確性。最簡易迅速的方法就是將時間研究所得的數據代入方程式，再比較公式計算結果是否與時間研究的結果一致，此舉也有助於發覺方程式之估計與實際工作狀況是否存有明顯的差異 (一般是 5%)。

如果發展的時間公式並未達到期望的準確性，分析師應蒐集更多的標準時間研究或馬錶測時數據，以便對時間方程式作進一步的修正；另一方面，如果時間公式已通過驗證並準備實施，分析師應向相關部門之成員與主管說明時間公式的推導過程、應用範疇和驗證的準確性，以減少實際推行時所可能遭遇的困難。

10.3 分析公式 Analytical Formulas

相關文獻與設備製造商所提供的規格，都有助於時間公式與標準時間之制定；如能找出各種材質、厚度之原物料的最佳切削進給與速率，分析師就能夠計算出各種機械作業所需之加工時間。

鑽床工作

鑽頭是一種有槽的端切 (End-cutting) 刀具，用以在固體材料上鑽孔或擴孔。在平面上使用鑽頭鑽孔時，鑽頭軸線必須與加工元件之平面垂直 (90°)。如果工件必須被完全鑽通，則分析師在計算鑽頭行程的距離時，應把工件厚度與鑽頭導程 (Lead of drill；鑽頭凸出工件之距離) 一併列入計算；反之，如果工件未被鑽通，則鑽頭的行程距離僅為鑽孔深度，而不需加上鑽頭導程 (參閱圖 10.4)。

一般鑽頭的鑽頂角 (Included angle) 為 118°，因此鑽頭導程可由下列方程式算出：

$$l = \frac{r}{\tan A}$$

其中　　l = 鑽頭導程

　　　　r = 鑽頭半徑

　　$\tan A$ = 鑽頂角的一半

假設鑽孔的直徑為 1 吋，則

$$l = \frac{0.5}{\tan 59°}$$

$$l = \frac{0.5}{1.6643}$$

$$l = 0.3 \text{吋導程}$$

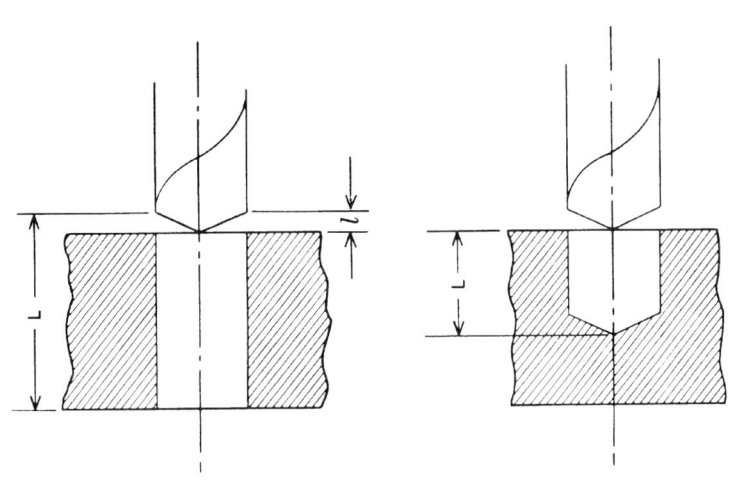

圖 10.4 距離 L 為鑽頭的行程。
左圖為鑽通的情況，右圖為鑽盲孔距離，為鑽頭的導程。

求得鑽頭的行程距離以後，再將之除以鑽頭的進給 (吋／分鐘)，即可得到鑽孔作業所需的時間。

通常鑽頭的速率以每分鐘若干呎表示 [如 Feet per minute (fpm)]。而進給則以每轉若干千分之一吋表示。我們可以從下列的方程式得知每分鐘產生若干吋的進給：

$$F_m = \frac{3.82 f S_f}{d}$$

其中　F_m = 進給，以每分鐘若干吋表示

　　　f = 進給，以每轉若干吋表示

　　　S_f = 表面速率，以每分鐘若干呎表示

　　　d = 鑽頭的直徑，以吋表示

例如，使用直徑 1 吋之鑽頭鑽孔，其速率為每分鐘 100 呎，進給為每轉 0.013 吋，則

$$F_m = \frac{(3.82)(0.013)(100)}{1} = 4.97 \text{ 吋／分鐘}$$

採用與上述範例相同的鑽頭直徑、進給及速率，如果鑽頭導程為 1 吋，且待鑽孔元件的厚度為 2 吋，只要將已知數據代入公式，即可求出完成鑽孔作業所需的時間：

$$T = \frac{L}{F_m}$$

其中　T = 鑽孔所需時間，以分鐘表示

　　　L = 鑽頭之行程，以吋表示

　　　F_m = 進給，以每分鐘若干吋表示

因此鑽孔所需時間為：

$$T = \frac{2(\text{鑄件的厚度}) + 0.3(\text{鑽頭導程})}{4.97}$$

$$= 0.463 \text{ 分鐘}$$

依據上述公式所計算出的鑽孔時間並不包括寬放，因此在制定標準時間之前必須先估計寬放時間。材料厚度變異對鑽頭行程之影響，以及作業員處理私事與疲勞都可能會影響鑽孔作業的時間，所以分析師應該將這些不可避免的延遲列入考量，才能建立公平合理的標準工作時間。

車床工作

車床的種類很多，包括普通車床、六角車床和自動車床等。車床的作業方式大多係刀具固定，然後將加工元件固定在轉盤上旋轉，之後再以刀具車削工件的表面除去多餘部分。很多鑄件、鍛件及桿料均以此方式加工；但是有些車床的加工方式係刀具旋轉而工件固定，例如，螺絲帽溝槽的加工作業。

有很多因素會影響車削的速率和進給，如工具機的情況和設計、待車削工件的材料特性、刀具的情況和設計、切削時使用的切削液、工件的夾持方法及刀具的整備方法等。

在車床的車削操作，進給通常以每轉若干千分之一吋表示，而表面速率以每分鐘若干呎表示。因此僅需將車削長度 L 除以進給率，即可得知車床作業所需的工作時間：

$$T = \frac{L}{F_m}$$

其中 T = 車削時間，以分鐘表示

L = 車削長度，以吋表示

F_m = 進給，以每分鐘若干吋表示

而

$$F_m = \frac{3.82 f S_f}{d}$$

其中 f = 進給，以每轉若干吋表示

S_f = 表面速率，以每分鐘若干呎表示

d = 工件的直徑，以吋表示

銑床工作

銑削 (Milling) 係指以旋轉的多齒銑刀將物料移除。銑削是將待銑削的工件移向旋轉的銑刀，與鑽床將鑽頭移向工件的操作不同。銑床除用以銑削平面與不規則的表面外，亦可用以銑螺紋、溝槽及齒輪。

10.3 分析公式

銑床的操作和車削及鑽孔一樣,均以每分鐘若干呎來表示銑刀的速率,而進給或床面移動速率,則以每齒(Tooth)若干千分之一吋表示。

若知道銑刀的直徑,則可利用下列公式,將每分鐘若干呎的銑削速率轉換成每分鐘若干轉的銑削速率:

$$N_r = \frac{3.82 S_f}{d}$$

其中　N_r = 銑刀的速率,以每分鐘若干轉表示

　　　S_f = 銑刀的速率,以每分鐘若干呎表示

　　　d = 銑刀的外徑,以吋表示

加工元件移向銑刀的速度則以每分鐘若干吋表示,其公式如下:

$$F_m = f n_t N_r$$

其中　Fm = 工件進入銑刀的進給速度,以每分鐘若干吋表示

　　　f = 進給,以每齒若干吋表示

　　　n_t = 銑刀的齒數

　　　N_r = 銑刀的速率,以每分鐘若干轉表示

針對特定工作適用之銑刀齒數則可表示為:

$$n_t = \frac{F_m}{F_t N_\rho}$$

其中　F_t = 切削的厚度

為了計算銑製加工所花費的時間,分析師必須將銑刀的導程(Lead of milling cutter)列入總銑削長度。而銑刀的導程可依三角公式求出,圖10.5為利用平板銑床銑製襯墊的例子。

在本例中,總銑削長度應該包含銑刀的導程 BC 與工件的長度(8吋)。從已知的銑刀直徑,我們可求出銑刀的半徑 AC,而且直角三角形 ABC 的高 AB 等於銑刀直徑 AE 減去銑削深度 BE,即 $AB = AE - BE$。由此可知銑刀的導程為:

$$BC = \sqrt{AC^2 - AB^2}$$

承上例,假設銑刀的直徑為4吋,齒數為22,每齒之進給為0.008吋,而銑削速率為每分鐘60呎,則銑製時間可依下列方程式求出:

$$T = \frac{L}{F_m}$$

第 10 章　標準資料法

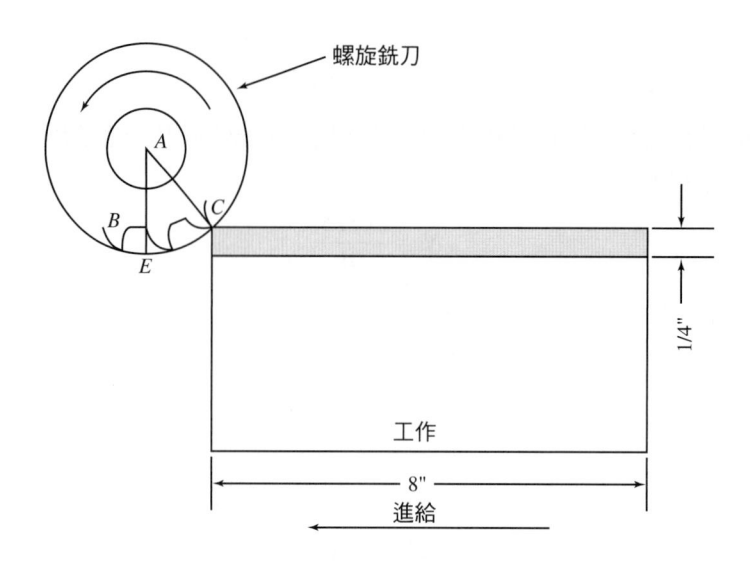

圖 10.5　平板銑床銑製 8 吋長的鑄件。

其中　T = 銑削時間，以分鐘表示

　　　L = 總銑削長度

　　　F_m = 進給，以每分鐘若干吋表示

而 L = 8 吋 + BC，且

$$BC = \sqrt{4 - 3.06} = 0.97$$

因此 L = 8.975。我們也可以利用以上的公式得到這些結果：

$$F_m = fn_t N_r$$
$$F_m = (0.008)(22)N_r$$

或

$$N_r = \frac{3.82 Sf}{d} = \frac{3.82(60)}{4} = 57.3 \text{ 轉／分鐘}$$

則

$$F_m = (0.008)(22)(57.3) = 10.1 \text{ 吋／分鐘}$$

且

$$T = \frac{8.975}{10.1} = 0.888 \text{ 分鐘}$$

　　透過進給和速率等方面的知識，時間研究分析師可以評估各種作業所需的切削或加工時間。綜觀上述，本節所說明的車床、鑽床和銑床作業之加工時間計算並不包含寬放時間；換句話說，如果讀者試圖以上述的方式建立工作標準時間，務必再加入適當的寬放，才能訂定合理的標準。

10.4 標準數據的應用 Using Standard Data

為便於查閱應用,應將定值單元的標準數據列表,並依據機器或製程予以分類歸檔。另一方面,可變單元的標準數據可列表,亦可用曲線或方程式的形式呈現,再依據設備或作業類型予以彙編。

表 10.2 是將特定作業之工作單元予以結合後,所列製之標準數據。在確認物料的移動距離之後,分析師即可依據這些資料推導整個作業的標準時間。

表 10.3 為 W&S 5 號六角車床之標準整備數據;分析師僅需依據四角車床及六角車床所用的刀具,再對照整備數據表,即可得知標準整備時間。舉例來說,某項工作的整備作業包含在四角車床上安裝倒角刀具、車削刀具和平面刀具各一支,以及在六角車床上裝設兩個搪孔工具、一個螺紋車刀和一支伸縮螺絲攻。依據整備數據,可推算出整備標準時間為 69.70 分鐘加上 25.89 分鐘,即完成此一作業之整備標準時間為 95.59 分鐘。查表的過程如下:分析師首先在四角車床的那一行底下找出使用的刀具 (表中的第 8 項),再將此列對應到在六角車床使用之最費時的刀具 (即螺絲攻),從交點可得出 69.7 分鐘。另外,由於尚須在六角車床使用三個刀具 (兩個搪孔刀具和一個紋刀),因此將 8.63 乘上 3 得到 25.89 分鐘。最後將 69.70 分鐘加上 25.89 分鐘,即得所需的整備時間。

總結

如能妥善運用標準數據,那麼時間研究分析師就能在新工作開始之前提出標準工作時間。此一特性使得標準數據被廣泛應用於估計新工作之成本、估價及外包決策。標準數據之應用也有助於簡化許多管理方面的問題。舉例來說,施行時間研究的過程中,可能會遇到測時方式 (連續法或歸零法)、觀測次數、觀測對象之選定,以及執行觀測工作的人選等限制,而標準數據之運用不僅能夠避免前述的限制,也有助於緩和管理階層與員工之間的對立氣氛。

表 10.2　在 Toledo 76 衝床操作下,下料和衝孔的標準數據(以人工進料但自動卸料)

L(距離,吋)	T(時間,小時／每百次衝壓)
1	0.075
2	0.082
3	0.088
4	0.095
5	0.103
6	0.110
7	0.117
8	0.123
9	0.130
10	0.137

表 10.3　5 號六角車床的標準整備數據

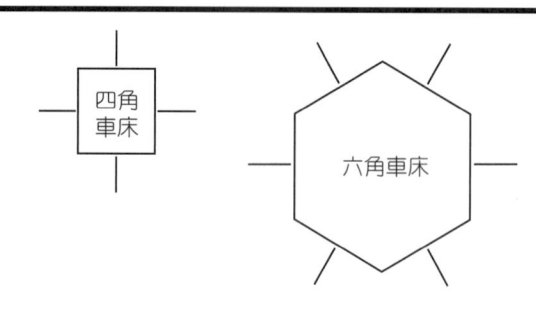

基本刀具

操作號碼	四角車床	六角車床 部分	倒角	搪孔	鑽孔	S螺絲攻或鉸刀	C螺絲攻	C模
1.	部分	31.5	39.6	44.5	48.0	47.6	50.5	58.5
2.	倒角	38.2	39.6	46.8	49.5	50.5	53.0	61.2
3.	面削或切斷	36.0	44.2	48.6	51.3	52.2	55.0	63.0
4.	搪槽半徑	40.5	49.5	50.5	53.0	54.0	55.8	63.9
5.	面削及倒角	37.8	45.9	51.3	54.0	54.5	56.6	64.8
6.	面削及切斷	39.6	48.6	53.0	55.0	56.0	58.5	66.6
7.	面削及車削或車削及切斷	45.0	53.1	55.0	56.7	57.6	60.5	68.4
8.	面削、車削及倒角	47.7	55.7	57.6	59.5	60.5	69.7	78.4
9.	面削、車削及切斷	48.6	57.6	57.5	60.0	62.2	71.5	80.1
10.	面削、車削及搪槽	49.5	58.0	59.5	61.5	64.0	73.5	81.6
11.	由以上所圈選的基本刀具操作時間							
12.	四角車床的每個附加刀具	4.20 × _____ = _____						
13.	六角車床的每個附加刀具	8.63 × _____ = _____						
14.	移出及裝置三個鉗夾	5.9						
15.	裝置裝配件或夾具	18.7						
16.	中心之間的裝置時間	11.0						
17.	更換螺旋導桿	6.6						

總整備時間 _____ 分

　　一般而言，單元時間分割愈細，應用的範圍愈廣。因此在彙整零工生產 (Job shop) 的標準數據時，可同時採用個別單元及單元結合的方式，以提升制定特定設備或特定作業標準時之彈性。

　　綜觀上述，時間研究公式不僅能夠迅速地建立工作標準，對於分析人員的專業技能需求也比較低，因為只要簡單的運算就可以得到結果，亦可避免使用標準資料法可能產生的數據遺漏與運算錯誤。

問題

1. 試述「標準數據」之涵義。
2. 以馬錶測時法和以標準數據法來訂定時間標準，其所需時間的比值約為若干？
3. 與時間研究相較之下，利用標準數據來制定時間標準具有哪些優點？
4. 使用曲線圖列製標準數據有何缺點？

5. 以時間公式訂定時間標準，較使用標準數據者具有哪些優點？
6. 如果設備加工之進給和速率會影響作業時間，是否仍可用時間公式來訂定標準？試說明之。
7. 健全的時間公式應具有哪些特性？
8. 使用過少的時間研究結果來發展時間公式，會產生哪些危險？
9. 請詳細說明如何發展最適當的時間公式。

習題

1. 車製直徑 3 吋的軟鋼軸時，若心軸速度為 250 rpm；進給為每轉 0.022 吋；深度為 1/4 吋，請問所需的馬力為若干？
2. 在六角車床車製直徑 1 吋、長度 6 吋的元件，若車床運轉的表面速率為每分鐘 300 呎；進給為每轉 0.005 吋，請問所需的時間為若干？
3. 以直徑 3 吋、齒面寬度 2 吋的平面銑刀，銑製長 4 吋、寬 1.5 吋的冷軋鋼，銑製深度為 3/16 吋。若每齒的進給為 0.010 吋，而銑刀運轉的表面速率為每分鐘 120 呎，請問此項銑製操作需時若干？
4. 若 $a+b+c$ 為 0.057 分鐘；$b+c+d$ 為 0.078 分鐘；$c+d+e$ 為 0.097 分鐘；$d+e+a$ 為 0.095 分鐘；$e+a+b$ 為 0.069 分鐘，請分別計算單元 a、b、c、d 及 e 的時間。
5. 若鑽頂角為 118，請問直徑 3/4 吋之鑽頭的導程為若干？
6. 若運轉中直徑 3/4 吋鑽頭的表面速率為每分鐘 80 呎；每轉進給為 0.008 吋，請問鑽頭鑽孔的進給為每分鐘若干吋？
7. 承上題，如果鑄件的厚度為 2.25 吋，請問鑽孔作業需時多久？
8. 多賓公司的分析師對表面處理部門的手動噴漆作業，實施 10 個獨立的時間研究。研究顯示出噴漆時間和產品的表面積有直接的關係。茲將蒐集的數據列示如下：

研究編號	評比係數	產品的表面積	標準時間
1	0.95	170	0.32
2	1.00	12	0.11
3	1.05	150	0.31
4	0.80	41	0.14
5	1.20	130	0.27
6	1.00	50	0.18
7	0.85	120	0.24
8	0.90	70	0.23
9	1.00	105	0.25
10	1.10	95	0.22

請利用迴歸方程式計算迴歸直線的斜率和截距。如果工件的表面積為 250 平方吋，請問噴漆的容許時間應為若干？

9. 多賓公司的工作衡量分析師希望推導出使用帶鋸切割金屬板的作業方程式。下列為實施 8 個時間研究所獲得的數據：

編號	長度（吋）	標準時間
1	10	0.40
2	42	0.80
3	13	0.54
4	35	0.71
5	20	0.55
6	32	0.66
7	22	0.60
8	27	0.61

請以最小平方方法求出鋸切長度和標準時間的關係。

10. XYZ 公司的工作衡量分析師欲對裝配部門員工快速及重複的手部動作發展標準數據。由於涉及的單元時間均很短暫，因此分析師採用群組觀察的方式取得數據。分析師使用快速的十進分制馬錶 (0.001)，針對不同的裝配操作實施研究得到下列數據：

$$A + B + C = 0.131 \text{ 分鐘}$$
$$B + C + D = 0.114 \text{ 分鐘}$$
$$C + D + E = 0.074 \text{ 分鐘}$$
$$D + E + A = 0.085 \text{ 分鐘}$$
$$E + A + B = 0.118 \text{ 分鐘}$$

請計算單元 A、B、C、D 和 E 的標準時間數據。

11. 多賓公司的工作衡量分析師欲對鑽床部門的工作發展標準數據。請根據下列建議的速率和進給，計算以鑽頂角 118 的 1/2 吋高速鑽頭，鑽穿厚度 1 吋之材料的動力進給鑽孔時間 (私事和疲勞的寬放為 10%)。

材料	建議的速率（呎／分鐘）	進給（吋／轉）
銅合金	300	0.006
鑄鐵	125	0.005
錳(R)	50	0.004
鋼(1112)	150	0.005

12. 從皮件的下料操作中，分析師注意到標準時間和下料的面積有密切的關係。下列為實施 5 個獨立時間研究所獲得的數據：

研究編號	料片面積（平方吋）	標準時間（分鐘）
1	5.0	0.07
2	7.5	0.10
3	15.5	0.13
4	25.0	0.20
5	34.0	0.24

請依上面數據，導出不同料片面積之下料操作所需時間的代數式。

13. 依下列數據發展代數式，以詮釋時間與面積之間的關係。

研究編號	時間	面積
1	4	28.6
2	7	79.4
3	11	182.0
4	15	318.0
5	21	589.0

參考文獻

Cywar, Adam W. "Development and Use of Standard Data." In *Handbook of Industrial Engineering*. Ed. Gavriel Salvendy. New York: John Wiley & Sons, 1982.

Fein, Mitchell. "Establishing Time Standards by Parameters." *Proceedings of the Spring Conference of the American Institute of Industrial Engineers*. Norcross, GA: American Institute of Industrial Engineers, 1978.

Metcut Research Associates. *Machining Data Handbook*. Cincinnati, OH: Metcut Research Associates, 1966.

Neter, J., M. Wasserman, M. H. Kutner, and C. J. Nachstheim. *Applied Linear Statistical Models*. 4th ed. New York: McGraw-Hill, 1996.

Pappas, Frank G., and Robert A. Dimberg. *Practical Work Standards*. New York: McGraw-Hill, 1962.

Rawling, J. O. *Applied Regression Analysis*. Pacific Grove, CA: Wadsworth & Brooks, 1988.

選擇的軟體

MINITAB. 3081 Enterprise Dr., State College, PA 16801.

SAS、SAS Institute, Cary, NC 27513.

預定時間系統
Predetermined Time Systems

11

本章重點

- 使用預定時間系統預測現有或新增工作的標準時間。
- 預定時間系統是一系列基本動作時間之集合。
- 建立準確的預定時間系統需要較多的時間。
- 快速、簡單的系統則通常較不準確。
- 除了主要動作之外，過程中其他動作之複雜程度及互動關係也應該列入考量。
- 使用預定時間系統可以同時進行方法分析與改善。

自泰勒提倡科學管理以來，管理階層逐漸了解設定工作基本元素之標準時間，也就是一般所謂的基本動作時間 (Basic motion times)、合成時間 (Synthetic times) 或預定時間 (Predetermined times) 之重要性。這些標準時間是針對馬錶測時工具無法精準評估的基本動作或動作群。因此這類標準時間是利用攝影機、錄影機等具備記錄細微動作能力的裝置，觀察大量多樣化作業所推算出的基本動作時間。此等時間數據之所以有合成的特性是因為它們是動素 (Therbligs) 的邏輯組合；稱為基本時間，是因為數據的精煉困難也不實際；名為預定時間，則是因為它們常用來預測由於方法改變而產生新工作的標準時間。

自 1945 年起，管理階層已逐漸以標準動作時間取代馬錶或其他測時裝置來制定工作評比標準，因為標準動作時間之運用不僅能縮短建置標準的時間，其結果也更為準確。由於預定標準時間的運用涉及動素分析，因此也相對提升大家對動作經濟與工作設計之意識。現今約有 50 種已經建構完備的系統可以提供方法分析師合成時間所需的資訊。基本上，預定時間系統是一系列動作與時間所組合而成的表格，並透過一套說明法則來指引分析師導出每個動作所對應的時間值。事實上，預定時間系統是一種需要專業技能的工時衡量技術，因此多數的企業要求唯有通過專業認證的分析師，才能實際運用諸如 Work-Factor、MTM (Methods-Time Measurement)、MOST (Maynard Operation Sequence Technique) 等系統來建置標準時間 (譯註：如 MTM Blue Card)。

根據一項針對 141 位工業工程師所進行的調查顯示 (Freivalds et al., 2000)，由 MTM 所衍生的 MTM-2 與 MOST 為多數預定時間系統之理論依據。圖 11.1 即為預定時間系統彼此間之關聯。本章將會針對 MTM 系統與 MOST 技術做詳細的論述，藉此讓讀者對預定時間系統有更完整的概念。

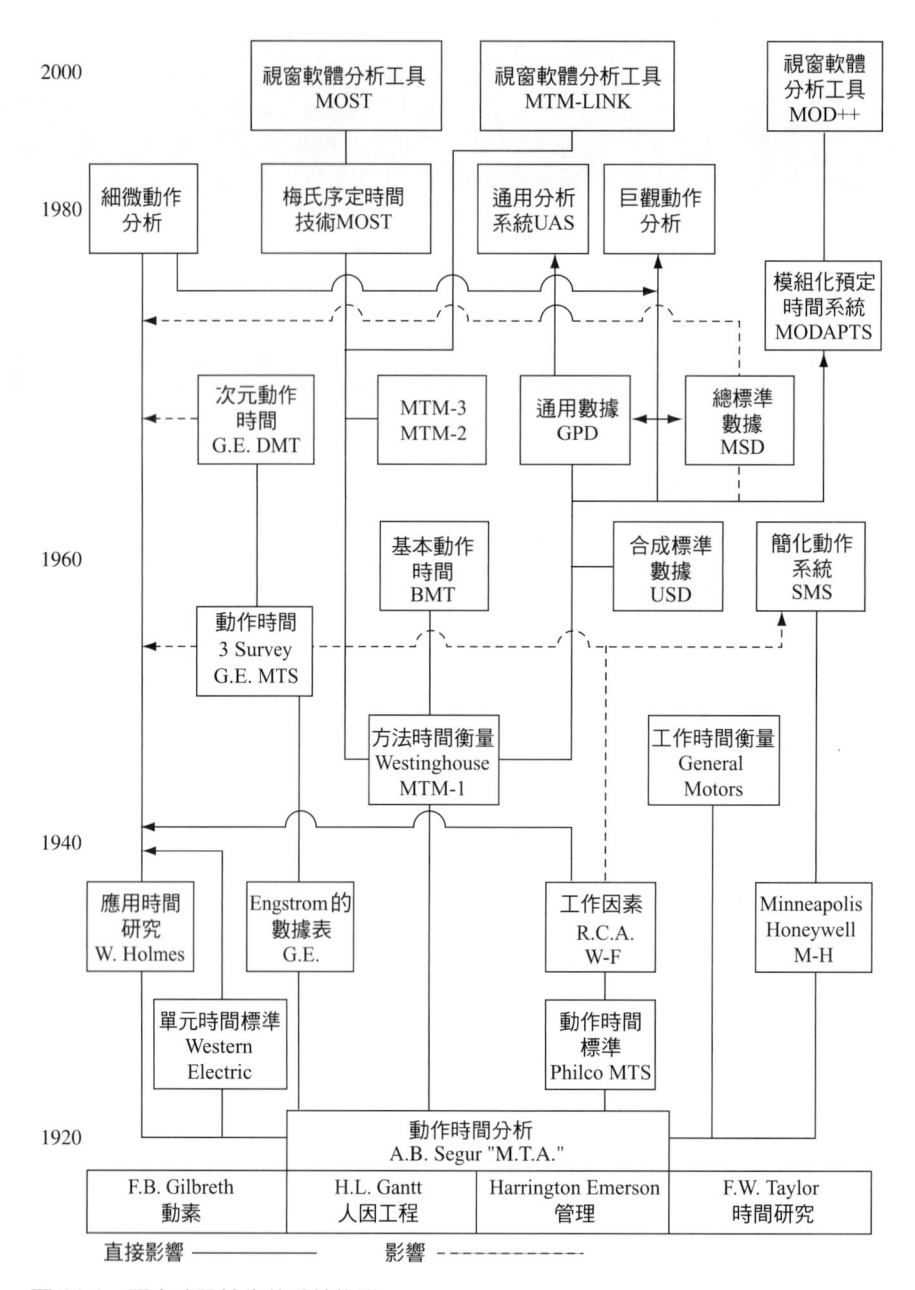

圖 11.1 預定時間技術的系統族譜。
（資料來源：Standards International, Chicago, Illinois.）

11.1 方法時間衡量 Methods-Time Measurement

MTM-1

方法時間衡量 (Maynard, Stegemerten, and Schwab, 1948) 定義了執行基本動作所需的時間，所謂的基本動作包含伸手 (Reach)、移物 (Move)、旋轉 (Turn)、抓取 (Grasp)、

對準 (Position)、拆卸 (disengage) 及釋放 (Release) 等。我們可將 MTM 視為:「將人工作業或方法細分為各種基本動作,再依據動作特性與作業環境,賦予每一個基本動作預定標準時間的過程。」

MTM-1 的資料來自於分析師對各種動作過程之紀錄進行逐步解析 (Frame by frame) 的結果,而後再以西屋法 (Westinghouse technique) 實施評比,並予以列表分析,以決定各種動作特徵可能造成的執行困難度。舉例來說,伸手動作所需的時間會受到物件距離與到達方式的影響。根據這些影響條件,伸手動作可進一步區分為下列五種型態:

1. 伸手到達固定位置之物件,或是一隻手伸到另一隻手所持有之物件。
2. 到達一個位置會隨週期而有些微變動之物件。
3. 到達一個混雜於其他物體中之特定物件,而過程中也會執行尋找與選取作業。
4. 到達一個體積非常小,或是一個需要執行準確抓取動作的物件。
5. 讓手到達空間中的任何位置以取得身體的平衡,或是準備下一個動作。

此外,就如同上述之動作型態一般,分析師發現移動距離與物件重量會左右移動物件所需之時間。以下列舉三種移動型態:

1. 移動物件到另一隻手,或是移動至阻停裝置。
2. 移動物件到近似位置。
3. 移動物件到特定位置。

除了上述的動作型態之外,釋放動作 (2 種型態) 與對準動作 (18 種型態) 同樣會影響執行動作所需之時間。

表 11.1 彙整 MTM-1 的時間數據,讀者可以從中得知各種型態的抓取動素,其數據變動範圍從 2.0 TMU 到 12.9 TMU 不等 [1 TMU (Time-Measurement Unit) 約為 0.00001 小時)。

首先,分析師彙整執行工作時左手與右手必須擔負的動作項目,再從方法時間資料表中找到相對應的數據資料。若是制定正常工作績效所需之時間,則工作執行過程中多餘動作的數值就必須被圈註或刪除;換言之,作業過程中應僅包含合理的動作,以簡化動作同步執行之困難度 (請參照表 11.1 之附表 X)。舉例來說,如果右手必須移動 20 吋 (50 公分) 以抓取一粒豆子,此一動作之編碼為 R20C,而相對應之時間值為 19.8TMU;另一方面,如果左手在同一時間也必須移動 10 吋 (25 公分) 抓取一個螺絲帽,這個 R10C 的動作就必須耗用 12.9 TMU 的時間。在這個雙手同步執行的作業中,合理的作業時間為右手執行動作所花費的時間,左手所耗用的時間將被圈註而不予計算。

表 11.1　MTM-1 數據表

表I－伸手(Reach)－R

移動距離 （吋）	時間 (TMU) A	B	C 或 D	E	手動狀態 A	B	種類與說明
1/2 或以下	2.0	2.0	2.0	2.0	1.6	1.6	A 伸手到達固定位置之物件，或是一隻手伸到另一隻手所持有之物件。
1	2.5	2.5	3.6	2.4	2.3	2.3	
2	4.0	4.0	5.9	3.8	3.5	2.7	
3	5.3	5.3	7.3	5.3	4.5	3.6	B 到達一個位置會隨週期而有些微變動之物件。
4	6.1	6.4	8.4	6.8	4.9	4.3	
5	6.5	7.8	9.4	7.4	5.3	5.0	C 到達一個混雜於其他物體中之特定物件，而過程中也會執行尋找與選取作業。
6	7.0	8.6	10.1	8.0	5.7	5.7	
7	7.4	9.3	10.8	8.7	6.1	6.5	
8	7.9	10.1	11.5	9.3	6.5	7.2	D 到達一個體積非常小，或是一個需要執行準確抓取動作的物件。
9	8.3	10.8	12.2	9.9	6.9	7.9	
10	8.7	11.5	12.9	10.5	7.3	8.6	
12	9.6	12.9	14.2	11.8	8.1	10.1	E 讓手到達空間中的任何位置以取得身體的平衡，或是準備下一個動作，甚至是沒有目的之動作。
14	10.5	14.4	15.6	13.0	8.9	11.5	
16	11.4	15.8	17.0	14.2	9.7	12.9	
18	12.3	17.2	18.4	15.5	10.5	14.4	
20	13.1	18.6	19.8	16.7	11.3	15.8	
22	14.0	20.1	21.2	18.0	12.1	17.3	
24	14.9	21.5	22.5	19.2	12.9	18.8	
26	15.8	22.9	23.9	20.4	13.7	20.2	
28	16.7	24.4	25.3	21.7	14.5	21.7	
30	17.5	25.8	26.7	22.9	15.3	23.2	

表II－移物(Move)－M

移動距離 （吋）	時間 (TMU) A	B	C	手在移動B中	重量寬放 最大重量（磅）	係數	常數值(TMU)	種類與說明
1/2 或以下	2.0	2.0	2.0	1.7	2.5	0	0	A 移動物件到另一隻手，或是移動至阻停裝置。
1	2.5	2.9	3.4	2.3				
2	3.6	4.6	5.2	2.9	7.5	1.06	2.2	
3	4.9	5.7	6.7	3.6				
4	6.1	6.9	8.0	4.3	12.5	1.11	3.9	
5	7.3	8.0	9.2	5.0				
6	8.1	8.9	10.3	5.7	17.5	1.17	5.6	
7	8.9	9.7	11.1	6.5				
8	9.7	10.6	11.8	7.2				B 移動物件到近似位置。
9	10.5	11.5	12.7	7.9	22.5	1.22	7.4	
10	11.3	12.2	13.5	8.6				
12	12.9	13.4	15.2	10.0	27.5	1.28	9.1	
14	14.4	14.6	16.9	11.4				
16	16.0	15.8	18.7	12.8	32.5	1.33	10.8	
18	17.6	17.0	20.4	14.2				
20	19.2	18.2	22.1	15.6	37.5	1.39	12.5	
22	20.8	19.4	23.8	17.0				
24	22.4	20.6	25.5	18.4	42.5	1.44	14.3	
26	24.0	21.8	27.3	19.8				
28	25.5	23.1	29.0	21.2	47.5	1.50	16.0	C 移動物件到特定位置。
30	27.1	24.3	30.7	22.7				

表 **11.1** MTM-1 數據表 (續)

表III－旋轉與施加壓力 (Turn and Applied Pressure)－T與AP

重量	旋轉角度時間TMU									
	30°	45°	60°	75°	90°	105°	120°	135°	150°	165°	180°
小－0至2磅	2.8	3.5	4.1	4.8	5.4	6.1	6.8	7.4	8.1	8.7	9.4
中－2.1至10磅	4.4	5.5	6.5	7.5	8.5	9.6	10.6	11.6	12.7	13.7	14.8
大－10.1至35磅	8.4	10.5	12.3	14.4	16.2	18.3	20.4	22.2	24.3	26.1	28.2

加壓種類A── 10.6 TMU，加壓種類B ── 16.2 TMU

表IV－抓取(Grasp)－G

重量	時間 (TMU)	說明
1A	2.0	拾取的抓取── 易於抓取的小、中或大的目標物。
1B	3.5	極小的目標物，或平放於平面上的目標物。
1C1	7.3	底面及側面有障礙之近似圓柱物體的抓取，直徑大於1/2吋。
1C2	8.7	底面及側面有障礙之近似圓柱物體的抓取，直徑介於1/4至1/2吋之間。
1C3	10.8	底面及側面有障礙之近似圓柱物體的抓取，直徑小於1/4吋。
2	5.6	再次抓取
3	5.6	移轉抓取
4A	7.3	目標物與其他物件堆放在一處，而必須尋找及選擇，目標物大於1吋 × 1吋 × 1吋。
4B	9.1	目標物與其他物件堆放在一處，而必須尋找及選擇，目標物介於1/4 × 1/4 × 1/8吋至1吋 × 1吋 × 1吋之間。
4C	12.9	目標物與其他物件堆放在一處，而必須尋找及選擇，目標物小於1/4吋 × 1/4吋 × 1/8吋。
5	0	觸取、滑取或鉤取。

表V－對準*(Position)－P

適合等級		對稱情況	易於處理	難於處理
1－寬鬆	不需施加壓力。	S	5.6	11.2
		SS	9.1	14.7
		NS	10.4	16.0
2－稍緊	需輕微施加壓力。	S	16.2	21.8
		SS	19.7	25.3
		NS	21.0	26.6
3－正確	需用力施加壓力。	S	43.0	48.6
		SS	46.5	52.1
		NS	47.8	53.4

*移動距離 ── 1吋或少於1吋。

表VI－釋放(Release)－RL

種類	時間 (TMU)	說明
1	2.0	將手指放開而與目標物脫離的正常放手。
2	0	接觸放手。

表VII－拆卸 (Disengage)－D

適合等級	易於處理	難於處理
1－寬鬆 ─ 僅需極輕微的力量，可與下一動作合併。	4.0	5.7
2－稍緊 ─ 正常用力，輕微產生反作用。	7.5	11.8
3－緊密 ─ 極端用力，手部顯著產生反作用。	22.9	34.7

表 11.1 MTM-1 數據表 (續)

表 VIII－眼睛移動及眼睛注視 (Eye Travel Time and Eye Focus)－ET及EF

眼睛移動時間 = $15.2 \times T/D$ TMU，最大為20 TMU。

其中　T = 眼睛從所視之物件移至另一物件的距離。
　　　D = 眼睛至眼睛移動之線 (T) 的垂直距離。

眼睛注視時間 = 7.3 TMU。

表 IX－身體、腿與腳 (Body, Leg and Foot Motions)

說明	符號	距離	時間(TMU)
腳部動作──踝關節的動作	FM	最大至4吋	8.5
伴隨著壓力	FMP		19.1
大腿或小腿的動作	LM—	最大至6吋	7.1
		每增加1吋	1.2
橫步──情況1──當前腳碰觸到地板時完成動作	SS-C1	小於12吋	使用伸手或移物時
		12吋	17.0
		每增加1吋	0.6
情況2──後腳必須在下一個動作開始前碰觸到地板	SS-C2	12吋	34.1
		每增加1吋	1.1
彎腰、蹲身或單膝跪	B, S, KOK		29.0
起立	AB, AS, AKOK		31.9
雙膝跪於地面	KBK		69.4
起立	AKBK		76.7
坐下	SIT		34.7
從坐的姿勢起身旋轉身體45°至90°──	STD		43.4
情況1──當前腳碰觸到地板時完成動作	TBC1		18.6
情況2──後腳必須在下一個動作開始前碰觸到地板	TBC2		37.2
步行	W-FT.	每呎	5.3
步行	W-P	每步	15.0

表 X－同時動作 (Simultaneous Motions)

□ = 易於同時操作。
× = 經練習過後，可同時操作。
■ = 即使經過長時間練習後，仍難於同時操作。所需時間可分別計算。

表 11.1 MTM-1 數據表 (續)

未列於上述表中的動作：
旋轉 —— 除旋轉在控制中或拆卸合併者外，其他各旋轉動作通常均為容易。
施加壓力 —— 視情況可為容易、需練習、困難。每一種類皆必須經過分析。
對準 —— 等級 3 —— 必定為難於操作。
拆卸 —— 等級 3 —— 通常為難於操作。
釋放 —— 必定為容易操作。
拆卸 —— 如需留意不使拆卸體受損，任何種類的拆卸均難於操作。
* W = 在正常視野內。
　O = 在正常視野外。
** E = 易於操作。
　D = 難於操作。

(資料來源：MTM 標準與研究協會。)

這些表格化的數據並未包含寬放時間；換言之，任何人為的延誤、疲勞與不可避免的延遲都沒有被列入考量。因此分析師除了依據基本動作資料以設定標準作業時間之外，也應該加入適當的寬放。然而，部分學者卻認為 MTM-1 可以代表健康員工在作業中得以長久維持之時間標準，因此不應該再納入疲勞寬放。

表 11.2 是以 MTM-1 手法分析文書工作的實際案例。

如今 MTM 手法已經為全世界所認同。美國的 MTM 標準與研究協會 (MTM Association for Standards and Research) 負責 MTM 手法之管理、改良及控制，此一非營利機構僅是由國際 MTM 董事會 (International MTM Directorate) 所組成的 12 個相關機構之一。許多 MTM 系統之所以能夠成功，可歸功於相關組織成員之努力。

如今相關的 MTM 系統仍在持續發展中，除了前述的 MTM-1 之外，本章也將陸續介紹 MTM-2、MTM-3、MTM-V、MTM-C、MTM-M、MTM-MEK、MTM-UAS，以及視窗軟體分析工具 MTM-LINK。

MTM-2

受限於繁複的分析方法與經濟效益的考量，MTM-1 在許多作業的工時分析顯得窒礙難行。為了有效推廣 MTM，國際 MTM 董事會發展出一套大部分動作程序均可適用，但資料結構較為精簡的 MTM-2。依據英國 MTM 協會 (MTM Association of the United Kingdom) 的定義，MTM-2 是將原始 MTM 資料合成至第二階的一套 MTM 分析方法，其機制包括：

1. 單一基本 MTM 動作。
2. 組合基本 MTM 動作。

這些數據資料不僅能分析作業員的動作，也不會受到工作地點與使用設備的影響。一般而言，MTM-2 可應用於下列型態的工作指派作業：

1. 工作週期中屬於作業付出的時間 (Effort portion) 超過 1 分鐘。
2. 工作週期重複性不高。
3. 工作週期所包含的人工作業 (Manual portion) 並沒有牽涉大量的複雜或連續手部動作。

第 11 章　預定時間系統

表 11.2　MTM-1 實際案例分析

				MTM-C的MTM-1分析			確認
	單元名稱：		更換三孔活頁夾紙張				
	起始：		從左邊的架上取出卷宗			分析師：	
MTM標準	包含：		取卷宗、打開封面、找出正確頁次、打開裝訂環、調換文件				
與研究協會	終止：		閉合裝訂環、將卷宗放回架上			日期：	

左手說明	F	左手動作	TMU	右手動作	F	右手說明
1. 取卷宗－打開封面						
伸手至卷宗		R30B	25.8			
抓取卷宗		G1A	2.0			
將卷宗移至桌上		M30B	24.3			
釋放卷宗		RL1	2.0			
伸手至封面		R7B	9.3			
抓取封面邊緣		G1A	2.0			
打開封面		M16B	15.8			
釋放		RL1	2.0			
			83.2			
2. 找出正確頁次						
			14.6	EF	2	讀取第一頁數據
伸手至邊緣	3	R3D	21.9			
抓取	3	G1B	10.5			
向上移動	3	M4B	20.7			
再次抓取		G2	——			
			43.8	EF	2 × 3	辨識頁次
翻動文件		M8B	10.6			
釋放		RL1	2.0			
伸手至支撐處		R8B	10.1	(R4B)		伸手至文件邊緣
抓取		G5	0.0	G5		接觸
			8.0	M½B	4	滑動
			0.0	RL2	4	釋放
接觸	3	G5	0.0	R1B	3	伸手至文件的邊角
移動	3	(M½B)	7.5	G5	3	接觸
			0.0			
再次抓取文件		G2	5.6			
			87.6	EF	4 × 3	辨識頁次
翻動文件		M8B	10.6			
釋放		RL1	2.0			
			255.5			
3. 調換文件						
伸手至三孔活頁夾		R7A	7.4	R7A		伸手至三孔活頁夾
抓取		G1A	2.0	G1A		抓取
拉開		APB	16.2	APB		拉開
打開		M½A	2.0	M½A		打開
釋放		RL1	2.0	RL1		釋放
伸手至文件邊緣		R6D	10.1			
抓取		G1B	3.5			
伸手至紙屑桶		M30B	24.3	(R-E)		
釋放		RL1	2.0			
			10.1	R6D		伸手至新的文件
			3.5	G1B		抓取
			15.2	M12C		伸手至三孔活頁夾
			16.2	P2SE		對準三孔活頁夾
			2.0	M½C		將文件移至三孔活頁夾
			16.2	P2SE		對準
			2.0	M½A		放下文件至三孔活頁夾上
			2.0	RL1		釋放

表 11.2　MTM-1 實際案例分析（續）

左手說明	F	左手動作	TMU	右手動作	F	右手說明
伸手至中間的三孔活頁夾		R4B	8.6	R6B		伸手至中間的三孔活頁夾
抓取		G1A	2.0	G1A		抓取
壓下三孔活頁夾以關閉		APB	16.2	APB		壓下三孔活頁夾以關閉
關閉		M½A	2.0	M½A		關閉
釋放		RL1	2.0	RL1		釋放
			167.5			
4. 闔上封面並將卷宗放回						
伸手至封面		R7B	9.3			
抓取邊緣		G1A	2.0			
闔上封面		M16B	15.8			
釋放		RL1	2.0			
伸手至卷宗		R6B	8.6			
抓取		G1A	2.0			
再次抓取		G2	5.6			
移動卷宗至架上		M30B	24.3			
釋放		RL1	2.0			
			71.6			
單元摘要						
1. 取出卷宗—打開封面			83.2			
2. 找出正確的頁次			255.5			
3. 調換文件			167.5			
4. 闔上封面並將卷宗放回			71.6			
		總計	577.8			

　　MTM-1 與 MTM-2 之間的工時差異，絕大部分是取決於工作週期的長短。圖 11.2 反映在 95% 的機會下，MTM-2 分析結果相對於 MTM-1 的差異百分比。

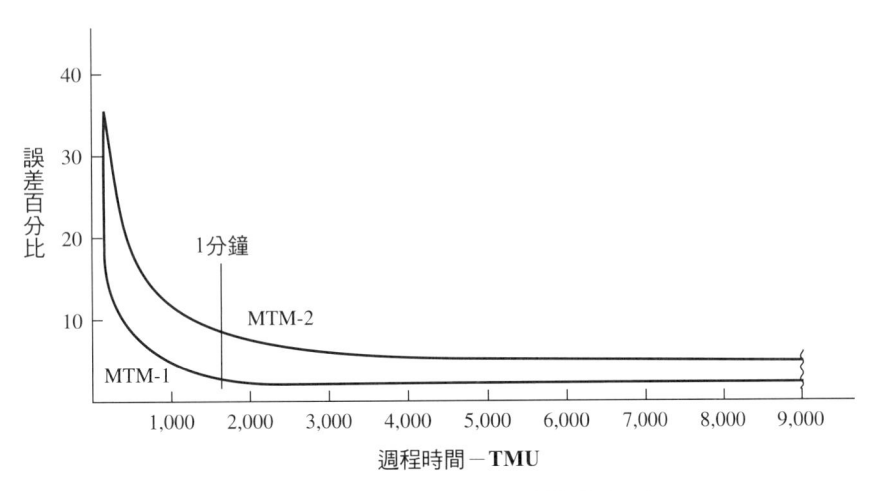

圖 11.2　週程時間增加時，MTM-2 之於 MTM-1 的變異百分比。
（資料來源：MTM 協會。）

MTM-2 將動作區分為 11 種類型，以下為 11 種動作類型之簡述及其代碼：

動作	代碼
取拿	G
放置	P
取拿重物	GW
放置重物	PW
再次抓取	R
施加壓力	A
眼部動作	E
腿部動作	F
步行	S
彎腰與起身	B
搖轉	C

在 MTM-2 的架構下，分析師會依據動作類型來預估距離，因為距離會影響取拿與放置兩個作業的動作時間。如同在 MTM-1 所使用的分析方法，分析師根據食指根部指節之移動距離來評估手部動作；如果動作過程中僅為手指之移動，那麼指尖的移動距離則為其衡量標準。在五種不同的距離下，分別執行五個不同類型動作之代碼如表 11.3 所示，而本書第 4 章也有相關論述。

動作類型、移動距離與目標物重量都是影響取拿動作所需時間的主要變數；另一方面，取拿可以視為到達、抓取與釋放等動素之結合。同理，放置則是移物與對準兩個動素之組合。

取拿動作又細分為下列三個等級：

1. **等級 A**：輕握物件，例如，以手指推動置於桌面之物體。
2. **等級 B**：單一動作，例如，彎曲手指以拾起一個物件。
3. **等級 C**：不屬於等級 A 與 B 的取拿動作。

分析師可依據圖 11.3 的決策模式以確認取拿動作的等級。在五種不同的距離下，完成三種不同等級的取拿動作所需之 TMU 數值請見表 11.3。

放置是以手或手指移動物件至特定位置的過程。過程中包含在原始位置對目標物之取拿與控制，以及在放置工作完成前一系列的運送與校正動作；而距離與重量也同樣會影響放置工作的執行。

表 11.3 MTM-2 數據摘要

範圍	代碼	GA	GB	GC	PA	PB	PC
最大至2吋	−2	3	7	14	3	10	21
介於2吋至6吋之間	−6	6	10	19	6	15	26
介於6吋至12吋之間	−12	9	14	23	11	19	30
介於12吋至18吋之間	−18	13	18	27	15	24	36
超過18吋	−32	17	23	32	20	30	41

	GW 1－每2磅			PW 1－每10磅		
	A	R	E	C	S	F	B
	14	6	7	15	18	9	61

（資料來源：MTM 協會。）

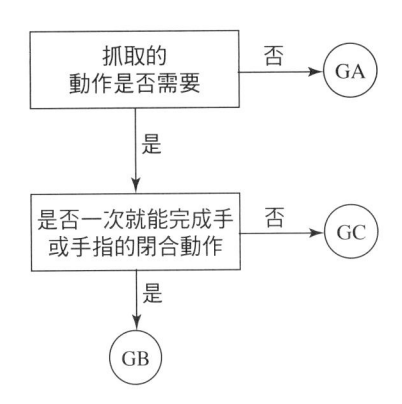

```
              ┌──────────┐
              │ 抓取的   │  否
              │ 動作是否需要├────→ (GA)
              └────┬─────┘
                   │是
                   ▼
              ┌──────────┐
              │是否一次就能完成手│ 否
              │或手指的閉合動作├────→ (GC)
              └────┬─────┘
                   │是
                   ▼
                  (GB)
```

圖 11.3 確認取拿動作等級的決策模式。
（資料來源：MTM 協會。）

如同取拿動作一般，放置動作也可以區分為三種等級，而校正動作之多寡則是判別動作等級的依據。所謂的校正動作包含非刻意的停止、延遲，以及改變移動方向等，略述如下：

1. **沒有校正動作**：從起點到終點的動作極為平順，完全不需要任何校正。例如，將物件置於一旁、放置在阻停裝置或是約略位置。簡而言之，就是最簡單的放置動作。
2. **一個校正動作**：此種放置動作大多發生於不需準確定位，且物件又十分容易搬動的狀況之下；由於分辨此一等級的動作並不容易，因此讀者可以利用圖 11.4 所示之決策模式輔助動作等級之辨識。
3. **多個校正動作**：放置過程中包含數個校正、或是短暫且非刻意的動作，這些動作通常十分明顯。造成這些額外動作的原因，不外乎搬運困難、需要精確定位、接合位置不對稱及工作位置不適等。

分析師可依據圖 11.4 的決策模式來區分放置動作的等級。若無法明確判別動作等級時，分析師會給予較高的層級。假設某物件接合作業含有一個校正動作，而且移動距離超過 1 吋 (2.5 公分) 以上，則該作業就屬於附加的放置動作。表 11.3 為五種不同的距離下，分別執行三個層級放置動作所需之時間資料。

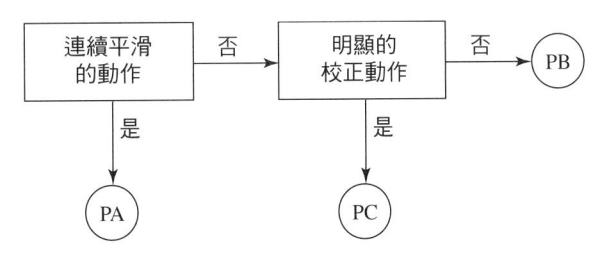

```
   ┌──────────┐  否   ┌──────────┐  否
   │ 連續平滑 ├──────→│ 明顯的   ├──────→ (PB)
   │ 的動作   │       │ 校正動作 │
   └────┬─────┘       └────┬─────┘
        │是                │是
        ▼                  ▼
       (PA)               (PC)
```

圖 11.4 區分放置動作等級的決策模式。
（資料來源：MTM 協會。）

完成放置動作的方法不外乎插入與對齊兩種。所謂的插入是將物件放進另一個物件之內，就如同將軸承插入套管中，而過程中校正動作之終點即為軸承之插入位置；於平面上引導物體之行進則稱為對齊，例如，將尺移動到特定位置並使之與一條直線切齊。表 11.4 可以輔助分析師判斷放置動作之層級。

MTM-2 對於重量的定義與 MTM-1 十分相似；依據其定義，目標物重量每增加 2 磅 (1 公斤)，完成取拿動作所需的時間就會增加 1 TMU；換言之，若是以雙手搬動重達 12 磅 (6 公斤) 的物體因單手的實際負重為 6 磅 (3 公斤)，則作業完成時間必須再增加 3 TMU。另一方面，以放置重物而言，在總重量不超過 40 磅 (20 公斤) 的狀況下，目標物每增加 10 磅 (5 公斤) 將會導致作業時間增加 1 TMU；如果目標物的重量在 4 磅 (2 公斤) 以下，則視為對放置作業沒有影響。

MTM-1 中也可以見到與再次抓取 (Regrasp) 相似之定義，而此一作業耗時 6 TMU。值得注意的是，MTM-2 的作者認為，手部的持續控制可以作為判別再次抓取是否有效的重要依據。

施加壓力耗時約 14 TMU。MTM-2 的作者認為，人體的任何部位都可以完成施加壓力的動作，而動作之最大允許上限為 1/4 吋 (6.4 公釐)。

下列兩種條件之一成立時，眼部動作是被允許的：

1. 因為工作範圍遍及數個工作地點，因此作業員必須移動視線才能看到工作執行的狀況。眼部移動被定義為在正常觀看距離下 (16 吋，即 40 公分)，視線移動超過 4 吋 (10 公分) 之行為，正好與本書第 4 章所述關於主要視覺區域之定義相同。
2. 視線必須集中於目標物上，方能察覺其特徵差異時。

眼部動作之估計值為 7 TMU，而此一數值僅適用視線之移動與手部、身體之動作並無直接關聯的情境。

所謂搖轉，即是手部或手指以繞行圓周的方式移動物件 (如機器曲柄搖桿)，且其行進距離超過半個圓周。如果繞行路徑少於半個圓周，則該行為屬於放置動作。在 MTM-2 系統中，只有繞行的次數與重量，或是阻力會對搖轉動作造成影響，而一個完整的圓周繞行動作需時約 15 TMU。如果目標物的重量或是阻力十分顯著時，此一動作就應該歸類為放置重物。

腿部動作與步行分別耗時 9 TMU 與 18 TMU。步行之量測標準乃是以步距 34 吋 (85 公分) 為基礎，其決策模式有助於判別腿部動作與步行動作之差異 (如圖 11.5)。

表 11.4　插入與對齊放置的比較〔吋（公釐）〕

	PA	PB	PC
插入	間隙 > 0.4吋(10.2公釐)	間隙 < 0.4吋(10.2公釐)	配合程度很緊密
對齊	公差 > 0.25吋(6.3公釐)	0.0625吋(1.6公釐)< 公差 < 0.25吋(6.3公釐)	公差 < 0.0625吋(1.6公釐)

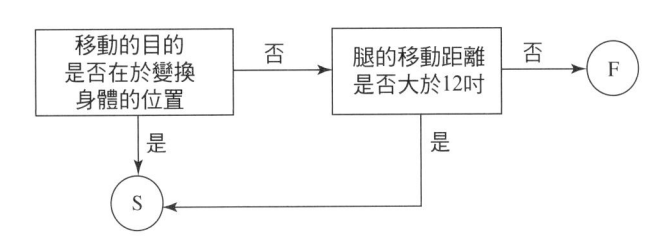

圖 11.5 腿部動作與步行動作之差異的決策模式。
（資料來源：MTM 協會。）

身體的垂直位置變動，如坐下、起立與跪下等，均屬於彎腰與起身動作的範疇，完成類似的動作需時 61TMU。在 MTM-2 系統中，雙膝著地的跪姿被歸類為 2B 的動作，而其他等級的彎腰與起身動作和與其對應的 TMU 數值都已經彙整在表 11.3 中。

為了執行正確的 MTM-2 分析，分析師必須注意以下幾種情況。首先，如果雙手同時執行動作，那麼動作的執行時機極可能與單手執行任務者有所出入。圖 11.6 中空白方格的位置，代表該作業無論以雙手或是單手執行，都不會影響其完成時間。另一方面，註記為「X」的方格則代表這些動作實際上是可以同步進行的；反之，練習後卻依舊難以同步進行之任務，則是以暗色方格標示，這些完成任務所需要的額外時間可參照圖 11.7。圖 11.8 中的項目①為應用**同步動作原理** (Principle of simultaneous motions) 的範例，該例中雙手同步執行 PC 動作，因此完成任務之總時間應該再加上額外的 PC2。

其次為雙手同步執行不同動作且需時較長的狀況，此時就牽涉到**有限動作原理** (Principle of limiting motions)。讀者可以參照圖 11.8 中標記為②的項目，其中 GC12、GB18 分別需時 23 TMU 與 18 TMU，圖中圈註之項目為兩者中執行時間較短者 (GB18)。

如果僅以單手同時執行兩個動作，勢必需要更多的時間，也就是**結合動作原理** (Principle of combined motions)。此一理論可應用於圖 11.8 中標記為③的項目，其中 GB18 較 F 需要更多的時間 (結合動作是以連接兩個欄位的曲線表示)。

項目④的情境與項目③十分相似，其差別在於左手必須執行結合動作，因此較項目③更為複雜。本例中假定 R 為任何 C 類型動作之一部分，也因此從表格中予以刪除。因為右手所執行 GB18 (18 TMU) 與 R (6 TMU) 之總時間，超過左手執行 GC12 (23 TMU) 所花費的時間，所以該項作業之標準時間為 24 TMU。然而，如果 R 為一完全分離的動作，那麼它就應該被分開計算，就如同圖 11.9 中以手電筒組裝為對象之 MTM-2 分析一般。

MTM-3

MTM-3 是方法時間量測的第三個層級，MTM-3 能夠補充 MTM-1 與 MTM-2 不足之處。若是管理階層允許犧牲部分準確度以節省時間成本，那麼 MTM-3 就是最佳的分析手法。MTM-3 的準確度在 ±5% 之內，也就是具備 95% 的信心水準；相較之下，MTM-3 與 MTM-1 之分析週期差距約為 4 分鐘。據估計，MTM-3 大約可以涵蓋 1/7 的

圖 11.6 同步動作的難易程度。
（資料來源：MTM 協會。）

*O = 在正常視野外；W = 在正常視野內

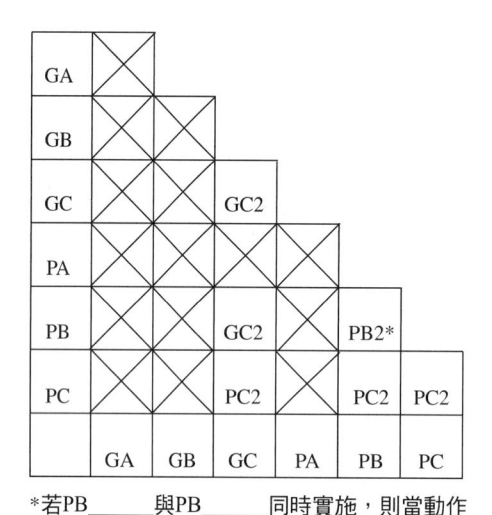

圖 11.7 MTM-2 雙手同步動作寬放。
（資料來源：MTM 協會。）

*若PB＿＿＿＿與PB＿＿＿＿同時實施，則當動作是在正常視野外時，才得以增列PB2。

MTM-1；然而，MTM-3 系統缺乏與視線聚焦、移動相關的定義，因此並不適用於具有這些動素的作業情境。

MTM-3 僅包含下列四個類別的人工作業：

1. 握持 (Handle, H)：此動作之過程從一開始利用手部、手指控制目標物，直到將目標物放置於另一個位置為止。
2. 運送 (Transport, T)：此動作之目的在於以手部、手指運送目標物至另一個地點。
3. 步行與腿部動作 (Step and Foot Motions, SF)：定義與 MTM-2 相同。
4. 彎腰與起身 (Bend and Arise, B)：定義與 MTM-2 相同。
5. 上述的各個項目還會依校正動作的有無，再細分為 A、B 兩個類別。

MTM方法分析						第　頁，共　頁
操作：		備註：				
研究編號：						
日期：						
分析師：						
說明	編號	左手動作	TMU	右手動作	編號	說明
	①	PC6	26	PC6		
		PC2	21	PC2		
	②	GC12	23	GB18		
	③	GA2	18	GB18 ⎤		
				F		
	④	GC12 ⎤	18	GB18		
		R	6	R		
摘要		總TMU：		換算：	寬放%：	標準時間：

圖 11.8　MTM-2 分析實例。

表 11.5 所示為 MTM-3 的資料，其中列舉 10 個範圍從 7 TMU 到 61 TMU 不等的時間標準，這些數據也是制定標準的依據，並受到前述限制的約束。

MTM-V

MTM-V 是由瑞典 MTM 協會 (Swedish MTM Association) 成員——Svenska MTM Gruppen 所發展出來的分析手法，金屬切割作業為其主要的應用範疇，也特別適用於作業週期較短的工作站標準時間分析。MTM-V 提供與下述情境相關的工作單元定義，但讀者必須注意的是，MTM-V 所定義的時間標準並沒有涵蓋物料進給與加工速度等製程時間。

第 11 章　預定時間系統

MTM方法分析　　　　　　　　　　　　　　　　　第　頁，共　頁

操作：藍光手電筒組	備註：
研究編號：1-2	
日期：8-22	
分析師：AF	

說明	編號	左手動作	TMU	右手動作	編號	說明
將身體靠近工作區域		GB12	14	GB12		
		(PA12)	19	PB12		｝第一次取拿電池並靠近身體
			6	R		
			14	GB12		
			19	PB12		｝第二次取拿電池並靠近身體
			6	R		
			14	GB12		
			19	PB12		｝取拿蓋子並靠近身體
			6	R		
			3	PA2		
			1	PW10		
			21	PC2		
			15	C		向下旋壓
			14	A		拴緊蓋子
放下		PA12	11			

摘要	總TMU：182	換算：0.0006	寬放%：10	標準時間：0.120

圖 11.9　手電筒組裝之 MTM-2 分析。

表 11.5　MTM-3 數據表

吋	代號	握持 HA	握持 HB	運送 TA	運送 TB
6	6	18	34	7	21
6	32	34	48	16	29
		SF 18		B 61	

1. 將加工件移至夾具或固定裝置,以及將加工件從加工設備中移除並放置於其他地點。
2. 操作加工設備。
3. 檢查加工件以確保品質與產出。
4. 清潔加工設備之夾點區域,以維持設備產出與產品品質。

一般而言,整備時間(生產設備在更換加工模具時所花費的時間)之制定通常會依據此一手法。因此,如移除固定裝置、夾具、阻停裝置、切削刀具與指示燈之動作時間都可以量化,如果 MTM-V 所建立的人工操作週期時間在 24 分鐘 (40,000 TMU) 以上時,在 95% 的信心水準下,其結果與 MTM-1 相較只有 ±5% 的差距;而且運用 MTM-V 建立標準會比 MTM-1 快上約 23 倍。

MTM-C

MTM-C 為二階層標準資料系統,用以建立如填寫表格、資料輸入等與文書作業相關之工作時間標準。此一特性也使 MTM-C 受到銀行與保險業的廣泛應用。MTM-C 的兩個層級都起源於 MTM-1 之資料。

該系統對到達與移動之定義有三個不同的層級(取拿放置),各種作業的詳細描述則是由一個與 MTM-V 十分相似的 Six-place 數值編碼系統所提供。

MTM-C 所發展的標準在某種程度上與 MTM 極為相似,因此分析師可以將 MTM-C 的結果與經過證實的標準資料,或是由其他手法所制定的資料結合。無論人工作業或自動作業都屬於 MTM-C 之應用範圍,且其資料可以被合併為 MTM-LINK 的一部分。

在 MTM-C 的定義中,層級 1 的 9 種動作類型如表 11.6 所示,相關的說明如下:

1. **取拿放置 (Get Place)**:此一類型的動作涵蓋取拿目標物,並在控制該物件的狀況下將之移開,最後再將其釋放的基本工作類型。例如,代碼為 112210 的工作項目代表著取拿一小疊文件並運送中等距離。
2. **開啟/關閉 (Open/Close)**:書本、門、抽屜、活頁夾、拉鍊、信封與檔案夾的開啟與關閉,則為此類型動作的特徵。例如,212100 表示將絞鏈箱的蓋子半掩著。
3. **束緊/放鬆 (Fasten/Unfasten)**:裝訂文件的動作即屬於此一範疇,可能的動作包含迴紋針、文具夾、橡皮圈與訂書針之附加與移除。典型的動作如在文件上附加一個大型迴紋針,就可以用 312130 來表示。
4. **組織檔案 (Organize File)**:如文件歸檔,或是組織作業中與文件歸檔有直接、間接關係的作業,都可以將其歸類為組織檔案活動。典型的動作編碼如 410400,表示在文件中附上一個書籤。
5. **讀取/書寫 (Read/Write)**:根據定義,讀取動作的閱讀速度為每分鐘 330 個英文字;而字母、數字與記號的書寫時間則是依據出現頻率給予權重,最後再取其平均值。類似動作的編碼與說明如 510600,表示逐字閱讀一篇文章。

表 11.6　MTM-C 層級 1 的動作類型

層級 1 的動作類型	符號
取拿放置	11XXXX
開啟／關閉	21XXXX
束緊／放鬆	31XXXX
組織檔案	4XXXXX
讀取／書寫	5XXXXX
鍵盤輸入	6XXXXX
持有	7XXXXX
身體動作	8XXXXX
機器	9XXXXX

6. **鍵盤輸入 (Keyboarding)**：任何與資料輸入、鍵盤打字相關的作業都屬於此一範疇。鍵盤輸入的編碼與相關的動作說明如 613530，表示以長距離在打字機按下一個按鍵。

7. **持有 (Handling)**：此類別包含所有不屬於其他類別的文書工作。此處列舉持有動作之編碼方式與說明，例如，760600 代表以拍打的方式黏貼沾有膠水的信封封口。

8. **身體動作 (Walk Body Motions)**：此一類別除了有依據步伐而制定的步行數值之外，還包含其他如坐下、站立、維持坐姿時身體的水平與垂直運動等。可能的動作編碼與說明如 860002，表示在旋轉座椅上移動。

9. **機器 (Machines)**：機器資料可以代表相似型態設備之作業時間，例如，按鍵式計算機與打孔機等。

　　層級 2 的資料源自於層級 1 與 MTM-1，相關的元素及其代碼彙整於表 11.7，各個項目之詳細敘述如下：

1. **取拿／放置／移開 (Get/Place/Aside)**：這些元素可以組合或是獨立應用；此處列舉組合應用時可能的編碼與動作說明：G5PA2 表示取拿一枝鉛筆，稍後再將它放置到一旁。

2. **開啟／關閉 (Open/Close)**：物件之開啟與關閉均歸類於此一類別，這些資料不僅能單獨運用，也能組合運用。舉例來說，C65 表示將繩子打結以便把信封彌封；而 OC4 表示開啟與關閉活頁夾。

3. **束緊／放鬆 (Fasten/Unfasten)**：所謂的束緊 (F)，即是將數個物件綑綁在一起，而放鬆 (U) 則是將物件從束緊狀態下釋放的動作。

4. **辨識 (Identify)**：此類別之數值資料是視線移動的時間，動作過程中視線必須聚焦，方能辨識 (I) 單一或多個文字與數字。

5. **找出檔案 (Locate File)**：典型的歸檔動作屬於此一類別，該類別編碼順序的第一個字母為 L，代表找出 (Locate)；其次則是與歸檔動作相對應的代碼，兩者結合就成為一特定的作業，例如，插入 (LI)、移除 (LR)、傾斜與置換 (LT) 等。

表 11.7　MTM-C 層級 2 的動作類型

層級 2 的動作類型	符號
移開	A
身體動作	B
關閉	C
束緊	F
取拿	G
處理	H
辨識	I
找出檔案	L
開啟	O
放置	P
讀取	R
打字	T
放鬆	U
書寫	W

6. **讀取／寫入 (Read/Write)**：讀取資料的動作包含文字、數字與符號的讀取，也同時涵蓋詳細的閱讀比較 (Read-Compare) 與閱讀解譯 (Read-Transcribe) 作業；另一方面，寫入資料則包含一般的文書作業項目，如地址、日期、姓名等。前述兩種作業的編碼與說明：RW20 表示閱讀 20 個文字；RCN25 表示閱讀與比較 25 個數字。

7. **處理 (Handling)**：此一類別的動作承襲層級 1 中對於組織與處理資料的動作。在多數的元素中，物件都會先以「取拿」方式取得，H 為處理動作代碼的開頭，其次則是元素的動作。舉例來說，把一張工作表對折兩次的代碼為 HF12。

8. **身體動作 (Body Motions)**：行走、坐下、站立、彎腰與起立等都屬於身體動作；此外，維持坐姿時的肢體垂直運動也屬於此一範疇。

9. **鍵盤輸入 (Keyboarding)**：鍵盤輸入包含三個主要元素，分別是持有、敲擊鍵盤與校正。舉例來說，TKE17E 表示以打字方式呈現長度為 7 吋 (17.5 公分) 的線段。

以計算速度而言，MTM-C 層級 1 優於 MTM-2；而 MTM-C 層級 2 比 MTM-3 更具優勢。比較更換三孔活頁夾紙張的標準時，首先是以 MTM-1 制定標準 (參見表 11.2)；其次是 MTM-C 層級 1(參見表 11.8)；最後則是 MTM-C 層級 2(參見表 11.9)。讀者可以從這三個案例中發現分析結果的相似程度 (參見表 11.10)。

MTM-M

MTM-M 乃是用於評估使用顯微裝置 (如顯微鏡) 作業的預定時間系統。雖然該系統對於動作起始及結束之定義與 MTM-1 相容，但在系統發展過程中並沒有使用 MTM-1 的基本時間資料；另一方面，它所使用的資料是源自於美國與加拿大 MTM 協會 (United States/Canada MTM Association) 的研究成果。一般而言，MTM-M 與 MTM-2 都屬於較高階的系統。

本系統有四個主要的表格與一個子表格，分析師在選取適當的資料前必須先考量四種變數：

表 11.8　MTM-C 操作分析（層級 1）

	MTM-C操作分析			確認
	MTM-C層級1			文件　編號
	更換三孔活頁夾紙張			

MTM標準與研究協會

部門：		分析師：		日期：
文書		CNR		11/77

編號	說明	參考	單元 (TMU)	每週程發生的次數	每週程 TMU
1.	打開卷宗				
	從架上取出卷宗	113 520	21	1	21
	將卷宗移至桌上	123 002	22	1	22
	取出封面	112 520	14	1	14
	打開封面	212 100	15	1	15
2.	找出正確頁次				
	讀取頁次1	510 000	7	2	14
	找出約略的位置	451 120	16	3	48
	辨識頁碼	440 630	22	3	66
	找出正確頁次	450 130	18	4	72
	辨識頁次	440 630	22	3	66
3.	調換頁次				
	取拿三孔活頁夾	112 520	14	1	14
	開啟三孔活頁夾	210 400	21	1	21
	取拿舊的文件	111 100	10	1	10
	將舊的文件移至紙屑筒	123 002	22	1	22
	取拿新的文件	111 100	10	1	10
	將文件插入卷宗中	462 104	64	1	64
	取拿三孔活頁夾	112 520	14	1	14
	關閉三孔活頁夾	222 400	21	1	21
4.	關閉封面並將卷宗放回				
	取拿封面	111 520	8	1	8
	關閉封面	222 100	13	1	13
	取拿卷宗	112 520	14	1	14
	將卷宗移至架上	123 002	22	1	22
			每週程的總TMU		571
			寬放＿＿＿＿％		
			每＿＿＿單位標準時間（小時）		
			每小時單位		

1. 工具型態。
2. 工具狀態。
3. 動作終止時的特徵。
4. 距離與寬放的關係。

　　除了運動方向與上述四個變數之外，其他可能影響動作績效時間的因素還包括：

1. 工具安裝狀態，未安裝或已安裝。
2. 顯微工具之放大倍率。
3. 移動距離。

表 11.9　MTM-C 操作分析（層級 2）

	MTM-C操作分析				確認
	MTM-C層級2			文件	編號
	更換三孔活頁夾紙張				

MTM標準與研究協會

部門：文書	分析師：CNR			日期：2/77	
編號 說明	參考	單元 (TMU)	每週程發生的次數	每週程 TMU	
取拿並移開卷宗	G5A2	29	1	29	
開啟封面	O1	29	1	29	
讀取頁次1	RN2	14	1	14	
找出頁次	LC12	129	1	129	
辨識頁次	130	22	6	132	
開啟三孔活頁夾	O4	35	1	35	
移出想要的文件	G1A2	32	1	32	
將新的文件裝置於三孔活頁夾上	HI14	84	1	84	
關閉三孔活頁夾	C4	35	1	35	
關閉封面	C1	27	1	27	
將卷宗放回	G5A2	29	1	29	
			每週程總TMU	575	

表 11.10　MTM-1、MTM-C (1) 與 MTM-C (2) 之比較

方法	單元數目	標準
MTM-1	57	577.8
MTM-C 層級 1	21	577
MTM-C 層級 2	11	575

4. 定位公差。
5. 動作之目的，為動作終止時的操作所決定 (舉例來說，使用者可能會用小鉗子以固定、抓取目標物)。
6. 同步動作。

　　MTM-M 基本資料的應用範圍隨著顯微製造技術的增加而日趨廣泛。因為分析師只憑肉眼觀察的馬錶測時並無法建立這些顯微作業的時間標準，因而必須利用 MTM-M 或細微動作程序才能制定出合理的作業標準。

其他特殊化的 MTM 系統

　　本節將介紹三種特殊化的 MTM 系統，分別是 MTM-TE、MTM-MEK 與 MTM-UAS。MTM-TE 是以電子測試為應用對象，它所包含的二階層資料是承襲 MTM 而來。層級 1 含有**取拿** (Get)、**移動** (Move)、**身體動作** (Body motions)、**辨識** (Identify)、**調整** (Adjust) 與其他細部資料；層級 2 則有**取拿與放置** (Get and place)、**閱讀與辨識** (Read and identify)、**調整** (Adjust)、**身體動作** (Body motions) 與**書寫** (Writing) 等；層級 3 的資料也能夠以合成層級 1 資料的形式呈現。然而，MTM-TE 並不包含與電子測試作業相關的問題，僅止於提供此一活動量測之調查與建議指南。

MTM-MEK 是專門處理特殊或小批量的生產問題。如能滿足以下的條件，那麼這個從 MTM-1 衍生而來的二階層系統便可分析所有的人為作業活動：

1. 作業並不具有高度重複性，也不具有組織性，且相似的動作元素可能以不同的方式執行。執行作業的方法可能會隨著工作週期而有所變動。
2. 所使用的工作位置、工具、設備都具有相同的特徵。
3. 複雜度較高且需要訓練的工作。但也可能因缺乏特定工作方法，以致於對員工之職能要求更高。

MTM-MEK 的目標：

1. 對於特殊或是小批量生產活動提供準確的量測手法。
2. 對結構組織鬆散的工作提供易於定義的說明，並確認其程序。
3. 更為快速的應用。
4. 提供近似於 MTM-1 的準確度。
5. 對於教育訓練與應用練習的需求較低。

MTM-MEK 所包含的 51 個時間資料可區分為八個類別，分別是取拿與放置、處理工具、放置、作業、動作週期、束緊與放鬆、身體動作，及視覺控制。此外，系統中尚有 290 個適用於各種特殊、小批量組裝之資料，其內容可區分為束緊、夾住與鬆脫、清潔、應用潤滑劑與黏著劑、組裝標準配件、檢驗與量測、標印與運送。

第三個特殊化系統為 MTM-UAS，此系統之目的在於提供程序說明，以及決定與批量生產有關活動之標準時間。只要下列符合批量生產的條件成立，即屬於 MTM-UAS 的應用範圍：

1. 工作內容相似。
2. 特別設計之工作地點。
3. 工作組織程度高。
4. 作業指示十分詳細。
5. 作業員受過良好的訓練。

MTM-UAS 含有 MTM-TEK 全部八種類別的其中七種，分別是取拿與放置、放置、處理工具、作業、動作週期、身體動作，及視覺控制，總共有 77 個時間數據。MTM-UAS 之分析速度約為 MTM-1 的八倍。如週期時間為 4.6 分鐘以上時，利用 MTM-UAS 發展出來的標準在 95% 的信心水準下，與 MTM-1 之間僅有 ±5% 的差距。

MTM 協會還開發了兩個系統，直接連接到它的套裝軟體 MTM-LINK。4M 是一個第二層級的系統，用來傳送 MTM-1 層級訊息到 MTM-LINK，特別適合長時間的生產作業。同樣，基於 MTM-UAS 系統的 MTM-B，代表合成資料的第三代。MTM-B 有如 MTM-LINK 軟體系統的資料模組，是最適合使用在著重速度的應用上。此外，近期有越來越多對醫療及提升手術效率的關注，MTM-HC 已經發展為專門針對醫療活動的標準資料庫。

MTM 各個系統比較

圖 11.10 展示在 90% 的信心水準下，前述各個 MTM 系統的準確度。而表 11.11 則是三種基本 MTM 系統之比較，諸如使用的動素數量、分析工作所耗用之時間 (以工作週期時間之倍數表示)、準確度等。整體而言，MTM-1 的分析過程較為冗長，而 MTM-3 的準確度則稍嫌不足，因此 MTM-2 會是一個較佳的分析手法。以 MTM-2 分析一個為期 6 分鐘的工作可能需要 600 分鐘，而且分析誤差不會超過 0.24 分鐘。

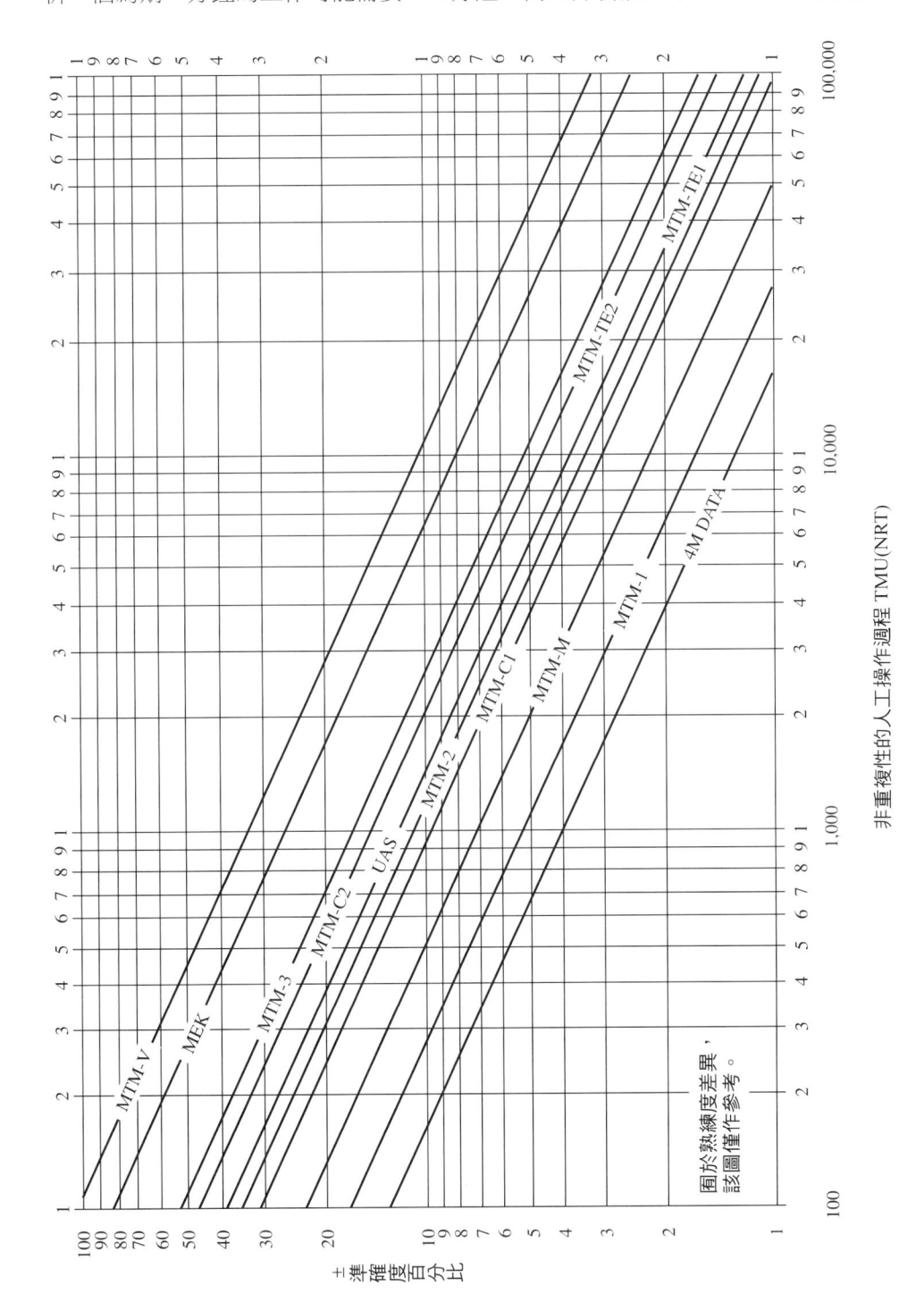

圖 11.10 在 90% 的信心水準下，各個 MTM 系統的準確度。

表 11.11　MTM-1、MTM-2 與 MTM-3 之比較

所使用的動素數量	MTM-1	MTM-2	MTM-3
	釋放 伸手 抓取 移物 對準	取拿 放置	握持
分析工作所耗用之時間	250 × 週程時間	100 × 週程時間	35 × 週程時間
相對速度	1	2.5	7
時間／準確度－100 TMU	15 分鐘／± 21%	6 分鐘／± 40%	2 分鐘／± 70%
時間／準確度－10,000 TMU	1500 分鐘／± 2.1%	600 分鐘／± 4%	200 分鐘／± 7%

11.2 梅氏序定時間技術 Maynard Operation Sequence Technique(MOST)

MOST 技術早年曾應用在瑞典的 Saab-Scania，於 1980 年發展成熟後由 Zandin 所提出。MOST 建立時間標準的速度至少是 MTM-1 的 5 倍，而且不會犧牲太多的準確性。

與 MTM 相同，MOST 也可以區分為三個層級。MaxiMOST 為其中層級最高者，適用於分析工作內容多變、工時較長 (週期時間從 2 分鐘至數個小時不等)，且發生頻率低的作業 (頻率低於 150 次／週)；雖然分析過程相當迅速，但結果的準確度卻並不出色。另一方面，位於底層的 MiniMOST 則適用於工作內容穩定、工時較短 (週期時間少於 1.6 分鐘)，且發生頻率高的作業 (頻率高於 1,500 次／週)；分析結果將會十分詳細且準確，缺點是高昂的時間成本。BasicMOST 則是準確率介於前述兩者之間的分析手法，其適用範圍可同時涵蓋 MaxiMOST 與 MiniMOST；而最適合的工作週期則是 0.5 至 3 分鐘之間。

MOST 定義了一般移動、受控制移動、工具與設備使用三個基本順序模式。在一般移動的定義下，物件可在空間中自由移動；而受控制的移動則代表物件在移動過程中，若不是與其他物體之表面有所接觸，就是附著在另一個物體上；工具與設備使用則屬於典型的手工具使用與機械設備操作。

為了正確了解一般移動是如何進行，分析師導入下列四個子活動 (Subactivity)：動作水平距離 (Action distance, A)、身體垂直動作 (Body motion, B)、控制之掌握 (Gain control, G)、定位 (Placement, P)。而典型的移動包含三個階段，每個階段都是上述參數之子集合 (參見圖 11.11)，即：

1. **取拿 (Get)**：到達一段距離以外的物件 (A)，過程中可能有身體動作或是步行 (B)，最後取得對物件的控制 (G)。
2. **放置 (Put)**：移動物件一段距離至新的位置 (A)，過程中可能有身體動作或是步行 (B)，最後將物件放在特定的位置 (P)。
3. **返回 (Return)**：步行一段距離回到工作站 (A)，這個過程與手的移動無關；如果執行作業的人沒有移動，這個階段就不會存在。

分析師會為依據子活動的困難度，分別指定與時間相關的索引數值，常用的索引

數值有 0、1、3、6、10 與 16；更為複雜的受控制移動或是長距離走動可能會被賦予更高的索引數值。圖 11.12 與圖 11.13 分別記載一般移動過程中可能發生的子活動，以及與之對應的索引數值和文字說明；只要將索引數值乘以 10，就相當於執行子活動所需的時間 (TMU)。

例如，要求作業員取得位於 5 吋 (12.5 公分) 以外的刷子，並定位於 5 吋以外的瓶子上方，最後再回到動作開始之前的位置，其子活動集合為 $A_1B_0G_1A_1B_0P_1A_1$，總時間為 $(1 + 0 + 1 + 1 + 0 + 1 + 1) \times 10 = 50$ TMU；各個階段的子活動組合如下：

1. **取拿**：A_1(到達 5 吋外的刷子)、B_0(沒有身體動作)、G_1(以手抓取刷子)。
2. **放置**：A_1(手持刷子移動 5 吋)、B_0(沒有身體動作)、P_1(鬆手放置刷子)。
3. **返回**：A_1(移動 5 吋回歸原位)。

一般移動

取拿	放置	返回
A B G	A B P	A

受控制移動

取拿	移動／啟動	返回
A B G	M X I	A

工具／設備使用

取拿	置於定位	使用	放置在旁	返回
A B G	A B P	*	A B P	A

圖 11.11 BasicMOST 之活動與子活動。

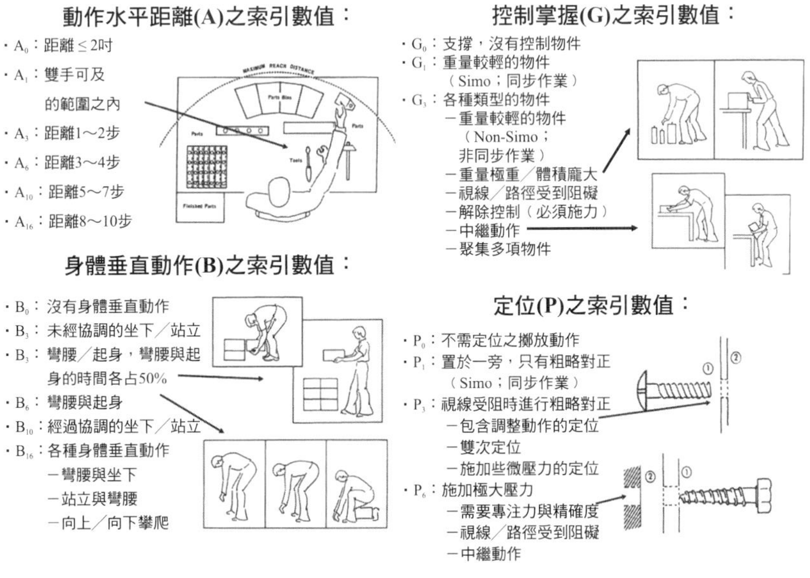

動作水平距離(A)之索引數值：
- A_0：距離 ≤ 2 吋
- A_1：雙手可及的範圍之內
- A_3：距離 1～2 步
- A_6：距離 3～4 步
- A_{10}：距離 5～7 步
- A_{16}：距離 8～10 步

控制掌握(G)之索引數值：
- G_0：支撐，沒有控制物件
- G_1：重量較輕的物件（Simo；同步作業）
- G_3：各種類型的物件
  - 重量較輕的物件（Non-Simo；非同步作業）
  - 重量極重／體積龐大
  - 視線／路徑受到阻礙
  - 解除控制（必須施力）
  - 中繼動作
  - 聚集多項物件

身體垂直動作(B)之索引數值：
- B_0：沒有身體垂直動作
- B_3：未經協調的坐下／站立
- B_6：彎腰／起身，彎腰與起身的時間各占50%
- B_{10}：經過協調的坐下／站立
- B_{16}：各種身體垂直動作
  - 彎腰與坐下
  - 站立與彎腰
  - 向上／向下攀爬

定位(P)之索引數值：
- P_0：不需定位之擲放動作
- P_1：置於一旁，只有粗略對正（Simo；同步作業）
- P_3：視線受阻時進行粗略對正
  - 包含調整動作的定位
  - 雙次定位
  - 施加些微壓力的定位
- P_6：施加極大壓力
  - 需要專注力與精確度
  - 視線／路徑受到阻礙
  - 中繼動作

圖 11.12 一般移動之子活動。

第 11 章　預定時間系統

索引數值	區間平均值 TMU	BasicMOST 區間限制TMU
0	0	0
1	10	1-17
3	30	18-42
6	60	43-77
10	100	78-126
16	160	127-196
24	240	197-277
32	320	278-366
42	420	367-476
54	540	477-601
67	670	602-736
81	810	737-881
96	960	882-1041
113	1130	1042-1216
131	1310	1217-1411
152	1520	1412-1621
173	1730	1622-1841
196	1960	1842-2076
220	2200	2077-2321
245	2450	2322-2571
270	2700	2572-2846
300	3000	2847-3146
330	3300	3147-3446

時間衡量單位

1 TMU = 0.00001 小時	1 小時 = 100,000 TMU
= 0.0006 分鐘	1 分鐘 = 1,667 TMU
= 0.036 秒鐘	1 秒鐘 = 27.8 TMU

H. B. Maynard and Company, Inc.
Seven Parkway Center, Pittsburgh, PA 15220-3880 USA
Phone: 412.921.2400　Fax: 412.921.4575
www.hbmaynard.com

©2005 H. B. Maynard and Company, Inc.

圖 **11.13**　BasicMOST® 資料卡。

一般移動

A B G A B P A 取拿　　放置　　返回		一般移動			
索引數值×10	A 動作水平距離	B 身體垂直動作	G 控制掌握	P 定位	索引數值×10
0	距離≤2吋（5公分）			撿拾 投擲	0
1	雙手可及的範圍之內		抓取：重量較輕的物件 重量較輕的物件（同步作業）	放下：置於一旁 粗略對正	1
3	距離1～2步	坐下／站立 彎腰與起身的時間各占50%	取拿：重量較輕的物件（非同步作業） 重量極重／體積龐大 視線／路徑受到阻礙 解除控制 互鎖控制 聚集控制	放置：視線或路徑受阻時進行粗略對正 經過調整 施加些微壓力 雙次定位	3
6	距離3～4步	彎腰與起身		對準：需要專注力／精確度 施加極大壓力 視線或路徑受到阻礙 中繼動作	6
10	距離5～7步	經過調整的坐下／站立			10
16	距離8～10步	站立與彎腰 彎腰與坐下 向上／向下攀爬 穿越門口			16

A　動作水平距離　延伸數值

索引數值	步行距離	呎	公尺
24	11-15	38	12
32	16-20	50	15
42	21-26	65	20
54	27-33	83	25
67	34-40	100	30
81	41-49	123	38
96	50-57	143	44
113	58-67	168	51
131	68-78	195	59
152	79-90	225	69
173	91-102	255	78
196	103-115	288	88
220	116-128	320	98
245	129-142	355	108
270	143-158	395	120
300	159-174	435	133
330	175-191	478	146

受控制移動

A B G M X I A 取拿　移動／準確　返回		受控制移動			
索引數值×10	M 移動受控制的物件 推動／拉動／旋轉　曲軸轉動（轉）		X 處理時間 秒　　分　　時		I 校準	索引數值×10
1	距離≤12吋（30公分） 按鈕 開關 旋鈕		0.5秒　0.01分　0.0001時		1點校準	1
3	距離>12吋（30公分） 抵抗阻力 安放／拆卸 高度控制 2階段，距離≤24吋（60公分）	1轉	1.5秒　0.02分　0.0004時		2點距離≤4吋（10公分）	3
6	2階段，距離>24吋（60公分） 距離1～2步	2～3轉	2.5秒　0.04分　0.0007時		2點距離>4吋（10公分）	6
10	3～4階段 距離3～5步	4～6轉	4.5秒　0.07分　0.0012時			10
16	距離6～9步	7～11轉	7.0秒　0.11分　0.0019時		精密校準	16

M　推動或拉動　延伸數值

索引數值	步
24	10-13
32	14-17
42	18-22
54	23-28
67	29-34

曲軸轉動　延伸數值

索引數值	轉
24	12-16
32	17-21
42	22-28
54	29-36

I　機械刀具之校準

索引數值	校準標的
3	工件
6	標記
10	刻度盤

非典型物件之校準

索引數值	定位方法
0	移動至阻停裝置
3	1個調整動作至1個阻停裝置
6	2個調整動作至阻停裝置 1個調整動作至2個阻停裝置
10	3個調整動作至阻停裝置 2～3個調整動作至標線

非典型物件之特徵
光滑、龐大、輕薄、尖銳、難以處理

工具使用

A B G A B P　*　A B P A 取拿工具　放置工具　使用工具　將工具置於一旁　返回											
					F　　L 旋緊或旋鬆						
索引數值×10	手指動作					手腕動作				動力工具	索引數值×10
	旋轉	轉動	輪轉	曲軸轉動	輕敲	轉動	輪轉	曲軸轉動	敲擊	螺旋直徑	
	手指、 螺絲起子	手指、 螺絲起子、 棘輪、 T型扳手	扳手	扳手、棘輪	手部、鐵鎚	棘輪	T型扳手、 雙手動作	扳手	扳手、棘輪	鐵鎚	動力扳手
1	1	—	—	—	1	—	—	—	—		1
3	2	1	1	1	3	1	—	1	1	¼吋（6公釐）	3
6	3	3	2	3	6	2	—	1	3	1吋（25公釐）	6
10	8	5	3	5	10	4	—	2	5		10
16	16	9	5	8	16	6	3	3	8		16
24	25	13	8	11	23	9	6	4	12		24
32	35	17	10	15	30	12	8	6	16		32
42	47	23	13	20	39	15	11	8	21		42
54	61	29	17	25	50	20	15	10	27		54

© 2005 H. B. Maynard and Company, Inc.

圖 11.13　BasicMOST® 資料卡（續）。

A B G A B P * A B P A
取拿工具 放置工具 使用工具 將工具置於一旁 返回

工具使用

索引數值×10	C 裁切				S 表面處理			M 量測	索引數值×10
	切斷	固定	裁切	分割	空氣除塵	刷子除塵	擦拭	量測	
	尖嘴鉗		剪刀	小刀	噴嘴	刷子	布料	量測工具	
	線材		裁切後之物件	分割後之物件	平方呎（0.1平方公尺）	平方呎（0.1平方公尺）	平方呎（0.1平方公尺）		
1		緊咬	1	–	–	–	–		1
3	柔軟		2	1	–	–	½		3
6	適中	扭轉成環狀	4	–	污點、孔洞	1	–		6
10	堅硬		7	3	–	–	1	樣板量規	10
16		固定插梢	11	4	3	2	2	固定尺寸，長度≤12吋（30公分）的游標尺	16
24			15	6	4	3	–	測隙量規	24
32			20	9	7	5	5	鋼製捲尺≤6呎(2公尺)	32
42			27	11	10	7	7	外徑測微器≤4吋（10公分）	42
54			33					內徑測微器≤4吋（10公分）	54

P工具放置

工具	索引數值
鐵鎚	0(1)
手指或手	1(3)(6)
尖嘴鉗	1(3)
剪刀	1(3)
小刀	1(3)
表面處理工具	1

工具	索引數值
量測工具	1
螺絲起子	3
棘輪	3
T 型扳手	3
扳手	3
動力工具	3
活動扳手	6(3)

A B G A B P * A B P A
取拿工具 放置工具 使用工具 將工具置於一旁 返回

工具使用

索引數值×10	R 記錄資料				T 思考				索引數值×10
		書寫		標記	檢查		閱讀		
		鋼筆／鉛筆		麥克筆	眼睛／手指		眼睛		
	數字	文字	複製	數字	特徵	數字、單字	文字敘述	比較	
1	1	–	–	標註	1	1	3	1	1
3	2	–	1	1 畫線	3	3	8	2	3
6	4	1	3	2	5 感受溫度	6 刻度數值：日期或時間	15	4	6
10	6	–	5	3	9 感受接觸	12 游尺刻度	24	8	10
16	9 簽名或日期	2	8	5	14		38 表格數值	13	16
24	13	3	10	7	19		54		24
32	18	4	14	10	26		72		32
42	23	5	18	13	34		94		42
54	29	7	22	16	42		119		54

P工具放置

工具	索引數字
書寫工具	1
電腦鍵盤／電動打字機	1
數字鍵盤	1
書信／文件處理	1

A B G A B P * A B P A
取拿設備 放置設備 使用設備 將設備置於一旁 返回

設備使用

索引數值×10	W 電腦鍵盤／電動打字機		K 數字鍵盤		H 書信／文件處理					填寫				索引數值×10
	設定	文字	數字	資料	作業	觸動／輕拍	訂書機	郵票、印花	翻閱文件	選取	開啟／關閉選取	檔案	開啟／關閉檔案	
1	標籤	滑鼠點擊	2	2		1	電動訂書機		1					1
3		1	6	6	開啟信封	3	打孔 手動操作 移除訂書針		4					3
6	設定標籤	2 日期	11	12	插入文件	6		1 墨水	7	1				6
10	設定邊緣區域	4	18	20	密封信封	10		2	12	3		1		10
16		6	28	32	折疊	16		3	20	6	2	4	1	16
24	插入與移除	8	39	48				5	28	9	6	7	5	24
32		11	52	60				7	37	12	9	10	8	32
42		15 住址	68	79				9	47	17	12	15	11	42
54		19	85	100				11	61					54

圖 11.13 BasicMOST® 資料卡（續）。

人工作業中約有 50% 左右的動作屬於一般移動。典型的一般移動可能包含的活動有：走到特定位置、彎腰拾起物件、到達並控制目標物、彎腰後起身與放置物件。更具體地，作業員的動作順序為：向前走三步、彎腰、拾起地上的瓶子、起身、再走三步回到原來的位置、最後把瓶子放到定位；其子活動集合為 $A_6B_6G_1A_6B_0P_3A_0$，總共耗時 $(6+6+1+6+3+0) \times 10 = 220$ TMU，相關說明如下：

1. **取拿**：A_6(步行三步)、B_6(彎腰與起身)、G_1(以手取得控制——重量較輕之物件)。
2. **放置**：A_6(步行三步)、B_0(沒有身體動作)、P_3(放置並調整物件位置)。
3. **返回**：A_0(沒有返回)。

受控制的移動過程涵蓋類似推動啟動桿、轉動方向盤、按下啟動開關等人工作業，大約有 1/3 的工作行為都屬於此種動作類型。除了預先設定動作距離 (A)、身體動作 (B)、取得控制 (G) 之外，受控制的移動還包含新增的動素，如移動受控制的物件 (M；即移動途徑中的物件是被人所掌控)、處理時間 (X；非人為控制的機器處理時間) 與校準 (I；以受控制的移動過程達成兩個物件的對齊) 等。這些子活動亦可以被群組成三個階段，分別是取拿 (Get)、移動或啟動 (Move/actuate) 與返回 (Return)。以一般的動作而言，取拿包含以手觸及一定距離以外的物體 (A)，過程中或許有身體動作或是步行 (B)，隨後取得對該物體的控制 (G)，接下來的動作是在受控制的路徑中移動，其中或許有身體動作 (M)，接著在有限的時間內控制或啟動裝置 (X)，並對物件作出校準 (I)，最後，與一般移動的過程相同，如果有必要回到當初的位置，就會有返回發生 (A)。同樣地，每一個動作都被指定如 0、1、3、6、10、16，甚至是數值更大的索引數值，這些子活動的相關說明請參照圖 11.14，而圖 11.13 則是詳細的列表資料。

移動(M)：推動／拉動／旋轉之索引數值

- M_1（1階段、距離 ≤ 12吋）：
  — 或按下按鈕／開關
- M_3（1階段、距離 > 12吋）：
  — 或施加力量的推動
  — 或安放／拆卸
  — 或高度控制
  — 或2階段、距離 ≤ 24吋
- M_6（2階段、距離 ≤ 24吋）：
  — 或距離1～2步
- M_{10}（3～4個階段）：
  — 或距離3～4步
- M_{16}：距離6～9步
  — 延伸數值

移動(M)：曲軸轉動之索引數值

- 曲軸轉動：
  — 以手指、手腕、前臂等身體部位進行圓弧狀的轉動，且轉動路徑必須大於圓周的1/2
  — 如果轉動路徑少於圓周1/2，則被歸類為推動／拉動／旋轉
- M_3＝轉動1圈
- M_6＝轉動1～3圈
- M_{10}＝轉動4～6圈
- M_{16}＝轉動7～11圈

處理時間(X)之索引數值

索引數值	秒	分
0	無處理時間	
1	0.5	0.01
3	1.5	0.02
6	2.5	0.04
10	4.5	0.07
16	7.0	0.11
330	124	2.06

校準(I)之索引數值

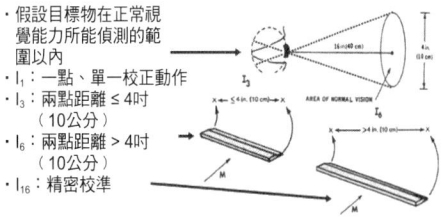

- 假設目標物在正常視覺能力所能偵測的範圍以內
- I_1：一點、單一校正動作
- I_3：兩點距離 ≤ 4吋（10公分）
- I_6：兩點距離 > 4吋（10公分）
- I_{16}：精密校準

圖 11.14 受控制移動所包含之子活動。

接下來以一個受控制的移動過程為例，啟動銑床進料開關的子活動集合為 $A_1B_0G_1M_1X_{10}I_0A_0$，其總時間為 $(1 + 0 + 1 + 1 + 10 + 0 + 0) \times 10 = 130$ TMU，各階段之過程如下：

1. **取拿**：A_1(把手伸向操縱桿)、B_0(沒有身體動作)、G_1(取得操縱桿的控制權)。
2. **移動或啟動**：M_1(移動操縱桿以啟動機器，移動距離 < 12 吋)、X_{10}(約 3.5 秒)、I_0(沒有精確定位)。
3. **返回**：A_0(沒有返回的動作，因為所有的活動都發生在同一個工作站)。

在一個比較複雜的案例中，作業員希望將一片 4×8 呎的薄鋼板水平移動 14 吋，鋼板的兩端各有一個阻停裝置可以輔助校準(作業員的手不需要移動位置就可以完成校準動作)，而該名作業員必須先後退一步以取得對鋼板的控制；其子活動集合為 $A_3B_0G_3M_3X_0I_6A_0$，總時間為 $(3 + 0 + 3 + 3 + 0 + 6 + 0) \times 10 = 150$ TMU，各階段之動作組成如下：

1. **取拿**：A_3(後退一步以抓取鋼板)、B_0(沒有垂直身體動作)、G_3(取得對鋼板的控制)。
2. **移動或啟動**：M_3(移動鋼板距離 > 12 吋)、X_0(沒有處理時間)、I_6(兩點校準，且兩點之間的距離超過 4 吋)。
3. **返回**：A_0(因為所有的活動都在工作站執行，所以沒有返回動作)。

工具與設備之使用則是 BasicMOST 的最後一個動作順序，該類別的活動項目約占所有工作活動的六分之一；凡是利用工具進行裁切、表面處理、扣緊物件、記錄資料、鍵盤輸入、紙張處理，甚至思考都屬於這類活動的範疇。工具與設備使用可視為一般移動與受控制移動的組合，其動作階段可被區分為五個子活動：

1. **取拿工具**：以手觸及一段距離以外的工具 (A)，期間或許會有身體動作或步行 (B)，接著再取得工具的控制權 (G)；換言之，其活動組成與一般移動、受控制移動相同。
2. **將工具置於定位以便操作**：將工具移動到適當的位置 (A)，其中可能有身體動作 (B)，最後將工具定位以便使用 (P)。
3. **使用工具**：這個過程可能包含許多的動作；例如，旋緊 (F；以手指或工具進行組裝)、旋鬆 (L；以手指或工具進行拆裝，與 F 相反)、使用鋒利的工具 (C；執行裁切、分割等作業)、表面處理 (S；在物件表面上增加或移除材料)、量測 (M；比較物件之物理特性與標準規格之間的差異)、記錄資訊 (R；以原子筆或鉛筆進行記錄)、思考 (T；透過眼睛的活動或是思考來取得物件之資訊，甚至是審視物件)、資料輸入 (W；透過鍵盤或打字機輸入資料)、敲擊數字鍵盤 (K；操作 PDA 或是電話的數字鍵盤)、書信與文件處理 (H；各種文件的分類與書寫)。
4. **將工具放到旁邊**：於使用完畢之後將工具放置在旁邊(或許等會兒要用)，過程中所執行的子活動項目與一般移動 (A、B 及 P) 極為相似。
5. **返回(不一定會執行)**：如同一般移動與受控制移動，工作結束之前可能會有一個返回動作 (A)。

同樣地，上述的子活動也被賦予相對應的索引數值 (0、1、3、6、10、16，甚至是更大的數值)，完整的資訊如表 11.13 所示。

舉例來說，作業員從兩步以外的工作桌上抓取一把小刀，在紙箱上劃開一道缺口，最後再將小刀放回工作桌；該作業之子活動集合為 $A_3B_0G_1A_3B_0P_1C_3A_3B_0P_1A_0$，總時間為 $(3 + 0 + 1 + 3 + 0 + 1 + 3 + 3 + 0 + 1 + 0) \times 10 = 150$ TMU，各階段之活動分布如下：

1. **取拿工具**：A_3 (步行兩步至工具櫃)、B_0 (沒有身體垂直動作)、G_1 (以手控制小刀)。
2. **將工具置於定位以便操作**：A_3 (步行兩步至工作桌)、B_0 (沒有垂直身體動作)、P_1 (將小刀輕放於紙箱上)。
3. **使用工具**：C_3 (使用小刀進行切割工作)。
4. **將工具放到旁邊**：A_3 (步行兩步至工具櫃)、B_0 (沒有垂直身體動作)、P_1 (把小刀放回工具櫃)。
5. **返回**：作業員依然在工作桌附近，所以不會執行此一活動。

另外一個範例則是與測試作業有關，技術員拿起一組量測裝置，並將之與終端機連接，隨後開始測試工作並讀取電壓數據，待測試完成後再把量測裝置放到一旁。分析後可知子活動集合為 $A_1B_0G_1A_1B_0P_3T_6A_1B_0P_1A_0$，總共耗時約 $(1 + 0 + 1 + 1 + 0 + 3 + 6 + 1 + 0 + 1 + 0) \times 10 = 140$ TMU，各階段之活動分布如下：

1. **取拿工具**：A_1 (在雙手可及範圍內觸及量測裝置)、B_0 (沒有垂直身體動作)、G_1 (控制量測裝置)。
2. **將工具置於定位以便操作**：A_1 (持有量測裝置的手部移動)、B_0 (沒有身體垂直動作)、P_3 (將量測裝置與終端機連接，並作出些微調整)。
3. **使用工具**：T_6 (從終端機讀取電壓值)。
4. **將工具放到旁邊**：A_1 (將量測裝置收回，移動距離在雙手可及範圍內)、B_0 (沒有身體垂直動作)、P_1 (將量測裝置放回工作桌)。
5. **返回**：A_0 (技術員沒有離開工作桌，所以沒有返回動作)。

以 BasicMOST 進行分析時所用的表格如圖 11.15 所示。分析師必須在表格的右上方填入基本資訊①，如工作代碼與日期時間；接著是填寫工作執行區域②，以及工作內容與分析條件③等資料。工作內容已經被拆解為適當的活動④，並依執行時之先後順序予以編號，然後逐項登錄於表格左邊的工作方法 (Method) 欄位中；接著再從順序模組 (Sequence Model) 的欄位中選出適當的子活動集合⑤，如一般移動、受控制移動或是工具與設備之使用等，並對集合中的各個子活動逐一註記適當的索引數值；最後再把集合中所有子活動的索引數值加總之後乘以 10，就可以得到該活動的執行時間 (單位為 TMU)。分析師在彙整資料的時候，只要將活動的 TMU 數值加總，即可得到該項工作的時間標準，並將計算後的結果填寫在表格右下角的欄位之中⑥。

第 11 章　預定時間系統

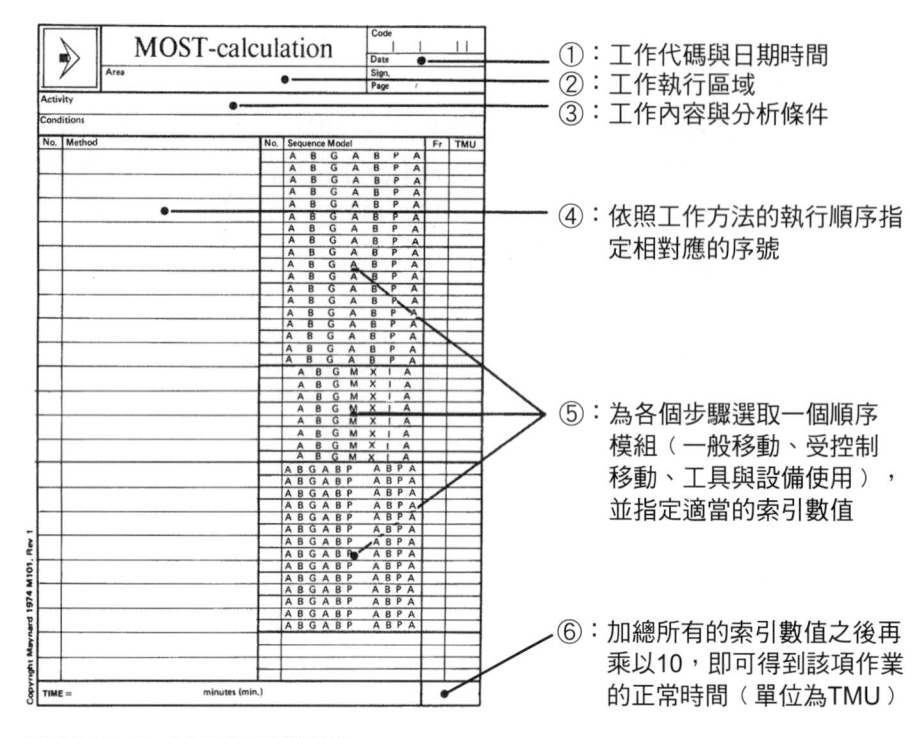

圖 11.15　BasicMOST 計算表格。

①：工作代碼與日期時間
②：工作執行區域
③：工作內容與分析條件
④：依照工作方法的執行順序指定相對應的序號
⑤：為各個步驟選取一個順序模組（一般移動、受控制移動、工具與設備使用），並指定適當的索引數值
⑥：加總所有的索引數值之後再乘以10，即可得到該項作業的正常時間（單位為TMU）

　　分析師在研究過程中務必遵守以下的規則：活動的順序必須固定不變，亦不允許臨時加入或是忽略代表活動的英文字母；而各個子活動的索引數值一經指定就不允許修改，但必要時可以作四捨五入；最後，連續活動的數量可能會有些許的調整(與 MTM 相似)。以雙手連續執行高階互動作業的時候，研究結果只會記錄動作時間的最大值(本例為右手，動作時間為 60 TMU)，而另一隻手的時間資料則是被圈註不予計算。

RH	$A_1 B_0 G_1$	$A_1 B_0 P_3$	A_0	60
LH	$A_1 B_0 G_1$	$A_1 B_0 P_3$	A_0	60

反之，評估低階互動的雙手分離作業時，雙手的動作時間都會被列入計算，其結果為 120 TMU。

RH	$A_1 B_0 G_1$	$A_1 B_0 P_3$	A_0	60
LH	$A_1 B_0 G_1$	$A_1 B_0 P_3$	A_0	60

最後，中階互動的雙手作業只有部分動作是連續執行的。例如，下圖中被圈註的取拿階段，該項作業總共需時 100 TMU。

RH	$A_1 B_0 G_1$	$A_1 B_0 P_3$	A_0	60
LH	$A_1 B_0 G_1$	$A_1 B_0 P_3$	A_0	40

　　以 MTM-2 手法分析手電筒組裝的結果如圖 11.9 所示，圖 11.16 則是以 MOST 手

法分析相同作業的結果，讀者可以從中得知這兩種手法在分析過程與結果之差異。

隨著科技的進步，目前已經有電腦軟體可以輔助 MOST 分析的執行，大大地降低分析師在發展時間標準的過程中，查詢與維護動作順序、子活動、索引參數等資料的困難度。可以預見的是，電腦系統將會比人工作業快上 5 至 10 倍左右，因為電腦系統將會排除不合邏輯的數值，有助於減少計算結果之錯誤。圖 11.17 為一個使用 BasicMOST® 電腦軟體分析的一般移動案例。

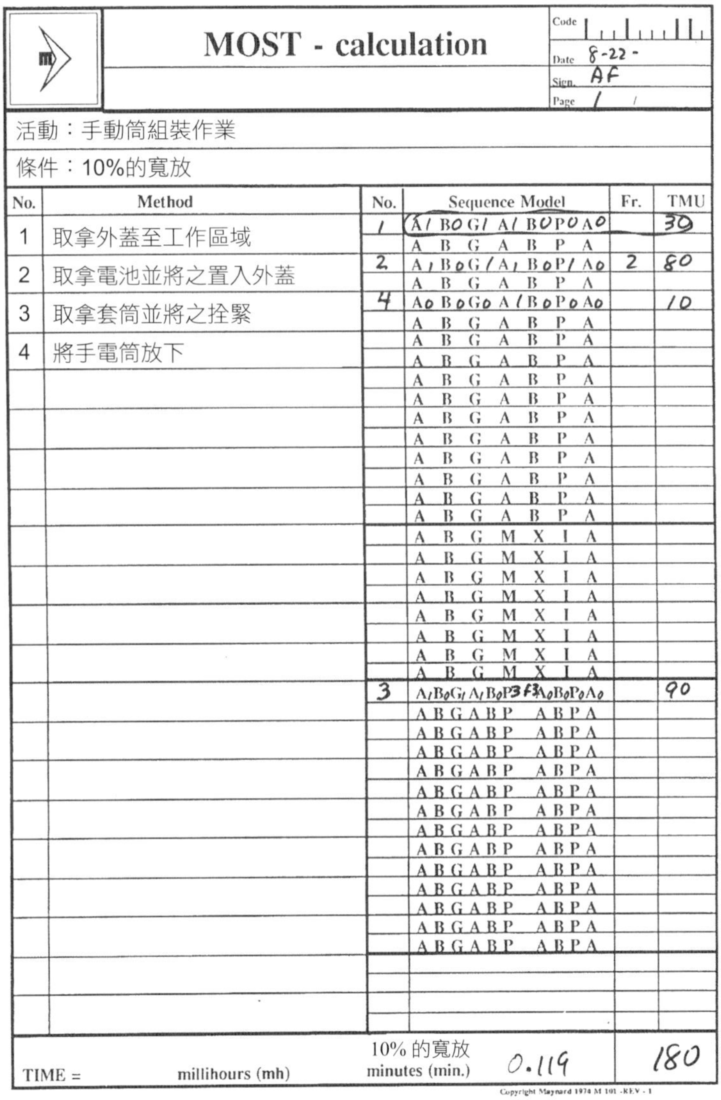

MOST - calculation

Code | Date 8-22- | Sign. AF | Page 1 /

活動：手動筒組裝作業

條件：10%的寬放

No.	Method
1	取拿外蓋至工作區域
2	取拿電池並將之置入外蓋
3	取拿套筒並將之拴緊
4	將手電筒放下

No.	Sequence Model	Fr.	TMU
1	A1 B0 G1 A1 B0 P0 A0		30
2	A1 B0 G1 A1 B0 P1 A0	2	80
4	A0 B0 G0 A1 B0 P0 A0		10
3	A1 B0 G1 A1 B0 P3 F3 A0 B0 P0 A0		90

TIME = millihours (mh) | 10% 的寬放 minutes (min.) 0.119 | 180

圖 11.16 手電筒組裝作業之 MOST 分析。

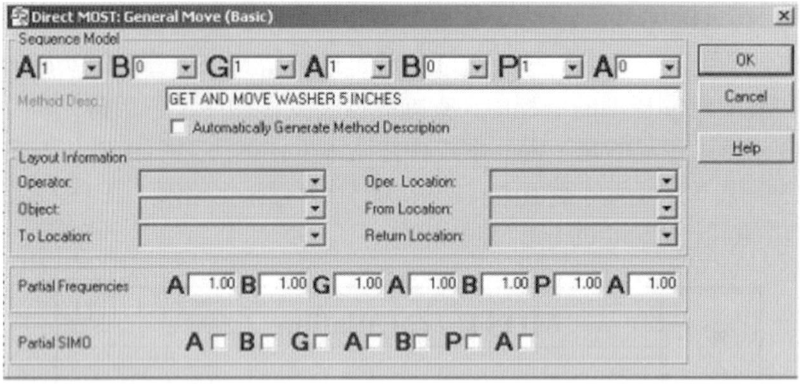

圖 11.17　一般性移動順序實例：於 BasicMOST 中取拿與移動刷子 5 吋。
(資料來源：*BasicMOST*®. Used by permission of H. B. Maynard and Co., Inc., Pittsburgh, PA.)

11.3 預定時間系統之應用 Predetermined Time Application

設置標準資料

　　標準資料之設置是預定時間系統最為重要的應用層面，標準資料的建立不但有助於縮短設置各個工作標準時間之過程，還能夠減輕分析師的數值運算負荷，減少分析過程中可能發生的錯誤。

　　詳盡的標準資料有助於間接工作標準之制定(如維修、物料搬運、文書、辦公、檢驗及管銷作業等)。此外，標準資料還可以輔助分析工作週期較長，且過程中包含很多短時間活動的工作。例如，一家公司設置標準資料並用於分析工具室中之鑽床作業，在分析師制定鑽頭從一個孔洞移到下一個孔洞，並收回鑽頭這些元素的動作時間之後，即可將資料整合到多變數圖中，以便快速地彙整資料。

　　文書作業標準時間之制定可以證明預定時間系統的彈性。舉例來說，整理時間紀錄表的過程包含以下元素：

1. 拿起一疊用橡皮筋捆住的部門時間紀錄表，並移除橡皮筋。
2. 將這些時間紀錄表依直接人工(獎金)、間接人工及按日計酬分成三類。
3. 記錄時間紀錄表的數量。
4. 將分類後的時間紀錄表用橡皮筋束緊後置於一旁。
5. 將整理好的表格彙集成冊。
6. 依據完成「零件」時間，整理用來計算獎金的直接人工時間紀錄表。
7. 計算這些與獎金紀錄有關的資料疊數。
8. 分別記錄「零件」時間，以及獎金時間的表格數量。
9. 將「零件」時間紀錄表依序排列。
10. 將這些資料表整理成冊後放置辦公桌上。

方法分析師將每一個元素拆解為基本動作，一旦基本常數與變數已經確定，隨後導出的代數方程式就可以用來計算文書作業時間。在建置標準作業時間的過程中，馬錶測時依然有其存在的必要。雖然多數標準之制定可以使用預定動作時間，但仍有少部分必須倚賴馬錶量測。除此之外，預定時間系統沒有人為評比所可能造成的偏差，也有助於消除相關人員對於績效標準之一致性與穩定性的爭議。

方法分析

　　預定時間系統有一項重要的優點，就是在衡量時間的同時也可以進行方法合理化的分析。能夠了解這些手法的分析師會對每一個工作站的作業都十分重視，並思考建立時間數據的期間是否存在方法改善的機會。預定時間系統的使用，可以建立十分詳細的動作或方法分析資料，有助於發掘工作過程中多餘的動素，並減少維持有效動素所花費的時間。圖 11.18 的檢核表可以輔助分析師執行更好的方法分析。簡化工作方法的契機如下 (此處以 MTM-2 系統為例)：

1. 消除彎腰與起身等身體動作，因為這些動作將耗費大量的時間 (61 TMU)。
2. 降低層級，尤其是層級 C 的動作，這個措施可以減少 39% 基本的動作時間。
3. 將距離最小化，以 5-TMU 為單位，逐步縮短距離之編碼。
4. 避免舉起重物，因為每多 2 磅就會增加 1 TMU 的作業時間。
5. 消除需要視線移動與對焦的作業，將可以減少 7 TMU 的作業時間。
6. 將工具、裝配元件與原物料事先置於定位。

　　舉例來說，一家公司花費 40,000 美元改善生產工具，期望提升焊接作業的績效。在此之前，分析師利用預定時間系統分析現行的作業方式，發現設置簡單的固定裝置與重新規劃原物料的裝卸區域，就能將每小時產量從 750 件提升到 1,000 件，而且實施時間研究之成本僅為 40 美元。該公司根據此一研究結果節省 40,000 美元的預算支出。

範例 11.1　T 恤翻轉內裡作業之方法改善

　　本例以 T 恤翻轉內裡作業說明 MTM-2 在提升產能的同時，也可兼顧方法改善與作業安全 (Freivalds and Yun, 1994)。一般而言，成衣縫製的例行性作業包括：將內裡翻轉在外以進行縫線工作，並於縫製完成以後再將內裡翻轉回去。

　　這種反覆不斷的工作方式非常容易造成作業員的累積性傷害。圖 11.19a 為現行的工作方法，縫製一件 T 恤所需的工時為 141 TMU。我們從分析結果中發現此一作業過度使用 C 級動作，這個線索便提供一個改善想法：我們是否可以減少過多的取拿 (GET) 與放置 (PUT) 活動呢？(即圖 11.18 中「取拿」項目下的第 3、4 個問題)。

　　提出的改善構想是造一台真空機將 T 恤吸附到一條管中，一旦真空機關機，衣服便很容易將內裡翻回並從管座取下。改善後的工作方法 (如圖 11.19b 所示) 在 MTM-2 計算下僅需時 108 TMU；節省 9.2% [(141−108)/360] 的整體作業 (包括翻

裡、檢驗與摺疊共 360 TMU) 時間。綜觀上述，操作困難度高且容易受傷的 C 級動作不但被消除，作業時間也同時被縮減了。

MTM 方法分析　　　　　　　　　　　　　　　　　　　　　第　頁，共　頁

操作：T恤翻裡作業	備註：手動式作業方法，共 141 TMU
研究編號：手動	
日期：2-12-93	
分析師：AF	

說明	編號	左手動作	TMU	右手動作	編號	說明
取拿T恤		GB18	18	GB18		取拿T恤
伸手至衣內、撐起布料		GC12	23	GC12		伸手至衣內、撐起布料
同時動作		GC2	14	GC2		同時動作
拉出袖子		PC32	41	PC32		拉出袖子
同時動作		PC2	21	PC2		同時動作
放下T恤		PB18	24	PB18		放下T恤
			141			

(a)現行方法

MTM 方法分析　　　　　　　　　　　　　　　　　　　　　第　頁，共　頁

操作：T恤翻裡作業	備註：使用真空吸附機，共 108 TMU
研究編號：自動	
日期：2-12-93	
分析師：AF	

說明	編號	左手動作	TMU	右手動作	編號	說明
取拿T恤		GB18	18	GB18		取拿T恤
拉T恤至真空機管		DA32	20	PA32		拉T恤至真空機管
			9	F		啟動腳踏板
拉下T恤		PB32	30	PB32		拉下T恤
克服真空阻力		PW10	1	PW10		克服真空阻力
放下T恤		PB32	30	PB32		放下T恤
			108			

(b)改善方法

圖 11.19　T恤翻裡作業的 MTM-2 分析表。

取拿 (G)	是	否
1. 取拿動作是否能與其他取拿或放置動作同時執行,而不會產生任何延遲?	☐	☐
2. 取拿動作能否於設備的生產週期中執行?	☐	☐
3. 是否能在夾具、重力進料裝置,與容器的使用中簡化取拿動作?	☐	☐
4. 能否以層級 A 之取拿動作讓目標物滑至定位?	☐	☐
5. 能否避免兩手間互相傳遞物件的動作?	☐	☐
6. 工具能否預先置於固定位置,以簡化取拿動作?	☐	☐
7. 在執行其他工作的過程中,工具能否置於手掌之上(沒有將工具放下,待稍後需要時再取出)?	☐	☐
8. 能否於同一時間抓取多個物體?	☐	☐
9. 能否減少取拿物件時之移動距離?	☐	☐
10. 在特定的層級、距離之下,手部動作是否取得平衡?	☐	☐

放置 (P)	是	否
1. 放置動作是否能與其他取拿或放置動作同時執行,而不會產生任何延遲?	☐	☐
2. 放置過程中的過於嚴謹寬放與精確定位是否能夠避免?	☐	☐
3. 物件能否透過引道予以輸送?	☐	☐
4. 能否使用固定的引導與阻停裝置?	☐	☐
5. 製造完成之物件是否對稱?	☐	☐
6. 能否減少插入動作之深度?	☐	☐
7. 另一隻手能否輔助複雜的放置動作?	☐	☐
8. 物件能否輔以機械方式一併放置?	☐	☐
9. 是否能以物件落下(Drop)的方式簡化放置動作?	☐	☐
10. 物件能否以滑行的方式移動到特定位置?	☐	☐
11. 移物終點是否位在正常視力所及的範圍之內?	☐	☐

施加壓力 (A)	是	否
1. 設計與製程改善能否免除執行施加壓力的動作?	☐	☐
2. 能否移除不必要的束緊作業?	☐	☐
3. 能否移除束緊寬放?	☐	☐
4. 因零件被銼屑、塵土汙染所導致的施加壓力動作能否避免?	☐	☐
5. 衝力之使用能否消除施加壓力動作?	☐	☐
6. 強大的肌肉組織在施加壓力的過程中是否具備優勢?	☐	☐
7. 振動裝置或其他的機械動作能否取代施加壓力的動作?	☐	☐

再次抓取 (R)	是	否
1. 放置過程中的再次抓取動作能否避免?	☐	☐
2. 能否以適當的方向預先置於固定位置?	☐	☐
3. 盒裝送料、堆疊裝置與振動送料等方式能否代替再次抓取動作?	☐	☐
4. 能否維持物件之對稱程度以減少再次抓取動作?	☐	☐
5. 物件在設備運轉週期中能否預先對準?	☐	☐

圖 **11.18** MTM-2 方法分析檢核表。
(資料來源:Brown, 1976.)

眼部動作 (E)	是	否
1. 物件與顯示裝置能否置於正常視線所及的範圍之內?	☐	☐
2. 亮度是否足夠以避免不必要的視線移動?	☐	☐
3. 能否明確地識別容器與零件,或許是以顏色傳達其間之差異?	☐	☐
4. 物件之對稱、對準能否避免視線移動?	☐	☐
5. 視覺檢查組裝配件的過程能否避免(例如,止動裝置、觸覺感受等)?	☐	☐
6. 以視覺轉譯刻度設定的過程能否避免(例如,以開關或狀態燈號傳達資訊)?	☐	☐
7. 人類在身體動作的過程中,視線之移動是否會造成延遲?	☐	☐

搖轉 (C)	是	否
1. 輪子與轉軸是否能夠旋轉?	☐	☐
2. 能否減少圓周運動的次數?	☐	☐
3. 能否降低圓周運動之阻力?	☐	☐
4. 圓周運動能否快速執行?	☐	☐

步行 (S)	是	否
1. 是否已經採用最短的行進路徑與最佳的設施規劃?	☐	☐
2. 地面是否平滑,且沒有任何阻礙物存在?	☐	☐
3. 經常使用的零件是否放置於工作區域附近?	☐	☐
4. 執行工作必須的資訊與工具是否已經放置於工作站內(避免多餘的走動)?	☐	☐
5. 工作站間之原物料、零件運送工作能否以機械設備取代?	☐	☐
6. 是否使用運輸工具?	☐	☐

腿部動作 (F)	是	否
1. 腿部動作能否與其他動作同步執行?	☐	☐
2. 作業過程中,腿部能否舒適地放置在開關、踏板之上?	☐	☐
3. 是否有板凳支撐身體?	☐	☐
4. 是否兩隻腳都能夠操作踏板?	☐	☐

彎腰與起身 (B)	是	否
1. 讓物體落下能否避免多餘的彎腰起身動作?	☐	☐
2. 原物料與產品之放置高度是否位於手肘至指關節之間,以減少彎腰起身動作?	☐	☐
3. 是否採用不佳的物件抬舉姿勢(以蹲姿執行抬舉工作)?	☐	☐
4. 是否避免經常性地進出以坐姿執行作業之工作站?	☐	☐

圖 11.18 MTM-2 方法分析檢核表(續)。

總結

　　到目前為止,本章已經探討數個較為知名的預定時間系統。目前業界仍存在許多特殊的系統,泰勒在多年以前曾經目睹與現有系統相似的工作分割標準建立。他在 (科學管理) (Scientific Management) 一文中指出,如果大量的基本資料都已經制定完成,則更進一步的時間研究也就沒有存在的價值。如今多數的標準乃是依據標準資料或是預定時間系統所開發出來的。

然而，此一領域是否仍有持續研究、測試與精練的必要？舉例來說，基本動作時間之加入是否可以合理地決定動素時間？因為動素時間可能會因執行順序的改變而有所變動，因此如「到達 20 吋」這種基本動素也可能被前後執行的動素所影響。換言之，除了動作等級與移動距離之外，可能還有其他因素會導致到達時間的變異。

分析師應該考慮動作型態之主要目的、複雜度、特徵與距離。舉例說明，以手移動置於手掌之上的物件，則移動過程中為了維持對於該物件的控制，必然伴隨著其他的同步動作，其結果可能是減緩移動速度。如果距離愈長，物件放在手掌上的時間也愈長。由此可知，如果合成動作所需的時間愈長，完成該動作所需花費的時間與同一距離之簡單動作相比較下會愈多。

預定時間系統在方法與工作量測領域占有很重要的地位。預定時間系統可以在實際的生產作業開始之前就定義出標準時間；換言之，即使在工作尚未開始、時間研究也無法進行的時候，分析師也能在預定時間系統的協助下預測生產成本。然而，使用者的專業技能會直接影響研究結果的正確性，因此分析師必須充分了解系統假設，並以正確的方式運用系統。一些預定時間系統也提供相關的套裝軟體以協助，甚至簡化這個過程，請參閱本章最後一頁。

問題

1. 試問何人是發展基本工作分解標準的創始者，以及此人的貢獻為何？
2. 使用預定時間系統之優點為何？
3. 試問另外兩種經常用於確認預定時間的手法？
4. 何人是 MTM 系統之先驅？
5. 試述 1TMU 時間數值之定義。
6. 當左右手在同一時間內，分別執行一個 GB 等級的抓取與一個 PC 等級的放置時，該動作究竟是簡單或困難？請說明。
7. 試述發展 MTM-2 的目標及其特殊的應用範疇。
8. MTM-1 與 MTM-2 對於同步動作之定義是否一致？
9. 如果使用 MTM-3 分析為期約 3 分鐘的作業，試問你對於分析結果之正確性有何評論？
10. MTM 與方法分析之關聯為何？
11. 試述預定時間與標準資料之關聯。
12. MTM 與 MOST 的關聯為何？
13. 試說明 MOST 三個層級彼此之間的差異與特性。
14. 試說明 BasicMOST 系統所定義的三個基本動作順序為何？
15. 試說明 BasicMOST 是如何分析同步發生的活動？
16. 相較之下，以預定時間系統制定工作標準會比馬錶測時更具優勢，試說明原因。

習題

1. 試計算執行動作 M20 B20 所需的時間。

2. 一桶重約 30 磅的砂石之摩擦共變異數為 0.40，如果作業員以雙手推動桶子並使之遠離自身 15 吋。試問在正常狀況下完成此項作業需要多少時間？

3. 一枚直徑 3/4 吋的硬幣被放置於直徑 1 吋的圓形區域之內，試問完成此一放置作業需時多久？

4. 試算以下單位時間產出之 TMU 值：每單位產出需要 0.0075 小時、0.248 分鐘，或是每產出 100 單位需要 0.0622 小時，單位產出需時 0.421 秒，以及每分鐘產出 10 個單位。

5. 針對一簡單作業進行 MTM-2 (參見圖 11.20) 分析後所得之動作敘述如下：雙手各取拿一個物件，右手會先執行再次抓取，再施加壓力以便將該物件放置於固定裝置之內。隨後取拿一個針腳，然後再抓取，最後再將針腳插入裝配元件。持續轉動一個具有阻力的旋轉式開關六圈，直到指針讀數到達正確位置。試從以上的敘述中找出錯誤予以圈註，然後重新撰寫動作分析說明，並對所修正的項目做出論述。

6. 以 BasicMOST 手法對圖 11.20 所提供的活動資訊進行分析。

7. 普度插栓作業 (Purdue Pegboard Task) 是一個典型的動作技巧測試。測試過程需要一塊含有一系列孔洞的木板，以及螺栓、墊圈與絕緣支架三種組件，其組裝順序從木板的頂端開始，直到最後一個孔洞之組裝完成為止。組裝過程中必須將木板旋轉 90°，使之如人體一般直立，詳細的動作過程如下：

   a. 右手拾起一個螺栓，並將之插入一個與螺栓十分密合的孔洞。

   b. 在螺栓插入之後，以左手拾起一個墊圈並放置於螺栓之上，其間隙為 0.01 吋。

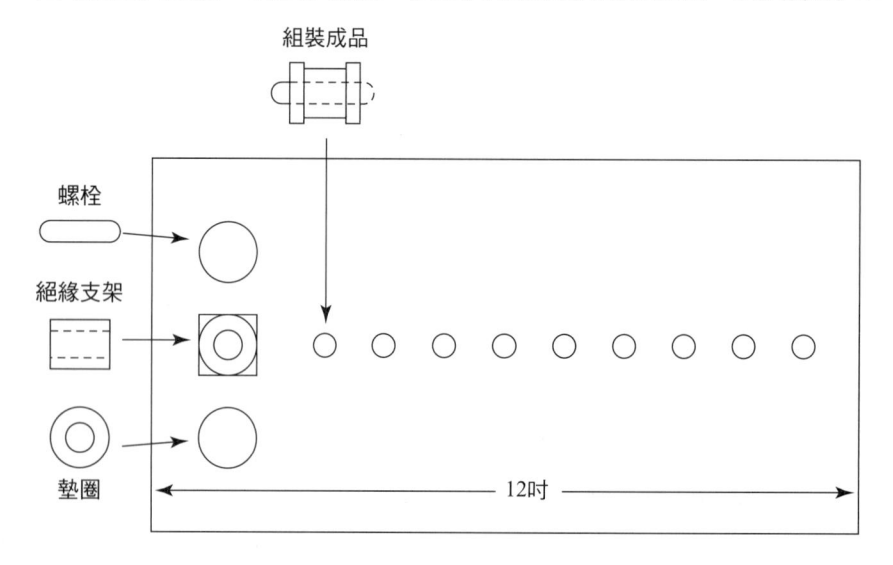

c. 在墊圈放置妥當之後,再以右手拾起絕緣支架置於螺栓與墊圈之上,其間隙為 0.01 吋。
d. 當絕緣支架安置完成之後,左手會再拾起另一個墊圈,並將之放置於原先已經先前組合好的螺栓與絕緣支架上方。
e. 墊圈放置完成以後,就會進行下一個組裝程序。此時右手會再拾起一個螺栓,並將之插入下一個孔洞,之後的動作就如同前述一般重複地拾起零件以完成組裝作業。

MTM方法分析　　　　　　　　　　　　　　　　　　第　頁,共　頁

操作:組裝	備註:
研究編號:習題5	
日期:1-27-98	
分析師:AF	

說明	編號	左手動作	TMU	右手動作	編號	說明
取工件至夾具		GC12	18	GB18		取工件至夾具
		R	6	R		
		PC12	30	PC6		
工件就位		A	14	A		工件就位
取拿並裝配針		GC12	23	GC12		取拿並裝配針
		PC12	30	PC12		
		R	6	R		
			10	GB6		在有阻力下搖轉
			5	GW10		
			90	C	6	
			5	PW5		
			21	PC2		將指向器對準

摘要	總TMU:259	換算:0.0006	寬放%:10	標準時間:0.171

圖 11.20　習題 5 之簡易組裝的 MTM-2 分析。

以上為普度插栓作業的第一個完整組裝過程，試依其動作敘述撰寫 MTM-2 分析報告，並說明作業員在處理木板下方的組裝作業時將會發生什麼情況？並敘述其發生原因。此外，請簡述為何 MTM-2 不適用於此一組裝作業？

8. 試以 BasicMOST 手法分析習題 7 的第一項組裝作業。
9. 試以 MTM-2 對圖 4.17 的纜夾組裝作業進行分析。
10. 試以 BasicMOST 對圖 4.17 的纜夾組裝作業進行分析。
11. 如習題 7 所述，普度插栓作業是測試手及手指靈巧度的一項標準測試。它由置放在板子上端凹洞的螺栓和一系列的孔洞所組成 (如下圖所示)。其中一個標準任務，是以雙手同時進行，如下所示：

(1) 左右手拿起螺栓並將它們插入孔洞中。

(2) 繼續拿起另一組螺栓，直到最後的 (第 25 組) 孔洞被插滿。

使用 MTM-2 和 MOST 計算插入 25 組螺栓的正常時間。當受測者一路往下插入螺栓時，你的分析發現了什麼？為什麼 MTM-2 不適合用於這項作業？

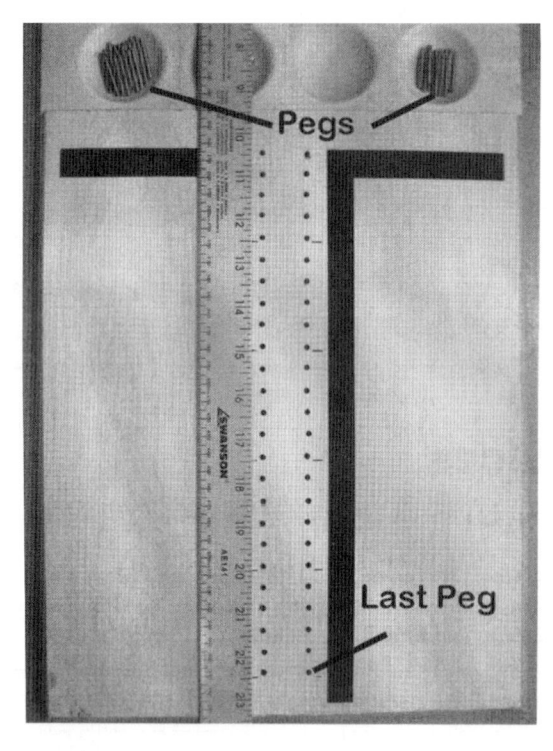

12. 老式的投票法，是由選民拿起一支鉛筆，在選票的適當方格內標記他／她所選擇的候選人，把鉛筆放回桌上，然後將選票投入投票箱。假設所有東西 (選票，鉛筆、投票箱) 都在前臂可及之處。請使用 MTM-2 和 MOST 計算正常投票時間 (以分鐘計)。

13. 一名檢查活塞環的工人，用左手從左側的架子上拿起一個未檢查過的環，以左側的插槽檢查 [一個不通過量規 (No-go Gage)，這表示一個好的環不應該通過]。然後，他用右側的插槽檢查 [一個通過量規 (Go Gage)，這表示一個好的環應該通過]。因

為這個環通過了，他用右手將其放置在右側的架子。假設這些都事前臂的動作。請使用 MTM-2 和 MOST 計算這個作業的正常時間。

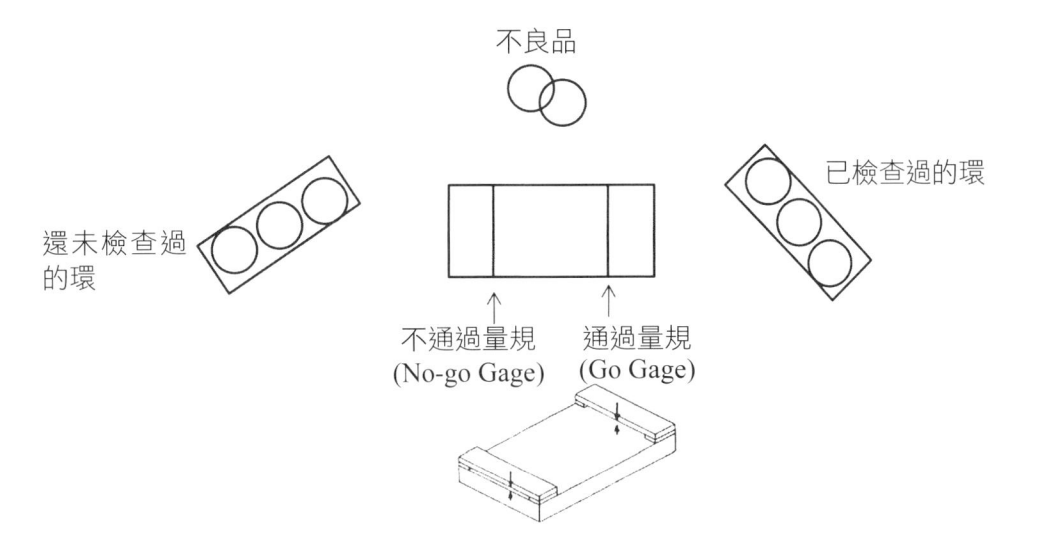

不良品

還未檢查過的環

已檢查過的環

不通過量規
(No-go Gage)

通過量規
(Go Gage)

參考文獻

Brown, A. D. "Apply Pressure." *Journal of the Methods-Time Measurement Association*, 14(1976).

Freivalds, A., S. Konz, A. Yurgec, and J. H. Goldberg. "Methods, Work Measurement and Work Design: Are We Satisfying Customer Needs?" *The International Journal of Industrial Engineering*, 7, no. 2(June 2000), pp. 108-114.

Freivalds, A., and M. H. Yun. "Productivity and Health Issues in the Automation of T-Shirt Turning." *International Journal of Industrial Engineering*, 1, no. 2(June 1994), pp.103-108.

Karger, Delmar W., and Walton M. Hancock. *Advanced Work Measurement*. New York: Industrial Press, 1982.

Maynard, Harold B., G. J. Stegemerten, and John L. Schwab. *Methods Time Measurement*. New York: McGraw-Hill, 1948.

Sellie, Clifford N. "Predetermined Motion-Time Systems and the Development and Use of Standard Data." In *Handbook of Industrial Engineering*. 2d ed. Ed. Gavriel Salvendy. New York: John Wiley & Sons, 1992.

Zandin, Kjell B. MOST Work *Measurement Systems*. New York: Marcel Dekker, 1980.

選擇的軟體

MOD++, International MODAPTS Association, 3302 Shearwater Court, Woodbridge, VA 22192 (http://www.modapts.org/)

MOST, H. B. Maynard and Co., Eight Parkway Center, Pittsburgh, PA 15220, 2001 (http://www.hbmaynard.com/)

MTM-LINK, The MTM Association, 1111 East Touhy Ave., Des Plaines, IL 60018 (http://www.mtm.org/)

工作抽查
Work Sampling

本章重點

- 工作抽查是以隨機方式決定觀測時間點,並進行大量觀測之工作衡量方法。
- 工作抽查之應用範圍包括:
  - 決定機器與人工的利用率。
  - 決定寬放。
  - 訂定時間標準。
- 盡可能地蒐集觀測數據,以提升研究精確度。
- 盡可能地延長觀測時間;最好能維持幾天,甚至是幾週。

工作抽查 (Work sampling) 乃是調查各種活動占用工作時間比率的手法。工作抽查所得之結果,非常適合用於制定作業設備與人員之利用率、工作寬放及生產標準。雖然時間研究也能夠取得上述的資料,但卻必須耗費更多的時間與成本。

進行工作抽查時,分析師以隨機方式對特定活動進行多次觀測 (Observations);而該活動之觀測次數和總觀測次數的比例,大致與該活動在整個作業流程中所占的概略時間比例相等。例如,在一天內以隨機的方式對車床作業進行 1,000 次的觀測,結果顯示其中有 700 次車床是處於正常作業的狀態,而其餘 300 次則是處於待機的狀態。假設每日工時為 8 小時,那麼車床的待機時間約占每日工時的 30%,相當於 2.4 小時。

英國的紡織工業率先將工作抽查導入實務應用,該技術隨後以**比率延遲 (Ratio-delay)** 的名稱在美國受到廣泛的應用 (Morrow, 1946)。工作抽查的準確性取決於觀測次數的多寡,以及實施隨機觀測的時間點。換言之,除非觀測次數足夠,而且取樣時間點可以代表正常作業之情境,否則極有可能會獲得不準確的結果。

工作抽查在觀測數據之取得方面較傳統的時間研究更具優勢,茲列舉如下:
1. 分析師不需進行長時間之連續觀測。
2. 可減少文書處理的工作時間。
3. 分析師所花費的總時間通常較少。
4. 作業員不需接受長時間的連續觀測。
5. 一個分析師可同時觀測多人操作。

12.1 工作抽查的理論 The Theory of Work Sampling

基本機率法則 (Fundamental laws of probability) 乃是工作抽查的理論依據；換言之，工作抽查進行的同時，特定事件不一定會發生，也不一定只會發生特定的次數。因此統計學家導出下列的方程式，以估計總共 n 次觀測中，事件發生 x 次的機率：

$$P(x) = \frac{n!}{x!(n-x)!} p^x q^{n-x}$$

其中 p = 某事件發生的機率
$q = 1 - p$ = 該事件不會發生的機率
n = 觀測次數

這種機率分配模式稱為**二項分配** (Binomial distribution)。根據統計理論，二項分配的平均值 (Mean) 為 np，變異數 (Variance) 為 npq。根據統計定理，當 n 趨近於無窮大時，二項分配會近似常態分配 (Normal distribution)。由於工作抽查必須取得極大的樣本，所以可用常態分配取代二項分配進行分析；亦即將事件發生之機率的分配視為平均值等於 p，而標準差為 $\sqrt{\frac{pq}{n}}$ 的常態分配。

在工作抽查時，我們取樣本數為 n 的樣本來估計 p。根據抽樣理論，我們不可能期望每個樣本的 $\hat{p}$ ($\hat{p}$ = 單一樣本中事件發生的機率) 會與實際的 p 值相同。然而，我們期望任何一個樣本的 $\hat{p}$ 值有 95% 的機會落在 $p \pm 1.96\,\sigma_p$ 的區間之內。換言之，若 p 為某事件發生的真實比例，則我們希望在 100 次的抽樣結果中，僅有 5 個樣本的 $\hat{p}$ 值超出 $p \pm 1.96\,\sigma_p$ 的範圍。

這個理論可以用來估計達到期望準確度所需的樣本大小，該樣本的標準差計算如下：

$$\sigma_p = \sqrt{\frac{pq}{n}} = \sqrt{\frac{p(1-p)}{n}} \tag{1}$$

其中 σ_p = 觀測事件發生機率的標準差
p = 觀測事件的真正發生機率
n = 依 p 而決定的觀測次數

從信賴區間的觀點而言，$z_{\alpha/2}\sigma_p$ 表示在 $(1-\alpha)100\%$ 信賴誤差下可接受的誤差極限，即

$$\ell = z_{\alpha/2}\sigma_p = z_{\alpha/2}\sqrt{pq/n} \tag{2}$$

將等號的兩邊平方，即可求得 n 值：

$$n = z_{\alpha/2}^2 \, pq/\ell^2 = z_{\alpha/2}^2 \, p(1-p)/\ell^2 \tag{3}$$

以 95% 的信心水準為例，$z_{\alpha/2} = 1.96$，所以觀測樣本大小 $n = 3.84\,pq/\ell^2$。

範例 12.1　二項分配的極值

我們用實驗所得之結果對工作抽查的基本理論作更進一步的說明。假設分析師對生產設備進行為期 100 天的停機次數抽查，每日以隨機的方式對此設備進行 8 次觀測作業，相關的參數定義如下：

n = 每日觀測次數

k = 觀測的總天數

x_i = 第 i 天之 n 次隨機觀測中，設備停機的次數 (i = 1, 2,..., k)

N = 隨機觀測之總次數

N_x = 觀測過程中，設備停機次數等於 x 的天數 (x = 0, 1, 2,..., n)

在總共 n 次的觀測過程中發生 x 次停機的機率為 $P(x)$，且 $P(x)$ 滿足二項分配：

$$P(x) = \frac{n!}{x!(n-x)!} p^x q^{n-x}$$

其中　p = 設備停機機率

　　　q = 設備運轉機率

而且

$$p + q = 1$$

假設每日觀察次數 n = 8，觀察天數 k = 100，兩者相乘即為總觀察次數 N = 800 (8 × 100)。經過幾天的研究，我們得知 p = 0.5。下表所列，則是在觀測過程中設備停機次數等於 x 的累計天數 (x = 0, 1, 2, 3,⋯, n)；以及在 p = 0.5 的條件下，根據二項分配所求得之期望停機次數。

X	N_x	$P(x)$	100 $P(x)$
0	0	0.0039	0.39
1	4	0.0312	3.12
2	11	0.1050	10.5
3	23	0.2190	21.9
4	27	0.2730	27.3
5	22	0.2190	21.9
6	10	0.1050	10.5
7	3	0.0312	3.12
8	0	0.0039	0.39
	100	1.00*	100*

* 近似值

由表中可看出，以 p = 0.5 計算所得之理論結果 $kP(x)$，與停機次數 x 的累計天數 N_x 相當一致。

$$\overline{P_i} = \frac{x_i}{n} = 第 i 日觀測到設備停機之機率$$

令 i = 0, 1, 2, 3,..., k

$$\hat{P} = \frac{\sum_{i=1}^{k} \overline{P}_i}{k} = \frac{\sum_{i=1}^{k} x_i}{n \cdot k}$$

$$= \frac{\sum_{i=1}^{k} x_i}{N} = 依工作抽查而估計的設備停機之機率$$

然而,依據理論所得結果必須與實際一致才能被採納;因此我們以卡方分配 (Chi-square distribution, χ^2) 來檢定此一假設,即使觀測過程中設備停機次數之分布頻率與期望值之間存在明顯的差異,也不會影響卡方分配的檢定結果。

在此例子中,觀測所得之次數為 N_x,而期望的次數為 $kP(x)$,因此

$$\chi^2 = \sum_{k=0}^{k} \frac{[N_x - 100P(x)]^2}{100P(x)}$$

亦即上述公式之右項為一個近似有 k 個自由度的卡方分配。本例之 $\chi^2 = 0.206$。

分析師必須決定 χ^2 之值是否足以否定虛無假設 (Null hypothesis),亦即否定理論所得之結果與觀察所得結果一致的假設;換言之,也就是觀察所得之停機次數與計算結果之差異純屬隨機結果。由於本例中 χ^2 之值極小,這種狀況極有可能單純因為隨機而發生,因此我們不否定實驗數據符合理論上之二項分配的假設。

在典型的工業應用實例中,分析師通常不知道 p 值 (一般均假設其值為 0.5),因此 p 值可用 $\hat{p}$ 來估計 ($\sum_{i=1}^{k} X_i / N$)。當每日之隨機觀測次數增加時,無論觀測的日數是否隨之增加,$\hat{p}$ 會趨近於 p;反之,如果觀察次數不夠,那麼單純地以 $\hat{p}$ 來估計 p 將可能產生極大的差異。

圖 12.1 為 $P(x)$ 與 x 之關聯。

當 n 值夠大時,不論真正的 p 值為何,二項分配會非常近似常態分配。這個趨勢可由上例之圖形看出。另外,當 p 值接近 0.5 時 (上例的 p 值等於 0.5),即使 n 很小,二項分配仍會近似常態分配。

使用常態分配近似二項分配時,令

$$\mu = p$$

且

$$\sigma_p = \sqrt{\frac{pq}{n}}$$

常態分配表 (見附錄 2,表 A2.2) 中的 z 變數則為:

$$z = \frac{\hat{p} - p}{\sqrt{pq/n}}$$

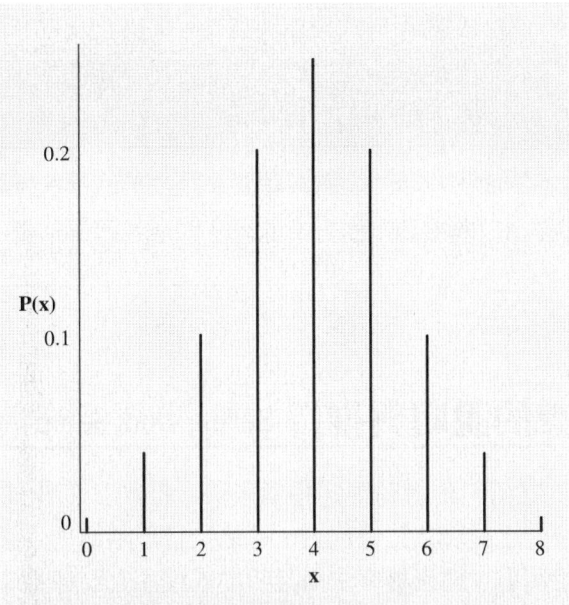

圖 12.1 停機觀測值之機率分布。

雖然在大多數的應用實例中，p 是未知的，但可依 $\hat{p}$ 來估計 p，然後使用信賴界限 (Confidence limits) 來決定 p 的區間。例如，每實施 100 次的隨機觀測，其中就有 95 次的 p 值會座落於區間，

$$\hat{p} - 1.96\sqrt{\frac{\hat{p}\hat{q}}{n}}$$

且

$$\hat{p} + 1.96\sqrt{\frac{\hat{p}\hat{q}}{n}}$$

以圖的方式來表示則為：

$$\hat{p} - 1.96\sqrt{\frac{\hat{p}\hat{q}}{n}} \quad \hat{p} \quad \hat{p} + 1.96\sqrt{\frac{\hat{p}\hat{q}}{n}}$$

此信賴區間 (Confidence interval) 的推導過程如下：假設我們要找出 95% 的信賴區間 (每實施 100 次觀測，其結果有 95 次會落在 p 的區間之內)；我們知道 n 很大時，會近似標準常態變數 (Standard normal variable)，因此令

$$z = \frac{\hat{p} - p}{\sqrt{\hat{p}\hat{q}/n}}$$

將不等式稍加調整即得：

$$P\left[z_{0.025} < \frac{\hat{p} - p}{\sqrt{\hat{p}\hat{q}/n}} < z_{0.0925}\right] = 0.95$$

因 $-z_{0.025} = z_{0.975} = 1.96$，在將不等式稍加調整後，即得含 p 之 95% 的信賴區間：

$$\hat{p} - 1.96\sqrt{\frac{\hat{p}\hat{q}}{n}} < p < \hat{p} + 1.96\sqrt{\frac{\hat{p}\hat{q}}{n}}$$

二項分配的基本假設是每一隨機觀測時間點所發生的事件機率為常數。因此在進行工作抽查時，必須以隨機觀測的方式進行，以避免因作業員的預期心理而導致抽查結果的誤差。

12.2 工作抽查的說明與推行 Selling Work Sampling

在進行工作抽查之前，分析師應向相關人員「推銷」工作抽查的方式及其可靠度。即使馬錶時間研究已經廣為工會代表、領班及管理階層所了解與接受，分析師還是應該舉辦簡短的說明會，透過機率法則證明抽查程序之合理性；工作抽查的優點在於完全摒棄個人的成見，也消除了馬錶測時所造成的作業壓力，因此一旦將此程序詳細解釋之後，工會代表及工人將樂於接受工作抽查的實施。

首先，分析師可以利用簡單的問題闡述工作抽查的內容。以投擲硬幣之正反面機率為例，所有的成員都能迅速地了解，投擲硬幣一次而恰好出現正面的機率為 50%；因此當成員被要求去定義硬幣出現正反面之機率時，他們會不假思索地再投擲硬幣數次並計算結果。然而，究竟要投擲幾次才夠呢？兩次？十次？還是 100 次？毫無疑問地，他們很快便能了解到試驗次數愈多，其結果也就愈有保障，這同時也是工作抽查的核心觀念之一。換言之，足夠的樣本資料，才能確保工作抽查之結果具備統計的顯著性。

其次，分析師應解釋同時投擲四枚硬幣所可能產生的結果。此時，所有硬幣均為正面或是均為反面的組合都只有一種；另一方面，投擲結果出現三個正面與出現一個反面的可能組合有四種，而兩個正面與兩個反面的情況則有六種。所有 16 種正反面組合之機率分布如圖 12.2 所示。

在實際操作與解釋上述的實驗之後，成員應該都能接受硬幣投擲 100 次之結果會近似於常態分配，而投擲 100,000 次的結果將會更趨近於完美的常態分配。然而，投擲次數的增加未必能產生更為精確的結果，卻無可避免地導致實驗成本的提高。綜觀上述，樣本數之決定與期望結果之精確度有關，並非無條件地愈大愈好。

接下來，分析師必須說明作業員與設備的狀態也類似於二項分配所描述的機率行為。舉例來說，機器的運轉狀態可以簡單地區分為「運作」與「停機」兩種結果(二項)，若是持續地監控設備的運轉率，將會發現運轉率會日趨穩定，此時停止監控措施也不會造成任何影響 (參閱圖 12.3)。同理，導致設備停機的原因也可以細分為各種作業中斷與延遲，以便作進一步的改善。

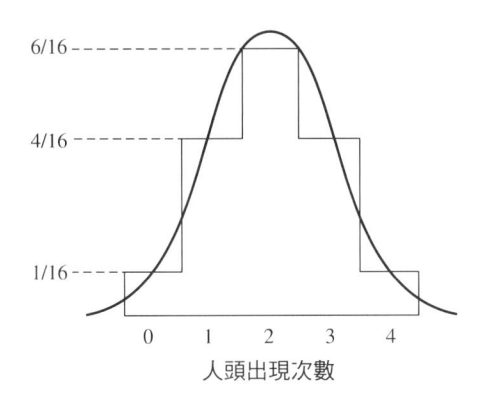

圖 12.2 用 4 枚公平的硬幣所繪出的人頭出現次數常態分配圖。

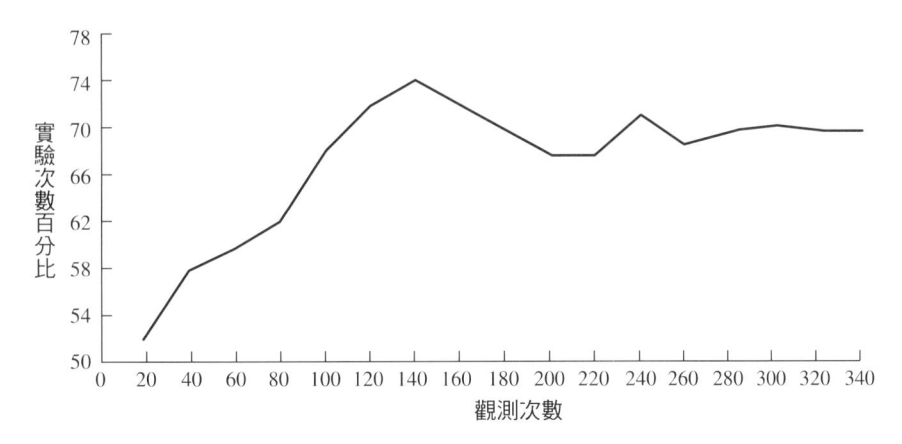

圖 12.3 實驗次數的觀測累計百分比。

12.3 計畫實施工作抽查 Planning the Work Sampling Study

詳細解釋工作抽查的方法並獲得相關人員的許可之後，分析師尚須作縝密的計畫才能真正實施工作抽查。

首先，應對於觀察對象作初步的評估，而歷史數據通常可以作為評估之依據。若是無法作出合理的評估，分析師可到現場進行幾天的實地觀測，然後根據觀測結果做出評估。初步評估完成之後，分析師必須訂定結果所需的信賴度及精確度，再依此來決定所需的觀測次數。隨後分析師就能夠依據可利用之時間來決定觀測的頻率。一旦這些事項均完成後，分析師即可進行工作抽查表格(用以列計各項數據)與管制圖的設計。

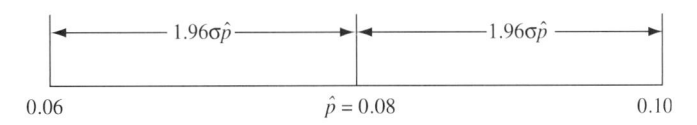

圖 12.4 私事及不可避免之延遲發生率的信賴區間。

決定所需的觀測次數

分析師必須先決定工作抽查之精確度,接著才能決定所需的觀測次數。如同前述,觀測次數的增加對於抽查結果的準確度有著正面的影響;同理,觀測 3,000 次所得之抽查結果自然較觀測 300 次更為可靠。然而,若是大量觀測的成本支出只能換來微量的精確度改善,那麼 300 次的觀測已經足夠。

例如,分析師希望得知必須進行多少次觀察,才能讓實驗結果具有 95% 的信心水準,亦即使私事及不可避免之延遲的發生率維持在 6% 至 10% 的區間內。假設私事及不可避免之延遲的發生機率為 8%,而圖 12.4 則為此一假設之圖解說明。

在 s 這個例子中,$\hat{p} = 0.08$、$\ell = 2\%$ 或 0.02。利用這些已知的數值即可求出:

$$n = \frac{3.84 \times 0.08 \times (1 - 0.08)}{0.02^2} = 707 \text{ 次觀測}$$

若分析師沒有足夠的時間完成 707 次的觀測工作,僅蒐集了 500 個觀測數據,則可用第二個方程式來估計抽查結果的誤差極限:

$$\ell = \sqrt{\frac{3.84p(1-p)}{n}} = \sqrt{\frac{3.84(0.92)(0.08)}{500}} = 0.024$$

亦即,若觀測次數為 500 次,則此研究的精確度可能會有 ±2.4% 的差異;也印證了觀測次數的增減與抽查結果精確度兩者間的關聯;此外,2.4% 所代表的是絕對正確率之誤差,部分的學者習慣以相對正確率誤差 30% (0.024/0.08) 來表示。

如今電腦軟體可以輔助工作抽查的相關計算工作;這些軟體可執行統計運算,以決定觀測次數並求出其信賴區間。舉例來說,這些軟體不僅能計算 90%、95% 及 99% 的樣本信賴區間;也能在已知準確度的狀況下求出與信賴區間相對應的樣本大小。

值得注意的是,如果分析師同時觀測數名作業員的工作狀態,那麼這些觀測值便會存在一定程度的相關性而失去其統計上的獨立性 (Richardson and Pape, 1992)。因此,前述方程式 (1) 必須修正為:

$$\sigma = \left[\frac{\Sigma y(j)^2/n(j) - np^2}{n(m-1)}\right]^{1/2}$$

其中　m = 群測之觀測值數
　　　$n(j)$ = 第 j 個觀測值所包含的作業員人數
　　　n = 總觀測次數
　　　$y(j)$ = 第 j 個觀測值所包含的「閒置」作業員人數

範例 12.2 示範了在工作抽查時相關性觀測對這種誤差的影響。

範例 12.2 示範了在工作抽查時相關性觀測對這種誤差的影響

購物中心的經營者希望知道現有的 250 個停車位是否足以應付來店購物的顧客；粗略的觀測指出現有車位之利用率約為 80%。經營者僱用一位分析師進行完整的工作抽查研究，該名分析師從週三上午九點到當天夜晚六點的期間內隨機抽取 10 個樣本，詳細資料如下所示：

樣本編號 j	剩餘車位數量 $y(j)$	$y(j)^2$
1	36	1,296
2	24	576
3	11	121
4	10	100
5	9	81
6	20	400
7	19	361
8	28	784
9	35	1,225
10	57	3,249
總數	249	8,193

車位閒置的比例為：

$$p = 249/10/250 = 0.0996$$

無論取樣的時間點為何，這 250 個車位彼此間都存在著相關性，因此誤差極限之計算如下：

$$\ell = 1.96s = 1.96\left[\frac{\Sigma y(j)^2/n(j) - np^2}{n(m-1)}\right]^{1/2}$$

$$= 1.96\left[\frac{8,193/250 - 2,500(0.0996)^2}{2,500(10-1)}\right]^{1/2} = 0.0369$$

工作抽查的結果指出，在 95% 的信心水準下，該購物中心的停車場在任何時段之閒置機率為 9.96% ± 3.68%，也就是大約有 16 到 34 個車位是空著無人使用。工作抽查的結果指出現有的車位已經足夠 (雖然在某些時段並非如此)。若是直接計算誤差極限，將會得到錯誤的結果：

$$\ell = (3.8pq/n)^{1/2} = [3.84(0.0996)(0.9004)/2,500]^{1/2} = 0.0117$$

分析師若能增加抽查次數，即能避免具有代表性的錯誤。

決定觀測頻率

觀測頻率 (Observation frequency) 之設定大多取決於所需的觀測次數及可利用的時間。假設某研究必須在 20 個工作天內完成 3,600 次觀測，則觀測頻率為 3,600/20 = 180 次／天。

12.3 決定需要的觀測次數

決定需要的觀測次數分析師希望確定一個工作站因刀具問題所造成之停機時間,該工作站包含 10 部 CNC 加工設備。根據試行研究 (Pilot study) 的結果,在 25 次的觀測中僅有一部機器停機,亦即 $\hat{p} = 0.04$。若分析師希望在 95% 的信賴度下,預估值與實際值之誤差不超過 $\pm 1\%$,因 $Z_{0.005} = 2.58$,則觀測次數應為:

$$n = \frac{2.58^2 \times 0.04 \times (1 - 0.04)}{0.01^2} = 2,556$$

換言之,分析師應親自到工作站 256 趟,而每趟進行 10 次的觀測作業。由於此一工作負擔極大,因此分析師可能希望重新調整信賴區間至較低的水準。此外,這也牽涉到相關性數據 (參閱範例 12.2)。

此外,分析師之人數與工作的性質亦會影響觀測頻率。以範例 12.3 而言,如果僅有一位分析師可以進行資料蒐集的工作,那麼要求分析師在每個工作天取得 180 個觀測數據將會遭遇極大的困難。

一旦觀測頻率 (每日的觀測次數) 決定後,分析師接著必須決定實際開始執行觀測工作的時間點;為取得具代表性的數據,觀察工作可在一天之中的任何時刻進行。如今也有許多方法可以協助隨機觀測工作的執行;分析師可以從範圍自 1 至 48 的亂數表 (參閱附錄 2,表 A2.5) 中每天選出 9 個數字,每一個數字乘以 10 後再以分鐘為單位,即為當日開工之後到實際執行觀測工作之前的時間。舉例來說,如果選取的數字是 20,表示觀測工作會在開工 200 分鐘之後開始進行。

另一種方法則是將亂數表中所選出之數字組合給予特別的涵義。例如,第一個數字的範圍從 1 至 5,分別代表著週一至週五;第二個數字從 0 至 8,表示開工後的第幾個小時 (如上午 7:00);第三個數字與第四個數字合起來代表分鐘,範圍從 0 至 60。最簡單的方式莫過於使用任何商用程式軟體或 DesignTools 中的亂數產生器來提供隨機亂數。

基本上,觀察時間的長度應該足以涵蓋正常作業過程中的正常變動;因此觀察的時間愈長,也愈能夠觀察到實際的狀況。一般工作抽查的觀察時間範圍從二至四週不等。

隨機提示器 (Random reminder) 的使用,則是另一種輔助分析師決定何時應該進行觀察工作的方式;這種口袋大小的儀器會隨機地發出語音信號,作為分析師實施觀察工作的提示。分析師會事先決定取樣頻率 (如每小時、每日之觀測次數),並在聽到信號時開始進行資料的蒐集工作。一般而言,這種信號的發送頻率可設定為每小時 0.64、0.80、1.0、1.3、1.6、2.0、2.5、3.2、4.0、5.0、6.4 與 8.0 次。此一儀器在進行自我觀測 (Self-observation) 時可得到極佳的效果;因為事先規劃觀測時刻所得之數據可能不夠客觀,而隨機提示器即可避免此項缺失。

設計工作抽查表格

分析師需設計觀測表格，以便在工作抽查過程中記載相關的數據。由於工作抽查之觀測項目在觀測次數、執行時機與資料蒐集上均有所差異，因此標準表格並不適用，而應依工作抽查之對象設計專用表格。

圖 12.5 為工作抽查表格之範例。分析師設計此一表格，以訂定維修部門之各項生產性及非生產性工作的使用時間。這張表格能夠記錄分析師在一個工作天內隨機進行 20 次觀測之結果。部分分析師傾向於使用特殊設計的卡片來進行觀察與資料蒐集，這種卡片不僅能夠摺疊以便攜帶，也可以避免隨身攜帶的筆記本引起他人注意。如圖 12.5 的表格就可以從中分為兩個區塊，每一個區塊再翻印到長寬約為 3 至 5 吋的紙卡上，就十分容易攜帶。

使用管制圖

統計品質管制工作使用之管制圖 (Control chart) 亦可應用於工作抽查。由於工作抽查所處理的資料多為事件發生的百分比或機率，因此分析師大多均使用「p 管制圖」。

在應用管制圖之前，我們必須先了解管制圖使用的邏輯。首先，在設定管制圖時必須先選取它的上下限，通常「p 管制圖」的管制上下限為 $\pm 3\sigma$。以 3σ 替代方程式 (l) 的 1.96σ，則

$$\ell = 3\sigma = 3\sqrt{p(1-p)/n}$$

假設 p 值為 0.10，且每日的觀測次數為 180 次，則

$$\ell = 3 \times [0.1 \times 0.9/180]^{1/2} = 0.067 \approx 0.07$$

將此數值代入前述之方程式，即可得出管制圖的上下限為 ± 0.07，而得以繪出類似於圖 12.6 的管制圖，分析師應將每日觀測所得之 p' 值繪於管制圖上。

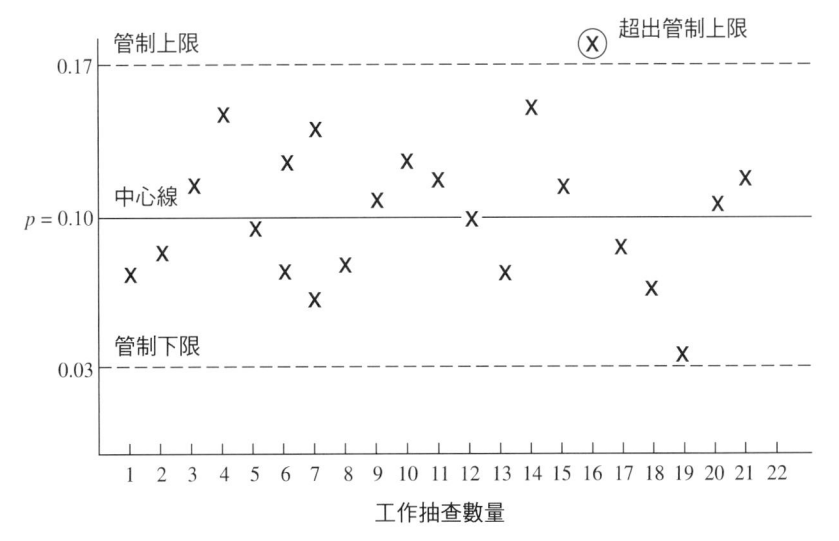

圖 12.6 抽查管制圖。

第 12 章 工作抽查

主修護廠 _____ 備註 _____							工作抽查研究 研究編號 _____ 日期 _____ 觀測員 _____								
觀測次數	隨機時間	生產性事項						非生產性事項						總觀測數	生產性事項的百分比	非生產性事項的百分比
		加工	焊接	裝管	一般	電工	木工	清理	取刀具	磨刀具	等待工作	等待起重機	諮詢領班	私事	閒置		
1																	
2																	
3																	
4																	
5																	
6																	
7																	
8																	
9																	
10																	
11																	
12																	
13																	
14																	
15																	
16																	
17																	
18																	
19																	
20																	
總計																	

圖 12.5 工作抽查研究表格。

在品質管制工作中，管制圖用以指示是否所有的作業均在管制界限之內。同理，當管制圖應用於工作抽查時，超出管制界限 $\pm 3\sigma$ 的點均被視為異常狀態。因此若 p' 值落在 $p \pm 3\sigma$ 範圍內，就可以合理地推測產生 p' 值的樣本，是由期望值為 p 的母體中所抽取的；換言之，若樣本 p' 值位於管制界限以外的區域時，即可推論此樣本是由不同的母體所抽取，或母體狀態已經改變了。需要注意的是，一個低於管制下限的樣品也許代表著好的品質，而不需要擔心。儘管如此，找到偏離的原因仍然是不可忽略的。

如同品質管制工作，除了落於 $\pm 3\sigma$ 管制界限外的點，其他點的位置亦有其統計上的意義。例如，連續兩個點落於 $\pm 2\sigma$ 及 3σ 之間的情形，較一點落於 $\pm 3\sigma$ 界限外更不容易出現。因此若連續兩個點落於 $\pm 2\sigma$ 及 $\pm 3\sigma$ 之間，則表示母體已經改變了。關於統計品質管制的相關論述請參閱其他章節。

範例 12.4　將管制圖使用於工作抽查

多賓公司欲評估其車床部門之停機時間百分比。原始的評估指出車床停機的發生率約為 20%。公司希望評估結果之信賴區間為 95%，誤差範圍在 $\pm 5\%$ 以內。分析師以每天觀測 400 次的頻率，在 16 個工作天內進行了 6,400 次的觀測。分析師依據每日的觀測結果求出 p'，並以 $p = 0.20$ 及 $N = 400$ 建立如圖 12.7 的管制圖。

每日完成所需觀測次數之後，分析師隨即將當天的 p' 值繪於管制圖上。從圖 12.7 可知，第一天及第二天的 p' 值均落在管制界限以內，但第三天的 p' 值卻落在管制上限之外。調查後發現，當天的延遲是因為多數的作業員離開工作崗位去協助發生工安意外的同事所致，而分析師也將此一異常數據從研究數據中去除；換言之，如果分析師沒有使用管制圖，則最後用以估計 p 值的數據將會包含第三天的異常數據，進而影響結果之準確性。

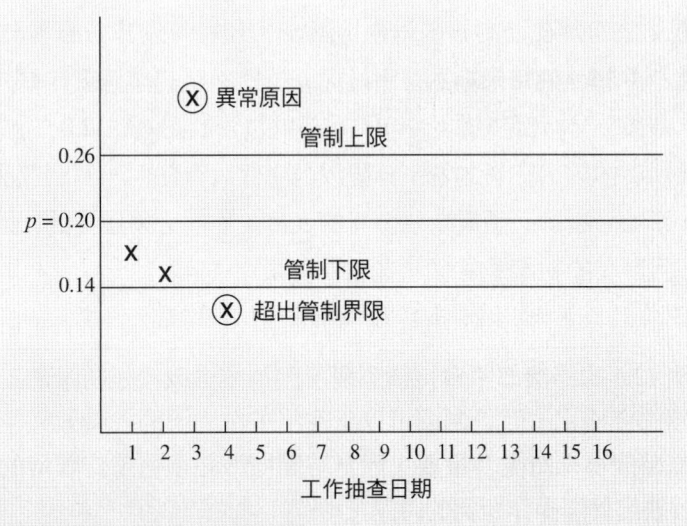

圖 12.7　範例 12.4 的管制圖。

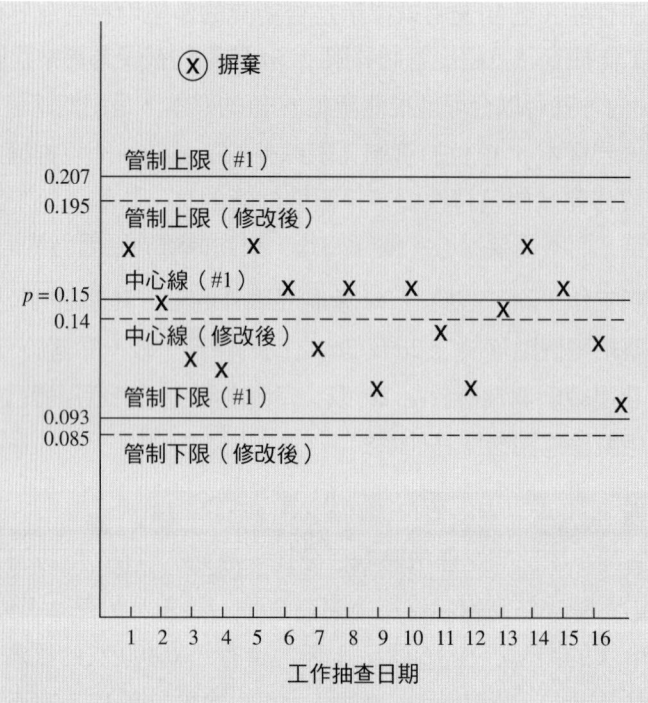

圖 12.8 範例 12.4 修改後的管制圖。

　　第四天的 p' 值又落於管制下限的下方，但調查後並無發現特殊的原因。另外，負責工作抽查的工業工程師亦指出，由第一天和第二天所求得之 p' 值均落在平均值 p 的下方，因此他們決定以第一天、第二天和第四天的觀測數據重新估計 p 值，p 的新估計值為 0.15。依據新的 p 值及抽查結果之期望準確度，觀測次數應提高至 8,830 次，而管制圖亦需依隨 p 值的變動而有所更新 (參閱圖 12.8)。

分析師又持續進行 12 天的觀測工作，並將每日之 p' 值繪於新的管制圖上，其結果顯示每日的觀測值均落在管制界限以內；隨後，分析師依據總觀測次數 (6,000 次) 所求出的 p 值為 0.14，其結果顯示重新計算 p 值所獲得的準確度較原先的期望準確度有所提升。最後，分析師依據 p = 0.14 重新繪製管制圖 (圖 12.8 的虛線部分)。由圖中可看出，所有的點仍在新的管制界限以內。假設有任何一個觀測值落在新的管制界限以外，那麼分析師必須重新估計新的 p 值。他們必須重複此一過程直至達到期望準確度，且所有的 p' 值均必須位於管制界限之內。

　　然而，範例 12.4 的停機率不會持續不變。因為方法改善是持續的工作，其目的在於逐步降低機器的停機率，而管制圖可以反映出工作場所的改善效果。這種觀念在利用工作抽查建立時間標準時尤其重要，因為時間標準必須隨工作環境的改變而予以修正，如此才能反映出實際操作所需的時間。

12.4 記錄觀測數據 Recording Observations

分析師應該站在固定的地點進行觀測作業,並忠實地記錄作業員的工作狀況,而不應預設可能的觀察結果(如機器處於操作,或是停機狀態)。此外,若能將觀測的位置予以標記,也有助於後續觀測作業的進行。如果在觀測過程中發覺作業員或機器處於閒置的狀態時,應先洽詢基層管理人員以確定原因,再將之記載於工作抽查表格內。任何因機器故障、原料短缺所造成的人員閒置都應該被記錄下來,以利後續的工作改善。有時分析師應將觀測的事實默記於心,等到離開現場後再予以記錄,如此可避免作業員感到被人監視,而不使用慣常的方式執行作業。

即使分析師在執行工作抽查時的必要條件都已經具備,但是身為研究對象的人類行為不可能如機械一般穩定,所以資料的正確性依舊會有所誤差。舉例來說,一旦有分析師進入工作站,作業員的工作行為就會顯得較為積極。此外,分析師也傾向以過去曾經發生或將來可能發生的事件作為記錄的基礎,而非忠實記錄實際發生的事件。

實施工作抽查的過程中,攝影機是完整記錄作業員行為的最佳工具,本書作者曾經針對資料處理人員做過一個為期 10 天的研究,從 2,520 筆觀測值的統計中發現,利用錄影機所觀測到作業員「怠工」的比率,較採取人工觀測所得之結果高出 12.3% ($p < 0.001$)。

個人數位助理 (PDA) 之使用,也有助於簡化工作抽查過程中的資料蒐集與分析作業;在安裝適當的軟體之後,個人數位助理也可以當作隨機提示器使用,透過語音提醒分析師施行工作抽查。

12.5 機器與作業員之使用率 Machine and Operator Utilization

工作抽查也可以作為設定機器與作業員使用率的依據。以工作站的機器使用率為例,假設一個工作站由 14 部機器組成,為了達成既定的生產目標,每一部機器的運轉時間至少要達到當日工時的 60%。為了確保抽查結果的準確度,分析師必須進行大約 3,000 次的觀測。

分析師設計如左頁圖 12.9 的工作抽查表格,此表格包含 16 個機器操作週程中可能發生的狀況。為了確保觀測的隨機性,分析師設定執行觀測作業的隨機模式;他們在每一班的工作期間內對 14 部機器各執行 6 次的觀測任務,為了達成預定抽查準確度所需的觀測次數,他們共觀測 36 個班次(每個班次實行 14 次的觀測任務)。

由於此項抽查的目的在於衡量工作站機器的實際運轉時間,因此製作機器累計平均使用率圖表將有助於進一步的分析(參閱圖 12.10)。分析師在施行每日的工作抽查之前,應該先審視截至目前為止的平均機器使用率,其方法是將先前所觀測到的機器實際運轉次數除以已經實施的總觀測次數。依據結果顯示,當工作抽查進行到第 10 天時,機器的平均使用率已經是十分穩定的 50.5%。

分析師在完成全部 3,024 次的觀察工作之後,只要把各個項目的累計觀測次數除以總觀測次數,就可以得到運轉、整備及延遲等各個項目占機器總運作時間的百分比。

第 12 章　工作抽查

機器	圖號	總數	器器運轉	搬運設置	電動搬運	搬運補機	搬運工具(準備中)	搬運工具(等待)	一位班人員閒談	工具閒置	助班長工具	助班長閒談	換班工具	重要工具經閒置使用間	等事	非生產量
20″ VBM		101	7	14	2	3		1	2	37	5	3	7		6	35	216
16″ VBM		102	34	14	15	3	1	1	1	28	5	1	7	4			216
28″ VBM		119	34	10	5	5	2				2	1	2			18	216
12″ VBM		109	24	12	13	6	1		3	18	6	2	3	3	2	6	216
16′ PLANER		127	17	6	9	2				26	7	2	15		4	12	216
8′ IMM		64	18	17	16	3	1		2	22	2	3			28	28	216
16″ VBM		147	19	10	14	3				30	7			1	1	3	216
14′ PLANER		140	8	5	7	2			2	15	2	3	3		11	18	216
72″ E.LATHE		99	13	12	7	3			1	17	8	2			3	36	216
96″ E.LATHE		89	9	29	18	11	1		2	32	8	3	4		3	10	216
96″ E.LATHE		109	14	12	8	10		3		29	9	8	2		1	5	216
160″ E.LATHE		72	34	13	14	6	2	1	4	32	3	3	1	1	4	37	216
11-1/2′ PLNR		106	35	11	10	4			1	21	4	5	3	2	8	16	216
32″ VBM		151	23	8	7	1			1	11	1	1	5	2	5		216
		1535	289	173	145	62	8	6	19	328	64	34	45	13	76	224	3024
%		50.7	9.6	5.9	4.8	2.1	0.3	0.2	0.6	10.8	2.1	1.1	1.5	0.4	2.5	7.4	=100%

日期　7/15
觀測員　R Guild

圖 12.9　工作抽查摘要表。

如圖 12.9 所示，機器的運轉時間僅占總工時的 50.7%，整備與延遲則分別為 10.8% 與 9.6%；如此高的機器閒置百分比顯示此工作站應實施工作方法改善，以提高機器的使用率。範例 12.5 則是以相同的方法決定作業員使用率。

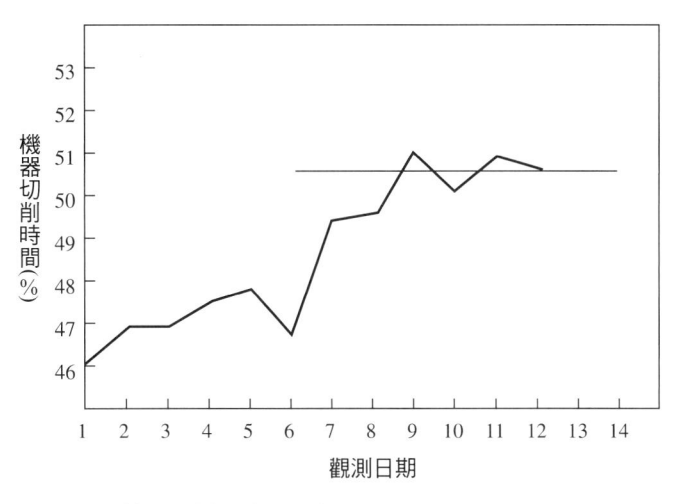

圖 12.10　機器切削累計百分比。

範例 12.5　以工作抽查決定作業員使用率

半導體廠的管理階層希望把工作站的人機比從 1:10 提升到 1:12；一般而言，該工作站的機器除了補充料件與異常停機(換貨、撞車與電弧等異常)之外，並不需要作業員執行任何的操作。由於每一次的異常停機週期都很長，因此工作抽查是用來決定作業員使用率的最佳方法。

工作抽查的過程持續一週，總共進行 185 次觀測；其中的 125 次作業員都忙於從事各種的生產作業，如圖 12.11 所示。作業員閒置的次數為 60 次，即 32.4%。誤差極限為：

$$\ell^2 = 3.84pq/n = 3.84(0.324)(0.676)/185 = 0.00455 \quad 或 \quad \ell = 0.067$$

因此在 95% 的信心水準下，管理階層認為作業員的閒置時間占總工時的 32.4% ±6.7%；換言之，人機比的提升確實是可以達成之目標。

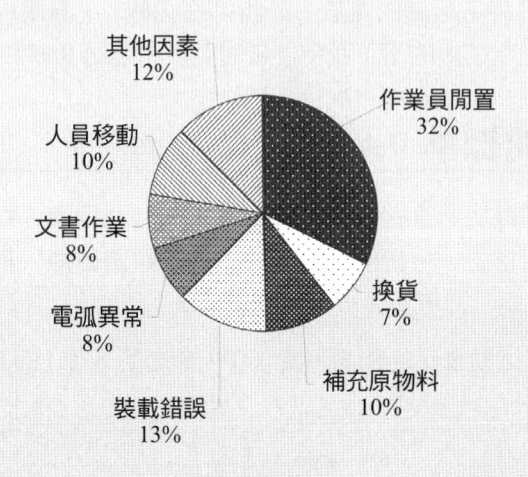

圖 12.11　膠膜機之作業員使用率。

作業內容	個人事務	其他閒置	干擾	工作中	總觀測次數	寬放百分比
工作檯作業	80	39	26	2,750	2,895	0.95
機器操作	20	9	27	1,172	1,228	2.30
檢驗工作	61	8	7	984	1,060	0.71
噴漆作業	63	199	43	1,407	1,712	3.06

部門_____ ACME電子產品公司 日期_____

圖 12.12　彙整閒置、干擾、工作等活動之工作抽查結果，以制訂不可避免之延遲的寬放。

12.6 決定寬放 Determining Allowances

工作抽查為辨明現況的技術，除了應用於訂定標準時間、決定機器使用率、工作分配及改善工作方法外，工作抽查亦廣泛地應用於寬放時間之制定。寬放時間的核定必須是正確的，否則無法訂定公平合理的時間標準。在工作抽查方法發展之前，分析師通常會針對數個作業類別進行一系列之全天候觀測，私事及不可避免之延遲則是訂定寬放時間的標準。因此分析師會詳細記載作業員在工作期間內上廁所、喝水及休息等各種活動，並予以測時和分析，以核定公平合理的寬放。雖然這種方法可獲得想要的答案，但花費的時間與成本甚鉅，也造成分析師及作業員身心俱疲。

透過工作抽查的方式，分析師為了取得足夠的數據(通常需 2,000 個以上)進行分析，必須在不同的時間對不同的作業員執行相當數量之觀測工作。隨後分析師將與正常操作無關的觀測次數除以總觀測次數，即可得到此工作類別的寬放率。因此在利用工作抽查核定寬放的過程中，私事及不可避免之延遲等各個項目應予以分類，然後再個別核定寬放時間。圖 12.12 為依據工作抽查所制定之工作檯作業、機器操作、檢驗工作及噴漆作業之不可避免延遲的寬放。分析師在 2,895 次觀測中發現工作檯作業受到 26 次的干擾，表示此項工作的不可避免之延遲寬放率應為 0.95% (26/2,750)。

12.7 訂定時間標準 Determining Standard Time

工作抽查可以用來訂定直接人工及間接人工的時間標準，實施方法與訂定寬放的方式極為相似。簡而言之，分析師必須取得足夠的觀測數據，再將實際進行操作的觀測次數除以總觀測次數，即可獲得機器設備或作業員真正從事操作的時間比例。

換句話說，特定活動單元的觀測時間 (OT，參閱第 8 章) 即為總工時除以該時間內之生產量。亦即，

$$\text{OT} = \frac{T}{P} \times \frac{n_i}{n}$$

其中　T = 總時間
　　　n_i = 活動單元 i 的出現次數
　　　n = 總觀測次數
　　　P = 觀察期間內的總產量

而觀測時間與平均評比兩者之乘積，即為該活動單元的正常時間 (NT)：

$$NT = OT \times \overline{R}/100$$

其中，$\overline{R}$ = 平均評比 = $\Sigma R/n$。最後，將正常時間加上寬放即可獲得該活動單元的標準時間。

範例 12.6 為單一單元之標準時間計算，範例 12.7 為多重單元之標準時間計算。

範例 12.6　單一單元之標準時間計算

表 12.1 為一鑽床作業員之工作資訊，試制定該名作業員的標準時間。

$$OT = \frac{T}{P} \times \frac{n_i}{n} = \frac{480}{420} \times 0.85 = 0.971 \text{ 分鐘}$$

正常時間 (NT) 等於觀測時間 (OT) 乘以平均評比 ($\overline{R}$)：

$$NT = OT \times \overline{R}/100 = 0.971 \times 110/100 = 1.069 \text{ 分鐘}$$

最後，標準時間為正常時間加上寬放：

$$ST = NT \times (1 + 寬放) = 1.069 \times 1.15 = 1.229 \text{ 分鐘}$$

表 12.1　鑽床作業員的資料

資訊	來源	數據
總工作日數（工作＋閒置）	時間卡	480 分鐘
鑽孔件數	檢驗部門	420 件
工作時間的比例	工作抽查	85 %
平均評比	工作抽查	110 %
寬放	工作抽查	15 %

範例 12.7　多重單元之標準時間計算

分析師對一項包含三個活動單元的作業進行工作抽查，在為期 15 分鐘的時間內總共實施 30 次觀測作業，期間該作業亦產出 12 件成品 (見表 12.2)。該工作各個活動單元之正常時間如下：

$$OT_1 = \frac{15}{12} \times \frac{9}{30} = 0.375 \text{ 分鐘}$$

$$OT_2 = \frac{15}{12} \times \frac{7}{30} = 0.292 \text{ 分鐘}$$

$$OT_3 = \frac{15}{12} \times \frac{12}{30} = 0.500 \text{ 分鐘}$$

相對的正常時間為：

$$NT_1 = 0.375 \times \frac{860}{9 \times 100} = 0.358 \text{ 分鐘}$$

$$NT_2 = 0.292 \times \frac{705}{7 \times 100} = 0.294 \text{ 分鐘}$$

$$NT_3 = 0.500 \times \frac{1180}{11 \times 100} = 0.536 \text{ 分鐘}$$

表 12.2　三個單元之操作的工作抽查研究紀錄表

觀測數	評比係數 單元 1	評比係數 單元 2	評比係數 單元 3	閒置
1	90			
2				100
3		110		
4	95			
5	100			
6		100		
7			105	
8	90			
9			110	
10	85			
11			95	
12		90		
13			100	
14			95	
15	80			
16			110	
17		105		
18			90	
19	100			
20			85	
21			90	
22			90	
23	110			
24			100	
25		95		
26				100
27		105		
28		100		
29			110	
30	110			
∑ 評比係數	860	705	1,180	100

若三個活動單元的寬放率均為 10%，標準時間之計算如下：

$$ST = (0.358 + 0.294 + 0.536)(1 + 0.10) = 1.307 \text{ 分鐘}$$

12.8　自我觀測 Self-Observation

　　企業的管理者與一般員工都應該定期以工作抽查來評估自我時間使用的有效性。在多數的案例中，分析師會發現管理人員僅花費少部分的時間來處理重要事務；換言之，個人事務與不可避免的延遲占用了他們大多數的時間。一旦管理者將部分業務轉

由下屬或文書人員處理之後，他們就可以重新安排工作，讓時間的使用更有效率。

例如，一位大學教授希望透過工作抽查來評估自己使用時間的有效性。他計畫在學期中進行為期 8 週的隨機自我觀測，而且足夠的觀測期間應可避免季節變動所造成的影響。他使用隨機提示器，並將之設定為每小時鳴叫 2 次。他將對自己進行 640 次的觀測 (8 週 × 40 小時／週 × 2 次／小時 = 640 次)；這名教授也可以增加觀測頻率以提升抽查結果的精確度。

為了記載觀測所得的數據，這位教授設計一個如圖 12.13 的工作抽查紀錄表。每當聽見隨機提示器的語音信號，他就將當時的時間記錄下來，並以代號記載他正在從事的活動。

彙整後的工作抽查結果顯示，該名教授有 80 次的觀測為代號「I」(出席委員會)，因此他工作時間的 12.5% 是用於出席委員會，而其 95% 的信賴區間差異為：

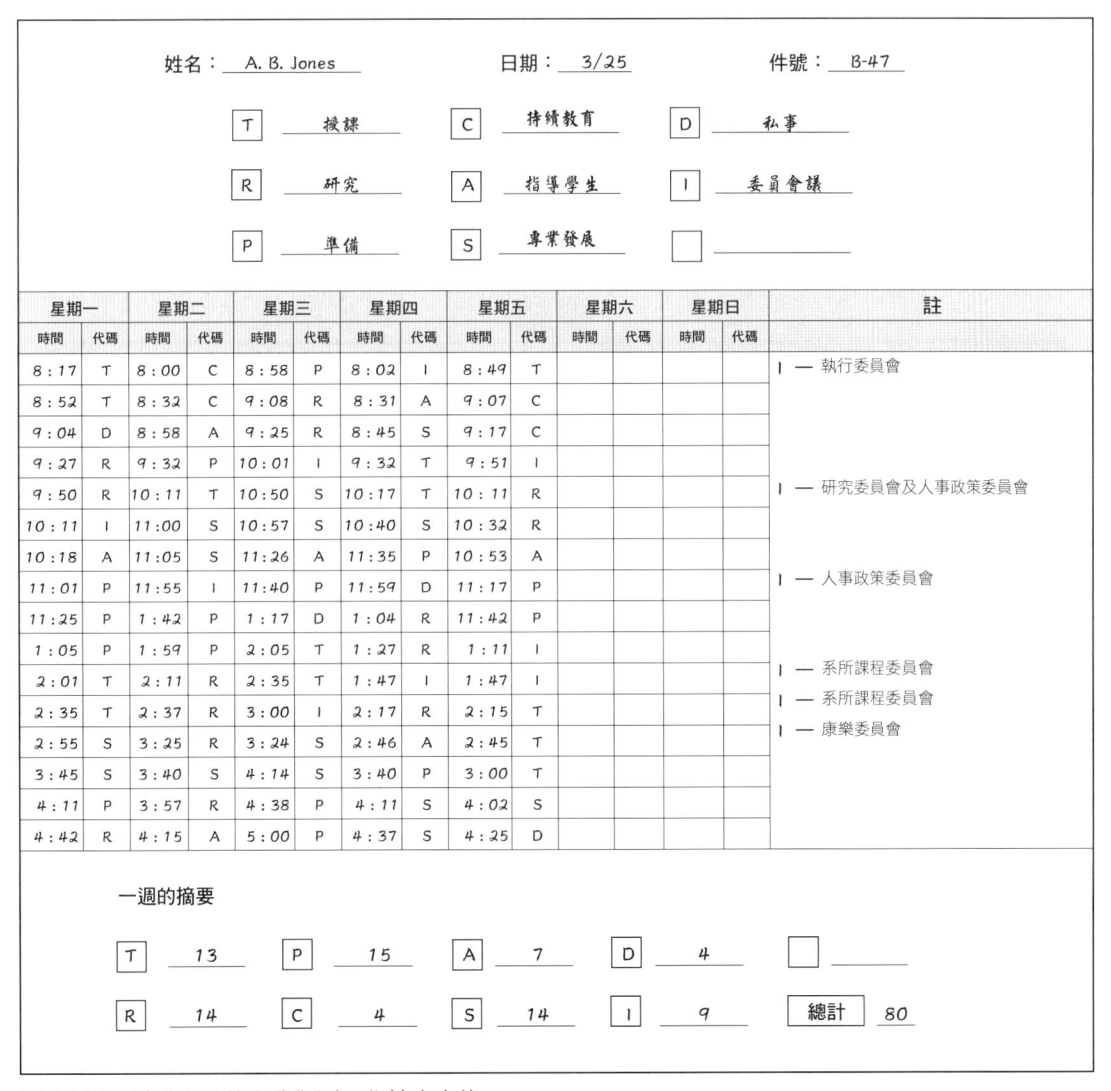

| 姓名： A. B. Jones | 日期： 3/25 | 件號： B-47 |

代號：
- T 授課
- C 持續教育
- D 私事
- R 研究
- A 指導學生
- I 委員會議
- P 準備
- S 專業發展

| 星期一 | | 星期二 | | 星期三 | | 星期四 | | 星期五 | | 星期六 | | 星期日 | | 註 |
時間	代碼	時間	代碼	時間	代碼	時間	代碼	時間	代碼	時間	代碼	時間	代碼	
8:17	T	8:00	C	8:58	P	8:02	I	8:49	T					I — 執行委員會
8:52	T	8:32	C	9:08	R	8:31	A	9:07	C					
9:04	D	8:58	A	9:25	R	8:45	S	9:17	C					
9:27	R	9:32	P	10:01	I	9:32	T	9:51	I					
9:50	R	10:11	T	10:50	S	10:17	T	10:11	R					I — 研究委員會及人事政策委員會
10:11	I	11:00	S	10:57	S	10:40	S	10:32	R					
10:18	A	11:05	S	11:26	A	11:35	P	10:53	A					
11:01	P	11:55	I	11:40	P	11:59	D	11:17	P					I — 人事政策委員會
11:25	P	1:42	P	1:17	D	1:04	R	11:42	P					
1:05	T	1:59	R	2:05	T	1:27	R	1:11	I					I — 系所課程委員會
2:01	T	2:11	R	2:35	T	1:47	T	1:47	I					I — 系所課程委員會
2:35	T	2:37	R	3:00	I	2:17	R	2:15	T					I — 康樂委員會
2:55	S	3:25	S	3:24	S	2:46	A	2:45	T					
3:45	S	3:40	S	4:14	P	3:40	P	3:00	T					
4:11	P	3:57	P	4:38	P	4:11	S	4:02	S					
4:42	R	4:15	A	5:00	I	4:37	S	4:25	D					

一週的摘要

| T | 13 | P | 15 | A | 7 | D | 4 | | |
| R | 14 | C | 4 | S | 14 | I | 9 | 總計 | 80 |

圖 12.13 特殊設計的自我觀測工作抽查表格。

$$\pm 1.96\sqrt{\frac{0.125(1-0.125)}{640}} = \pm 0.026$$

換言之，該名教授有 95% 的信心，相信委員會的活動占用了他工作時間的 12.5% ±2.6%；這名教授可依同樣的方式計算出其他各項活動的時間占用百分比。根據工作抽查所得的結果，這名教授應該重新安排可利用的時間，使之更有效率。

12.9 工作抽查軟體 Work Sampling Software

因為工作抽查包含大量的文書處理工作，如果使用電腦輔助處理諸如數據彙總、百分率及準確度計算、管制圖建立、所需觀測次數與每日觀測次數之計算、每日至觀測工作場所的次數，以及隨機的觀測時刻之決定等工作，估計可節省 35% 的工作抽查研究費用。

現今市面上有許多具各式各樣功能的工作抽查軟體供分析師選擇。這些軟體使用平板電腦或智慧手機來收集數據。例如，SamplePro (由 Applied Computing Services 所開發)、WorkStudy+ (由 Quetech 所開發) 以及 UmtPlus (由 Laubrass 所開發) 這些程式的優點是能直接與 Excel 做資料數據的互通，因此減少文書作業並且快速而正確地獲致研究結果。

總結

工作抽查是分析師取得機器與作業員使用率資訊，以及設置時間標準的另一種方法。工作抽查的最大用途，在於訂定不可避免之延遲以及工作中斷的寬放時間，並根據這些干擾情況，找出改善方法以提升生產力。此外，工作抽查也可被廣泛應用於建立間接人工、維護人員及服務人員的時間標準。

所有涉及方法研究、時間研究及制定薪資的人員，均應了解工作抽查的優點、限制和用途，並學習如何適切地使用此技術。一般而言，使用工作抽查時，應注意下列各點：

1. 實施工作抽查之前，應有充分的說明，使相關人員了解此技術的功用。
2. 工作抽查所獲得的結果僅可施用於類似性質的機器或操作。
3. 盡可能地使用蒐集的觀測資料。
4. 盡可能地採取隨機、全天候的觀測模式。
5. 延長觀測期間，以確保實際的狀況能被記錄下來。

問題

1. 工作抽查最先被應用在哪裡？
2. 工作抽查技術在哪些方面比馬錶測時更具優勢？

3. 說明工作抽查的應用範圍。
4. 如何決定每日的觀測時刻,使所得之結果不致於有所偏差?
5. 實施工作抽查研究時,應考量哪些事項?
6. 以統計學的觀點說明觀測次數與工作抽查準確度的關係。
7. 利用隨機提示器來實施自我觀測的優點為何?
8. 獲取工作抽查數據的期間應橫跨多久?
9. 探討同時觀察 10 位大型銀行之服務人員作業的利弊得失。
10. 對不熟悉機率和統計方法的員工,如何向他們說明工作抽查的可靠性?
11. 使用工作抽查建立績效標準的技巧,會遭受哪些贊成意見與反對意見?

習題

1. 分析師希望對圖書館的 20 位工作人員實施工作抽查研究,以訂定其時間標準。他們的工作包括書籍的編目、借出、歸還與清潔等。根據初步的調查,這些員工大約將 30% 的時間花在書籍的編目。假設期望的信心水準為 95%,而準確度需在 ±10% 範圍內,請問該名分析師應進行幾次隨機觀測?並說明些隨機觀測的執行方式。

    若下表為其中 6 名受試者的觀測結果,結果顯示已經完成編目的書籍有 14,612 本。請依據這些數據訂定每百次書籍編目的標準工時。另外,請依 ±3 的上下限 設計每日觀測的管制圖。

項目	史密斯	艾波	布朗	格林	白德	湯瑪士
總工時	78	80	80	65	72	75
總觀測次數(所有工作單元)	152	170	181	114	143	158
觀測次數——編目相關單元	50	55	48	29	40	45
平均評比	90	95	105	85	90	100

2. 多賓公司的工作衡量分析師欲以工作抽查法建立間接人工標準。假設此研究提供下列資料:

    T = 研究進行期間的總操作時間

    N = 總觀測次數

    n = 研究單元的觀測次數

    P = 研究進行期間的生產量

    R = 研究進行期間的平均評比係數

    請根據上述資料,導出估計單元正常時間的方程式

3. 多賓公司的分析師針對落錘鍛造部門之機器停機率進行評估。監督人員估計停機百分比為 30%。假設期望的信心水準為 95%,且準確度須在 p 的 ±5% 範圍內。

若分析師決定觀測頻率為每日 300 次,並持續三週。請依上述資訊發展出 $p = 0.30$,且子樣本大小 $N = 300$ 的 p 管制圖,並說明如何使用此 p 管制圖。

4. 多賓公司欲以工作抽查方法訂定資料輸入員的標準。資料輸入課有六位組員,他們每週工作 40 個小時。在為期四週的工作抽查過程中,總共進行 1,700 次隨機觀測,其中有 1,225 次觀測到組員正在執行資料輸入工作;資料輸入課在這段期間內共完成了 9,001 筆的資料輸入。假設使用 20% 的寬放,平均評比係數為 85%,請計算每筆輸入的標準工時。

5. 假設期望私事寬放為 5%,且該寬放值有 95% 的機會落於 4% 至 6% 之間,則觀測次數應為若干?

6. 若要達到估計工作時數 80% 的準確度,且誤差保持在 ±5% 的範圍內,試問分析師需要執行幾次隨機觀測才足以達到 95% 的信心水準?

7. 根據為期 10 天的工作抽查結果,搬運工作占總工時的 82%,且每日的觀測次數為 48 次,試計算其信賴區間。

8. 以下的資料是 Mole Hill Ski Resort 針對福特 V-8 引擎效能所提出的報告。管理階層希望了解該部引擎是否可以在嚴寒的氣候中持續運轉 16 小時。依據以下的資料,在 95% 信心水準下,可以聲稱該部引擎在這個條件下持續運轉 _____ 小時 ± _____ 小時。

運轉 8 個循環					
運轉 7 個循環	|||| |||| ||
運轉 6 個循環	|||| |||| |||| ||
引擎故障	|||| |||| |||| |||| |||| ||

9. 一項針對 8 小時作業所進行的工作抽查結果如下:

   a. 機器運轉時間占多少百分比?

   b. 機器故障時間占多少百分比?

   c. 當 $\alpha = 0.05$ 時,這個研究的精準度極限為何?

   d. 機器運作的 95% 信賴區間為何?

   e. 假設管理階層要求縮小 d 小題信賴區間的範圍到 ±1 分鐘以內,試問必須採集多少樣本才能達成管理階層所設定的目標?

運作		‖‖‖‖ ‖‖‖‖ ‖‖‖‖ ‖‖‖‖ ‖‖‖‖ ‖
閒置	故障	‖‖‖‖
	斷料	‖‖‖‖ ‖‖‖‖ ‖
	其他	‖‖‖‖ ‖

10. 多賓公司對所有作業員都設定 10% 的寬放。某位工作 8 小時的員工之抽查結果如下，且該名員工的平均評比係數為 110%。預期產出為 50 單位／班次，試回答以下問題：

   a. 裝載作業之觀察結果 (分鐘)？
   b. 卸載作業之標準時間？
   c. 總體標準時間為何？
   d. 該項研究的精確度為何？

裝載	‖‖‖‖ ‖‖‖‖ ‖‖‖‖ ‖
卸載	‖‖‖‖ ‖‖‖‖ ‖‖‖‖
處理	‖‖‖‖ ‖
閒置	‖‖‖‖ ‖‖‖‖ ‖‖‖

11. 一個工作抽查分析師發現在 50 次的觀察中，一個工人休息了 2 次，跟同事聊天 2 次，並且從工作站離開一次。在 95% 的信心水準下，該分析師判定該工人有 _____% 至 _____% 的時間是實際在工作的。如果這句話改為：在 95% 的信心水準下，該分析師判定該工人有 87% 至 93% 的時間是實際在工作的。那麼在這個工作抽樣研究中發生了什麼樣的變化？

12. 在隨機 8 小時的觀察中，一個 Zip 磁碟作業員共組裝了 20 個 Zip 磁碟。

   a. 在一個 8 小時的工作日中，該 Zip 磁碟作業員共工作多少分鐘？
   b. 該 Zip 磁碟作業員的平均工作績效為何？
   c. 該 Zip 磁碟作業員的正常時間為何？
   d. 這項研究的誤差 % 為何？

評比	觀測數
70	1
80	3
90	9
100	8
110	1
閒置	8

參考文獻

Barnes, R.M. *Work Sampling*. 2d ed. New York: John Wiley & Sons, 1957.

Morrow, R. L. *Time Study and Motion Economy*. New York: Ronald Press, 1946.

Richardson, W. J. *Cost Improvement, Work Sampling and Short Interval Scheduling*. Reston, VA: Reston Publishing, 1976.

Richardson, W. J., and Pape, E. S. "Work Sampling." In *Handbook of Industrial Engineering*. 2d Ed. Gavriel Salvendy. New York: John Wiley & Sons, 1992.

相關軟體

JD-7/JD-8 Random Reminder. Divilbiss Electronics, RR #2, Box 243, Chanute, KS 66720 (http://www.divilbiss.com)

DesignTools and QuikSamp (available from the McGraw Hill text website at www.mhhe.com/niebel-freivalds). New York: McGraw-Hill, 2002.

Workstudy+, Quetech, Ltd., 866 222-1022 (www.quetech.com)

SamplePro. Applied Computer Services, Inc., 7900 E. Union Ave., Suite 1100, Denver CO 80237.

UMT Plus, Laubrass, Inc., 3685 44e Ave., Montreal, QC H1A 5B9, Canada (www.laubrass.com)

13 間接與管銷人工標準
Indirect and Expense Labor Standards

本章重點

- 同時使用時間研究與預定時間系統制定容易預測之間接人工時間標準。
- 使用工作分類法訂定較難預測之間接人工與管銷人工標準。
- 利用工作抽查與歷史紀錄訂定專業管銷人工標準。
- 使用等候理論計算工作的等候時間。
- 使用蒙地卡羅模擬預測工作之延遲與中斷。

一個自1900年以來，間接與管銷人工的成長率約為直接人工的2倍，這個現象在醫療保健、保險、銀行、零售與資訊科技等產業至為明顯，甚至在藝術、娛樂與休閒產業亦是如此。所謂**間接人工**(Indirect labor)通常係指收發、運送、倉儲、檢驗、物料搬運、工具管理、保全及維護人員等；而**管銷人工** (Expense labor)則包括直接或間接人員以外的所有職務，如辦公室的文書、會計、銷售、工程和管理人員等。

間接與管銷人工的快速成長乃是基於下列幾個因素：

1. 工業機械化和製程自動化的趨勢，需要大量的機電技術、工程設計及維修服務人員，因此大幅降低企業對生產作業員的需求，取而代之的是對於電子、機械、電腦軟硬體等專才的需求。
2. 為了應付政府及地方法規所產生的大量文書作業，文書人員的需求也隨之增加。
3. 一直以來，辦公室工作與維護作業不像直接人工般接受方法研究的洗禮。隨著間接和管銷人工的薪資比例日漸增高，管理階層已領悟到必須對間接工作實施方法研究，以訂定其標準。

13.1 間接和管銷人工標準 Indirect and Expense Labor Standards

分析師用以制定直接人工之工作方法、工作標準與薪資計畫的手法，同樣適用於間接與管銷人工。訂定間接與管銷人工標準，必須經過發掘問題、現況分析、發展新方法、提出新方法、施行新方法和進行工作分析等系統化的程序。

就發掘問題而言，工作抽查法是一個發掘間接與管銷人工浪費的好方法。經過工

作抽查分析後，經常會發現相關人員的生產力只有預期的 40% 至 50%，有時甚至更少。舉例來說，維護工作成本占總成本的比例極高，分析師可透過工作抽查發現工作浪費的原因，包括：

1. **溝通不足**：工作指派單上的作業指示不完全或不正確，以致維護人員必須重返工具室或補給室取得所需的工具和零件，就會造成不必要的時間浪費。舉例來說，僅在工作指派單上註記「修理油壓系統的漏油」，這種過於簡略的指示容易造成維護人員不知道究竟是要更換新的零件 (如閥片、管子或墊圈等)，還是要換裝新的油壓系統。
2. **零件、工具或設備欠缺**：若缺乏適當的計畫來確保工作所需的零件和設備不虞匱乏，則維護人員往往必須以臨時製作或訂購的方式來取得零件。如此一來，工作品質與時效性便會大打折扣。
3. **生產人員的干擾**：如果缺乏適當的生產排程計畫，即使排定維護時間已經開始，維護人員可能會發現生產人員仍在使用機器而無法進行維護工作，甚至必須等待生產人員讓出待修的機器。
4. **維護工作之冗員**：此為造成維護工作浪費的最主要原因。經常會有三或四個人員同時進行一項只需兩個人即可完成的維護工作，也因此造成時間與人力的浪費。
5. **維護工作不確實，以致必須重做**：欠缺計畫容易造成維護人員有「得過且過」的心態，導致維護人員必須在短時間內再一次地進行維護工作。
6. **不適當的計畫**：優良的計畫可以確保維護工作已經被指派，以減少維護人員與生產機器的等待時間。

間接人工的時間標準

文書、維護、治具等間接部門的時間標準制定，應該以該部門可以被量化與量測的作業為對象。這些作業應該被拆解為直接、運送與間接三個元素。建立直接作業標準的工具，也就是先前提到的時間研究、預定時間系統、標準數據、公式與工作抽查。

分析師可以針對吊掛門板、轉動馬達、粉刷研磨器、清掃刀屑、運送箱子等維護性質的工作制定標準，方法就是量測員工完成此一作業所需之時間；接著對該項時間研究進行評比，並給予適當的寬放。

研究顯示，群體平衡 (Crew balance) 和干擾 (Interference) 對間接工作所造成的不可避免之延遲會較直接工作者多。群體平衡係屬於群體中的成員等待其他成員一併實施操作所導致的時間延遲；干擾時間則為工人等待其他工人以進行必要工作的等待時間。群體平衡和干擾均為不可避免的延遲，而且僅發生於如維護工作等的間接工作。我們將於後面章節以等候理論 (Queuing theory) 來評估延遲或等待時間。

由於大多數的機器維護與物料搬運作業具有高度的變異特性，因此必須針對個別作業進行適當的時間研究，才能確保時間標準的制定能夠符合作業員在正常狀況下完成作業所需的時間。例如，時間研究指出，清掃 60 呎寬、80 呎長的工廠地面需時 47 分鐘，則分析師必須確定這個時間是在一般情況下所導出的標準。因為同樣是清掃作

業，清掃鑄鐵要比清掃合金鋼屑花費更多的時間，這是因為合金鋼屑比較易於清掃，而且切削合金時使用較低的速率和進給也會減少切屑的產生。換言之，如果47分鐘的時間標準是分析清掃合金鋼屑所得的數據，則分析師應進行額外的時間研究，才能找出適用於清掃鑄鐵屑的時間標準。同理，分析師亦可以每平方呎為依據，制定油漆工作的時間標準。

刀具室的工作情境與零工生產極為相似，因此分析師可預訂製作鑽模、銑床夾具、鑄模、刀具等操作方法，再將操作劃分成單元，並利用時間研究和預定動作時間標準來訂定各單元的正常時間。工作抽查可用於核定正常作業時間以外之疲勞、私事、不可避免之延遲和特殊延遲等寬放時間。隨後分析師可將單元標準時間彙製成標準數據表，以發展時間公式並作為評估其他工作之依據。

影響間接工作和管銷工作標準的因素

所有間接工作和管銷工作都可以拆解為下列四個單元：(1) 直接作業 (Direct work)；(2) 運輸 (Transportation)；(3) 間接作業 (Indirect work)；(4) 不必要的工作和延遲 (Unnecessary work and delays)。

間接工作的直接作業相當易於分辨；基本上，任何可以提升工作完成度的作業就是直接作業。例如，製作一扇門的直接作業包含下列項目：將門板鋸成適當的尺寸、刨整成最後的尺寸、在絞鏈的安裝位置作記號並鑽孔、在栓螺釘的位置作記號並栓上螺釘、在裝鎖的位置作記號、鑽孔及安裝鎖頭。直接作業相當易於衡量，而馬錶測時、標準時間數據或基本動作數據都是分析師經常使用的方法。

運輸為工作進行當中，或工作與工作之間所發生的移動。運輸可以是垂直的、水平的，或是兩者同時發生。典型的運輸單元包括上下樓梯、乘坐升降機、步行移動、負重行走、推手推車及駕駛自動推貨車等。運輸單元和直接單元一樣，無論是工作量測或建立標準資料都十分容易。例如，某公司訂定水平移動每100呎的標準時間為0.50分鐘，而垂直移動10呎的標準時間為0.30分鐘。

至於間接工作或管銷工作中的間接作業，就無法如上述作業有如此具體的分析依據，而往往必須倚靠間接作業本身的特性來推估時間標準。間接作業可分成下列三個部分：(1) 與刀具有關的作業；(2) 與物料有關的作業；(3) 與計畫有關的作業。

與刀具有關的作業包括刀具的取得、檢查、安裝和維護等。刀具部分的工作單元可利用傳統的方法進行衡量，例如，上述刀具作業發生頻率的統計數據。而等候線 (Waiting line) 或等候理論亦可提供維修人員等待刀具供應所需之期望等待時間。

物料部分的工作單元則涵蓋物料的取得、檢查及廢料處理等。此部分的工作單元相當易於量測，而且其發生頻率也可以藉由歷史紀錄作出準確的估計；此外，等候理論可應用於評估倉庫領料所需的等候時間。

與計畫有關的作業是訂定時間標準時最難處理的部分。這些單元包含和領班商量、計畫工作程序、檢驗和測試。由於計畫作業的發生頻率與持續時間難以估計，因此實務上普遍以工作抽查，而非馬錶測時作為制定標準的手法。

雖然與計畫有關的間接作業較難衡量，但妥善的計畫卻是消除延遲與非必要工作很重要的因素。這些與實質產出無關的延遲可能占了間接與管銷工作總工時的 40%；此種浪費大多係由於管理上的缺失，因此分析師在訂定時間標準之前，應參照第 1 章所建議之系統化改善步驟。簡而言之，分析師必須先進行現況資料的蒐集與分析，然後再發展、導入新的工作方法，最後才從事標準時間之制定。

等待是造成間接工作和管銷工作延遲的主要原因，這是因為工人在調用堆高機、計算機或其他辦公用品之前，必須在工具室、倉庫或物料室前排隊等候。透過等候理論的應用，分析師可決定各種情況所需的最佳服務人數，以降低間接工作和管銷工作的延遲。

基礎等候理論

當一群人或設備同時對一項資源有限的設施要求服務時，就會發生所謂等候系統的問題。到達時刻和開始接受服務之間的等候時間與服務品質成反比；當服務單元愈多，且個別單元的服務速度愈快時，等候的時間就會縮短。

分析師應該選擇一個成本最低的服務模式，因為在等待服務時間與單元服務能力之間必定存在一個最經濟的平衡。雖然較大的服務能量(如較多的服務單元)可以縮短等候時間，但是過多的服務單元也會造成閒置，使得服務總成本增加。因此服務能量與等候時間兩者之間，必須透過方法研究中最佳人機配置的模式，導出一個最符合經濟效益的等候線。等候理論的問題可由下列四個特性予以定義：

1. **到達率形式**：到達率(例如，機器故障需要接受維修)可為常數或隨機方式。若到達率呈隨機方式，則兩個相鄰到達者間的時間區間將會依照機率分配模式而得到不同數值。這些機率分配可能是可以定義的，也可能是無法定義的。
2. **服務率形式**：服務時間可為常數時間或隨機時間。若服務時間符合隨機分配，則分析師須對隨機呈現的服務時間定義其機率分配。
3. **服務單元的數量**：一般而言，多重服務的等候問題較單一服務系統更為複雜；而且多數的等候問題均屬於多重服務的形式。例如，數名維修技師都在等待使用唯一的工具，俾使已經故障的數台機器都能恢復運作。
4. **服務的選擇形式**：「先到先服務」(first-come, first-served)是較為常見的服務形式；然而在某些情況下，服務系統可能會以隨機選取，或具有某種優先權的方式決定 其服務對象。

等候問題的解決方法大致上可以區分為分析法(Analytic)和模擬法(Simulation)兩種。分析法適用於假設條件符合機率模式的等候問題。以到達率為例，最常見的假設就是單位時間內的到達次數滿足卜瓦松機率分配：

$$p(k) = \frac{a^k e^{-a}}{k!}$$

其中 a = 平均到達率
k = 單位時間內的到達次數

圖 13.1 所示為累計的卜瓦松機率曲線。

根據統計理論，若單位時間內之到達次數滿足卜瓦松分配，則兩相鄰到達者的時間區間為滿足指數分配的隨機變數。指數分配為連續分配，其密度函數 (Density function)、平均值和變異數分別為如下所示：

密度函數： $f(x) = ae^{-ax}$

平均值： $\mu = 1/a$

變異數： $\sigma^2 = 1/a^2$

可解釋為兩相鄰到達者之時間區間的平均值。部分等候系統假設單位時間內的服務次數符合卜瓦松分配；若是如此，該系統之服務時間就會滿足指數分配。圖 13.2 為 $F(x) = e^{-x}$ 的指數曲線，此曲線列示超出各服務時間的個別機率。

$$P(c, a) = \sum_{x=c}^{\infty} \frac{e^{-a}a^x}{x!}$$

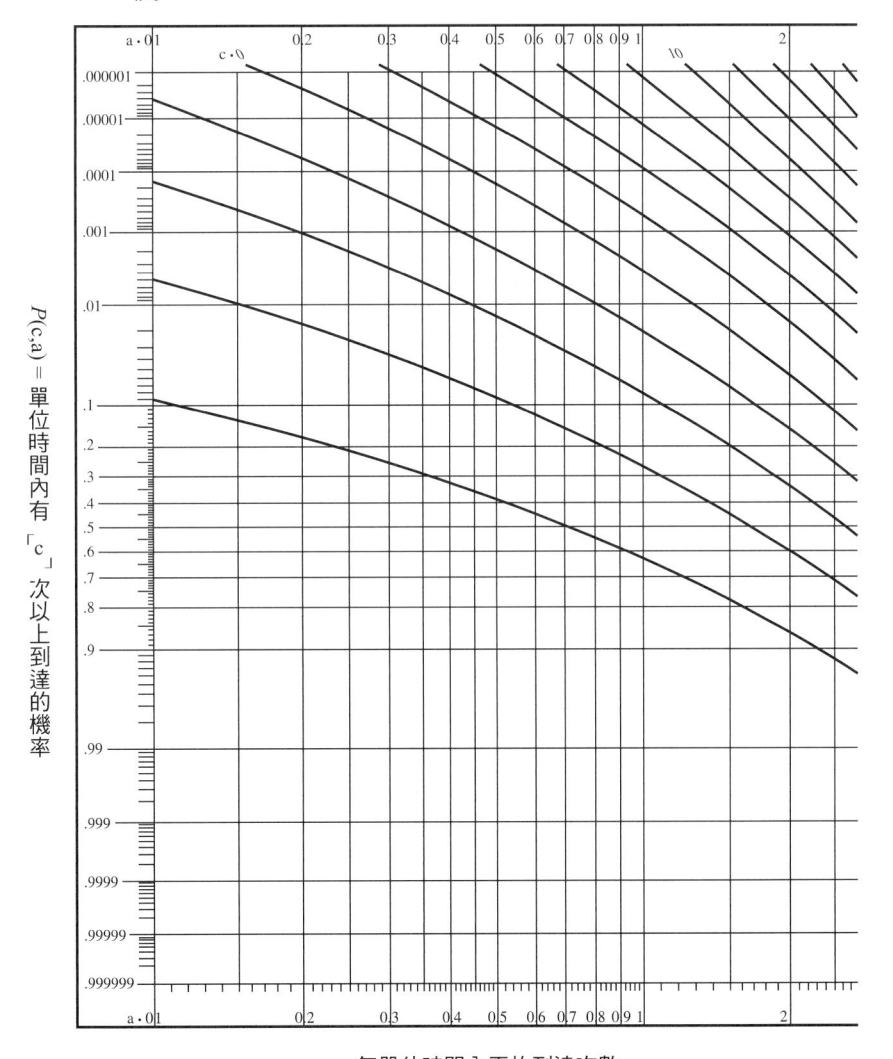

$P(c,a)$ = 單位時間內有「c」次以上到達的機率

a = 每單位時間內平均到達次數

圖 13.1　到達次數的卜瓦松分配。

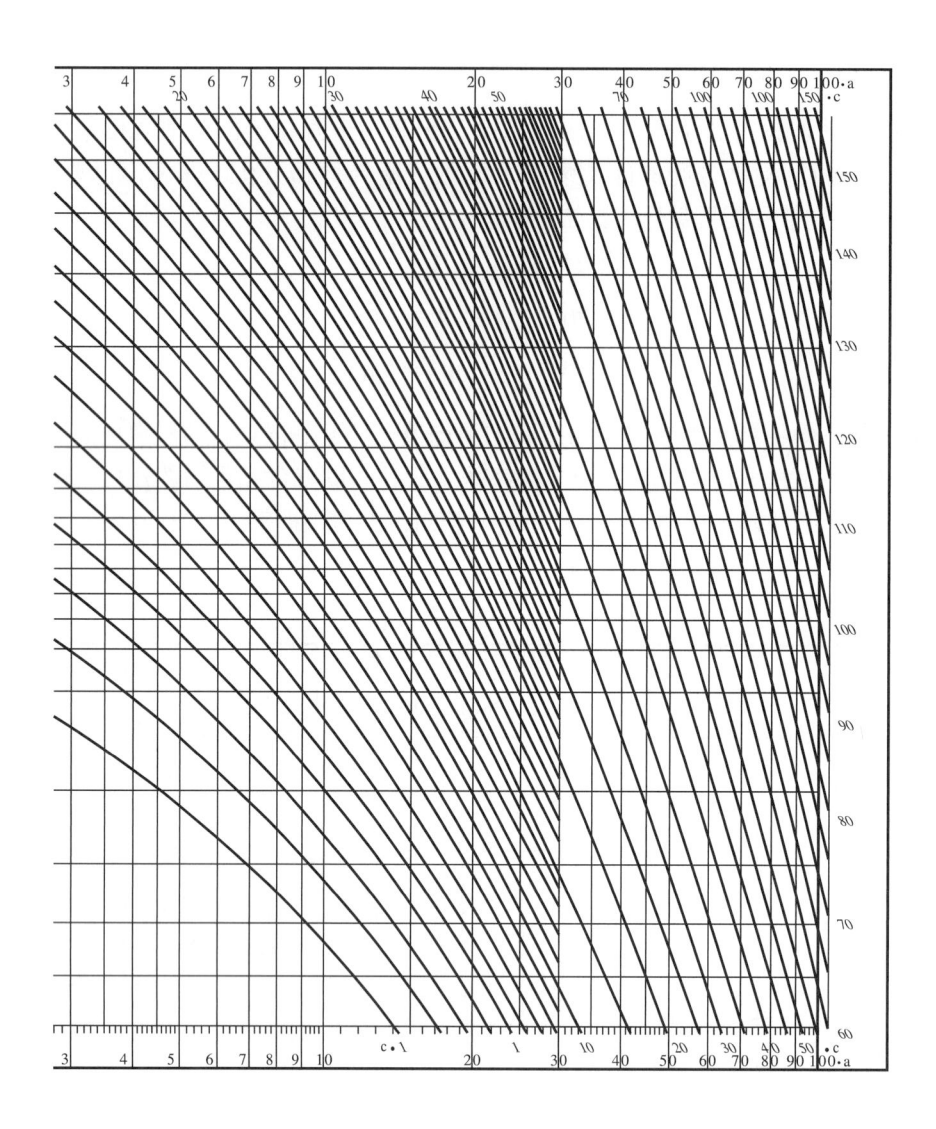

圖 13.1 到達次數的卜瓦松分配（續）。

應用卜瓦松到達（即單位時間內的到達次數為卜瓦松分配），以及考量到達順序因素的等候理論方程式，可依其適用範圍而分成下列五個類別：

1. 單一服務單元，服務時間滿足任何機率分配。
2. 單一服務單元，服務時間滿足指數分配。
3. 數個服務單元，服務時間滿足指數分配。
4. 單一服務單元，服務時間為常數。
5. 數個服務單元，服務時間為常數。

分析師可依上述模式所發展出的方程式，求出等候線的平均等候時間和平均到達次數。

以下是應用等候理論的的兩個範例。範例 13.1 是制定產品檢驗過程之標準時間，

此一作業情境符合上述五個型態中的第一類,即單一服務單元,且服務時間為任意機率分配的等候類型;而範例 13.2 則是工具間的等候類型,其等候特性為單一服務單元與符合指數分配的服務時間,屬於上述五個類別中的第二類,同時也是實務上最常發生的等候類型。

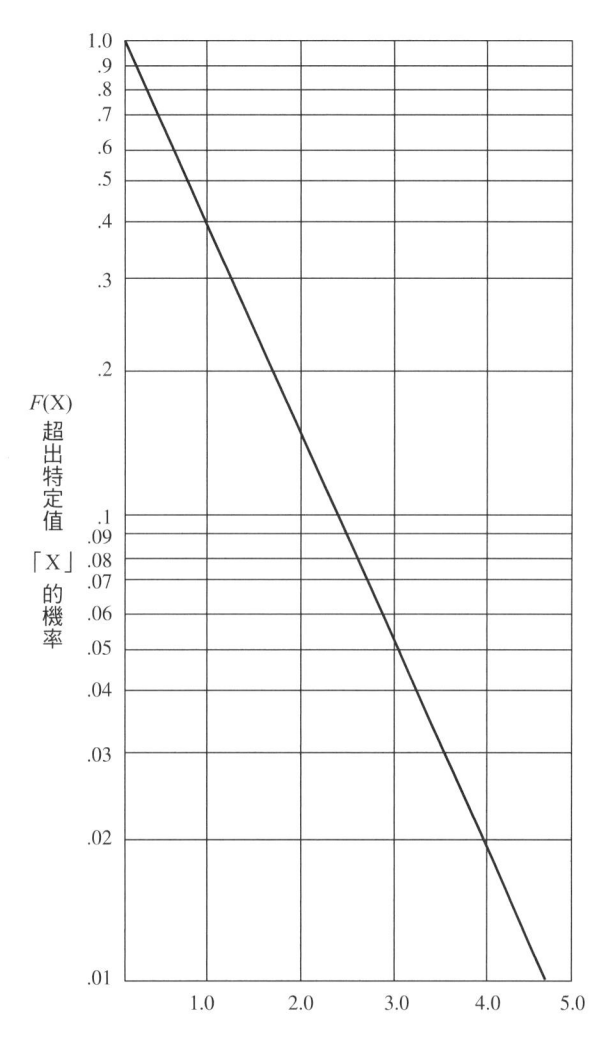

圖 13.2 指數分配。

範例 13.1 使用等候理論以建立檢驗的標準時間

分析師希望制定馬達轉子 (Motor armature) 硬度檢驗工作的標準時間。依據分析結果顯示,此工作所需的時間可分成兩個部分:(1)Rockwell 硬度測試的檢驗時間;(2) 等待下一個馬達轉子製作完成以進行檢驗的等候時間。該工作站的假設情況為:(1) 單一服務單元;(2) 卜瓦松到達;(3) 服務時間為任意分配;(4)「先到先服務」的服務規則。此情況符合前述五個類別中的第一類,其應用的方程式可列示如下:

$$(a)\ P > 0 = u = \frac{ah}{s}$$

$$(b)\ w = \left[\frac{uh}{2(1-u)}\right]\left[1 + \left(\frac{\sigma}{h}\right)^2\right]$$

$$(c)\ m = \frac{w}{P > 0} = \frac{w}{u}$$

其中　a = 單位時間內的平均到達次數

　　　h = 平均服務時間

　　　w = 平均等候時間

　　　m = 延遲到達的平均等候時間

　　　n = 等候系統內的人數，包含等候的人數和正接受服務的人數

　　　s = 服務單位的個數

　　　u = 服務單位的使用率 = $\frac{ah}{s}$

　　　σ = 服務時間的標準差

　$P(n)$ = 等候系統內有 n 個人的機率

$P(\geq n)$ = 等候系統內至少有 n 個人的機率

　　　t = 單位時間

$P > t/h$ = 等候時間大於 t/h 乘上平均服務時間的機率

$P(d > 0)$ = 發生任何延遲 (即 $d > 0$) 之機率

　　　L = 平均等候人數

依據馬錶測時的結果指出，硬度測試的平均作業時間為 4.58 分鐘／件，標準差為 0.82 分鐘；而且一位工人在 8 小時的時間內可以完成 75 件產品的測試工作。根據上述的數據，可得結果如下：

$$s = 1$$
$$a = \frac{75}{480} = 0.156$$
$$h = 4.58$$
$$\sigma = 0.82$$
$$u = (0.156)(4.58) = 0.714$$
$$w = \left[\frac{(0.714)(4.58)}{2(1 - 0.714)}\right]\left[1 + \left(\frac{0.82}{4.58}\right)^2\right]$$
$$= 5.90 \text{ 分鐘}$$

因此，分析師可依據以上數據，訂出檢驗每一個馬達轉子的總時間為 4.58 + 5.90 = 10.48 分鐘。

範例 13.2 使用等候理論以建立工具室服務的標準時間

工具室的服務類型可視為單一服務單元、卜瓦松到達且服務時間為指數分配的模式。可應用的方程式如下：

(a) $P > 0 = u$

(b) $P > t/h = ue^{(u-1)(t/h)}$

(c) $P(n) = (1-u)u^n$

(d) $P(\geq n)u^n$

(e) $w = \dfrac{h(P>0)}{1-u} = \dfrac{uh}{1-u}$

(f) $m = \dfrac{w}{P>0} = \dfrac{uh}{1-u}$

(g) $L = \dfrac{m}{h} = \dfrac{1}{1-u}$

假設單位時間到達工具室的人數為卜瓦松分配，而兩相鄰到達者的時間間隔平均為 7 分鐘。此外，馬錶測時的結果指出服務時間為指數分配，其平均值為 2.52 分鐘。分析師欲了解到達者的等候機率和平均等候人數，以決定是否配置第二個刀具分發的服務單元。根據已知的數據和上述的方程式，求解過程如下：

a = 平均每分鐘到達 0 14 次

h = 平均服務時間 2.52 分鐘

s = 1 個服務窗口

$P > 0 = u$

$u = \dfrac{ah}{s} = 0.35 =$ 人員來到工具室時必須等待之機率

$L = \dfrac{1}{1-u} = 1.52 =$ 平均等待時間

蒙地卡羅模擬

在缺乏標準數據與實證公式的時候，模擬方法可被用來解決等候系統的問題。分析師從到達率和服務時間的分配中取得輸入值的樣本，這些輸入的數據會產生特定時間內等候線的分布，此方法稱為**蒙地卡羅模擬** (Monte Carlo simulation)。蒙地卡羅模擬可評估等候時間和服務時間之期望值，並可藉由平衡服務單位數、到達率和服務率發展出最佳解。一般而言，蒙地卡羅模擬方法特別適用於分析刀具、物料和其他服務設備以集中－分散 (centralized-decentralized) 模式存放所產生的等候問題。

範例 13.3 示範如何使用蒙地卡羅技術來決定整備螺栓機器最少的作業員人數

使用蒙地卡羅模擬以決定最佳的作業員人數螺栓機器工作站的三名作業員負責操作 15 部機器，作業員的工資為 12 美元／小時，機器運轉費用為 48 美元／小時。分析師可以從歷史資料中得知每小時機器停機次數的機率分配，以及修復機器使之重返操作所需的時間：

每小時工作中斷次數	機率
0	0.108
1	0.193
2	0.361
3	0.186
4	0.082
5	0.040
6	0.018
7	0.009
8	0.003
	1.000

使機器重返操作所需時間	機率
0.100	0.111
0.200	0.254
0.300	0.009
0.400	0.007
0.500	0.005
0.600	0.008
0.700	0.105
0.800	0.122
0.900	0.170
1.000	0.131
1.100	0.075
1.200	0.003
	1.000

由於機器重返操作所需的時間為雙峰 (Bimodal) 分配，且其分配情況和任何標準分配並不一致。因此分析師依據到達與服務的發生機率，隨機指定一組三位數的數字 (000 至 999)，以模擬螺栓機器工作站在特定時間內之預期行為。為模擬一天 (8 小時) 內車床作業之中斷次數，分析師進行了一系列的隨機觀測，其結果如下：

小時	隨機號碼	中斷次數
1	221	1
2	193	1
3	167	1
4	784	3
5	032	0
6	932	5
7	787	3
8	236	1
9	153	1
10	587	2
11	573	2

另外，為評估每次停機後讓機器重返操作所需的時間，分析師會在每次停機發生後從亂數表中取得亂數，以決定使機器重返操作所需時間：

小時	隨機號碼	使機器重返操作所需時間
1	341	0.200
2	112	0.200
3	273	0.200
4	106	0.100
5	597	0.800
6	337	0.200
7	871	1.000
8	728	0.900
9	739	0.900
10	799	1.000
11	202	0.200
12	854	1.000
13	599	0.800
14	726	0.900
15	880	1.000

表 13.1　利用蒙地卡羅模擬機器停機時間之結果

小時	隨機號碼	中斷次數	隨機號碼	使機器重返操作所需時間	下一次中斷時可用的作業員人數	由於缺乏作業員而產生的機器停機時間
1	221	1	341	0.200	2	
2	193	1	112	0.200	2	
3	167	1	273	0.200	2	
4	784	3	106	0.100	2	
			597	0.800	1	
			337	0.200	0	
5	032	0	—	—	3	
6	932	5	871	1.000	2	
			728	0.900	1	
			739	0.900	0	
			799	1.000	0	0.9
			202	0.200	0	0.9
7	787	3	854	1.000	0	
			599	0.800	0	0.9
			726	0.900	0	0.1
8	236	1	880	1.000	1	
9	153	1	495	0.700	2	
10	587	2	128	0.200	2	
			794	1.000	1	
					總計	2.8

　　表 13.1 為該部門在 8 小時的運作過程中，因作業員短缺造成停機時間之模擬結果。

　　根據模擬結果，每天因缺乏作業員所造成的停機時間為 2.8 小時，而機器的運轉費率為 48 美元／小時，因此該部門因停機所造成的損失相當於每天 2.8×48 = 134.40 美元。另外，增加第四位作業員的費率為 96 美元／天 (12 美元／小時 ×8 小時／天)，因此以三位作業員來服務 15 部機器並非最經濟的解法。

　　然而，本例僅進行 10 次隨機觀測，而觀測次數不足極可能導致結果有所偏差，因此分析師在尋找最佳解時應先實施大量的觀測工作。事實上，若分析師已經執行 80 次的隨機觀測，那麼他將會發現以三名作業員來操作 15 部車床會是最經濟的作法，因為在為期 80 小時的觀測過程中，因作業員不足所造成的機器停機時間僅有 19.6 小時，而非原先預估的 28 小時。

管銷人工的時間標準

　　管理階層漸漸地了解到有必要對辦公室的工作訂定時間標準，以準確估計相關工作之人力需求與成本支出。標準時間也是管理階層控管辦公室薪酬唯一客觀且可靠的依據。

　　如同制定直接工作標準一般，分析師在制定辦公室工作的標準之前，首要任務就是分析工作方法。流程程序圖可反映出現行工作方法的實際執行情況，作為後續標準審查的依據。分析師應該列入考量的因素包括：作業目的、表格設計、辦公室布置、消除不適當的計畫和排程所造成的延遲，以及現有設備是否適用等。

方法改善完成之後，分析師即可開始著手訂定各項工作的時間標準。由於大多數的辦公室工作屬於重複性的工作，因此不難對其訂定合理的時間標準。常見的辦公室作業如文書作業、訊息傳呼、帳單處理、資料輸入所花費的時間，可利用馬錶測時、標準數據或基本動作數據等方法予以衡量。

在衡量辦公室工作時間的過程中，分析師必須謹慎定義各動作單元的終止點，以便量測所得之標準數據可用於訂定標準工作時間。例如，在繕打醫師處方箋時，經常會包含下列的工作單元：

1. 從檔案中拿出一張處方箋。
2. 讀取處方箋指示。
3. 使用鍵盤輸入處方箋的標題。
   a. 日期。
   b. 患者姓名。
   c. 是否化驗或給藥。
   d. 開立處方箋的醫師／部門。

在取得個別工作單元的標準數據之後，分析師便可迅速有效地訂定各種時間標準。然而，有些文書作業的內容並不限於重複的標準操作，還涉及很多不同的活動，這也是辦公室作業標準難以衡量的主要原因。由於多數的辦公室例行工作都有此種特性，因此分析師在制定時間標準之前，必須進行多次的時間研究，其結果才能反映出典型或平均的情況；而每一個時間研究僅需在特定時間內進行一個週期的觀測即可。例如，在訂定醫師處方箋打字的標準時間時，分析師必須考量符號、數字、特殊文字、間隔及篇幅長短種種因素，求出其平均狀況作為該項作業之時間標準。如此一來，即使是輸入內容繁雜的處方箋，也不致影響工作者的表現，而造成不公平的現象；因為一旦有內容單純且篇幅較短的處方箋出現時，即可將時間加以平衡。

一般而言，時間標準並不適用於需要創作思考的辦公室工作。因此在建立醫師開立處方箋的標準時間之前，分析師須經過謹慎的評估；因為時間標準之制定僅適用於流程、控制或評估預算等用途，不應作為獎工制度的參考。此外，標準時間之制定可能提升醫師的看診人數，但卻會對醫師的創作思考與問診行為造成負面影響，其結果將導致健保制度可能因此付出更多的成本。

監督人員的標準

工作抽查技術不僅可用於建立監督工作的時間標準 (參閱範例 13.4)，也有助於決定監督人員的合理工作負荷，使得直接人工、文書人員和監督人員的工作維持適當的平衡。雖然全天候的馬錶測時工作一樣能夠獲得足夠的資料，但相對而言卻必須付出更高的成本，因此較不實用。而監督人員的標準可用「有效機器作業工時」或其他的績效指標表示。

範例 13.4　建立監督人員的標準

一項針對製造真空管進行的研究顯示，每小時的有效機器作業需要 0.223 小時的監督工作 (參閱圖 13.3)。工作抽查研究顯示，在總數 616 次的觀測過程中，監督人員正在從事柵極機器 (Grid machines) 操作、檢驗柵極、處理文書工作、補充物料、行走及其他寬放項目的次數共有 519 次。若將次數轉換為時間，代表每 2,461 小時的機器操作，需要 518 個間接人工小時。再加上 6% 的私事寬放後，分析師計算出每小時機器操作所需的監督時間為：

$$\frac{518}{2,461} \times 1.06 = 0.223$$

因此，若每週的機器操作時間為 192 小時，則監督人員的效率為：

$$\frac{192 \times 0.223}{40\,小時／週} = 107\,\%$$

間接人工標準

工作性質— 監督　　　　　　　　　　　　　部門— 柵極　　日期— 4-16

成本中心	觀測次數	觀測次數百分比	分配觀測小時數	基本間接人工小時	有效機器運轉時間	直接人工小時	每小時機器運轉的基本間接人工小時（包含 60% 私事寬放）
柵極機器	129	21	130	130	2,461		0.223
檢驗柵極	161	26	160	160			
文書工作	54	9	56	56			
補充物料	18	3	18	18			
其他寬放	150	24	148	148			
行走	7	1	6	6			
作業員不在部門內	11	2	12				
閒置	86	14	86				
總計	616	100	616	518	2,461		0.223

圖 13.3　監督人員之工作摘要。

13.2 間接人工和管銷人工的標準數據
Standard Indirect and Expense Labor Data

基本原則

　　經由標準數據建立間接人工和管銷人工的工作時間標準是合理可行的。基於作業內容的多樣化，辦公室作業、維修作業等間接人工，比標準化的生產作業更適合使用標準數據來建立時間標準。

　　訂定時間標準時，應將各單元的時間彙編成表，以供日後參考。一旦標準數據建立完成後，可大幅減少未來訂定新工作之時間標準所需的成本。例如，堆高機操作的

標準數據，可依下列六個單元進行彙編：行駛、剎車、抬高鋼叉、放低鋼叉、傾斜鋼叉，以及操作堆高機所需的手動操作。一旦這些單元的標準數據彙編完成之後，分析師僅需累計作業所需的單元時間，即可訂定執行任何堆高機作業所需的標準時間。同理，清理工作的操作單元，如掃地、打蠟、拖地、吸地毯、抹塵、清理等，均可建立其標準數據。

維護工作如「檢驗工廠的七個消防安全門，並施行輕微調整」，亦可按標準數據評估其所需時間。例如，美國海軍部 (Department of the Navy) 發展下列標準數據：

操作	單位時間（小時）	操作單位數	總時間（小時）
檢驗消防安全門、捲狀可熔斷鏈接器（手動式、搖轉式或電動式）。包括必要的微調作業	0.170	7	1.190
在距離100呎的安全門之間行走，屬於障礙環境之行走條件	0.00009	600	0.054
			1.24

人員於障礙環境中行走之標準數據 (0.00009 小時／呎)，係依據預定時間系統之數據建立；而檢驗每個安全門所需時間 (0.17 小時／門) 則是依據馬錶時間研究之結果。

通用間接人工標準

當維護作業和其他間接作業量大又多樣化時，試圖透過所謂的通用間接人工標準 (Universal indirect labor standards, UILS)，減少間接作業之不同時間標準的個數則是努力的方向。通用標準的原則係將大部分的間接人工作業 (大約90%) 指派到適當的群組。每個群組會有自己的時間標準，它等於指派到該組內所有間接作業時間的平均值。例如，群組 A 包括置換不良零件、修理門 (更換兩個鉸鏈)、更換開關，以及更換兩節水管等四項間接作業，則群組 A 的標準時間等於該四項間接作業時間的平均值 (假設48分鐘)，此時四項間接作業的標準時間也都簡化為等於48分鐘。該群組作業時間在加減2個標準差下的變異，則可以是平均值的某個預先決定之百分比 (如610%)。

發展通用間接人工系統時，需遵循下列三個步驟：

1. 訂定合理時間標準所需的組數 (若時間範圍超過40小時，至少需要分為20組)。
2. 決定各組的時間標準。
3. 依適用的組別來指派間接人工操作的標準。

通用間接人工分析的第一步，就是要從所有的間接人工操作 (母群體) 中選取足夠的代表性操作項目 (樣本)，接著利用諸如馬錶時間研究、標準數據、時間公式、基本動作數據和工作抽查等方法，算出這些代表性操作的標準時間，又稱基準標準 (Benchmark standards)。這項工作同時也是建立通用間接人工操作系統過程中，最為耗時且成本最高的步驟。為了讓抽樣結果更能代表一般的間接人工操作 (母體)，分析師

必須建立相當多的標準(200個或200個以上)。

基準標準建立以後,分析師應將基準標準數據從小到大依序排列。假如有200個基準標準,時間最短者排於第一個,次短者排於第二個,依此順序直至時間最長者排於最後。此時若以均勻分配(Uniform distribution)將間接人工操作分成20個群組,則第1個群組的時間標準即為前10個基準標準的平均值;同理可知,第11個至第20個基準標準的平均值即為第2個群組的時間標準,其他以此類推,直到第191個至第200個基準標準的平均值,即為一般間接人工操作系統之最後一個群組(20)的時間標準。長久以來,分析師皆依此程序來發展通用間接人工標準。

常態分配可以制定出比均勻分配更為可靠的通用間接人工操作標準。因為常態分配在區隔200個基準標準成為20個群組時,並不採用每組分配10個基準標準的方式;而是將標準常態變數(Standard normal variables)分割成20個相同大小的區間(將標準常態曲線的兩尾切除)。例如,標準常態變數切除頭和尾後,其範圍可能為:

$$-3.0 \leq z \leq +3.0$$

此範圍大約包含常態曲線下之99.74%的面積,而每個區間的範圍大約為0.3。因此用於計算各組之時間標準的基準標準數將為:

$$P(z \in 區間)(200)/0.9987$$

第1個群組和第20個群組(由於標準常態分配的對稱性)將包含:

$$\frac{P(-3.0 \geq z \leq -2.7)(200)}{0.9987} = \frac{P(2.7 \leq z \leq 3.0)(200)}{0.9987}$$

$$= \frac{(0.9987 - 0.9965)(200)}{0.9987} = 0.4406 \approx 0 \text{ 個基準標準數}$$

而第10個群組和第11個群組將包含:

$$\frac{P(-0.3 \geq z \leq 0.0)(200)}{0.9987} = \frac{P(0.0 \leq z \leq 0.3)(200)}{0.9987}$$

$$= \frac{(0.6179 - 0.5000)(200)}{0.9987} = 23.61 \approx 24 \text{ 個基準標準數}$$

分配基準標準於各組時,須採用小數點後四捨五入的方式,使各基準標準皆能被配屬到某一個群組,而該群組內所有的基準標準之平均值即為該群組之時間標準。試圖訂定新的間接人工時間標準時,分析師可依作業性質將之歸類於相稱的群組,如此即可得到該作業之時間標準。

為比較均勻分配與常態分配的相對準確度,分析師使用270個由美國海軍基準數據部門所制定的基準標準,並依統計分配的模式將270個基準標準區隔為20個群組。隨後分析師進行為期25週的模擬,以比較均勻分配與常態分配的結果。分析師每週以隨機方式選取工作,直至真正的標準時間總和超出或等於40小時為止;然後再依據一

表 13.2　25 週的模擬結果

週數	絕對百分比誤差 均勻分配	絕對百分比誤差 常態分配
1	5.97	7.18
2	16.01	6.93
3	8.49	6.42
4	10.94	4.03
5	25.78	1.67
6	2.61	0.47
7	4.79	6.08
8	0.88	3.37
9	4.51	5.34
10	0.05	6.45
11	30.78	0.32
12	21.93	1.75
13	8.23	4.24
14	6.67	7.55
15	2.37	2.37
16	0.06	0.87
17	12.53	2.88
18	3.73	5.21
19	6.85	1.52
20	11.50	2.29
21	20.18	2.48
22	6.44	8.31
23	3.46	6.72
24	2.96	0.45
25	11.74	1.01
平均值	9.18	3.84
變異數	151.78	21.62
標準差	12.32	4.65

般間接人工之時間標準制定各個工作的時間標準，並累計一週的總和 (假設所有的工作均可被配屬於某個群組)。

以下的方程式可以計算出每週的誤差：

$$\left| \frac{實際標準時間 － 通用標準時間}{實際標準時間} \right| \times 100\%$$

此兩種分配 (均勻、常態) 的模擬結果列示於表 13.2。模擬研究的結果顯示，常態分配所訂定的時間標準較均勻分配更為可靠。

將分析週期從 1 週 (40 小時) 增加到 2 週 (80 小時)，可明顯地降低各週期的累計誤差；另一方面，群組數目的增加也有助於降低誤差程度。

使用通用間接人工標準來訂定大多數間接人工操作的時間標準，並不需要投注昂貴的成本，反而有助於降低維護間接人工標準的費用。

13.3 專業人員績效標準 Professional Performance Standards

企業在製造與交易的過程中，工程、會計、採購、銷售及管理人員的薪資在人力成本中占有極高的比例。若這些人員的生產力可稍獲改善，則對公司的影響將十分可

觀；而制定工作標準並以此作為考核績效之依據，勢必有助於提升他們的生產力。

訂定專業人員標準(Professional standards)的困難在於決定衡量項目與衡量方法。通常可依專業人員的職掌來決定衡量項目。例如，採購部門的採購人員，其職責為「以最低的價錢獲得品質優良的物料和零件，俾使公司的生產和交貨均能順利達成」。因此採購人員的衡量項目可包含：(1) 採購品準時交貨的比例；(2) 採購品達到或優於品質要求的比例；(3) 以最低價格完成採購程序的比例；(4) 在特定時間(如一個月)內完成的採購次數；和 (5) 在特定時間內之總採購金額。

在訂定衡量的項目之後，下一個步驟即是訂定各項目的衡量基準。此時，分析師可藉由工作抽查的方法來分析專業人員如何利用時間，並參考歷史紀錄以發展專業人員的標準。

讓我們回到上述採購人員標準的例子。分析師可從歷史紀錄得知每一位採購人員在過去六個月中完成的採購次數，以及採購品準時交貨的次數比例。茲將相關的歷史紀錄列示如下：

採購人員	訂單準時或提前交貨達成率 (%)
A	70
B	82
C	75
D	50
E	80

根據此紀錄，採購訂單的平均交期達成率為 72%，該項指標可以作為評鑑採購人員技巧熟練與否的標準。

另外，這五位採購人員所經手的原物料品質水準列示如下：

採購人員	訂單不良率低於 5% 達成率 (%)
A	85
B	90
C	80
D	95
E	80

在所有的採購訂單中，86% 的訂單在驗收時的不良率低於 5%，此一標準係由採購人員表現的平均值求得。

衡量採購人員的另一個重要項目是採購價格。同理，歷史紀錄可提供這五位採購人員在此方面的表現。

採購人員	訂單以最低價格成交達成率 (%)
A	45
B	50
C	60
D	47
E	40

根據歷史紀錄，48.4% 的採購訂單是以最低價格成交，此一數值同時也是採購人員的平均表現。

此外，歷史紀錄亦可顯示出採購人員每月的平均採購次數為 120 次，而平均總採購金額為 120,840 美元。

分析師可依據這五個項目(交貨、品質、價格、採購次數和總採購金額)來建立採購人員的總體績效標準。例如，分析師可將前三個項目的標準加總，加上 0.002 乘以採購次數，再加上 0.000001 乘以總採購金額，則採購人員的標準如下所示：

$$0.72 + 0.86 + 0.484 + 0.24 + 0.12 = 2.424$$

另舉一個例子來說明如何發展管理人員的績效標準。人事部經理的職責不外乎下列四項特定的目標：

1. 建立一套確認公司人力資源質與量的方法。
2. 建立一套吸引優秀人才、僱用人才和留住人才的程序。
3. 建立部門目標與制度，並設置鼓舞員工士氣的政策方案。
4. 執行公司的福利政策。

一旦職責的目標確定後，分析師即可建立以時間為衡量績效的標準。例如，第 1 項目標的績效標準可能是：「在未來三個月內進行員工訓練，並評估訓練成果，以決定各類人才的需要量。」

第 2 項目標的績效標準可能是：「在未來 12 個月內招募：(1)2 位有博士學位的化學分析師；(2)7 位有碩士學位的工業工程人員或機械工程人員；(3)35 位有學士學位的人員，其中包括 10 位商業人才、20 位工程人員和 5 位文科人才。依據預期的人事異動與營業擴張規模，招聘 75 位依工時計酬的員工。調查過去一年來專業人員的異動率，並提出說明如何降低異動率的報告。」

對第 3 項目標而言，其績效標準可能是：「在未來 3 個月內完成管理手冊與薪資管理計畫之更新；並在未來 6 個月內將員工手冊編纂完成，且發放給所有的計時制員工；員工手冊應詳細說明申訴的程序、如何減少申訴，以及說明減少申訴的重要性。」

第 4 項目標的績效標準是：「在未來 12 個月內，重新檢討公司的福利政策。以產業類型、企業規模均十分相似的公司為典範，比較彼此福利政策之差異，並提出適當的建議。」

由於上述的績效標準都是以結果為導向，而結果會隨著評核週期的結束而消失，因此在期限到達後必須修改績效標準。換言之，管理人員在下一個評核期間可能會有截然不同的工作目標。

建立專業工作的績效標準時，專業人員應協助分析師辨識其職責的目標、蒐集歷史紀錄與發展績效標準。若缺乏專業人員本身的協助，任何專業績效標準都無法與現實狀況契合。

在蒐集歷史紀錄的期間，分析師可同時實施工作抽查研究。根據工作抽查的結果，分析師可以指出專業人員花費了多少時間處理文書人員或其他人員應該負責的例行工作，之後再與歷史紀錄互相比較，以訂出適用於專業人員的工作標準。

一般而言，制定專業人員之工作標準時，分析師應遵守下列五項原則：

1. 管理人員應參與本身及下屬專業人員專業標準的建立，亦即專業人員的標準應由分析師、專業人員及其上司來共同發展。
2. 專業人員的標準係依結果為導向，因此分析師必須對衡量績效的依據加以說明。
3. 專業人員的標準必須切合實際；換言之，至少有一半的專業人員可以達成此一標準。
4. 專業人員的績效標準應予以定期審核，並作必要的修改。
5. 對管理人員進行工作抽查，以確保他們有足夠的文書處理和管理的能力，使其得以更有效地利用時間。

總結

對非重複性的間接人工操作進行研究和訂定標準，通常較重複性的直接人工作業更為困難。有鑑於此，如能將方法與時間研究應用於間接人工作業，極有可能發覺現行的作業方式依然存有改善的空間，也可間接地增加企業的利潤。

分析師必須進行足夠的時間研究，以保證所得之數據能反映出平均狀況。分析所得的單元容許時間應予以彙整，以供將來應用。預定時間系統可應用於發展間接人工操作的標準，如 MTM-2 和 MOST 等均廣泛地應用基本動作數據。

等候理論可用於評估間接人工操作單元的等候時間。如果已建立的等候線數學模式不適用於眼前的難題，則分析師可使用蒙地卡羅模擬來解決等候理論的問題。表13.3 是建立間接工作與管銷作業標準的選擇方法指南。間接人工作業標準之制定對雇主和員工各有不同的優點。茲將這些優點羅列如下：

1. 施行間接人工作業標準，可使很多作業獲得改善。
2. 易於評估各間接人工部門的效率。
3. 工作負荷將更易於排程與估算。
4. 能夠衡量多餘的維護及文書處理工作，以利浪費之消除。
5. 導入獎工制度，以增加員工的收入。
6. 員工需要的是較少的監督，但同時他們必須表現更好，就如同工作標準的自我強化。

表 13.3　建立間接費用與人工標準的指南

間接工作和管銷工作的形式	訂定標準的方法
例行的維護工作 （工作標準0.5至3小時）	標準數據、MTM-2、MTM-3、MOST
複雜的維護工作 （工作標準3至40小時）	通用間接人工標準
出貨和接收	標準數據、MTM-2、MTM-3、MOST
工具室	通用間接人工標準
檢驗	標準數據、MTM-2、MOST
工具設計	通用間接人工標準
採購人員	根據歷史紀錄、分析及工作抽查
會計人員	根據歷史紀錄、分析及工作抽查
工程人員	根據歷史紀錄、分析及工作抽查
文書人員	標準數據、MTM-2、MOST
清掃人員	標準數據、通用間接人工標準
總經理	根據歷史紀錄、分析及工作抽查

問題

1. 間接人工與管銷人工有何區別？
2. 試說明等候理論。
3. 間接工作與管銷工作是由哪四個單元組成的？
4. 間接工作中「不必要的延遲」是否存在著標準？試說明原因。
5. 為何間接人工有顯著的增加趨勢？
6. 為何維護作業較生產作業有更多不可避免之延遲？
7. 何謂群體平衡？何謂干擾時間？
8. 說明如何訂定清潔人員的時間標準。
9. 試問何種辦公室的工作易於執行時間研究？
10. 為何標準數據特別適用於訂定間接人工操作的標準？
11. 對間接工作訂定標準具有哪些優點？試說明之。
12. 說明如何應用分組於間接或管銷人工。
13. 為何每年執行數千種不同作業的大型維修部門在制定間接人工標準時，僅需少量基準標準工作之通用標準系統發揮功用？

習題

1. 依據工作衡量，檢驗複雜鑄件的平均時間為 6.24 分鐘，標準差為 0.71 分鐘，而在 8 小時中會有 60 件鑄件送至檢驗站，且由一位作業員負責檢驗。假設鑄件到達檢驗站為卜瓦松分配，檢驗時間呈指數分配。請計算鑄件在檢驗站的平均等候時間及等候線的平均長度。
2. 在多賓公司的工具室內，工作衡量分析師欲決定在各種模子上搪孔的時間標準。該標準僅用於估算製模成本。該工時是基於作業員等待模子從表面磨光部門送達

的時間及作業員操作搪孔機的時間。等待時間滿足單機服務、卜瓦松到達時間分配、指數服務時間分配，以及先到先服務原則。先前研究指出模子到達時間的平均值為 58 分鐘，平均搪孔時間為 46 分鐘。試計算模子送達搪孔機後須等待 (延遲) 的機率？在搪孔機後等待工作的模子平均個數？

3. 假若馬錶時間研究得悉裝運準備的正常時間為 15.6 分鐘，試計算每次裝運的期望等候時間？假設每班 (8 小時) 進行 21 次裝運。服務時間之標準差估計 1.75 分鐘，到達率滿足卜瓦松分配而服務時間呈任意分配。

4. 在蒙地卡羅模擬的範例 (範例 13.3) 中，假若有四位作業員被指派此工作，因作業員人數不足所造成的期望停機時間應為若干？

5. 到達公司自助餐廳呈卜瓦松分配，到達者之間的平均時間為 1.75 分鐘。顧客獲取餐點的平均時間為 2.81 分鐘，服務時間呈指數分配。顧客到達餐廳後必須等候的機率為何？等候時間多長？

參考文獻

Knott, Kenneth. "Indirect Operations: Measurement and Control." In *Handbook of Industrial Engineering*. 2d ed. Ed. Gaviel Salvendy. New York: John Wiley & Sons, 1992.

Lewis, Bernard T. *Developing Maintenance Time Standards*. Boston, MA: Industrial Education Institute, 1967.

Nance, Harold W. *Office Work Measurement*. Malabar, FL: Krieger, 1983.

Newbrough, E. T. *Effective Maintenance Management*. New York: McGraw-Hill, 1967.

14 標準的追蹤與應用
Standards Follow-up and Uses

本章重點

- 針對標準方法與時間進行追蹤,才能兼顧獲利與公平。
- 使用適當的方法制定及修正標準。
- 標準方法與時間具有以下管理功能:
  - 建立薪資獎勵制度(獎工制度)。
  - 比較各種方法。
  - 決定工廠產能。
  - 決定人工成本及預算。
  - 加強品質標準。
  - 改善顧客服務。

追蹤是執行系統化方法改善八步驟中最後一個步驟。雖然追蹤的重要性不亞於其他七個步驟,但它經常是最容易被忽略的一個步驟。分析師常會認為時間標準的建立等同於方法改善計畫的結束;然而,方法的實施和標準的訂定永遠沒有完備的一天。

實施追蹤之目的在於確保導入的工作方法與標準能夠確實執行,並且受到作業人員、監督人員、工會與管理階層的支持。此外,激發分析師提出創新的概念和方法也是實施追蹤的附加效益。如果在方法改善完成之後,立即開始另一個方法改善程序,此種連續的追查過程有助於發現任何可能改善的要點,同時也是持續改善計畫必須具備的條件。

若是缺少了追蹤作業,作業員極有可能放棄改良後的工作方法,而採行固有的方法執行作業。人類容易被習慣所支配,因此讓新的方法確實融入作業員的工作內容,才是確保其導入成功的唯一途徑;也唯有持續地追查,才能促使所有員工都能熟悉,甚至是習慣新方法的作業流程。

14.1 標準時間的維持 Maintaining Standard Times

無論是勞方或資方都強調必須制定公平的標準時間,然而,標準時間的維持也和

制定的過程一樣重要。雖然工作方法的抽查與監督是生產部門的職責，但是相關的管理人員卻缺乏足夠的時間來落實這項工作，因此制定工作方法和標準的部門應該安排定期性的追蹤工作。

首次的追蹤作業應於時間標準導入後的一個月內執行，在這之後的二個月可再施行第二次的追蹤作業，而第三次追蹤作業可於前次追蹤之後的三至九個月內進行。稽核的頻率應依據每年預期實施的時數而定，例如，某公司利用表 14.1 所提供的數據決定時間與標準的稽核頻率。

每次實施追蹤時，分析師可能會發現方法與標準的執行並不確實；此時分析師應該仔細審視固有的工作方法與新的作業標準，以確保新的工作方法能夠被相關人員徹底執行。此外，作業員也可能隱藏自己對於作業方法的改良，以便賺取更多的薪資，或是以較少的努力達成生產目標。值得注意的是，管理與監督人員所提出的方法改善通常會導致作業時間的增加，但是卻忽略相關的標準也應該隨之調整。當此種狀況發生時，應該立即將相關資訊告知監督人員，而分析師也應該試圖了解監督人員要求改變作業方法的原因。如果方法的改變沒有充分理論依據，那麼分析師應該要求作業員遵循現有的標準方法執行生產作業。

追蹤的對象包含作業員的績效與方法。依照道理，作業員的績效應相當於或優於標準值，因此分析師應每日稽核作業員的工作表現，並透過學習曲線評估其進度；如果作業員的表現不如預期，就應該透過面談來了解作業員在學習過程中是否遭遇意料之外的困難。

通常作業員的績效會近似於第 9 章所描述的常態曲線。如果兩者之間存在明顯的差異，代表工作的執行並不順利，此時分析師應當實施稽核以探究原因。過於寬鬆的時間標準往往會限制作業員的產出，如圖 14.1 所示，作業員績效頂多達到 140%；理由是作業員害怕超越界限所帶來的結果是更為嚴苛的工作標準。

圖 14.2 則是工作方法未經標準化的結果；物料的品質變異也是造成曲線分布平坦的另一個可能原因。針對上述的兩個案例，執行稽核將有助於確保作業員使用最佳的方法完成所被交付的工作。時間標準必須納入個人因素與不可避免的延遲、疲勞等寬放時間，其結果才能夠代表一位具備經驗、技能與努力的員工持續工作 8 小時的產出。

表 14.1　稽核的頻率

每年應用 此標準的時數	稽核次數
0～10	每3年一次
10～50	每2年一次
50～600	每年一次
600以上	每年兩次

（資料來源：Courtesy Industrial Engineers Division, Procter & Gamble, Co.）

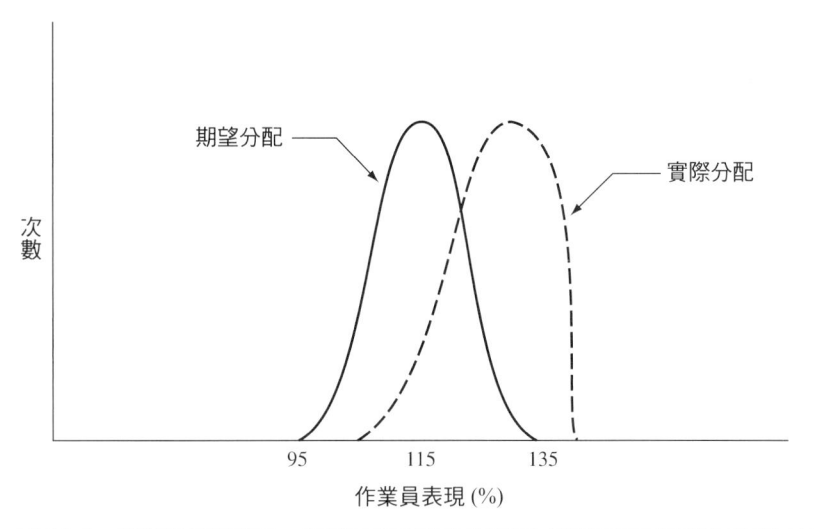

圖 14.1 標準過於寬鬆時，作業員表現的分布情況（與預期平均績效 115% 比較）。

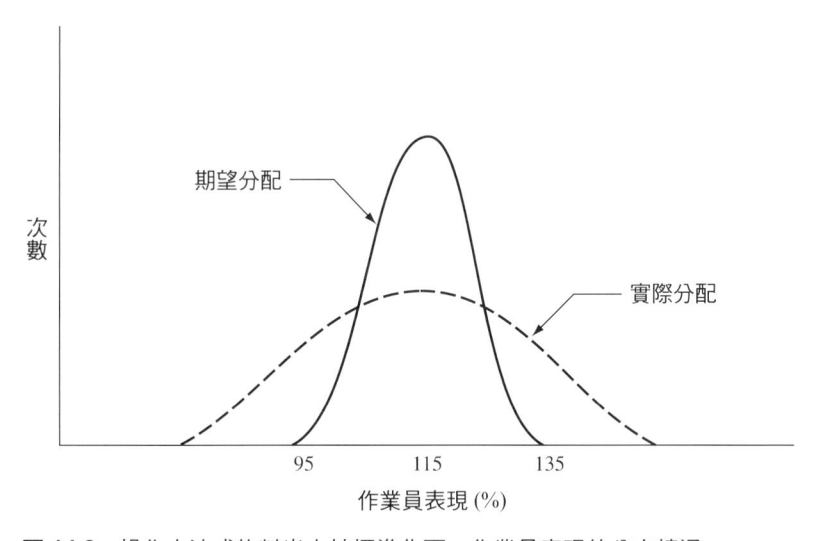

圖 14.2 操作方法或物料尚未被標準化下，作業員表現的分布情況。

一般而言，如果工作的週程時間和訂定的時間標準差距在 ±5% 以上，就必須進行稽核以確認產生差距的原因。在多數的案例中，分析師可以透過稽核結果與原始時間研究數據之比較，證實工作方法的改變是造成此一差距的主要因素。

此外，分析師應該檢視工廠的設施配置，以確保產品與物料的流動符合當初的規劃，並查核新購的設備是否達到預期的生產力與績效。

另外，在新的工作方法實施六個月後，分析師應進行工作評價，以確保使用新方法的員工與從事類似工作的員工得到至少一樣的薪資報酬。稽查作業員之缺席率也有助於評估作業員對於新方法的接受程度。雖然定期實施方法與標準的稽核作業勢必花費相當的時間與成本，卻有著確保改善計畫成功施行的效果。

14.2 標準之使用 Using Standards

標準審查

時間標準是任何產業評估工作績效的基礎。因為生產作業所花費的時間就如同原物料之採購一般，都屬於生產成本的一部分。實際上，時間標準常被用來作為要求自我，甚至是要求他人的標準，例如，允許員工有一個小時的時間刷牙、洗臉、吃早餐，然後開始工作；或是學生可以有幾分鐘完成作業；公車駕駛員依據時間表準時到站或離站等。

本書特別專注於時間標準在製造業之應用，以及它對時間研究之成效。以下為訂定時間標準的幾種方法：

1. 估計或績效紀錄。
2. 馬錶時間研究 (參閱第 8 章)。
3. 標準數據 (參閱第 10 章)。
4. 時間研究公式 (參閱第 10 章)。
5. 預定時間系統 (參閱第 11 章)。
6. 工作抽查研究 (參閱第 12 章)。
7. 等候理論 (參閱第 13 章)。

依據第 2、3、4、5 與 6 這五種方法訂定的時間標準，較使用第 1、7 種方法具有更高的可靠度。此一特點在制定員工之薪資報酬時尤其重要。雖然以估計結果和績效紀錄來訂定時間標準有所不足，但總比沒有標準好。上述這些制定標準時間的方法各有其適用的情境，在導入成本與準確性上亦有著不同限制。表 14.2 與表 14.3 所提供的資訊有助於分析師選取適當的時間標準設定方法。

獎工計畫的基礎

時間標準通常是獎工計畫的基礎 (參閱第 15 章)。若缺乏公正的時間標準及衡量指標，獎工制度將無法發揮激勵員工的效果。因為缺乏標準，管理人員自然無法評比員工的績效，而激勵計畫所需之標準化工作方法與時間資料也無從獲致。

同樣地，任何一種監督生產的獎金也是取決於公正的時間標準。多數的監督獎勵計畫會以作業員之生產績效為首要衡量指標，因此基層管理人員會更為注意作業員之產出，其他如非直接人工成本、報廢成本、產品品質和改善方法等，也會影響基層管理人員的激勵獎金。

表 14.2　各種時間標準設定方法之比較

優點	缺點
馬錶時間研究	
1. 唯一可以直接量測作業員作業時間的方法 2. 容許對完整週程與工作方法進行詳細觀測 3. 其結果可能涵蓋一些不常發生的動作元素 4. 可以迅速正確地提供機器控制單元的時間數據 5. 學習解說相當簡單	1. 需對作業員績效進行評比 2. 對作業員使用的方法、動作、工具等，未做強制詳細紀錄 3. 非週期性單元之評估可能不甚正確 4. 由一位分析師對一位作業員所進行的工作時間觀測，可能因為取樣不足，若使之成為標準容易有所誤差 5. 觀測過程中作業員必須持續工作
預定時間系統	
1. 強制記錄作業員所使用的方法、動作、工具等資訊 2. 鼓勵工作簡化 3. 削減績效評比 4. 允許實際生產前建立時間標準 5. 因方法變動而進行之標準調整比較容易 6. 建立一致性標準	1. 正確的時間標準取決於方法、動作、工作等完整的描述 2. 分析師需要更多的訓練 3. 作業員較難理解該方法的運作機制 4. 建立時間標準需要更多的時間 5. 需要製程或機器控制單元等其他資料來源
標準數據、公式與等候理論	
1. 削減績效評比 2. 建立一致性標準 3. 允許在實際生產前建立時間標準 4. 因方法變動而進行之標準調整比較容易	1. 分析師可能需要更多的訓練 2. 作業員較難理解該方法的運作機制 3. 可能無法適應工作方法的些許變更 4. 如果制定標準的程序中使用過於偏差的資料，則標準會有所誤差
工作抽查	
1. 降低因時間觀測所引起的緊張情緒 2. 對變動的情況建立平均標準 3. 同時為不同的作業建立標準時間 4. 可視為設備利用率、工作活動與延遲之最佳分析工具	1. 降低績效評比的正確性 2. 為求正確性，觀察的樣本數目必須增加 3. 需要準確的工時與產出紀錄 4. 假定作業員使用標準方法執行作業

表 14.3　時間標準設定方法之選擇指南

最佳方法	適用對象
馬錶時間研究	1. 重複性工作、工作週程時間長短不拘 2. 工作內容差異較大，或是缺乏相似性之工作 3. 製程或機器控制單元
預定時間系統	1. 包含作業員可以控制的因子 2. 重複性工作，以及較短與適中的工作週程時間 3. 尚未生產之前 4. 標準一致性或評比有爭議的情況
標準數據、公式與等候理論	1. 生產週程時間不拘，且具有類似生產單元的情況 2. 標準一致性或評比有爭議的情況
工作抽查	1. 生產週程之間有龐大的變異 2. 使用馬錶測時之結果有爭議的情況 3. 固定觀測員工作業之結果有爭議的情況 4. 需要機器利用率、活動水準與延遲寬放等資訊的情況

工作方法比較

時間是衡量工作績效的依據,時間標準同時也是以不同方法執行相同作業的比較基礎。舉例來說,如果作業員認為導入更為精密的鑽孔裝置,會比現行透過增加零件體積以提升密合度的作業方式更為優良,分析師就應該分別為這兩種作業方法制定標準時間,透過執行結果之差異以找到最完善的作業方式。

有效的空間利用

時間標準同時也是決定各種生產設備數量的基礎,因此時間標準對空間利用而言也相當重要,因為唯有管理者精確掌握設施需求,才能對有限的生產空間作最佳利用。假若某機械部門需求為 10 台磨床、20 台鑽床、30 台六角車床和 6 台研磨機,管理者必須設計符合需求的最佳設施規劃;因此若缺乏時間標準,可能會造成生產設備之閒置或數量不足,而降低空間的利用率。

以倉儲容量的規劃為例,管理者除了考慮原物料的需求量與安全存量之外,也應將原物料存放在庫房的時間列入考量。換言之,時間標準也是決定倉儲空間的重要依據。

工廠產能之決定

時間標準可用於估計設備、部門,甚至是工廠的產能。如果設備生產時間與單位產出時間已知,分析師即可依此估計工廠的產能。舉例來說,瓶頸製程之單位產出時間為 15 分鐘/件,該製程有 10 台加工設備,那麼在每週操作 40 小時的情況下,每週產能之計算如下:

$$\frac{40 \text{ 小時} \times 10}{0.25 \text{ 小時}} = 1,600 \text{ 件(每週)}$$

新設備採購基礎

既然時間標準已經成為分析師決定設備、部門與工廠產能的基礎,自然也提供必要資訊來決定在已知生產數量下所需要的機器數目。精準的時間標準也有助於將競爭者彼此之間的特點凸顯出來。例如,一家工廠發現必須另外購入三台單軸鑽床,那麼檢視現有的時間標準將有助於管理者找到設計最佳的設備,而達到提升單位時間產出的效果。

工作人力平衡的依據

分析師可以依據產能需求量和單位生產時間來決定工作人力的配置。假設生產負荷 (Production load) 為 4,420 小時/週,而每位作業員之工時為 40 小時/週,那麼該公司需要 111 (4,420/40) 名作業員。當市場逐漸萎縮時(客戶對產品的需求量漸漸下滑),時間標準的應用就更形重要;若是缺乏決定所需人力的衡量指標,生產量的降低將會

造成勞動力過剩，對企業的競爭力造成負面的影響。除非勞動力與生產量達到平衡，否則將無可避免地導致單位生產成本上升。在這種狀況下，生產作業遲早會產生嚴重的虧損，企業為了平衡虧損而提高產品售價，其結果將導致銷售量隨之下跌，此種反覆的循環則會使得虧損日益嚴重。

當市場擴張時，控制人工成本依然十分重要。因為需求量的增加表示企業對於人力的需求亦隨之增加，因此相關部門必須決定各類員工的需求數量，以利招募作業之進行。如果已經存在準確的時間標準，那麼簡單的算術即可將客戶需求轉換為部門工作時數。

圖 14.3 說明市場擴張對於工廠提升產能的影響。圖中可以發現，公司希望從 1 月到 11 月這段期間將工時產能提升 1 倍，該公司所施行的措施不但能夠滿足已知的客戶需求，還提供額外的產能作為接收其他訂單的緩衝；其他部門的勞力需求也可以用相同的方法進行規劃。

改善生產管制

生產管制包含制定生產排程、安排加工程序、加速與追蹤訂單等工作，目的在於以最經濟的作業方式滿足客戶需求。生產管制的功能在於決定工作應在何時、何處完成，除非我們清楚知道生產過程將「需要多少時間」，否則這些管理功能將難以完成。

生產排程是生產管制主要的功能之一，通常經由以下三種不同程度的內容進行調控：(1) 長期的主生產排程；(2) 公司訂單排程；(3) 詳細的操作排程或是設備負載 (Machine loading)。

現有訂單需求與期望產量是長期排程的依據。在這種情況下，任何訂單都沒有特定的處理順序，只是將一段期間內必須完成的工作簡單地彙整在一起。

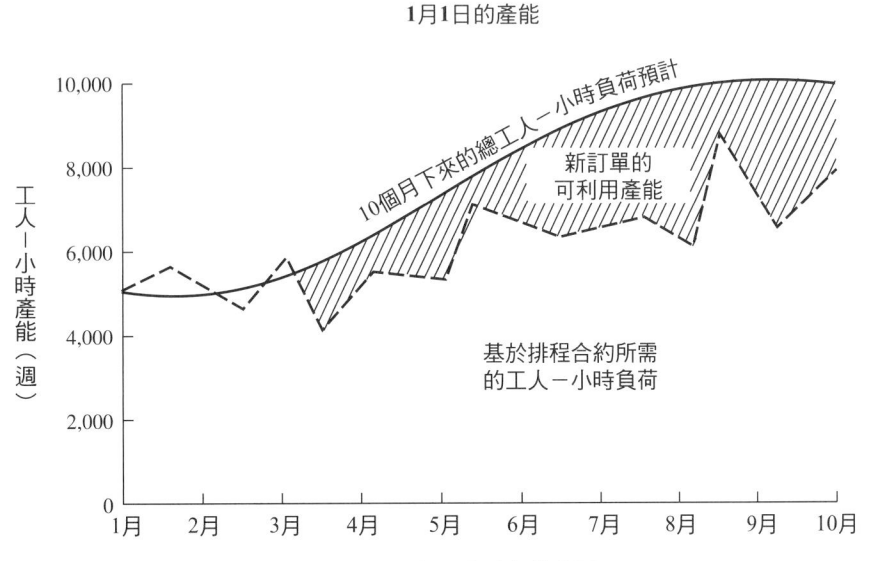

圖 14.3 實際工人－小時負荷與預計工人－小時負荷之圖示。

公司的訂單排程在安排既有訂單以符合客戶需求的同時，也將作業經濟原則列入考量。此時，作業員會被告知各個訂單的優先程度，以及排程所期望的交期。

詳細的操作排程，或稱設備負載，則是詳細規劃個別設備每日的工作項目；這種排程旨在將設置、停機時間最小化，並且同時能符合公司訂單的排程。圖 14.4 為某部門一週的設備負載，圖中顯示該部門之銑機、鑽床、碾磨機等設備尚有多餘的產能可供利用。

不論是整體的主生產排程，還是細部的設備負載，都是以時間標準作為規劃的依據。時間標準幫助我們在事前決定物流與工作，因此成為正確排程的基礎。任何排程的成功都有賴於準確的標準時間資料；若是尚未建立時間標準，僅憑判斷作出的排程將會是不可靠的排程。

決定人工效率

利用準確的時間標準，企業不一定需要獎工制度才能訂定和控制人工成本。製造部門之產出時數與可利用時數之比值即為該部門的效率，進一步將部門效率的倒數乘上每小時的平均工資，即可求出製造部門的每小時人工成本。例如，生產部門有 812 小時可供利用 (H_e)；在此期間內，該部門之產出相當於 876 生產小時 (H_c)；則此部門的效率可列示如下：

$$E = \frac{H_e}{H_c} = \frac{876}{812} = 108\%$$

若該部門每小時的平均工資為 16.80 美元，則該產品每小時的人工成本為：

$$\frac{1}{1.08} \times \$16.80 = \$15.56$$

相同地，若其他部門有 2,840 小時的生產時間，該部門在這段期間內僅獲得相當於 2,760 小時的產出，則該部門的效率為：

$$\frac{2,760}{2,840} = 97\%$$

若該部門每小時的平均工資為 16.80 美元，則該產品每小時的人工成本為如下所示：

$$\frac{1}{0.97} \times \$16.80 = \$17.32$$

在第二個案例中，管理人員了解到該部門的每小時生產成本高於標準人工成本 0.52 美元，因此必須加強監督以降低人工成本的費用。另一方面，第一個案例的每小時人工成本低於標準值，因此可降低售價來提升銷售量，或是給予勞工及管理人員適度的獎勵。

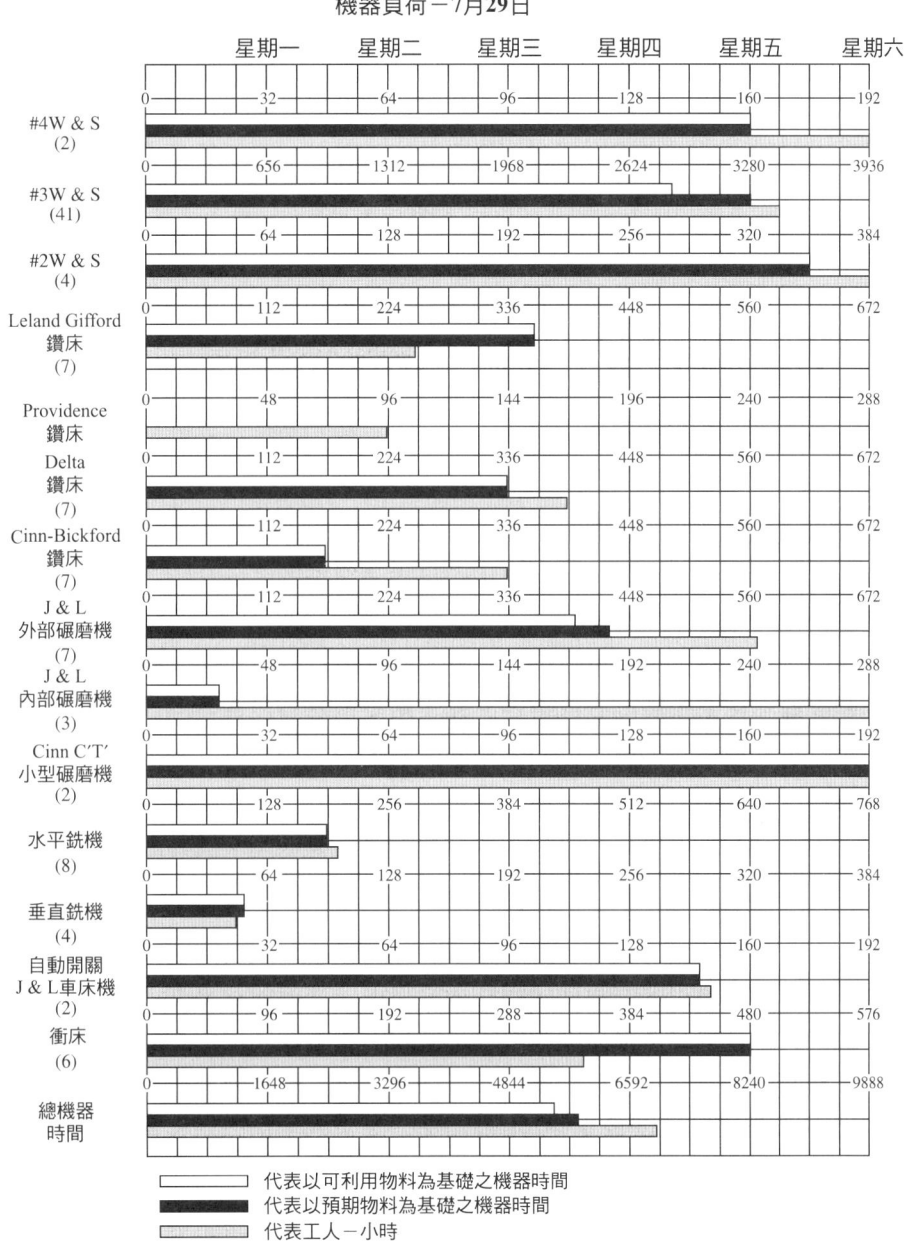

多賓製造公司
機器負荷－7月29日

| | 星期一 | 星期二 | 星期三 | 星期四 | 星期五 | 星期六 |

#4W & S (2)
#3W & S (41)
#2W & S (4)
Leland Gifford 鑽床 (7)
Providence 鑽床
Delta 鑽床 (7)
Cinn-Bickford 鑽床 (7)
J & L 外部碾磨機 (7)
J & L 內部碾磨機 (3)
Cinn C'T' 小型碾磨機 (2)
水平銑機 (8)
垂直銑機 (4)
自動開關 J & L 車床機 (2)
衝床 (6)
總機器時間

□ 代表以可利用物料為基礎之機器時間
■ 代表以預期物料為基礎之機器時間
▨ 代表工人－小時

圖 14.4 在一機械部門中，一週裝填機器的情況（注意其中有些排程必須依靠額外的原物料）。

管理問題

時間標準常伴隨如排程、物料控制、預算、預測、規劃與標準成本等管制活動，妥善控制企業的生產、工程、銷售與成本，將有助於減少管理問題的發生。舉例來說，圖 14.5 為每月損失時間分析表，如果實際的執行狀況與事前之規劃有所出入，那麼管理者可依此作出適當的調整。由圖可知，預定的工時損失目標設定在 9.50%，其中 7

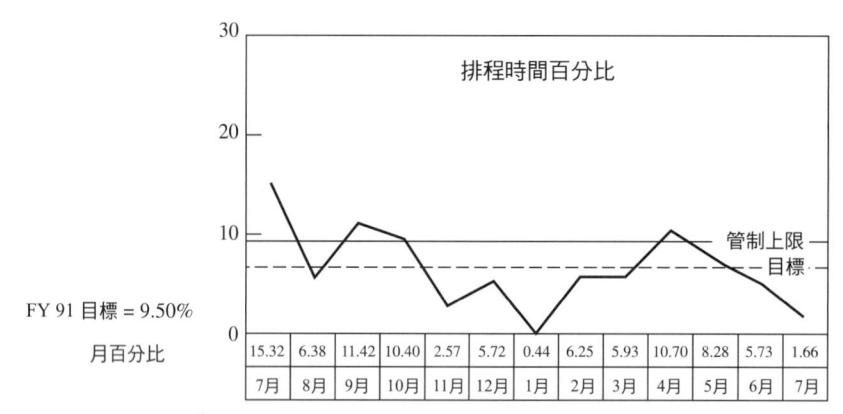

圖 14.5 每月損失時間分析。
（資料來源：Ramesh C. Gulati, Sverdrup Technology, Inc., AEDC Group）

月、9月、10月與4月的結果都超出預期的目標；更具體地說，管制上限 (UCL)。「例外管理原則」(Exception principle) 的運用，可以讓管理階層將注意力放在與預期計畫存在明顯偏差的事件上，也能將其影響侷限在公司整體活動中的一小部分。

客戶服務

經驗顯示，依據測量結果發展出一套健全標準制度的企業，具有較佳的產品交期達成率。時間標準搭配最新的生產管理流程，則是滿足客戶需求的最佳利器。此外，時間標準可以讓公司更加注意生產時間與成本的支出，也有助於降低產品的售價。如同前述，品質乃是藉由工作標準規劃所維持，因此可以確保產品更能夠符合客戶需求之規格。

14.3 成本估算 Costing

成本估算 (Costing) 指的是在生產前正確判斷成本的程序。預先了解成本的優點顯而易見，因為生產成本是制定合約內容的主要依據；換言之，生產者必須事先估算生產成本，才能訂定適當的售價以賺取利潤。藉由直接人工作業的時間標準，生產者可以先對產品的**主要成本** (Prime cost) 進行估價；主要成本內容包含直接物料成本與直接人工成本。

成本乃是組織之內所有活動的基礎考量，如果生產的成本太高，管理者通常都會尋求另一種生產方式。由於產品的製造方式通常具有選擇性，因此在這個選擇的過程中，成本便成為主要的決策因素。

製造成本可分為四類：直接物料成本、直接人工成本、工廠費用、一般費用。前兩種成本與生產直接相關，而後兩種成本之支出則不屬於生產的層面，一般都稱為**企業經常性支出或管理費用** (Overhead)。**直接物料成本** (Direct material cost) 包含採購原物料、配件、零組件 (鈕釦、鐵絲、連接插頭等)，以及轉包零件時所花費的成本。首先，工業工程師會依據產品的物料清單 (Bill of Materials, BOM) 對各項零組件的需求量進行計算，再加上製程、加工與設計錯誤導致的產品報廢，以及偷竊或環境因素造

成的損耗，最後計算出包含報廢與損耗的原物料需求量。隨後將原物料需求量與零組件之單價相乘，再減去報廢回收之期望價值，就可以估算出最終的物料成本。

$$物料成本 = Q \times (1 + L_{sc} + L_w + L_{sh}) \times C - S$$

其中 Q = 基本數量，通常以重量、容量、面積、長度等單位表示
L_{sc} = 因廢料造成的物料虧損因子
L_w = 因浪費造成的物料虧損因子
L_{sh} = 因損失造成物料的虧損因子
C = 物料的單位成本
S = 物料的回收價值

直接人工 (Direct labor) 指的是參與直接從事產品生產的員工。直接人工成本則是以生產所需要的時間 (標準時間，如前章所述) 乘上薪資率來計算。

範例 14.1　某零件的主要成本估算

分析師希望對 ABS 元件在塑膠射出成型製程中的主要成本加以評算。在計算出生產 ABS 元件所需的樹脂重量之後，再加入熔渣、滑槽與一般損耗 (一般熱塑物件之損耗率約為 3% 至 7%) 的適度寬放，最後再乘上樹脂的單位售價，即可得到單位 ABS 元件的原物料成本；而該製程的主要成本等於原物料成本與直接人工成本的加總。舉例來說，作業員必須同時操作 5 台射出成型機器，其每小時工資 (包含福利支出的成本) 為 18 美元，那麼每個射出成型作業的直接人工成本即為 3.60 美元／小時，或是 0.06 美元／分鐘；再者，如果成型的過程需時 0.5 分鐘，則每個元件的直接人工成本為 0.03 美元。

假設樹脂的成本為每磅 1.20 美元，而每個元件重 1 盎司，熔渣、滑槽等造成的浪費為 0.1 盎司，並且有 5% 的一般耗損。此時估計的物料成本為：

$$\$1.20 \times 1.1 \times 1.05/16 = \$0.087$$

在這個例子中，ABS 元件的主要成本為：

$$\$0.03 + 0.087 = \$0.117$$

工廠費用 (Factory expense) 包含間接人工、工具整備、機器維修與能源動力等支出。**間接人工** (Indirect labor) 一般泛指從事運輸、收發、倉儲、維修與清潔等工作的人員。在選擇生產製程時，間接人工、機器與工具成本有時會比物料與直接人工成本更具決策影響力。以前述的範例而言，單孔模的成本為 30,000 美元，機器費用 (射出成型設備之操作成本，不含人工成本) 為每小時 20 美元 (在複雜的加工中心，機器費用的變動範圍極大，便宜者僅需每小時數美元，也有部分成本高達每小時 50 美元，甚至更高)。同樣，工具成本與生產量之間亦有著極為顯著的關係。

範例 14.2　工廠成本估算

在前述範例中，假設要生產 10,000 個零件，則每一個零件的模具成本為 30,000 美元，也就是每件產品必須負擔高達 3.00 美元 ($30,000/10,000) 的工具成本。這個數字比物料成本與直接人工成本的總和還高 (超過 10 倍)；但若生產量為 1,000,000 件，則模具成本就只有 0.03 美元 (約為物料成本及直接人工成本的三分之一)。再假設機器費用為每小時 20 美元 (或每分鐘 0.333 美元)，則總工廠成本 (直接物料＋直接人工＋工廠費用) 為：

$$\$0.087 + \$0.03 + \$0.333/2 = \$0.2835$$

一般費用 (General expense) 包含管銷人工 (會計、管理、文書、工程、銷售等)、租金、保險與雜支等。以工業工程師的角度而言，工廠費用才是決定以何種製造方式將設計轉為實際產品的主要因素。

圖 14.6 為決定售價時必須列入考量的各種成本與利潤要素。成本通常是決策的重要因素，若是工程師能了解成本的基礎，將有助於選擇適當的原物料與流程以做出最佳的產品。損益平衡圖 (參見第 7 章) 最能清楚表達成本、銷售、利潤或損失與生產量之間的關係，如圖 14.7。

成本因素的分布會隨著生產數量的增加而呈現巨大的變化。以少量生產的產品來說，研發成本所占的比例明顯高於製造、直接人工、原物料與零件成本；研發成本包含設計、草圖繪製、生產資訊彙整、工具設計與製造、測試、檢驗，以及其他許多在第一個成品完成之前必須進行的準備工作。隨著產量的提升以及先進製程技術的導入，工廠會致力於減少管銷費用、直接人工與物料成本的支出。舉例來說，汽車製造

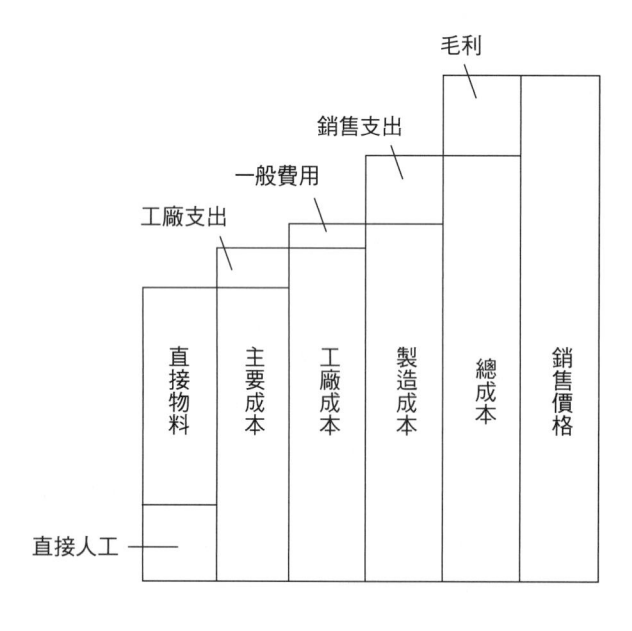

圖 14.6　決定售價時應考慮成本與毛利（稅前利潤）的要素。
注意：此一特殊的產品，其物料成本約略占總成本的 53%，而總成本的 17.5% 則為預期的毛利。

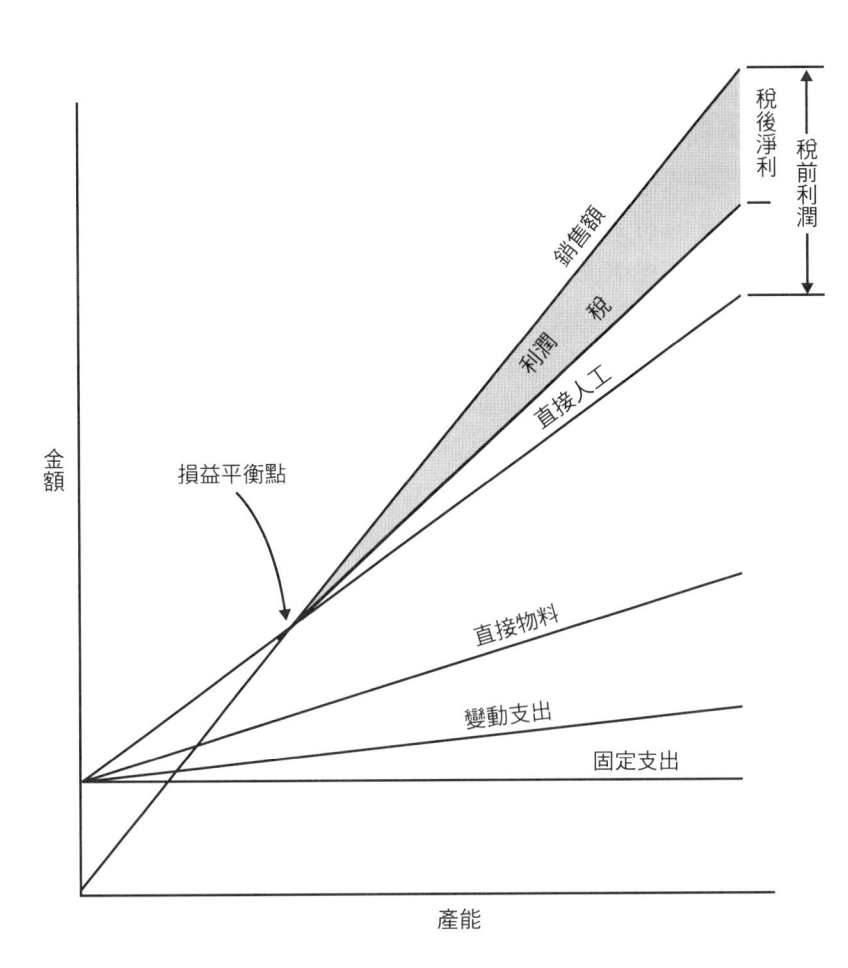

圖 14.7 損益平衡圖，可看出成本、銷售量、利潤或損失及產量之間的關係。

注意：每一個類別皆必須與前一個類別相加總，以獲得累計的總和。

廠每年生產 2,000,000 輛車，其中 1,000,000 輛為四汽缸引擎，其餘為六汽缸引擎，若是每個汽缸上有四個活塞環，該公司每年就必須準備 40,000,000 個活塞環。若是每個活塞環能夠降低 0.01 美元的成本，則相當於每年可以節省 400,000 美元的成本支出。因此，在生產過程中進行工程改善將可獲得巨大的成效，因為從原物料階段到製成產品為止所投注的成本都能夠予以節制。

由於成本會隨著產量而變動，因此製程與物料之間總存在著競爭的關係。相對於固定的可用工時，實際產能所需的工時卻是隨時變動的，所以實際工時 (分子) 與可用工時 (分母) 之間的比值對成本有著莫大的影響。以下便是一個典型的例子。

以一大型液壓噴出壓模系統為例，液壓唧筒之成本為 3,000,000 美元，設備折舊、維修與投資獲利高達每年 20% (600,000 美元)。一般而言，一個班次每年有 2,000 工作小時 (8 小時／天 × 5 天／週 = 40 小時／週 × 50 週／年 = 2,000 小時／年)，而三班制的實施則意謂每年有 6,000 個可用的工作小時，此時工廠的最低成本支出為 $600,000/6,000 = 100 美元／小時。如果銷售部門的收益只允許製造設備每日運轉 8 小時，那麼設備的運作成本便升高為 $600,000/2,000 = 300 美元／小時。由此不難看出，當銷售量下降時，將導致單位時間內的設備運轉成本增加，進而侵蝕該公司的獲利能力。

範例 14.3　風景窗的成本估算

以風景窗的製造為例，海絲製造公司生產許多不同種類的乙烯基窗戶與門板。在考慮是否更改窗戶與門板的款式、形狀與造型時，該公司需要標準數據與成本估算等資訊作為制定決策的基礎。製造風景窗最簡單的元件就是一片嵌在鋁製方框中的玻璃，其中一種較小的尺寸約為 2 呎 × 3 呎 (實際大小為 24 吋 × 35.5 吋)。

風景窗的直接物料及其成本如表 14.4 所示，直接物料總成本為 18.42 美元。請注意廢料因素已包含在各項物料成本的計算中。以鋁的射出製程而言，因為顧及會有 8% 廢料，因此會以較長的長度進行材料切割，成本也因此增加 8%。

$$24.25 吋 \times (1 + 0.08) \times 0.08275 美元／吋 = 2.167 美元$$

製造流程圖指出下列的基本操作是必須的：切割鋁製壓出物、上釉、壓洞、造框、清潔、最終組裝、包裝。從表 14.5 的標準數據中，一片 2 × 3 平方呎的窗玻璃總共的組裝時間為 19.193 分鐘 (見表 14.6)，其中有 14.522 分鐘屬於作業員的人工作業 (已包含 20% 的寬放，12.102 × 1.2 = 14.522 分鐘)，另外的 4.671 分鐘屬於機器操作 (加入 5% 的寬放，如機器的異常停機與維修，4.449 × 1.05 = 4.671 分鐘)。

表 14.4　新建風景窗（2 呎 × 3 呎）需要之物料清單

元件－物料	數量	長度（吋）	殘料率	總長度（吋）	單位成本（美元／吋）	成本（美元）
壓出物						
頂部，6069	1	24.250	0.08	26.190	0.08275	2.167
窗台，6069	1	24.250	0.08	26.190	0.08275	2.167
門窗邊框，6069	2	35.697	0.08	38.552	0.08275	6.380
上釉，頂端	2	15.290	0.08	16.513	0.00733	0.242
上釉，四周	2	19.750	0.08	21.330	0.00733	0.313
金屬器件						
玻璃區塊	2	—	0.01	—	0.019	0.0388
孔蓋	2	—	0.01	—	0.085	0.1717
玻璃						
透明玻璃*	2	5.92	0.10	6.51	0.258	3.360
充填物†	1	119.00	0.10	130.90	0.0246	3.220
包裝						
邊角防護罩	4	—	0.03	—	0.056	0.231
彈性包裹物‡	1	—	—	—	0.131	0.131
					總直接物料成本	18.42

* 玻璃的尺寸是以呎計算，故其單位成本為美元／呎。
† 充填物是一種於兩面玻璃之間的丁基間隔物。
‡ 並非需要特別丈量，使用平均尺寸即可。

14.3 成本估算

表 14.5　新建風景窗（2呎×3呎）的標準數據（分鐘）

操作項目	操作代號	sh	sci	dh	pic	觀測時間 作業員	觀測時間 機器	作業員評比	正常時間 作業員	正常時間 機器
切割	CT	●	●	●		0.125	—	115	0.144	—
	CT	●	●	●	●	0.232	—	102	0.236	—
	CT	●	●	●	●	0.432	—	122.5	0.529	—
銑床	ML	●	●			0.305	—	125	0.381	—
鑽孔	DL	●	●	●		0.275	—	115	0.316	—
	DL				●	0.242	—	117	0.283	—
衝床	PC	●	●	●		0.145	—	115	0.167	—
	PC				●	0.208	—	122.5	0.255	—
平衡組裝	BA	●	●	●		0.757	—	120	0.908	—
強化邊框	RB	●	●	●		1.233	—	115	1.418	—
羊絨毛	WP	●	●	●		0.163	—	115	0.187	—
焊接	WD	●	●	●	●	0.767	0.717	107.5	0.825	0.717
清潔邊角	CC	●	●	●	●	1.133	—	122.5	1.388	—
	CC	●	●	●	●	0.220	2.942	100	0.220	2.942
金屬器件	HW	●	●	●		1.673	—	112.5	1.882	—
滴入釉料	DG	●	●	●	●	3.210	—	107.5	3.451	—
最終組裝	FA	●	●	●	●	3.390	—	115	3.899	—
包裝	PK	●	●	●	●	0.373	0.790	105	0.392	0.790

註：sh = 單吊窗(single-hung window)；sci = 單吊拉窗(slider single-hung window)；dh = 雙吊窗(double-hung window)，pic = 風景窗(picture window)。

表 14.6　新建風景窗（2呎×3呎）之組裝時間（分）分析

	人工單元				機械單元
程序	頂部	窗台	門窗邊框	上釉	
切割	0.529	0.529	0.529	0.236	—
壓洞	—	0.255			—
元件／框	1	1	2	4	—
部分總時間		3.315			—
焊接		0.825			0.717
邊角清潔		0.220			2.942
滴入釉料		3.451			—
最終組裝		3.899			—
包裝		0.392			0.790
總組裝時間		12.102			4.449
寬放		20%[1]			5%[2]
標準組裝時間		14.522			4.671
			總標準組裝時間		19.193

[1] 包含5%私事寬放、5%基本疲勞寬放、5%延遲寬放與5%物料處理寬放。
[2] 考慮機械不正常運轉與維修時間。

表 14.7　新建造的風景窗成本（2呎×3呎）

成本類型	分鐘	小時	比例（美元／小時）	成本（美元）
直接物料	—	—	—	18.42
直接人工	19.193	0.320	7.21	2.31
工廠費用	19.193	0.320	9.81	3.14
			總工廠成本	23.87

19.193 分鐘相當於 0.32 小時 (19.193/60) 的直接人工，如果每小時平均薪資率為 7.21 美元，則單位產出的直接人工成本為 2.31 美元；管銷費用率為直接人工成本的 136%，也就是 3.14 美元 (0.32 × 1.36 × 7.21)；此時再將直接物料成本 18.42 美元納入計算，可得知總工廠成本為 23.87 美元 (見表 14.7)。有了這項成本基礎，海絲製造公司即可以依此決定產品之售價，以獲得預期的利潤。

標準成本 (Standard costs) 必須在實際的生產作業開始之前制定完成，這些標準將用來決定產品成本、評估績效及編列預算。當生產作業開始以後，管理階層將會發現實際成本與標準成本之間可能存有**變異** (Variances)。當實際成本低於標準成本時，這些節省下來的成本可以轉換為公司的利潤；另一方面，如果實際成本的支出超過預期，那麼這種成本間的變異提供一個回饋的功能，管理者可以從中找到影響生產力的癥結。

14.4 服務工作的標準 Standards In Service Work

在過去五年的經濟衰退中，美國製造業就業機會的消失，以及服務業就業機會的大量崛起已被媒體廣泛的報導。美國勞動統計局 (2010 年) 的數據即指出美國製造業總就業人數的確由 1970 年的 25% 左右，減少至今不到 10%。然而，這只是目前一個粗略的概況，實際狀況更為複雜。從歷史上來看，在 1840 年代美國主要是農業經濟，擁有 70% 以上的勞動力。然而，自從 20 世紀初工業發展至高峰期，農業勞動比即不斷地下降。但即使如此，製造業的就業人數從未超過美國勞動力的三分之一。農業就業人數現在只佔勞動力的 2%(實際上，這個數字在過去 40 年左右均持平)。更重要的是，服務業在 19 世紀就已經超過製造業的就業人數 (Gallman and Weiss，1969)。第二次世界大戰之前，服務業的成長是因為美國變得更加富裕，並負擔得起的外食、維修、美容等服務。二戰結束後，由於機械化與電腦化，製造業的效率快速成長，甚至超過服務業。這意味著製造業的就業需求更少，而在同一時間，美國人仍然越來越富裕也活得更長，因而需要更多的服務，尤其是在醫療保健方面。由於服務業生產效率的提昇有限，而農業就業人口已極少，這意味著，它必須由製造業尋求新的人力。因此，製造業就業人數的下降和服務業就業人數的增加並不是一個短期的現象，而是已經持續了 170 年。這表示工作測量和標準，需要應用到服務業，以提高這一領域的生產力。

在前面章節中所描述的工作測量技術也一樣適用於服務業。由一個人直接觀察照顧者開始和停止的時間是典型的馬錶時間研究 (見第 8 章)。又或，對一組銀行職員的直接觀察是典型的工作抽查 (見第 12 章)。這些方法已經在許多非製造業或服務業適用得非常成功。UPS (United Parcel Service, 美國聯合包裹服務公司) 就是一個代表性的例子。該公司有超過 1,000 個工業工程師，從事司機駕駛路線的時間研究，以減少投遞包裹所花費的時間，並確保高效率和可靠的客戶服務。UPS 花費數以百萬計的美元，用

於開發更好、更有效率、更安全的方法，然後教導司機。例如：1) 半球型座椅，讓司機在每一個停靠站能更迅速地從座位上滑上和滑下；2) 在車輛後方的下降層板，可縮短步距，以便從地面更快速地進入車廂內；3) 隔板門，以便更快速地進入車內的包裹儲放處，以及 4) 以敲門取代按門鈴，以節省尋找門鈴的時間。其結果是，每天節省的一分鐘，每年共為該公司省下超過 500 萬美元。

醫療保健和社會服務

在 2010 年，美國醫療保健支出接近 2.6 兆美元，儘管近來增長速度有所放緩，然而在可見的未來，它的增長速度預計仍高於總國家收入的成長。這些費用已經造成聯邦和州政府的預算日益緊張，同時也加重了雇主和勞工在醫療保健計畫上的負擔。雖然某些費用增加的原因遠非工業工程師所能控制 (例如：慢性疾病的增加，產生越來越昂貴的醫療技術和處方藥)，其他又如醫院看診和臨床服務 (此二費用合計占美國全國總醫療費用的 51%) 愈顯重要與愈來愈普遍 (羅伯特‧伍德‧約翰遜基金會，2008)。

在醫療保健上的其中一個問題，是缺乏對病患的標準化處理程序。相較於生產線的產品組裝，患者的體型、年齡、體重，更重要的是，健康狀況是因人而異的。因此，處理每一個病患的時間會有很大的差異。先不論一般的醫療服務，就呼吸照顧程序來說，分析師需要將整個過程分解成更小和更一致的單元活動，並測量每一單元活動所需要的時間。例如，一個呼吸照顧程序可能包括五個單元活動：1) 安裝設備，2) 監測病人，3) 調整設定，4) 抽痰 (當有問題時)，5) 量測血中含氧量。即使將呼吸照顧程序拆解為 5 到 27 個 (約為前者的 5 倍) 活動，但根據每一個病人的狀態 (相對健康、普通、病得很重)，護士的工作量可短至 24 分鐘，長至 236 分鐘 (為前者的 10 倍)(見表 14.8)。

有時，時間研究和直接觀察可能不被接受 (例如，上階管理層)，或者可能不可行 (例如，醫師在手術中)。在這種情況下，需要使用修改後的方法，比如自我觀測和記錄 (見第 12.8 節和範例 14.4)，或者較不顯眼的工作抽查 (見第 12 章)。例如，有關護士花在非護理活動的時間，一直引起醫療界相當多的討論。其理由是高薪、受過良好訓練的護理人員的時間被這些活動「浪費」掉了。評估這種情況的適當方式是進行工作抽查研究。據估計，護理人員有 60% 的時間是花費在護理活動上。如果信心水

表 14.8　三個呼吸照護病人的工作量 (以分鐘為單位)

單元活動	標準時間	健康的病患 頻率	健康的病患 總時間	一般的病患 頻率	一般的病患 總時間	病得很重的病患 頻率	病得很重的病患 總時間
安裝設備	20	1	20	1	20	1	20
監測病人	1	3	3	5	5	3	3
調整設定	3	1	1	3	9	5	15
抽痰	11	0	0	4	44	9	99
量測血中含氧量	11	0	0	2	22	9	99
合計		5	24	15	108	27	236

準為 95%，誤差範圍為 ±3%，由第 12 章中的方程式 (3) 得知，要完成此研究共需要 1,024 次觀察。如果隨機抽樣時間為兩個星期，平均每天需要完成約 73 次觀察。如果在研究結束時，我們發現，65% 的護士時間都花在護理活動上，9-10% 是合理的個人休息、午餐等時間，那麼其中 25-26% 的時間，就可以做進一步的研究，以決定是否應該把這些工作分配給其他人員。

範例 14.4　服務業的工作量分析

斯特林協會 (Sterling Associate, 1999) 為華盛頓州社會福利部 (Department of Social and Health Services, DSHS) 進行一個社區服務的大型案例研究。在過去幾年社區服務的案例已經減少，DSHS 想要知道是否社會工作者、財務專家和辦公室助理的工作量是否也隨之減少了。總共有 304 名工作人員攜帶著一個類似呼叫器的裝置，該裝置會在指定的時間內隨機發出「嗡嗚聲」，屆時工作人員須在一個網站的電子表單中記錄他們正在執行的特定任務。這樣的電子表單可以快速存取、經常更新，且便於資料分析。

這項為期兩個月的研究，在 6 個不同的分區辦事處收集了 17 種不同的任務，15 個不同的計畫，共計 91,371 次觀測 (具體來說，90,385 個人員 - 小時)。假設信心水準為 99%，在最壞的情況下，p 值 $=0.5$，由第 12 章的方程式 (3) 反推，可得到

$$e = \sqrt{\frac{(2.58^2)(0.5)(0.5)}{91,371}} = 0.0043$$

因此，對於任何大約 50% 的時間內會發生的任務，所得到的準確度為 +0.41%。對於發生時間百分比更低的任務，其準確度會更好。

對於一個特定任務 (例如，案件審核) 所花費的時間計算如下。在 91,371 次觀測中，有 2,224 次為案件審核，其中 2,217 個案件於此觀測期間審核完成。因此，每個案件審核的時間為

$$時間/審核 = \frac{90,385}{2,217} \times \frac{2,224}{91,371} = 0.99 \text{小時}/審核$$

主要研究結果顯示花費在不同計畫上的時間和該計畫實際處理的案件數 (由援助類別計算而得，assistance units, AU, 所提供) 存在一個相當大的差距 (見圖 14.8)。這可能意味著人力的重新分配，可以協助各種案件處理得更好。為達成這點，一個人員需求模型隨之開發完成。雖然本研究結果存有差異，但是在不同的分區辦事處的總體結果是相似的。最後，雖然標準的制定在本研究中並沒有被強調，但整體的空閒時間 (約 4%) 是相當低的。不過，需要提醒的是，在所有自我觀察的研究中，被觀測者對於紀錄他們不在工作的情況會有所保留。

圖 14.8 援助類別與時間的比較

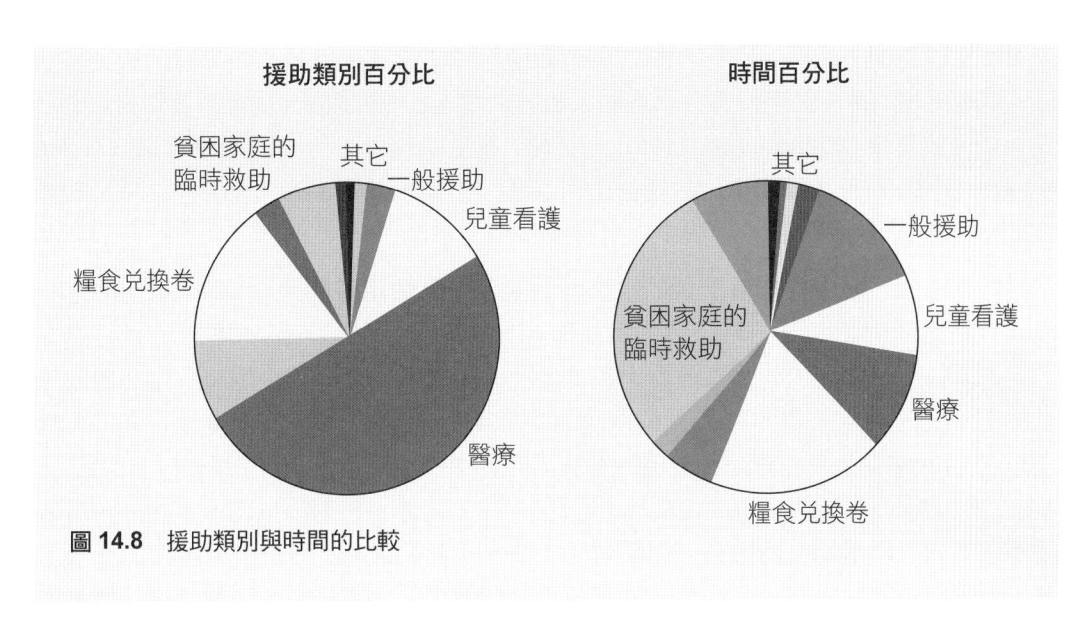

客服中心

客服中心 (CALL CENTERS) 是一個集中式的客戶服務中心，客服人員或者為自己的公司或者為客戶的公司接聽電話並協助來電者解決問題。客戶可能包括郵購公司、電話直銷、金融服務和保險公司、旅館、航空公司，或是單純地擔任各個公司的服務中心。由於這類工作大部分是外包到海外，而超過三分之二客服中心的營運成本都與人力相關。因此，客服中心非常關注營運效率。無論是時間和品質的績效衡量，都是非常重要的；惟有如此，才能確定最佳的人力資源，以使勞動成本最小化，財務回報最大化。

通話時間 (實際與客戶交談的時間) 是一個關鍵的績效衡量指標，也就是從客服人員回應電話的那一秒算起直到掛上電話那一秒為止。第二個是掛上電話後的工作時間，也就是客服人員完成處理剛剛那通電話相關工作所花的時間。這段時間的計算開始於掛上電話那一秒至另一通電話被接起為止。最後一個指標是**平均處理時間 (Average Handle Time, AHT)**，這是通話時間和掛上電話後的工作時間的總和。通常，每個客服中心對以上的每項指標都有設定的標準。例如，如果通話時間標準為 120 秒，掛上電話後的工作時間為 30 秒，則平均處理時間為 150 秒。因為，這些電話都是通過電腦系統來處理，所有的時間都會自動記錄，績效指標也因此能輕易地取得。所以不需要進行時間或工作抽查研究。

因為影響平均處理時間的因素太多，所以對這些績效指標並沒有統一的業界標準。這些因素包括：1) 來電的類型，2) 來電所涉及的問題數目，3) 處理每個問題所需要採取的回應數量，4) 每個問題的不同處理程序，5) 每個客服人員的專業和訓練程度，6) 每通來電的互動程度，和 7) 該客服中心的品質指標。舉例來說，A 公司認為自己是一個實事求是的公司，因此客戶服務達到解決問題的目的即可；而 B 公司專注於客戶服務，並希望讓客戶感到溫暖和有被照顧的感覺。為了降低成本，所以必須減少每通

來電的處理時間,從而,降低客服人員的數量並降低成本。但是,如果客戶感到被催促,或者更糟的是,甚至沒有接給客服人員,來電者可能會放棄(這會影響到另兩個績效指標,**放棄率** (abandonment rate),來電中途掛斷的百分比,和**服務水準** (service level),在特定時間內接起電話的百分比)。因此,在客服人員的數量和服務之間須取得平衡,而這樣的平衡乃由各客服中心自行定義。

另外一個客服中心人員配置的重要面向就是**人員佔用時間比** (staff occupancy),這就是總處理時間與可用時間或人員工時相比。如果佔用比太低,客服人員是空閒的。如果佔用比過高,客服人員會過於忙碌,而來電者則須在線上等待,這將導致放棄率的增加。有趣的是,在相同的服務水準下(例如,在 20 秒內,80% 的來電可接通),雙倍的來電量,並不需要雙倍的客服人員。由於來電量的增加,客服人員對工作量的比例變小而人員佔用時間比變高(見表 14.9)。此外,相對小量的人員增加可導致服務水準的大幅提升。問題是,即使理論上 20 小時的工作量可以由 20 位客服人員處理,但客戶的電話並非一通接著一通有規律的打進來。因為來電的隨機性,一些針對客服中心的等候模型已經被發展出來(例如,Erlang C)。這些模型可預測來電者的等候百分比、等候的來電量,以及相對應的服務水準(見表 14.10)。因此,一般而言,較大的客服中心因為具備規模經濟的優勢,自然會的比小的更有效率。有關客服中心的更多訊息,請參閱雷諾茲 (Reynolds, 2003)。

表 14.9　客服中心來電數量和人員配備需求

每小時來電量	工作量(以小時計)	所需的人員	人員佔用時間百分比(工作量/客服人員數)
100	8.33	12	69
200	16.67	21	79
400	33.33	39	85
800	66.67	74	90
1600	133.33	142	04

(資料來源:NAQC, 2010)

表 14.10　客服中心人員配備和服務水準

客服人員數	等候電話的百分比	等候時間(以秒計)	平均等候時間(以秒計)	服務水準(在 20 秒內被接通的百分比)
21	76	180	137	32
22	57	90	51	55
23	42	60	25	70
24	30	45	13	81
25	21	36	8	88
26	14	30	4	93
27	9	26	2	96

(資料來源:Reynolds, 2003)

總結

　　全面與定期的追蹤可以確保新方法的施行達到預期效果，這需要靠維持時間標準正常運作，以確保滿意的薪資結構。所有的標準都應該定期地檢視，以確保標準的一致性不會隨著新方法的導入而有所變動，因此持續的方法分析工作是必須的。

　　時間標準可以在企業管理的許多層面派上用場，其中又以維持工廠整體產能的成效最為顯著。若是工作效率無法量測，自然就無法加以管控，必然會導致工作效率的大幅下滑，此時人工成本會立刻大幅攀升，最終的結果就是失去市場上的競爭力。藉由建立與維持有效的標準，企業可以將直接人工成本標準化，並對整體成本進行有效的控管。

問題

1. 試分析各種制定標準時間方法的異同。
2. 有效的時間標準如何輔助理想的設施規劃？
3. 試解釋時間標準與工廠產能之間的關係。
4. 時間標準如何輔助生產過程的有效控制？
5. 如何透過時間標準達成人工成本的精確計算？
6. 為何產品品質的維持可以藉由發展時間標準達成？
7. 有效時間標準的建立對於客戶服務的改善有何影響？
8. 人工成本與工作效率的關係為何？
9. 試問如何準確預測存貨區域？
10. 如果稽核結果發現原有的標準出現 20% 的鬆動，試述修正標準的方法。
11. 時間標準的正確性與生產控制的關係為何？並說明回收遞減率 (Law of diminishing return) 在此處是否適用？
12. 試說明工廠成本包含哪些項目？其中何者曾經被方法分析師完整地管控？
13. 試以製造成本的觀點說明增加生產的效益。
14. 對於工作方法的追蹤應持續到何時才可以結束？

習題

1. XYZ 公司為增加產能，決定將工作時間由原本的兩班制 (各 8 小時) 改為三班制 (各 8 小時) 或兩班制 (各 10 小時)。每一位員工在交接班的過程中會造成 0.5 小時的產能損失，而第三班的員工會給予每小時額外 15% 的獎金；若是每天工作超過 8 小時，公司將額外給予 50% 的薪資。為了完成客戶的需求，勢必將每小時生產量提升 25%，但是在廠房空間與加工設備不足的情況下，增加第一班或第二班的作業員人數也無法達成這個目標，試問 XYZ 公司該如何採取何種措施才能達成客

戶的需求？

2. 作業員生產每一件產品的標準時間為 11.28 分鐘，銷售部門希望在來年可以售出至少 2,000 件的產品。若是由你來主導標準稽核計畫，你會在未來 12 個月中安排多少次的稽核工作？

3. 工作站有 250 名員工，以按日計酬的方式支付員工薪資，員工每小時薪資為 12.75 美元。假設一個月 (假設每個月有 21 個工作天) 的總工時為 40,000 小時，試問直接人工成本為何？

4. 多賓公司正盤算著是否應該推出改良型的產品，因此蒐集下列的數據：

    標準時間 (分鐘) = 1.00

    單位產品的直接物料成本 = 0.50 美元

    單位產品的直接人工成本 = 1.00 美元

    單位產品的間接人工成本 = 0.50 美元

    單位產品的管銷人工成本 = 0.50 美元

    固定經常費用 = 50,000 美元

    a. 試繪出主要成本與產能之間的函數關係曲線。
    b. 試繪出總成本與產能之間的函數關係曲線。
    c. 假設產品之單位售價為 3.00 美元，多賓公司必須銷售多少產品才能夠開始獲利？並將銷售數量標示在圖中。

5. 作業員以每小時 10.00 美元的速率組裝幫浦，該項作業的標準時間為 20 分鐘，每個幫浦的直接原料成本為 19.50 美元，間接人工與其他管銷費用為 5 美元／小時，而辦公費用為 2 美元／小時，試問每個幫浦的工廠費用為何？

參考文獻

Carter, W. K., and M. F. Usry. *Cost Accounting*. 12th ed. Houston: Dane Publications, 1999.

Gallman, R.E. and Weiss, T.J. "The Service Industries in the Nineteenth Century: in Production and Productivity in the Service Industries (ed. V.R. Fuchs). New York: Columbia University Press, 1969, pp. 287-352.

Lucey, T. *Costing*. New York: Continuum, 2002.

North American Quitline Consortium, NAQC Issue Paper, Call Center Metrics: Best Practices in Performance Measurement and Management to Maximize Quitline Efficiency and Quality, http://www.naquitline.org/, 2010

Reynolds, P. Call Center Staffing: The Complete Practical Guide to Workforce Management. Nashville, TN: The Call Center School Press. 2003.

Robert Wood Johnson Foundation, High and rising health care costs: Demystifying U.S. health care spending, October 2008.

Sims, E. R. *Precision Manufacturing Costing*. New York: Marcel Dekker, 1995.

15 訓練、薪資與其他管理實務
Training, Wage Payment and Other Management Practices

本章重點

- 讓員工接受適當的訓練不僅能夠減少職業傷害,還能在更短的時間內達成標準時間之要求。
- 使用學習曲線來調整新進員工的評量標準;並採取小班式教學。
- 確認並了解員工的需求。
- 工作擴大化與工作輪調的實施可避免重複性工作所造成的傷害,並進一步提升員工的自我認同。
- 依據標準設置簡單、公平之獎勵辦法。
- 保證每小時之基本薪資。
- 提供基本薪資以外之個別獎勵辦法。
- 產量、品質提升時應給予適當的獎勵。
- 避免因提升生產力而導致更多的職業傷害。

一直以來,動作與時間研究之於工業工程的重要性始終無可取代,而工業工程師也將多數的時間與精力投注於工作衡量相關的工作 (Balyeat, 1954)。然而,隨著產業技術的進步,工業工程所扮演的角色也有所轉變,而工作衡量 (如時間研究、標準數據、工作抽查等項目) 的重要性也已經不如以往,取而代之的是其他非傳統的組織工作項目 (如團隊合作、工作評量與職能訓練等)。時至今日,工業工程手法也被現代企業廣泛地應用在行銷、財務、銷售、重點管理、服務與醫療管理等領域。許多企業已經開始著手規劃相關的在職訓練課程,希望可以藉此縮短員工的學習過程,並於短時間內熟悉相關的業務;舉例來說,一項以全美 5,300 家企業為研究對象的報告指出,80% 的企業已經開始對管理幹部實施在職訓練,其中約有 42% 的課程是以講述工作特性與方法,以及精實製造為主。有鑑於此,本章將針對相關議題進行更為深入的介紹。

15.1 作業員訓練 Operator Training

訓練方法

人力是企業的主要資源之一；缺乏技能熟練的員工，生產率與品質水準勢必難以提升，對於整體的生產力也有負面的影響。因此在導入新的作業方法之前，管理階層應該先安排相關人員接受適當的教育訓練，之後才能期望相關人員達成績效標準。實施訓練計畫的主要方法包括：

在職學習 任由未受過訓練的作業員從事新的工作，可說是一種任其自生自滅 (Sink-or-swim) 的學習方式。站在公司的立場，避免舉辦在職學習似乎有助於節省經費開支，然而，此種觀點實際上並不正確。若是缺乏必要的訓練，作業員只能透過工作過程中盲目的操作以學習新的技能；但是作業員可能因此學習到錯誤的方法，以致於管理人員必須花費更多的時間才能將其導正並達成預期的生產目標。

書面教材 以書面文件簡要敘述正確的作業方法。這個方法一般適用於較為簡單的作業，或是作業員已具備足夠的專業技能，且僅需要處理細微變異的狀況。此一訓練模式的前提是作業員能夠了解撰寫書面指示所使用的語言，而且其教育程度亦足以正確地理解其中的內容；然而，隨著產業全球化趨勢的增長，企業也無法假設所有員工都具備正確閱讀書面指示的能力。

圖像化教材 合併使用靜態的圖片、照片與書面指示，被證明是非常有效的訓練工具。此種包含文字與圖像的教材也比較容易為外籍員工，或者是教育程度較低的作業員所理解。一般而言，線條畫 (Line drawings) 在顯示細部資訊、省略多餘細節，以及分解呈現上具有比照片更高的彈性；另一方面，曝光與聚焦良好的照片也有著製作與保存容易，以及更為真實等優點 (Konz and Johnson, 2000)。

錄影帶與數位影音光碟 相較之下，動態影像比靜態圖片更能夠完整地傳達作業過程中所涉及之人體動作、機械組件與工具之間的互動關係，而且錄影帶與數位影音光碟不僅成本低廉，也十分易於製作與展示。除此之外，影像媒體容許作業員自由地控制瀏覽的時間與速率，並可視需要倒轉影帶，或是重複觀看特定的操作流程。如今，相關儲存媒體還具備儲存、消除與重複錄製的功能。

實體訓練 事實證明，使用實體模型、模擬裝置或是真實設備進行複雜作業的教育訓練，可以達到最佳的學習效果。因為受訓者不但可以在真實情境下執行操作行為，還可以安全無虞地體驗緊急狀態，而且過程中所記錄的績效也可以作為訓練成果的回饋資訊。美國職業安全與衛生署的肉品包裝指導方針曾經提到，此種訓練過程可以有效地降低肉品工人因工作所造成的肌肉與骨骼不適 (OSHA, 1990)；此外，這同時也是美國肉品協會 (American Meat Institute) 在其人因工程與安全指導方針中所建議的訓練方法。

15.2 學習曲線 The Learning Curve

　　一直以來，工業工程師、人因工程學者及其他專家都致力於研究人類行為所表現出的學習與時間之相依關係。因為即使是最簡單的作業，也可能需要數小時的學習才得以熟練；換言之，作業員可能必須花費幾天，甚至是幾週的時間協調其心智與肉體，之後才能在沒有猶豫與延遲的狀態下，依序處理複雜工作中的每一個操作單元。所謂的學習曲線 (Learning curve)，就是這段期間內的學習水準與時間的關係，圖 15.1 即為一典型的學習曲線範例。

　　一旦作業員的學習過程到達曲線中的平坦區段，分析師就很容易對其績效作出評量。然而，分析師可能無法在有限時間內發展出完整的評量標準，因此分析師有時必須在學習階段的初期，也就是學習曲線斜率最大的時候樹立標準。

　　若是現有的學習曲線可以真實地呈現各類型工作的執行狀況，不僅有助於及時地設立標準，還能於合格作業員完成數個成品後，提出期望生產力的建議水準。

　　透過對數的使用，分析師可以將學習曲線的資料線性化，並使之更容易被理解與使用。舉例來說，如果將圖 15.1 的相依變數 (週程時間) 與獨立變數 (週程次數) 數據取對數後繪製成圖，則兩者之間的關係就會從曲線轉化為如圖 15.2 所示之直線。根據學習曲線的假設，每當生產數量增加 1 倍的時候，單位生產時間就會穩定地減少幾個百分比；假設分析師預期的學習率為 80%，那麼當產量倍增時，單位生產時間之平均值就會減少 20%。從表 15.1 中可以得知，週程時間會隨著週程次數的增加而遞減；同理，如果週程次數持續地倍增，則單位生產時間的縮減幅度最終將可望達到 80%。我們也可以從圖 15.1 與圖 15.2 得到類似的結論。一般而言，大型或是精密組裝作業

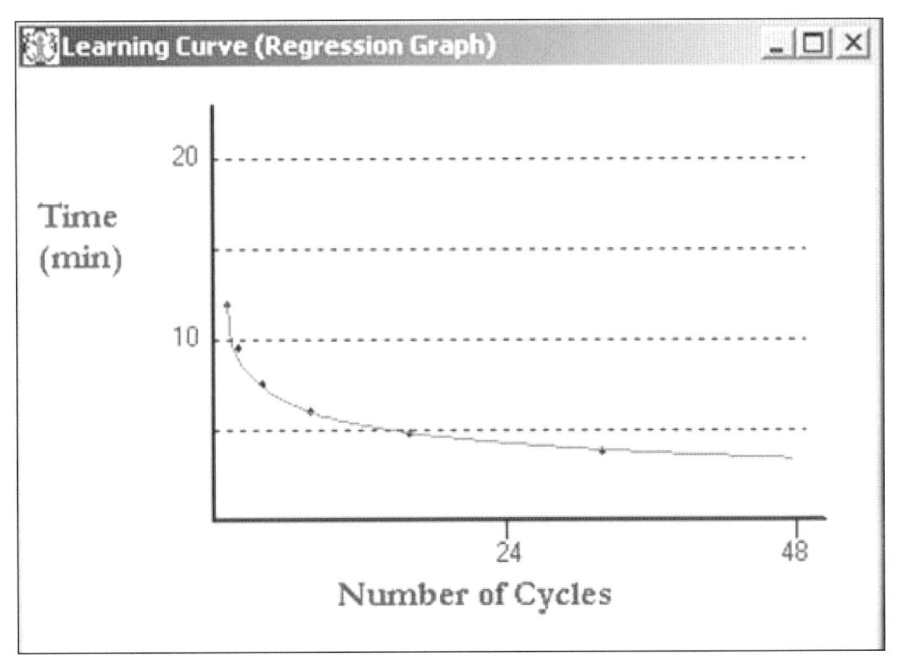

圖 15.1　典型的學習曲線。

表 15.1　學習資料之表列格式

週程次數	週程時間（分鐘）	與先前工時之比值
1	12.00	—
2	9.60	80
4	7.68	80
8	6.14	80
16	4.92	80
32	3.93	80

(如飛機之組裝) 的學習率約為 70% 至 80%、焊接作業為 80% 至 90%，而機械加工則是 90% 至 95%。人工作業的最大學習率為 70%，如果學習率為 100%，代表該項作業屬於完全自動化的操作，因此作業過程中將不會發生任何的學習行為。

在引用如圖 15.2 的線性圖形時，學習曲線是以次元曲線 $y = kx^n$ 的形式展現。將相依變數與獨立變數之數據取對數後，其曲線方程式如下：

$$\log_{10} y = \log_{10} k + n \times \log_{10} x$$

其中　y = 週程時間
　　　x = 週程次數或是生產數量
　　　n = 對數代表之斜率
　　　k = 第一次週程時間之值

根據定義，學習百分比等於：

$$\frac{k(2x)^n}{kx^n} = 2^n$$

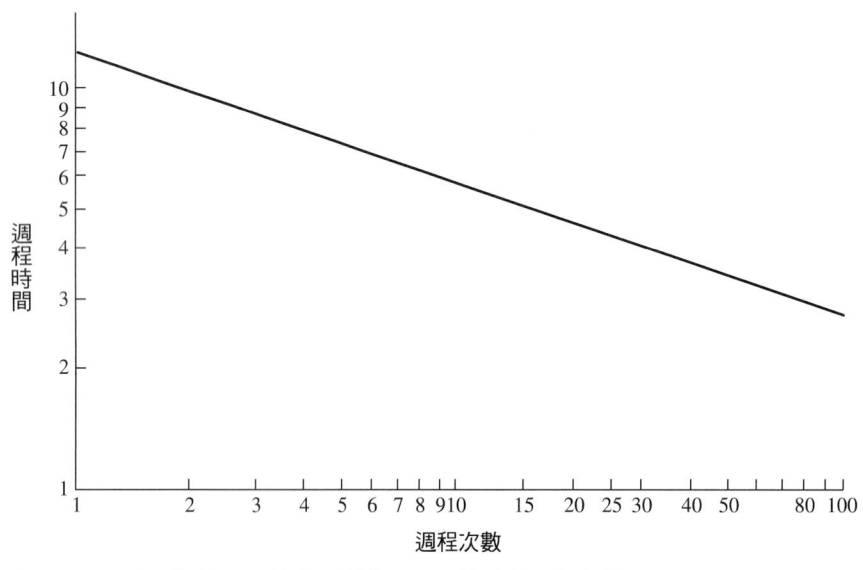

圖 15.2　以產量加倍、週程時間縮減 20% 所估計之週程次數。

對等號兩邊同時取對數：

$$n = \frac{\log_{10}(\text{學習百分比})}{\log_{10} 2}$$

學習百分比為 80% 時：

$$n = \frac{\log_{10} 0.80}{\log_{10} 2} = \frac{-0.0969}{0.301} = -0.322$$

此外，學習曲線之斜率也可以求得 n 值：

$$n = \frac{\Delta y}{\Delta x} = \frac{\log_{10} y_1 - \log_{10} y_2}{\log_{10} x_1 - \log_{10} x_2} = \frac{\log_{10} 12 - \log_{10} 4.92}{\log_{10} 1 - \log_{10} 16} = -0.322$$

當 k 等於 12 時，學習曲線之最終方程式為：

$$y = 12x^{-0.322}$$

表 15.2 則是將一般學習曲線之斜率以學習百分比之函式表達。範例 15.1 將有助於讀者熟悉學習曲線之應用。

表 15.2　學習曲線斜率與學習百分比之相關性

學習百分比	斜率
70	-0.514
75	-0.415
80	-0.322
85	-0.234
90	-0.152
95	-0.074

範例 15.1　學習曲線之計算

假設作業員必須花費 20 分鐘完成第 50 件產品，隨後又花了 15 分鐘完成第 100 件產品，試問該名作業員之學習曲線為何？

$$n = \frac{\Delta y}{\Delta x} = \frac{\log_{10} 20 - \log_{10} 15}{\log_{10} 50 - \log_{10} 100} = \frac{1.301 - 1.176}{1.699 - 2.000} = -0.4152$$

學習曲線百分比 (Learning curve percentage) 為：

$$2^{-0.4152} = 75\%$$

將該名作業員之學習曲線上某一點的資料，如 (20, 50)，代入以上的方程式，即可求得 k 值：

$$k = y/x^n = 20/50^{-0.4152} = 101.5$$

因此，根據上述之分析結果，第 1 件產品的組裝作業需時約 101.5 分鐘，而非標準數據與預定時間系統所預估的 10 分鐘。

分析師的下一步驟是決定該名作業員必須經過多少個工作週程，才能夠在指定的時間內完成產品之組裝。舉例來說，如果標準時間為 10 分鐘，那麼將 $y = 10$ 代入學習方程式，接著對等號的兩邊同時取對數，就可以解出 x：

$$10 = 101.5\, x^{-0.4152}$$
$$\log_{10}(10/101.5) = -0.4152 \log_{10} x$$
$$\log_{10} x = (-1.006)/(-0.4152) = 2.423$$
$$x = 10^{2.423} = 264.8 \approx 265 \text{ 工作週程（取四捨五入值）}$$

根據以上的計算結果，該名作業員必須經過 265 個工作週程才能達成標準時間之要求。

接下來，分析師希望知道該名作業員必須花費多少時間來完成上述之 265 個工作週程。換言之，也就是以積分方式計算學習曲線的面積：

$$總時間 = \int_{x_1 - 1/2}^{x_2 + 1/2} kx^n dx = k[(x_2 + {}^1\!/_2)^{n+1} - (x_1 - {}^1\!/_2)^{n+1}]/(n+1)$$
$$= 101.5(265.5^{0.5848} - 0.5^{0.5848})/0.5848 = 4{,}424 \text{ 分鐘}$$

根據計算結果，該名作業員必須花費 4,424 分鐘，相當於 73.7 小時的時間才能達成標準時間 10 分鐘的要求；而該名作業員之平均週程時間為 4,424/265=16.7 分鐘。

接下來，本章將針對兩個學習曲線模型作更進一步的介紹。首先，**克勞福模型 (Crawford model)**(Crawford, 1944) 認為學習效果之提升乃是由特定的單位所貢獻，所以亦稱為**單位模型 (Unit model)**。另一方面，以航空業為主要應用範疇的萊特模型 (Wright model)(Wright, 1936) 則有著完全不同的假設，該模型認為累計平均單位才是產生學習效果的源頭，所以又稱為**累計平均模型 (Cumulative average model)**；根據此種假設，累計平均值勢必會大於生產第 n 個單位所花費的單位成本，但是隨著產出單位的增加，其結果將會與克勞福模型趨近於一致。部分分析師認為克勞福模型比較實用，這是由於萊特模型的假設可能會抹滅了個人差異對於學習效果的影響。

如果作業員因故而中斷了學習過程，那麼該名作業員是否會因此而忘記了先前已經習得的技能呢？這是一個相當有趣的問題，而這個問題的答案則是肯定的；這種學習效果衰退的現象一般稱為**鬆懈 (Remission)**(Hancock and Bayha, 1982)。鬆懈程度是作業員學習中斷時位於學習曲線位置之函式，其近似值可以藉由連接第一個週程時間與標準時間的直線來加以推斷 (如圖 15.3)，其方程式為：

$$y = k + \frac{(k-s)(x-1)}{(1-x_s)}$$

其中　s = 標準時間
　　　x_s = 標準時間之週程次數

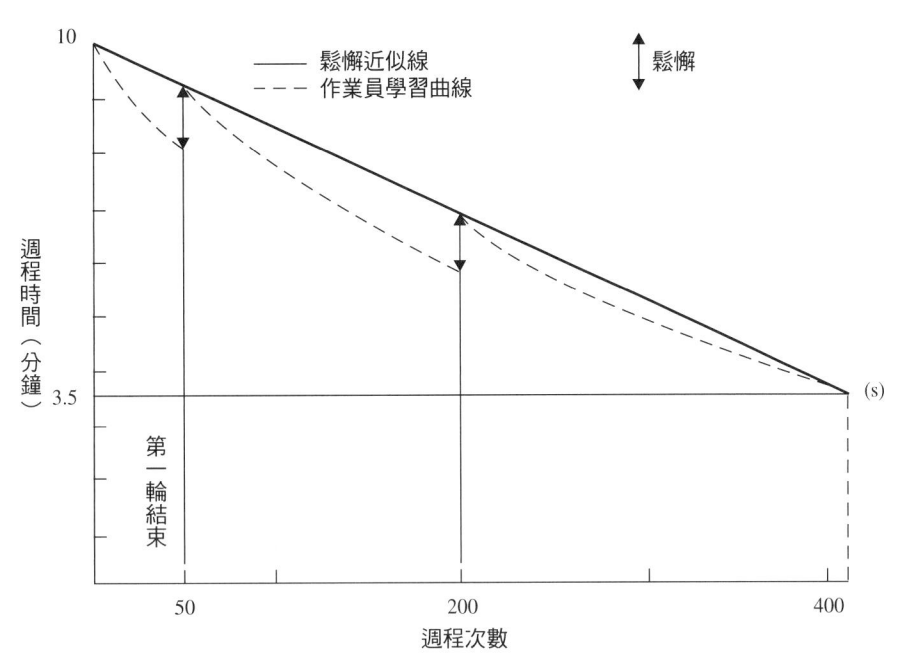

图 15.3　作業員學習之緩遲效應。
(資料來源：Hancock and Bayha, 1982，經 John Wiley & Sons, Inc. 允許複製。)

　　如果產品的製造數量不多，那麼分析師所擁有的標準數據與學習曲線資訊，將有助於預估第一個單位以及後續單位的完成時間。一般而言，若是作業員的學習進度已經到達學習曲線的平坦部分，則該員的作業績效就會成為制定標準數據之依據。因此分析師應給予標準數據適度的寬放，以確保在產量偏低的狀況下，作業員依舊有足夠的時間來完成作業。舉例來說，假設分析師希望得知完成第一個產品所需要的時間，而分析標準數據所得的建議作業時間為 1.47 小時；依據前述的標準數據取得時機，建議作業時間相當於作業員完成第 n 個單位所需的週程時間，也就是其學習曲線開始趨近於平坦的時候。假設 n = 300 個單位，由於該名作業員曾經從事類似的工作，因此分析師期望此作業的學習率為 95%。參照表 15.2，當學習率等於 95% 時，指數 n 以斜率表示等於 –0.074。因此，第一個週程時間之值 k 等於：

$$k = 1.47/300^{-0.074} = 2.24 \text{ 小時}$$

15.2　鬆懈的學習曲線之計算

承範例 15.1，假設該名作業員在完成了 50 個週程的操作之後休息兩個星期，則下列的鬆懈公式可用於計算該員從事第 51 個操作週程所需的時間：

$$y = 101.5 + \frac{(101.5 - 10)(51 - 1)}{1 - 265} = 84.17$$

如果學習過程沒有任何中斷，則該作業員的第 51 個週程之操作時間為：

$$y = 101.5x^{-0.4152} = 101.5 \times 51^{-0.4152} = 19.84$$

> 由此可知，鬆懈所造成的週程時間損失為 84.17–19.84 = 64.33 分鐘。此時必須以 k = 84.17 重新計算該員之學習曲線；換言之，該作業員所從事之第 51 個週程操作就是全新學習曲線 ($y = 84.17x^{-0.4152}$) 的第 1 個週程。

因此分析師會依據單位產品之週程時間，即 2.24 小時來進行成本估算，而非標準數據計算所得的 1.47 小時。

許多因素會影響人類的學習，而工作複雜度則是其中一項十分重要的因素。如果工作週程時間愈長，操作的不確定性以及連續動作的發生機率也相對提高，此種趨勢將導致作業員必須接受更多的訓練才能夠執行該項作業。除此之外，個人的能力也會對學習造成一定程度的影響，如年齡（學習率會隨年齡衰退）、先前的訓練與體能等。

15.3 員工與動機 Employees and Motivation

員工反應

工業工程師必須從心理學與社會學的角度，試圖理解員工對於方法、標準與薪資的反應及看法，尤其應該注意以下三個特性：

1. 多數人都不喜歡改變現狀。
2. 追求工作保障。
3. 容易受到同儕團體之影響。

大多數的員工都會不自覺地抗拒工作型態與工作環境的改變，且此一趨勢並不會因為員工所擔任的職務而有所差異；人類的心理因素則是導致此一現象的主要原因。第一，因為對現狀有所不滿，所以才需要做出改變；然而，沒有人喜歡別人評斷自己的工作績效與方法，所以一旦工業工程師提出任何改善方案，一般人的立即反應就是抗拒任何改變。

第二，人類傾向於被習慣所支配，一旦習慣已經養成就很難再予以導正，而且其他有著相同習慣的員工會對某個努力改變現況的人產生不滿的情緒。

第三，尋求工作與職位的保障是人類的天性，同時也是一種自我保護的本能。事實上，安全感與自我保護之間確實有著緊密的關聯，它們也組成馬斯洛的需求層級金字塔 (Maslo'w hierarchy of human needs) 的第二個層級。大多數員工在選擇工作的時候，需要工作安全感更甚於高薪資所得。

第四，對於所有的員工而言，任何方法與標準的改變也意味著必須付出更多的努力以提升生產力。一般而言，員工對於提高生產力的立即反應就是單位產出時間的縮減；所以一旦市場需求下降，工作機會也將相對減少。

管理階層的誠意則是維持工作安全感的主要因素。如果工作方法的改善造成部分員工被調職、撤換，那麼管理階層就必須誠摯地重新定位這些已經被調職、撤換的員

工，而再一次的職能訓練將有助於他們適應嶄新的工作內容。一些公司甚至向員工保證，工作方法的改善與實施絕對不會導致任何聘僱關係的改變。由於基層勞工的流動率通常高於改善率，而離職與退休等自然的人力資源損耗，通常可以抵補推動改善方案所造成的人員撤換問題。

第五，群聚社會對於「個人的行為舉止要符合團體」之要求，也會阻礙改善行動的實施。一般而言，如果作業員是工會的成員之一，他會覺得自身被賦予抵抗管理階層推動改善的責任；最終，該名作業員將會抵制任何經過方法與標準評估所產生的改變。此外，排斥不屬於同一個團體的「外人」則是另一個阻礙改善行動的因素。企業的本質其實就是另一種形式的團體，只是其內部還包含數個子團體，個別的團體會對基本的社會法律作出反應。由一個團體外的人所提出的改變通常會受到公然的敵視；由於員工與子團體內所有成員的凝聚力遠大於分析師的影響力，以致於抵銷了分析師改善團體績效標準所做的一切努力。

馬斯洛的需求層級金字塔

壓力、需求與回報等心理因素對於員工的生產力有著舉足輕重的影響，一般而言，員工所期望的工作條件不外乎是最低的壓力，以及最高的報酬(錢多事少)。馬斯洛於 1970 年將這些需求量化、比較之後，最終堆疊成一個如圖 15.4 的金字塔。如圖所示，員工在尋求更高層級的報酬之前，必須先滿足如生活、食物、飲水與健康等的

圖 15.4　馬斯洛的需求層級金字塔。

生理需求 (Physiological needs)；因此該層級中的工作動機可能是足夠的薪資所得與其他財務方面的報酬。

在滿足了員工的生理需求之後，第二個層級，也就是**安全的需求 (Safety needs)** 便顯得極為重要；安全的需求包含心理與生理層面的安全感。舉例來說，安全需求最簡單的形式就是避免在工作中受到生理傷害；另一方面，找到一個不會虐待與過分要求員工的好主管則是一種比較複雜的安全需求類型。由於許多企業紛紛在 1990 年代末期進行人事精簡，因此安全的需求就同時包含工作安全感與年資權利兩個項目。

第三個層級是**社會需求 (Social needs)**，其中包含同儕間的關注、友誼、社交歸屬，以及有意義的關係。第四個層級則是**自尊的需求 (Self-esteem needs)**，員工會努力工作以展現工作能力與績效，以期能滿足其自尊心，或是成就自我的目標與期望。

第五個層級則是**自我實現 (Self-fulfillment)**，同時也是金字塔的頂端。此時員工已經滿足了所有的需求，他們不僅自尊心已經獲得滿足，也達成自我實現。所謂的自我實現可能因為個人差異而有所不同；有些人可能會滿足於日復一日地從事相同的工作，而其他人則努力發展自己的事業。

工業工程師可能會好奇馬斯洛金字塔在工廠實務管理中所扮演的角色，以及如何滿足員工在各個階段的需求。為了滿足員工的生理需求，管理階層可能會採行的管理模式為「要求員工必須達成預定的生產配額，同時不可以違反任何安全規定」；上述的策略或許可以滿足員工最基本的生理需求，然而類似的強制命令或作業規範卻極可能對勞資關係的和諧造成傷害。相較之下，透過獎勵計畫來刺激員工的工作動機則是比較正面的方法，此種以誘因提升動機的方法也是正向誘導 (Positive reinforcement) 最簡單的形式。只要給予足夠的財務誘因，許多員工都十分樂意從事較為乏味、且生產流程較為緊湊的工作。如果員工無法從工作中得到滿足，那麼額外的報酬也可以提升員工對於工作的滿足感。不幸的是，由於社會福利與所得稅賦的提升，額外收入並沒有太多實質上的意義，因此工業工程師必須設法將員工的需求提升到馬斯洛金字塔的另一個層級。

第二個層級牽涉到安全或保障的需求。由於企業普遍希望裁撤多餘人力以精簡人事成本，因此維持總體的工作保障是滿足此層級需求的首要課題。在許多國家的傳統文化裡，員工終其一生都在同一家公司服務，此種情形在日本十分常見；然而美國的就業人口平均每五、六年就換一次工作，因此多數美國人的職業生涯都曾經從事六至七個工作。綜觀上述，企業或許能夠在固定年限內保障與員工之聘僱關係。特殊的工作實務法規、對於不安全的機器進行物理防護，或是舉辦安全競賽等措施，都可以改善整體的安全與工作趨勢。

第三個層級則是社會需求，處於此需求階段的員工會試圖在其所屬的社會系統中尋找「歸屬感」。在職場上，這代表該名員工與同儕、主管間的互動良好，甚至有機會參與人因工程或是安全會議，此類型組織常見於日本企業的品管圈；在德國與瑞典，則分別有所謂的 Betriebsrat 與 Arbetsgrupper 等團體，來支援員工與管理階層談判以處理不公平的待遇。

第四個層級的員工將致力於追求自尊的提升；更有挑戰性的工作、擔負更多的責任及多樣化的工作內容，都具有提升員工自尊的效果。**工作擴大化** (Job enlargement) 的目的在於將工作內容水平延展，以提升工作的多變性。與其整天反覆從事相同的螺絲栓緊作業，員工可能更期待完成整個產品的組裝作業；這不僅可以提高員工的責任感，也可以使員工在作業中交互使用各種關節與肌肉，如此一來，工作壓力也能平均分散在身體的各個部位，以降低累積性傷害的風險。**工作豐富化** (Job enrichment) 與工作擴大化十分相似，差別僅在於工作豐富化是將工作內容垂直延展，讓員工可以從過程開始到結束都能參與其中。透過工作豐富化，可以避免將所有無聊的工作都集中在同一個人身上，同時員工也有機會被授權決策並轉換工作的內容。**工作輪調** (Job rotation) 與工作擴大化的相似之處在於員工有機會從事不同的作業，同時還能遵守嚴格的時程。工作輪調可以將工作壓力差異化，使得疲憊的肌肉與身體部位得以回復，此種效果與工作豐富化有著異曲同工之妙。

富豪汽車方法

工作擴大化、工作豐富化、工作輪調與工作群組等概念於 1960 年代在瑞典首次被提出，這些概念使得曠職、罷工及員工的不滿情緒都大為增加。為了應付員工的情緒而必須採取劇烈的改變，因此富豪汽車 (Volvo) 在總裁 Pehr Gyllenhammer 的指示之下提出了革命性的計畫，並依循此一概念於 1974 年在 Kalmar 建造一座全新的自動化組裝工廠；該工廠不再使用傳統的輸送帶，而是以自動導引車負責汽車組裝過程中的物料搬運工作，自動導引車透過安裝在地板下的電子系統導航，其行程都是由中央電腦所控制，但是員工隨時可以取得系統的控制權。此外，在工作組織上也有一個劇烈的改變，員工必須參與和組成工作群組，群組的成員必須接收與審查訂單，並在期限之前指派群組成員完成指定的工作。此外，群組的成員必須查核自己的工作成果與撰寫書面文件；並於每日工作結束之前舉行簡短的會議，討論當天的工作進度與異常處理。群組內工作擴大化的最高程度是其組員會參與 25% 的汽車組裝作業。

Kalmar 的設計從一開始就很成功，因為工作變得更有意義，而且工人也被賦予更多的責任。曠職與勞工流動率因而大幅降低，更能達到成本與生產目標。由於 Kalmar 的成功，富豪汽車於 Uddevalla 與 Torslunda 所開設的新廠也導入了此一概念；不幸的是，由於市場轉移與銷售成績的巨幅衰退，富豪汽車最終還是關閉了 Kalmar 與 Uddevalla 的廠房；其中 Uddevalla 廠於 1997 年再度重新開啟，用以生產新型的跑車。

值得注意的是，工作擴大化、工作豐富化與工作輪調這三種工作改組的過程，在富豪汽車實施的結果都十分良好。雖然週程時間因此增加幾個小時，卻有效地減少身體任何一個肢體，或是一系列肌肉的重複性動作。

第五個層級，也就是馬斯洛金字塔的最高層級；企業經營者會期望員工能夠將其自身奉獻給公司，但是這種想法可能不適用於日本以外的任何大規模企業。另一方面，小型且尚處於草創階段的公司，其經營者以及部分較為親密的同事可能會將大多數時間都投注在公司的營運；此時，公司與工作會真正成為一個人的自我實現。

動機

Herzberg 於 1966 年根據一項針對 12 個不同組織，總數約 1,500 名員工所實施的工作滿意度調查，提出一個相當有趣的**動機－維護理論** (Motivation-maintenance theory)。他發現每個人都有兩個不同面向的基本需求，當員工對工作不滿時，大多數人會歸咎於不滿意的工作環境；不過，當員工對工作感到滿意時，這些員工卻會歸因於工作本身的內容。

Herzberg 將環境因素，包括經營管理、監督、工作條件、薪資與人際關係等歸類為**保健／外在因子** (Extrinsic factors)；而將成就、認同、責任與晉升等潛在的滿足因子或動機稱為**激勵／內在因子** (Intrinsic factors)。根據 Herzberg 的研究顯示，保健／外在因子的存在對工作滿意度僅具些微正面的效果，但缺少它卻會造成極強的不滿情緒，並導致極大的負面感覺；反之，激勵／內在因子的存在則有助於提升員工的工作滿意度與生產力。因此，如何最大化員工的激勵／內在因子，並同時減少保健／外在因子的負面影響，一直是管理人員最感興趣的課題。

工作豐富化是激發內在因子最有效的方法；相反地，工作簡化則可以導致截然不同的結果。依據工作方法與動作經濟原則，工業工程師的目標就是使工作簡化，因為簡單、重複的工作需要較少的學習，而且員工彼此之間也可以互相支援與取代。這種作業方法的目的在於讓人類的動作能像機械一般穩定，因此特別適合應用於需要大量組裝工作的產業類型。然而，員工並不是機器，而且此種單調的工作環境可能會讓他們感到厭煩與不滿，導致曠職率與離職率居高不下。更有甚者，近期的統計結果指出，日漸增加的工作壓力將會導致累積性傷害持續加重；因此企業在增加重複性工作以節省成本的同時，卻必須為此種作業模式所造成的累積性傷害付出更高的成本。

Herzberg 也從實驗結果中發現，不同群組之間會存在一些有趣的差異。依據公司內員工族群的組成，這種差異也可以成為企業經營的優勢。例如，年輕員工比較不重視工作安全感，且對於組織獎勵系統的滿意度較高，而中高齡員工則正好相反；另一方面，高學歷、高所得的員工會比較偏好內在的獎勵，但是教育程度較低、所得較低與較年長的員工則重視外在獎勵更甚於內在獎勵。

15.4 人員互動 Human Interactions

員工在工作場所的互動是維持工作倫理與生產力的重要因素。因此本章將會針對下列兩個與人應對的方法作進一步的論述，分別是交易分析與卡內基方法。

交易分析

交易分析 (Transactional analysis) 是由 Berne 於 1964 年所提出，這個理論的組成包含以下四個元素：(1) 自我狀態；(2) 交易；(3) 撫摸與頓足；(4) 較為複雜的遊戲與生活型態。**自我狀態** (Ego states) 可以再細分為三種類型；無論何時，我們都可以發現這三種自我狀態各自以不同的程度存在於每個人的內心。**父母自我狀態** (Parent ego state) 係指從權威人士 (雙親) 身上所習得之態度與價值觀，「這真是一個愚蠢的錯誤」則為其典型的交易語言。**成人自我狀態** (Adult ego state) 則是依據邏輯分析事實，並作

出合理的決策與結論,所以經常會作出「讓我們一起來解決這個問題」之類的陳述。**兒童自我狀態** (Child ego state) 因為具有三種不同的表現形式,因而顯得較為複雜。首先,天真 (Naive) 狀態會促使人們做出類似「喔!我不知道這件事」的反應;而適應 (Adaptive) 則是依據社交狀態建立一種待人接物的規範,例如,「尊重老年人」;最後的操作 (Manipulative) 會假裝受到傷害以逃避不愉快的人事物,例如,「假裝感冒而不去學校」。

自我狀態之互動會以**交易** (Transactions) 的形式呈現,參與交易的成員可以同時從三種不同的自我狀態接收與發送訊息。如果參與交易的成員都是以相同層級的自我狀態 (如成人對成人) 進行訊息的接收與發送,此種交易稱為**互補** (Complementary),能夠產生正面且成功的訊息交換 (如圖 15.5);另一方面,如果參與交易的雙方分別處於父母與兒童狀態 (如圖 15.6),交易的溝通效果可能不會像同一層級的交易那樣明顯,但依然具有互補的效果。

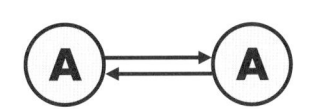

生管經理:
「碾磨站需要恢復到正常速率。」

生產線領班:
「是的,我將會到現場處理這個問題。」

圖 15.5　互補式交易:成人對成人──此訊息被適當地傳達與接收。
(資料來源:Berne, 1964.)

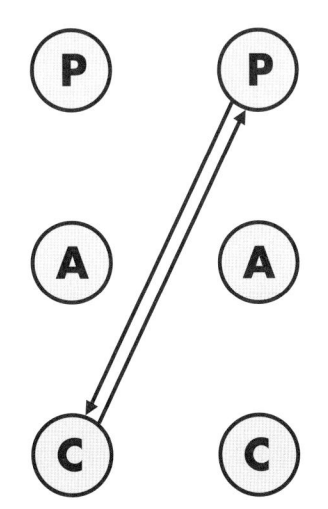

生管經理(臉部顯現憂慮表情):
「我在想你是否能夠將碾磨站恢復到正常速率。」

生產線領班(儼然施恩似的語調):
「您不必擔心,我會去處理這個問題。」

圖 15.6　互補式交易:父母對兒童──此訊息的傳遞與接收效果不及成人對成人般的互補式交易,但仍然是有用的。
(資料來源:Berne, 1964.)

第 15 章　訓練、薪資與其他管理實務

　　如果雙方的自我狀態導致訊息的接收與發送無法產生交集的時候，即稱為**交錯的交易 (Crossed transaction)** (如圖 15.7)，此種交易通常會導致憤怒與敵意的感覺。**隱密的交易 (Ulterior transaction)** 表面上看來十分合理，但是交易背後所隱藏的涵義會形成一個遊戲的基礎 (如圖 15.8)。依據本章所提供的範例，生管經理表面上是以成人對成人的形式與生產線領班進行溝通，而實際上卻是以父母對兒童的形式進行交易。這可能是一位生產線領班希望被對待的方式；如果不是的話，生管經理就不應該對下屬批評他「無視員工的心聲」這件事感到驚訝。

　　與馬斯洛金字塔第四個層級的自尊需求相同，交易分析的焦點在於每一個人都需要某種形式的認同，這種需求可能會從兒童時期開始並一直持續到成年。認同能夠以

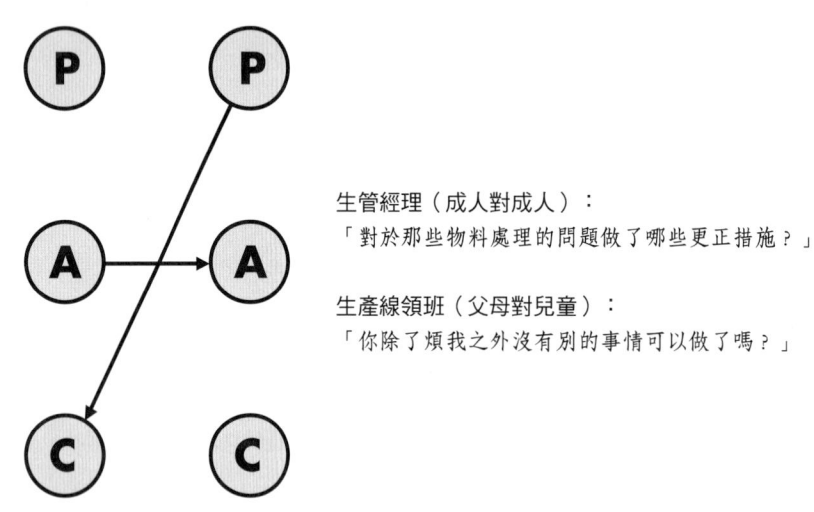

生管經理（成人對成人）：
「對於那些物料處理的問題做了哪些更正措施？」

生產線領班（父母對兒童）：
「你除了煩我之外沒有別的事情可以做了嗎？」

圖 15.7　交錯的交易──可能導致氣憤與敵意。
(資料來源：Berne, 1964.)

生管經理（表面上是成人對成人的交易）：
「我會找出是什麼問題導致機械故障，並且向你回報。」

但，實際上是想著：
「好吧！我會去檢查然後回報給你啦！」

作業員聽到的是謙遜的語調，並視其為父母對兒童的交易。

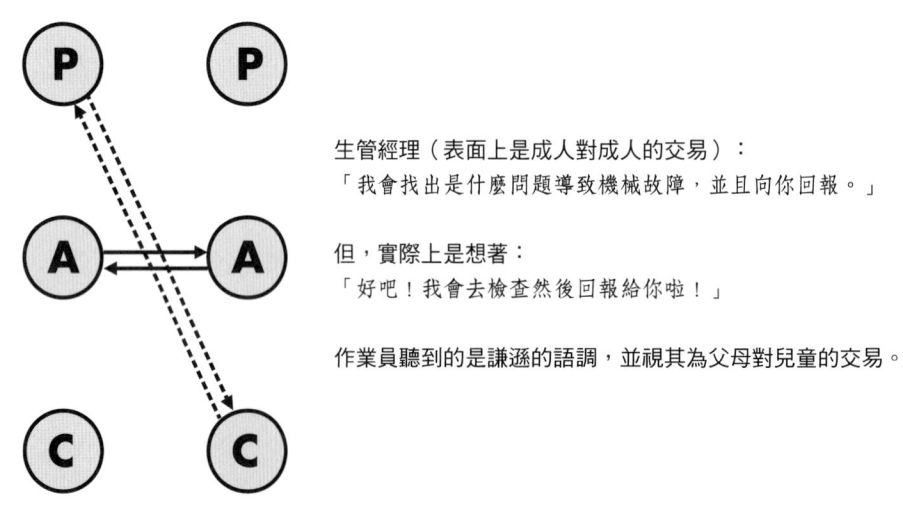

圖 15.8　隱密的交易──雖然此法似乎是符合邏輯的，但其背後卻隱藏某種涵義與偏見。
(資料來源：Berne, 1964.)

正面或是負面的形式發生，**正面的認同** (Positive strokes) 包括對於他人智能、熱心、同情心等優良屬性的賞識；**負面的認同** (Negative strokes) 則大多是起因於對方的負面態度，如欺騙與自滿。正面的認同如「你的表現不錯」，會使一個人的心理健康；而負面的認同則容易使人產生好鬥的情緒，並對周遭環境感到悲觀。如果兒童時期承受過度負面的認同 (挑剔)，其效果可能會持續到成年，並使之不斷地尋求能夠引發同情心與依賴性的交易，以致於其中有些人將會極度渴望他人的正面認同。

複雜的交易過程會以習慣、消遣與遊戲的形式呈現。習慣就是最簡單的文化聯繫，例如，簡單的早安問候「嗨！近來如何？」；消遣則是較為複雜的互動，例如，與朋友談論工作、運動等社交行為；遊戲是最複雜的互動形式，因為遊戲不僅代表個人生活中的私密行為，也可能導致在工作上做出危險 (Accident-prone) 的行為 (一個小孩尋求寬恕)。

一般來說，為了與員工培養更良好的互動關係，工業工程師與管理者應該對於交易分析有基本的了解。從父母、兒童自我轉換到成人自我時，應避免產生複雜的遊戲，「是的，但是」(yes, but) 這種交易模式因為參與者之一的動機不明，而減弱了交易成果的有效性。一旦所有的改善方案都被當事人以「是的，但是」這種方式拒絕時，管理階層就應該適時地轉換角色，改用父母對兒童的模式完成此一交易。透過「沒錯，這的確有困難……那麼你打算如何處理呢？」轉換為成人對成人的交易，就可以讓遊戲短路並直接進入問題的核心。換言之，處理交錯的交易之最佳方式就是轉換自我心態，雖然父母對兒童的交易模式比較不具成效，但至少勝過一個完全沒有交集的溝通過程。許多公司內部總是存在著一個「不幸的人」(Calamity Jane or Joe)，無論設備停機或是工具損毀都一定與他有關，這些人可能從兒童時期到長大成人都一直在追求負面印象與寬恕。類似「我接受指派你工作的責任」的成人交易模式雖然可以終止這個遊戲，但同時也可能樹立一個敵人；另一個方法是認可對方所成就的優良事蹟，然後以正面的印象來中和負面的印象 (如對方的工作績效在一般水準以上，或是高品質的產出等) (Denton, 1982)。

綜觀上述，工業工程師應該安排時間與作業員進行會談，藉此了解他們的想法與反應。如果作業員能夠成為團隊的一份子，這個工作就會進行得比較順利；然而，他們的加入必須是受到邀請，且出於自身的意願，而不是被管理階層所指派。身為實際的工作執行者，作業員比任何人都更為貼近實際的作業環境，因而十分了解與該項作業之細節有關的專業知識，而工業工程師應該試圖理解、尊重與善用這些知識。如果作業員所提出的改善方案頗具實用價值，就應以感謝的心情接受提案；反之，如果改善方案無法適用於現況，就應給予作業員一個完整的解釋，以說明其提案未被採納的理由。無論何時，分析師都應該設身處地替員工設想，並以員工可能喜歡的方式對待他們。親切、謙恭、愉快、尊重、堅毅等人格特質則是完成此項工作的必要條件；簡而言之，黃金守則必須加以實現。

卡內基方法

讓他人喜歡自己，影響他人的想法，甚至是改變他人，戴爾‧卡內基 (Dale Carnegie) 於 1936 年將這些與人互動的方法發展成為一系列的訓練課程，如今相關的課程依然廣受社會大眾的歡迎。卡內基方法的原理與想法摘要於表 15.3。

表 15.3　卡內基方法

與人應對的基本技巧
1. 與其挑剔他人，不如試著了解他們。
2. 任何人都希望被別人重視。試著找出他人的優點，並以誠實而不諂媚的態度誠摯地欣賞這些優點。
3. 任何人都會對其自身的需求感興趣，因此與之談話的重點應圍繞著對方的需求，以及該如何滿足其需求。

讓別人喜歡你的六種方法
1. 真誠地對他人的一切感到興趣。
2. 微笑。
3. 記住他人的名字，因為名字對每一個人而言是語言中最甜美也最重要的聲音。
4. 作一個良好的傾聽者，這樣可以鼓勵他人多說一些與其自身相關的事。
5. 談話的內容必須切合對方的興趣。
6. 真誠地讓他人感覺受到重視。

讓他人以你的方式思考的十二種方法
1. 取得論點的最佳方法就是避免談論它。
2. 尊重其他人的意見；絕不告訴任何人他們的想法、作法是錯誤的。
3. 如果自己有錯，就應該明快地承認。
4. 以友善的方式開始溝通。
5. 儘快讓他人說出「是」。
6. 讓他人覺得想法是由他所提出的。
7. 讓他人踴躍發言。
8. 誠摯地以他人的觀點來看待事情。
9. 同情他人的意見與渴望。
10. 訴諸更為高尚的動機。
11. 戲劇化地表現自己的想法。
12. 拋棄挑戰。

在沒有冒犯與引起憤怒的狀況下改變他人的九種方法
1. 一開始就給予他人誠摯的讚賞。
2. 以非直接的方法提醒他人的錯誤。
3. 在挑剔他人之前，先講述自己的錯誤。
4. 以問題取代直接的命令。
5. 讓他人能夠保留顏面。
6. 即使是最不起眼的改善也應予以讚賞，對每一個改善也應予以讚賞。
7. 為他人留下良好的名聲。
8. 透過鼓勵，使得錯誤修正看起來不那麼困難。
9. 讓他人能夠高興地執行你所建議的工作。

15.5 溝通 Communications

如同中階管理人員一般，與人互動占用工業工程師絕大多數的工作時間。即使改善方案的實施必須花費高昂的成本，良好的溝通能力將有助於相關措施之推廣與實施。Denton 於 1982 年將溝通區分為五種基本的形式，分別是：(1) 言語 (Verbal)；(2) 非言語 (Non-verbal)；(3) 一對一 (One to one)；(4) 小團體 (Small group)；與 (5) 廣大的聽眾 (Large audience)。

言語溝通

　　文字是十分有效的言語溝通媒介，而且文字的涵義也非常重要。每當「安全」(Safety) 或「人因工程」(Human factors) 這些可能隱含善待員工，或是放慢生產等涵義的字眼出現時，「生產」這個詞就顯得十分強勢。名字 (及其家族成員的名字) 對個人的重要性不言而喻，因此管理者應該知道員工的名字 (以及該名員工的部分背景)，方能激發不同的話題使得彼此的交談更具意義。

　　然而，有些字詞在不同情境下有其特定的意義。隨著工作場所的多元化，一個人的無心之語卻極有可能造成聽者的誤解，這是使用語言溝通時必須小心的。

　　管理階層不應將事情單純地區分為好與壞、安全與不安全，因為簡單的二分法對於事件的闡述過於極端，導致一般人都把注意力都集中於發掘彼此之間的差異，而忽略了其中的共通性。

非言語溝通

　　根據研究指出，多數 (50% 以上) 與感覺相關的訊息，會透過聲音特徵、臉部表情與肢體語言等非言語的方式傳達。以聲音特徵而言，一段迅速簡潔的演說可以表現出情緒的亢奮，而速度緩慢又不時停頓的說話方式則代表著情緒的低落；非言語的溝通過程也可以透過臉部表情與肢體語言完成，例如，以點頭表示對他人談話內容之重視、挑起的眉毛表示驚喜、持續的眼神接觸象徵著信任、手臂交叉或是緊握拳頭意味著強烈的防禦心態、兩腿交叉則代表優越感或是缺乏參與感等。

　　除此之外，人與人之間的溝通也可能會受到其他因素所影響。以個人周圍空間的多寡為例，因為人們會試圖維持自身周圍空間的開放，所以過度的接近雖然有助於提高溝通互動的層級，卻容易造成對方不舒服的感覺。

一對一溝通

　　一對一或是兩人之間的溝通模式，經常發生於管理者與作業員進行面對面溝通的情況。此種溝通的目的大多是希望了解彼此的目標是否一致，其中一人可能會尋求對方能夠認可他所提出的意見，並提出當下可行的解決方案。此時詢問者就必須採用一些足以激發動機的手法，如引導式詢問或是閉鎖式詢問，以取得期望的解決方案。引導式詢問是先提出問題，再導引出某種領域的答案；閉鎖式詢問則是透過閉鎖式的問題，也就是答詢對象只能回答「是」、「否」等有限的答覆，以試圖引出一些承諾或是討論。

　　不幸的是，此種談話方式依然有可能發生衝突。如果彼此了解對方的目標，卻又不可能創造雙贏的局面，也就是必定會有一方的利益受到損害的時候，雙方的衝突就此產生；此時應該先將後續的討論予以延遲，直到雙方都已經冷靜下來，並找出一個比較合理的解決方案為止。假性衝突 (Pseudoconflicts) 是肇因於無效的溝通，而且只有在提出正確的資料以及誤會消除時才能散去；自我衝突 (Ego conflicts) 則是最糟的衝突形式，詳細內容請參照前述的交易分析 (Berne, 1964)。

小團體

　　小團體溝通的討論重點大多是為了解決目前所面臨的難題。這些問題可能十分複雜，因此獨自一人不太可能提供完整的解決方案；讓一群人共同處理一個問題是比較合理的方法。小組討論包含更為廣泛的資訊與意見，因此不僅可以中和極端的個人判斷，還能藉由整體的判斷改善決策的正確性。但是有得必有失，因為參與小組討論的人員較多，所以討論過程勢必會花費不少時間；而欠缺協調、動機不佳、個人衝突等經常發生於團體成員中的事件，極有可能會造成該團體無法達成被賦予的任務。因此，如何有效地組織與管理小團體是至為重要的課題。

　　小團體的溝通過程必須遵循最基本的問題處理程序(如魚骨圖)。換言之，團體成員必須確認問題、分析細節，再發展出不同的想法，並從中選出特定的想法作後續的討論；在審慎評估各個方案的利弊得失之後，最後再選擇其中一個方案，並將其推銷至主管部門與相關單位。為了改善此一過程，團體的領導者必須能夠存取所有的資訊，並鼓勵成員建立互信。嚴謹與適當的計畫也十分重要，就如同特殊的互動技巧可以增進整個溝通過程的有效性。

促進共識　積極參與、提升自尊、使用開放式問題、發言前先彙整之前的討論，並於下一個議題開始前先將當前討論之優點與缺點進行摘要；上述的作為都有助於促進小組成員達成一致的共識。

角色扮演　藉由呈現適當的情境與事件，角色扮演可以強化團體的問題解決能力。此後亦可伴隨具深度參與討論的**漫談團體** (Buzz group)，並透過一名成員快速記錄團體討論的想法。此一方式有助於引出**腦力激盪** (Brainstorming) 的過程。腦力激盪的基本條件為：(1) 鼓勵成員提出任何想法，不論想法如何地荒誕；(2) 想法愈多愈好；(3) 任何想法都不會受到批判 (有時無法立即發現想法可能造成的貢獻) (4) 鼓勵團體成員整合，或是根據過去的構思發展出新的想法。一般而言，成員有 10 分鐘的時間針對每一個想法的優點與缺點進行討論，最後再依據方案的可行性進行排名。接下來，小組成員就開始進行潛在解決方案的表決過程，得票數最高的幾個方案將會被更進一步地審視，然後再進行下一輪的表決；此一過程會不斷地重複，直到剩下最佳的方案為止 (Denton, 1982)。

品管圈　日本於 1963 年提出成立**品管圈** (Quality circle) 的構想，其目的在於透過一個由 8 至 10 人所組成的小團體來協助解決品質管制的問題。品管圈的組成必須包含來自各個部門的人員，因此其成員包含作業員、工程師與管理階層。這些自願者除了接受統計製程品質管制手法的特殊訓練外，也會在每個月舉行一至二次的會議。在圈長的帶領下，品管圈會選定一個造成產品瑕疵而又有潛在解決方案的問題，並運用帕列多分析與魚骨圖 (第 2 章) 等手法來鑑別可能導致品質瑕疵的問題與因素；接著提出如流程改善、設計變更等建議解決方案，並試圖將其付諸實施。由此可知，品管圈的一切作為必須以管理階層的合作為前提 (Konz and Johnson, 2000)。

人因工程團隊　人因工程團隊可以說是品管圈的邏輯延伸，其目的在於解決美國

企業員工肌肉與骨骼損傷比率過高的狀況。典型的人因工程團隊包含各個領域的成員，如人因工程專家 (一個或一群)、工業工程師、安全專家、醫療人員 (一般是工廠的護士)、數名作業員、工會成員，甚至是高階管理代表；這個團隊通常每個月集會一至二次，並依循類似品管圈的作業模式，先找出問題成因，再提出解決方案。根據本書作者之經驗，許多企業，不論是自動化生產的大型企業，抑或員工少於 500 人的小型企業，都曾因為人因工程團隊的運作而得到極大的效益。

廣大的聽眾

相較之下，工業工程師與中階管理人員提供資訊給大型團體的機會較少，但是本章不擬在此進行相關論點的敘述。因為已有其他文獻探討如何透過簡報或是其他有效的傳遞手法，將大量資訊傳遞給廣大的聽眾。

勞工關係

每一個企業經營者都十分重視勞工與管理關係的協調。工作衡量的實行過程若是沒有考慮到人的因素，其效益就會大打折扣。因此管理階層應致力於營造合適的環境，以促使員工達成企業的經營目標。

為了深入了解工作衡量與勞工關係之間的關聯，分析師必須先了解工會的目標。基本上，工會運作的主旨在於確保其成員能夠享有較高的薪資待遇、縮減每週工時、提升社會與其他福利、改善工作環境與保障工作權等。然而，有組織的勞工通常會要求管理階層對該部門的整體薪資做幾個百分比的調漲，而不是依據工作績效給予少數人較高的薪資作為獎勵。因此管理階層期望透過工作衡量數據來強調員工個別能力的差異，並藉此瓦解員工的團結。

近年來，全球化使得製造業的競爭愈來愈激烈，許多企業紛紛以僱用外籍勞工或是零組件外包等方式來降低成本，所以資產與設備的流動率也日益增高；這些改變使得工會逐漸喪失以往所享有的權力。因此工會在為其成員爭取薪資福利的過程中，已經不再使用較具攻擊性的抗爭手段，取而代之的則是溫和理性的勞資協商。相較於提高整體薪資，工會必須使所有人得到公平的報酬 (考量員工的技能難度與產出品質)。事實上，工會已經造就了許多成功的案例。

時至今日，許多工會已開始培養其專屬的工作衡量人員。雖然在多數案例中，這些人並沒有參與標準工時的制定過程；而是被雇用來查核標準工時，並對員工提出說明。事實證明企業對於工會成員的時間研究訓練十分成功，使得方法、標準與薪資系統在導入與維護時有更良好的合作氣氛，此一過程也提供一個讓企業與工會成員進行聯合訓練的機會；工會代表不但因此精進了評估手法，還可以針對特殊案例作深入的技術性討論。

15.6 現代管理實務 Modern Management Practices

精實製造

所謂的精實製造，就是採用類似本書前幾個章節所提出的方法，建構一個緊湊且高效率的生產流程，並鼓勵員工積極主動地參與；而豐田生產系統 (Toyota Production System, TPS) 就是其中的佼佼者。1973 年石油禁運影響餘波盪漾，豐田汽車為了消除浪費而提出豐田生產系統的構想；跟隨著科學管理的泰勒系統與福特公司高產量裝配線的腳步，豐田生產系統的主要目的在於改善生產力與降低成本。然而，豐田生產系統對於成本的概念更為廣闊，其目標不僅在於生產成本的管控，還包含銷售、管理與投資成本。豐田公司認為盲目地仿效福特公司所建構的大量生產系統將會十分危險，因為此種生產體系僅適用於市場持續擴張的階段；一旦市場需求成長趨緩，就應該把注意力集中於減少浪費、降低成本與增加效率。在美國，這種方法被稱為**精實製造** (Lean manufacturing)。

豐田生產系統特別強調以下七種類型的**浪費** (Muda) (Shingo, 1981)：(1) 過度生產；(2) 等待下一步驟；(3) 不必要的運輸；(4) 不適當的處理；(5) 過多存貨；(6) 不必要的動作；(7) 有瑕疵的產品。這些項目與本書第 2 章、第 3 章所討論的操作分析及方法研究十分相似。舉例來說，流程程序圖可以找出潛在的等待與運輸浪費，隨後再藉由設施規劃與物料搬運等分析手法將其消除或是改善。過度的製程處理係指作業員及設備所進行的加工作業對於產品僅有些微的加值效果；讀者可以追溯操作分析 (請參照第 3 章) 所提出的三個基本問題。多餘動作 (Wasted motion) 是吉爾柏瑞斯動作研究的精要，最終也成為工作設計與動作經濟原則；多餘動作也包含作業員的毛動作，更有效率的工作站與設施布置可以減少毛動作所造成的浪費。而生產過剩 (Overproduction) 與存貨 (Inventory) 浪費，其主因是依據常識判斷額外存貨與物料搬運之需求，導致物料在倉庫中無謂的移入與移出，間接造成照明、暖氣與維修成本的增加。最後，瑕疵品所導致的浪費相當可觀，因此重工的過程勢必會造成人員與設備的浪費。精實製造的重點並不是在尋找大量生產所能夠接受的品質水準，而是著眼於及時生產 (Just-in-time production) 的概念，因此毫無瑕疵的零組件是落實精實製造的先決條件。

豐田生產系統的要點尚有：(1) 系列 (Keiretsu)，一套十分受歡迎的供應商系統，其目的在於準時提供品質良好的零組件；(2) 防呆系統 (Poke-yoke)，預防品質管控錯誤系統；(3) 及時 (Just-in-time, JIT) 生產相關的自動化 (Jidoka) 與主動式瑕疵品管制，例如，避免單一的瑕疵品中斷其他良品的後續製程；(4) 看板系統 (Kanban system)，一張記錄生產資訊的標籤將會伴隨產品走完整個製造流程，以維繫及時生產的運作；(5) 彈性調配的工作人力，如因應市場需求來調配員工的數量；(6) 改善 (Kaizen) 或是 持續改進的活動 (Imai, 1986)；(7) 尊重員工，以及彙整「創意思考」的員工提案系統。

及時生產屬於一種**拉動式** (Pull system) 的生產控制系統，其需求源自於下游的工作站；另一方面，**推動式系統** (Push system) 則是持續不斷地生產，完全不考慮後續

作業的需求，使得等候時間與生產瓶頸大幅增加。快速換模 (Single-minute exchange of die, SMED) 是及時生產的另一個必要元素，快速換模是由 Shingo 於 1981 年所提出之一系列手法，其目的在於縮短機械轉換生產的時間至 10 分鐘以內；其長程目標則是生產轉換完全不需要花費任何時間；換言之，轉換生產是立即發生的，而且不會對後續工作流程造成任何形式的影響。

為了消弭浪費，並藉由井然有序的工作場所與一致的工作方法來尋求產能的最佳化，應運而生的是所謂 5S 系統。該系統的五大支柱是：(1) 整理 (Sort)；(2) 整頓 (Set in order)；(3) 清掃 (Shine)；(4) 清潔 (標準化)(Standardize)；(5) 維護 (Sustain)。「整理」著重去蕪存菁，只留有用的項目在工作場所。「整頓」則將這些必要的項目依序排放，使其好找好用。「清掃」將確保這些井然有序的項目與環境乾淨。一旦前三大支柱完成後，這些工作場所與工具項目的維持有賴「清潔 (標準化)」。最後，「維護」則確保整體 5S 能成為常規性活動。

豐田生產系統的建置為豐田汽車帶來極大的效益，因此其應用範圍也逐漸擴展到豐田的小型供應商，如 Showa (Womack and Jones, 1996)。若讀者希望對豐田生產系統有更進一步的了解，可以參考 Shingo (1981)、Imai (1986)、Ohno (1988) 的原著；同時也可以參考 Monden (1993)、Womack 與 Jones (1996) 的著作。

全面品質

每個人都能夠了解品質的概念，卻很難給予一個精確的定義。以外出用餐為例，每個人會依據食物的口感、服務是否敏捷與周到、價格、環境等因素來評斷餐廳的品質，這些影響品質的因子則可以從產品與客戶滿意這兩個概念來加以闡述；簡而言之，也就是產品與服務是否超出或是符合客戶所期望的品質水準？除此之外，品質水準會持續地改變，因此必須以**持續改善** (Continuous improvement) 計畫維持品質水準的穩定。**全面品質** (Total quality) 的概念則更為廣泛，除了產品的品質以外，其他如程序、材料、環境與人的品質也都是全面品質關注的焦點。

全面品質運動與工作衡量可說是**泰勒科學管理原則** (Principles of Scientific Management) 的延伸；第二次世界大戰對美國、日本工業的衝擊則影響其後續的發展；戰爭期間，美國企業重視交期更甚於品質，此種經營模式也運作良好直到戰爭結束；而日本企業已經被迫與世界上其他的企業競爭市場，過去二十年所強調的產品品質則是其唯一的競爭手段。

戴明 (W. E. Deming)、裘蘭 (J. M. Juran) 與費根堡 (A. V. Feigenbaum) 這三個人的理論造就了日本持續推動品質改進與品管圈的努力。第二次世界大戰期間，戴明於美國所進行的研究使他成為日本工業的顧問，同時也使得企業的最高管理階層認同統計方法與品質概念都是提升企業競爭的利器。提起戴明，一般人就會想到他所提出的十四個要點 (見表 15.4)，以及由日本科學家與工程師工會 (Japanese Union of Scientists and Engineers) 所成立的戴明品質獎。

表 15.4　戴明的十四個要點

1. 為產品與服務改善設立固定的目標,以便在業界提供工作與維持競爭力。
2. 吸收新的理論,管理階層必須意識到新經濟時代將面臨的挑戰,並學習應負的責任與領導眾人適應變革。
3. 不要再依靠檢驗來維持品質,而是從一開始就把品質因素列入考量。
4. 不要再接受低價位的合約。
5. 持續地改善生產與服務系統,藉以改進生產力與品質,並不斷地降低成本。
6. 舉辦工作訓練。
7. 建立領導權,領導的目的在於協助人類與科技更為密切地合作。
8. 消除恐懼,則每一個人的工作將更為有效。
9. 打破各部門間的屏障,讓所有人工作起來就如同一個團隊。
10. 消除專為工作人員所設立的口號、告誡與目標,因為它們只會製造敵對關係。
11. 用領導代替工作配額與目標管理。
12. 移除讓員工對產品感到驕傲的障礙。
13. 舉辦豐富的教育與自我改善計畫。
14. 轉換每個人的工作,使其有機會從事不同內容的工作。

表 15.5　裘蘭的品質改善十大步驟

1. 對於改善的需求與改善的機會有所認知。
2. 為改善制訂目標。
3. 建立組織以符合已經制訂的目標。
4. 提供訓練。
5. 完成有助於問題處理的專案。
6. 報告進度。
7. 給予認可。
8. 溝通成果。
9. 維持成果。
10. 將改善融入公司正常系統以維持衝力。

　　裘蘭是統計品質管制的創始者之一,他最有名的著作 *Quality Control Handbook* 也是該領域的標準參考書 (Juran, 1951)。「管理突破」(Managerial breakthroughs) 所提出的十個改善品質的步驟 (見表 15.5),則是裘蘭哲學組織與完成改善的依據。

　　費根堡是首位將品質管制計畫推廣到整個企業的人,其著作 *Total Quality Control* 在 1950 年代被日本廣泛地應用。全面品管的概念直到 1980 年代與 1990 年代初期才被美國企業以下列的名稱所接受,如**全面品質管理** (Total quality management, TQM)、**全面品質保證** (Total quality assurance, TQA);或是公司企業所賦予的特殊計畫名稱,如摩托羅拉的六標準差 (Six Sigma)。

　　簡而言之,全面品質 (Total quality, TQ) 的目的在於持續不斷地改善產品、服務、人員、製程與環境品質,以最大化企業競爭力;全面品質的主要元素包含企業對於品質的明確策略,甚至是沉迷,其動力源自於顧客對於產品、服務是否滿意。全面品質包含科學方法、員工參與 (尤其是團隊合作)、教育訓練、長期承諾與目標統合,完成此一過程並不容易,而且必須持續地推行以達到改善。除此之外,具備較佳的生命週期成本概念以降低成本、改善後的產品與製程設計,以及生產過程中更優良的製程控制,都是全面品管成功的要素。如果想要知道更多與全面品質及其規劃要素相關的資訊,可以參考 Goetsch 與 Davis 於 1997 年的著作。

ISO 9000

全面品質的一個重要面向就是 ISO 9000 的認證。ISO 9000 (或者也稱為 ISO 9001，為最新的標準) 是一套在世界各地使用的品質管理標準，由國際標準組織 (International Standards Organization, ISO, www.iso.org) 所制定。通過 ISO 9000 的認證，代表一個公司其所提供的產品及／或服務在一定品質標準下的穩定性，此有利於確保該公司在全球市場的競爭力。這對於跨國企業或希望為客戶提供國際標準等級的產品／服務的公司，尤其重要。更具體地說，透過這個認證程序可使一個公司的營運效率更高，減少浪費，提高客戶滿意度，增加員工的積極性、對全面品質的認知和士氣，同時確保一個更好的工作環境 (Goetsch and Davis, 2001; Evans and Lindsay, 2009)。

目前共有四個 ISO 標準：ISO 9000:2008 品質管理，ISO 9001：2008 品質管理系統需求，ISO 9004:2009 企業永續經營管理，和 ISO 19011:2011 審查管理系統的準則 (www.iso.org)。ISO 本身並不針對公司作認證。對公司的認證是由不同的審查機構或政府組織來進行。在美國，這樣的認證程序是由美國國家標準局 (National Standards Institute) 與美國品質學會 (American Society for Quality Control) 成員所組成的註冊認證委員會 (Registration Accreditation Board) 來進行；然而這個私人的自願組織並無法像其他國家由政府機構來執行，那樣地具公信力。

ISO 9000 認證的主要構成要素，包括：1) 由管理階層針對業務、行銷計劃和客戶需求所制定的品質政策宣言，2) 全體員工均須遵循此品質政策，並訂定量化的工作目標，3) 品質系須定期進行稽核和評估，以確保其有效性，4) 記錄必須包含原始資料的取得方式以及出處，使產品和問題可追溯到源頭，5) 客戶需求以及與客戶溝通的方式 (包括：產品資訊、訂單、客戶回饋和投訴) 由公司所決定，6) 針對新產品的開發，由公司自行定義所需的開發階段與相應的檢測和記錄，以判斷其是否符合設計規範、法規和客戶需求，7) 公司定期透過稽核來作績效檢討，以處理已知和潛在的問題，並決定現有品質系統是否仍適用，還是需要改進，8) 公司須針對所有程序予以記錄，包括現有的和潛在的不符合事項。

15.7 薪資獎勵計畫之實施 Wage Incentive Plan Implementation

大多數已經實施員工薪資獎勵計畫之企業，都認為該計畫的持續推行有其必要性，因為獎勵計畫有下列優點：(1) 增加生產率；(2) 降低整體單位成本；(3) 降低監督費用；(4) 增加員工收入。在實施薪資獎勵計畫之前，管理階層必須先將工作方法標準化，使有效的工作績效測量得以進行。如果作業員各自以其獨特的方法進行相同的作業，或是組裝程序尚未標準化，則該組織不宜貿然實施薪資獎勵計畫。工作評價之實施，有助於區隔各個工作等級在技巧、效率與責任上之差異，而管理者即可經由完善的工作評價計畫建立各項作業的基本薪資水準。

最後，實施薪資獎勵制度之前，務必先訂定相關的績效標準，而且標準的制定絕對不能依據個人的主觀判斷或過去的歷史紀錄。換言之，分析師應該透過時間研究、

預定時間系統、標準數據與公式或工作抽查,以取得正確可靠的薪資評量標準。一旦上述的先決條件均已滿足,而且管理階層也已經批准了薪資獎勵制度所需的額外經費之後,分析師即可開始著手薪資獎勵系統之設計。

15.8 薪資獎勵計畫之設計 Wage Incentive Plan Design

為了確保薪資獎勵計畫的成功,計畫內容必須公平地對待資方與勞方。對於熟悉操作程序且努力工作的作業員而言,他們應該有機會獲得基本薪資以外的獎勵,獎勵的額度約為基本薪資的 20% 至 35% 左右。除了公平以外,簡單易懂也是獎勵計畫所應具備的重要條件之一;簡易的計畫容易為各個部門所理解,當然也比較容易得到相關人員的認同。

獎勵計畫應保障經由工作評價所訂立的基本薪資水準;如果員工的工作績效已經超出標準,就應該依據該名員工的產出水準給付適當的報酬,以避免員工因沮喪而影響後續的產出。為了讓員工了解努力一定能夠得到適當的回報,薪資表應詳細列舉基本薪資和額外獎勵的收入。此外,建議的作法是以額外的表格列舉該名員工前一個支薪期間的工作效率指標,該員工之工作效率指標即為當期之標準產出工時與實際工作時數之比值。

15.9 薪資獎勵計畫之管理 Wage Incentive System Administration

薪資獎勵計畫實施以後,管理階層必須擔負起監督的責任。如果工作方法、設備有所變動,管理階層也應該行使改變標準的權利;除此之外,企業也應該保障員工提出建議之權利,並於變更標準之前詳細審視員工之建言是否合理,但是應該避免在標準上作出妥協,以免導致計畫推行失敗。

薪資獎勵計畫必須予以適當之維護,因此資方必須讓所有員工了解獎勵計畫之運作方式與更動細節。常用之方法乃是發給每位員工一本「作業指導」手冊,手冊上詳細說明與獎勵計畫相關的公司政策,並透過實際案例說明相關的細節。此外,工作手冊中也應對工作的分類依據、時間標準、評比程序、津貼、抱怨及異常事件處理程序作詳細說明;最後,企業的經營目標與員工在此一階段中所扮演的角色也應於手冊中予以闡述。

積極的工作氣氛必定伴隨著正式的獎勵計畫。首先,管理人員所扮演的是一個從旁輔助的角色,而不是一個指揮者;換言之,管理階層的任務在於協助員工發揮最佳的生產力。

第二,企業必須明定其經營目標,再將目標向下展開,使之成為各個部門、工作站與員工的工作目標。目標之設定必須實際可行,也應該設置用以衡量目標完成度的量化指標,如此員工才能夠得知目前工作進度與預定目標之間的差距。

第三,建立定期的資訊回饋機制,以便彰顯員工的工作成果,並說明員工的努力對於企業經營目標的達成有著正面的助益。第四,精心設計每一個工作環境,使員工

易於掌控其工作內容。責任感是激發動機之主要來源，更多與動機理論和方法相關的論述可參考本章先前的論述。

獎勵計畫之管理人員應每日查核績效過低與過高的人員，以找出影響工作績效的真正原因。從管理人員的角度來看，績效不彰將導致公司財務上的損失(因為實施保障基本薪資)，亦可能造成員工的不安與不滿；另一方面，過於優異的績效極有可能是標準太過寬鬆之徵兆，也有可能是方法改善後卻沒有重新制定標準所造成的結果。另外，過於鬆散的績效標準將無法忠實反應員工的付出與努力，也容易造成員工的不滿，進而導致獎勵計畫的失敗。舉例來說，如果作業員的績效評比機制十分寬鬆，他們通常會限制自己的每日產出量，以避免管理人員調整評比基準。員工自限其產出對公司與員工都是一種浪費，也容易招來同儕的不滿；因為其他同儕會認為該名員工所從事的是一個相當輕鬆的工作 (Soft job)。

獎勵計畫之適用範圍應包含大多數的員工；如果僅有少部分的員工可以達到獎勵標準，那麼薪資差異將會造成員工之間的不和諧。然而，能夠列入獎勵計畫的工作項目必須具備以下的條件：

1. 工作標準、績效可被準確地衡量。
2. 足夠的工作量，使得獎勵員工計畫之實施有其經濟效益。
3. 衡量工作績效並不需要高昂的成本。

管理薪資獎勵計畫的基本原則在於經常性地調整標準以適應工作的改變。不論工作方法的變動多麼細微，都應詳細查核標準是否需要進一步的調整。數個細微的方法改善同時作用就可以產生顯著的時間差異，若不適時調整標準資料將導致過評比標準過為寬鬆。

有效管理的員工獎勵計畫需要持續地降低直接人工的非生產時間。除了額定的寬放時間以外，所謂的非生產時間係指因機器故障、物料短缺、工具磨損等原因所導致的延遲，以及所有無法歸類為寬放項目的長時間作業中斷。管理人員必須密切注意這些被稱為「藍標時間」(Blue ticket time) 或「額外寬放時間」(Extra allowance time) 的非生產時間，因為其結果將會導致獎勵計畫之失敗。

因為獎勵計畫的實施，生產績效將會出現顯著的提升；因此管理人員必須縝密地管控原物料存量，以避免發生原物料短缺的情形。此外，管理人員亦應導入預防性的維護作業，以確保機器及工具能夠負擔連續性的生產作業。消耗性工具之管理與原物料的管控一樣重要，因為任何工具的短缺勢必將造成生產的延遲。

精準計算各個工作站的生產數量是獎勵計畫成功的關鍵。雖然產出的計算是作業員的工作之一，但管理階層也應該制定相關的措施，以免生產資料遭到竄改。如果作業員當班的產出數量不多，生產線主管可於作業員完成數量之計算以後，再次覆核其數量是否正確；然而，如果產出的數量極大，就應該使用適當大小的箱子來存放產品(每箱可容納 10 件、20 件，甚至是 50 件產品)，此種作業模式可以有效地減少作業員與生產線主管計算產出時所遭遇的困擾。

基本上，資方實施獎勵計畫之目的在於提升生產力。只要獎勵計畫有著完善的規劃與良好的維護，作業員的獎勵收入應該相當穩定。另一方面，如果員工的激勵獎金有逐年上升之趨勢，就代表現行的獎勵計畫尚有缺陷；舉例來說，如果員工的獎勵收入從 10 年前的 17% 持續增加至 40% 的水準，那麼造成此種差異的原因通常與生產力之提升無關，而是導因於過度寬鬆的時間標準。

表 15.6 是以檢核表的方式逐項列出良好的員工獎勵計畫所應該具備的基本原則。

表 15.6　良好獎勵員工計畫檢核表

	是	否
1. 對於一般原則，主管與員工是否取得一致的認同？	☐	☐
2. 是否存在完善的工作評估與薪資架構？	☐	☐
3. 是否存在個別、群組或整體之獎勵員工計畫？	☐	☐
a. 個別獎勵所占之比重是否最多？	☐	☐
4. 給予之獎勵是否與員工之產出成正比？	☐	☐
5. 獎勵計畫是否簡單易懂？	☐	☐
6. 品質是否為獎勵的要素之一？	☐	☐
7. 設置獎勵制度之前，方法是否已經獲得改善？	☐	☐
8. 獎勵機制是否依據已被證實之手法？		
a. 是否依據詳細的時間研究？	☐	☐
b. 是否依據基本動作數據或預定時間系統？	☐	☐
c. 是否依據標準數據或公式？	☐	☐
9. 是否依據正常狀態下之標準績效建立標準？	☐	☐
10. 標準是否會隨著作業方法而有所變動？	☐	☐
a. 是否取得管理與員工代表之同意？	☐	☐
11. 是否盡量減少暫時性標準？	☐	☐
12. 是否保障每小時之基本薪資率？	☐	☐
13. 是否對於間接人工設置獎勵制度？	☐	☐
14. 是否保留製造產出、未測量工作、裝配與停工時間之準確紀錄？	☐	☐
15. 是否維持良好的人際關係？	☐	☐

表 15.7　獎勵員工計畫失敗之常見原因

	百分比
計畫有缺陷	**41.5**
欠佳之標準	11.0
直接生產工作之獎勵太低	8.6
收入受到限制	7.0
缺乏間接人工之激勵	6.8
缺乏監督人員之激勵	6.1
薪資計算公式過於複雜	2.0
不適當之人際關係	**32.5**
主管之訓練不足	6.9
無法保證標準之正確性	5.7
沒有要求合理之每日工作量	5.0
與工會妥協後的標準	4.8
計畫未被完全了解	4.1
缺乏高階管理人員之支持	3.6
作業員之訓練不足	2.4
管理欠佳	**26.0**
方法改善並未和標準配合	7.8
錯誤之基本薪資率	5.1
欠佳之管理，例如，欠佳之抱怨處理程序	4.9
欠佳之生產計畫	3.2
激勵之組織太大	2.8
欠佳之品質管制	2.2

獎勵員工計畫失敗的原因

如果獎勵計畫的維護費用超過生產力提升所能帶來的收益，管理階層就應該終止該項計畫。一份問卷調查 (Britton, 1953) (請參見表 15.7) 的結果指出，粗劣的獎勵原則、不良的人際關係與不當的管理，都會導致企業在實施獎勵計畫的過程中花費過多不必要的成本，進而造成計畫導入的失敗。問卷中所列出之理由，大多數都是計畫失敗前之徵兆，而非計畫失敗的真正原因；舉凡時程安排不佳、作業方法不良、欠缺時間標準或標準過於寬鬆，以及對標準妥協等，都是管理階層在導入計畫時所種下的敗因。

範例 15.3　獎勵員工制度之管理

假設產品之生產率為每小時 10 件，在以日計酬的情況下，每小時的薪資為 12 美元；換言之，單位產品之直接人工成本為 1.20 美元。如今公司開始實施獎勵制度，保障薪資為每小時 12 美元；若是作業員之績效在標準以上，則直接依其產出給予額外的報酬。假設時間研究所訂之標準生產率為每小時 12 件，而且該名作業員前 5 個小時 (一個工作天相當於 8 小時) 的平均產出率為每小時 14 件。該名作業員在這段期間的收入為：

$$(\$12.00)(5)\left(\frac{14}{12}\right) = \$70.00$$

由於物料短缺的緣故，使得該名作業員在接下來的 3 小時都無法從事生產；依據保障薪資條款，該名作業員在這段期間的收入為：

$$(3)(\$12.00) = \$36.00$$

該名作業員當天的收入為：

$$\$70.00 + \$36.00 = \$106.00$$

單位直接人工成本之計算如下：

$$\frac{\$106.00}{70} = \$1.514$$

在以日計酬之情況下，即使該名作業員的工作績效不彰，也應該能在 8 個小時內生產至少 70 件成品。換言之，該名作業員之產值相當於 8×$12.00 = $96，而單位直接人工成本為 $96.00/70 = $1.371；因此必須對非生產時間進行嚴格的管控。

15.10 與財務無關之獎勵計畫
Nonfinancial Performance Motivation Plans

任何與薪資報酬無關的獎勵計畫均屬於非財務獎勵之範疇，雖然缺乏物質上的回報，但非財務獎勵依舊具備提升員工士氣與效率的效果。基本上，公司的部分政策如

定期生產會議、品管圈、領班與員工之協商、適當之任用措施、工作升遷、工作擴大化、非財務性的建議計畫、理想的工作環境、個別生產績效的表揚等均屬於非財務獎勵手法。基層管理人員與部門主管也可以藉由其他手法來達成相同的效果，如員工聚餐、提供競技比賽或電影門票、安排部門旅遊與先進製程技術之參觀等，都有助於刺激員工改善工作環境的動機，這些計畫一般稱為「工作生活的品質」。

管理團隊也應該設立高標準與追求完美。因此員工可以了解到公司的文化在於製造高品質的產品，此一成果的展現將使全體員工感到驕傲，而個人與團隊和諧的關係對於團隊合作與團隊成果將會有正面的助益。

總結

工業工程師所執行的工作對於企業內部的勞資關係有著決定性的影響。他們必須了解作業員所接受的訓練類型，以及各項訓練成果對於學習曲線和生產標準的影響。除此之外，工業工程師所制定的績效標準也會左右作業員所能獲得的薪資水準，因此他們必須了解員工對於此一議題的態度、疑慮與問題，其角色就如同一位代表員工的工會成員。在設置方法與標準的過程中，無論採用傳統的手法，抑或近代精實製造的概念，對於勞方與資方都應該保持合理與公平的態度。無論何時，都應該了解使用人性化方法的重要性。

在這些管理考量中，與員工福利密不可分的莫過於健全的薪資制度。現今最佳的薪資獎勵計畫，當屬標準工時計畫搭配保障每日薪資；然而，利潤分享、員工配股及其他成本改善計畫在實務應用上也都極為成功。此外，前述的方案在導入時如能和搭配簡單的激勵計畫，將可以收到更好的效果。團體計畫必須保障所有團體成員之基本薪資，並於達成預定目標之後，依據每一位成員工的貢獻而給予適當的報酬。

薪資獎勵計畫之實施有助於提升產量與降低單位成本，而且其效益通常足以抵補推行獎勵方案所需之工業工程、品質管制與時間量測之成本支出。一般而言，難以衡量績效的工作在導入獎勵計畫的過程中也會遭遇比較大的困難。除此之外，如果工作績效無法提升至標準值的 120%，也不適於導入激勵方案，因為企業無法從中得到明顯的助益。值得注意的是，獎勵制度雖然能夠激勵員工加速工作步調以提高產出，但是高頻率的重複性操作卻也大幅提升了受傷的風險，特別是在工作內容與環境尚未經過良好設計的狀況之下。本書作者曾看過許多類似的案例，以成衣製造廠為例，雖然工作的基本薪資偏低，卻有著高額的激勵獎金；員工為了得到獎勵也必須加快作業速度，甚至達到標準值 150%，而與之相關的職業傷害卻大幅提升。良好的工作設計確實能夠降低員工受傷的機率，但在此種極端的情況之下 (8 小時中超過 20,000 個手部動作) 卻難以避免連續性工作所造成的傷害。在不考量員工之健康與安全的狀況下，分析師必須決定是否利用生產力提升所帶來的額外利潤，適度地增加員工的醫療保障費用。

問題

1. 為何訓練對於作業員而言是必要的？
2. 如何將學習成果量化？
3. 試說明克勞福模型與萊特模型之差異。
4. 何謂鬆懈？它對學習有何影響？
5. 分析師應該如何運用學習曲線？
6. 分析師應了解作業員哪五種與心理、社會有關的反應？
7. 人性方法的涵義為何？
8. 請列舉 12 種可以讓他人同意自己想法的方式。
9. 為何對全體員工舉辦工作衡量訓練是一個健康的管理步驟？
10. 為何一位經驗豐富的分析師必須持續地審視自己的績效評比能力？
11. 為何工會要訓練專屬的時間研究分析師？
12. 什麼是交易分析中的自我狀態？
13. 何謂交錯的交易？
14. 與員工進行溝通時，哪一個層級的交易可以得到最佳的互動效果？
15. 何謂隱密的交易？
16. 何謂品管圈？
17. 請比較激勵／內在因素與保健／外在因素的差異。
18. 角色扮演如何融入人因工程團隊？
19. 全面品質管理如何融入現代管理實務？
20. 工作豐富化與工作擴大化有何不同？
21. 試述豐田生產系統強調的七種浪費。
22. 何謂持續改善？並說明其重要性。
23. 試說明何謂精實製造。
24. 及時生產的涵義為何？試說明之。
25. 試說明何謂 5S 系統？
26. 試說明拉動式生產系統與推動式生產系統之差異。
27. 試說明何謂看板？
28. 試說明快速換模 (SMED) 的涵義，並說明快速換模與及時生產之間的關聯。
29. 為何薪資獎勵計畫的成功取決於時時更新的作業標準？
30. 試問過於突出的工作績效傳達出哪些訊息？
31. 如何建立員工積極工作的氣氛？試說明之。

習題

1. 多賓公司的新進員工分別花費了 186 與 140 分鐘，才分別完成第 4 個與第 8 個產品的組裝工作；在標準組裝時間為 100 分鐘的條件下，試回答以下問題：
   a. 試計算該名員工之學習曲線。
   b. 請問該名員工在達成標準時間的要求之前，必須完成多少個產品的組裝作業？以及完成這些作業需要多少時間？

2. 承上題，如果一位訓練專家建議該名員工應該接受至少 40 小時的訓練課程，試問該名員工何時才會達成此標準時間之要求？

3. 新進的汽化機組裝工人花費了 15 分鐘才完成第一件產品的組裝，假設這些員工的學習率為 95%，試問這些工人必須花費多少時間才能達成標準時間 10 分鐘的要求？

4. 依據方法時間衡量 (MTM)，C 類組裝工作的標準時間為 1.0 分鐘。然而，新進員工一般需要 2 分鐘才能完成第 1 個產品的組裝作業，在這之後的第 5 個產品則需時 1.7 分鐘，請回答以下問題：
   a. 試算出學習曲線，並以圖形的方式加以呈現。
   b. 試問學習率為何？
   c. 新進員工必須花費多少時間才能達成標準績效之要求？

5. 根據多賓公司所施行的標準工時計畫，作業員的基本薪資為每小時 9.00 美元。該公司又聘請工業工程顧問來規劃一個單批數量達 300 個單位的批量生產模式；該名顧問要求作業員試做了兩個產品：第 1 個花費 10 分鐘；第 2 個花費 9.7 分鐘。試回答以下問題：
   a. 請算出學習曲線之方程式。
   b. 試問學習率為多少？
   c. 該名員工必須花費多少時間才能達成標準時間 8 分鐘之要求？
   d. 假設該名員工試圖提升工作績效以賺取額外的獎金。試問在標準工時計畫之下，該名員工前 20 小時的薪資給付總額為何？
   e. 假設該名員工持續地改善她的工作績效。試問在標準工時計畫之下，該名員工完成一個批量 (300 個單位) 的薪資給付總額為何？
   f. 試分別計算製作第 1 個產品以及第 300 個產品之單位成本？

6. 一名分析師估計某項組裝作業的學習率為 84%，假設第一個組裝作業需時 48 分鐘，標準時間為 6 分鐘，試回答以下問題：
   a. 作業員需要花費多少時間才能達成標準時間之要求。
   b. 假設該名作業員在工作一週以後，因為生病而休息一週，試問該名作業員總共需花費多少時間才達成標準時間之要求？此即第 6 類

7. 請計算完成 100 個水泵訂單的直接人工成本。由於這是一張新訂單，在組裝過程中需要學習。第一件的裝配花費 50 分鐘，而第二件只花費 35 分鐘。此作業的標準時間估計是 10.0 分鐘。基礎工資為 $10.00/ 小時。

   a. 請算出學習曲線之方程式。
   b. 該名員工必須組裝幾次才能達成標準時間 10 分鐘之要求？
   c. 該名員工必須花費多少時間才能達成標準時間 10 分鐘？
   d. 假設該名員工持續地改善工作績效 (即，依循學習曲線)。請問完成 100 個水泵訂單的直接人工成本是多少？另外，在標準工時計畫之下，完成 100 個水泵訂單的直接人工成本又是多少？
   e. 假設該名員工持續學習，請問他在組裝最後一個 (第 100 個) 水泵的績效為何 (以百分比表示)？
   f. 根據標準工時計畫，請問組裝最後一個 (第 100 個) 水泵的直接單位人工成本是多少？

8. 一名工人裝配兩個組件。第一個花費 10 分鐘，第二個花費 9.7 分鐘。請問學習曲線為何？學習率為何？該名員工必須花費多少時間才能達成標準時間 8 分鐘之要求？

參考文獻

Anonymous. "Just What Do You Do? Mr. Industrial Engineer." *Factory,* 122(January 1964), pp. 83-84.

Balyeat, R. E. "A Survey: Concepts and Practices in Industrial Engineering." *Journal of Industrial Engineering,* 5 (May 1954), pp. 19-21.

Berne, E. *Games People Play.* New York: Grove Press, 1964.

Carnegie, Dale. *How to Win Friends and Influence People,* New York: Simon & Schuster, 1936.(www.dalecarnegie.com)

Crawford, J. R. "Statistical Accounting Procedures in Aircraft Production." *Aero Digest,* (March 15, 1944), pp. 78-81, 222, 224, and 226.

Denton, K. *Safety Management, Improving Performance.* New York: McGraw-Hill, 1982.

Evans, J.R. and W.M. Lindsay. *Managing for Quality and Performance Excellence*. Manson, OH: South Western/Cengage Learning, 2009.

Fay, Charles H., and Richard W. Beatty. *The Compensation Source Book.* Amherst, MA: Human Resource Development Press, 1988.

Fein, M. "Financial Motivation." In *Handbook of Industrial Engineering.* Ed. Gavriel Salvendy. New York: John Wiley & Sons, 1982.

Feigenbaum, A. V. *Total Quality Control.* 3d ed. New York: McGraw-Hill, 1991.

Freivalds, A., S. Konz, A. Yurgec, and J. H. Goldberg. "Methods, Work Measurement and Work Design: Are We Satisfying Customer Needs?" *The International Journal of Industrial Engineering,* 7, no. 2 (June 2000), pp. 108-114.

Globerson, S. *Performance Criteria and Incentive Systems.* Amsterdam: Elsevier, 1985.

Goetsch, D. L., and S. B. Davis. *Introduction to Total Quality.* Upper Saddle River, NJ: Prentice-Hall, 1997.

Goetsch, D. L., and S. B. Davis. *Understanding and Implementing ISO 9000 and ISO Standards.* 2nd ed. Upper Saddle River, NJ: Prentice-Hall, 2001.

Hancock, W. M., and F. H. Bayha. "The Learning Curve." In *The Handbook of Industrial Engineering.* Ed. G. Salvendy. New York: John Wiley & Sons, 1982.

Herzberg, F. *Work and the Nature of Man.* Cleveland, OH: World Publishing, 1966. Imai, M. Kaizen. New York: Random House, 1986.

ISO 9000: International Standards for Quality Management. 3d ed. Geneva, Switzerland: International Standards Organization, 1993.

Juran, J. M. *Quality Control Handbook.* New York: McGraw-Hill, 1951.

Konz, S., and S. Johnson. *Work Design.* 5th ed. Scottsdale, AZ: Holcomb Hathaway, Inc., 2000.

Lazear, E. P. *Performance Criteria and Incentive Systems.* Amsterdam: Elsevier, 1985.

Lokiec, Mitchell. *Productivity and Incentives.* Columbia, SC: Bobbin Publication, 1977.

Monden, Y. Toyota Production System. Norcross, GA: Industrial Engineering and Management Press, 1993.

Ohno, T. *Toyota Production System: Beyond Large-Scale Production.* Cambridge, MA: Productivity Press, 1988.

OSHA. *Ergonomics Program Management Guidelines for Meatpacking Plants.* OSHA 3123. Washington, DC: The Bureau of National Affairs, Inc., 1990.

Shingo, S. *Study of Toyota Production System from Industrial Engineering Viewpoint.* Tokyo, Japan: Japan Management Association, 1981.

Taylor, F. W. *The Principles of Scientific Management.* New York: Harper, 1911.

U.S. General Accounting Office. *Productivity Sharing Programs: Can They Contribute to Productivity Improvement?* Gaithersburg, MD: U.S. Printing Office, 1991.

Von Kaas, H. K. *Making Wage Incentives Work.* New York: American Management Association, 1971.

Womack, J. P., and D. T. Jones. *Lean Thinking.* New York: Simon & Schuster, 1996.

Wright, T. P. "Factors Affecting the Cost of Airplanes." *Journal of the Aeronautical Sciences, 3* (February, 1936), pp. 122-128.

Zollitsch, Herbert G., and Adolph Langsner. *Wage and Salary Administration.* 2d ed. Cincinnati, OH: South-Western Publishing, 1970.

選擇的軟體

DesignTools (available from the McGraw-Hill text website at www.mhhe.com/niebel-freivalds). New York: McGraw-Hill, 2002.

相關網址

www.anab.org

www.dalecarnegie.com

www.iso.org

有用的公式
Helpful Formulas

附錄 1

(1) 二次方程式

$$Ax^2 + Bx + C = 0$$

$$x = \frac{-B \pm \sqrt{B^2 - 4AC}}{2A}$$

(2) 對數運算法則

$$\log ab = \log a + \log b$$

$$\log \frac{a}{b} = \log a - \log b$$

$$\log a^n = n \log a$$

$$\log \sqrt[n]{a} = \frac{1}{n} \log a$$

$$\log 1 = 0$$

$$\log_2 x = 1.4427 \ln x$$

(3) 二項式定理

$$(a + b)^n = a^n + na^{n-1}b + \frac{n(n-1)}{2!}a^{n-2}b^2$$
$$+ \frac{n(n-1)(n-2)}{3!}a^{n-3}b^3 + \ldots$$

(4) 圓形

$$圓周 = 2\pi r$$
$$面積 = \pi r^2$$

(5) 角柱體

$$體積 = Ba$$

(6) 角錐體

$$體積 = \tfrac{1}{3} Ba$$

(7) 圓柱體

$$體積 = \pi r^2 a$$
$$側面表面積 = 2\pi ra$$
$$總表面積 = 2\pi r(r + a)$$

(8) 圓錐體

$$體積 = \tfrac{1}{3}\pi r^2 a$$
$$側面表面積 = \pi rs$$
$$總表面積 = \pi r(r + s)$$

(9) 球面

$$體積 = \tfrac{4}{3}\pi r^3$$
$$表面積 = 4\pi r^2$$

(10) 圓錐體的柱身

$$體積 = \tfrac{1}{3}\pi a(R^2 + r^2 + Rr)$$
$$側面表面積 = \pi s(R + r)$$

(11) 角度的衡量

$$1度 = \frac{\pi}{180} = 0.0174 \text{ 弧度}$$
$$1弧度 = 57.29 \text{ 度}$$

(12) 三角函數

   a. 正三角形：

- 正弦 (Sine)A 等於三角形的 ∠A 的對邊除以斜邊：$\sin A = \dfrac{a}{c}$。
- 正切 (Tangent)A 等於三角形的 ∠A 的對邊除以鄰邊：$\tan A = \dfrac{a}{b}$。
- 正割 (Secant)A 等於三角形的 ∠A 的斜邊除以鄰邊：$\sec A = \dfrac{c}{b}$。
- 一個角度的餘弦 (Cosine)、餘切 (Cotangent)、餘割 (Cosecant) 分別為該角度正弦、正切、正割之餘數。

   b. 正弦定理：

$$\frac{a}{\sin A} = \frac{b}{\sin B} = \frac{c}{\sin C}$$

   c. 餘弦定理：

$$a^2 = b^2 + c^2 - 2bc \cos A$$

(13) 直線方程式

   a. 斜－截式：

$$y = a + bx$$

   b. 截距式：

$$\frac{x}{a} + \frac{y}{b} = 1$$

特殊數據表
Special Tables

附錄 2

表 A2.1　自然數的正弦與正切

角度	Sin	Tan	Cot	Cos	
0	0.0000	0.0000	∞	1.0000	**90**
1	0.0175	0.0175	57.2900	0.9998	**89**
2	0.0349	0.0349	28.6363	0.9994	**88**
3	0.0523	0.0524	19.0811	0.9986	**87**
4	0.0698	0.0699	14.3007	0.9976	**86**
5	0.0872	0.0875	11.4301	0.9962	**85**
6	0.1045	0.1051	9.5144	0.9945	**84**
7	0.1219	0.1228	8.1443	0.9925	**83**
8	0.1392	0.1405	7.1154	0.9903	**82**
9	0.1564	0.1584	6.3138	0.9877	**81**
10	0.1736	0.1763	5.6713	0.9848	**80**
11	0.1908	0.1944	5.1446	0.9816	**79**
12	0.2079	0.2126	4.7046	0.9781	**78**
13	0.2250	0.2309	4.3315	0.9744	**77**
14	0.2419	0.2493	4.0108	0.9703	**76**
15	0.2588	0.2679	3.7321	0.9659	**75**
16	0.2756	0.2867	3.4874	0.9613	**74**
17	0.2924	0.3057	3.2709	0.9563	**73**
18	0.3090	0.3249	3.0777	0.9511	**72**
19	0.3256	0.3443	2.9042	0.9455	**71**
20	0.3420	0.3640	2.7475	0.9397	**70**
21	0.3584	0.3839	2.6051	0.9336	**69**
22	0.3746	0.4040	2.4751	0.9272	**68**
23	0.3907	0.4245	2.3559	0.9205	**67**
24	0.4067	0.4452	2.2460	0.9135	**66**
	Cos	**Cot**	**Tan**	**Sin**	**角度**

（續）

表 A2.1　自然數的正弦與正切（續）

角度	Sin	Tan	Cot	Cos	
25	0.4226	0.4663	2.1445	0.9063	**65**
26	0.4384	0.4877	2.0503	0.8988	**64**
27	0.4540	0.5095	1.9626	0.8910	**63**
28	0.4695	0.5317	1.8807	0.8829	**62**
29	0.4848	0.5543	1.8040	0.8746	**61**
30	0.5000	0.5774	1.7321	0.8660	**60**
31	0.5150	0.6009	1.6643	0.8572	**59**
32	0.5299	0.6249	1.6003	0.8480	**58**
33	0.5446	0.6494	1.5399	0.8387	**57**
34	0.5592	0.6745	1.4826	0.8290	**56**
35	0.5736	0.7002	1.4281	0.8192	**55**
36	0.5878	0.7265	1.3764	0.8090	**54**
37	0.6018	0.7536	1.3270	0.7986	**53**
38	0.6157	0.7813	1.2799	0.7880	**52**
39	0.6293	0.8098	1.2349	0.7771	**51**
40	0.6428	0.8391	1.1918	0.7660	**50**
41	0.6561	0.8693	1.1504	0.7547	**49**
42	0.6691	0.9004	1.1106	0.7431	**48**
43	0.6820	0.9325	1.0724	0.7314	**47**
44	0.6947	0.9657	1.0355	0.7193	**46**
45	0.7071	1.0000	1.0000	0.7071	**45**
	Cos	**Cot**	**Tan**	**Sin**	角度

表 A2.2　標準常態分配之累積

表中所查得的數字是 $-\infty$ 至 $z(A)$ 的標準常態曲線所涵蓋的面積。

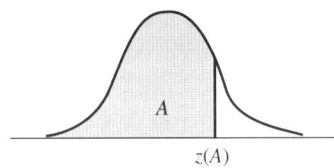

z	0.00	0.01	0.02	0.03	0.04	0.05	0.06	0.07	0.08	0.09
0.0	0.5000	0.5040	0.5080	0.5120	0.5160	0.5199	0.5239	0.5279	0.5319	0.5359
0.1	0.5398	0.5438	0.5478	0.5517	0.5557	0.5596	0.5636	0.5675	0.5714	0.5753
0.2	0.5793	0.5832	0.5871	0.5910	0.5948	0.5987	0.6026	0.6064	0.6103	0.6141
0.3	0.6179	0.6217	0.6255	0.6293	0.6331	0.6368	0.6406	0.6443	0.6480	0.6517
0.4	0.6554	0.6591	0.6628	0.6664	0.6700	0.6736	0.6772	0.6808	0.6844	0.6879
0.5	0.6915	0.6950	0.6985	0.7019	0.7054	0.7088	0.7123	0.7157	0.7190	0.7224
0.6	0.7257	0.7291	0.7324	0.7357	0.7389	0.7422	0.7454	0.7486	0.7517	0.7549
0.7	0.7580	0.7611	0.7642	0.7673	0.7704	0.7734	0.7764	0.7794	0.7823	0.7852
0.8	0.7881	0.7910	0.7939	0.7967	0.7995	0.8023	0.8051	0.8078	0.8106	0.8133
0.9	0.8159	0.8186	0.8212	0.8238	0.8264	0.8289	0.8315	0.8340	0.8365	0.8389
1.0	0.8413	0.8438	0.8461	0.8485	0.8508	0.8531	0.8554	0.8577	0.8599	0.8621
1.1	0.8643	0.8665	0.8686	0.8708	0.8729	0.8749	0.8770	0.8790	0.8810	0.8830
1.2	0.8849	0.8869	0.8888	0.8907	0.8925	0.8944	0.8962	0.8980	0.8997	0.9015
1.3	0.9032	0.9049	0.9066	0.9082	0.9099	0.9115	0.9131	0.9147	0.9162	0.9177
1.4	0.9192	0.9207	0.9222	0.9236	0.9251	0.9265	0.9279	0.9292	0.9306	0.9319
1.5	0.9332	0.9345	0.9357	0.9370	0.9382	0.9394	0.9406	0.9418	0.9429	0.9441
1.6	0.9452	0.9463	0.9474	0.9484	0.9495	0.9505	0.9515	0.9525	0.9535	0.9545
1.7	0.9554	0.9564	0.9573	0.9582	0.9591	0.9599	0.9608	0.9616	0.9625	0.9633
1.8	0.9641	0.9649	0.9656	0.9664	0.9671	0.9678	0.9686	0.9693	0.9699	0.9706
1.9	0.9713	0.9719	0.9726	0.9732	0.9738	0.9744	0.9750	0.9756	0.9761	0.9767
2.0	0.9772	0.9778	0.9783	0.9788	0.9793	0.9798	0.9803	0.9808	0.9812	0.9817
2.1	0.9821	0.9826	0.9830	0.9834	0.9838	0.9842	0.9846	0.9850	0.9854	0.9857
2.2	0.9861	0.9864	0.9868	0.9871	0.9875	0.9878	0.9881	0.9884	0.9887	0.9890
2.3	0.9893	0.9896	0.9898	0.9901	0.9904	0.9906	0.9909	0.9911	0.9913	0.9916
2.4	0.9918	0.9920	0.9922	0.9925	0.9927	0.9929	0.9931	0.9932	0.9934	0.9936
2.5	0.9938	0.9940	0.9941	0.9943	0.9945	0.9946	0.9948	0.9949	0.9951	0.9952
2.6	0.9953	0.9955	0.9956	0.9957	0.9959	0.9960	0.9961	0.9962	0.9963	0.9964
2.7	0.9965	0.9966	0.9967	0.9968	0.9969	0.9970	0.9971	0.9972	0.9973	0.9974
2.8	0.9974	0.9975	0.9976	0.9977	0.9977	0.9978	0.9979	0.9979	0.9980	0.9981
2.9	0.9981	0.9982	0.9982	0.9983	0.9984	0.9984	0.9985	0.9985	0.9986	0.9986
3.0	0.9987	0.9987	0.9987	0.9988	0.9988	0.9989	0.9989	0.9989	0.9990	0.9990
3.1	0.9990	0.9991	0.9991	0.9991	0.9992	0.9992	0.9992	0.9992	0.9993	0.9993
3.2	0.9993	0.9993	0.9994	0.9994	0.9994	0.9994	0.9994	0.9995	0.9995	0.9995
3.3	0.9995	0.9995	0.9995	0.9996	0.9996	0.9996	0.9996	0.9996	0.9996	0.9997
3.4	0.9997	0.9997	0.9997	0.9997	0.9997	0.9997	0.9997	0.9997	0.9997	0.9998

常用的百分位數

累積機率 A：	0.90	0.95	0.975	0.98	0.99	0.995	0.999
$z(A)$：	1.282	1.645	1.960	2.054	2.326	2.576	3.090

資料來源：J. Neter, W. Wasserman, and M. H. Kutner, Applied Linear Statistical Models. 2d ed. Homewood, IL: Richard D. Irwin, 1985. 經 McGraw-Hill 公司允許複製。

表 A2.3　t 分配之機率值

n	\multicolumn{13}{c}{機率 (P)}
	0.9	0.8	0.7	0.6	0.5	0.4	0.3	0.2	0.1	0.05	0.02	0.01	0.001
1	0.158	0.325	0.510	0.727	1.000	1.376	1.963	3.078	6.314	12.706	31.821	63.657	636.619
2	0.142	0.289	0.445	0.617	0.816	1.061	1.386	1.886	2.920	4.303	6.965	9.925	31.598
3	0.137	0.277	0.424	0.584	0.765	0.978	1.250	1.638	2.353	3.182	4.541	5.841	12.941
4	0.134	0.271	0.414	0.569	0.741	0.941	1.190	1.533	2.132	2.776	3.747	4.604	8.610
5	0.132	0.267	0.408	0.559	0.727	0.920	1.156	1.476	2.015	2.571	3.365	4.032	6.859
6	0.131	0.265	0.404	0.553	0.718	0.906	1.134	1.440	1.943	2.447	3.143	3.707	5.959
7	0.130	0.263	0.402	0.549	0.711	0.896	1.119	1.415	1.895	2.365	2.998	3.499	5.405
8	0.130	0.262	0.399	0.546	0.706	0.889	1.108	1.397	1.860	2.306	2.896	3.355	5.041
9	0.129	0.261	0.398	0.543	0.703	0.883	1.100	1.383	1.833	2.262	2.821	3.250	4.781
10	0.129	0.260	0.397	0.542	0.700	0.879	1.093	1.372	1.812	2.228	2.764	3.169	4.587
11	0.129	0.260	0.396	0.540	0.697	0.876	1.088	1.363	1.796	2.201	2.718	3.106	4.437
12	0.128	0.259	0.395	0.539	0.695	0.873	1.083	1.356	1.782	2.179	2.681	3.055	4.318
13	0.128	0.259	0.394	0.538	0.694	0.870	1.079	1.350	1.771	2.160	2.650	3.012	4.221
14	0.128	0.258	0.393	0.537	0.692	0.868	1.076	1.345	1.761	2.145	2.624	2.977	4.140
15	0.128	0.258	0.393	0.536	0.691	0.866	1.074	1.341	1.753	2.131	2.602	2.947	4.073
16	0.128	0.258	0.392	0.535	0.690	0.865	1.071	1.337	1.746	2.120	2.583	2.921	4.015
17	0.128	0.257	0.392	0.534	0.689	0.863	1.069	1.333	1.740	2.110	2.567	2.898	3.965
18	0.127	0.257	0.392	0.534	0.688	0.862	1.067	1.330	1.734	2.101	2.552	2.878	3.922
19	0.127	0.257	0.391	0.533	0.688	0.861	1.066	1.328	1.729	2.093	2.539	2.861	3.883
20	0.127	0.257	0.391	0.533	0.687	0.860	1.064	1.325	1.725	2.086	2.528	2.845	3.850
21	0.127	0.257	0.391	0.532	0.686	0.859	1.063	1.323	1.721	2.080	2.518	2.831	3.819
22	0.127	0.256	0.390	0.532	0.686	0.858	1.061	1.321	1.717	2.074	2.508	2.819	3.792
23	0.127	0.256	0.390	0.532	0.685	0.858	1.060	1.319	1.714	2.069	2.500	2.807	3.767
24	0.127	0.256	0.390	0.531	0.685	0.857	1.059	1.318	1.711	2.064	2.492	2.797	3.745
25	0.127	0.256	0.390	0.531	0.684	0.856	1.058	1.316	1.708	2.060	2.485	2.787	3.725
26	0.127	0.256	0.390	0.531	0.684	0.856	1.058	1.315	1.706	2.056	2.479	2.779	3.707
27	0.127	0.256	0.389	0.531	0.684	0.855	1.057	1.314	1.703	2.052	2.473	2.771	3.690
28	0.127	0.256	0.389	0.530	0.683	0.855	1.056	1.313	1.701	2.048	2.467	2.763	3.674
29	0.127	0.256	0.389	0.530	0.683	0.854	1.055	1.311	1.699	2.045	2.462	2.756	3.659
30	0.127	0.256	0.389	0.530	0.683	0.854	1.055	1.310	1.697	2.042	2.457	2.750	3.646
40	0.126	0.255	0.388	0.529	0.681	0.851	1.050	1.303	1.684	2.021	2.423	2.704	3.551
60	0.126	0.254	0.387	0.527	0.679	0.848	1.046	1.296	1.671	2.000	2.390	2.660	3.460
120	0.126	0.254	0.386	0.526	0.677	0.845	1.041	1.289	1.658	1.980	2.358	2.617	3.373
∞	0.126	0.253	0.385	0.524	0.674	0.842	1.036	1.282	1.645	1.960	2.326	2.576	3.291

資料來源：Reprinted from Table III of R. A. Fisher and F. Yates, *Statistical Tables for Biological, Agricultural, and Medical Research* (Edinburgh: Olive & Boyd, Ltd.), 經作者與出版社允許複製。

註：所列機率值是雙尾面積和，若為單尾，將機率值除以 2 即可。

表 A2.4　卡方分配之百分位數

表中所查得的數字(A)為特定自由度(v)水準下，χ^2分配曲線所涵蓋的面積；且 $P\{\chi^2(v) \leq \chi^2(A; v)\} = A$

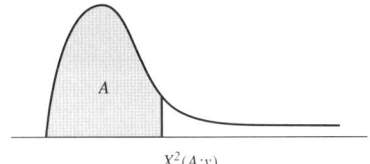

v	0.005	0.010	0.025	0.050	0.100	0.900	0.950	0.975	0.990	0.995
1	$0.0^4 393$	$0.0^3 157$	$0.0^3 982$	$0.0^2 393$	0.0158	2.71	3.84	5.02	6.63	7.88
2	0.0100	0.0201	0.0506	0.103	0.211	4.61	5.99	7.38	9.21	10.60
3	0.072	0.115	0.216	0.352	0.584	6.25	7.81	9.35	11.34	12.84
4	0.207	0.297	0.484	0.711	1.064	7.78	9.49	11.14	13.28	14.86
5	0.412	0.554	0.831	1.145	1.61	9.24	11.07	12.83	15.09	16.75
6	0.676	0.872	1.24	1.64	2.20	10.64	12.59	14.45	16.81	18.55
7	0.989	1.24	1.69	2.17	2.83	12.02	14.07	16.01	18.48	20.28
8	1.34	1.65	2.18	2.73	3.49	13.36	15.51	17.53	20.09	21.96
9	1.73	2.09	2.70	3.33	4.17	14.68	16.92	19.02	21.67	23.59
10	2.16	2.56	3.25	3.94	4.87	15.99	18.31	20.48	23.21	25.19
11	2.60	3.05	3.82	4.57	5.58	17.28	19.68	21.92	24.73	26.76
12	3.07	3.57	4.40	5.23	6.30	18.55	21.03	23.34	26.22	28.30
13	3.57	4.11	5.01	5.89	7.04	19.81	22.36	24.74	27.69	29.82
14	4.07	4.66	5.63	6.57	7.79	21.06	26.68	26.12	29.14	31.32
15	4.60	5.23	6.26	7.26	8.55	22.31	25.00	27.49	30.58	32.80
16	5.14	5.81	6.91	7.96	9.31	23.54	26.30	28.85	32.00	34.27
17	5.70	6.41	7.56	8.67	10.09	24.77	27.59	30.19	33.41	35.72
18	6.26	7.01	8.23	9.39	10.86	25.99	28.87	31.53	34.81	37.16
19	6.84	7.63	8.91	10.12	11.65	27.20	30.14	32.85	36.19	38.58
20	7.43	8.26	9.59	10.85	12.44	28.41	31.41	34.17	37.57	40.00
21	8.03	8.90	10.28	11.59	13.24	29.62	32.67	35.48	38.93	41.40
22	8.64	9.54	10.98	12.34	14.04	30.81	33.92	36.78	40.29	42.80
23	9.26	10.20	11.69	13.09	14.85	32.01	35.17	38.08	41.64	44.18
24	9.89	10.86	12.40	13.85	15.66	33.20	36.42	39.36	42.98	45.56
25	10.52	11.52	13.12	14.61	16.47	34.38	37.65	40.65	44.31	46.93
26	11.16	12.20	13.84	15.38	17.29	35.56	38.89	41.92	45.64	48.29
27	11.81	12.88	14.57	16.15	18.11	36.74	40.11	43.19	46.96	49.64
28	12.46	13.56	15.31	16.93	18.94	37.94	41.34	44.46	48.28	50.99
29	13.12	14.26	16.05	17.71	19.77	39.09	42.56	45.72	49.59	52.34
30	13.79	14.95	16.79	18.49	20.60	40.26	43.77	46.98	50.89	53.67
40	20.71	22.16	24.43	26.51	29.05	51.81	55.76	59.34	63.69	66.77
50	27.99	29.71	32.36	34.76	37.69	63.17	67.50	71.42	76.15	79.49
60	35.53	37.48	40.48	43.19	46.46	74.40	79.08	83.30	88.38	91.95
70	43.28	45.44	48.76	51.74	55.33	85.53	90.53	95.02	100.4	104.2
80	51.17	53.54	57.15	60.39	64.28	96.58	101.9	106.6	112.3	116.3
90	59.20	61.75	65.65	69.13	73.29	107.6	113.1	118.1	124.1	128.3
100	67.33	70.06	74.22	77.93	82.36	118.5	124.3	129.6	135.8	140.2

資料來源：C. M. Thompson, "Table of Percentage Points of the Chi-Square Distribution," *Biometrika* 32 (1941), pp. 188-89. 經作者與出版社允許複製。

表 A2.5　隨機亂數表 III

22 17 68 65 84	68 95 23 92 35	87 02 22 57 51	61 09 43 95 06	58 24 82 03 47
19 36 27 59 46	13 79 93 37 55	39 77 32 77 09	85 52 05 30 62	47 83 51 62 74
16 77 23 02 77	09 61 87 25 21	28 06 24 25 93	16 71 13 59 78	23 05 47 47 25
78 43 76 71 61	20 44 90 32 64	97 67 63 99 61	46 38 03 93 22	69 81 21 99 21
03 28 28 26 08	73 37 32 04 05	69 30 16 09 05	88 69 58 28 99	35 07 44 75 47
93 22 53 64 39	07 10 63 76 35	87 03 04 79 88	08 13 13 85 51	55 34 57 72 69
78 76 58 54 74	92 38 70 96 92	52 06 79 79 45	82 63 18 27 44	69 66 92 19 09
23 68 35 26 00	99 53 93 61 28	52 70 05 48 34	56 65 05 61 86	90 92 10 70 80
15 39 25 70 99	93 86 52 77 65	15 33 59 05 28	22 87 26 07 47	86 96 98 29 06
58 71 96 30 24	18 46 23 34 27	85 13 99 24 44	49 18 09 79 49	74 16 32 23 02
57 35 27 33 72	24 53 63 94 09	41 10 76 47 91	44 04 95 49 66	39 60 04 59 81
48 50 86 54 48	22 06 34 72 52	82 21 15 65 20	33 29 94 71 11	15 91 29 12 03
61 96 48 95 03	07 16 39 33 66	98 56 10 56 79	77 21 30 27 12	90 49 22 23 62
36 93 89 41 26	29 70 83 63 51	99 74 20 52 36	87 09 41 15 09	98 60 16 03 03
18 87 00 42 31	57 90 12 02 07	23 47 37 17 31	54 08 01 88 63	39 41 88 92 10
88 56 53 27 59	33 35 72 67 47	77 34 55 45 70	08 18 27 38 90	16 95 86 70 75
09 72 95 84 29	49 41 31 06 70	42 38 06 45 18	64 84 73 31 65	52 53 37 97 15
12 96 88 17 31	65 19 69 02 83	60 75 86 90 68	24 64 19 35 51	56 61 87 39 12
85 94 57 24 16	92 09 84 38 76	22 00 27 69 85	29 81 94 78 70	21 94 47 90 12
38 64 43 59 98	98 77 87 68 07	91 51 67 62 44	40 98 05 93 78	23 32 65 41 18
53 44 09 42 72	00 41 86 79 79	68 47 22 00 20	35 55 31 51 51	00 83 63 22 55
40 76 66 26 84	57 99 99 90 37	36 63 32 08 58	37 40 13 68 97	87 64 81 07 83
02 17 79 18 05	12 59 52 57 02	22 07 90 47 03	28 14 11 30 79	20 69 22 40 98
95 17 82 06 53	31 51 10 96 46	92 06 88 07 77	56 11 50 81 69	40 23 72 51 39
35 76 22 42 92	96 11 83 44 80	34 68 35 48 77	33 42 40 90 60	73 96 53 97 86
26 29 13 56 41	85 47 04 66 08	34 72 57 59 13	82 43 80 46 15	38 26 61 70 04
77 80 20 75 82	72 82 32 99 90	63 95 73 76 63	89 73 44 99 05	48 67 26 43 18
46 40 66 44 52	91 36 74 43 53	30 82 13 54 00	78 45 63 98 35	55 03 36 67 68
37 56 08 18 09	77 53 84 46 47	31 91 18 95 58	24 16 74 11 53	44 10 13 85 57
61 65 61 68 66	37 27 47 39 19	84 83 70 07 48	53 21 40 06 71	95 06 79 88 54
93 43 69 64 07	34 18 04 52 35	56 27 09 24 86	61 85 53 83 45	19 90 70 99 00
21 96 60 12 99	11 20 99 45 18	48 13 93 55 34	18 37 79 49 90	65 97 38 20 46
95 20 47 97 97	27 37 83 28 71	00 06 41 41 74	45 89 09 39 84	51 67 11 52 49
97 86 21 78 73	10 65 81 92 59	58 76 17 14 97	04 76 62 16 17	17 95 70 45 80
69 92 06 34 13	59 71 74 17 32	27 55 10 24 19	23 71 82 13 74	63 52 52 01 41
04 31 17 21 56	33 73 99 19 87	26 72 39 27 67	53 77 57 68 93	60 61 97 22 61
61 06 98 03 91	87 14 77 43 96	43 00 65 98 50	45 60 33 01 07	98 99 46 50 47
85 93 85 86 88	72 87 08 62 40	16 06 10 89 20	23 21 34 74 97	76 38 03 29 63
21 74 32 47 45	73 96 07 94 52	09 65 90 77 47	25 76 16 19 33	53 05 70 53 30
15 69 53 82 80	79 96 23 53 10	65 39 07 16 29	45 33 02 43 70	02 87 40 41 45
02 89 08 04 49	20 21 14 68 86	87 63 93 95 17	11 29 01 95 80	35 14 97 35 33
87 18 15 89 79	85 43 01 72 73	08 61 74 51 69	89 74 39 82 15	94 51 33 41 67
98 83 71 94 22	59 97 50 99 52	08 52 85 08 40	87 80 61 65 31	91 51 80 32 44
10 08 58 21 66	72 68 49 29 31	89 85 84 46 06	59 73 19 85 23	65 09 29 75 63
47 90 56 10 08	88 02 84 27 83	42 29 72 23 19	66 56 45 65 79	20 71 53 20 25
22 85 61 68 90	49 64 92 85 44	16 40 12 89 88	50 14 49 81 06	01 82 77 45 12
67 80 43 79 33	12 83 11 41 16	25 58 19 68 70	77 02 54 00 52	53 43 37 15 26
27 62 50 96 72	79 44 61 40 15	14 53 40 65 39	27 31 58 50 28	11 39 03 34 25
33 78 80 87 15	38 30 06 38 21	14 47 47 07 26	54 96 87 53 32	40 36 40 96 76
13 13 92 66 99	47 24 49 57 74	32 25 43 62 17	10 97 11 69 84	99 63 22 32 98
10 27 53 96 23	71 50 54 36 23	54 31 04 82 98	04 14 12 15 09	26 78 25 47 47
28 41 50 61 88	64 85 27 20 18	83 36 36 05 56	39 71 65 09 62	94 76 62 11 89

資　料　來　源：Reprinted with permission from Random Numbers IV of Table XXXIII of R. A. Fisher and F. Yates, *Statistical Tables for Biological, Agricultural, and Medical Research* (Edinburgh: Olive & Boyd, Ltd.). 經作者與出版社允許複製。

表 A2.6　有用的資訊

圓的周長 = 直徑 × 3.1416。
圓的直徑 = 圓周長 × 0.31831。
圓的面積 = 直徑的平方 × 0.7854。
圓的半徑 × 6.283185 = 圓周長。
圓周長的平方 × 0.07958 = 面積。
圓周長的一半 × 直徑的一半 = 面積。
圓周長 × 0.159155 = 半徑。
圓面積的平方根 × 0.56419 = 半徑。
圓面積的平方根 × 1.12838 = 直徑。
已知正方形面積，求與之面積相等的圓的直徑，圓的直徑 = 正方形邊長 × 1.12838。
已知圓形面積，求與之面積相等的正方形邊長，正方形的邊長 = 圓的直徑 × 0.8862。
圓內接正方形的邊長 = 圓的直徑 × 0.7071。
圓內接正六邊形邊長 = 圓的直徑 × 0.500。
正六邊形內切圓的直徑 = 正六邊形的邊長 × 1.7321。
圓內接等邊三角形的邊長 = 圓的直徑 × 0.866。
等邊三角形的內切圓直徑 = 等邊三角形的邊長 × 0.57735。
球的表面積 = 直徑的平方 × 3.1416。
球的體積 = 直徑的立方 × 0.5236。
管狀直徑增加 2 倍，則其容量增加 4 倍。
柱狀體底面的水壓（以每平方吋－磅計）= 以呎計的柱狀體高度 × 0.433。
一加侖水的重量為 8.336 磅（美國標準），容積為 231 立方吋。一立方呎的水為 7.5 加侖，其容積為 1,728 立方吋，在約 39°F（約 4°C）的溫度下，重量為 62.425 磅。
高於和低於此溫度（約 39°F 或 4°C），水的重量均會產生些微改變。

表 A2.7　15% 的複利因子

	一次支付		等額序列			
	複合因子 caf' 已知P，求S $(1+i)^n$	現值因子 pwf' 已知S，求P $\dfrac{1}{(1+i)^n}$	償債基金 因子 sff 已知S，求R $\dfrac{i}{(1+i)^n-1}$	資本回收 因子 crf 已知P，求R $\dfrac{i(1+i)^n}{(1+i)^n-1}$	複合因子 caf 已知R，求S $\dfrac{(1+i)^n-1}{i}$	現值因子 pwf 已知R，求P $\dfrac{(1+i)^n-1}{i(1+i)^n}$
n						
1	1.150	0.8696	1.00000	1.15000	1.000	0.870
2	1.322	0.7561	0.46512	0.61512	2.150	1.626
3	1.521	0.6575	0.28798	0.43798	3.472	2.283
4	1.749	0.5718	0.20026	0.35027	4.993	2.855
5	2.011	0.4972	0.14832	0.29832	6.742	3.352
6	2.313	0.4323	0.11424	0.26424	8.754	3.784
7	2.660	0.3759	0.09036	0.24036	11.067	4.160
8	3.059	0.3269	0.07285	0.22285	13.727	4.487
9	3.518	0.2843	0.05957	0.20957	16.786	4.772
10	4.046	0.2472	0.04925	0.19925	20.304	5.019
11	4.652	0.2149	0.04107	0.19107	24.349	5.234
12	5.350	0.1869	0.03448	0.18448	29.002	5.421
13	6.153	0.1625	0.02911	0.17911	34.352	5.583
14	7.076	0.1413	0.02469	0.17469	40.505	5.724
15	8.137	0.1229	0.02102	0.17102	47.580	5.847
16	9.358	0.1069	0.01795	0.16795	55.717	5.954
17	10.761	0.0929	0.01537	0.16537	65.075	6.047
18	12.375	0.0808	0.01319	0.16319	75.836	6.128
19	14.232	0.0703	0.01134	0.16134	88.212	6.198
20	16.367	0.0611	0.00976	0.15976	102.443	6.259
21	18.821	0.0531	0.00842	0.15842	118.810	6.312
22	21.645	0.0462	0.00727	0.15727	137.631	6.359
23	24.891	0.0402	0.00628	0.15628	159.276	6.399
24	28.625	0.0349	0.00543	0.15543	184.167	6.434
25	32.919	0.0304	0.00470	0.15470	212.793	6.464
26	37.857	0.0264	0.00407	0.15407	245.711	6.491
27	43.535	0.0230	0.00353	0.15353	283.568	6.514
28	50.065	0.0200	0.00306	0.15306	327.103	6.534
29	57.575	0.0174	0.00265	0.15265	377.169	6.551
30	66.212	0.0151	0.00230	0.15230	434.744	6.566
31	76.143	0.0131	0.00200	0.15200	500.956	6.579
32	87.565	0.0114	0.00173	0.15173	577.099	6.591
33	100.700	0.0099	0.00150	0.15150	664.664	6.600
34	115.805	0.0086	0.00131	0.15131	765.364	6.609
35	133.175	0.0075	0.00113	0.15113	881.168	6.617
40	267.862	0.0037	0.00056	0.15056	1779.1	6.642
45	538.767	0.0019	0.00028	0.15028	3585.1	6.654
50	1083.652	0.0009	0.00014	0.15014	7217.7	6.661
∞				0.15000		6.667

表 A2.8 在選定之服務常數 $(k = l/m)$ 下,機器干擾時間 (i) 與機器運轉時間 (m) 表
（表中的機率值為總時間之百分比,其中 $m + l + i = 100$）

	(a)		(b)			(a)		(b)			(a)		(b)	
n	i	m	i	m	n	i	m	i	m	n	i	m	i	m
	$k = 0.01$					$k = 0.02$（續）					$k = 0.03$（續）			
1	0.0	99.0	0.0	99.0	10	0.2	97.8	0.4	97.6	32			8.9	88.5
10	0.1	99.0	0.1	98.9	15	0.4	97.7	0.7	97.4	33			9.7	87.7
20	0.1	98.9	0.2	98.8	20	0.6	97.5	1.1	97.0	34			10.6	86.8
30	0.2	98.8	0.4	98.6	25	0.8	97.2	1.6	96.5	35			11.6	85.9
40			0.6	98.4	30	1.2	96.9	2.2	95.9	36			12.6	84.9
50			0.9	98.1	35			3.1	95.0	37			13.7	83.8
60			1.3	97.8	40			4.3	93.8	38			14.9	86.8
70			1.8	97.2	45			6.1	92.0	39			16.1	81.4
80			2.7	96.3	50			8.7	89.5	40			17.4	80.2
85			3.4	95.7	51			9.3	88.9	41			18.8	78.9
90			4.2	94.9	52			10.0	88.3	42			20.1	77.5
95			5.2	93.8	53			10.7	87.6	43			21.6	76.2
100			6.7	92.4	54			11.5	86.8	44			23.0	74.8
105			8.5	90.6	55			12.3	86.0	45			24.4	73.4
110			10.7	88.4	56			13.1	85.2	46			25.9	72.0
115			13.4	85.8	57			14.0	84.3	47			27.3	70.6
120			16.3	82.9	58			14.9	83.4	48			28.7	69.2
121			16.9	82.3	59			15.9	82.5					
122			17.5	81.7	60			16.8	81.5		$k = 0.04$			
123			18.1	81.1	61			17.9	80.5	1	0.0	96.2	0.0	96.2
124			18.8	80.4	62			18.9	79.5	2	0.1	96.1	0.2	96.0
125			19.4	79.8	63			19.9	78.5	3	0.2	96.0	0.3	95.9
126			20.0	79.2	64			21.0	77.5	4	0.2	95.9	0.5	95.7
127			20.6	78.6	65			22.0	76.4	5	0.3	95.8	0.7	95.5
128			21.2	78.1	66			23.1	75.4	6	0.5	95.7	0.9	95.3
129			21.8	77.5	67			24.2	74.4	7	0.6	95.6	1.1	95.1
130			22.4	76.9	68			25.2	73.3	8	0.7	95.5	1.3	94.9
131			22.9	76.3	69			26.2	72.3	9	0.8	95.4	1.5	94.7
132			23.5	75.7	70			27.2	71.3	10	1.0	95.2	1.8	94.4
133			24.1	75.2	71			28.2	70.4	11	1.1	95.1	2.1	94.1
134			24.6	74.6	72			29.2	69.4	12	1.3	94.9	2.4	93.8
135			25.2	74.1						13	1.5	94.7	2.8	93.5
136			25.7	73.5		$k = 0.03$				14	1.8	94.5	3.2	93.1
137			26.3	73.0	1	0.0	97.1	0.0	97.1	15	2.0	94.2	3.6	92.7
138			26.8	72.5	5	0.2	96.9	0.4	96.7	16	2.3	94.0	4.0	92.3
139			27.3	71.9	10	0.5	96.6	1.0	96.2	17	2.6	93.6	4.5	91.8
140			27.9	71.4	15	1.0	96.2	1.8	95.4	18	3.0	93.3	5.1	91.3
141			28.4	70.9	20	1.6	95.5	3.0	94.2	19	3.4	92.9	5.7	90.7
142			28.9	70.4	25	2.8	94.4	4.7	92.5	20	3.9	92.4	6.4	90.0
143			29.4	69.9	26	3.1	94.1	5.2	92.1	21	4.5	91.8	7.1	89.3
144			29.9	69.4	27	3.4	93.7	5.7	91.6	22	5.2	91.2	8.0	88.5
					28	3.8	93.4	6.2	91.1	23	6.0	90.4	8.9	87.6
	$k = 0.02$				29	4.3	92.9	6.8	90.5	24	6.8	89.6	9.9	86.7
1	0.0	98.0	0.0	98.0	30	4.8	92.4	7.4	89.9	25	7.9	88.6	11.0	85.6
5	0.1	98.0	0.2	97.9	31			8.1	89.2	26	9.0	87.5	12.2	84.5

（續下頁）

表 A2.8 在選定之服務常數 ($k = l/m$) 下，機器干擾時間 (i) 與機器運轉時間 (m) 表
（表中的機率值為總時間之百分比，其中 $m + l + i = 100$）（續）

	(a)		(b)			(a)		(b)			(a)		(b)	
n	i	m	i	m	n	i	m	i	m	n	i	m	i	m

$k = 0.04$（續） | $k = 0.06$（續） | $k = 0.08$

n	i	m	i	m	n	i	m	i	m	n	i	m	i	m
27	10.4	86.2	13.4	83.2	3	0.4	94.0	0.7	93.7	1	0.0	92.6	0.0	92.6
28	11.9	84.7	14.8	81.9	4	0.6	93.8	1.1	93.3	2	0.3	92.3	0.5	92.1
29	13.6	83.0	16.3	80.5	5	0.8	93.6	1.5	92.9	3	0.6	92.0	1.2	91.5
30	15.5	81.3	17.9	79.0	6	1.1	93.3	2.0	92.5	4	1.0	91.7	1.9	90.9
31			19.6	77.4	7	1.4	93.1	2.5	92.0	5	1.4	91.2	2.7	90.1
32			21.3	75.7	8	1.7	92.7	3.1	91.4	6	2.0	90.8	3.5	89.3
33			23.0	74.0	9	2.1	92.4	3.7	90.8	7	2.6	90.2	4.5	88.4
34			24.8	72.3	10	2.6	91.9	4.5	90.1	8	3.4	89.5	5.7	87.3
35			26.6	70.6	11	3.1	91.4	5.3	89.4	9	4.3	88.6	7.0	86.1
36			28.4	68.9	12	3.8	90.8	6.2	88.5	10	5.4	87.6	8.5	84.8
37			30.1	67.2	13	4.5	90.1	7.3	87.5	11	6.7	86.4	10.1	83.2

$k = 0.05$

					14	5.4	89.2	8.4	86.4	12	8.4	84.8	12.0	81.4
1	0.0	95.2	0.0	95.2	15	6.5	88.2	9.7	85.2	13	10.4	83.0	14.2	79.5
2	0.1	95.1	0.2	95.0	16	7.8	87.0	11.2	83.8	14	12.8	80.8	16.5	77.3
3	0.2	95.0	0.5	94.8	17	9.3	85.6	12.8	82.3	15	15.6	78.2	19.0	75.0
4	0.4	94.9	0.7	94.5	18	11.1	83.9	14.6	80.6	16	18.8	75.2	21.8	72.4
5	0.5	94.7	1.0	94.3	19	13.2	81.9	16.5	78.8	17	22.2	72.0	24.6	69.8
6	0.7	94.6	1.4	94.0	20	15.6	79.7	18.6	76.8	18	25.7	68.8	27.6	67.1
7	0.9	94.4	1.7	93.6	21			20.8	74.7	19	28.2	66.5	30.5	64.4
8	1.1	94.2	2.1	93.3	22			23.1	72.5					
9	1.4	93.9	2.5	92.9	23			25.5	70.3					

$k = 0.09$

10	1.6	93.7	3.0	92.4	24			27.9	68.0	1	0.0	91.5	0.0	91.7
11	2.0	93.4	3.5	91.9	25			30.3	65.8	2	0.4	91.4	0.7	91.1
12	2.3	93.0	4.1	91.4						3	0.8	91.0	1.4	90.4

$k = 0.07$

13	2.7	92.6	4.7	90.8						4	1.3	90.6	2.3	89.6
14	3.2	92.2	5.4	90.1	1	0.0	93.5	0.0	93.5	5	1.9	90.0	3.3	88.7
15	3.8	91.7	6.2	89.3	2	0.2	93.2	0.4	93.1	6	2.6	89.4	4.5	87.7
16	4.4	91.0	7.1	88.5	3	0.5	93.0	0.9	92.6	7	3.4	88.6	5.8	86.5
17	5.2	90.3	8.1	87.6	4	0.8	92.7	1.4	92.1	8	4.5	87.6	7.3	85.1
18	6.1	89.5	9.1	86.5	5	1.1	92.4	2.0	91.6	9	5.7	86.5	9.0	83.5
19	7.1	88.5	10.4	85.4	6	1.5	92.1	2.7	91.0	10	7.3	85.0	10.9	81.7
20	8.4	87.3	11.7	84.1	7	1.9	91.7	3.4	90.3	11	9.3	83.2	13.1	79.7
21	9.8	85.9	13.1	82.7	8	2.4	91.2	4.3	89.5	12	11.7	81.0	15.6	77.5
22	11.5	84.3	14.7	81.2	9	3.1	90.6	5.2	88.6	13	14.5	78.4	18.3	75.0
23	13.4	82.5	16.5	79.6	10	3.8	89.9	6.3	87.6	14	17.8	75.4	21.2	72.3
24	15.5	80.5	18.3	77.8	11	4.7	89.1	7.5	86.4	15	21.5	72.0	24.2	69.5
25	17.8	78.2	20.2	76.0	12	5.7	88.1	8.9	85.1	16	25.3	68.5	27.4	66.6
26	20.3	75.9	22.2	74.1	13	7.0	86.9	10.4	83.7	17	29.2	65.0	30.6	63.7
27	22.8	73.6	24.3	72.1	14	8.6	85.4	12.2	82.1					

$k = 0.10$

28	25.3	71.2	26.4	70.1	15	10.4	83.7	14.1	80.3					
29	27.9	68.8	28.5	68.1	16	12.6	81.6	16.2	78.3	1	0.0	90.9	0.0	90.9
					17	15.2	79.3	18.5	76.2	2	0.4	90.5	0.8	90.2

$k = 0.06$

					18	18.1	76.6	21.0	73.9	3	1.0	90.0	1.8	89.3
					19	21.1	73.7	23.5	71.5	4	1.6	89.5	2.8	88.3
1	0.0	94.3	0.0	94.3	20	24.4	70.7	26.2	69.0	5	2.3	88.8	4.1	87.2
2	0.2	94.2	0.3	94.0	21			28.9	66.5	6	2.2	88.0	5.5	85.9

（續下頁）

表 A2.8　在選定之服務常數 ($k = l/m$) 下，機器干擾時間 (i) 與機器運轉時間 (m) 表
（表中的機率值為總時間之百分比，其中 $m + l + i = 100$）（續）

	(a)		(b)			(a)		(b)			(a)		(b)	
n	i	m	i	m	n	i	m	i	m	n	i	m	i	m
	$k = 0.10$（續）					$k = 0.15$（續）					$k = 0.30$			
7	4.4	86.9	7.1	84.4	6	8.0	80.0	11.8	76.7	1	0.0	76.9	0.0	76.9
8	5.8	85.7	9.0	82.7	7	11.2	72.2	15.4	73.5	2	3.0	74.6	5.1	73.0
9	7.5	84.1	11.2	80.8	8	15.2	73.7	19.5	70.0	3	7.4	71.3	11.1	68.4
10	9.7	82.1	13.6	78.5	9	20.1	69.5	23.8	66.2	4	13.3	66.7	18.0	63.1
11	12.4	79.8	16.3	76.1	10	25.5	64.8	28.4	62.3	5	21.1	60.7	25.4	57.4
12	15.6	76.8	19.3	73.4	11	31.0	60.0			6	29.9	53.9	33.0	51.6
13	19.2	73.4	22.5	70.4		$k = 0.20$					$k = 0.40$			
14	23.3	69.8	25.9	67.4	1	0.0	83.3	0.0	83.3	1	0.0	71.4	0.0	71.4
15	27.4	66.0	29.4	64.2	2	1.5	82.0	2.7	81.1	2	4.8	68.0	7.5	66.0
16	31.5	62.0			3	3.6	80.4	5.9	78.4	3	11.8	63.0	16.3	59.8
	$k = 0.15$				4	6.3	78.1	9.8	75.2	4	21.2	56.3	25.6	53.1
1	0.0	87.0	0.0	87.0	5	10.0	75.0	14.2	71.5	5	31.9	48.6	34.9	46.5
2	0.9	86.2	1.7	85.5	6	14.7	71.1	19.2	67.4					
3	2.1	85.1	3.6	83.8	7	20.6	66.2	24.6	62.8					
4	3.9	83.8	6.0	81.8	8	27.3	60.6	30.3	58.1					
5	5.5	82.2	8.7	79.4	9	32.6	56.1							

註：全部數據表皆假設服務的需求為隨機產生。欄位 (a) 所列，為固定服務時間狀況下的數值；欄位 (b) 所列，則為服務時間為指數分配時的數值；欄位空白者，表示數值無法取得。欄位 (a) 中的遺漏值希望不久以後可以用近似值補上。

表 A2.9　公制度量衡轉換表

長度

美制	公制
1 吋 = 25.4 公釐	1 公釐 = 0.039 吋
1 呎 = 30.48 公分	1 公分 = 0.394 吋
1 碼 = 0.914 公尺	1 公尺 = 39.37 吋

公制（公分、公尺）
英制（吋、呎、碼）

厚度

1 咪 = 0.025 公釐　　1 公釐 = 39.37 咪

公釐
咪

面積

1 平方呎 = 929.03 平方公分　　1 平方公分 = 0.155 平方吋

平方公分
平方呎

液體容積

1 加侖 = 3.785 公升　　1 公升 = 0.264 加侖

公升
加侖

表 A2.9　公制度量衡轉換表（續）

| 立方公分 — 立方吋 | 體積 | 1 立方吋 = 16.387 立方公分　　1 立方公分 = 0.061 立方吋 |

| 攝氏度數 (°C) — 華氏度數 (°F) | 溫度 | 華氏度數 = 攝氏度數 × $\dfrac{9}{5}$ + 32　　攝氏度數 = (華氏度數 − 32) × $\dfrac{5}{9}$ |

| 公克 — 盎司 | 重量 | 1 盎司（乾燥狀態）= 28.35 公克　　1 公克 = 0.035 盎司 |

| 公斤 — 磅 | 重量 | 1 磅 = 0.454 公斤　　1 公斤 = 2.204 磅 |

| 公斤／平方公分 — 磅／平方吋 | 壓力 | 1 磅／平方吋 = 0.703 公斤／平方公分　　1 公斤／平方公分 = 14.22 磅／平方吋 |

資料來源：With the compliments of McGraw-Hill Book Company, College Division. Publishing for the engineer's diversity. 1221 Avenue of the Americas, New York, NY 10020.

附錄 2　特殊數據表

書中公式彙整
Formulas

同步服務 (Synchronous Servicing)

$$n = \frac{l+m}{l+w}$$

$$\text{TEC}_{n1} = \frac{(l+m)(K_1 + n_1 K_2)}{n_1}$$

$$\text{TEC}_{n2} = (l+w)(K_1 + n_2 K_2)$$

隨機服務 (Random Servicing)

$$\frac{n!}{m!(n-m)!} p^m q^{n-m}$$

$$\text{TEC} = \frac{K_1 + nK_2}{R}$$

生產效率 (Line Efficiency)

$$E = \frac{\sum \text{SM}}{\sum \text{AM}} \times 100$$

$$N = \frac{R \times \sum \text{SM}}{E}$$

費茲定律 (Fitt's Law)

$$\text{MT} = a + b \log_2 \frac{2D}{W}$$

建議休息率 (Recommended Rest)

$$R = \frac{W - 5.33}{W - 1.33}$$

人工抬舉指引 (Lifting Guidelines)

RWL (lb) = 51(10/H)(1 − 0.0075 | V − 30 |)
  (0.82 + 1.8/D)(1 − 0.0032A)FM × CM

LI = 負重/RWL

噪音劑量 (Noise Dose)

$$D = \frac{C_1}{T_1} + \frac{C_2}{T_2} + \ldots \leq 1.0$$

熱應力 (Heat Stress)

$WBGT_{IN} = 0.7WB + 0.3GT$
$WBGT_{OUT} = 0.7WB + 0.1DB + 0.2GT$

意外發生率 (Incidence Rate)

$$IR = 200,000 \times \frac{I}{H}$$

嚴重率 (Severity Rate)

$$SR = 200,000 \times \frac{LT}{H}$$

資訊處理 (Information Processing)

$$H = \sum p_i \times \log_2(1/p_i)$$

$\log_2 n = 1.4427 \ln n$
冗餘百分比 = $(1 - H/H_{max}) \times 100$
RT = $a + bH$

時間研究 (Time Study)

$$n = \left(\frac{st}{k\bar{x}}\right)^2$$

$$NT = \frac{OT \times 評比係數}{100}$$

ST = NT(1 + 寬放)

合成評比 (Synthetic Rating)

$$P = \frac{f_T}{\text{OT}}$$

機器干擾 (Machine Interference)

$$I = 50\left[\sqrt{(1+X-N)^2 + 2N} - (1+X-N)\right]$$

卡方分配 (Chi-Square)

$$\chi^2 = \sum_{i=1}^{m} (E_i - O_i)^2 / E_i$$

$$E_i = H_i \times O_T / H_T$$

機率關聯 (Probability Relationships)

$$P(X+Y) = P(X) + P(Y) - P(XY)$$
$$P(X+Y+Z) = 1 - [1-P(X)][1-P(Y)][1-P(Z)]$$
$$P(XY) = P(X)P(Y)$$
$$P(X/Y) = P(Y)P(X/Y)/P(X) \quad （貝氏定理）$$

分配律 (Distributive Laws)

$$(X+Y)(X+Z) = X + YZ$$
$$XY + XZ = X(Y+Z)$$

與安全相關之公式 (Miscellaneous Safety)

$$\text{PE} = mgh$$

$$KE = \frac{1}{2}mv^2$$

$$V = RI$$

工作抽查 (Work Sampling)

$$n = \frac{3.84\,p(1-p)}{l^2}$$

$$\text{OT} = \frac{T}{P} \times \frac{n_i}{n}$$

卜瓦松分配 (Poisson Probability)

$$p(k) = \frac{a^k e^{-a}}{k!}$$

人工效率 (Labor Efficiency)

$$E = \frac{H_e}{H_c}$$

物料成本 (Material Costs)

$$成本 = Q(1 + L_{sc} + L_w + L_{sh})C - S$$

薪資獎勵 (Wage Incentive)

薪資 $y_w = 1 + p(x - 1)$

單位人工成本 $y_c = \dfrac{y_w}{x}$

學習曲線 (Learning Curve)

$$y = kx^n$$
$$n = \frac{\log(學習百分比)}{\log 2}$$

總學習時間 $T = k \dfrac{(x_2 + \frac{1}{2})^{n+1} - (x_1 - \frac{1}{2})^{n+1}}{n+1}$

鬆懈程度 $y = k + \dfrac{(k-s)(x-1)}{1 - x_s}$

索引
Index

80-20 rule 80-20 法則 20

A

abandonment rate 放棄率 466

avoidable delays 可避免的延遲 315

accident-ratio triangle 意外比率三角 194

Analyze the data 分析資料 20

Arc 弧 23

Ashcroft's method 艾許克羅夫法 48

Accuracy 精確度 96

Acceptance 接受度 96

Automation principle 自動原則 97

Agonists 主動肌 114

Antagonists 拮抗肌 114

Aerobic 有氧 121

Anaerobic 無氧 121

Aerobic 有氧的 136

Anaerobic 無氧的 136

Anthropometry 人體計測 157

Attentional resource 注意力資源 169

Attention 注意力 169

Absolute judgment 絕對判斷 172

Accident prevention 意外預防 192

ABC model ABC 模型 195

Activator 啟動子 195

AND gate 及閘 214

Administrative law 行政法 219

Assumption of risk 風險承擔 220

Allowances 寬放 314

Attention time 注意時間 328

Adjust 調整 375

Average Handle Time, AHT 平均處理時間 465

Adult ego state 成人自我狀態 480

Actual elapsed time 真正的經過時間 288

B

[Borg Rating of Perceived Exertion RPE scale] 柏格自覺施力量表 140

Bandwidth 頻寬 166

Broadband noise 寬頻噪音 179

Basic events 基本事件 214

Break-even chart 損益平衡圖 243

Break points 切割點 277

Basic fatigue allowance 基本疲勞寬放 315

Body Motions 身體動作 373, 375

Binomial distribution 二項分配 400

Buzz group 漫談團體 486

Brainstorming 腦力激盪 486

Bayes' rule 貝氏法則 206

C

Cause-and-effect diagrams 因果圖 20

Causes 原因 21

Critical path 要徑 23

Critical path method 要徑法 22

Crashing 壓縮 24

Cervical vertebrae 頸椎骨 140

Cartilage end plate 軟骨終板 142

Composite Lifting Index, CLI 複合抬舉指數 147

Control-response ratio 控制反應比 163

Compatibility 相容性 163, 172

Cumulative trauma disorders, CTDs 累積性傷害 164

Channel capacity 頻道容量 166

Correction rejection 正確拒絕 167

Chunk 串集 167

Choice reaction time 選擇反應時間 168

Conceptual compatibility 概念相容性 172

Contrast 對比 178

Cost-benefit analysis 成本效益分析 217

Criticality 臨界閾 217

Common law 普通法 219

Compensatory damages 損失賠償 220

Cost-benefit analysis 成本效益分析 241

Crossover chart 交互圖 243

Crossover point 交叉點 243

Criterion of pessimism 悲觀評核準則 248

Classification method 分類法 256

Continuous timing 連續式測時 272

Continuous timing 連續法 278

Chi-square analysis 卡方分析 198

Condition 工作環境 306

Consistency 一致性 306

Constant 固定 315

Constant element 定值單元 336

Costing 成本估算 456

Crawford model 克勞福模型 474

Cumulative average model 累計平均模型 474

Child ego state 兒童自我狀態 481

Complementary 互補 481

Crossed transaction 交錯的交易 482

Continuous improvement 持續改善 489

Check time 查核時間 288

D

Develop the ideal method 開發理想方法 20

distributive law 分配律 210

direct, examine, plan, measure, and operate 指導、檢查、規劃、衡量與操作 255

Dummy activity 虛擬活動 23

Decision making 決策 168

Divided attention 分割注意 169

Display modalities 顯示模態 171

Digitizing tablet 數位板 176

Decibel 或 dB 分貝 179

Displacement Ventilation 替換性通風 181

Domino theory 骨牌理論 192

Defendant 被告 220

De minimis 輕微 224

Danger 危險 227

Deadman control 手持制開關 228

Decision tables 決策表 240

Discounted cash flow method 現金流量折現法 250

Direct material cost 直接物料成本 456

Disk herniation 椎間盤突出 142

Design for extremes 極端設計 159

Design for adjustability 可調設計 159

Design for the average 平均設計 159

Detection 覺察 166

E

extra allowances 額外寬放 315

Effect 結果 20

Ergonomic principle 人因原則 96

Environmental principle 環境原則 97

Extension 伸展 114

Electromyograms, EMGs 肌電圖 124

Erector spinae 豎脊肌 140

Ergonomics 人因工程 157

Equivalent wind chill temperature 等值風寒溫度 181

Employer 雇主 219

Employee 員工 219

Essential function 基本功能 262

Effective utilization 有效的利用 270

Elements 單元 277

Effort 努力程度 306

Expense labor 管銷人工 425

Extrinsic factors 保健／外在因子 480

Ego states 自我狀態 480

Effective time 有效時間 288

F

Fish diagrams 魚骨圖 20

Float 浮時 24

Flow process chart 流程程序圖 30

Flow diagram 動線圖 34

From-to charts 從至圖 98

Flexion 向內屈曲 114

Force-length relationship 力量－長度關係 116

Force-velocity relationship 力量－速度關係 117

Functionality 功能性 161

False alarm 誤警 167

Focused attention 專注注意 169

Flextime 彈性工時 183

Fault tree analysis 失誤樹分析 213

Fault events 失誤事件 214

Fail-safe design 安全當機設計 228

Factor comparison 因素比較法 257

Foreign elements 外來單元 282

Fatigue allowances 疲勞寬放 315

Fasten/Unfasten 束緊／放鬆 371, 372

Full model 全模式 341

Factory expense 工廠費用 457

Finishing time 完成時間 288

G

Get and place 取拿與放置 375

Get/Place/Aside 取拿／放置／移開 372

Get Place 取拿放置 371

Get 取拿 375, 378

General expense 一般費用 458

General linear test 一般線性模式驗證 341

Get and present the data 取得並呈現資料 20

Gantt chart 甘特圖 22

Gang process chart 組作業程序圖 37

Glucose 葡萄糖 136

Graphical user interface, GUI 圖形化使用者介面 178

General ventilation 一般通風 181

Guest 顧客 219

Gross negligence 重大疏忽 220

General-duty clause 一般責任條款 223

Grade description plan 等級說明計畫 256

H

Human factors 人因工程 485

Handling 處理 373

Handling 持有 372

Heart rate creep 心搏率漸增 139

Hit 命中 167

Hick-Hyman law 西克－海曼法則 169

Heat stress 熱壓力 180

Hazard 危害 227

Hazard action table 危害消除行動表 240

Hawthorne effect 霍桑效應 254

I

Ineffective time 無效時間 288

Intrinsic factors 激勵／內在因子 480

Indirect labor 間接人工 457

Identify 辨識 372, 375

Isotonic 等張 117

Isokinetic 等速 117

Isometric 等長 117

Intervertebral disks 椎間盤 142

Icons 圖像 178

Illuminance 照明 178

independent 獨立 206

Interlock 互鎖 228

Imminent danger 緊急危險 225

Indirect labor 間接人工 425

J

Job enlargement 工作擴大化 479

Job enrichment 工作豐富化 479

Job rotation 工作輪調 479

Just-in-time, JIT 及時生產技術 86

Just noticeable difference, JND 恰辨差 172

Job safety analysis, JSA 工作安全分析 199

Job hazard analysis 工作危害分析 199

Incidence rate, IR 意外發生率 203

Job/worksite analysis guide 工作及工作現場分析指引 25

K

Keyboarding 鍵盤輸入 372, 373

Keiretsu 系列 78

Karnaugh maps 卡諾圖 211

L

Lean manufacturing 精實製造 66, 488

Locate File 找出檔案 372

Loose rate 過於寬鬆的評比 313

Low cost 低成本 96

Life change units, LCUS 生活變動單位 195

Line balancing 生產線平衡 49

Life-cycle-cost principle 生命週期成本原則 97

Lactic acid 乳酸 136

Lumbar vertebrae 腰椎骨 140

Long duration 長工作期間 145

Lifting Index, LI 抬舉指數 147

Long-term memory 長期記憶 168

Level of aspiration 期望水準 247

Liability 賠償責任 219

Lockout 外銷 228

Lock in 內鎖 228

Local ventilation 局部通風 181

M

Muda 浪費 66, 488

Motivation-maintenance theory 動機－維護理論 480

Monte Carlo simulation 蒙地卡羅模擬 433

Move 移動 375

Machine coupling 機器耦合 34

Musculoskeletal system 肌肉骨骼系統 114

Myofibrils 肌原纖維 114

Motor unit 運動單元 124

Motion study 動作研究 129

Micromotion studies 細微動作研究 129

Moderate duration 中工作期間 145

Miss 失誤 167

Miller's rule 米勒定律 167

Movement compatibility 動作相容性 172

Modality compatibility 模態相容性 172

Menus 選單 178

Methods safety analysis 方法安全分析 199

Meaningful noise 具意噪音 179

Multiple causation 多重因果關係 193

Motivation-reward-satisfaction model 動機－獎勵－滿意模型 195

Mod ratio 調整率 222

Master 主人 219

Multiple-criteria decision making, MCDM 多準則決策 244

Minimax regret criterion 最小的最大遺憾準則 249

Major life activity 主要生活活動 262

Machines 機器 372

N

Negative strokes 負面的認同 483

Network diagram 網路圖 22

Negligence 疏忽 220

Negligence per se 疏忽本身 220

Nonschedule injury 非按時程支付損傷 221

Nonserious violation 非嚴重違規 224

Normal time 正常時間 274

O

OSHA 300 log 美國職業安全與衛生署 300 日誌 223

Overhead 企業經常性支出或管理費用 456

Open/Close 開啟／關閉 371, 372

Organize File 組織檔案 371

Operation process chart 操作程序圖 28

Outline process chart 綱要流程圖 28

Oxygen deficit 缺氧 136

Oxygen debt 氧債 136

OR gate 或閘 214

Occupational injury 職業傷害 223

Objective rating 客觀評比法 308

Observed time, OT 觀測時間 274, 279

Occupationalillness 職業病 223

P

Principles of Scientific Management 泰勒科學管理原則 489

Push system 推動式系統 488

Pull system 拉動式 488

Positive strokes 正面的認同 483

Parent ego state 父母自我狀態 480

Put 放置 378

policy allowances 政策寬放 315

Physiological needs 生理需求 478

Personal allowance 私事寬放 315

Principle of combined motions 結合動作原理 367

Principle of limiting motions 有限動作原理 367

Principle of simultaneous motions 同步動作原理 367

Performance 績效 96

Positional weight 位置權重 55

Pareto analysis 帕列多分析 20

Program Evaluation and Review Technique 計畫評核術 22

PERT chart 計畫評核圖 22

Protability 可攜度 96

Planning principle 規劃原則 96

Product or straight-line layouts 產品或直線型布置 97

Process or functional layouts 流程或功能性布置 97

Product layout 產品布置 97

Process layout 流程布置 98

Psychophysical 心理物理性 118

Perception 知覺 166

Pointers 指標 178

Positive reinforcement 正向強化 195

Probability of an event 事件機率 206

Principle of insufficient reason 不充分理由原則 248

Plunger criterion 投機準則 248

Payback method 回收年限法 250

Point system 點數系統 257

Parallel 並聯 208

Plaintiff 原告 220

Punitive damages 懲罰性賠償 220

Privity 共同利益關係 220

Permanent partial disability 永久部分失能 221

Permanent total disability 永久全部失能 221

Prime cost 主要成本 456

Q

Quality circle 品管圈 486

Qualified employee 合格作業員 270

Qualified operator 合格作業員 286

R

Random servicing 隨機服務作業 44

Relationship chart 繪製關係圖 98

Resting length 鬆弛長度 114

Reciprocal inhibition 交互牽制 125

Recommended Weight Limit, RWL 重量限制建議 144

Repetitive motion injuries 重複性動作傷害 164

Rehearsal 複誦 167

Relative judgment 相對判斷 172

Reliability 可靠度 208

Repeated violation 重複違規 225

Return on sales method 銷售報酬法 250

Return on investment method 投資報酬法 250

Regret matrix 遺憾矩陣 249

Ranking method 排序法 257

Red circle rates 過高時薪 260

Reasonable accommodation 合理的安置 262

Ratings 評比 274

Recording error 記錄誤差 288

Regression to the mean 平均值的迴歸 313

Reduced model 縮減模式 341

Read/ Write 讀取／書寫，讀取／寫入 371, 373

Raynaud's syndrome 雷諾氏症候群 182

Red flagging 紅旗 205

Read and identify 閱讀與辨識 375

Return 返回 378

Ratio-delay 比率延遲 399

Remission 鬆懈 474

S

Standard costs 標準成本 462

Synchronous servicing 同步服務作業 37

Seiri 整理 66

Seiton 整頓 66

Seiso 清掃 66

Seiketsu 清潔 66

Shitsuke 維護 66

Standardization principle 標準化原則 96

Space utilization principle 空間利用原則 97

System principle 系統原則 97

Sliding filament theory 肌絲滑動理論 114

Size principle 大小原則 124

Speed-accuracy trade-off 速度－精準度 取捨 125

Subjective ratings of perceived exertion 自覺施力主觀評量 140

Simultaneous motion chart, Simultaneous simo 同步動作圖 129

Sacrum 薦骨 140

Sequence of use 使用順序 161

Single Task Lifting Index, STLI 單一作業抬舉指數 147

Single Task RWL, STRWL 單一作業 RWL 147

Short duration 短工作期間 145

Spot ventilation 定點通風 181

Shiftwork 輪班工作 182

Slipped disk 椎間盤突出 142

safety management 安全管理 192

Severity rate, SR 嚴重率 204

Series 串聯 208

Servant 僕人 219

Stranger 陌生人 219

Spatial compatibility 空間相容性 172

Statute law 成文法 219

Strict liability 嚴格賠償責任 219

Schedule injury 按時程支付損傷 221

Serious violation 嚴重違規 225

Standard pace 標準速度 270

Starting time 開始時間 278

Snapback 按鈕法／歸零法 278

Standard time, ST 標準時間 286

Standard performance 標準績效 302

Speed rating 速度評比法 303

Skill 技術能力 305

Synthetic rating 合成評比法 307

Social needs 社會需求 478

Self-esteem needs 自尊的需求 478

Self-fulfillment 自我實現 478

service level 服務水準 466

staff occupancy 人員佔用時間比 466

Safety 安全 485

Safety factor 安全係數 228

Safety needs 安全的需求 478

Special allowances 特殊寬放 315

Snapback timing 歸零式測時 272

T

Time elapsed before study, TEBS 時間研究前的經過時間 288

Time elapsed after study, TEAT 時間研究後的經過時間 288

Total recorded time 總記錄時間 288

Total quality management, TQM 全面品質管理 490

Total quality assurance, TQA 全面品質保證 490
Total quality 全面品質 489
Tight rate 嚴格的評比 313
Transactional analysis 交易分析 480
Transactions 交易 481
Time check 時間查核 288
Total Standard Time 總標準時間 288
Time value of money 貨幣的時間價值 250
Travel charts 移動圖 98
Thick filaments 粗肌絲 114
Thin filaments 細肌絲 114
Two-hand process chart 雙手程序圖 131, 132
Therbligs 動素 131
Thoracic vertebrae 胸椎骨 140
Touch screen 觸控螢幕 176
Track stick 搖桿 176
Trackball 軌跡球 176
Truth table 真值表 205
Temporary partial disability 暫時部分失能 221
Temporary total disability 暫時全部失能 221
Total performance 整體績效表現 260
Ulterior transaction 隱密的交易 482

U

Ulterior transaction 隱密的交易 482
Unaccounted time 無法計算的時間 288
Unit model 單位模型 474

unavoidable delays 不可避免的延遲 315
Unit load principle 單位負荷原則 96

V

Variances 變異 462
Variable 變動 315
Variable element 可變單元 336
Vertebrae 脊椎骨 140
Visual angle 視角 178
Visitor 訪客 219
Value engineering 價值工程 241
Visibility 可視性 178

W

Writing 書寫 375
Walk Body Motions 身體動作 372
Wes-tinghouse rating system 西屋評比系統 305
Watch time/Watch readout 讀數 274
Windows 視窗 178
Working memory 工作記憶 167
Wright's formula 萊特方程式 47
Worker and machine process chart 人機程序圖 34
Work principle 工作原則 96
Weber's law 韋伯法則 172
Wind chill index 風寒指數 181
White fingers syndrome 白指症候群 182
Willful violation 故意違規 225